U0876678

教育部高等学校化工类专业教学指导委员会推荐教材

石油和化工行业“十四五”规划教材

中国石油和化学工业优秀教材一等奖

化工过程安全

第二版

赵劲松　戴一阳　主编

王　冰　盛　敏　贺　丁　副主编

化学工业出版社

·北京·

内容简介

《化工过程安全》(第二版) 在第一版的基础上，继续以风险辨识-风险分析与评价-风险控制为主线，介绍化工领域常用的风险辨识和风险分析方法，全面辨识化工过程中的各类风险场景，利用理论计算公式和方法判定其风险水平是否可以接受，对于不可接受的风险提出有效的风险控制措施。同时，本教材从化工过程安全相关的基本概念入手，介绍了我国化工过程安全管理 (PSM) 标准体系的二十个要素，并揭示了该体系与风险管理体系的内在联系。

《化工过程安全》(第二版) 内容包括：绪论、风险管理和过程安全管理、化学品及化学工艺的危险性、化学反应过程的危险性、事故后果分析、风险辨识、风险分析与评价、风险控制、安全仪表系统、设备完好性管理、事故应急、工业互联网+ 危化安全生产等共 12 章。

本教材树立本质更安全的化工过程设计理念，弘扬职业道德伦理，赋能化工过程安全设计与运行，可作为高等学校化学工程与工艺、制药工程、能源化学工程及相关专业的教材，也可供有关科研和工程技术人员参考。

图书在版编目（CIP）数据

化工过程安全 / 赵劲松，戴一阳主编；王冰，盛敏，贺丁副主编. -- 2 版. -- 北京 : 化学工业出版社，2025. 8. --（教育部高等学校化工类专业教学指导委员会推荐教材）（石油和化工行业“十四五”规划教材）.

ISBN 978-7-122-48772-8

Ⅰ. TQ02；TQ086

中国国家版本馆 CIP 数据核字第 20258T62P2 号

责任编辑：高　震　杜进祥　徐雅妮　　文字编辑：崔婷婷
责任校对：边　涛　　装帧设计：韩　飞

出版发行：化学工业出版社
（北京市东城区青年湖南街 13 号　邮政编码 100011）
印　　装：北京科印技术咨询服务有限公司数码印刷分部
787mm×1092mm　1/16　印张 25　字数 626 千字
2026 年 3 月北京第 2 版第 1 次印刷

购书咨询：010-64518888　　售后服务：010-64518899
网　　址：http://www.cip.com.cn
凡购买本书，如有缺损质量问题，本社销售中心负责调换。

定　　价：79.00 元

序

化工是工程学科的一个分支，是研究如何运用化学、物理、数学和经济学原理，对化学品、材料、生物质、能源等资源进行有效利用、生产、转化和运输的学科。化学工业是美好生活的缔造者，是支撑国民经济发展的基础性产业，在全球经济中扮演着重要角色。化学工业处在制造业的前端，为制造业提供基础材料，是所有技术进步的“物质基础”，几乎所有的行业都依赖于化工行业提供的产品支撑。化学工业由于规模体量大、产业链条长、资本技术密集、带动作用广、与人民生活息息相关等特征，受到世界各国的高度重视。化学工业的发达程度已经成为衡量国家工业化和现代化的重要标志。

我国于2010年成为世界第一化工大国，主要基础大宗产品产量长期位居世界首位或前列。近些年，科技发生了深刻的变化，经济、社会、产业正在经历巨大的调整和变革，我国化工行业发展正面临高端化、智能化、绿色化等多方面的挑战，提升科技创新能力，推动高质量发展迫在眉睫。

党的二十大报告提出要坚持教育优先发展、科技自立自强、人才引领驱动，加快建设教育强国、科技强国、人才强国，坚持为党育人、为国育才。建设教育强国，龙头是高等教育。高等教育是社会可持续发展的强大动力。培养经济社会发展需要的拔尖创新人才是高等教育的使命和战略任务。建设教育强国，要加强教材建设和管理，牢牢把握正确政治方向和价值导向，用心打造培根铸魂、启智增慧的精品教材。教材建设是国家事权，是事关未来的战略工程、基础工程，是教育教学的关键要素、立德树人的基本载体，直接关系到党的教育方针的有效落实和教育目标的全面实现。为推动我国化学工业高质量发展，通过技术创新提升国际竞争力，化工高等教育必须进一步深化专业改革、全面提高课程和教材质量、提升人才自主培养能力。

教育部高等学校化工类专业教学指导委员会（简称“化工教指委”）主要职责是以人才培养为本，开展高等学校本科化工类专业教学的研究、咨询、指导、评估、服务等工作。高等学校本科化工类专业包括化学工程与工艺、资源循环科学与工程、能源化学工程、化学工程与工业生物工程、精细化工等，培养化工、能源、信息、材料、环保、生物、轻工、制药、食品、冶金和军工等领域从事科学研究、技术开发、工程设计和生产管理等方面的专业人才，对国民经济的发展具有重要的支撑作用。

2008年起“化工教指委”与化学工业出版社共同组织编写出版面向应用型人才培养、突出工程特色的“教育部高等学校化学工程与工艺专业教学指导分委员会推荐教材”，包括国家级精品课程、省级精品课程的配套教材，出版后被全国高校广泛选用，并获得中国石油和化学工业优秀教材一等奖。

2018 年以来，新一届“化工教指委”组织学校与作者根据新时代学科发展与教学改革，持续对教材品种与内容进行完善、更新，全面准确阐述学科的基本理论、基础知识、基本方法和学术体系，全面反映化工学科领域最新发展与重大成果，有机融入课程思政元素，对接国家战略需求，厚植家国情怀，培养责任意识和工匠精神，并充分运用信息技术创新教材呈现形式，使教材更富有启发性、拓展性，激发学生学习兴趣与创新潜能。

希望“教育部高等学校化工类专业教学指导委员会推荐教材”能够为培养理论基础扎实、工程意识完备、综合素质高、创新能力强的化工类人才，发挥培根铸魂、启智增慧的作用。

教育部高等学校化工类专业教学指导委员会

前言

化学工业是我国国民经济的重要支柱。资料显示，2010 年我国跃居世界化学品生产第一大国，目前我国化工行业产值约占全球总量的 40%，比美国、欧盟和日本的化工总产值之和还要多。快速发展的化学工业在为国家现代化建设、社会繁荣、生命健康、绿色发展作出了巨大贡献的同时，各类重特大事故也给整个行业的可持续发展带来了前所未有的挑战。2005 年 11 月吉化双苯厂爆炸、2013 年 11 月青岛黄岛输油管道泄漏爆炸、2015 年 4 月福建漳州 PX 装置爆炸、2018 年 11 月河北盛华化工氯乙烯泄漏爆燃、2019 年 3 月江苏响水天嘉宜公司爆炸、2023 年 1 月辽宁盘锦浩业化工爆炸等事故向我们提出了严峻的问题：如何有效预防重大化工事故？如何让化学工业在造福人类的同时，避免对生命、财产和环境的危害？当前我国化工行业正处于高质量发展的转型期，新能源、新材料、新工艺、新装备不断涌现，势必会伴随着新的未知风险，更需要一大批掌握先进的事故预防理论和方法的人才。

那么什么是先进的事故预防理论和方法？2013 年 7 月 29 日，国家安全生产监督管理总局发布《关于加强化工过程安全管理的指导意见》，该意见给出了很好的回答：加强化工过程安全管理是国际先进的重大工业事故预防和控制方法，是企业及时消除安全隐患、预防事故、构建安全生产长效机制的重要基础性工作。为推动化工企业有效系统识别、管控风险，2022 年 12 月，应急管理部批准了行业标准《化工过程安全管理导则》（AQ/T 3034—2022），并认为该标准是预防化工重特大事故的有效抓手。

为了助力培养我国化工安全复合型人才，赵劲松教授等于 2015 年编写了《化工过程安全》教材，确定了编写思路，即以风险辨识-风险分析与评价-风险控制为主线，阐述化工过程安全的技术、方法和管理体系，在一定程度上推动了我国化工行业基于风险的化工过程安全管理实践。近年来，我国化工过程安全研究和实践的不断深入，特别是在行业转型升级高质量发展过程中，工业互联网、大数据、人工智能的技术在化工安全领域的应用对于促进全行业的安全发展发挥着越来越大的作用，急需培养交叉复合型人才，我们在本书中专门增加了“工业互联网 + 危化安全生产”这一章。与此同时，为使读者更加容易理解和掌握化工过程安全的理论、方法和管理体系，我们对 2015 年版教材的章节和内容进行了比较多的调整、修改和补充，并增加了近年来的事故案例和新标准。但是，这并不意味着本书涵盖了所有化工安全技术和方法，因为即使到科技如此发达的今天，尚有很多问题我们并没有研究清楚。例如，人在短时间内暴露于致癌物质环境中是否有害？如果有害，如何评估其风险？又如，多种化学物质的混合物在不同温度和压力条件下的爆炸极限等物理化学性质将如何变化？还有，当前很多工厂中的设备已经逐渐老化，如何比较可靠地评估这些老化设备的风险？这些问题将有待于那些有志于化工安全的青年学子去探索和解答。

化工过程安全是理论性和实践性都很强的学科。参与本书编写工作的人员既有来自大学的学者，也有来自工业界的专家，学术界的参与确保了教材的基本概念和原理的正确性，工业界的参与为本书提供了更切合实际的工业案例。相信这样的组合会让本教材的内容为更多的师生和工业界人士所理解和接受。

本教材的第 1、2、8 章由清华大学赵劲松教授负责完成，第 3、9、10、12 章由四川大学戴一阳副教授负责编写，华东理工大学王冰副教授撰写了第 5 章和第 11 章，华东理工大学盛敏教授编写了第 4 章，戴一阳副教授、赵劲松教授和中国寰球工程有限公司贺丁高级工程师共同编写了第 6 章和第 7 章。赵劲松教授对各章进行了总审核，清华大学博士生徐硕、殷凯、华东理工大学助教博士生何鸿飞等同学做了部分文字整理工作，在此表示特别感谢！

本教材的组织编写工作始于 2023 年年初，在过去的两年多时间里，我们得到了化学工业出版社、清华大学教改项目和清华大学化工系的支持。他们的信任和支持为本书的编写工作提供了比较强大的工作动力和经济基础，让我们更加专注于教材的编写工作。在此，我们表示深深的感谢！

2015 年出版的《化工过程安全》为第二版的编写奠定了较好的基础，在此感谢《化工过程安全》2015 年版的各位作者。成千上万的学子和从业人员已经从 2015 年版《化工过程安全》教材中学习了化工过程安全相关知识，为行业安全生产贡献力量！

感谢我们的家人在本书编写的过程中给予了我们耐心的帮助、理解和支持！为了写好本书，我们每个人都在各自的办公室度过了许多夜晚和节假日，而在这期间，我们的家人都默默地承担了更多的家庭责任。

最后，希望本书有助于预防化工事故，为我国化工安全复合型人才培养作出贡献。由于编写人员的知识水平和精力有限，在编写过程中难免出现疏漏。我们诚恳地欢迎读者向我们提出批评意见和建议。

编者

2025 年 2 月

本书献给历次化工事故受害者，是他们用生命唤起了人们对化工过程安全的重视，让后人从那些事故中吸取了宝贵的经验教训！

第一版前言

化学工业是我国国民经济的重要支柱。资料显示，2011 年我国化工产品总产值占世界化工产品总产值的 25%，已成为世界化学品生产第一大国。快速发展的化学工业在为国家现代化建设、社会繁荣和人们生活水平提高做出了巨大贡献的同时，各类重特大事故也给整个行业的可持续发展带来了前所未有的挑战。2005 年 11 月吉化双苯厂爆炸事故、2013 年 11 月青岛黄岛输油管道泄漏爆炸事故、2015 年 3 月福建漳州 PX 装置爆炸等事故在不断地向我们提出严峻的问题：如何有效预防重大化工事故？如何让化学工业在造福人类的同时，避免对生命、财产和环境的破坏？

事故预防工作需要一大批掌握先进的事故预防理论和方法的人才。那么什么是先进的事故预防理论和方法？2013 年 7 月 29 日，国家安全生产监督管理总局发布《关于加强化工过程安全管理的指导意见》，该意见给出了很好的回答：加强化工过程安全管理是国际先进的重大工业事故预防和控制方法，是企业及时消除安全隐患、预防事故、构建安全生产长效机制的重要基础性工作。

化工过程安全是国际上新兴的专业领域，尚未列入国内外化学工程及相关专业的普修课程，相关教材也很少见。如何写好这本教材也给编者提出了一定的挑战。2014 年 8 月 27 日，教育部和国家安全生产监督管理总局联合发布了《关于加强化工安全人才培养工作的指导意见》，要求完善化工安全人才标准，要将危险与可操作性分析、定量风险分析等国际通用化工安全分析技术纳入培养要求，增加化工过程安全及过程自动化控制等方面的教学内容。编者结合自己多年来在化工过程安全的研究成果和工作经验，确定了本书的编写思路，即以风险辨识-风险分析与评价-风险控制为主线，阐述化工过程安全的技术、方法和管理体系，同时也针对化工过程安全学科交叉的特点，对安全仪表系统、机械完整性和应急管理进行了专门的论述。为加深对各章内容的理解，编者在每一章的开始给出了一个引导性的事故案例，这也是本书的特点之一。但是，这并不意味着本书涵盖了所有化工安全技术和方法，因为即使到科技如此发达的今天，尚有很多问题我们并没有研究清楚。例如，人在短时间内暴露于致癌物质环境中是否有害？如果有害，如何评估其风险？又如，多种化学物质的混合物在不同温度和压力条件下的爆炸极限等物理化学性质将如何变化？这些问题将有待于那些有志于化工安全的青年学子去探索和解答。

化工过程安全是理论性和实践性都很强的学科。参与本书编写工作的人员既有来自大学的学者，也有来自工业界的专家，学术界的参与确保了教材的基本概念和原理的正确性，工业界的参与为本书提供了更切合实际的工业最佳实践和案例。相信这样的组合会让本书的内容为更多的教师、学生和工业界人士所理解和接受。

本书的第 1、2、9、10 章由清华大学的赵劲松教授负责完成，第 3 和第 8 两章由南京理工大学的陈网桦教授完成，风控（北京）工程技术有限公司的袁小军先生、安佰芳女士和鲁毅先生则分别撰写了第 4、11 和 12 章，中国石油大学（华东）

的孟亦飞老师编写了第 6 章和第 7 章，清华大学的王运东教授编写了第 5 章。其中第 9 章和第 10 章主要是由赵劲松的研究生贺丁和舒逸聃协助完成的。贺丁于 2013 年夏天硕士毕业，现在中国寰球工程公司工作。舒逸聃将于 2015 年夏天博士毕业。赵劲松指导的博士后陈明亮博士在本教材的编写过程中进行了大量的图文编辑和认真细致的文字校对工作，在此表示特别感谢！

赵劲松和王运东从 2009 年秋季学期起，开始在清华大学化学工程系教授一门 32 学时的有关化工过程安全的本科生课程。该课程的最后一节课都会留给一位特邀的工业界专家来讲授。这些专家包括：中国石化工程建设有限公司的孙成龙先生、英国 BP 石油公司的 Steven Yang 先生、上海瑞迈企业管理咨询有限公司的粟镇宇先生、英国劳氏船级社（中国）有限公司的王朝晖先生、风控（北京）工程技术有限公司的刘昳蓉女士。他们丰富的实践经验和亲身感受丰富了教学内容，为本书的构思提供了很多素材。在此一并表示感谢！我们知道，要用 32 学时讲完本书的所有内容是非常困难的，建议授课教师根据学生的特点和自己的专业见解，对本书的内容进行优化和取舍，突出重点，繁简有序。

本书的组织编写工作始于 2012 年年底，在过去的两年半时间里，我们得到了国家安全生产监督管理总局的有关领导、教育部高等学校化工类专业教学指导委员会、化学工业出版社和清华大学教务处的支持。他们的信任和支持为本书的编写工作提供了比较强大的工作动力和经济基础，让我们更加专注于教材的编写工作。在此，我们表示深深的感谢！

还要感谢我们的家人，他们在本书编写的过程中给予了我们耐心的帮助、理解和支持。为了写好本书，我们每个人都在各自的办公室度过了难以计数的夜晚和节假日，而在这期间，我们的家人都默默地承担了更多的家庭重任。

最后，希望本书有助于预防化工事故，为我国化工安全复合型人才培养做出贡献。由于编写人员的知识水平和精力有限，在编写过程中难免出现疏漏。我们诚恳地欢迎读者向我们提出批评意见和建议。

赵劲松，陈网桦，鲁毅，孟亦飞，王运东

2015 年 4 月 27 日

本书献给在历次化工事故中失去生命的人们，是他们的生命唤起了人们对化工过程安全的重视，让后人从那些事故中吸取了宝贵的经验教训！

目录

第 1 章　绪论 / 1

第 2 章　风险管理和过程安全管理 / 9

第3章 化学品及化学工艺的危险性 / 29

第4章 化学反应过程的危险性 / 69

第 6 章　风险辨识 / 178

第 7 章　风险分析与评价 / 205

第 8 章　风险控制 / 230

第 10 章 设备完好性管理 / 303

第 11 章 事故应急 / 329

第 1 章

绪 论

“治其微，则用力寡而功多；救其著，则竭力而不能及也。”

——《资治通鉴》

随着人类发展进入工业化社会，整个人类社会一直在享受着化学工业给日常生活带来的美好和巨大福利，衣食住行医一刻都离不开合成纤维、化肥、染料、涂料、洗涤剂、高性能材料、汽油、柴油、医药等化学品。在化学工业诞生的 200 多年时间里，以石油化工为代表的现代化学工业迅猛发展，使得 50%的世界财富都来自化学品。在我国，石油和化工行业已经成为国民经济的支柱性行业。截至 2024 年年底，全国石化全行业实现营业收入 16.28 万亿元，利润总额 7897.1 亿元。中国化工产品总产值占世界化工产品总产值份额由 2000 年的 6.4%提升至 2020 年的 44.6%，为我国的现代化建设和社会繁荣乃至全球可持续发展作出了巨大的贡献。2020 年为了帮助世界各国应对新冠疫情，我国出口了 2242 亿个口罩，相当于为中国以外的每个人提供了近 40 个口罩。随着化石能源的枯竭，开发各种清洁的可持续利用的能源已经成为新趋势。无论是太阳能所用的多晶硅和单晶硅电池板，还是风力发电机用的叶片，或是绿色航煤等都是化工过程的产物。我国光伏制造业已经成为世界第一，产能占全球 70%以上，化学工业为我国实现“碳达峰、碳中和”战略目标奠定了坚实的工业基础。

1.1 化学工业的安全现状

在化学工业快速发展的 200 多年里，全球石油和化工行业经历了难以计数的安全事故。随着化工装置规模和复杂程度的不断提高，所发生的事故越来越难以控制在工厂范围内，容易导致生态灾难，给人民生活带来了深远影响。而随着人民生活水平的不断提升，对美好生活的向往越来越强烈，对化学工业的安全生产提出了更高要求，于是催生了化工过程安全这一新兴领域。

图 1-1 显示了我国 2000～2023 年的化工事故统计数据。数据表明，我国化工安全生产状况在各方面的共同努力下在过去二十多年里持续好转。化工事故造成的年均死亡人数从 21 世纪初的 928 人降低到“十三五”期间的年均 236 人，下降了 75%。与此同时，我国石油和化学工业生产总值增长了 4 倍，这在世界化工发展史上创造了一个奇迹。但是，我国的安全生产水平与国际先进水平仍有较大差距，与公众的期盼仍然存在较大距离。

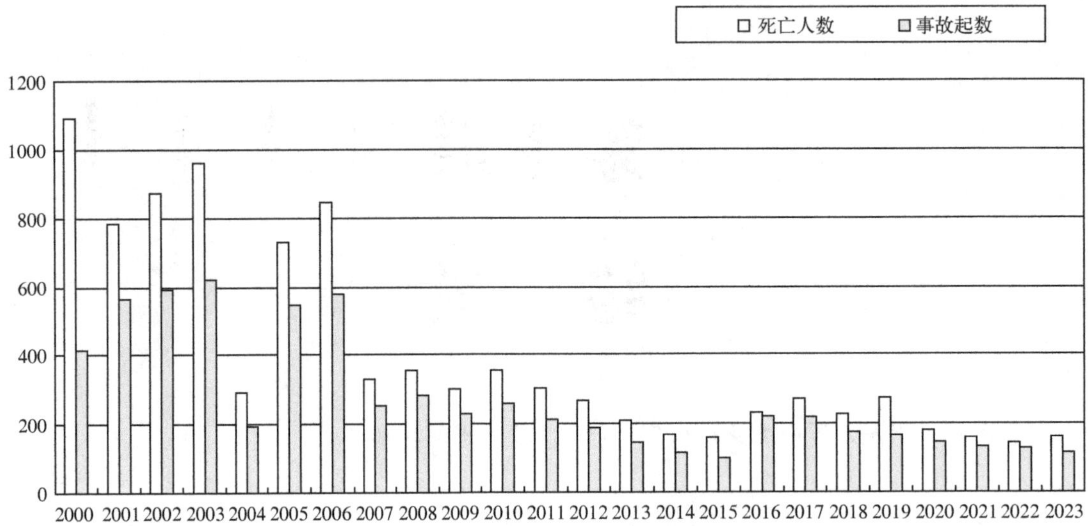

图 1-1　2000～2023 年我国化工事故统计数据

1.2 化工过程安全发展历程

事实上，人类社会从开始从事生产活动的那天起，就一直不断地在实践中总结经验教训，探索事故预防的基本规律，努力实现安全生产。在公元七世纪，我们的祖先就认识了毒气，并提出测知方法。公元 610 年，隋代方巢著的《诸病源候论》中记载："……凡古井冢和深坑井中多有毒气，不可辄入……必入者，先下鸡毛试之，若毛旋转不下即有毒，便不可入。"明末杰出科学家宋应星所著的《天工开物》明确描述了在提炼砒霜的过程中化学品中毒以及如何利用风向进行个人防护的问题："凡烧砒时，立者必于上风十余丈外。下风所近，草木皆死。烧砒之人，经两载即改徒，否则须发尽落。"另外，《天工开物》还提到在冶炼的过程中，要注意隔热、散热，保护劳动者的安全；在采矿过程中要采用自然通风、排水等安全防护技术。十六世纪欧洲开始大量生产一些化学品，例如水银及其衍生物。一方面人们为这些化学品的性能所着迷，另一方面由于没有任何毒物学方面的指南，导致了大量的人员暴露于有毒化学品环境。为此，美国人 Lewis Haslett 于 1847 年发明了第一个预防暴露于毒气环境的防毒面罩，并申请了专利。在工业生产中开始使用玻璃眼镜保护眼睛则是在 1914 年有了文献报道（Luckeish，1914）。但是，上述这些技术仅仅限于个人防护，不能有效防止化学品泄漏、火灾和爆炸等重大事故发生。

随着蒸汽机的发明，其商业化应用越来越广泛。蒸汽机所用的蒸汽源自高压锅炉。在锅炉使用的初始阶段，人们对于锅炉安全的认识比较肤浅，锅炉爆炸事故频繁发生，欧美国家每年因此死伤几十万人。1906 年美国钢铁公司在多起事故的教训与反思中提出了"安全第一"的思想。但是，个人防护做得再好，仍然不能阻止爆炸事故对人类的伤害。为此，各国开始从设计、制造、安装、测试、使用和维护等阶段提出详细的标准、技术规范和管理手段。我国从 1960 年颁布第一个《锅炉安全技术监察规程》起，经历了半个多世纪的实践和技术革新，先后颁布了 6 个升级版本，现在的锅炉已经被泄压装置，温度、压力、液位和流量传感器，自动控制系统，安全仪表系统等若干安全保护措施保护起来，有效抑制了锅炉事故的发生。

石油、化学工业的安全生产历史亦是如此。历史上发生的无数次危险化学品事故不断地向企业管理者、政府部门和化工安全研究人员敲响了警钟，那就是不仅需要抓好以个人防护为中心的职业安全，更要采用更先进的安全技术和更科学的管理手段，来保障生命安全和生态环境安全。

国内外重大事故案例

为了防止重大化工事故在欧洲的重演，1982 年，欧洲议会发布了针对特定装置的重大事故灾害的 82/501/EEC 指令（Seveso Ⅰ号指令）；1984 年印度发生了博帕尔灾难后，欧盟又多次修改该指令，并于 1996 年颁布了关于控制重大事故灾害的 96/82/EC 指令（Seveso Ⅱ号指令）。根据此指令，只要属于此指令约束范围内的企业，必须上报主管部门企业信息，并制定出重大事故预防对策。此外，如果企业危险物质在数量上高于指令中规定的上限，那么企业还必须制定安全状态报告（safety case）、安全管理制度和应急预案，进行工厂选址研究，同时对公众赋予更多的知情权和协商权。该指令规定了成员国有向欧盟委员会报告重大事故的义务，欧盟委员会通过位于意大利 Ispra 市的联合研究中心（Joint Research Center，简称为 JRC）的重大事故灾害管理局，建立了重大事故报告系统（Major Accident Reporting System，简称为 MARS）。

同样，为了避免类似印度博帕尔灾难等这类重大事故在美国的重演，美国职业安全与健康管理局（OSHA）于 1992 年颁布了含有 14 个要素的过程安全管理（process safety management，PSM）标准 29CFR1910.119，要求有关石油、化工企业在工厂的整个生命周期中制定并实施过程安全管理系统。之后一些其他国家开始引进美国 PSM 标准，例如韩国于 1996 年开始实施融合了 Seveso 指令的 PSM 标准。由于世界各地化学品重大事故不断发生，国际经济合作与发展组织（OCED）于 2012 年 6 月发布了《调整公司治理，实现工艺安全——高危行业高层领导指南》。

早在 1952 年，毛泽东主席在一则批示中指出：在实施增产节约的同时，必须注意职工的安全、健康和必不可少的福利。如果只注意前一方面，忘记后一方面，那是不对的。健康（health）、安全（safety）与环境（environment）管理体系是国际油气和石化行业通用且较为先进的管理体系（简称 HSE 管理体系），是国际上市场准入的重要组成条件之一。国内石油天然气行业从 1997 年起相继颁发了 SY/T 6276—1997《石油天然气工业健康、安全与环境管理体系》等多个行业标准文件。为了进一步遏制重大安全生产事故的发生，我国于 2000 年制定了《重大危险源辨识》GB 18218（2009 年、2018 年进行了修订，并将标准名称调整为《危险化学品重大危险源辨识》），于 2002 年颁布了《中华人民共和国安全生产法》和《危险化学品安全管理条例》，对危险化学品安全管理提出了明确的要求，例如修订后的《危险化学品安全管理条例》第二十二条规定：“生产、储存危险化学品的企业，应当委托具备国家规定的资质条件的机构，对本企业的安全生产条件每 3 年进行一次安全评价，提出安全评价报告。安全评价报告的内容应当包括对安全生产条件存在的问题进行整改的方案。”

2003 年 10 月，《中共中央关于完善社会主义市场经济体制若干问题的决定》提出了坚持以人为本，树立全面、协调、可持续的发展观，促进经济社会和人的全面发展的科学发展观。2005 年 10 月，党的十六届五中全会提出了“安全发展”理念。2014 年修订的《中华人民共和国安全生产法》总则第三条首次明确要求“安全生产工作应当以人为本，坚持安全发展，坚持安全第一、预防为主、综合治理的方针”。2021 年修订的《中华人民共和国安全生产法》总则第三条提出更高要求“安全生产工作坚持中国共产党的领导。安全生产工作应当以人为本，坚持人民至上、生命至上，把保护人民生命安全摆在首位，树牢安全发展理念，坚持安全第一、预防为主、综合治理的方针，从源头上防范化解重大安全风险”。

从2009～2012年，原国家安全生产监督管理总局先后确定了两批重点监管的危险化工工艺目录和危险化学品名录，制定了《危险化学品重大危险源监督管理暂行规定》，并要求涉及目录中的危险工艺和危险化学品的化工装置都必须装备自动控制系统和安全仪表系统（详见第9章）。2010年，原国家安全生产监督管理总局针对石油化工企业颁布了包括12个要素的AQ/T 3034—2010《化工企业工艺安全管理实施导则》，并自2011年5月1日起实施。2012年8月，原国家安全生产监督管理总局发布《危险化学品企业事故隐患排查治理实施导则》，明确要求涉及重点监管危险化工工艺、重点监管危险化学品和重大危险源（简称“两重点一重大”）的危险化学品生产、储存企业定期开展危险与可操作性分析（hazard and operability analysis，HAZOP，详见第6章），用先进科学的管理方法系统开展风险评估和排查事故隐患。

2015年天津港爆炸事故发生后，习近平总书记作出重要指示，坚持人民利益至上，始终把安全生产放在首要位置，切实维护人民群众生命财产安全，要健全预警应急机制，加大安全监管执法力度，深入排查和有效化解各类安全生产风险，提高安全生产保障水平，努力推动安全生产形势实现根本好转。2016年1月，习近平总书记在中共中央政治局常委会会议上发表重要讲话，对全面加强安全生产工作提出明确要求，必须坚决遏制重特大事故频发势头，对易发重特大事故的行业领域采取风险分级管控、隐患排查治理双重预防性工作机制（详见第2章），推动安全生产关口前移，加强应急救援工作，最大限度减少人员伤亡和财产损失。2016年10月，国务院安委会办公室发布了关于实施遏制重特大事故工作指南构建双重预防机制的意见，2021年6月，双重预防机制被正式写入了修改后的《中华人民共和国安全生产法》。2022年12月，为推动化工企业进一步防范化解重大安全风险，应急管理部批准发布了适合我国国情的化工过程安全管理体系《化工过程安全管理导则》（AQ/T 3034—2022）（详见第2章），替代《化工企业工艺安全管理实施导则》（AQ/T 3034—2010）。该标准以全面识别、评估和管控风险为目标，在结合国内化工过程安全管理现状的基础上，融入了国际先进的过程安全管理理念和最佳实践经验，以及国内有关安全生产技术要求，力求贴近企业管理实际，由原先的12个要素增加至20个要素，其中风险管理、安全领导力、安全生产责任制、本质更安全等8个要素为新增项。

可以看到，我国安全生产管理已经上升到安全风险管理的高度。为了培养高水平化工安全复合型人才，2015年出版的《化工过程安全》第一版就坚持以风险辨识-风险分析与评价-风险控制为主线，阐明化工过程安全方法论。我们在第二版中将继续坚持这一思路。

从图1-1可以看到，我国石油和化工行业安全生产状况相比21世纪初而言，实现了根本性的好转，这说明以上应对措施是科学有效的。但是近年来，全行业安全生产进入一个平台期，平均每年化工事故导致的死亡人数仍在100人以上。要跨越这个平台期，进一步大幅提升全行业的安全生产水平，除了要掌握化工过程安全基本理论和方法论，还要基于这些理论和方法论研发和应用更先进的工具。

自本世纪初国际金融危机发生以来，随着物联网、大数据、云计算、人工智能为代表的新一代信息技术快速发展，全球兴起了以智能制造为代表的新一轮工业革命，即第四次工业革命。为了把我国建设成为引领世界制造业发展的制造强国，2015年国务院制定了“中国制造2025”发展战略，要求加快危险化学品等重点行业智能监测监管体系建设，提高智能化水平。2017年12月8日，习近平总书记在十九届中央政治局第二次集体学习时指出，要深入实施工业互联网创新发展战略和国家大数据战略，要充分利用大数据平台，综合分析风险影响因素，提高对风险影响因素的感知、预测、防范能力。2017 年 11 月 27 日，国务院印发《关于深化“互联网＋先进制造业”发展工业互联网的指导意见》，依托工业互联网平台开展数据集成应用，形成基于数据分析与反馈的工艺优化、流程优化、设备维护与事故风险预警能力。由此可见，工业互联网和大数据技术是进一步提升风险感知、预测、预警和防范能力的重要手段。

2020 年 10 月，为增强工业安全生产的感知、监测、预警、处置和评估能力，加速安全生产从静态风险分析向动态风险感知、从事故后的应急向事故前的预防、从对生产过程危害的单点防控向全局联防的转变，努力提升工业生产本质安全水平，工业和信息化部和应急管理部联合发布了《“工业互联网＋安全生产”行动计划（2021—2023 年）》。2021 年 3 月，为落实该计划，应急管理部制定了《“工业互联网＋危化安全生产”试点建设方案》。在危险化学品领域推动工业互联网、大数据、人工智能（AI）等新一代信息技术与安全管理深度融合，是推进危险化学品安全治理体系和治理能力现代化的重要战略选择，对于推进危险化学品安全管理数字化、网络化、智能化，高效推动质量变革、效率变革、动力变革，具有十分积极的意义。

为了让读者理解和掌握如何运用工业互联网、大数据和人工智能等先进技术进一步提升石油和化工行业安全生产水平，我们专门在第二版里增加了“工业互联网＋危化安全生产”一章（见第 12 章）。

1.3 化工过程安全的重要性

虽然我国石油和化工行业比较早地推行了 HSE 管理体系，但是该体系对化工过程本身的安全管理还不够系统和深入。化工过程安全管理是在 HSE 管理体系基础之上的更专业化的对化工过程本身的管理。工业实践经验表明，化工过程安全管理是预防重大化工事故的科学化管理手段。

2012 年 12 月，美国化学工程师学会（AIChE）的会刊 *Process Safety Progress* 的联合主编 Louvar 教授撰文向美国拥有化工专业的所有大学发出了紧急呼吁，希望强化化工过程安全教育，因为他在美国本科生的化工过程设计中发现了一个非常令人失望的现象，即绝大部分化工专业本科生都不了解化工过程安全的基本概念，而这些概念是化学工业中极其重要的。本书的作者也发现了国内化工专业本科生存在类似问题，很多化工专业的核心课程“化工过程设计”与“化工过程安全”课程脱节，很多同学的化工过程设计方案对于化工过程安全方面的考虑几乎是空白，这是与“安全第一”“以人为本”的思想背道而驰的。这种人才培养模式必须引起高度关注，长此以往，不利于我国化工行业持续安全发展和高质量发展。

有学者调研发现，目前我国共有 509 所高校设置化学工程与工艺专业，通过分析各高校培养方案显示，共有 85 所高校设置化工安全相关课程，其中有 39 所高校将化工安全相关课程作为必修课，占 7.6%；46 所高校将化工安全相关课程作为选修课，占 9%。中美两国化工专业均设置了化工安全相关的课程，但中国设置选修课程和必修课程的比例均比美国偏低 60%以上。而在中国开设的化工安全相关课程中，化工过程安全课程的开设比例更低。

正是由于缺乏化工过程安全教育，石油和化工行业大部分从业人员并没有充分掌握重大化工事故的预防理论和方法论，使得类似的事故重演。例如 2005 年发生的吉化双苯厂爆炸导致松花江污染事故其实是与 1986 年发生的莱茵河污染事故极其类似；而在吉化双苯厂爆炸事故发生 7 年之后，人们仍然未能痛定思痛。2012 年，山西省潞安集团天脊煤化工厂连接储罐的金属软管破裂后，大量苯胺流入附近的浊漳河，影响流域约 80km，污染物还流入河北、河南境内，引发河北邯郸市停水。由于这些事故的负面影响，人们对化工事故风险的容忍程度正变得越来越低，乃至谈“化”色变。

在 20 世纪很长的一段时间里，化工厂的安全管理主要依靠事故起数、伤亡人数等指标进行管理。化工过程安全研究表明，这些指标属滞后性指标，在事故起数和伤亡人数都接近于或等于零的情况下，石油、化工企业仍可能在某一时刻突然发生重大安全事故。因此，预防化工事故的关键是在事前对可能发生的各类事故风险进行预判、预防和预警。

从 1950 年美国学者格拉尔（Russell B Gallagher）首次提出风险管理这个概念以来，风险管理已经成为确保核电站、飞行器等重大工程项目安全可靠性不可替代的工具。针对化工过程安全进行的风险管理也成为国际上很多石油、化工企业的最佳实践和有关法律法规的强制性要求。

本书的编者在这里给出化工过程安全的定义如下：

化工过程安全（chemical process safety）是安全领域的一个分支，是研究和管控化工过程火灾、爆炸和泄漏等突发事故安全风险的理论体系和方法论体系。它涵盖研发、设计、建造、生产、储运、废弃等化工过程全生命周期。

化工过程安全管理是指：通过对化学品生产、储存、使用、处置、操作等活动过程涉及的人员、工艺、设备、仪表、电气等系统进行基于风险的管理和控制，从根本上管控风险、消除隐患，预防化学品泄漏或能量意外释放造成的安全事故。

从上面的定义可以看到，化工过程安全管理的本质就是风险管理，是在石油和化工行业落实安全生产法的要求“从源头上防范化解重大安全风险”的关键，是落实“安全第一，预防为主”的关键。

1.4 工程伦理

化工过程安全相关的理论体系和方法论体系是不难掌握的，但是能否发自内心地、自觉地在实践中主动应用好这些理论和方法论，关系着是否能够真正“从源头上防范化解重大安全风险”。这就需要每一个从业人员都具有较高的职业道德。

工程伦理即是工程领域的职业道德。良好的工程职业道德是卓越工程师的关键素养和首要要求。现在很多发达国家都要求工程学科的教育规划中必须包括工程伦理（engineering ethics）的内容，甚至有的国家还把工程伦理的内容纳入注册工程师的考试当中。从 2015 年春季学期起，清华大学化学工程系开设了《化学工程伦理》研究生课程。

为规范全体会员在从事工程、技术、科研、教育、管理和社会服务等工作中的行为，本教材主编赵劲松教授领导的中国化工学会工程伦理教育工作委员会于 2020 年起草了《中国化工学会工程伦理守则》。经中国化工学会理事会批准，该守则于 2021 年 2 月正式发布。该守则的具体要求如下：

① 在履行职业职责时，把人的生命安全与健康以及生态环境保护放在首位，秉持对当下以及未来人类健康、生态环境和社会高度负责的精神，积极推进绿色化工，推进生态环境和社会可持续发展。

② 如发现工作单位、客户等任何组织或个人要求其从事的工作可能对公众等任何人群的安全、健康或对生态环境造成不利影响，则应向上述组织或个人提出合理化改进建议；如

发现重大安全或生态环境隐患，应及时向应急管理部门或其他有关部门报告；拒绝违章指挥和强令冒险作业。

③ 仅从事自己合法获得的专业资质或具有的能力范围之内的专业性工作；保持专业严谨性，对自己的职业行为高度负责；严格审视自己的专业工作，客观评价他人的专业工作，并以专业能力和水平为唯一依据，不受其他因素干扰。

④ 在职业工作中对所服务的工作单位以及客户秉持真诚、正直和契约精神，主动避免利益冲突，恪守有关保密条例或约定；在需要披露信息时，或在网络等公开场合发表与专业相关的言论时，应以高度负责的精神做到诚实、客观。

⑤ 尊重和保护知识产权，杜绝一切损害工作单位以及其他任何组织、个人知识产权的行为；遵守学术道德规范，尊重他人科技成果，拒绝抄袭、造假等一切学术失德行为。

⑥ 在从事鉴定、评审、评估等专业咨询时应以诚实、客观、公正为行事准则，拒绝虚假鉴定、虚假评审、虚假评估；廉洁自律，拒绝贿赂、利益交换等一切腐败行为。

⑦ 在整个职业生涯中应注重不断学习，追求卓越，注重发挥个人专长，以良好的职业操守和工作业绩建立并提升个人职业声誉。

⑧ 在职业工作中保持客观、公正、公平和相互尊重，积极营造包容、合作的工作环境，促进团队合作，尊重他人专长，为下属提供职业发展机会，杜绝歧视和骚扰。

⑨ 在涉及境外或域外的职业活动中，应充分尊重当地文化和法律；应了解相关国家或地区的工程技术规范及其与我国相关规范的不同，针对涉及重大安全、生态环境保护问题的事项，应遵从要求等级较高的工程技术规范。

《中国化工学会工程伦理守则》要求工程师必须保护公众免遭不可接受的风险。但是工程师在履行这一职责的时候要面临很多挑战。风险评估是一种对不确定性的评估，本身即存在不确定性，难免受工程师个人主观经验的影响，在风险评估中如果没有工程伦理素养，不能做到诚实、客观、公正、高度负责，就会人为地压低风险，从而让风险管理流于形式，最后导致灾难性的后果。例如在2019年盐城响水爆炸事故发生前，专业安全评价机构江苏天工大成安全技术有限公司2018年9月为天嘉宜公司进行复产综合性安全评价时，安全条件检查不全面、不深入，评价报告与实际情况严重不符，导致事故企业重大风险和隐患未能及时暴露；在2023年发生的盘锦浩业化工爆炸事故前，事故企业重效益，轻安全，为了抢赶建设工期，未经设计变更决定将事故管道用20钢代替316不锈钢，将不符合设计文件规定材质的压力管道投入使用，降低了管道抗腐性能。为了抢赶生产订单，管道长期带“病”运行，在对泄漏管道进行多次密封作业未果的情况下，未按照“对于高风险、不能及时消除的泄漏，要果断停车处置”的要求，冒险组织带压密封作业，且隐瞒高风险作业，每日安全风险研判承诺公告均为低风险，检维修及特殊作业数量为零，最终导致风险失控。

国内外重大事故案例

工程师除了将良好的工程伦理作为自身的品德标准外，更应该通过个人的以身作则和言传身教在企业（或组织）中传播这种价值观（即通过领导力来传播和影响周围人员的价值观），从而将这种良好的工程伦理由个人的道德要求和价值观，转变为整个企业（或组织）整体的安全文化。

习题

1. 什么是化工过程安全？简单叙述其与职业安全的异同。

2. 某公司欲在某地建设一家化工厂，但是当地居民听说该工厂生产的产品中有对二甲苯（paraxylene，PX）后表示强烈反对。如果你是该公司的总经理，你应该采取哪些措施？

3. 某食品厂的大型冷冻仓库使用液氨作为制冷剂，并存储了12t液氨。该食品厂的总经理认为该工厂不是化工厂，风险不大，因而忽视了化工过程安全。如果你是刚分配到该厂的员工，请引用《中华人民共和国安全生产法》《危险化学品安全管理条例》《危险化学品重大危险源监督管理暂行规定》等法律法规的相关条款，结合有关实际案例，向该厂总经理提出合理化建议。

4. 某化工厂在10年前建厂前进行了安全评价，之后一直未作安全评价，请问该工厂的这种做法是否符合工程伦理？如果不符合，为什么？另外，该工厂的做法违背了哪些法律法规的规定？

参考文献

[1] Louvar J F. Editorial-Urgent Message to Universities. Process Safety Progress，2012，31 (4)：327.

[2] 戴维 T. 艾伦，戴维 R. 肖恩纳德．绿色工程：环境友好的化工过程设计．李韡等译．北京：化学工业出版社，2006.

[3] 戴猷元．化工概论．2版．北京：化学工业出版社，2012.

[4] 李素鹏．ISO风险管理标准全解．北京：人民邮电出版社，2012.

[5] Luckiesh M. Glasses for protecting the eyes in industrial processes. Illuminating Engineering Society，April 9，1914.

[6] 赵劲松，粟镇宇，贺丁，等．化工过程安全管理．北京：化学工业出版社，2021.

[7] 刘义，印佳，杨苹，等．中美化工安全本科教育对比．化学教育（中英文），2018，39 (18)：77-81.

[8] 李正风，丛杭青，王前，等．工程伦理．2版．北京：清华大学出版社，2016.

[9] 王浩水．化工过程安全管理与实践．北京：中国石化出版社，2022.

[10] 孙华山．重大安全事故应急救援手记．南京：江苏凤凰教育出版社，2024.

[11] Bai M Q，Qi M，Shu C M，et al. Why do major chemical accidents still happen in China：Analysis from a process safety management perspective. Process Safety and Environmental Protection，2023，176：411-420.

[12] Crowl D A，Louvar J F. Chemical Process Safety：Fundamentals with Applications. 4 th ed. London：Pearson Education，2019.

第2章

风险管理和过程安全管理

“在陶氏化学公司，环境、健康和安全（EH & S）与过程安全是我们工作的重中之重，而且是我们企业取得经营成功的关键。”

——陶氏化学公司总裁兼首席执行官 Andrew N Liveris

企业的经营目标到底是什么？为什么说“环境、健康和安全（EH&S）与过程安全”是取得经营成功的关键？为什么企业经营中会出事故？事故为企业经营带来了什么？在事故发生后，很多人往往把事故的发生简单归咎于人的失误，也有很多人认为化工安全问题主要是管理问题。但是如果进一步探讨：如何减少或者避免因为人的失误造成的事故？管理问题又包括哪些问题？要回答这些更深层次的问题，需要牢固掌握和深入理解本章的基本概念，以及本书后续章节的相关内容。

事实上，过程安全管理在降低重大事故风险和提高企业安全生产水平方面的作用已经在国内外得到广泛认可。长期以来，为了取得规模效应，流程工业的一个重要发展趋势是规模大型化、流程复杂化、工艺条件苛刻化、上下游装置联系更趋紧密。过程安全管理是流程工业控制安全风险的核心手段，已成为企业高质量安全发展的核心竞争力。但是，很多化工企业仍然面临着安全管理抓不住重点、决策效率低、技术资源不足等问题，因此以风险为基础的过程安全管理必须得到重视和推广。掌握了以风险为基础的过程安全管理，就是掌握了过程安全管理的精髓，将使得在实践中落实过程安全管理和双重预防机制更精准、更科学、更高效。

本章将重点介绍风险管理和过程安全管理中的相关基本概念，为读者学习后续章节的内容提供基础。

2.1 基本概念和定义

安全管理的本质就是风险管理，企业安全管理、实验室安全管理、投资安全管理、金融安全管理、信息安全管理等都是如此。我国先后颁布了 GB/T 24353—2022《风险管理　指南》和 GB/T 27921—2023《风险管理　风险评估技术》两个国家标准。因此，掌握风险管理相关基本概念和方法论对于未来职业发展尤其重要。

2.1.1 危险（或危害）

危险（hazard）是一种可能导致人员伤害、财产损失或环境影响的内在的物理或化学特性，或是某一系统、产品、设备或操作的内部和外部的一种潜在的状态，其发生可能造成人员伤害、职业病、财产损失或作业环境破坏。

2.1.2 危险化学品

危险化学品是指具有毒害、腐蚀、爆炸、燃烧、助燃等性质，对人体、设施、环境具有危害的剧毒化学品和其他化学品。

我国发布的《危险化学品目录》(2022 年调整版) 中包含了 2800 余种危险化学品。

2.1.3 风险

风险 (risk) 是指生产生活过程中某一特定危险情况发生的可能性和后果的严重性的组合。风险可以用如下表达式表示：

$$R_i = F(S_i, L_i) \quad i=1,2,\cdots,N \tag{2-1}$$

式中，R_i 表示第 i 个危险情况的风险，S_i 表示第 i 个危险情况的后果的严重程度，L_i 表示第 i 个危险情况的可能性，N 表示危险情况总数，F 表示函数。

危险是风险的前提，没有危险就无所谓风险。危险是客观存在的，除非彻底消除危险源。但是，风险可以通过人们的努力而改变。通过采取防范措施，改变危险情况出现的可能性和/或改变其后果的严重程度，就可以改变风险的大小。这就是风险控制 (见第 8 章) 和风险管理的宗旨。这里，特定危险情况，也叫风险场景。一个风险场景通常包括一个初始原因 (根原因)，该初始原因导致的一个后果。风险场景可以包括风险控制措施，也可以不包括风险控制措施。包括风险控制措施的风险场景与不包括风险控制措施的风险场景的可能性、严重性及其风险有可能是不同的，这取决于风险控制措施的有效性。

2.1.4 残余风险

残余风险 (residual risk) 是考虑已有风险控制措施后进行评估得出的风险值。

2.1.5 可接受风险

可接受风险是指根据企业 (或组织) 的法律义务和健康、安全与环境方针，已降至企业 (或组织) 可容许程度的风险。

不同时期、不同工程伦理价值观、不同规模、不同地域的企业 (或组织) 可容许的风险程度是不一样的。因此，可接受风险是动态变化的。

2.1.6 安全

安全 (safety) 是指免除了不可接受风险的状态。

由于风险是相对于生产生活中某一特定危险情况而言的，因此判断是否安全需要判断所有特定危险情况的风险是否可以接受，而不要错误地以为没有发生事故或者没有受到伤害，就是安全。

2.1.7 事故隐患

事故隐患 (hidden risk，简称为隐患) 是指未辨识出的风险，或风险没有得到有效控制，超出人们对风险可接受水平的一种状态。

隐患包括人的不安全行为、物的不安全状态和管理缺陷等，而且这些不安全行为、不安全状态或管理缺陷的风险尚未被科学地辨识出来，或者超出了可接受的水平。简单可以理解为风险管控措施的缺失，或者是随着时间弱化和失效。

2017 年 11 月 13 日，原国家安全生产监督管理总局发布了《化工和危险化学品生产经营单位重大生产安全事故隐患判定标准（试行)》，将二十种情形判定为重大事故隐患。

《中华人民共和国刑法》第 134 条规定，因存在重大事故隐患被依法责令停产停业、停止施工、停止使用有关设备、设施、场所或者立即采取排除危险的整改措施，而拒不执行的，处一年以下有期徒刑、拘役或者管制。

2.1.8 安全管理

安全管理（safety management）是为了将生产过程的各种危险（危害）所产生的风险控制在可接受程度，而组织和使用人力、物力和财力等各种物质资源的过程，其本质就是风险管理。

2.1.9 风险管理

风险管理（risk management）是指针对风险而采取的指挥、控制和组织的协调活动。风险管理是一个动态的、循环的、系统的、完整的过程，其目的就是创造和保护价值。风险管理能够改善绩效，鼓励创新，支持组织目标的实现。风险管理的过程包括沟通与咨询、建立环境、风险辨识（第 6 章）、风险分析与评价（第 7 章）、风险控制（第 8 章）、监测与评审等多个环节（图 2-1）。

沟通与咨询是风险管理工作中各相关方之间的一个不断地提供信息、共享信息和获取信息的动态过程，是风险辨识、风险分析与评价的基础。比如在开展化工过程风险辨识与风险分析工作之前，都要首先获得有关化工过程的过程安全信息，过程安全信息的完整性和准确性，直接影响着风险辨识与风险分析工作的质量。

这里所谓建立环境是指确定风险管理的范围和风险准则，明确内部和外部有关法律、法规、程序、标准、组织结构、文化、方针、目标、规章制度等参数的过程。

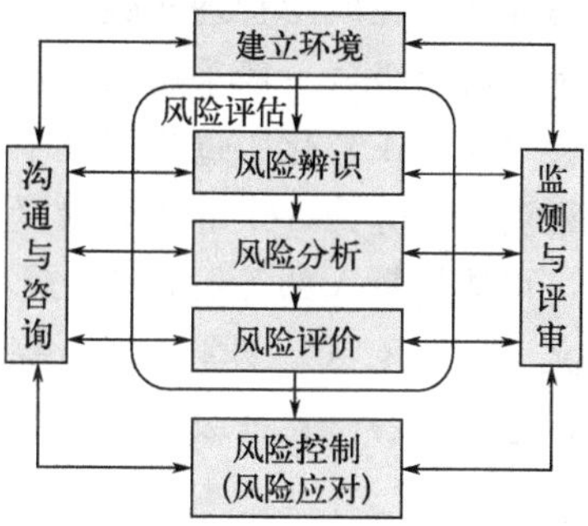

图 2-1 风险管理过程

风险控制也就是人们常说的风险应对。各项风险管理工作活动都需要相应的人力、物力和财力，风险管理的精髓就是通过风险辨识、风险分析和风险评价等整个风险评估过程，做出比较科学合理的决策，将资源合理投入相应的风险管控措施中，以满足各项生产活动的预期需求，实现生产活动目标。风险控制的本质是用合理的安全投入（安全成本)，将生产活动过程的风险控制在可以接受的水平上。并通过预设的应急计划，永远为极端风险做好准备。有的时候，为了更好地进行风险控制，需要对组织、技术、工艺、设备、仪器等进行创新。例如当前工业互联网、人工智能技术在化工行业安全风险管控方面的应用，就是一种技术创新（见第 12 章)。

监测与评审是风险管理过程不可缺少的一部分，包括日常的检查或监督，其目的是保证风险管理各个环节的设计和运行实施的效率和效力。

2.1.10 风险辨识

风险辨识（risk identification）是指发现、确认和描述风险的过程，包括对风险源、风险事件、风险原因及其潜在后果的识别。

风险辨识的方法有很多，每一种方法都有其目的性和应用的范围（详见第 6 章）。

2.1.11 风险分析

风险分析（risk analysis）是指在风险辨识的基础上，理解活动过程中危险（危害）本性和确定危险（危害）所导致的风险过程（途径）及风险等级的过程。根据式（2-1），所谓理解风险本性是指科学确定风险场景 i（$i=1, 2, \cdots, N$）的严重程度 S_i 和可能性 L_i，而所谓确定风险等级是指确定 R_i 的等级（等级的划分依据则来自企业的风险准则，见 2.1.12）。

2.1.12 风险准则（风险标准）

风险准则（risk criteria，也叫风险标准），是衡量风险大小的标尺。通过风险准则来衡量活动过程中风险的高低，以判定风险是否可接受，并用于开展风险分级管控工作，是开展风险管理工作的基准。如果企业没有建立风险准则，则不能判定风险是可以接受的风险，还是不可以接受的风险，也就不能判定活动过程是否安全，企业的风险管理工作就失去了目标。因此，风险准则是企业风险管理工作的重要基础。

企业在建立风险准则之前，应充分考虑自身制定的目标，以及企业所处的内、外部环境动态变化。在风险管理实践中，常用后果的严重程度及其发生的可能性这两个因素的组合来表示风险等级，一般采用风险矩阵（risk matrix）的形式来表示。图 2-2 是美国化学工程师学会（AIChE）化工过程安全中心（CCPS）给出的一个风险矩阵示例。矩阵中，后果的严重程度被划分为 5 个等级，最严重的等级是 5，最轻的等级是 1；可能性等级被分为 7 个等级，可能性最大的等级是 7，最小的是 1。根据不同的后果等级和可能性等级，该风险矩阵定义了 A、B、C、D 4 个风险等级，并分别用了 4 种不同颜色来区分。A 级为最高的风险等级，绝不能容忍；D 级为最低的风险等级，可以容忍。

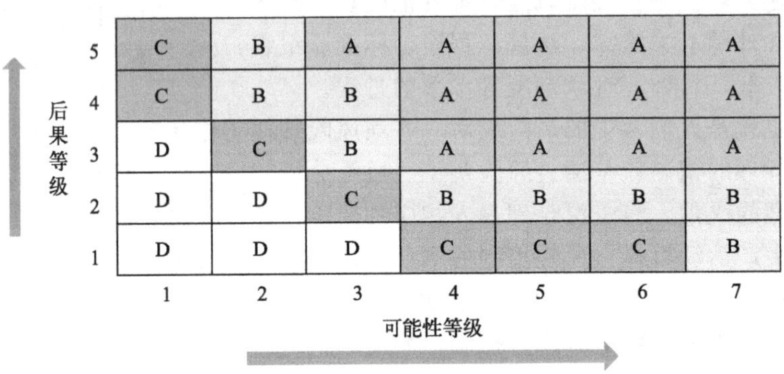

图 2-2 风险矩阵示例

后果严重程度等级的划分可以从经济损失、人员伤亡、环境破坏、社会影响等多个维度来考虑（表 2-1）。可能性等级的划分可以从事件发生的频繁程度上划分（表 2-2）。不同企业对不同风险等级有不同的规定（表 2-3），以便于企业管理层作出风险分级管控决策。

表 2-1 后果严重程度等级定义示例

等级	人员伤亡	财产损失	环境影响
1	无人受伤和死亡，最多只有轻伤	一次直接经济损失 10 万元以下	事故影响仅限于工厂范围内，没有对周边环境造成影响
2	无人死亡，1～2 人重伤或急性中毒	一次直接经济损失 10 万元以上，30 万元以下	事故造成周边环境轻微污染，没有引起群体性事件； 非法排放危险废物 3t 以下； 乡镇以上集中式饮用水水源取水中断 12h 以下
3	一次死亡 1～2 人，或者 3～9 人重伤(或中毒)	一次直接经济损失 30 万元以上，100 万元以下	非法排放危险废物 3t 以上； 乡镇以上集中式饮用水水源取水中断 12h 以上； 疏散、转移群众 5000 人以下
4	一次死亡 3～9 人，或者 10～29 人重伤(或中毒)	一次直接经济损失 100 万元以上，500 万元以下	疏散、转移群众 5000 人以上，15000 人以下； 县级以上城区集中式饮用水水源取水中断 12h 以下
5	一次死亡 10 人以上，或者 30 人以上重伤(或中毒)	一次直接经济损失 500 万元以上	疏散、转移群众 15000 人以上； 县级以上城区集中式饮用水水源取水中断 12h 以上

表 2-2 可能性等级定义示例

等级	可能性说明
1	国内外行业内都没有先例，或者发生频率小于 10^{-5}
2	国内行业内没有先例，国外有过先例，或者发生频率 10^{-5}～10^{-4}
3	国内同行业有过先例，或者发生频率 10^{-4}～10^{-3}
4	集团公司内部有过先例，或者发生频率 10^{-3}～10^{-2}
5	企业内部有过先例，或者发生频率 10^{-2}～10^{-1}
6	企业内部平均每年几乎都会发生 1 次
7	企业内部每年发生大于 1 次

表 2-3 风险等级划分示例

等级	描述	需要的行动
A	严重风险(绝对不能容忍)	必须通过技术或管理上的专门措施，在一个月以内把风险降低到 C 级以下
B	高风险(难以容忍)	应当在一个具体的时间段(一年)内，通过技术或管理上的专门措施把风险降低到 C 级以下
C	中风险(有条件的容忍)	在适当的机会内(检维修期间)通过技术或管理上的专门措施，把风险降低到 D 级
D	低风险(可以容忍)	不需采取进一步措施降低风险

需要强调的是：不同的企业应该根据自身发展的实际情况，在不同的历史发展时期，制定不同的风险矩阵。

2.1.13 风险评价

风险评价（risk evaluation）是指把风险分析结果与风险准则进行对比，以决定风险的大小是否可接受或可容忍的过程。风险评价利用风险分析过程中所获得的对风险的认知，对未来的行动进行决策。在进行决策时，应按照如下策略：

① 对于绝对不可以容忍的风险或高风险，都要给出有效的风险控制建议措施，必须把风险降低到可容忍（接受）程度（即安全）。

② 对于可以容忍（接受）的风险，无需再增加新的风险控制措施，但要保证已有风险控制措施有效。

③ 对于在可以容忍与不可以容忍之间的“那些有条件可容忍”的风险，在保证已有风险控制措施有效的基础上，基于最低合理可行（as low as reasonably practicable，ALARP）原则，对比采取风险控制措施的安全投入大小与风险降低程度大小，来选择采取新的风险控制措施以进一步降低风险，或者接受该风险，不采取新的风险控制措施以降低安全成本。

需要值得警惕的是，部分风险评价人员工程伦理素养较低，为了避免在风险控制措施上的安全投入，人为压低本应是高风险的风险场景的风险水平，导致风险评价报告极少出现高风险。

2.1.14 风险评估

风险评估（risk assessment）是指风险辨识、风险分析和风险评价的全过程。风险评估是风险管理的核心部分，对风险管理具有直接的推动作用。通过风险评估，决策者及各个利益相关方可以更深刻地认知潜在的风险，以及现有风险控制措施的充分性和有效性，为确定风险应对方法奠定基础。事实上，大部分事故的发生都是由于没能做好风险评估工作，例如：2013 年中石化东黄输油管道泄漏爆炸特别重大事故，以及 2014 年杜邦 La Porte 工厂事故。因此，掌握本教材后面几个章节所描述的风险评估的方法论尤其重要。

2.1.15 风险控制

风险控制（risk control）就是改变风险的过程，也叫风险应对。风险控制方法包括：

① 规避风险；

② 消除危险源；

③ 改变风险的可能性；

④ 改变后果的严重程度；

⑤ 风险共享，如与另外一方或多方分担风险；

⑥ 以正式的方式保留风险；

⑦ 为了利益而增大风险。

本教材将在第 8 章和第 9 章重点介绍与②、③、④这三种方法相关的风险控制措施，而对其他 4 种方法不作进一步展开。

2.1.16 重大危险源

重大危险源（major hazard installation for hazardous chemicals）是指长期地或临时地生产、加工、使用或储存危险化学品，且危险化学品的数量等于或超过临界量的单元。每种危险化学品的临界量可以在《危险化学品重大危险源辨识》（GB 18218）查找。例如：光气的存储量如果超过 0.3t 就是重大危险源，氢气的存储量超过 5t 即为重大危险源。

重大危险源根据其危险程度，分为一级、二级、三级和四级，一级为最高级别。具体的计算方法请参见第 3 章。分级之后，需要对危险化学品重大危险源进行分级管控，具体请参见《危险化学品重大危险源监督管理暂行规定》。

2.2 双重预防机制

双重预防机制是安全风险分级管控和隐患排查治理双重预防机制的简称。双重预防机制是 2016 年 1 月习近平总书记在中共中央政治局常委会会议上第一次提出，之后 2016 年 4 月，国务院安委会办公室发布了《标本兼治遏制重特大事故工作指南》(安委办〔2016〕3 号)，“把安全风险管控挺在隐患前面，把隐患排查治理挺在事故前面”，防患于未然，切实解决“想不到、管不到”的问题。2021 年修订的《中华人民共和国安全生产法》第一次在法律层面明确规定“构建安全风险分级管控和隐患排查治理双重预防机制，健全风险防范化解机制”。

双重预防机制的第一重预防机制是风险分级管控，第一重是基础，是第一道防线；第二重预防机制是隐患排查治理，是第二道防线（见图 2-3）。任何一道防线出了问题，都可能导致安全生产事故。

图 2-3　双重预防机制示意图

第一重预防机制具体内容包括：全面开展安全风险辨识、科学评定安全风险等级、有效管控安全风险、实施安全风险公告警示，是本教材的重点。

值得注意的是，部分化工企业在实际工作中过于重视隐患排查治理，忽视风险分级管控，进而导致安全风险管理基础不牢，安全生产长期处于被动局面。

2.2.1 全面开展安全风险辨识

企业应按照有关制度和规范，针对本企业类型和特点，制定科学的安全风险辨识程序和方法，全面开展安全风险辨识。企业要组织专家和全体员工，采取安全绩效奖惩等有效措施，全方位、全过程辨识生产工艺、设备设施、作业环境、人员行为和管理体系等方面存在的安全风险，做到系统、全面、无遗漏，并持续更新完善。

2.2.2 科学评定安全风险等级

对不同类别的安全风险，采用相应的风险评估方法确定安全风险等级。安全风险评估过程要突出遏制重特大事故，高度关注暴露人群，聚焦重大危险源、劳动密集型场所、高危作业工序和受影响的人群规模。安全风险等级从高到低划分为重大风险、较大风险、一般风险和低风险，分别用红、橙、黄、蓝四种颜色标示。其中，重大安全风险应填写清单、汇总造册，按照职责范围报告属地负有安全生产监督管理职责的部门。要依据安全风险类别和等级建立企业安全风险数据库，绘制企业“红橙黄蓝”四色安全风险空间分布图。

2.2.3 有效管控安全风险

企业要根据风险评估的结果，针对安全风险特点，从组织、制度、技术、应急等方面对安全风险进行有效管控。要通过隔离危险源、采取技术手段、实施个体防护、设置监控设施等措施，达到回避、降低和监测风险的目的。要对安全风险分级、分层、分类、分专业进行管理，逐一落实企业、车间、班组和岗位的管控责任，尤其要强化对重大危险源和存在重大安全风险的生产经营系统、生产区域、岗位的重点管控。企业要高度关注运营状况和危险源变化后的风险状况，动态评估、调整风险等级和管控措施，确保安全风险始终处于受控范围内。

2.2.4 实施安全风险公告警示

企业要建立完善安全风险公告制度，并加强风险教育和技能培训，确保管理层和每名员工都掌握安全风险的基本情况及防范、应急措施。要在醒目位置和重点区域分别设置安全风险公告栏，制作岗位安全风险告知卡，标明主要安全风险、可能引发事故隐患类别、事故后果、管控措施、应急措施及报告方式等内容。对存在重大安全风险的工作场所和岗位，要设置明显警示标志，并强化危险源监测和预警。

2.2.5 建立完善隐患排查治理体系

风险辨识不全面、风险管控措施不落实、失效或弱化等极易形成隐患，酿成事故。因此，做好隐患排查治理工作的前提是高质量的风险分级管控（第一重预防机制）。

在高质量的风险分级管控的基础上，企业要建立完善隐患排查治理制度，制定符合企业实际的隐患排查治理清单，明确和细化隐患排查的事项、内容和频次，并将责任逐一分解落实，推动全员参与自主排查隐患，尤其要强化对存在重大风险的场所、环节、部位的隐患排查。要通过与政府部门互联互通的隐患排查治理信息系统，全过程记录报告隐患排查治理情况。对于排查发现的重大事故隐患，应当在向负有安全生产监督管理职责的部门报告的同时，制定并实施严格的隐患治理方案，做到责任、措施、资金、时限和预案“五落实”，实现隐患排查治理的闭环管理。事故隐患整治过程中无法保证安全的，应停产停业或者停止使用相关设施设备，及时撤出相关作业人员，必要时向当地人民政府提出申请，配合疏散可能受到影响的周边人员。

2019年应急管理部发布了《化工园区安全风险隐患排查治理导则（试行）》和《危险化学品企业安全风险隐患排查治理导则》。有兴趣的读者可以查找和阅读这两份导则。

2023年12月26日在第十四届全国人民代表大会常务委员会第七次会议上，全国人民代表大会常务委员会执法检查组发布了关于检查《中华人民共和国安全生产法》实施情况的报告。该报告在充分肯定安全生产法实施取得积极成效的同时，指出双重预防机制问题突出：风险分级管控制度质量不高，好看不好用。有的企业对危险源辨识不充分、风险评估不全面、分级不准确，有的建立风险管控制度后，“一劳永逸”，不进行动态管理，导致风险管控管不住风险；风险分级管控和隐患排查治理要么衔接不够，要么把风险分级管控和隐患排查治理割裂开来。因此，要高质量推动和落实双重预防机制，必须牢固掌握安全风险辨识技术（见6章）、评定安全风险等级技术（第5、7章）、管控化工过程安全风险的过程安全管理体系（见2.3）和相关风险控制技术（8～12章）。

2.3 过程安全管理

从图2-1可以看到，要做好化工过程的风险分级管控，必须建立针对化工过程的风险管理体系。而过程安全管理（process safety management，PSM）就是针对化工过程进行安全风险分级管控的最佳实践，也是落实双重预防机制、遏制重大化工事故的关键手段，其本质就是对化工过程的风险管理，其目的就是高质量做好化工过程的风险分级管控工作。

2.3.1 PSM简要历程

在1984年印度博帕尔事故发生后，美国国内又发生多起重大化工事故。为了避免类似灾难的重演，美国职业安全与健康管理局（OSHA）于1992年颁布了PSM标准29CFR1910.119。经过三十多年的广泛实践，这套PSM标准被广泛认为是最行之有效的预防重大化学品事故（包括有毒有害化学品泄漏、火灾和爆炸等）的方法，化工过程安全也逐渐发展为一个重要的学科方向。

通常的职业安全管理体系关注的是行为安全和作业安全，过程安全管理则关注从过程设计开始的化工过程自身的安全。通过对化工过程整个生命周期中各个环节的管理，从根本上减少或消除事故风险。

OSHA的PSM标准涵盖了14个要素，即员工参与、过程安全信息、过程危害分析、操作规程、变更管理、教育培训、承包商管理、试生产前安全审查、机械完整性、事故调查、动火作业许可、应急响应计划、符合性审查和商业秘密。

2005年BP公司得克萨斯城的异构化装置发生爆炸之后，CCPS在原有PSM的框架上更新完善，提出了基于风险的过程安全管理（RBPS），由20个要素组成，如图2-4所示。

国家安全生产监督管理总局在2010年9月6日发布了针对石油化工该企业的《化工企业工艺安全管理实施导则》（AQ/T 3034—2010），于2011年5月1日起实施。

2022年12月，我国在借鉴国内外安全管理体系和总结国内外事故经验教训的基础上，发布了PSM新标准《化工过程安全管理导则》（AQ/T 3034—2022），突出了本质更安全、安全设计、风险管理等新要素。

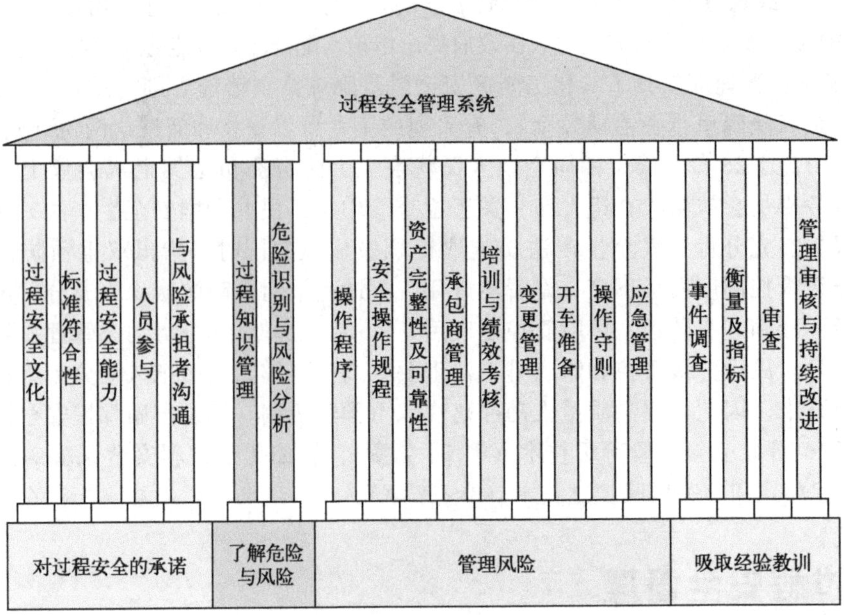

图 2-4　基于风险的过程安全管理要素构成

2.3.2　我国过程安全管理二十要素

与 2010 年版本相比，我国 2022 年版 PSM 标准《化工过程安全管理导则》（AQ/T 3034—2022）的适用范围有所扩大，适用于所有化工生产和危险化学品储存企业，管理要素数量和内容也显著增加，见表 2-4。

表 2-4　我国过程安全管理体系要素

序号	管理要素	序号	管理要素
1	安全领导力	11	安全仪表管理
2	安全生产责任制	12	重大危险源安全管理
3	安全生产合规性管理	13	作业许可
4	安全生产信息管理	14	承包商安全管理
5	安全教育、培训和能力建设	15	变更管理
6	风险管理	16	应急准备与响应
7	装置安全规划与设计	17	事故事件管理
8	装置首次开车安全	18	本质更安全
9	安全操作	19	安全文化建设
10	设备完好性管理	20	体系审核与持续改进

事实上，表 2-4 的 20 个过程安全管理要素都是围绕图 2-1 的风险管理过程展开，是对化工过程安全风险管理的细化要求。图 2-5 展示了 20 个 PSM 要素与风险管理过程各环节的对应关系。

下面将重点围绕建立环境、沟通与交流、监测与评审相关的 PSM 要素进行简要介绍，而有关风险评估的方法、风险控制（应对）的理论和方法将重点在第 3～11 章加以介绍。

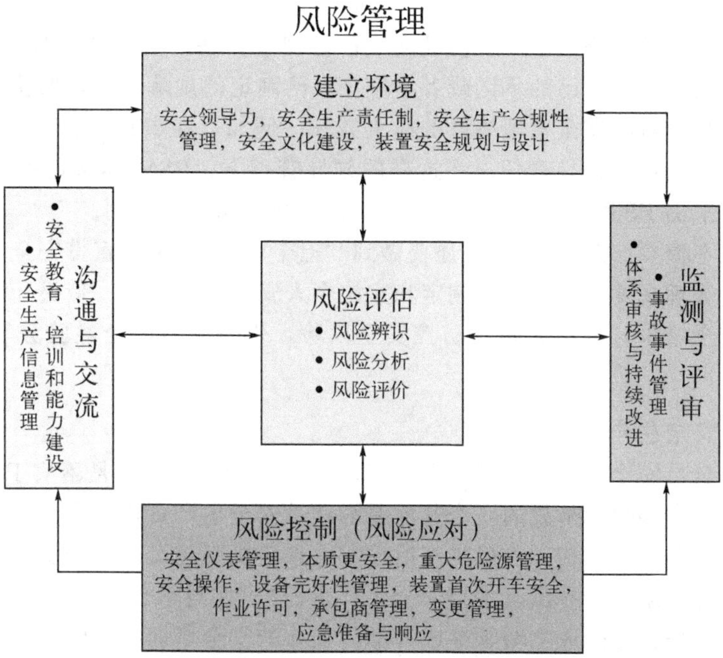

图 2-5　我国 PSM 管理标准二十要素与风险管理过程的对应关系

2.3.3　建立环境

2.3.3.1　安全领导力

安全领导力是指通过创造切实可行的安全愿景和自觉学习安全知识展示安全价值观，并通过诚实、参与和纪律来促进员工和公众的福祉。

安全领导力是建立健全 PSM 体系、风险管理内部环境（规章制度、风险准则等）的核心驱动力，反过来，通过建立健全 PSM 体系又会加强和促进安全领导力的发挥和实施，有助于把安全愿景转化为切实可行的现实，从而有助于提高安全绩效。例如假设 PSM 体系中的事故事件管理这一要素不健全，就会限制从过去的事故事件中学习经验教训，类似的事故还会发生，无助于达成安全领导力的目标。

2005 年英国邦斯菲尔德油库爆炸事故后，英国高危险工业、监管部门和行业协会发起成立过程安全领导小组（PSLG），该小组制定了过程安全领导力 8 项原则：

① 清晰积极的过程安全领导力处于管理危险化学品企业的核心地位，是确保风险得到有效管理的关键；

② 过程安全领导力需要董事会层面的参与和能力；

③ 良好的过程安全绩效不会从天上掉下来，需要持续主动地努力；

④ 董事会推动和展示过程安全领导力是创建积极的安全文化的基本条件；

⑤ 良好的过程安全管理的推动和落实需要全员参与；

⑥ 利用滞后性和前瞻性指标对过程安全绩效进行监控是确保企业风险得到有效管理的关键；

⑦ 公开过程安全管理绩效信息是让公众信任企业风险管理能力的重要手段；

⑧ 分享最佳实践，从相关事故中汲取经验教训，对于企业过程安全知识更新和能力提

升非常重要。

保持安全领导力的关键在于建立在较高工程伦理素养基础上的“知行合一”。如果企业各级负责人不真诚地履行自己的承诺或者不遵守自己确定的规章制度，那就是对安全领导力的极大破坏，也是对过程安全管理体系的极大破坏。例如，在事故调查中，不查清 PSM 体系上的缺陷和不足，逃避领导责任，在这样的领导管理下，PSM 体系是不可能持续完善和提升的，建立起来的 PSM 体系也不会起到预防重大化工事故的作用。

企业负责人不仅要“知行合一”，还要做到“七个带头”：带头宣贯安全管理体系，带头学习和遵守安全管理规章制度，带头制定和实施个人安全行动计划，带头开展安全观察与沟通，带头开展安全培训，带头识别和防控安全风险，带头开展安全经验分享。即要“行胜于言”。

2.3.3.2 安全生产责任制

建立和落实全员安全生产责任制是企业实现安全生产的根基，是落实 PSM 体系和风险管理体系的根基。很多化工事故的一个共性原因就是安全生产责任落实不到位。例如有的企业未按要求开展风险分级管控和隐患排查治理双重预防机制建设，未按要求建立全员安全生产责任制（个别部门或者领导没有承担安全生产责任），在与承包商签订的合同中没有规定甲方的安全生产责任，对企业主要领导或者部门领导的安全培训放松要求等。

企业主要负责人应建立健全并落实本单位全员安全生产责任制。企业应结合每个岗位的职责，明确所有层级、各类岗位（含劳务派遣人员、实习生等）的安全生产职责，做到“一岗一责”。企业安全生产责任制的责任内容、范围、考核标准应清晰明确、便于操作、实时更新。

全员安全生产责任制应经主要负责人审定、批准后，以正式文件形式发布实施，确保每位员工（包括各级领导）及时掌握所在岗位的安全生产职责。

企业应组织开展全员安全生产责任制教育培训，并将该项培训纳入安全生产年度培训计划。企业应每年对安全生产责任制的适用性和有效性进行评审，有下列情形之一的，应及时修订：

① 依据的法律、法规、规章、标准中的有关规定发生重大变化的；

② 组织机构及其职责进行了调整的；

③ 企业生产经营内容发生重大变化的；

④ 企业发生安全事故事件后，在安全责任方面暴露出问题的；

⑤ 企业认为需要修订的其他情况。

2.3.3.3 安全文化建设

安全文化建设是风险管理体系中建立内部环境的重要内容。安全文化的定义：被一个组织群体所接受的安全价值观、态度、标准、道德和行为规范组成的统一体。化工企业的安全文化包括职业安全文化和过程安全文化。顾名思义，过程安全文化是指被一个企业员工群体所接受的过程安全价值观、态度、标准、伦理和行为规范组成的统一体。

仅仅重视职业安全文化是不够的，过程安全文化建设水平决定了整个 PSM 体系的落实质量。例如，一个企业的过程安全文化会影响员工个人（包括各级管理层）在执行 PSM 各个管理要素时的态度，在决定个人行为方面起着重要作用，一个良好的过程安全文化氛围拥有良好的过程安全价值观，使每一个员工（包括各级管理层）都自觉严格按照 PSM 程序、标准实行过程安全风险分级管控和隐患排查治理。

安全文化建设需要通过对人的观念、道德、伦理、态度、情感、品行等深层次的人文因素的强化，利用领导、教育、宣传、奖惩、创建群体氛围等手段，不断提高人的安全素质，改进其安全意识和行为，从而使人们从被动地服从 PSM 管理制度，转变成自觉主动地按 PSM 要求采取行动，即从“要我遵守 PSM 要求”转变成“我要遵守 PSM 要求”和“我也要大家跟我一起遵守 PSM 要求”。

需要注意的是，在实际工作中，往往忽视对道德和伦理等人文因素的强化，导致安全文化基础薄弱，使得安全文化教育和宣传等工作对过程安全文化建设的效果提升不明显。因此，要尤其重视对企业所有员工（包括各级管理层）工程伦理（见 1.4）素质等人文因素的强化。

企业应定期通过员工访谈交流、问卷调查等多种形式，及时发现过程安全生产文化建设中存在的问题并加以改进，通过量化考核评估，持续改进过程安全文化。

2.3.3.4 安全生产合规性管理

企业应将适用的相关法律、法规、标准、规范及其他法定要求应用于企业的全生命周期安全管理中。为此，企业应建立安全生产合规性管理制度，明确合规性管理的主管部门，确定合规性管理程序和要求；建立法规标准管理工作程序，明确定期获取和识别相关法律、法规、标准、规范及其他法定要求的渠道，定期进行适用性评估，及时更新法律、法规、标准清单，并将新要求转化为企业的安全生产管理制度或规程。识别范围包括但不限于：

① 国家有关法律、法规和地方性法规；

② 相关部门规章；

③ 国家标准、行业标准、地方标准；

④ 各级负有安全生产监督管理职责部门发布的政策性文件；

⑤ 上级公司的有关规章制度。

企业应及时将法律、法规、标准、规范中的新规定、新要求对员工进行培训。

企业应成立合规性审核小组，每年至少开展一次对执行中的制度、操作规程、安全生产行为等的安全生产合规性审核，当企业发生事故、重大安全事件以及法律法规等发生重大调整时应及时对相关内容开展合规性审核。对审核中提出的不符合项，应及时组织各部门进行整改，并跟踪整改情况。

企业应将收集到的法律、法规、标准、规范及其他法定要求、相关审核及整改情况记录，并及时归档。

2.3.3.5 装置安全规划与设计

一个化工企业的安全规划与设计是开展生产活动的首要前提，是基本的建设与运营条件，所以本教材把这个要素放在风险管理的建立环境这一环节中。有关选址问题将在第 8 章进一步讨论。有关化工过程设计，很多大学化工专业也开设了必修课程，本教材不再赘述。

在这里需要进一步强调的有关安全设计的几点如下：

① 企业应委托具备国家资质要求的设计单位承担建设项目工程设计职责。涉及重点监管危险化学品、重点监管危险化工工艺和危险化学品重大危险源（“两重点一重大”）的大型建设项目，其设计单位资质应为工程设计综合甲级资质或相应工程设计化工石化医药、石油天然气（海洋石油）行业、专业资质甲级。

② 涉及精细化工的建设项目，设计前应按有关要求进行反应安全风险评估（见第 4 章）。

③ 企业应该要求设计单位做好本质更安全的设计（见第 8 章）。

④ 在建设项目基础设计阶段应开展危险和可操作性分析（HAZOP）（见第 6 章），涉及“两重点一重大”建设项目的工艺包设计文件应包括过程风险评估报告，设计单位应提供装置的主要风险清单。

⑤ 新建化工装置应设计装备自动化控制系统。

⑥ 企业应根据工艺过程风险评估结果、安全仪表系统安全完整性等级（SIL）评估结果（见第 9 章），确定安全仪表系统的装备。涉及重点监管危险化工工艺的新建项目应按照《过程工业领域安全仪表系统的功能安全》（GB/T 21109）和《石油化工安全仪表系统设计规范》（GB/T 50770）等标准开展安全仪表系统设计。对涉及毒性气体、液化气体、剧毒液体的一级或者二级重大危险源，应设置独立的安全仪表系统（见第 9 章）。

⑦ 化工装置供配电系统设计应符合《供配电系统设计规范》（GB 50052）的要求，爆炸性危险环境的电气仪表设备的设计应符合《爆炸危险环境电力装置设计规范》（GB 50058）的要求。

⑧ 气体检测报警系统的设置应满足《石油化工可燃气体和有毒气体检测报警设计标准》（GB/T 50493）的要求，报警值、报警点位的设置应符合可能泄漏的介质要求。若气体检测报警信号需接入安全仪表系统（SIS），则应符合《过程工业领域安全仪表系统的功能安全》（GB/T 21109）、《石油化工安全仪表系统设计规范》（GB/T 50770）的相关要求。

⑨ 企业应依据《火灾自动报警系统设计规范》（GB 50116）的要求设置火灾自动报警设施，并根据装置类型、装置规模、火灾类别、火灾场所，有针对性地设置灭火设施。

⑩ 涉及爆炸性危险化学品的生产装置控制室、交接班室不应布置在装置区内；涉及甲、乙类火灾危险性的生产装置控制室、交接班室不宜布置在装置区内，确需布置的，应按照《石油化工控制室抗爆设计规范》（GB/T 50779）进行抗爆设计。具有甲乙类火灾危险性、粉尘爆炸危险性、中毒危险性的厂房（含装置或车间）和仓库内，不应设置办公室、休息室、外操室、巡检室。

⑪ 建设项目安全设计文件经相关主管部门批复后，如有下列情形之一的，建设单位应当重新进行安全评价，并申请审查，即变更管理（见 8.5.3）：

a. 建设项目周边条件发生重大变化的；

b. 变更建设地址的；

c. 主要技术、工艺路线、产品方案或者装置规模发生重大变化的；

d. 建设项目在安全条件审查意见书有效期内未开工建设，期限届满后需要开工建设的。

2.3.4 沟通与交流

2.3.4.1 安全生产信息管理

从理论上讲，安全生产信息应该包括所有跟安全生产相关的信息，例如过程安全信息（process safety information，PSI）、职业安全信息、特种作业信息、隐患排查信息、周边环境信息等。在《化工过程安全管理导则》（AQ/T 3034—2022）标准中，安全生产信息主要是指过程安全信息，即那些关于化学品危险性、工艺危险性、工艺技术和设备设施等的完整、准确的书面信息资料。PSI 可以帮助我们理解工厂的过程系统如何运行，为什么要以这样的方式运行，研判安全生产风险。PSI 产生于工厂生命周期的各个阶段，是识别与控制风险的依据，也是落实 PSM 系统其他要素的基础。

化学品的危险性信息（详见第 3 章）至少应包括：

① 毒性；

② 允许暴露限值；

③ 物理参数，如沸点、蒸气压、密度、溶解度、闪点、爆炸极限；

④ 反应特性，如分解反应、聚合反应；

⑤ 腐蚀性数据；

⑥ 化学品安全相容矩阵表（见 3.3.2）；

⑦ 热稳定性和化学稳定性，如受热是否分解、暴露于空气中或被撞击时是否稳定；与其他物质混合时的不良后果，混合后是否发生反应；

⑧ 对于泄漏化学品的处置方法。

一般来讲，纯净物的危险信息可以从该化学品的安全技术说明书（material safety data sheet，MSDS）中查询得到（见 3.1.3）。

工艺危险性信息主要是指化学反应安全风险评估信息（见第 4 章）、工艺过程风险辨识信息、风险分析信息、风险评价信息、国内外同行业事故事件信息等。

工艺技术信息通常包含在技术手册、操作规程或操作方法中，至少应包括：

① 工艺流程简图；

② 工艺化学原理资料；

③ 设计的物料最大存储量；

④ 安全操作范围（温度、压力、流量、液位或浓度等）；

⑤ 物料平衡表、能量平衡表；

⑥ 偏离正常工况后果的评估，包括对员工的安全和健康的影响。

设备设施信息至少应包括：

① 机械完好性管理系统中的信息；

② 工艺管道及仪表流程图（P&ID）；

③ 电气设备危险等级区域划分图；

④ 泄压系统设计和设计基础（第 8 章）；

⑤ 通风系统的设计图；

⑥ 设计标准或规范；

⑦ 基本过程控制系统（BPCS）功能说明；

⑧ 安全系统（如安全仪表系统 SIS，见第 9 章；自动消防喷淋系统；防爆墙等）相关信息；

⑨ 相关方提供的设备和管道完工试验报告、单机和系统调试报告、监理报告、特种设备及附件检验检测报告、消防验收报告、安全验收报告、安全评价报告、职业卫生评价报告、设备检验检测报告等资料。

企业应建立安全生产信息目录清单，并及时收集新的信息，对安全生产信息的获取、识别、使用、更新、归档等进行管理，实现信息共享，保证相关人员（包括承包商人员）及时获取最新的安全生产信息，使其与岗位控制风险需求相匹配。安全生产信息必须实施全过程管理，得到及时的更新：生产装置的整个生命周期（设计、制造、安装、验收、操作、维修、改造、封存、报废）都伴随着安全生产信息的变化和更新，只有实施全过程的管理，才能保证安全生产信息的完整性、实时性和准确性，为 PSM 各个要素提供准确的信息。安全生产信息不全、不准、不及时、版本的不统一等将直接造成员工对风险认识的不完整和不统一，增加风险不受控的概率。

2.3.4.2 安全教育、培训和能力建设

从印度博帕尔灾难、BP公司得克萨斯炼油厂爆炸事故、中石化东黄输油管道泄漏爆炸事故等事故案例可以看到，因为培训不足，往往会导致操作人员在事故发生前不能及时发现和感知不断提高的隐现的事故风险，进而错过抑制事故的最佳时机；在事故发生后，不能正确应对突发事件，进而使事故的影响进一步扩大。

培训是对员工工作和任务要求以及执行方法的实践性指导，目的主要有两个：

① 通过相关法律、工程伦理和风险教育，增强员工安全意识、法律意识、风险意识，提升职业伦理素养；

② 通过强化知识和技能培训，增强员工的安全履职能力，包括沟通与交流的能力。

培训既可以在工作场所进行，也可以在教室进行，但是在员工可以独立操作之前必须完成培训。完成上岗前培训之后，应按工作的实际要求继续参加再培训。要确保培训质量、提高培训效率，首先应该开展培训的需求分析，确定各个岗位应该具备的基本知识、技能以及能力。然后，编制落实相应的培训计划，最后要评估培训效果。培训不仅有操作技能培训，也要有工程伦理、规章制度、法律法规和标准（包括PSM）的培训，还要有对异常工况的识别和应急响应培训。利用笔试、口试、现场实际操作、质量审查等手段对员工进行定期测试是确保培训质量的必要手段。企业应该保存好员工的培训记录和测试记录。

2.3.5 监测与评审

2.3.5.1 体系审核与持续改进

体系审核的意义在于确认风险是否被PSM体系有效控制，在未发生事故时尽早发现PSM管理体系中存在的不足和缺陷，提出改善PSM管理体系的建议，达到持续改进的目的。

2005年BP公司得克萨斯炼油厂发生爆炸事故之后，美国职业安全与健康管理局（OSHA）于2007年7月启动了一项为期四年的针对全国60家炼油厂的PSM标准符合性审核（compliance audit）重点项目。到2010年年底，由于各家炼油厂在PSM系统的执行状况没有达到PSM标准的要求，审核人员给每家炼油厂平均开出了17张罚单。按照罚单数量来看，机械完整性、过程安全信息、操作规程、过程危害分析和变更管理这五个要素存在的问题最多，占总罚单数的80%。OSHA认为通过这次PSM标准符合性审核重点项目，帮助各家炼油厂发现各自在PSM方面的不足之处，有利于提高被审核炼油厂的安全水平。

AQ/T 3034—2022规定：PSM体系审核包括PSM管理要素审核、内部PSM管理体系评审、安全生产绩效考核、外部审计；PSM要素主管部门应每半年对各要素的执行情况进行一次审核；企业应至少每年组织一次内部的PSM管理体系评审；应该每3～5年进行一次PSM体系外部审计。例如对风险管理要素的审核可以考虑以下几个方面：

① 是否建立了内部风险管理程序；

② 风险辨识方法是否选用得当；

③ 风险分析小组的人员组成是否合适，经验是否足够丰富，对被分析的化工过程是否足够了解；

④ 进行风险分析时是否考虑了已经发生过的国内外同类过程重大事故；

⑤ 风险分析是否考虑了工厂和设备选址问题；

⑥ 风险分析的结果是否全面；

⑦ 风险分析的结果是否有对危险场景的严重程度和可能性的分析；

⑧ 风险分析的执行是否及时，是否符合变更管理的规定；

⑨ 风险分析的建议措施是否及时落实，并有详细的文档记录；

⑩ 是否至少每隔五年对所有化工过程都重新进行一遍风险分析。

每一次审核结束之后，都要编制审核报告，发现的 PSM 执行过程中存在的差距要予以记录，并提出和落实改进措施。

2.3.5.2 事故事件管理

事故/事件管理（process accident/incident management）是在发生事故后对 PSM 管理体系进行深入调查发现 PSM 的缺陷和不足，其目的是从事故中吸取经验教训，特别是 PSM 管理体系方面的教训，防止类似事故再次发生。事实上，正是因为业内从业人员并没有真正从以往的事故中吸取经验教训，很多类似事故反复重演，例如第 1 章提到的 1921 年 9 月 21 日德国巴斯夫（BASF）公司的合成氨工厂的爆炸事故和 80 年后 2001 年 9 月 21 日法国 AZF 公司的硝酸铵化肥厂的爆炸事故，以及将近 100 年后的 2019 年 3 月 21 日江苏盐城响水爆炸事故如出一辙；1986 年 11 月 1 日瑞士桑多兹（Sandoz）化学公司化学品仓库火灾导致含有毒化学品的消防污水进入莱茵河事件又和 19 年后 2005 年 11 月 13 日吉林双苯厂爆炸导致含有有毒化学品的消防污水进入松花江事件惊人地相像。要真正从以往事故中吸取经验教训，必须做好事故调查和事故调查报告公开工作，并善于学习和研究已公开的国内外事故调查报告。

美国化学品安全与危害调查委员会（CSB）网站提供了大量的事故调查报告和视频资料，我国应急管理部也公布了一些比较详细的特别重大事故调查报告。令人遗憾的是，部分单位的事故调查和公开工作并不理想。

有关事故事件管理的具体内容请参见第 11 章。

2.3.6 PSM 体系及实施

PSM 体系的 20 个管理要素都同等重要。如果某个管理要素存在不足，那么这个要素就是整个管理体系中的短板。PSM 的各个要素之间存在紧密的内在联系，需要相互协同，防止出现管理要素之间衔接的漏洞，才能发挥好过程安全事故预防的作用。如果中间任何一个环节没有有机地联系起来，就会为企业埋下事故的隐患。对于包含 20 个管理要素的 PSM 体系来讲，每一个要素都会对其他 19 个要素产生影响，要素两两之间联系的数量总和多达 190 个。因此，这样复杂的 PSM 体系建设和高质量运行充满了挑战。

因此，即使是以安全管理著称的杜邦公司，近年来也曾多次出现过化工过程安全事故。2014 年美国杜邦公司位于得克萨斯州拉波特地区的杀虫剂工厂发生化学品泄漏事故，造成 4 人死亡、1 人被送往医院救治。根据事故调查报告，导致这起事故的原因包括多个 PSM 系统缺陷和过程安全文化问题等。PSM 系统缺陷主要体现在过程危害分析（风险管理）、变更管理、体系审核、设备完好性管理、操作规程、安全设计、应急响应等要素。针对这起事故，美国化学品安全与危害调查委员会（CSB）原主席库利诺夫斯基博士（Dr. Kristen Kulinowski）曾表示："过程安全管理是任何化工企业安全和高效运行的关键工具。而此次事故就是一个教科书般的例子，当过程安全管理没有得到充分实施和监管时，就会产生灾难性的后果。"

因此，落实制度比制定规范更重要。如何落实 PSM 体系，可以分为五个主要步骤（见图 2-6）。

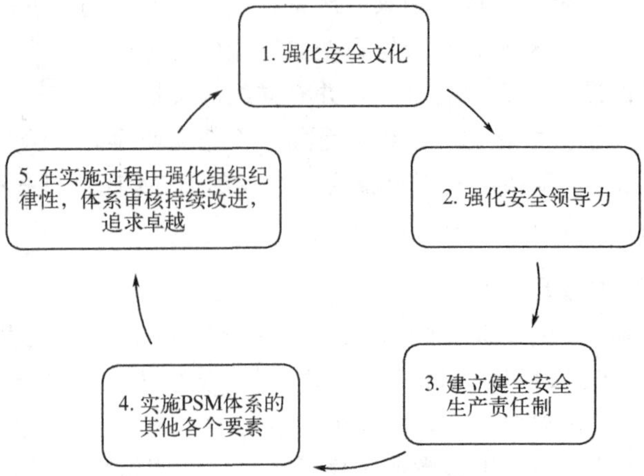

图 2-6　实施 PSM 系统步骤

图 2-7 展示了一个 PSM 体系模型，从中可以看出 PSM 的核心要素是过程安全风险管理。而为了保障整个体系的高质量落实，安全领导力、安全文化建设和安全生产责任制是基础。体系审核与持续改进则能够让 PSM 体系自身不断完善和进化。面对复杂的现代化工流程的风险管理，工业互联网技术则可以对 PSM 体系的实施起到转型升级的作用：加速安全生产从静态风险分析向动态风险感知、事后应急向事前预防、单点防控向全局联防的转变。而要做好这么复杂的管理体系的每一件事情，都需要较高的工程伦理职业素质。

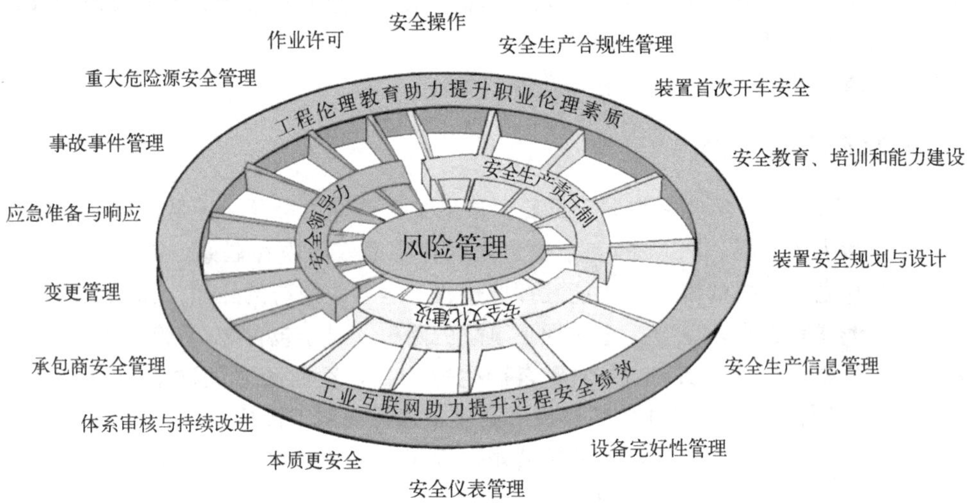

图 2-7　过程安全管理体系模型

过程安全管理未来的进一步发展已经呈现两个发展趋势。一个发展趋势是更加强调 PSM 体系的系统性。AQ/T 3034—2022 规定了 20 个要素，比上一个版本多出 8 个要素，表明我国对 PSM 体系的系统性及其复杂性认识得更加深入。由于对 PSM 系统性及其复杂性认识的深入，必将有利于堵住 PSM 体系的漏洞，但是与此同时，对基于 PSM 的化工事故预防提出了更高、更明确的要求。另一个发展趋势是 PSM 随着工业 4.0 时代的来临从离线管理向在线管理迈进，从信息化向智能化转型，因此 PSM4.0 时代已经在路上，而这个时代需要的人才更加交叉，需要对化学工程、过程安全、人工智能技术等相关专业知识都能熟练掌握和正确应用。

2.4 公众对化工安全风险的感知和理解

化学工业领域的专业人士习惯于把风险定义为伤害的可能性及后果严重性的组合，用风险标准来判断风险是否可以接受。但是普通民众通常不会区分风险和可接受风险的概念，他们通常倾向于将以下因素考虑在内：风险的公平分配，风险是否得到自愿的认定，以及在他们的风险概念中某种风险是否会导致灾难。因此，对于专业人士来讲可以接受的风险，对于公众来讲不一定可以被理解和接受。

随着我国进入中国特色社会主义新时代，公众对安全的关注度越来越高，对风险控制的要求越来越高。因此，公众对风险的理解及其对风险的容忍程度将随着国家发展而动态变化，有关化工设施的重大决策也因此受到影响。这就要求化工企业管理者和政府监管者的头脑在化工设施的风险管理控制工作中时刻对公众感知保持警醒。

有关研究表明，信任是影响风险容忍程度的一个关键因素，而风险沟通又是获取公众信任的重要手段。对于石油、化工类企业而言，公开过程安全管理绩效信息是获得公众信任企业风险管理能力的重要手段。如果不及时或不如实与公众沟通过程安全风险信息，那么公众自己做决策的权利得不到尊重，就不容易获得公众的信任，风险管理者也不会理解公众所关注的问题以及他们所将要采取的后续行动。这种情况下，公众对风险的容忍程度就会降低，对哪怕是很低的风险也会过高估计，从而引起不必要的公众恐慌和过激行动，甚至可能导致更加难以控制的社会问题。因此，中国化工学会工程伦理守则的第四条要求：在需要披露信息时，或在网络等公开场合发表与专业相关的言论时，应以高度负责的精神做到诚实、客观。

为帮助社区公众做好应急准备，联合国环境规划署于 1988 年推出阿佩尔计划（Awareness and Preparedness for Emergencies at Local Level，APELL），在工厂所在的地方层面上做好预防突发事件的准备和风险控制，确保社区居民的生命安全，保护生态环境。2015 年发行了 APELL 计划手册第二版（APELL | UNEP-UN Environment Programme），赵劲松教授参与了第二版的修订工作，并作为中方首席专家参与了在江苏省张家港长江国际化工园区的 APELL 计划试点项目。APELL 计划成功的关键，也是与社区沟通并取得信任的前提，是对风险的深入理解和高质量的风险管控。如果对化工过程风险分级管控能力（比如过程安全管理能力）不足或者缺乏自信，在与公众沟通过程中对于风险的描述不能实事求是，虽然与公众及时沟通了风险，但也很难长期取信于民，因为社会信任不可能仅仅通过高超的沟通技巧的运用而获得。因此，要改变公众“谈化色变”的现状，仅仅靠与公众及时沟通或者科普宣传是不够的，更重要的是不断提升 PSM 能力和工程伦理素养，真正高质量地做好化工事故预防各项工作。为此，《中国化工学会工程伦理守则》的第七条要求追求卓越，追求卓越的化工过程安全。

指点迷津：

① 本章看上去是讲述了风险管理、双重预防机制和过程安全管理（PSM）三种管理。事实上，PSM 就是在化工过程全生命周期中对风险的管理，也是化工企业在落实双重预防机制当中对过程安全风险分级管控的关键。如果把图 2-1 与图 2-5 的风险管理过程以及图 2-3 中的双重预防机制相对应，PSM 的风险管理要素事实上就是针对化工过程的风险评估和风险应对全过程，也是针对化工过程的双重预防机制第一重预防机制。

② 从式（2-1）可知，要对风险有更深刻的认知，必须识别出来所有的危险情况，即通过风险辨识（见第 6 章）确定危险情况总数 N，然后分析出来每一种危险情况的可能性（见第 7 章）和严重程度（第 5 章），才能确定每一种危险情况的风险。

③ 特别要注意的是风险是随着时间动态变化的，而这就更增加了对风险认知和管理的难度。风险之所以是随着时间动态变化，不仅是因为控制危险发生可能性和严重程度的管控措施的可靠性水平（见“设备完好性管理章节”）在发生变化，而且危险本身内在的物理或化学特性以及外部因素也随着时间发生动态变化。因此，动态风险管理已经成为国际研究的前沿。

习题

1. 最新版的中美过程安全管理标准各有什么优缺点？

2. 《化工过程安全管理导则》AQ/T 3034—2022 与 AQ/T 3034—2010 相比有哪些进步？结合二维码中的事故案例，请谈一谈这些进步对于预防化工事故分别有什么作用。

国内外重大事故案例

3. 请结合 AQ/T 3034—2022 中的装置安全规划与设计这一要素的相关规定，谈谈你正在进行的或者已往完成的化工设计存在哪些不足。

4. 2015 年 4 月 6 日 18 时 56 分，位于福建漳州古雷的腾龙芳烃（漳州）有限公司二甲苯装置发生爆炸着火重大事故，请仔细阅读二维码中的事故详情。该事故违反了 AQ/T 3034—2022 的哪些管理要素？

5. 你如何理解我国 2021 年修订的《中华人民共和国安全生产法》规定的“构建安全风险分级管控和隐患排查治理双重预防机制，健全风险防范化解机制”对于预防重大化工事故的重要性？对于健全化工安全风险防范化解机制，你有什么建议？

参考文献

[1] 李素鹏．ISO 风险管理标准全解．北京：人民邮电出版社，2012.

[2] 陈明亮，赵劲松．化学过程工业变更管理．现代化工，2007，27（6）：59-63.

[3] 章展鹏，赵劲松．化学品事故调查与管理软件平台工具设计与开发．计算机与应用化学，2014，31（11）：1293-1297.

[4] CCPS. 化工装置开车前安全审查指南．赵劲松译．北京：清华大学出版社，2010.

[5] CCPS. 工艺安全管理：变更管理导则．赵劲松，鲁毅，崔琳，等译．北京：化学工业出版社，2013.

[6] 29CFR1910. 119. Process safety management of highly hazardous chemicals. https://www.osha.gov/pls/oshaweb/owadisp.show_document?p_table=STANDARDS&p_id=9760. OSHA，1992.

[7] CCPS. 基于风险的过程安全．白永忠，韩中枢，党文义译．北京：中国石化出版社，2013.

[8] ANSI/API RP 754—2021. Process Safety Performance Indicators for the Refining and Petrochemical Industries.

[9] CCPS. Process Safety Leading and Lagging Metrics. 2011.

[10] Zhao J S，Suikkanen J，Wood M. Lessons Learned for Process Safety Management in China. Journal of Loss Prevention in the Process Industries，2014，29：170-176.

[11] Shu Y D，Ming L，Cheng F F，et al. Abnormal situation management：challenges and opportunities in the big data era. Computers & Chemical Engineering，2016，91：104-113.

[12] 王浩水．化工过程安全管理与实践．北京：中国石化出版社，2022.

[13] 曾繁旭，戴佳．风险传播：通往社会信任之路．北京：清华大学出版社，2015.

[14] 赵劲松，粟镇宇，贺丁，等．化工过程安全管理．北京：化学工业出版社，2021.

[15] 卢克・丹尼尔．安全领导力实践指南．倪海云译．北京：中国民航出版社，2022.

[16] 雍瑞生．过程安全管理体系建设与运行指南．北京：石油工业出版社，2024.

第3章

化学品及化学工艺的危险性

“人生到世界上来，如果不能使别人过得好一些，反而使他们过得更坏的话，那就太糟糕了。”

——诺贝尔文学奖获得者 托马斯·斯特恩斯·艾略特

从第2章可以知道，化学品的危险性信息属于安全生产信息的重要组成部分。如果不掌握化学品的危险特性，对化工过程的风险辨识和风险分析就无从谈起，无法做好事故预防工作。事实上，很多危险化学品事故都与其危险性认知不足有关。很多事故涉及危险化学品的不同危险特性，例如印度博帕尔事故的MIC（异氰酸甲酯），大连输油管道爆炸事故的双氧水，杜邦La Porte工厂事故案例的甲硫醇和响水爆炸事故的硝化废料，尤其体现了对于化学品危险性认识不足导致的事故发生或扩大。

国内外事故案例

本章将首先介绍国内外关于化学品危险性的相关制度和标准，然后按照《全球化学品统一分类和标签制度》（GHS）的分类，从物理危险、健康危害和环境危害三个角度介绍化学品的危险性，其中重点介绍爆炸物、易燃气体、高压气体、易燃液体、易燃固体、自反应物质及有机过氧化物等的物理危险性，最后再对我国特色的“两重点一重大”进行针对性介绍。

3.1 化学品危险性的制度和标准

3.1.1 《全球化学品统一分类和标签制度》（GHS）

《全球化学品统一分类和标签制度》（Globally Harmonized System of Classification and Labeling of Chemicals，GHS）是由联合国专家委员会、国际劳工组织（ILO）和经济合作与发展组织（OECD）共同制定的一套科学的、统一标准化的化学品分类标签制度。该制度的目的是保护人类健康和环境，减少对化学品的重复测试和评估，完善现有化学品分类和标签体系，促进化学品国际贸易。该制度包括危险物质和混合物的分类、标签和安全数据单等方面。全球化学品统一分类和标签制度的实施可以帮助化学品生产商、进口商和使用者更好地了解化学品的危险性，从而采取相应的安全措施，保护人类健康和环境。

GHS按危险类型对化学品进行了分类，包括化学品的物理危险性、健康危险性和环境危险性，以便加强化学品处理、运输和使用过程中的人类健康和环境保护。GHS 还为国家、区域和全球各级的化学品规则和条例的统一提供了基础。

GHS 于 2002 年 12 月由联合国危险货物运输和全球化学品统一分类和标签制度专家委员会通过，并将随着执行经验的获得定期更新和改进。2002 年在约翰内斯堡通过的《可持续发展问题世界首脑会议执行计划》鼓励各国尽快执行 GHS，以便到 2008 年使 GHS 获得全面实施。每两年推出一次修订版。截至目前，最新版本为 2023 年的第 10 修订版。

3.1.2 国内危险化学品分类法规与标准

我国于 2002 年颁布了《危险化学品安全管理条例》，对危险化学品安全管理提出了明确的要求。条例在 2011 年 2 月 16 日国务院第 144 次常务会议修订通过，根据 2013 年 12 月 7 日国务院令第 645 号发布的《国务院关于修改部分行政法规的决定》进行了修订。条例第三条规定："危险化学品目录，由国务院安全生产监督管理部门会同国务院工业和信息化、公安、环境保护、卫生、质量监督检验检疫、交通运输、铁路、民用航空、农业主管部门，根据化学品危险特性的鉴别和分类标准确定、公布，并适时调整。"

2022 年应急管理部会同其他部门调整《危险化学品目录（2015 版）》，将"1674 柴油［闭杯闪点≤60℃］"调整为"1674 柴油"，也被称为 2022 调整版。目录参照 GHS 将化学品的危险和危害特性分为物理危险、健康危害和环境危害三大类。在配套的《危险化学品目录（2015 版）实施指南（试行）》中规定："危险化学品生产和进口企业要依据危险化学品分类信息表列出的各种危险化学品分类信息，按照《化学品分类和标签规范》系列标准（GB 30000.2～GB 30000.29）及《化学品安全标签编写规定》（GB 15258）等国家标准规范要求，科学准确地确定本企业化学品的危险性说明、警示词、象形图和防范说明，编制或更新化学品安全技术说明书、安全标签等危险化学品登记信息，做好化学品危害告知和信息传递工作。"

GB 30000 系列标准是我国参考 GHS 制定的，针对化学品危险性分类和标签的强制标准。其中《化学品分类和标签规范 第 1 部分：通则》（GB 30000.1—2024）于 2024 年 7 月 24 日正式发布，规定了与化学品分类和标签相关的术语和定义以及化学品危险性分类、标签和化学品安全技术说明书的通用要求。按照规划，GB 30000.2～GB 30000.30 标准确立了 3 大类 29 小类危险性的分类和标签。GB/T 30000.31 标准确立化学品作业场所警示性标志的要求。

除了上述标准，我国对于危险化学品分类的标准主要还有《危险货物分类和品名编号》（GB 6944）。

3.1.3 化学品安全技术说明书

化学品安全技术说明书又被称作物质安全技术说明书（Material Safety Data Sheet，MSDS）。MSDS 是化学品的供应商向下游用户传递化学品基本危害信息（包括运输、操作处置、储存和应急行动信息）的一种载体。同时，还可以向公共机构、服务机构和其他涉及该化学品的相关方传递这些信息。

我国的《危险化学品安全管理条例》和《危险化学品目录（2015 版）实施指南（试行）》都强调了 MSDS 在化学品安全管理中的重要作用。危险化学品生产企业必须提供与其生产的危险化学品相符的化学品安全技术说明书，并在危险化学品的包装上粘贴或拴挂与包装内危险化学品相符的化学品安全标签。这些说明书和标签所载明的内容必须符合国家标准的要求。

此外，如果生产企业发现其生产的危险化学品具有新的危险特性，应当立即公告，并及时修订其化学品安全技术说明书和化学品安全标签。这确保了化学品信息的透明度和及时更新，以保障人员安全和保护环境。

国际上，前文提到的 GHS 要求通过 GHS 标签和 MSDS 的方式将化学品的危害信息沿着供应链向下游传递，实现化学品全生命周期的管理。而欧盟的 REACH 法规、美国的 OSHA 标准、加拿大的 WHMIS 系统等，都对当地的 MSDS 的格式和内容进行了详细的规定。

国内常用的 MSDS 标准有《化学品安全技术说明书　内容和项目顺序》（GB/T 16483—2008）和《化学品安全技术说明书编写指南》（GB/T 17519—2013），这些标准详细规定了 MSDS 的顺序、内容及细节要求。MSDS 按照下面 16 部分提供化学品的信息，每部分的标题、编号和前后顺序不应随意变更。

① 化学品及企业标识；

② 危险性概述；

③ 成分/组成信息；

④ 急救措施；

⑤ 消防措施；

⑥ 泄漏应急处理；

⑦ 操作处置与储存；

⑧ 接触控制和个体防护；

⑨ 理化特性；

⑩ 稳定性和反应性；

⑪ 毒理学信息；

⑫ 生态学信息；

⑬ 废弃处置；

⑭ 运输信息；

⑮ 法规信息；

⑯ 其他信息。

3.2 典型危险化学品种类及危险特性

3.2.1 爆炸物的种类及其危险性

通常把具有爆炸性的固态和液态（统称凝聚态）化合物或混合物叫爆炸物，其中在军事或工业上有实用价值的叫火炸药（explosives），含有火炸药的制品叫爆炸物品，商业流通中的爆炸物品则称爆炸性货物。

化学品爆炸是由于其分子中存在某些能通过反应使其温度或压力骤增的化学基团引起的。因此对于爆炸物，首先至少应包含以分子形式存在的具有爆炸性的化学基团，文献［2］附录 6 之表 A6.1 给出的爆炸性基团有：

① C—C 不饱和键，例如乙炔、乙炔化合物（乙炔银 Ag—C≡C—Ag 等）。

② C-金属、N-金属，例如格利雅试剂、有机锂化合物等。

③ 相邻氮原子，例如叠氮化合物（—N═N≡N）、脂肪族偶氮化合物（—N═N—）、重氮盐类、肼类、磺酰肼类等。

④ 相邻氧原子，例如过氧化物（—O—O—）、臭氧化物（—O—O—O—）。

⑤ N—O 基团，例如羟胺类（—N—OH）、硝酸盐、硝基化合物（$—NO_2$）、亚硝基化合物（—NO）、*N*-氧化物、1,2-噁唑类等。

⑥ N—基团，例如氯胺类（$—NCl_2$）、氟胺类（$—NF_2$）等。

⑦ O—基团，例如氯酸盐、高氯酸盐、亚碘酰化物等。

但存在以下情况时的物质，即使包含有爆炸性化学基团，也不属于爆炸物：

① 具有爆炸性化学基团，且含氧，计算得到的氧平衡小于−200 的物质。

氧平衡可以如下计算：

$$C_xH_yO_z+\left(x+\frac{y}{4}-\frac{z}{2}\right)O_2 \longrightarrow xCO_2+\frac{y}{2}H_2O$$

氧平衡 A 计算见式（3-1）：

$$A=-1600\times\frac{2x+\frac{y}{2}-z}{M} \tag{3-1}$$

式中 x——分子中 C 原子的个数；

y——H 原子的个数；

z——氧原子的个数；

M——分子量。

② 当有机物或有机物的均匀混合物含有爆炸性的化学基团，但其分解时每克释放的能量小于 500J，并且开始放热分解的温度低于 500℃时。放热时释放的能量可用适当的量热计测定。

3.2.1.1 爆炸性物质的分类

从化学的角度，爆炸性物质主要有以下两类。

① **爆炸性化合物类** 分子中往往含有如上所述的特殊基团。

② **爆炸性混合物类** 种类更多。因为以某种爆炸性化合物为基础，添加其他一些物质后的混合物，一种氧化性单质或化合物与另一种可燃性单质或化合物以适当比例混合后也可构成爆炸物。从形态上看，爆炸性混合物可以是固、液、气态的，也可以是固-气、固-液、固-液-气、液-气的多相体系。

对于实用价值较大的爆炸物即火炸药，若按爆炸性质与用途分又有：

① **起爆药类** 也叫一次炸药或初级炸药。其主要特点是可因简单而较弱的激发冲量（如撞击、摩擦、火焰等）作用即引起爆炸反应，且此爆炸反应由燃烧成长为稳定的爆轰所需时间极短，所需药量极少。故它主要用来制备各种起爆器材和火工品。常用的起爆药有雷汞 [$Hg(ONC)_2$]，叠氮化铅 [$Pb(N_3)_2$]，斯蒂酚酸铅 [$C_6H(NO_2)_3O_2Pb\cdot H_2O$]，二硝基重氮酚 [$C_6H_2N_2O(NO_2)_2$，代号 DDNP]，皆特拉辛 [$C_2H_8N_{10}O$] 等化合物以及一些混合物。

② **猛炸药类** 也叫二次炸药、次级炸药或高级炸药。其主要特点是各种感度较低，需要较强的激发冲量（通常是借助起爆药的爆炸作用）起爆，才能引起爆炸反应至爆轰。一般简单的激发冲量不易直接引起爆轰，即使引起了爆炸反应也需要较多的炸药量和较长的成长

时间才能达到稳定爆轰。一旦发生了爆轰，其释放能量的速度（爆速）与释放热量（单位质量或体积炸药所放出的热）较大，可造成较大的破坏。故在军事和工业上主要用来做破坏功和爆破功。常用的猛炸药有：

a. 单体（也叫单质）炸药，如硝基化合物（含 C—NO_2）类的 TNT、苦味酸；硝基胺（含 N—NO_2）类的黑索今（RDX）、奥克托金（HMX）；硝酸酯（含 O—NO_2）类的太安（PETN）、硝化甘油（NG）；二氟氨基化合物（含 C—NF_2）类的 $C_5H_8N_4F_8$ 等。

b. 混合炸药，如猛炸药混合物 B 炸药（RDX/TNT＝50/50），彭托利特（PETN/TNT＝50/50）；氧化-还原型炸药硝铵炸药（硝酸铵/木粉/敏化剂），铵油炸药（硝酸铵/柴油＝95/5），乳化炸药（硝酸铵/硝酸钠/水/乳化剂/油/其他添加剂）等。

③ 火药类　又可分为发射药和推进剂。其主要特点是基本反应形式为平行层燃烧。燃烧速度因密闭度和压力可由每秒毫米级的缓慢燃烧至每秒数百米的爆燃，它主要用于火炮发射和火箭推进以做抛射功。有的也可用作点火药、延时药等。如果装药结构不合理或遭破坏，或受到非常强烈的冲击等，也可能由燃烧转为爆轰（如火炮等身管武器发射过程中发生的膛炸事故），从而造成巨大的破坏。

④ 烟火剂　一般是由氧化剂与可燃物（包括可燃金属粉）及少量其他添加剂组成。其基本反应形式也是燃烧。实际使用中就是利用它燃烧时产生的热、色、光、声、气、烟等效应来达到某种目的。例如军事上用来作燃烧弹、照明弹、光弹、信号弹、烟幕弹；民用方面作烟火礼花、爆竹、指示信号、舞台焰火效果等。

3.2.1.2　爆炸物的主要危险性及特点

这类物质的危险性主要表现为燃烧（失去控制便形成火灾）、爆炸性，一般也都有一定的毒性。它同其他危险性物质相比有着不同的特点，即自反应性、对外界作用的敏感性、反应的高能量密度的性质。因此从安全方面考虑，这类物质更显得突出，必须予以特别的注意。

(1) 自反应性

自反应性是指物质自身具有较高的化学位能，在它分解为最终的、简单的、稳定的生成物时将伴随热能的释出。换言之即这类物质的分解反应具有自身、自动进行的性质。因此它们多为生成热为负（生成焓为正）的物质或同时含有氧化元素与可燃元素的物质。

(2) 敏感性

它们对机械（撞击、摩擦）、冲击、热、明火、化学等外界作用敏感，易被它们引发自持反应。

(3) 高能量密度

凝聚态爆炸物所含有的化学能在空间与时间上都很集中。即单位体积包含的能量比普通燃料大千倍左右，释能速率可以非常大。

(4) 冲击波危害

冲击波（shock wave），有时也叫爆炸波（blast wave）。关于冲击波的计算详见 5.4。冲击波对人体的作用分为直接（初始）冲击波作用与间接冲击波作用。

① 直接冲击波作用　即冲击波的直接作用。一般哺乳动物对入射波、反射波和动压、冲击波到达后上升到峰值超压的速度及冲击波持续时间都很敏感。身体中相邻组织密度差最大的各部位，最易受到冲击波伤害，因此含有空气的肺组织比其他要害器官更易受到伤害，包括引起肺出血、肺水肿、肺破裂等。其他部位的伤害如最敏感的耳膜鼓膜破裂，腹腔、脊

柱膜、脊椎神经胚根损伤等。

② 间接冲击波作用　又分为次生作用、第三作用及其他作用三种。

次生作用：由发生爆炸的装置本身或位于其附近的物体所形成的抛掷物的撞击。这些抛掷物被冲击波加速，它们对人的伤害程度取决于质量、速度、形状、密度、横截面积与撞击角。病理生理学效应为划破皮肤、侵入器官、钝器损伤、头骨等骨骼破裂等。

第三作用：包括冲击波压力和气流使身体发生位移。先是加速阶段使身体受损；接着是减速撞击，此过程造成的伤害更为严重，其程度取决于撞击时的速度变化、减速过程的时间与距离、撞击表面的形式、人体撞击的面积等。不论加速还是减速撞击，头部都是最易受伤害的，须特别加以保护。

关于危险化学品爆炸的详细危险后果及分析方法见第 5 章。

3.2.2 易燃气体的危险性

3.2.2.1 易燃气体的分类

易燃气体是在 20℃和 101.3kPa 标准压力下，与空气混合时有易燃范围的气体，也称为可燃气体。根据 GB 30000.3—2013，易燃气体分为两类：

① 第 1 类　在 20℃和 101.3kPa 标准压力下，在与空气的混合物中按体积占 13%或更少时可以点燃的气体，或不论易燃性如何，与空气混合后可燃范围至少为 12%的气体。

② 第 2 类　在 20℃和 101.3kPa 标准压力下，除第 1 类中的气体外，与空气混合时有易燃范围的气体。

3.2.2.2 易燃气体的主要危险性及特点

当易燃气体与空气预先混合，形成的均匀气体混合物称为预混气体。对于处于爆炸极限范围内的预混气体而言，由于无需混合扩散过程，所以被点燃后的燃烧速度很大。

爆炸发生的基本条件有“爆炸三角形”和“爆炸四面体”之说。爆炸三角形强调必须同时具备可燃物（F）、助燃气体（O）和激发能量（E）；爆炸四面体则指在前者的基础上还必须具备使链反应继续的自由基（R）。形象地可将这些条件表示为图 3-1。

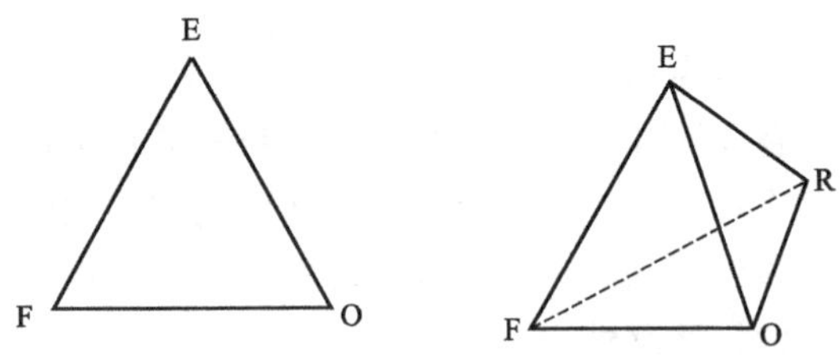

图 3-1　火灾爆炸事故发生的基本条件

FOE 或 FOER 只是表明了发生燃烧（火灾）、爆炸的最基本的必要条件，不一定就是充分条件。充分条件是 F、O、E 和 R 都必须达到一定的“量”。关于易燃气体、易燃液体及易燃固体等危险化学品燃烧的详细危险后果及分析方法见第 5 章。

3.2.3 高压气体的危险性

3.2.3.1 高压气体的分类

高压气体（也称“加压气体”）是指在 20℃时以不低于 200kPa 的压力储藏在容器中或作为冷冻液体储藏在容器中的气体。根据 GB 30000.6，高压气体包括压缩气体、液化气体、溶解气体、冷冻液化气体。

① 压缩气体，指：

a. 在高压下封装时完全处于气态的气体；

b. 所有临界温度≤−50℃的气体（所谓临界温度，是指纯气体高于该温度时，无论压缩程度如何都不能被液化的温度）。

② 液化气体，指在高压下封装时，在高于−50℃的温度下部分是液体的气体。它又可以分为：

a. 高压液化气体，临界温度高于−50℃但低于65℃的气体；

b. 低压液化气体，临界温度高于65℃的气体。

③ 溶解气体，指在高压下封装时溶于液相溶剂中的气体。例如乙炔，即多孔性物质用丙酮处理后把乙炔加压而溶于其中。

④ 冷冻液化气体，指封装时由于其温度低而部分液化的气体。

如果视其理化性质，高压气体又可分为可燃性、助燃性、分解爆炸性、惰性和毒性气体等。

3.2.3.2 高压气体的主要危险性

(1) 压缩效应导致的危险性

高压气体的许多特性（特别是同危险性有关的特性）皆源于其压缩效应，包括：

a. 由于压力升高，反应分子的浓度增大，反应速率加快，单位时间放热量（放热速度）随之增大。

b. 压力升高，通过扩散、对流的热迁移减少，热辐射则增强。总的是使热损失减少或不变，这将促进燃烧、爆炸反应的发生和进行。

c. 压力升高还会带来其他影响。

当然，不同的压缩气体，其具体的压缩效应有所不同。和危险性有关的压缩效应还可从以下几个方面作进一步讨论。

① 破裂性　高压容器因损伤、腐蚀、热的或机械的作用等可能导致破裂，这时内部的高压气体会迅速膨胀、冲出，并在大气中形成压力波，一般称其为气浪或暴风。其压力与距离的关系为

$$p=K\frac{p_1}{R^n} \tag{3-2}$$

式中，p 为气浪峰值压力，atm；p_1 为破裂时容器内压力，atm；R 为至破裂容器的距离，m；K 为常数，在钢瓶事故中取 0.01；指数 n 在 $p_1=0.2\sim0.5$atm（1atm＝101.325kPa）时取 1.5，$p_1<0.2$atm 时取 1.2。

高压容器破裂时除形成空气压力波外，还会把容器撕成小而数量多的碎片，犹如爆轰一样，所以人们常把高压容器破裂称作爆炸。如把爆炸理解为“最重要的特征是在爆炸点周围介质中发生急剧的压力突跃，而这种压力突跃是爆炸破坏作用的直接原因”的话，高压气体容器的破裂属于“物理爆炸”的范畴。但也有人认为，从安全科学的观点看，爆炸现象最本质的东西是压力急剧上升。因此对于盛装于强度足够高的耐压容器中的气体，即使发生了爆炸反应而使温度、压力都急剧升高，但容器并未破坏，也听不到爆炸声；相反，即使没有发生容器内气体爆炸及压力升高现象，而由于容器受损致使高压气体冲出，也会呈现出与爆炸相似的现象，但这只属容器强度问题而不是爆炸。减压容器的“爆缩”或“压碎”也与之类似。这些，确切地说应叫高压气体容器的破裂。真正的高压气体爆炸是指：

a. 由于高压气体内的化学反应（燃爆、分解、聚合等反应）放出反应热；或由于相态

转化而放出相变热，致使气体体积急剧膨胀、压力急剧升高引起破坏。

b. 由于容器内的凝聚态物质向气态转化而致体积迅速膨胀、压力急剧升高所引起的破坏。

② 易泄漏性　生产实践表明，高压气体或液化气体的大量泄漏、喷出，往往是造成火灾、爆炸以及中毒事故的一个重要原因。

泄漏或闪蒸的气体可与空气形成可燃爆混合物。若浓度在爆炸极限范围内并遇上点火源，便会发生所谓“气云爆炸”。处于自由空间时，常叫非限定气云爆炸，简称 UVCE (Unconfined Vapor Cloud Explosion) 现象，现在有的文献也称为 VCE 现象。

装在槽罐（车）中的液化气，如果遇到了外部火灾加热，槽罐中的压力会很快升高，气相部分的罐体会发生延展性破坏而形成大块破片，并被气体膨胀力抛至远方；液相部分会因突然降至大气压而发生突沸，大量的蒸气会立即着火，并借助浮力上升形成火球。此现象称为沸腾液体膨胀爆炸（或沸腾液体扩展蒸气爆炸，BLEVE）现象，详见第 5 章（可扫二维码观看视频）。

储罐火灾

③ 扩散性　气体的扩散性可用扩散系数表示。扩散系数如下式所示。

$$D=\frac{0.00155T^{\frac{3}{2}}}{p(V_A^{\frac{1}{3}}+V_B^{\frac{1}{3}})^2}\left(\frac{1}{M_A}+\frac{1}{M_B}\right)^{\frac{1}{2}} \tag{3-3}$$

式中　D——气体 A 在气体 B 中的扩散系数，m^2/h；

p——气相总压，atm；

T——气相温度，K；

M_A、M_B——气体 A、B 的分子量；

V_A、V_B——气体 A、B 在沸点下是液态时的摩尔体积，cm^3/mol。

可见扩散系数，扩散速度与气体分子量的平方根成反比。分子量较小的可燃气体有较大的扩散速度。例如甲烷与乙醇在空气中的扩散系数之比即 $D_{CH_4}/D_{C_2H_5OH}=1.5$。表明甲烷气体比乙醇蒸气的扩散要快 50%。扩散性越大的可燃气体，在泄漏后越可在很短的时间内遍及一个大范围与空气形成可燃爆混合物，因此具有更大的危险性。

(2) 自然发火性

某些高压可燃气体可因某些特定条件而自然发火。能产生自然发火的情形有：

① 与空气接触发火，例如硅烷（SiH_4）、磷氢化物（PH_3）等。

② 不稳定的具有自反应性的可燃气体受热至一定温度后自然发火，例如乙炔、乙烯等不饱和碳氢化合物即使不与其他助燃性气体混合也能被点燃和使火焰传播，甚至发生爆炸性分解。一般认为，自身分解热达 83.8～125.7kJ/mol 的物质，分解时可使燃烧稳定地传播；分解热大于此值的，往往可发生剧烈爆炸，甚至爆轰。

③ 加压自然发火，常发生于临界压力以上处理分解爆炸性气体的情形。

1900 年前人们往往把乙炔压缩液化储于容器中，但曾多次发生爆炸事故。这是由于乙炔具有爆炸分解性［$C_2H_2 \longrightarrow 2C(s)+H_2, \Delta H_{25}=-226kJ/mol$］，而且其最小发火能量同压力有关，即

$$E=1.140p^{-2.65}$$

式中，E 为最小发火能量，J；p 为乙炔压力，kg/cm^2（$1kg/cm^2=1MPa$）。可见乙炔在高压下危险性增大（E 减小），其发生爆炸性分解的临界压力为 $1.4kg/cm^2$（绝对压力）。在低于此压力的条件下乙炔是不会发生爆炸分解的。

乙烯在氯化铝催化剂存在时可发生分解爆炸，最低条件是40atm、0℃，反应式为：

$$C_2H_4 \longrightarrow C\ (s) + CH_4, \quad \Delta H = -127kJ/mol$$

乙烯在1000atm以上使用时，由于分解爆炸发火能量随压力升高而降低，其可能具有与一般可燃性气体-空气混合物相类似的危险性。

环氧乙烷可同时进行两种分解反应：

$$C_2H_4O \longrightarrow CH_4 + CO, \quad \Delta H_{25} = -135kJ/mol$$

$$2C_2H_4O \longrightarrow C_2H_4 + 2CO + 2H_2, \quad \Delta H_{25} = -33kJ/mol$$

因环氧乙烷临界压力值为300mmHg（39.9kPa），故应十分注意安全。

在临界压力以上处理分解爆炸性气体有发生爆炸的危险。最可靠的防止办法是添加惰性气体以抑制爆炸。抑制机理可能是稀释、吸热、降低火焰传播能力等。

(3) 冷冻液化气体的危险性

冷冻液化气体也称为低温液化气体（liquified gases）或深冷气体。例如液氮、液氧、液化天然气（LNG）等。这类物质有以下主要危险。

① 低温伤害　温度极低，对人体易造成冻伤。正常情况下人体以5～8J/s的速度向周围散热，在低温环境下热量会过度散失，以致当体温降至25℃时便会引起死亡。低温对有些金属材料会造成低温脆性，即含有铁素体的体心立方结构的金属及合金，在低温下有由塑性向脆性转化的现象。这往往是设备突然被破坏造成重大事故的原因。

② 造成缺氧　气液容积比大，在密闭空间汽化时压力会急剧升高，造成伤（损）害。如在有人的地方急剧蒸发，很短时间内即可造成一个缺氧危险区。例如65L液氢在107.6m^3的房间里蒸发，约5s可使室内氧气浓度降至危险极限以下。因人可在氧浓度18%以上的环境中正常生活；当浓度降至16%时便出现呼吸急促、心跳加快、头痛、恶心等症状；10%时脸色苍白、失去知觉；8%时呈昏睡状态，8min死亡；6%时呼吸停止，痉挛而死。海上运输LNG（液化气体）时，若LNG落入水中会发生激烈的“无焰爆炸”（Fireless Explosion）。这不是伴随发热、发光的化学反应，而是基于相变的物理过程，也可称之为暴沸。

③ 燃爆危险　在接近沸点的温度下蒸气密度比空气大［液氢蒸气（20.4K）在常温空气中的相对密度为1.14］，易滞留于地表低洼处、设备与建筑物的空间中与空气形成爆炸性混合物，增大了潜在危险性。

可燃气体-空气混合物一旦爆炸（多数情况下事故爆炸只是爆燃），常用最大爆炸压力p_m、压力上升速度dp/dt等效应参数以表示其爆炸强度。

3.2.4 易燃液体的危险性

3.2.4.1 易燃液体的界定与分类

易燃液体是指闪点（flash point）不高于93℃的液体，包括可燃液体、液体混合物和含有溶解的或悬浮的固体物的液体。

对易燃液体分类，需要其闪点和初沸程的数据，这些数据可以试验确定，也可在文献中找到或计算得到。对于闪点参数，一般采用闭杯闪点试验的数据，只有在特殊的情况下才采用开杯试验确定。GB 30000.7标准将易燃液体分为4类，分别为：

a. 第1类，闪点＜23℃，初始沸点≤35℃的液体；

b. 第2类，闪点＜23℃，初始沸点＞35℃的液体；

c. 第 3 类，23℃≤闪点≤60℃的液体；

d. 第 4 类，60℃<闪点≤93℃的液体。

3.2.4.2 易燃液体的主要危险性

(1) 闪点与最小闪点行为

① 易燃液体的闪点与燃点　由于挥发，在易燃液体的表面会积累一定量的蒸气，温度越高，越易挥发，积累的蒸气量（浓度）越大，将点火源接近易燃液体表面而使之发火但随即熄灭的瞬间燃烧现象叫引火或闪火。把能发生引火或闪火的最低温度叫闪点。易燃液体处于闪点温度时，表面附近的蒸气浓度就是其爆炸下限浓度。闪点高低是评估可燃液体危险性大小的重要尺度，闪点越低，易燃液体发生火灾的可能性越大，危险性越高。一般说来，闪点低于常温的可燃液体危险性较大。关于闪点的检测方法详见第 5 章介绍。

② 易燃液体混合物的最小闪点行为　纯组分易燃液体的闪点一般可以通过文献资料获取，但在实际生产过程中，常常将一些易挥发的液体加入高闪点物料中形成混合溶液。需要特别注意的是，这些混合溶液常常存在最小闪点行为。例如，乙二醇的闪点为 111℃，不属于易燃液体，但当加入 2%的乙醛以后，形成的混合溶液的闪点仅为 29℃，具有较明显的火灾危险性。反之，我们也可以利用最小闪点行为改善物料的安全性。例如，乙醇的闭口闪点为 13℃，火灾危险性高，但加入水以后，可以提高乙醇-水溶液的闪点，从而改善其火灾危险性。由此可见，在化工生产过程中既不能将混合溶液中一种量较多的可燃物的闪点作为整个混合溶液的闪点，也不能以其中闪点最低的可燃物的闪点作为混合溶液的闪点，否则会在确定混合溶液的火灾危险等级时带来安全隐患。

(2) 易燃液体的静电积累

易燃液体一般电导率很小，易在流动中产生静电并积累，这往往是导致事故的重要原因。这是因为，不同的物质紧密接触而又分离时就会出现带电（静电）现象。关于静电带电危害，人们所关注的主要不是静电的产生量，而是其残存量。即静电产生后，部分会很快泄漏或逸散掉，部分残存，其程度取决于带电物质的电阻率。

静电残存量 q 用下式描述：

$$q=q_0\exp\left(\frac{-t}{\varepsilon\rho}\right) \tag{3-4}$$

式中，q、q_0 分别为时间 t 和 $t=0$ 时的带电量；ε 为带电体的介电常数；ρ 为带电体的体积电阻率，即材料长、宽、高各为 1m 立方体的电阻；$\varepsilon\rho$ 为衰减时间常数，当 $t=\varepsilon\rho\equiv\tau$ 时，$q=q_0e^{-1}=q_0/2.718$（即 q_0 的约 37%）；τ 称缓和时间，表示带电体带电量由起始值 q_0 降至约 37%所需要的时间。$\tau<0.01$s 时即认为不致静电积累，称此带电体为静电导体；$\tau>0.01$s，则称静电绝缘体。一般物质最大介电常数 ε 不超过 10^{-10}F/m，故由 $\tau=\varepsilon\rho$，取 ε 最大值、ρ 为最小值时，则 $\rho=10^8\Omega\cdot m$。这就是说，体积电阻率小至 $10^8\Omega\cdot m$ 时，即使产生了静电，也可以在 0.01s 内衰减为原产生静电量的 37%。所以可以认为，处理 $\rho<10^6\Omega\cdot m$ 的物质，只要不将其绝缘起来就可不考虑静电聚集问题；若 $\rho<10^9\Omega\cdot m$，产生静电积累的可能性较小，多数情况下可不采取防静电措施；$\rho>10^{10}\Omega\cdot m$ 时，会有显著的静电危害，必须采取防静电措施。许多易燃液体，特别是石油产品的 ρ 都大于 $10^{11}\Omega\cdot m$，若处理时防静电措施不正确或不到位，就有静电放电火花导致其蒸气-空气混合物燃烧、爆炸的危险。在计量、灌注、输运中这样的事故案例是不少的。

所以必须仔细采取限速、良好接地等防静电措施。例如 $\rho>10^{10}\Omega\cdot m$（或表面电阻率>

$10^{11}\Omega$）的闪蒸性液体管中流速应<1m/s，而醇、酯、酮的安全流速可达 10m/s。

(3) 容器中易燃液体的火灾特性

① 液面下降速度　易燃液体一般是大量地储于槽罐中，着火后是在液面上的蒸气与空气的混合物中燃烧，称液面燃烧。随燃烧进行，液面下降。液面下降速度最好地反映了可燃液体烧失的速度，故也叫燃烧速度，常用 mm/min 表示。燃速越大，危害越大。此速度由燃烧火焰向液面的热传递速度所决定，因此火焰的性质与传热的形式不同，液面下降速度将随之而发生复杂的变化。例如即使是同一种可燃液体，燃速与容器直径的关系有图 3-2 所示的规律。

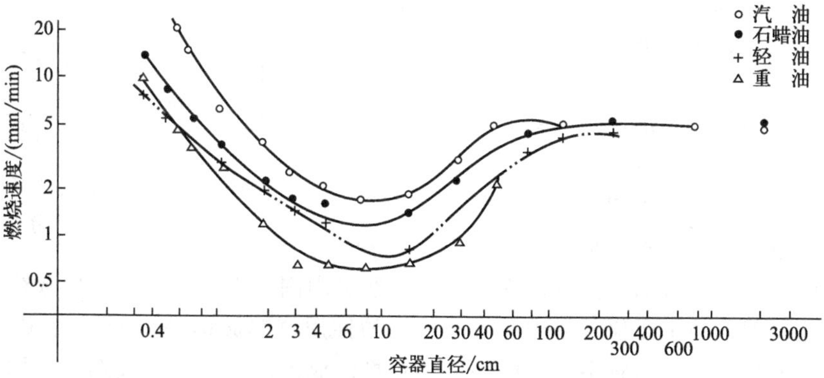

图 3-2　液面下降速度与容器直径的关系

这是因直径小时，热以热传导和对流通过容器壁边从火焰传给液体，所以直径增大燃速降低；直径增大至一定时，热辐射将占支配地位，热辐射随直径增大而增大，因此，燃速增大，最后趋于正常。所以在考虑石油火灾时，容器直径大于 1m 时的燃速是重要的。某些石油产品的燃速如表 3-1 所示。

表 3-1　某些油品的燃烧速度（液面下降速度）

油品	燃烧速度/(mm/min)	油品	燃烧速度/(mm/min)
汽油	4.8	重油	1.7
煤油	4.0	正己烷	7.1
轻油	3.3	苯	6.0

石油产品的燃速与其他性质的关系可用下式描述：

$$V_\infty=\frac{\varepsilon\sigma FT^4}{(\rho_1 H_V)} \tag{3-5}$$

上式可简化为：

$$V_\infty=0.076\frac{H_C}{H_V} \tag{3-6}$$

式中　V_∞——大直径容器中的液面下降速度，mm/min；

ε——火焰辐射率；

σ——Stefan-Boltzmann 常数；

F——火焰与液面间的形态系数；

T——火焰温度；

ρ_1——液体密度；

H_V——液体的蒸发热；

H_C——液体的燃烧热。

② 火焰温度　研究石油产品火灾时火焰温度很重要（关系到直接烧损与热辐射，因为辐射能$\propto T^4$）。一般由于火焰中空气不足而有大量黑区和产生大量黑烟。火焰温度一般在1250℃左右，比绝热火焰温度（化学计算）2000℃低得多。火焰温度在高度方向上的分布如图3-3所示。某些石油产品的火焰温度为汽油1250℃、煤油1210℃、苯1190℃、重油1150℃。

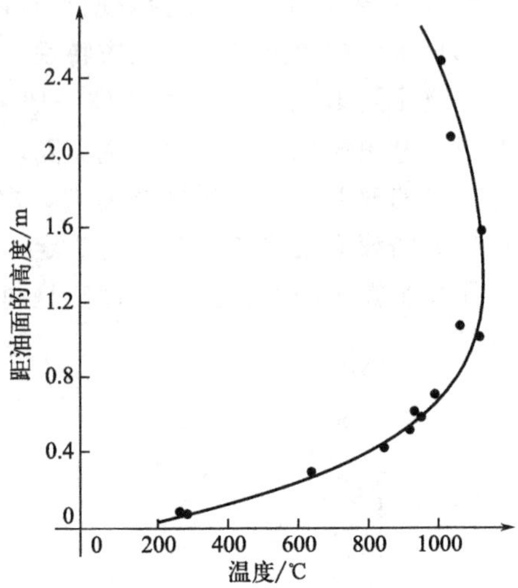

图3-3　直径6m的油罐火灾时火焰中心温度分布

燃速越大的油品，火焰高度与容器直径之比越大，一般为1.5倍左右（直径>1m时）。

③ 沸溢现象　在油罐发生火灾时，容易出现这种现象，即如原油燃烧一段时间后，有大量的油急剧地从油罐中流出，这时油沫四溅，火焰蔓延，油罐周围变得异常危险，以致难以进行消防活动。造成这一现象的主要原因是油品具有热波的性质（热波即高温油层）。因油品是由分子量、密度、沸点、蒸气压各不相同的碳氢化合物组成的混合物，油面燃烧时加热表面，油罐内的油被蒸馏，轻油成分首先燃烧，油的密度逐渐增大，高温重油成分沉降，低温轻油成分则上升。如此继续，油面下部便形成高温油层，即热波。热波温度在原油罐中达100～200℃，重油罐中可达250℃以上。热波厚度随燃烧时间而增大，并逐渐向底层扩展。热波还可促使原呈乳浊状的水分分离出来向底部汇集。当热波到达底部时，汇集的水沸腾汽化，致体积膨胀达千倍左右。由于油的表面张力及黏度较大，水蒸气上升形成气泡，抬高油面，以致从罐中溢出。水与热波间的热交换会使原有的热波消失，然后又产生新的热波，如此可出现若干次沸溢现象。

（4）易燃液体泄漏后的危险性

有机液体受热后体积膨胀性（体膨胀系数）较大，达10^{-3}℃$^{-1}$量级，而有机固体、无机固体、金属为10^{-5}～10^{-4}℃$^{-1}$量级，所以把易燃液体装入容器时应根据温度变化范围确定合适的装填系数，以免胀破容器造成事故。

可燃液体的流动性也使它因易流动而扩大危险范围。这样，易燃液体的高挥发性、蒸气的扩散性及液体的易流动性，就决定了它比一般的可燃物更危险。

易燃液体的蒸气有如同可燃气体的危险性，但其特殊性是一般比空气重，易滞留于低洼处，且贴地顺风流向远方；而人们通常又多在低处用火。这是应特别注意的。

易燃液体又比水轻且多不溶于水，随水流动而扩大危险，也难以用水灭火（常温水既不能阻止其蒸发，也不能隔绝空气）。

（5）易燃液体雾滴的燃烧、爆炸特点

可燃液体在化工生产或运输中，因容器或管线破裂造成的抛洒，尾气带料，紧急排空，闪蒸或蒸气骤冷等，均可能形成云雾，即微小液滴与蒸气悬浮于空气中，形成气-液两相可燃爆体系。研究表明，以雾滴形式存在的可燃液体在温度远低于其闪点的温度下，也可以像其蒸气-空气混合物一样传播火焰，发生燃烧爆炸。而且液滴的燃烧速度不是取决于蒸气压，而是使液滴达到沸点及液体蒸发所需要的热量。所以沸点下的蒸发热在雾滴爆炸中比其蒸气压具备更重要的意义。雾滴燃烧过程中，95%的热量是通过对流传给未燃烧液滴的。细微液滴的可燃下限（质量分数）与蒸气的很接近。易燃蒸气的可燃性区域主要是在闪点以上，但雾滴的可燃范围却可延伸至闪点以下。总的说来，燃料/空气比是影响燃烧的关键条件，但雾滴的均匀性也是影响火焰传播的重要因素。雾滴中的燃烧速度比蒸气要低些，随雾滴浓度增加稍有提高。较大的雾滴燃烧速度不够稳定。

3.2.5 易燃固体的危险性

3.2.5.1 易燃固体的界定与分类

易燃固体是指容易燃烧的或可通过摩擦引起或促进着火的固体，其物理性状可以是粉状、颗粒状或膏状。通常认为，如果它们与点火源（如正在燃烧的火柴等）短暂接触就能点燃并使火焰迅速蔓延，则该物质的危险性较大。

对于易燃固体的界定与分类，可以按照文献［2］中 33.2.1 节规定 N.1 试验方法进行，涉及预先筛选试验和燃烧速率试验。GB 30000.8 标准中将易燃固体分为 2 类。

第 1 类，通过燃烧速率试验确定的包括：①燃烧时间≤5min 的金属粉末，②金属粉末以外的潮湿后不能阻燃且燃烧时间＜45s（或燃烧速率＞2.2mm/s）的物质或混合物。

第 2 类，通过燃烧速率试验确定的包括：①5min＜燃烧时间≤10min 的金属粉末，②金属粉末以外的潮湿后可以阻燃至少 4min 且燃烧时间＜45s（或燃烧速率＞2.2mm/s）的物质或混合物。

3.2.5.2 易燃固体粉尘的危险性

易燃粉尘广泛地存在于许多产业部门中，所造成的燃烧爆炸事故屡见不鲜，所以是安全工程所关心的一个重要内容。从来源看，易产生易燃粉尘的行业主要有：

① 金属行业（镁、钛、铝粉等）和 煤炭行业（活性炭、煤尘等）；

② 合成材料行业（塑料、染料粉尘等）；

③ 轻纺行业（棉尘、麻尘、纸尘、木尘等）和 化纤行业（聚酯粉尘、聚丙烯粉尘等）；

④ 军工、烟花行业（火药、炸药尘等）；

⑤ 粮食行业（面粉、淀粉等）；

⑥ 农副产品加工行业（棉花尘、烟草尘、糖尘等）；

⑦ 饲料行业（血粉、鱼粉等）。

(1) 易燃粉尘的燃烧、爆炸危险性

易燃粉尘显示出燃烧、爆炸危险性通常要具备以下几个条件。

① 细化至可以称其为粉尘　“尘”大多指碎化而成的细小固体颗粒，自液状或气状凝结而成的晶粒或无定形粉末的情况也有。其界定没有严格标准，一般多是指粒径在 1.0mm 以下，当小于 0.42mm 时就具有了爆炸危险性。

② 易燃粉尘要悬浮于空气或其他助燃性气体中　当粒子小于 10^{-4}mm 时，可以以气溶胶形式稳定地悬浮于空气中而不会沉降；大于 10^{-2}mm 时则会较快地自悬浮介质中沉降下来呈堆积状，为了能使其悬浮，应保持流动或不断搅拌。堆积粉尘不会直接发生爆炸，所以研究粉尘爆炸危险时要区分悬浮粉尘与堆积粉尘两种情况。

③ 要有足够强度的点火源　最小点火能量随粒子尺寸减小而减小，但通常情况仍约比碳氢可燃气体的大一个数量级。如果粉尘长时间受热产生了干馏可燃气体时，其危险性就接近于可燃气体了，或成为引发粉尘爆炸的原因。

由此，有的文献总结提出了粉尘爆炸发生的五条件，即粉尘可燃、助燃环境、空间受限、粉尘成云与点火源。

(2) 粉尘爆炸的特点

① 粉尘爆炸的机理不同于火炸药和可燃气体空气混合物　粉尘发生爆炸反应的历程为：a. 粒子表面被点火而受热，温度升高；b. 表面分子升高至一定温度时发生干馏或分解，生成可燃性气体散布于粒子周围；c. 散布于粒子周围的可燃气体与空气形成爆炸性混合物立即被点火发生爆炸反应，放出大量热并呈现火焰。爆炸火焰通过热传导、辐射等作用使尚未反应的粉尘粒子残存部分继续受热分解，放出可燃气体与空气混合、发火、传播，直至反应完全。可见粉尘爆炸本质上也是通过气体爆炸来实现的，不过比直接的气体爆炸过程复杂得多，反应带较长，燃烧产物气体的喷出和粒子破裂碎片的飞溅，构成了火焰传播的另一种机理。

② 粉尘爆炸产生的破坏比气体爆炸大　从上述反应机理可以看出，粉尘爆炸反应速率与压力比可燃气体的要小，但由于它能量密度大、持续时间及反应带较长，所以爆炸能量总的来说较大，破坏力强，特别是燃烧着的粒子飞散可能导致其他可燃物发生局部燃烧。

③ 粉尘爆炸易产生更多的后续效应　一个工厂里，经常悬浮并处于爆炸极限范围内的易燃粉尘往往只是局部的，即使发生爆炸，开始时也不会造成大的危害。但若周围存在着大量的堆积粉尘，就会因局部产生的微小冲击波而飞扬，并会因局部爆炸的光、热传递或飞来的燃烧着的粒子作用而引起二次爆炸。如此将会不断扩大事故范围，甚至转为爆轰。易燃粉尘密度较气体大得多，因此爆炸反应产物中 CO 浓度明显得高，故而可引起人员中毒。事实上一些煤矿的封闭地区发生粉尘爆炸后受害者多为 CO 中毒所致。通过对爆炸现场的气体分析计算 C/H 比，可以判别是气体爆炸还是粉尘爆炸。一般气体（甲烷）爆炸的 C/H＝2.3～2.8，而粉尘（煤尘）爆炸的 C/H＝3～16。

其他关于粉尘爆炸的介绍详见 5.4.4。

3.2.6 自反应物的危险性

3.2.6.1 自反应物质的界定

自反应物质，是指热不稳定性液体或固体物质或混合物，是指即使没有空气中的氧参与也容易发生强烈热分解的物质或混合物。需要注意的是，自反应物质不包括 GB 30000.2、GB 30000.14～16 分类为爆炸物、氧化性物质或有机过氧化物的物质或混合物，如硝酸胍、双氧水等，尽管这些物质具有自反应性。通常说来，自分解物质应满足两个条件：a. 比分解热不小于 300J/g；b. 50kg 包装件的自加速分解温度（SADT）不大于 75℃。根据 GB 30000.9 标准的定义，所谓自加速分解温度，是指包装件中的物质可能发生自加速分解的最低温度，该温度是衡量环境温度、物质分解动力学过程、物质及包装（容器）传热性能等方面的综合性指标，依据该参数可以确定运输、贮存过程中应该控制的温度数值。

如果物质分子结构中存在 3.1 节中给出的爆炸性基团或如下的与自反应性有关的化学基团（文献 [2] 之附录 6 中表 A6.2)，该物质可能有自反应性。

① 相互作用的原子团　例如氨基腈类、卤苯胺类、氧化酸的有机盐类等。

② S═O 基团　例如磺酰卤类、磺酰氰类、磺酰腈类等。

③ P—O 基团　例如亚磷酸盐等。

④ 绷紧的环　例如环氧化物、氮丙啶类等。

⑤ 不饱和基团　例如链烯类、氰酸盐等。

3.2.6.2　自反应物质的主要危险性

自反应物质的主要危险性源于其热不稳定性导致的燃烧、爆炸性，主要表现在其自反应性与对外界作用的敏感性方面，这样的特性与爆炸物很相似。

这类物质的热不稳定性主要用自加速分解温度（SADT）来表征。除了自加速分解温度，自反应物质的热不稳定问题还需要考虑其分解过程中的比反应热。对于自反应性混合物而言，这实际上是考虑混合物的混触危险性（有的文献也称混触发火性，主要指混合后易发生燃烧爆炸危险性）的问题。当然，混触发火的现象不仅仅发生于具有自反应性的混合物，广义地说来，可能发生氧化还原反应的混合体系均可能存在混触发火的危险性。

关于混触危险性，日本东京大学吉田研究室研究了混合物分解热与其危险性之间的关系，表明在一定的范围内两者有相当好的相关一致性，与事故灾害的情况相吻合。例如，根据日本东京消防厅对所管辖范围1960～1974年共15年间的火灾事故进行了统计分析，结果是造成火灾的大部分着火物的比反应热在0.3kcal/g（1kcal/g=4.19kJ/g）以上。可燃气体若在近于爆炸下限浓度时在空气中燃烧，其可燃元素可完全氧化为 H_2O、CO_2。如用10cal/g的间距表示出可燃物的发火频度分布，多数可燃物在爆炸下限浓度时的比反应热在0.3～0.4kcal/g之间（见图3-4）。这一方面说明普通可燃物在空气中持续燃烧所必需的最低能量约为0.3kcal/g；另一方面也说明，具有超过0.3kcal/g分解放热量的混合物是比较危险的。由此，可以用表3-2对混合物的混触危险性进行预测性的评估。

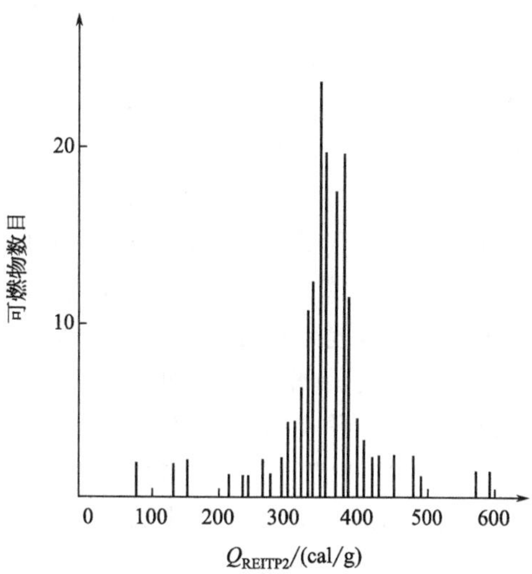

图3-4　可燃物爆炸浓度下限时比反应热的计算值

表3-2　混合物混触危险性的预测性评估

分解放热量 q/(cal/g)	危险情况	危险特征
≥700	危险度A	可能引起激烈的发火(燃烧、爆炸)
700>q≥300	危险度B	可能引起发火
300>q≥100	危险度C	当化合物反应性强时可能引起发火
100>q>0	危险度D	不会引起发火

由于自反应物质及下文所述有机过氧化物的危险性较大，为了保证实验室工作人员的安全，在尝试处理较大数量物质前，必须进行小规模的初步试验，这些初步试验也称为筛选试验。就自反应物质及有机过氧化物而言，其筛选试验包括确定物质对机械刺激（撞击与摩擦）、对热刺激及对火焰刺激的敏感度，具体包括下列4类小规模试验，详见文献[2]。

a. 撞击感度试验（也称为落锤试验），用于确定对撞击的敏感性；

b. 摩擦感度试验或撞击摩擦试验，用于确定对摩擦的敏感性；

c. 热稳定性试验，用于确定对热刺激的敏感性；

d. 点火效应试验，用于确定对火焰的敏感性。

3.2.7 有机过氧化物的危险性

3.2.7.1 有机过氧化物的界定与分类

有机过氧化物是含有二价—O—O—结构的液态或固态有机物质，可以看成是过氧化氢分子（H—O—O—H）中一个或两个氢原子被有机基团（R_1 或 R_2，$R_1=R_2$ 或 $R_1 \neq R_2$）取代后的衍生物。有机过氧化物常作为引发剂、交联剂、聚合剂及固化剂等，广泛地应用于高分子工业中。但同时，这类物质常常具有自反应性，在生产、使用、贮存和运输过程中由于自身热分解、热积累，或撞击、摩擦等外部作用，易造成燃烧、爆炸等恶性事故。

与自反应物质一样，GB 30000.16 规定有机过氧化物可根据其危险程度而分为 A 型～G 型共 7 型有机过氧化物，每型的具体含义同自反应物质。A 型危险性最大，禁止装入联合国危险品运输专家委员会规定的容器中，按其 5.2 项运输（详见联合国编写的《关于危险货物运输的建议书——试验和标准手册》）。G 型安全性最好，可以豁免 5.2 项的规定。B 型至 F 型包装容器可装载的最大数量可逐渐增大。

如果根据取代基的不同，有机过氧化物也分为以下数种。

① 氢过氧化物　例如异丙基苯氢过氧化物、二异丙基苯氢过氧化物等，这类过氧化物分解温度高，但易同还原剂反应，用作聚合剂。

② 二烷基过氧化物。例如二叔丁基过氧化物、二异丙苯基过氧化物，这类过氧化物分解温度较高，用作交联剂、聚合剂。

③ 二酰基过氧化物　例如过氧化苯甲酰等，这类过氧化物分解温度中等，用作聚合剂。

④ 过氧化酯　例如过氧化醋酸叔丁基酯、过氧化苯甲酸叔丁基酯等，这类过氧化物依 R_1 不同，分解温度由低温至中温。用作聚合剂、不饱和聚酯的硬化剂。

⑤ 过二碳酸酯　例如过氧化二异丙基碳酸酯等，分解温度低，用作聚合剂。

⑥ 酮过氧化物　构造较复杂，由酮与过氧化氢制得，例如甲基乙基酮过氧化物等。金属离子易促使其分解，可作不饱和聚酯的硬化剂。

3.2.7.2 有机过氧化物的主要危险性

有机过氧化物中的—O—O—很弱，易因热或还原剂作用而断裂并生成游离基·O—。此游离基作用于具有 C═C 键的单体即可引起聚合反应而生成聚合物，或者引起交联反应：

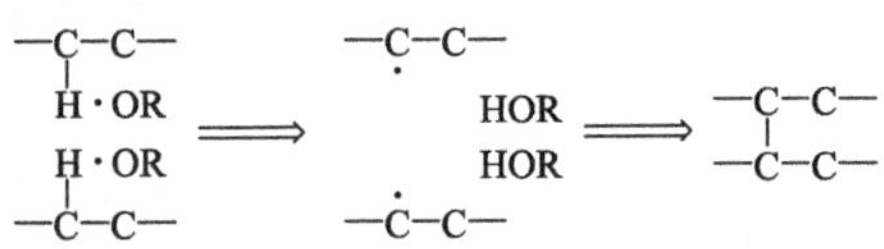

所以有机过氧化物是重要的有机化合物，特别是在高分子工业中，通常用作引发剂。热分解产物中，有机过氧化物的热分解产物中既有氧化剂，又有可燃剂，这是不相容的。正因为有这种性质，所以它又具有很大的潜在危险性。其主要危险性在于：

a. 易于爆炸分解；

b. 迅速燃烧；

c. 对撞击或摩擦敏感；

d. 与其他物质发生危险反应。

所以在生产、运输等处理过程中，对有机过氧化物的危险性评估及如何正确地安全处理都十分重视，它有着专门的评价系统和评价方法。

3.2.8 其他类别化合物的物理危险性

3.2.8.1 气溶胶的危险性

气溶胶在 GB 30000.1—2024 中命名为气雾剂，指喷雾器（系任何不可重新灌装的容器，该容器用金属、玻璃或塑料制成）内装压缩、液化或加压溶解的气体（包含或不包含液体、膏剂或粉末），并配有释放装置以使内装物喷射出来，在气体中形成悬浮的固态或液态微粒或形成泡沫、膏剂或粉末或者以液态或气态形式出现。

气溶胶制品在日常生活中随处可见，如美发品、玻璃清洁剂、杀虫剂、空气清新剂、油漆、表板蜡等。气溶胶制品的容器也称喷罐，由金属、玻璃、塑料制成，不可重新灌装且配有释放装置。日常生活中涉及的气溶胶制品容器是一种高强度焊合金金属罐，容积一般不超过 500mL。容器的顶和底呈拱形，以便承受 1.6～2.7MPa 的压力。罐内盛装雾化推进剂及基础物的混合物，雾化推进剂为压缩、液化或溶解的气体，基础物为液体、膏剂或粉末。启动压力释放装置后，混合物喷出，雾化推进剂汽化，基础物形成气体中悬浮的固态/液态微粒，或形成泡沫液体、膏剂或粉末。

当气溶胶中雾化推进剂或基础物为易燃物（易燃液体、易燃气体或易燃固体）时，应考虑气溶胶为易燃气溶胶的可能性。目前常用的雾化推进剂主要是碳氢化合物，如丙烷、丁烷、异丁烷。这类雾化推进剂在环境温度与环境压力下为气态，在中等压力或低温下则冷凝成液体。一旦液化后的气体处于常温常压状态时，将会瞬间大量汽化。

气溶胶制品的危险性主要表现在以下几个方面：

① 介质的燃烧爆炸危险性　由于雾化推进剂采用的低沸点碳氢燃料（丙烷、丁烷、异丁烷），一旦喷出，瞬间汽化，并与空气混合，当易燃气体浓度达到爆炸极限时，即使遇到微弱的点火也会发生急剧的化学反应，发生燃烧爆炸，因为这类碳氢化合物的最小点火能量都很低，如丙烷-空气混合物的最小点火能大约为 0.3mJ。

② 容器物理爆炸（mechanical explosion）危险性　贮存于容器罐内的雾化推进剂及基础物的混合物，在储存、运输过程中，受到高温、外界热源的热辐射等作用时，会急剧汽化，其罐内压力将随温度升高而增大，当超过容器罐的耐压强度时即会发生容器罐物理爆炸。

根据 GB 30000.4 标准，气溶胶主要分为：类别 1，极易燃烧的气溶胶；类别 2，易燃气溶胶；类别 3，不易燃气溶胶。分类时，应根据其成分、化学燃烧热，以及视具体情况根据泡沫试验（用于泡沫气溶胶）、点火距离试验和封闭空间试验（用于喷雾气溶胶）的结果，对其类别进行判定。详见文献 [2]。

3.2.8.2 氧化性气体的危险性

所谓氧化性气体，是指与空气相比能导致或促使其他物质燃烧的任何气体。需要注意的是，出于管理的需要，不将含氧体积分数高达 23.5%的人造空气归于氧化性气体。根据 GB 30000.5，氧化性气体只有单一类别。

根据前述火灾爆炸的基本条件，可以知道氧化性气体的主要危险性在于其有助于化学物质（物料）的燃烧，利于火灾爆炸事故的发生。

3.2.8.3 自燃液体的危险性

自燃液体是指即使数量小也能在与空气接触后5min内引燃的液体。根据GB 30000.10标准，自燃液体只有单一类别。

在相关的界定与分类试验中，出现以下两种现象之一者均认为属自燃液体：a. 将5mL被测液体加入惰性载体（盛装于直径约为100mm瓷杯中的硅藻土或硅胶）并暴露于空气中，如果在5min内发生燃烧；b. 将0.5mL被测液体注射到凹进的干滤纸上并暴露于空气中，如果在5min内发生燃烧或使干滤纸变成炭黑。当然，生产或处置过程中的实践表明，如果被测液体在正常温度下长时间（例如数天）与空气接触是稳定的，就可以不进行界定与分类试验，直接将其排除出自燃液体的范围。

3.2.8.4 自燃固体的危险性

自燃固体是指即使数量小也能在与空气接触后5min内引燃的固体。根据GB 30000.11，自燃固体只有单一类别。

在界定与分类试验中，将1～2mL被测固体从约1m高处往不燃烧体的表面倾倒，如果观察到该物质在倾倒过程中或在落下后5min内燃烧，则被测物质归于自燃固体。

与自燃液体一样，当生产或处置过程中的实践表明，如果被测固体在正常温度下长时间（例如数天）与空气接触是稳定的，就可以不进行界定与分类试验，直接将其排除出自燃固体的范围。

2022年7月21日，某公司石油化工研究院4名工作人员在实验室进行茂金属催化剂分装作业时，由于分装所用连接软管多次使用出现裂缝，茂金属催化剂中的甲基铝氧烷遇空气后发生自燃反应引发火灾，致使1人死亡，1人受伤。

3.2.8.5 自热物质的危险性

自热物质是指除自燃液体、自燃固体以外，在外界不输入热源的情况下，通过与空气反应自己发热的固态、液态物质或混合物。这类物质与自燃液体或自燃固体的区别在于，这类物质只有数量很大（千克级以上）并经过长时间（数小时或数天）才会燃烧。所谓自热，是指物质或混合物与空气中的氧发生放热反应，热生成速率大于热散失速率时，物质或混合物自身温度升高的现象。当温度升高达到其自燃温度时就会发生自燃。工业过程中，典型的自热物质包括常用的一些镍/钼催化剂颗粒、亚乙基双（二硫代氨基甲酸）锰、镍/钒催化剂颗粒等。

根据GB 30000.12，自热物质分2类。

第1类自热物质，是指用25mm立方体试样（即试样盛装于由不锈钢网制成的网孔为0.05mm、边长为25mm且上端敞开的容器中）在140℃环境（通过烘箱实现）下做试验取得正结果的物质或混合物。所谓正结果，是指经过24h连续试验，试样发生自燃或试验温度高于烘箱内环境温度60℃的情形。下文中关于自热物质在不同环境温度下试验时正结果的含义与此类似。

第2类自热物质，包括下列3种情形：

a. 用100mm立方体试样在140℃下做试验取得正结果，用25mm立方体试样在140℃下做试验取得负结果，且该物质或混合物将装在体积大于$3m^3$的包装件内；

b. 用100mm立方体试样在140℃下做试验取得正结果，用25mm立方体试样在140℃下做试验取得负结果，用100mm立方体试样在120℃下做试验取得正结果，且该物质或混合物将装在体积大于450L的包装件内；

c. 用100mm立方体试样在140℃下做试验取得正结果，用25mm立方体试样在140℃下做试验取得负结果，用100mm立方体试样在100℃下做试验取得正结果。

3.2.8.6 遇水放出易燃气体的物质的危险性

遇水放出易燃气体的物质是指通过与水作用，产生具有自燃性的或危险数量的易燃气体的固态物质、液态物质或混合物。

根据GB 30000.13，遇水放出易燃气体的物质分为3类：

第1类，在环境温度下遇水起剧烈反应并且所产生的气体通常显示自燃的倾向，或在环境温度下遇水容易起反应，释放易燃气体的速度等于或者大于每千克物质在任何1min内释放10L的任何物质或混合物。

第2类，在环境温度下遇水容易起反应，释放易燃气体的最大速度等于或者大于每千克物质每小时20L，且不符合上述第1类的任何物质或混合物。

第3类，在环境温度下遇水容易起反应，释放易燃气体的最大速度等于或者大于每千克物质每小时1L，且不符合第1类及第2类的任何物质或混合物。

一般说来，如果存在下列情况，则可以不采用界定与分类试验，将所涉物质排除该类。

a. 该物质或混合物的化学结构中不含有金属元素或类金属元素；

b. 生产或处置过程中的实践表明，该物质不会遇水发生反应，例如该物质由水制造获得或经过水洗涤获得；

c. 该物质或混合物可溶于水并形成一种稳定的混合物。

3.2.8.7 氧化性液体的危险性

氧化性液体是指本身未必燃烧，但通常可以放出氧气引起或促使其他物质燃烧的液体。

根据GB 30000.14的分类，氧化性液体分为3类。进行界定与分类时，将被测物质的氧化能力（用其与标准纤维素按质量比1∶1进行混合，通过混合过程是否自发火或混合物在标准压力容器中受热试验时的平均压力上升时间进行判定），分别与3种氧化剂（50%高氯酸、40%氯酸钠水溶液、65%硝酸水溶液）进行对比。如果被测物质的氧化能力比50%高氯酸强或相当，则归于第1类，如果介于50%高氯酸与40%氯酸钠水溶液之间，则归于第2类；如果介于40%氯酸钠水溶液与65%硝酸水溶液之间，则归于第3类。当出现下列情形时，可以不采用界定与分类程序，而直接将其排除出这类物质：

① 对于有机物或其混合物，如果：a. 不含氧、氟或氯；b. 含氧、氟或氯，但这些元素只与碳或氢化学键合；

② 对于无机物或其混合物，如果它们不含氧或卤素原子。

3.2.8.8 氧化性固体的危险性

氧化性固体是指本身未必燃烧，但通常可以放出氧气引起或促使其他物质燃烧的固体。

与氧化性液体一样，GB 30000.15将氧化性固体也分为3类。进行界定与分类时，将被测物质与标准纤维素按质量比4∶1或1∶1进行混合，将混合物燃烧试验测得的平均燃烧时间与溴酸钾-纤维素按3种配比形成的混合物（分别为3∶2混合物、2∶3混合物及3∶7混合物）的燃烧时间进行比对。如果平均燃烧时间小于3∶2混合物的燃烧时间，被测物质归于第1类；如果介于3∶2混合物与2∶3混合物之间，则归于第2类；如果介于2∶3混合物与3∶7混合物之间，则归于第3类。

当出现下列情形时，可以不采用界定与分类程序，而直接将其排除出这类物质：

① 对于有机物或其混合物，如果a. 不含氧、氟或氯；b. 含氧、氟或氯，但这些元素只

与碳或氢化学键合；

② 对于无机物或其混合物，如果它们不含氧或卤素原子。

3.2.8.9 金属腐蚀物的危险性

金属腐蚀物是指通过化学作用会显著损伤甚至毁坏金属的物质或混合物。这类物质的主要危险性在于其腐蚀性，它能使工业过程中与之接触的金属设备发生腐蚀，导致各种危险物料的泄漏及设备失效，从而导致各种严重的事故。第1章所描述的2023年盘锦浩业化工爆炸事故就是由于金属管道腐蚀引起的重大事故。

对金属腐蚀物的界定与分类，主要通过定规格（20mm×50mm×2mm）定材质的钢或铝试片在被测物料中的腐蚀试验进行，即将钢或铝试片在55℃的试验温度下浸入被测物料液面下10mm，经过1周时间的浸泡，考察试片的失重情况，并计算试片的腐蚀速率。如果出现下列情形之一，则被测物料归于金属腐蚀物（在GB 30000.17标准中，金属腐蚀物只有单一类别）：

① 均匀腐蚀的情况下，浸泡1周时间对应的失重率达到或超过13.5%（按腐蚀速率6.25mm/a推算得到）；

② 不均匀腐蚀的情况下，通过金相方法测量，浸泡1周对应的浸蚀深度达到或超过120μm。

3.2.9 毒性物质的危险性

3.2.9.1 有毒化学品对人体的危害

化学品可经呼吸道、消化道和皮肤进入体内。在工业过程中，有毒化学品主要经呼吸道和皮肤进入体内，亦可经消化道进入，但比较次要。

有毒化学品对人体的危害主要为引起中毒。中毒分为急性中毒、亚急性中毒和慢性中毒。有毒化学品一次短时间内大量进入人体可引起急性中毒；小量有毒化学品长期进入人体所引起的中毒称为慢性中毒；介于两者之间者，称为亚急性中毒。接触有毒化学品不同，中毒后出现的症状亦不一样；现按人体的系统或器官将有毒化学品中毒后的主要症状分述如下。

(1) 呼吸系统损害

生产过程中呼吸道最易接触有毒化学品，特别是刺激性有毒化学品，一旦吸入，轻者引起呼吸道炎症，重者发生化学性肺炎或肺水肿。常见引起呼吸系统损害的有毒化学品有氯气、氨、二氧化硫、光气、氮氧化物，以及某些酸类、酯类、磷化物等。

① 急性中毒

a. 急性呼吸道炎。刺激性有毒化学品可引起鼻炎、咽喉炎、声门水肿、气管炎、支气管炎等，症状有流涕、喷嚏、咽痛、咳嗽、咯痰、胸闷、胸痛、气急、呼吸困难等。

b. 化学性肺炎。肺脏发生炎症，比急性呼吸道炎更严重。患者有剧烈咳嗽、咳痰（有时痰中带血丝）、胸闷、胸痛、气急、呼吸困难、发热等症状。

c. 化学性肺水肿。患者肺泡内和肺泡间充满液体，多为大量吸入刺激性气体引起，是最严重的呼吸道病变，抢救不及时可造成死亡。患者有明显的呼吸困难，皮肤、黏膜青紫（发绀），剧咳，带有大量粉红色泡沫样痰，烦躁不安等症状。

② 慢性影响　长期接触铬及砷化合物，可引起鼻黏膜糜烂、溃疡甚至发生鼻中隔穿孔。长期低浓度吸入刺激性气体或粉尘，可引起慢性支气管炎，重者可引发肺气肿。某些对呼吸

道有致敏性的有毒化学品，如甲苯二异氰酸酯（TDI）、乙二胺等，可引起哮喘。

（2）神经系统损害

神经系统由中枢神经（包括脑和脊髓）和周围神经（由脑和脊髓发出，分布于全身皮肤、肌肉、内脏等处）组成。有毒化学品可损害中枢神经和周围神经。

① 神经衰弱综合征　这是许多有毒化学品慢性中毒的早期表现。患者出现头痛、头晕、乏力、情绪不稳、记忆力减退、睡眠不好、植物神经功能紊乱等。

② 周围神经病　常见引起周围神经病的有毒化学品有铅、铊、砷、正己烷、丙烯酰胺、氯丙烯等。有毒化学品可侵犯运动神经、感觉神经或混合神经。表现有运动障碍，四肢远端的手套、袜套样分布的感觉减退或消失，反射减弱，肌肉萎缩等，严重者可出现瘫痪。

③ 中毒性脑病　中毒性脑病多是由能引起组织缺氧的有毒化学品和直接对神经系统有选择性毒性的有毒化学品引起。前者如一氧化碳、硫化氢、氰化物、氮气、甲烷等；后者如铅、四乙基铅、汞、锰、二硫化碳等。急性中毒性脑病是急性中毒中最严重的病变之一，常见症状有头痛、头晕、嗜睡、视力模糊、步态蹒跚，甚至烦躁、抽搐、惊厥、昏迷等，还可出现精神症状、瘫痪等，严重者可发生脑疝而死亡。慢性中毒性脑病有痴呆型、精神分裂症型、震颤麻痹型、共济失调型等。1956 年日本水俣病事件就是含汞工业废水排放造成的公害。

（3）血液系统损害

生产过程中的许多有毒化学品能引起血液系统损害。如：苯、砷、铅等，能引起贫血；苯、巯基乙酸等能引起粒细胞减少症；苯的氨基和硝基化合物（如苯胺、硝基苯）可引起高铁血红蛋白血症，患者突出的表现为皮肤、黏膜青紫；氧化砷可破坏红细胞，引起溶血；苯、三硝基甲苯、砷化合物、四氯化碳等可抑制造血机能，引起血液中红细胞、白细胞和血小板减少，发生再生障碍性贫血；苯可致白血病已得到公认，其发病率为 0.014%。长期在甲醛超标的环境中生活或工作也有较高的白血病风险。

（4）消化系统损害

有毒化学品对消化系统的损害很大。如汞可致汞毒性口腔炎，氟可导致“氟斑牙”；汞、砷等有毒化学品，经口侵入可引起出血性胃肠炎；铅中毒，可致腹绞痛；黄磷、砷化合物、四氯化碳、苯胺等物质可致中毒性肝病。

（5）循环系统损害

常见的有：有机溶剂中的苯、有机磷农药以及某些刺激性气体和窒息性气体对心肌的损害，其表现为心慌、胸闷、心前区不适、心率快等；急性中毒可出现休克；长期接触可促进动脉粥样硬化等。

（6）泌尿系统损害

经肾随尿排出是有毒化学品排出体外的最重要的途径，加之肾血流量丰富，易受损害。泌尿系统各部位都可能受到有毒化学品的损害，如慢性铍中毒常伴有尿路结石，杀虫脒中毒可出现出血性膀胱炎等，但常见的还是肾损害。不少生产性有毒化学品对肾有毒性，尤以重金属和卤代烃最为突出。如汞、铅、铊、镉、四氯化碳、氯仿、六氟丙烯、二氯乙烷、溴甲烷、溴乙烷、碘乙烷等。

（7）骨骼损害

长期接触氟可引起氟骨症。磷中毒下颌改变首先表现为牙槽嵴的吸收，随着吸收的加重发生感染，严重者发生下颌骨坏死。长期接触氯乙烯可致肢端溶骨症，即指骨末端发生骨缺损。镉中毒可发生骨软化。

(8) 眼损害

生产性有毒化学品引起的眼损害分为接触性和中毒性两类。前者是有毒化学品直接作用于眼部所致；后者则是全身中毒在眼部的改变。接触性眼损害主要为酸、碱及其他腐蚀性有毒化学品引起的眼灼伤。眼部的化学灼伤重者可造成终身失明，必须及时救治。引起中毒性眼病最典型的有毒化学品为甲醇和三硝基甲苯。甲醇急性中毒的眼部表现有视觉模糊、眼球压痛、畏光、视力减退、视野缩小等，严重中毒时有复视、双目失明。慢性三硝基甲苯中毒的主要临床表现之一为中毒性白内障，即眼晶状体发生混浊，混浊一旦出现，即使停止接触也不会消退，晶状体全部混浊时可导致失明。

(9) 皮肤损害

职业性皮肤病是职业性疾病中最常见、发病率最高的职业性伤害，其中化学性因素引起者占多数。根据作用机制不同引起皮肤损害的化学性物质分为：原发性刺激物、致敏物和光敏感物。常见原发性刺激物为酸类、碱类、金属盐、溶剂等；常见皮肤致敏物有金属盐类（如铬盐、镍盐）、合成树脂类、染料、橡胶添加剂等；光敏感物有沥青、焦油、吡啶、蒽、菲等。常见的疾病有接触性皮炎、油疹及氯痤疮、皮肤黑变病、皮肤溃疡、角化过度及皮裂等。

(10) 化学灼伤

化学灼伤是化工生产中的常见急症，是化学物质对皮肤、黏膜刺激、腐蚀及化学反应热引起的急性损害。按临床分类有体表（皮肤）化学灼伤、呼吸道化学灼伤、消化道化学灼伤、眼化学灼伤。常见的致伤物有酸、碱、酚类、黄磷等。某些化学物质在致伤的同时可经皮肤、黏膜吸收引起中毒，如黄磷灼伤、酚灼伤、氯乙酸灼伤，甚至引起死亡。

(11) 职业性肿瘤

接触职业性致癌性因素而引起的肿瘤，称为职业性肿瘤。国际癌症研究机构（IARC）1994 年公布了对人类肯定有致癌性的 63 种物质或环境。致癌物质有苯、铍及其化合物、镉及其化合物、六价铬化合物、镍及其化合物、环氧乙烷、砷及其化合物、4-氨基联苯、联苯胺、煤焦油沥青、石棉、氯甲醚等；致癌环境有煤的气化、焦炭生产等。我国 1987 年颁布的职业病名单中规定石棉致肺癌、间皮瘤，联苯胺致膀胱癌，苯致白血病，氯甲醚致肺癌，砷致肺癌、皮肤癌，氯乙烯致肝血管肉瘤等。焦炉工人肺癌和铬酸盐制造工人肺癌为法定的职业性肿瘤。

有毒化学品引起的中毒往往是多器官、多系统的损害。如常见有毒化学品铅可引起神经系统、消化系统、造血系统及肾脏损害；三硝基甲苯中毒可出现白内障、中毒性肝病、贫血、高铁血红蛋白血症等。同一种有毒化学品引起的急性和慢性中毒其损害的器官及表现亦可有很大差别。例如，苯急性中毒主要表现为对中枢神经系统的麻醉作用，而慢性中毒主要为造血系统的损害。这在有毒化学物质对机体的危害作用中是一种很常见的现象。此外，有毒化学物质对机体的危害，尚取决于一系列因素和条件，如有毒化学品本身的特性（化学结构、理化特性），有毒化学品的剂量、浓度和作用时间，有毒化学品的联合作用，个体的感受性等。总之，机体与有毒化学物质之间的相互作用是一个复杂的过程，中毒后的表现千变万化，了解和掌握这些过程和表现，无疑将有助于我们对有毒化学物质中毒的了解和防治管理。

任何毒性物质对人体产生影响的结果都与其浓度有关，因此世界各国针对不同的毒性物质，制定了相应的毒性作用标准，详细介绍见 5.2.4。

3.2.9.2 毒性物质传统分类与基于 GB 30000 体系分类

(1) 传统分类

有毒化学品的分类方法有多种，而常用的分类方法是将有毒化学品分为以下几类。

① 金属和类金属　常见的金属和类金属有毒化学品有铅、汞、锰、镍、铍、砷、磷及其化合物等。

② 刺激性气体　指对眼和呼吸道黏膜有刺激作用的气体。它是化学工业常遇到的有毒气体。刺激性气体的种类甚多，最常见的有氯、氨、氮氧化物、光气、氟化氢、二氧化硫、三氧化硫等。

③ 窒息性气体　指能造成机体缺氧的有毒气体。窒息性气体可分为单纯窒息性气体、血液窒息性气体和细胞窒息性气体。如氮气、甲烷、乙烷、乙烯、一氧化碳、硝基苯的蒸气、氰化氢、硫化氢等。

④ 农药　包括杀虫剂、杀菌剂、杀螨剂、除草剂等。农药的使用对保证农作物的增产起着重要作用，但如果生产、运输、使用和贮存过程中未采取有效的预防措施，可引起中毒。

⑤ 有机化合物　大多数属有毒有害物质，例如应用广泛的有机溶剂，如苯、甲苯、二甲苯、二硫化碳、汽油、甲醇、丙酮等；苯的氨基和硝基化合物，如苯胺、硝基苯等。

⑥ 高分子化合物　高分子化合物本身无毒或毒性很小，但在加工和使用过程中，可释放出游离单体对人体产生危害，如酚醛树脂遇热释放出苯酚和甲醛而具有刺激作用。某些高分子化合物由于受热、氧化而产生毒性更为强烈的物质，如聚四氟乙烯塑料受高热分解出四氟乙烯、六氟丙烯、八氟异丁烯，吸入后引起化学性肺炎或肺水肿。高分子化合物生产中常用的单体多数对人体有危害。

(2) 基于 GB30000 体系分类

① 急性毒性　急性毒性是指单剂量或 24h 内多剂量口服、皮肤接触或吸入接触 4h 之后出现的有害效应。急性毒性可以近似用 LD_{50} 值（经口、经皮）、LC_{50} 值（吸入）或急性毒性估计值（ATE）表示。其中，LD_{50} 是指化学品一次性经口或皮肤进入受试动物体内，造成一组受试动物 50%死亡概率的量，以 mg/kgbw 表示（bw 指体重）；LC_{50} 是指化学品在空气中或水中造成一组受试动物 50%死亡的浓度，以 mL/L 或 mg/L 表示；急性毒性估计值可以根据 GB 30000.18 标准的有关方法根据 LD_{50}、LC_{50} 等参数计算获得。按照标准，根据化学品（含其混合物）的 ATE，将具有急性毒性的物质分为 5 类（表 3-3）。

表 3-3　急性毒性危险类别和各类别的急性毒性估计值（ATE）

接触途径	第 1 类	第 2 类	第 3 类	第 4 类	第 5 类
经口/(mg/kgbw)	5	50	300	2000	5000
经皮/(mg/kgbw)	50	200	1000	2000	
气体/(mL/L)	0.1	0.5	2.5	20	
蒸气/(mg/L)	0.5	2.0	10	20	
粉尘和烟雾/(mg/L)	0.05	0.5	1.0	5	

② 皮肤腐蚀/刺激　皮肤腐蚀对皮肤造成的不可逆损伤，即施用试验物质 4h 后，可观察到表皮和真皮坏死。腐蚀反应的特征有溃疡、出血、血痂，而且在观察期 14 天结束时，皮肤、完全脱发区域或结痂处由于漂白而褪色。应考虑通过组织病理学来评估可疑的病变。

皮肤刺激是施用物质到 4h 后对皮肤造成的可逆损伤。

GB 30000.19 将具有皮肤腐蚀/刺激的化学物质分为 3 类：第 1 类为腐蚀物；第 2 类为刺激物；第 3 类为轻微刺激物。

③ 严重眼损伤/眼刺激

严重眼损伤是在眼前部表面施加试验物质后，在施用 21 天内对眼部造成不完全可逆的组织损伤，或严重的视觉衰退。

眼刺激是在眼前部表面施加试验物质后，施用 21 天内在眼部产生的完全可逆的变化。

GB 30000.20 将具有严重眼损伤/眼刺激的化学物质分为第 1 类眼刺激物（产生严重眼损伤）和第 2 类眼刺激物（产生可逆眼部效应），其中第 2 类又根据刺激的严重程度分为第 2A 类和第 2B 类，第 2B 类属轻微眼刺激物。

④ 呼吸或皮肤敏化作用

呼吸敏化物是指吸入后引起气管超敏反应的物质。

皮肤敏化物是指皮肤接触后会引起过敏反应的物质。

GB 30000.21 将具有呼吸或皮肤敏化作用的化合物分为两类：第 1 类（呼吸敏化物）及第 2 类（皮肤敏化物）。

⑤ 生殖细胞致突变性　该危险类别涉及的主要是可能导致人类生殖细胞发生可传播给后代的突变的化学品，其对生殖细胞的作用包括改变 DNA 结构与信息，干扰其正常复制过程等。所谓突变，是指细胞中遗传物质的数量或结构发生永久性的改变。通常采用生殖毒性试验的结果作为判别致突变效应的指标。

GB 30000.22 将具有生殖细胞致突变性的化学物质分为两类：

第 1 类，指已知可引起人类生殖细胞可遗传突变的化学品（第 1A 类），或被认为可能导致人类生殖细胞可遗传突变的化学品（第 1B 类）。

第 2 类，指由于可能导致人类生殖细胞可遗传突变而引起人们关注的化学品。

⑥ 致癌性

致癌性是指可导致癌症或增加癌症发生率的性质。具有致癌性的化学物质或混合物称为致癌物。在动物实验研究中诱发良性或恶性肿瘤的物质也被认为是假定的或可疑的人类致癌物，除非有确凿证据显示该肿瘤的形成机制与人类无关。

GB 30000.23 将致癌物分为：

第 1 类，已知或假定的人类致癌物，包括已知对人类有致癌可能，对物质的分类主要根据人类证据（第 1A 类）；假定对人类有致癌可能，对物质的分类主要根据动物证据（第 1B 类）。

第 2 类，可疑的人类致癌物。指根据现有人类、动物研究获得的致癌性证据不能令人信服地将该化学品划为第 1 类的化学品。

⑦ 生殖毒性

所谓生殖毒性，是指对成年雄性、成年雌性的性功能和生育能力的有害影响及对后代的发育毒性。在 GB 30000.24 分类体系中，生殖毒性又分为两个方面。

a. 对性功能和生育能力的有害影响　这些有害影响可能包括对雌性/雄性生殖系统的改变，对青春期的开始、配子的产生与输送、生殖周期正常状态、性行为、生育能力、分娩、怀孕结果等的有害影响，过早生殖衰老，对依赖生殖系统完整性的其他功能的改变等。

对哺乳期的有害影响或通过哺乳期产生的有害影响也属于生殖毒性的范围，但为了专门为处于哺乳期的母亲提供有关该毒性的危险警告，专门以附加类别的形式将影响哺乳期或通过哺乳期产生影响的物质单独列出。

b. 对后代发育的有害影响　广义上说，发育毒性包括在出生前或出生后干扰孕体正常发育的任何效应，这种效应的产生是由于受孕前父母一方接触，或者正在发育之中的后代在出生前或出生后性至成熟前这一期间的接触。狭义上讲，发育毒性实质上是指怀孕期间引起的有害影响，或者父母接触造成的有害影响，这些效应可在生物体生命周期的任何时间显现出来。

发育毒性的主要表现包括：a. 发育中的生物体死亡；b. 结构异常畸形；c. 生长改变；d. 功能缺陷。

GB 30000.24 将具有生殖毒性的化学物质分为：

第 1 类，已知或假定的人类生殖毒物。包括已知对人类性功能和生育能力或发育产生有害影响的物质，或动物研究证据（可能有其他信息作补充）表明其干扰人类生殖的可能性很大的物质。可根据分类证据主要来自人类数据（类别 1A：已知的人类生殖毒物）或来自动物数据（类别 1B：推测可能的人类生殖毒物），对物质进行进一步的划分。

第 2 类，可疑的人类生殖毒物。此类别的物质是一些人类或动物试验研究证据（可能有其他信息作补充）表明在没有其他毒性效应的情况下，对性功能和生育能力或发育有有害影响；或如果与其他毒性效应同时发生，但能确定对生殖的有害影响不是其他毒性效应的非特异继发性结果，而且没有充分证据支持分为类别 1。例如，试验研究设计中存在欠缺，导致证据的说服力较差。此时应将其分类于类别 2 可能更合适。

附加类，影响哺乳期或通过哺乳期产生影响的物质。将影响哺乳或通过哺乳产生影响的毒物划分为单独的类别。虽然目前许多物质并没有信息显示它们有可能通过哺乳对子代产生有害影响，但是某些物质被妇女吸收后可出现干扰哺乳作用，或该物质（包括代谢物）可能出现在乳汁中，其含量足以影响母乳喂养婴儿的健康，应将这些物质划为此类别，以表明对母乳喂养婴儿造成的影响。

⑧ 特异性靶器官毒性　一次接触

主要考虑一次接触物质和混合物引起的特异性、非致死性的靶器官毒性作用，包括所有明显的健康效应，可逆的和不可逆的、即时的和迟发的功能损害。评估不仅要结合单一器官或生物系统中的显著变化，而且还要结合涉及多个器官的严重性较低的普遍变化。对于反复接触的特异性靶器官毒性分类见⑨。GB 30000.18～24 和 GB 30000.27 规定的其他健康危害都分别加以评估，不包括在特异性靶器官毒性。

GB 30000.25 将一次接触后可能导致特异性靶器官毒性的化学品分为 3 类。

第 1 类，对人类产生显著毒性的物质，或者根据实验动物研究得到的证据，可假定在一次接触之后可能对人类产生显著毒性的物质。

第 2 类，根据实验动物研究的证据，可假定在一次接触之后可能对人类健康产生危害的物质。

第 3 类，暂时性靶器官效应。这些效应在接触后的短暂时间内有害地改变人类功能，但人类可在一段合理的时间内恢复而不留下显著的组织或功能改变。这一类别仅包括麻醉效应和呼吸道刺激。

⑨ 特异性靶器官毒性　反复接触

这部分的特异性靶器官毒性的含义与上述⑧完全一致，不同之处仅在于重复接触。

GB 30000.26 将因反复接触后可能导致特异性靶器官毒性的化学品分为 2 类。

第 1 类，对人类产生显著毒性的物质，或根据实验动物研究得到的证据，可假定在反复接触后有可能对人类产生显著毒性的物质。

第 2 类，根据实验动物研究的证据，可假定在反复接触之后有可能危害人类健康的物质。

⑩ 吸入危害

这里所谓的“吸入”，特指液态或固态化学品通过口腔或鼻腔直接进入或者因呕吐间接进入气管和下呼吸系统。吸入毒性包括各种严重急性效应，如化学性肺炎、不同程度的肺损伤和吸入致死等。

GB 30000.27 将具有吸入毒性的化学品分为 2 类。

第 1 类，已知引起人类吸入毒性危险的化学品或者被看作会引起人类吸入毒性危险的化学品。

第 2 类，因假定它们会引起人类吸入毒性危险而令人担心的化学品。

3.2.10 危害环境化学品的危险性

3.2.10.1 对水生环境的危害

GB 30000.28 将具有危害水生环境的化学物质分为三个急性分类类别和四个慢性分类类别，急性和慢性类别单独使用。

化学品泄漏或排放时，不仅要关注人，还需要关注对环境可能造成的危害。这里主要关注水生环境。化学品对水生环境的危害可以从急性水生毒性、生物积累、有机化学品的降解、慢性水生毒性等方面进行评价。

(1) 急性水生毒性

急性水生毒性是指化学物质对短期接触它的生物体造成伤害的固有性质，一般采用鱼毒性（用鱼类 96h 的 LC_{50} 表征）、甲壳纲物种毒性（用 48h 的 EC_{50} 表示，EC_{50} 的含义为导致 50%受试群体出现移动能力受损的有效浓度）、藻类毒性（用 72h 或 96h EC_{50}）等参数确定。

(2) 生物积累

生物积累是指物质经过空气、水、沉积物/泥土、食物等途径在生物体内吸收、转化和排出的净结果，可以用辛醇/水分配系数（PO/W）反映的生物积累潜力来表征，也可以用生物富集因子（BCF）确定。

(3) 有机化学品的降解

环境对化学品的降解可以是生物性的，也可以是非生物性的（例如水解反应等）。化学品降解的速度可以通过有关试验确定，例如可以通过有关生物降解性试验确定物质降解的快速性。

(4) 慢性水生毒性

慢性水生毒性是指物质在与生物体生命周期相关的接触期间内对水生生物产生有害影响的潜在性质或实际性质。慢性毒性的参数不像急性参数那样容易得到，可以通过鱼类早期生命阶段的有关参数、水蚤生殖或藻类生长抑制的有关参数来表征。

3.2.10.2 对臭氧层的危害

臭氧层，作为地球大气层中的重要组成部分，对地球生态系统起着至关重要的作用，它能有效吸收太阳辐射中的紫外线，保护地球上的生物免受其害。然而，随着人类活动的不断增加，一些危险化学品被释放到大气中，对臭氧层造成了严重破坏。化学品主要通过两种机制破坏臭氧层：一是直接参与化学反应，消耗臭氧分子；二是作为催化剂，加速臭氧分解的化学反应，但自身不被消耗。这些化学品在大气中稳定存在，并能上升到平流层，对臭氧层造成长期损害。这些物质包括但不限于某些卤代烃、卤代烷烃、氮氧化物等。

典型的危害臭氧层的危险化学品包括以下几种。

① 氯氟烃（CFCs） 如氟利昂，曾广泛用于制冷剂、发泡剂等，是破坏臭氧层的主要化学品之一。

② 卤代烷烃 如四氯化碳、甲基氯等，这些化学品在工业生产和日常生活中有广泛应用，同样对臭氧层有破坏作用。

③ 氮氧化物 主要来源于汽车尾气、工业排放等，它们不仅直接消耗臭氧，还能加速其他化学品对臭氧的破坏。

④ 氢氯氟烃（HCFCs）和氢氟烃（HFCs） 作为 CFCs 的替代品，虽然对臭氧层的破坏力较小，但长期大量使用仍会对臭氧层造成一定影响。

为了保护臭氧层，国际社会制定了一系列的管理规定和协议。联合国环境规划署（UNEP）自 1976 年起开始关注臭氧层破坏问题，并推动了一系列国际行动。1985 年 3 月 22 日，经过多轮会议和讨论，最终来自多个国家的代表在维也纳签署了《保护臭氧层维也纳公约》，简称《维也纳公约》。中国于 1989 年 9 月 11 日加入了《保护臭氧层维也纳公约》，并于同年 12 月 10 日对该公约生效。1987 年 9 月，由 UNEP 组织的“保护臭氧层公约关于含氯氟烃议定书全权代表大会”在加拿大蒙特利尔召开，24 个国家签署了《关于消耗臭氧层物质的蒙特利尔议定书》（Montreal Protocol on Substances that Deplete the Ozone Layer），简称《蒙特利尔议定书》。该议定书作为《维也纳公约》的补充，具体规定了减少和控制 CFCs、卤代烷烃等化学品生产和使用的目标和时间表。由于议定书制定时未能充分反映发展中国家的意见，1989 年后开始了修正工作。1990 年 6 月，伦敦缔约方第 2 次会议通过了《蒙特利尔议定书》修正案。1991 年 6 月，中国正式加入修正后的《蒙特利尔议定书》。议定书自签署以来，经历了多次修订以适应全球环境保护的需要。这些修订通过国际会议和缔约方会议进行，主要目的是调整受控物质的范围、更新淘汰时间表，以及解决实施过程中的问题。

臭氧消耗潜能值（ODP），作为评估化学品对臭氧层破坏能力的重要依据，被广泛应用于议定书的制定和执行过程中。它表示某种化学物质在单位质量下，与基准物质（通常是三氯氟甲烷，CFC-11）相比，对平流层臭氧层造成的消耗程度。具体来说，ODP 是某种化学物质的差量排放相对于同等质量的三氯氟甲烷而言，对整个臭氧层的综合扰动的比值。表 3-4 列出了几种典型危害臭氧层的化学品及其 ODP 值。

表 3-4 典型危害臭氧层的化学品及其 ODP 值

化学品名称	简称(或化学式)	ODP 值(参考)
三氯氟甲烷	CFC-11	1.0(基准值)
二氯二氟甲烷	CFC-12	1.0
四氯化碳	CCl_4	1.1
甲基氯仿	CH_3CCl_3	0.1
氢氯氟烃-22	HCFC-22	0.055

根据 GB 30000.29—2013 标准规定，《蒙特利尔议定书》附件中列出的任何受管制物质，或至少含有一种列入协定书附件的成分、浓度≥0.1%的任何混合物，即为Ⅰ类危害臭氧层的危险化学品。

3.3 化学品混合的危险性

在 GB 30000.1 的定义中，混合物为由两种或更多种物质组成，但不起反应的混合物或溶液。因此混合物表现出的危险性和单一化学品是一致的。在现实过程中，可发生反应的化学品混合存放存在巨大风险，极易引发安全事故。化学品之间的不相容性，是辨识及控制工艺系统危化品危害性的重要信息，忽视它们的重要性所带来的后果，往往是很严重的。

3.3.1 化学品的不相容性

化学品的“不相容性”就是指一种化学物质可能会与另一种化学物质有某种反应，该反应在某些“外力”作用下可能发生，如加热蒸气压变化或其他物理变化等。化学品不相容性用来描述宽泛的化学品间相互反应，包括接触空气时自燃、接触水汽时发热、分解、产生有毒气体、容器受热、溢出和破裂、聚合、形成新的且毒性更高的化合物、起火、爆裂、爆炸，以及其他各种结合反应。常见的一些典型不相容性物质组合的例子有：酸与碱、氧化剂与还原剂、遇湿易燃品与水、大部分有机溶剂与具有氧化性的酸或无机酸盐等。

(1) 氧化剂和还原剂反应的事故案例

2016 年 3 月 9 日 15 时 30 分左右，浙江鼎龙科技有限公司六车间四楼发生危险化学品爆燃事故，事故共造成 2 人死亡，1 人受伤。而事故的直接原因则是操作人员在进行水合肼备料操作过程中，误将双氧水也抽入水合肼备料釜中，不相容的强氧化剂双氧水和强还原剂水合肼在备料釜内发生剧烈反应，导致爆炸。

(2) 遇湿易燃品与水反应的事故案例

1989 年 7 月 22 日，陕西省汉中市电石厂发生熔融电石遇水爆炸事故，造成 4 人死亡、2 人重伤。事故的直接原因是：现场有大面积积水，电石锅车在倒车时前方无人指挥，钢丝绳距布绳器 1.8m 处绳结遇导向轮自动脱落，使牵引力方向偏移，致其中一辆电石锅车脱轨翻车，翻车后熔融的红电石遇水爆炸。

(3) 有机溶剂和具有氧化性的无机酸盐反应的事故案例

2018 年 7 月 12 日 18 时 42 分 33 秒，位于四川省江安县阳春工业园区内的一家企业（宜宾恒达科技有限公司）发生爆燃事故，造成 19 人死亡、12 人受伤。而事故的起因则很简单：宜宾恒达公司在生产咪草烟的过程中，操作人员将用于污水处理的无包装标识的氯酸钠当作原料 2-氨基-2,3-二甲基丁酰胺（以下简称丁酰胺），补充投入 2R301 反应釜中进行脱水操作。在搅拌状态下，不相容的丁酰胺-氯酸钠混合物形成具有迅速爆燃能力的爆炸体系。开启蒸汽加热后，在物料之间、物料与釜内附件和内壁相互撞击、摩擦下，釜内温度迅速升高，引起釜内的丁酰胺-氯酸钠混合物发生化学爆炸，爆炸导致釜体解体。随釜体解体过程冲出的高温甲苯蒸气，迅速与外部空气再次形成不相容的爆炸性混合物并发生二次爆炸，同时引起车间现场存放的氯酸钠、甲苯与甲醇等物料殉爆殉燃和二车间、三车间的着火燃烧。此次事件造成重大人员伤亡和财产损失。

无论多种化学物质是否会在不经意间发生混合，化学相容性是整个化工行业都应该考虑的一个关键因素。

3.3.2 化学品安全相容矩阵表

大部分性质明确的化学品可根据其本身特性来确认化学品间的相容性，但化学品存在不确定特性时，可以应用化学品安全相容矩阵表，又称为化学反应工作表或反应矩阵。

如图 3-5 所示，该化学品安全相容矩阵表是由 CCPS 开发的 CRW4（Chemical Reactivity Worksheet V4.0.3）软件生成。该矩阵详细展示了不同化学品组合时可能发生的潜在危险反应。其中，字母“N”表示该组合具有不相容性，并可能引发危险的化学反应。而字母“C”则表示虽然存在一定的反应性，但其危险性相对较小，通常不需要特别关注。完整的化学品安全相容矩阵表不仅包括这些直观的警示信息，还应提供关于潜在危险反应的更多详细数据。通过完整的化学品反应危害的详细信息，可以更好地理解并评估化学品混合的风险。为了确保安全，理解并正确使用这个矩阵至关重要，能帮助我们采取必要的预防措施，防止不相容物料因意外混合而引发危险，确保整个生产过程的安全运行。

本图表仅适用于以下混合场景：环境温度（最高35℃）条件下，于隔热非密封容器中混合两种化学品，且混合物储存时间小于1天。	碳酸钙	变性酒精	二甲醚	乙硫醇	二氯乙烷	乙二醇	乙二醇单甲醚	硝基硫酸与硫酸	丙二醇	碳酸氢钠	氢氧化钠溶液	固体氢氧化钠	发烟硫酸	水
碳酸钙	X													
变性酒精	Y	X												
二甲醚	Y	Y	X											
乙硫醇	Y	Y	Y	X										
二氯乙烷	C	Y	Y	Y	X									
乙二醇	Y	Y	Y	Y	Y	X								
乙二醇单甲醚	Y	Y	Y	Y	Y	Y	X							
硝基硫酸与硫酸	N	N	N	N	N	N	N	X						
丙二醇	Y	Y	Y	Y	Y	Y	Y	N	X					
碳酸氢钠	Y	Y	Y	Y	C	Y	Y	N	Y	X				
氢氧化钠溶液	C	N	Y	N	N	N	N	N	N	C	X			
固体氢氧化钠	Y	N	Y	N	N	N	N	N	N	Y	C	X		
发烟硫酸	N	N	N	N	N	N	N	C	N	N	N	N	X	
水	C	Y	Y	C	C	Y	Y	C	Y	C	C	C	C	X

标签	
X	无自反应性
N	不相容
C	谨慎关注
Y	相容
SR	自反应性

图 3-5 化学品安全相容性表

图 3-5 化学品安全相容性表

对于新研发的化工工艺还需要开展更详细的化学反应过程安全风险评估，这部分的方法详见第 4 章介绍。

3.4 重点监管危险化学品、重点监管危险化工工艺与重大危险源

“两重点一重大”是我国危险化学品管理的特色概念，它指的是重点监管危险化学品、重点监管危险化工工艺与重大危险源。这些对象因其固有的高风险特性，一旦发生事故，往

往会造成严重的人员伤亡和财产损失。为了有效预防和减少这类事故的发生，有必要对这些环节和对象进行重点监管。我国一系列安全生产的政策、法规都对“两重点一重大”的管理提出了严格要求，确保相关企业和项目在设计、建设、生产等环节严格执行安全标准和规范，提高安全生产水平，防范和减少重特大事故的发生。

3.4.1 重点监管危险化学品的管理

现行《危险化学品目录》中危险化学品品种繁多，每种化学品危险特性差异很大，发生事故后的危害和对社会造成的影响也大不一样。因此，需要对危险性较大的危险化学品实施重点监管。国家本着全面加强监管与突出重点监管相结合的原则，研究制定并公布了《首批重点监管的危险化学品名录》和《第二批重点监管的危险化学品名录》（以下简称名录），指导各地安监部门和危险化学品企业采取更加有力的措施，突出加强危险性相对较大的危险化学品安全生产管理和监管工作。同时，配套发布了《首批重点监管的危险化学品安全措施和应急处置原则》和《第二批重点监管的危险化学品安全措施和应急处置原则》（以下简称《措施和原则》），从特别警示、理化特性、危害信息、安全措施、应急处置原则等方面，对《名录》中的危险化学品逐一提出了安全措施和应急处置原则，既涵盖了化学品的理化性质、燃烧和爆炸危险性、活性反应、健康危害等基本内容，又包括针对性、操作性较强的安全措施和应急处置原则。《措施和原则》的公布，为危险化学品的生产、储存、使用、经营、运输、安全生产提供了指南。可供各级应急部门和危险化学品企业在危险化学品安全监管和安全生产管理工作中参考使用，既可以指导企业加强安全生产工作，又为各地安监部门执法检查提供参考和指导。

生产、储存、使用、经营重点监管危险化学品的企业，要按照《措施和原则》中提出的安全措施和应急处置原则，完善相关安全生产责任制和安全生产管理规定，切实加强对本企业涉及的《名录》中的重点监管危险化学品的安全管理。要进一步完善有关安全生产条件：对涉及重点监管危险化学品的化工装置，要增设和完善自动化控制系统，增设和完善必要的紧急停车和紧急切断系统；对储存重点监管危险化学品的设施，要增设和完善自动化监控系统，实现液位、压力、温度及泄漏报警等重要数据的连续自动监测和数据远传记录，增设和完善必要的紧急切断系统。

地方各级应急管理部门，对涉及重点监管危险化学品的建设项目和有关企业，要突出加强安全生产监督管理：涉及重点监管的危险化学品的生产、储存和使用重点监管危险化学品用于化工生产的新建、扩建和改建项目，原则上应由具有甲级资质的化工行业设计单位进行设计；对于生产重点监管危险化学品的企业及使用重点危险化学品用于化工生产的企业，省级或设区的市级应急管理部门不得委托县级部门实施危险化学品安全生产许可或安全使用许可；地方各级部门要把涉及重点监管危险化学品的生产、储存、使用和运输企业，纳入重点监管的企业名单，增加执法检查的频次，加大执法检查的力度，突出加强监管。

3.4.2 重点监管危险化工工艺的管理

重点监管的危险化工工艺是指为提高化工生产装置和危险化学品储存设施本质安全水平，指导各地对涉及危险化工工艺的生产装置进行自动化改造，原国家安全监管总局于2009年和2013年先后发布了两批重点监管的工艺目录（见表3-5）。同时也对这些工艺提出了安全控制要求，重点监控参数及推荐的控制方案。

表 3-5　十八种重点监管的危险化工工艺

序号	工艺名称	序号	工艺名称
1	光气及光气化工艺	10	氧化工艺
2	电解工艺(氯碱)	11	过氧化工艺
3	氯化工艺	12	胺基化工艺
4	硝化工艺	13	磺化工艺
5	合成氨工艺	14	聚合工艺
6	裂解(裂化)工艺	15	烷基化工艺
7	氟化工艺	16	新型煤化工工艺:煤制油(甲醇制汽油、费-托合成油)、煤制烯烃(甲醇制烯烃)、煤制二甲醚、煤制乙二醇(合成气制乙二醇)、煤制甲烷气(煤气甲烷化)、煤制甲醇、甲醇制醋酸等工艺
8	加氢工艺	17	电石生产工艺
9	重氮化工艺	18	偶氮化工艺

表 3-5 中所列的危险化工工艺确实曾出现过重大事故，例如二维码中的印度博帕尔事故中的相关工艺属于其中的光气及光气化工艺；吉化双苯厂爆炸事故、河北省赵县克尔公司爆炸事故和江苏响水爆炸事故相关工艺都属于其中的硝化工艺；中国化工集团盛华化工“11·28”重大爆燃事故相关工艺属于其中的电解工艺（氯碱）。

国内外重大事故案例

《危险化学品建设项目安全监督管理办法》（国家安全生产监督管理总局令〔2012〕第 45 号）规定了建设项目安全审查的要求，特别是涉及重点监管危险化工工艺的项目。根据该办法的第六条规定，涉及国家安全生产监督管理总局公布的重点监管危险化工工艺的建设项目，不得委托县级人民政府安全生产监督管理部门实施安全审查。此外，第七条明确指出，涉及“两重点一重大”的建设项目，应当由具有石油化工医药行业相应资质的设计单位设计。

中共中央办公厅、国务院办公厅印发的《关于全面加强危险化学品安全生产工作的意见》中也强调了对重点监管的危险化工工艺进行严格管理，要求深入开展安全风险排查和隐患治理，制定实施方案，组织开展危险化学品安全提升行动，同时推进产业结构调整，严格标准规范，并加强重点环节的安全管控。实现涉及“两重点一重大”的化工装置自动化控制系统装备率、重大危险源在线监测监控率达到 100%。

化工企业需要根据重点监管危险化工工艺目录及其重点监控参数、安全控制基本要求和推荐的控制方案，确定重点监控的工艺参数，装备和完善自动控制系统。

两批公布的重点监管危险化工工艺都是以反应类型进行分类，其监控和控制的核心都是反应单元。因此，大部分工艺的重点监控参数多围绕反应器的控制，如反应器温度、压力、液位，反应进料流量、比例，反应器搅拌速率，冷却水温度、流量等。针对异常处置，还要求设置紧急冷却、停车、泄压等系统，反应器温度和压力的报警和联锁，反应物料的比例控制和联锁系统，搅拌稳定控制和联锁系统等。

下面以某油品加氢精制装置为例，说明重点监管危险化工工艺的监控与联锁设置。

加氢工艺属于首批公布的重点监管危险化工工艺，它是向有机化合物分子中加入氢原子的反应，涉及加氢反应的工艺过程为加氢工艺，主要包括不饱和键加氢、芳环化合物加氢、含氮化合物加氢、含氧化合物加氢、氢解等。油品加氢精制是将原料油在催化剂和 H_2 存在的条件下，在高温、高压下进行的一系列平行顺序反应。这些反应过程包括：a. 含氮、含硫、含氧等非烃类化合物的分解；b. 烯烃和芳烃（主要是稠环芳烃）的加氢饱和反应；c. 开环、断链、缩合、聚合等反应。通过这一系列的反应，脱除油品中的硫、氮、氧等杂原子及金属杂质，并通过加氢饱和提高油品的安定性。

在首批重点监管的危险化工过程安全控制要求、重点监控参数及推荐的控制方案中，对于加氢反应主要规定了重点监控工艺参数，包括加氢反应釜或催化剂床层温度、压力，加氢反应釜内搅拌速率，氢气流量，反应物质的配料比，系统氧含量，冷却水流量，氢气压缩机运行参数，加氢反应尾气组成等。安全控制的基本要求包括：温度和压力的报警和联锁，反应物料的比例控制和联锁系统，紧急冷却系统，搅拌的稳定控制系统，氢气紧急切断系统，加装安全阀、爆破片等安全设施，循环氢压缩机停机报警和联锁，氢气检测报警装置等。

如图 3-6 所示，为某柴油加氢装置。过滤后的原料油经反应进料泵（P0101）升压，与氢混合作为混合进料。混合进料经过反应产物-混氢油换热器（E0101）换热后，进入混氢油进料加热器（E0102）由蒸汽加热至反应所需温度，再进入加氢精制反应器（R0101），在催化剂作用下进行脱硫、脱氮、烯烃饱和、芳烃饱和等反应。该反应器设置两个催化剂床层，床层间设有注急冷氢设施。经加氢后的反应产物，经反应产物-混氢油换热器（E0101）换热后再去往下游处理。

首先，分别在原料油与氢气管线设置阀门对两种原料的进料流量进行比值控制。反应器压力控制通过在 E0101 后反应产物输送管线设置阀门，调节产品采出流量实现。反应温度控制首先调节蒸汽流量控制 E0102 出口温度，即反应器 R0101 进料温度。同时，通过调节急冷氢的流量控制 R0101 第二段温度。除了对进料流量、反应温度和压力的控制外，在反应器还设置了多处独立的温度、压力、压差指示及报警。

除了 DCS 报警与控制外，针对高风险场景，还在安全仪表系统设置联锁。柴油进料流量过低联锁关断原料油、混氢进料及高压蒸汽，停原料油进料泵 P0101。反应器温度过高联锁关断混氢进料及高压蒸汽。关于安全仪表系统的详细介绍见第 9 章。

3.4.3 重大危险源的管理与辨识

我国对重大危险源的管理要求比较严格，因此 AQ/T 3034—2022 把重大危险源管理作为一个单独的要素突显出来。PSM 对重大危险源管理要求如下：

① 企业应建立健全重大危险源管理制度，明确相关人员安全职责（见 2.3.3.2 节），切实落实重大危险源管理责任。

② 企业应依据 GB 18218 及有关规定对重大危险源进行辨识、评估、分级、建档、监控，并向当地应急管理部门备案。

③ 涉及重大危险源的建设项目，应在设计阶段采用危险与可操作性分析（HAZOP）、故障假设（What-if）、安全检查表等方法（见第 6 章）开展风险分析（见第 7 章），提高本质更安全的设计水平（见第 8 章）；涉及重大危险源的在役生产装置和储存设施，应至少每三年进行一次全面风险分析。

④ 涉及毒性气体、剧毒液体、易燃气体、甲类易燃液体的重大危险源，应采用定量风险评价方法（见第 7 章）进行安全评估，确定个人和社会风险值；涉及爆炸性危险化学品的生产装置和储存设施，应采用事故后果法确定其影响范围。

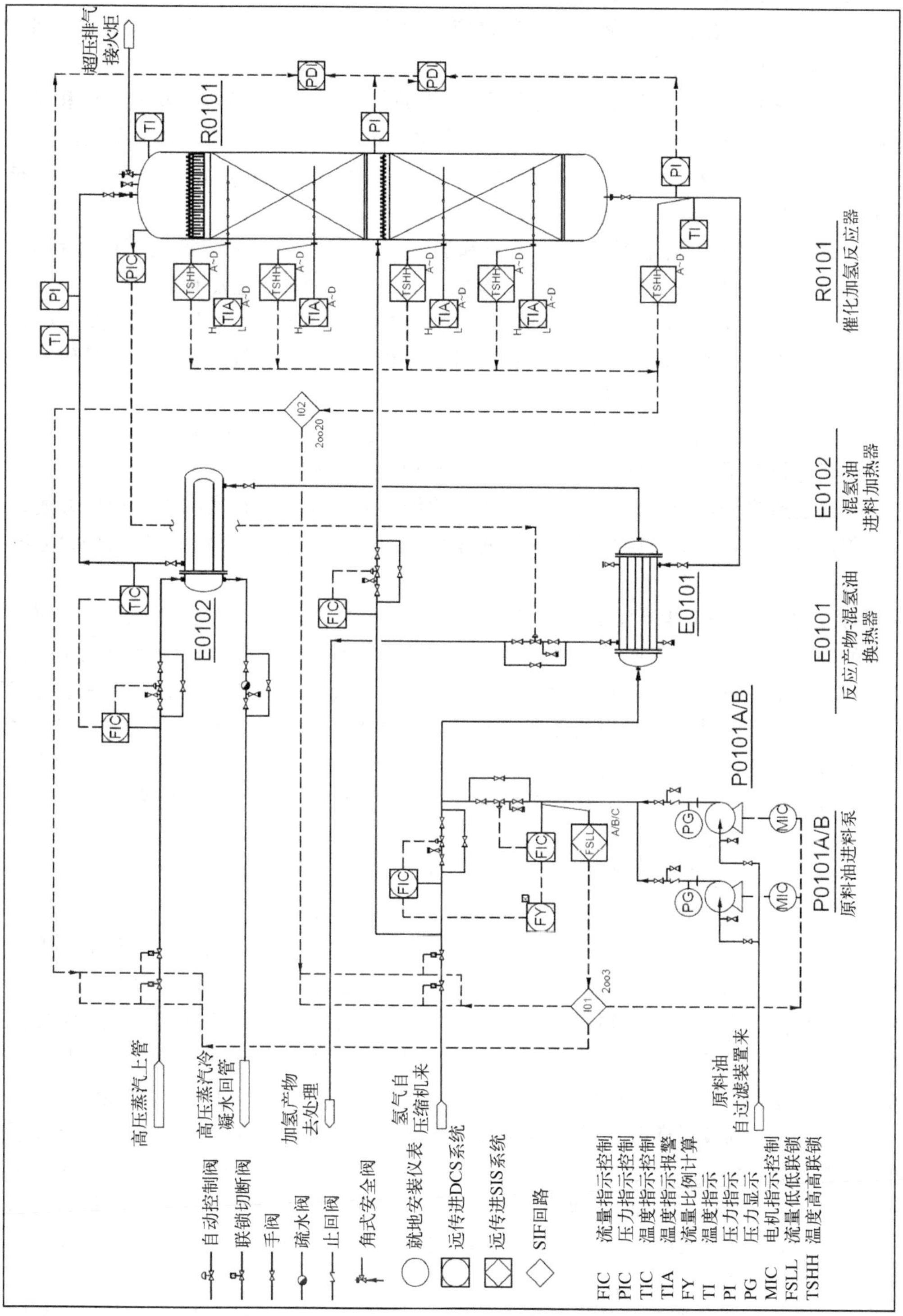

图 3-6 某加氢反应单元控制方案

⑤ 企业应完善重大危险源的监测监控设备设施，建立在线监控预警系统，并做到以下几点：

a. 涉及危险化学品储存的重大危险源应配备温度、压力、液位或流量等信息的不间断采集和监测系统以及可燃和有毒有害气体泄漏检测报警装置，并具备信息远传、安全预警、信息存储等功能；重大危险源的化工生产装置应设置满足安全生产要求的自动化控制系统；重大危险源场所应设置视频监控系统。

b. 一级、二级重大危险源以及重大危险源中涉及毒性气体、剧毒液体、易燃气体和甲类易燃液体的储存设施应设置紧急切断装置；涉及毒性气体的设施，应设置泄漏气体紧急处置装置。

c. 涉及毒性气体、液化气体、剧毒液体的一级、二级重大危险源，应设置独立的安全仪表系统。

⑥ 企业应定期对重大危险源的安全设施和安全监测监控系统进行检测、检验和维护。重大危险源安全监测监控有关数据应接入危险化学品安全生产风险监测预警系统。

⑦ 在具有火灾爆炸风险的重大危险源罐区内动火应按特级动火作业管理；液化烃充装及在储存具有火灾爆炸性危险化学品的罐区内进行流程切换、储罐脱水等高风险操作，应制定操作程序确认表，对操作安全条件进行逐项确认，并配备监护人员。

⑧ 企业应在重大危险源周边明显处设置安全警示标志，将重大危险源可能发生事故的危害后果、紧急情况下的应急处置措施等信息告知相关人员和周边单位。

企业应通过风险分析或情景构建制定重大危险源事故专项应急预案和现场处置方案，定期进行演练。重大危险源专项应急预案至少每半年演练一次，重大危险源的现场处置方案至少每 3 个月演练一次。

《中华人民共和国安全生产法》和《危险化学品安全管理条例》从法律、法规层面对重大危险源的监督和管理提出了明确要求。要求生产经营单位对重大危险源应当登记建档，进行定期检测、评估、监控，并制定应急预案，告知从业人员和相关人员在紧急情况下应当采取的应急措施。生产经营单位应当按照国家有关规定将本单位重大危险源及有关安全措施、应急措施报有关地方人民政府负责安全生产监督管理的部门和有关部门备案。规定危险化学品的生产装置和储存数量构成重大危险源的储存设施与特定场所、区域的距离必须符合国家标准或者国家有关规定。

《危险化学品重大危险源监督管理暂行规定》（以下简称《暂行规定》）是目前最重要的具体针对重大危险源监管的专门规章。该规定在 2011 年 8 月 5 日由国家安全生产监督管理总局令第 40 号公布，自 2011 年 12 月 1 日起施行，根据 2015 年 5 月 27 日国家安全生产监督管理总局令第 79 号修正。《暂行规定》详细规定了危险化学品重大危险源的辨识、评估、登记建档、备案、核销及其监督管理要求。明确了危险化学品单位是本单位重大危险源安全管理的责任主体，并规定了各级安全生产监督管理部门对重大危险源的监督管理职责，是多年来危险化学品重大危险源管理实践经验的总结和提炼。在实践过程中，对于重大危险源的管理，第一步便是进行重大危险源辨识。《危险化学品重大危险源辨识》（GB 18218—2018）是开展辨识依据的主要标准。需要注意的是，该标准适用于生产、储存、使用和经营危险化学品的生产经营单位。不适用于核设施和加工放射性物质的工厂，但这些设施和工厂中处理非放射性物质的部门除外；军事设施；采矿业，但涉及危险化学品的加工工艺及储存活动除外；危险化学品的厂外运输（包括铁路、道路、水路、航空、管道等运输方式）；海上石油天然气开采活动。

危险化学品重大危险源辨识流程如图 3-7 所示，首先要将辨识对象按照生产单元和储存单元分类划分为若干个单元。其中生产单元是危险化学品的生产、加工及使用等的装置及设施，当装置及设施之间有切断阀时，以切断阀作为分隔界限划分为独立的单元。储存单元则是用于储存危险化学品的储罐或仓库组成的相对独立的区域，储罐区以罐区防火堤为界限划分为独立的单元，仓库以独立库房（独立建筑物）为界限划分为独立的单元。

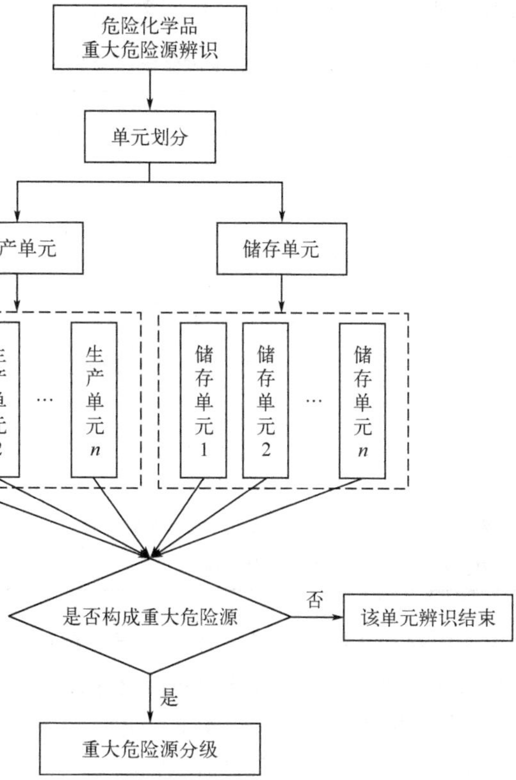

图 3-7　危险化学品重大危险源辨识流程图

划分单元后再根据所涉及危险化学品的存在量和临界量比较，判断该单元是否构成重大危险源。若构成重大危险源还需要对该危险源进行分级。

标准（GB 18218—2018）首先规定了危险化学品临界量的确定方法，给出了两个危险化学品临界量的表。其中第一个表直接列出了部分危险化学品名称及其临界量，该表范围内的危险化学品其临界量直接取表中对应值。该表的格式如表 3-6 所示。

表 3-6　危险化学品名称及其临界量（部分）

序号	危险化学品名称和说明	别名	CAS 号	临界量/t
1	氨	液氨;氨气	7664-41-7	10
3	二氧化氮		10102-44-0	1
4	二氧化硫	亚硫酸酐	7446-09-5	20
5	氟		7782-41-4	1
6	碳酰氯	光气	75-44-5	0.3
49	甲烷,天然气		74-82-8(甲烷) 8006-14-2(天然气)	50
51	氢	氢气	1333-74-0	5
54	乙炔	电石气	74-86-2	1
56	氧(压缩的或液化的)	液氧;氧气	7782-44-7	200

对于未在第一个表中列出的危险化学品，应依据其危险性，按第二个表确定其临界量；若一种危险化学品具有多种危险性，应按其中最低的临界量确定。第二个表的格式如表 3-7 所示，其中的危险性分类主要依据 GB 30000 系列标准。

表 3-7　未在表 3-6 中列举的危险化学品类别及临界量（部分）

类别	符号	危险性分类及说明	临界量/t
健康危害	J(健康危害性符号)	—	—
急性毒性	J1	类别 1，所有暴露途径，气体	5
	J2	类别 1，所有暴露途径，固体、液体	50
	J3	类别 2、类别 3，所有暴露途径，气体	50
	J4	类别 2、类别 3，吸入途径，液体(沸点≤35℃)	50
	J5	类别 2，所有暴露途径，液体(除 J4 外)、固体	500
物理危险	W(物理危险性符号)	—	—
爆炸物	W1.1	—不稳定爆炸物 —1.1 项爆炸物	1
	W1.2	1.2、1.3、1.5、1.6 项爆炸物	10
	W1.3	1.4 项爆炸物	50

生产单元、储存单元内存在危险化学品的数量等于或超过标准规定的临界量，即被定为重大危险源。单元内存在的危险化学品的数量根据危险化学品种类的多少区分为以下两种情况：

a. 生产单元、储存单元内存在的危险化学品为单一品种时，该危险化学品的数量即单元内危险化学品的总量，若等于或超过相应的临界量，则定为重大危险源。

b. 生产单元、储存单元内存在的危险化学品为多品种时，按式（3-7）计算，若满足式（3-7），则定为重大危险源：

$$S=\frac{q_1}{Q_1}+\frac{q_2}{Q_2}+\cdots+\frac{q_n}{Q_n}\geqslant 1 \tag{3-7}$$

式中，S 为辨识指标；$q_1,q_2,\cdots,q_n$ 为每种危险化学品实际存在量，单位为吨（t）；$Q_1,Q_2,\cdots,Q_n$ 为每种危险化学品相对应的临界量，单位为吨（t）。

其中，危险化学品储罐以及其他容器、设备或仓储区的危险化学品的实际存在量按设计最大量确定。对于储罐，实际执行时会按照体积乘以最大充装系数计算设计最大量。对于危险化学品混合物，如果混合物与其纯物质属于相同危险类别，则视混合物为纯物质，按混合物整体进行计算。如果混合物与其纯物质不属于相同危险类别，则应按新危险类别考虑其临界量。

构成重大危险源的单元，还需要依据标准进行分级。对于高级别的重大危险源，除了常规的监管外，往往还会提出更高的要求。例如《暂行规定》中就明确要求，涉及毒性气体、液化气体、剧毒液体的一级或者二级重大危险源，应当依据《石油化工安全仪表系统设计规范》GB/T 50770、《过程工业领域安全仪表系统的功能安全》GB/T 21109 等标准，配备独立的安全仪表系统（SIS）（见第 9 章）。

按照《暂行规定》和 GB 18218 的规定，重大危险源的分级采用单元内各种危险化学品实际存在量与其相对应的临界量比值，经校正系数校正后的比值之和 R 作为分级指标，按式（3-8）进行计算。

$$R=\alpha\left(\beta_1 \frac{q_1}{Q_1}+\beta_2 \frac{q_2}{Q_2}+\cdots+\beta_n \frac{q_n}{Q_n}\right) \tag{3-8}$$

式中，R 为重大危险源分级指标；α 为该危险化学品重大危险源厂区外暴露人员的校正系数；$\beta_1,\beta_2,\cdots,\beta_n$ 为每种危险化学品相对应的校正系数；$q_1,q_2,\cdots,q_n$ 为每种危险化学品实际存在量，单位为吨（t）；$Q_1,Q_2,\cdots,Q_n$ 为每种危险化学品相对应的临界量，单位为吨（t）。

校正系数主要引入了与各危险化学品危险性相对应的校正系数 β，以及重大危险源厂区外暴露人员的校正系数 α。

β 的引入主要考虑到毒性气体、爆炸物、易燃气体以及其他危险化学品在危险性方面的差异。类似危险化学品的临界量，《暂行规定》和标准（GB 18218）给出了 2 个表，根据单元内危险化学品的类别不同，设定校正系数。第一个表给出了部分毒性气体的校正系数，如表 3-8 所示。在该表范围内的危险化学品，其 β 值按照表中规定取值。对于不在该表范围内的危险化学品，其 β 值按照其危险性分类确定，如表 3-9 所示。

表 3-8　毒性气体校正系数 β 取值表

名称	校正系数 β	名称	校正系数 β
一氧化碳	2	硫化氢	5
二氧化硫	2	氟化氢	5
氨	2	二氧化氮	10
环氧乙烷	2	氰化氢	10
氯化氢	3	碳酰氯	20
溴甲烷	3	磷化氢	20
氯	4	异氰酸甲酯	20

表 3-9　未在表 3-8 中列举的危险化学品校正系数 β 取值表

类别	符号	β 校正系数
急性毒性	J1	4
	J2	1
	J3	2
	J4	2
	J5	1
爆炸物	W1. 1	2
	W1. 2	2
	W1. 3	2
易燃气体	W2	1. 5
气溶胶	W3	1
氧化性气体	W4	1
易燃液体	W5. 1	1. 5
	W5. 2	1
	W5. 3	1
	W5. 4	1

续表

类别	符号	β校正系数
自反应物质和混合物	W6.1	1.5
	W6.2	1
有机过氧化物	W7.1	1.5
	W7.2	1
自燃液体和自燃固体	W8	1
氧化性固体和液体	W9.1	1
	W9.2	1
易燃固体	W10	1
遇水放出易燃气体的物质和混合物	W11	1

暴露人员校正系数 α 的引入主要考虑重大危险源一旦发生事故对周边环境、社会的影响。周边暴露人员越多，危害性越大，α 值就越大。根据危险化学品重大危险源的厂区边界向外扩展 500m 范围内常住人口数量，按照表 3-10 设定 α 值。

表 3-10　暴露人员校正系数 α 取值表

厂外可能暴露人员数量	校正系数 α	厂外可能暴露人员数量	校正系数 α
100 人以上	2.0	1～29 人	1.0
50～99 人	1.5	0 人	0.5
30～49 人	1.2		

根据式（3-8）计算出 R 值，按表 3-11 确定危险化学品重大危险源的级别。

表 3-11　重大危险源级别和 R 值的对应关系

重大危险源级别	R 值	重大危险源级别	R 值
一级	$R\geqslant 100$	三级	$50>R\geqslant 10$
二级	$100>R\geqslant 50$	四级	$R<10$

【例 3-1】 某化工企业罐区有 2 个 1000m^3 的汽油储罐和 2 个 500m^3 的液化石油气储罐，每个储罐间设置了隔堤，整个储罐区与外界用防火堤隔开。厂区边界向外扩展 500 米范围内常住人口有 40 人。假设汽油储罐充装系数为 0.9，液化石油气储罐充装系数为 0.85，问此罐区是否为重大危险源，是几级重大危险源？

解：首先进行单元划分，由于汽油和柴油储罐仅设置了单独的隔堤，整个罐区设置一个防火堤，故由四个储罐构成的罐区作为一个储存单元进行重大危险源辨识。

取常温下汽油密度 725kg/m^3，液化石油气密度 580kg/m^3，汽油储罐和液化石油气储罐的体积及充装系数已知，可以计算最大存储量：

汽油为 $q_1=2\times 1000m^3\times 0.9\times 725kg/m^3=1305000kg=1305t$

液化石油气为 $q_2=2\times 500m^3\times 0.85\times 580kg/m^3=493000kg=493t$

查 GB 18218—2018 的表 1 危险化学品名称及其临界量（见附录二），可知汽油和液化石油气的临界容量分别为 200t 和 50t，按式（3-7）计算辨识指标：

$$S=\frac{q_1}{Q_1}+\frac{q_2}{Q_2}=\frac{1305}{200}+\frac{493}{50}=16.385\geqslant 1$$

可以确定该罐区为重大危险源。

表 3-8 中未直接给出汽油与液化石油气的校正系数 β，按照表 3-9 规定，汽油按照易燃液体 W5.2 取 1，液化石油气按照易燃气体 W2 取 1.5。厂区边界向外扩展 500 米范围内常住人口有 40 人，按表 3-10 暴露人员校正系数 α 取 1.2。按式（3-8）计算重大危险源分级指标：

$$R=\alpha\left(\beta_1\frac{q_1}{Q_1}+\beta_2\frac{q_2}{Q_2}\right)=1.2\times\left(1.0\times\frac{1305}{200}+1.5\times\frac{493}{50}\right)=25.578$$

对照表 3-11，确定该罐区为三级重大危险源。

习题

1. 查阅盐酸的化学品安全技术说明书，说明其主要危害和急救措施。
2. 化合物分子结构中常见的爆炸性基团有哪些？
3. 试计算三硝基甲苯（TNT）的氧平衡。
4. 请简述爆炸性物质的主要危险性和特点。
5. 请解释自反应物质的概念及其主要危险性。
6. 请解释有机过氧化物的概念及其主要危险性。
7. 试简述有毒化学品进入人体的途径及主要危害。
8. 试解释化学品具有的生殖细胞致突变性与生殖毒性的区别。
9. 试简述化学品危害臭氧层的主要机制及评估依据。
10. 我国国家标准规定的化学有害因素的职业接触限值有哪几类？每类的含义是什么？
11. 已知某仓库存有 10 吨过氧化钾，5 吨过氧化钠，50 吨氯酸钾和 60 吨氯酸钠。请问该仓库是几级重大危险源。

参考文献

[1] 刘荣海，陈网桦，胡毅亭．安全原理与危险化学品测评技术．北京：化学工业出版社，2004.

[2] 联合国．关于危险货物运输的建议书——试验和标准手册．6 版．纽约/日内瓦：United Nations Publication，2015.

[3] 联合国．全球化学品统一分类和标签制度（全球统一制度）．10 版．纽约/日内瓦：United Nations Publication，2023.

[4] 贝克 W E. 爆炸——危险性及其评估（下）．张国顺等译．北京：群众出版社，1988.

[5] GB/T 16483—2008. 化学品安全技术说明书 内容和项目顺序．

[6] GB 30000.2～GB 30000.29—2013. 化学品分类和标签规范．

[7] 智小川．浅谈气溶胶制品的火灾危险性．消防科学与技术，2003，22（B10）：64-65.

[8] 李涛，朱秋鸿．国家职业卫生标准实施指南——工作场所化学有害因素职业接触限值（2007—2018）．北京：科学出版社，2019.

[9] 张敏，李涛，吴维皑，等．我国化学物质职业接触限值研究规范与建议．中国卫生监督杂志，2009，16（3）：231-238.

[10] GB 18218—2018. 危险化学品重大危险源辨识．

[11] 应急管理部化学品登记中心，中国石油化工股份有限公司青岛安全工程研究院，化学品安全控制国家重点实验室．危险化学品目录汇编．2 版．北京：化学工业出版社，2019.

[12] 孙丽丽．危险化学品安全总论．北京：化学工业出版社，2021.

[13] 胡馨升，多英全，张圣柱，等．2011—2015 年全国危险化学品事故分析．中国安全生产科学技术，2018，14（2）：

180-185.
[14] 徐钢．危险化学品活性危害与混储危险手册．北京：中国石化出版社，2009.
[15] 张少岩，车礼东，万敏．全球化学品统一分类和标签制度（GHS）实施指南．北京：化学工业出版社，2009.
[16] 李雪华，吴京峰，翟良云．危险化学品活性反应危害及混配危险的规则研究（Ⅻ）．安全、健康和环境，2007，7（1）：33-34.
[17] 美国国立职业安全卫生研究所．（2005）危险化学品使用手册．北京：中国科学技术出版社，2007.
[18] 孙维生．常见危险化学品速查手册．北京：化学工业出版社，2013.
[19] 陈舒馨，董学胜，周敏．自反应物质危险性的分类现状及方法研究．精细与专用化学品，2020，28（9）：33-37.
[20] 丁凌云，周贤太，纪红兵．有机过氧化物热动力学及热危险性研究进展．化工进展，2011，30（11）：2369-2375.
[21] 全国危险化学品管理标准化技术委．化学品安全检验检测方法国家标准汇编——卫生毒理．北京：中国标准出版社，2012.

第4章

化学反应过程的危险性

“在任何情况下，都应该使我们的推理受到实验的检验，除了通过实验和观察的自然道路去寻求真理之外，别无他途。”

——法国著名化学家 安托万·洛朗·拉瓦锡

天津港“8·12”瑞海公司危险品仓库特别重大火灾爆炸事故：

2015年8月12日22时51分46秒，位于天津市滨海新区吉运二道95号的瑞海公司危险品仓库运抵区最先起火，23时34分06秒发生第一次爆炸，23时34分37秒发生第二次更剧烈的爆炸。两次爆炸分别形成一个直径15米、深1.1米的月牙形小爆坑和一个直径97米、深2.7米的圆形大爆坑（航拍图见图4-1）。事故直接原因是：瑞海公司危险品仓库运抵区南侧集装箱内的硝化棉由于湿润剂散失出现局部干燥，在高温（天气）等因素的作用下发生分解反应并大量放热，当放热速率大于散热速率时反应热累积，导致温度升高并进一步加速反应速率发生飞温反应，飞温反应的积热至温度达到自燃温度后发生着火自燃，引起相邻集装箱内的硝化棉和其他危险化学品长时间大面积燃烧，最终导致堆放于运抵区的硝酸铵等危险化学品发生爆炸反应。爆炸冲击波直接受损区远达5.4公里建筑，爆炸产生的地面震动造成建筑物受损区最远达13.3公里（示意图见图4-2）。事故造成165人遇难（其中民警及消防人员110人），8人失踪（其中消防人员5人），798人受伤住院治疗；304幢建筑物、12428辆商品汽车、7533个集装箱受损，直接经济损失超68.66亿元人民币。

图4-1 事故中心区航拍图

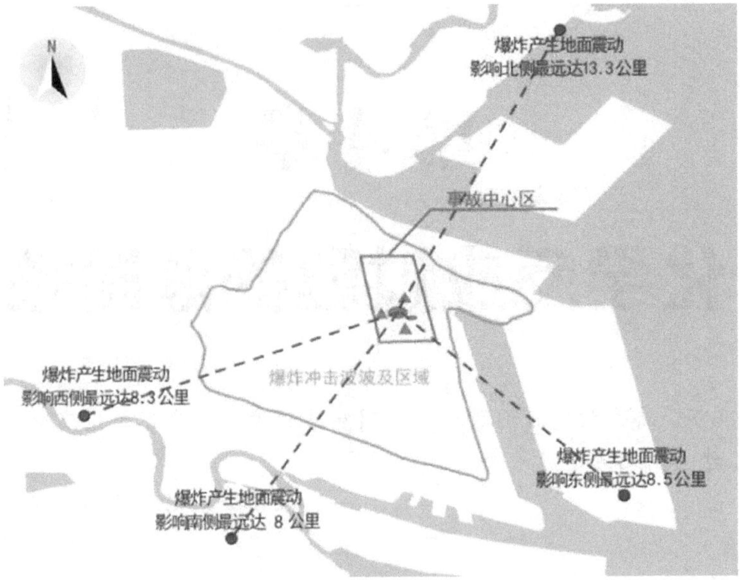

图 4-2　爆炸冲击波波及区示意图

化工过程的特点是物质转化。一个化工过程可能包括物料粉碎与筛分、储存、输送、化学反应、分离纯化、结晶干燥等多个化工单元，这些单元相互间彼此连接、彼此影响，物料在这些单元中经历各种内部或外界激励条件的作用，包括化学作用、热作用、机械作用（摩擦与撞击）、静电作用等。

在反应单元中，正常的化学反应过程要在受控的条件下进行，以使反应物、中间体、反应产物及过程本身处于规定的温度、压力等的安全范围之内。但化学反应本身受多种因素影响，若这些条件发生变化，以致温度升高、压力增大到无法控制，则导致反应失控。反应失控即反应物料因反应放热而使温度升高，在经过“反应放热-温度升高-反应加速-放热加速”后，当反应放热速率超过了反应器冷却能力的控制极限时，形成恶性循环，温度快速上升（反应飞温），可引起压力快速升高（反应产气或物料蒸气压），可能导致喷料。如反应器的泄放能力不够时可能导致反应器被破坏，甚至引起燃烧、爆炸，例如大部分聚合反应的反应安全事故属于这类目标反应失控的安全事故。另外，很多物料（如反应物、产物、中间体、溶剂或混合物）在高温下易分解，常生成大量气体，伴随大量热量释放，常导致压力急剧升高，最后也导致喷料，反应器破坏，燃烧、爆炸等现象。反应失控的危险不仅可以发生在反应单元里（如河北克尔公司爆炸事故），也经常发生在其他的非反应操作单元甚至储存过程中（如印度博帕尔化学品泄漏灾难，响水爆炸事故）。由此可见，反应安全问题是化工过程安全的核心问题之一。

国内外事故案例

总体而言，化工过程中各操作单元的反应安全不但涉及反应安全风险评价的理论、方法及实验技术，还涉及物料体系可能的分解反应及其控制技术；而反应单元的反应安全还涉及目标反应（Desired Reactions）在不同类型反应器中按不同温度控制模式进行反应的热释放速率以及工业规模情况下使反应受控的技术等。本章主要介绍化工过程的化工反应安全的基本概念、基本理论以及风险评估方法与程序，并在此基础上介绍利用这些概念、方法进行评价的案例。

4.1 化工反应安全的基本概念与基础知识

4.1.1 目标反应

化工过程的目标反应通常指的是在特定的化工生产过程中所期望发生的主要化学反应。这些反应是为了产生所需的化学物质或产物，以满足特定的工业或商业目标。这些目标反应根据具体的化工过程而异，下面列举国家重点监管的 18 种危险化工工艺所涉及的部分目标反应：

① 氯化反应　化合物的分子中引入氯原子的反应，例如氯气与苯反应产生氯苯和盐酸。

② 氧化反应　有电子转移并将物质氧化（氧化数升高）的化学反应，例如烷烃类化合物被氧化为醛、酮、酸等。

③ 聚合反应　一种或几种小分子化合物（单体）变成大分子化合物的反应，例如氯乙烯单体聚合生产聚氯乙烯。

④ 裂解反应　常指石油系的烃类原料在高温条件下，发生碳链断裂或脱氢反应，生成烯烃及其他产物的反应，例如重油催化裂化制汽油、柴油、丙烯、丁烯等产品。

⑤ 加氢反应　有机化合物分子中加入氢原子的反应，例如将烃类化合物中的双键还原成饱和烃类。

⑥ 硝化反应　有机化合物分子中引入硝基（$—NO_2$）的反应，例如甲苯三级硝化生产三硝基甲苯（TNT，也称为 2,4,6-三硝基甲苯）。

⑦ 烷基化反应　把烷基引入有机化合物分子中的碳、氮、氧等原子上的反应，例如苯胺与氯乙酸生产苯基氨基乙酸。

⑧ 重氮化反应　脂肪族、芳香族和杂环的一级胺与亚硝酸在低温下作用，生成重氮盐的反应，例如苯胺与亚硝酸钠、盐酸反应生产氯化重氮苯。

这些目标反应是化工过程中的一部分，通过优化和控制这些反应，可以实现产品的高产率、高质量和高效率。

4.1.2 副反应

副反应一般指与目标反应同时发生的不期望或不希望的化学反应，这些反应会导致产物的损失、杂质的生成或产品质量的下降，从而影响主产品的产率、选择性或质量。副反应可能导致不必要的废物生成，降低产量，降低产品纯度或导致能耗增加。在有机合成过程中，旁路反应是最常见的副反应，其导致多种副产物的出现，从而影响产品的纯度和产品收率，其中一些副产物可能需要耗费额外成本以将其从最终产品中去除，且某些副产物可能引入更多的安全问题。

例如 2005 年吉化双苯厂事故中硝化锅的目标反应为苯的一级硝化反应，得到一硝基苯（硝化锅中主反应），之后进一步加氢还原成最终产品苯胺。该硝化反应过程中当硝酸局部浓度过高或反应温度过高时，容易发生过度硝化的副反应，生成二硝基苯、三硝基苯和硝基苯酚。这些副产物需要通过后续精馏过程去除，且危险性都比一硝基苯高，特别是硝基苯酚类物料的热稳定性比硝基苯类物料差很多，含量过高时容易导致爆炸反应（特别是在精馏塔底被浓缩且加热的情况下）。

因此，在化工过程中，通常需要采取相应措施来最小化或抑制副反应的发生。

4.1.3 分解反应

分解反应是化工过程中的二次反应中的一种，二次反应通常是指在目标反应之后发生的一系列反应。二次反应可为一些在偏离反应温度更高的温度下发生的副反应，例如氧化过程中的氧化剂与有机溶剂的副反应。但大多数二次反应是反应物、生成物或反应体系中其他化学品在一定条件下分解生成较小的分子的化学反应，即分解反应。为方便初学者学习，本章将二次反应统称为分解反应。

分解反应常伴随大量热量和大量气体的产生，因此很多情况下分解反应易导致化学爆炸或反应釜超压爆炸。分解反应机理通常涉及化学键的断裂，自由基的重新组合。自由基的任意组合决定了该类反应很复杂，反应过程和反应产物具有不确定性，所以获得这类反应的完整反应方程式有较大挑战性。例如 TNT（三硝基甲苯）的爆炸分解反应是研究最久的分解反应之一，目前其分解反应方程式依然存在争议，已报道的反应方程式有：

$$C_7H_5N_3O_6(s) \longrightarrow 6CO(g) + 2.5H_2(g) + 1.5N_2(g) + C(s) \tag{4-1}$$

$$C_7H_5N_3O_6(s) \longrightarrow 3.5CO(g) + 2.5H_2O(g) + 1.5N_2(g) + 3.5C(s) \tag{4-2}$$

还有学者检测到 TNT 分解产生不少的 CO_2、NO、HCN 等，这些不同的结论主要是由于分解反应机理复杂，不同反应条件也可能导致不同的产物，因此分解反应的精确产物和完整的反应方程式是不容易获得的。

但可以确定的是，分解反应一般产生小分子量产物，其大多数为气体产物，同时释放大量能量。如 TNT 分解反应释放 4184J/g 的热量，并产生大量氮气、一氧化碳、水蒸气等气体，这些热量和气体产物使得体积急剧增加，从而产生巨大的气体压力甚至冲击波，形成反应爆炸的现象。在化工过程中，通常分解反应不但会极大地影响主要产品的质量和产量，还可能引发重大反应安全事故，因此在化工过程中需要严加控制。

4.1.4 反应热

用于描述反应热的参数有摩尔反应热 ΔH_R（kJ/mol）、比反应热 Q'_R(kJ/kg)，以及绝热温升 ΔT_{ad}（℃）。需要注意的是，通常情况下反应的放热量为负值，反应的吸热量为正值；本章为方便初学者学习，统一使用正值表示反应的放热量。

4.1.4.1 摩尔反应热

摩尔反应热（摩尔反应焓）是指在一定状态下发生了 1mol 化学反应的焓变。如果在标准状态下，则为标准摩尔反应热。表 4-1 列出了一些典型的标准摩尔反应热值。

表 4-1 标准摩尔反应热的典型值

反应类型	标准摩尔反应热 ΔH_R(kJ/mol)	反应类型	标准摩尔反应热 ΔH_R(kJ/mol)
中和反应(HCl)	55	环氧化	100
中和反应(H_2SO_4)	105	聚合反应(苯乙烯)	60
重氮化反应	65～150	加氢反应(烯烃)	200
磺化反应	150	加氢(氯化)反应(硝基类)	560
胺化反应	120	硝化反应	130

当一个反应的反应方程式能配平（如绝大多数目标反应和部分副反应），且所有反应物和产物的标准生成焓已知时，该反应的标准摩尔反应热可以直接由下式计算：

$$\Delta H_{\mathrm{R}}=\sum_{i=1}^{m} v_i \Delta H_{\mathrm{F},i}-\sum_{j=1}^{n} v_j \Delta H_{\mathrm{F},j} \tag{4-3}$$

式中，m 为反应物组分数；n 为产物组分数；v_i、v_j 为反应物或产物的化学计量数；$\Delta H_{\mathrm{F},i}$、$\Delta H_{\mathrm{F},j}$ 为反应物或产物的标准生成焓，kJ/mol；ΔH_{R} 为该反应的标准摩尔反应热，kJ/mol。

大部分无机物的标准生成焓和部分常见的有机物的标准生成焓可以在相关的物性手册或物性数据库内查到，常见的物性数据库如表 4-2 所列。

表 4-2　常见的提供标准生成焓的物性数据库

数据库	化学品数量	热力学数据				主要化学品类型
CRC 手册	4070	ΔH_{F}(g/l/s)	C_p(g/l/s)	ΔH_{v}	ΔH_{fus}	无机物、有机物
NIST	>7000	ΔH_{F}(g/l/s)	C_p(g/l/s)	ΔH_{v}	ΔH_{fus}	无机物、有机物
DIPPR	4004	ΔH_{F}(g/l/s)	C_p(g/l)	ΔH_{v}	ΔH_{fus}	有机物
NBS 数据表	14235	ΔH_{F}(aq/s)	C_p			无机物、有机物
Pedley	2900	ΔH_{F}(g/l/s)				有机物
Cox & Pilcher	~400	ΔH_{F}(g/l/s)				有机金属

注：ΔH_{F} 为反应物或产物的标准生成焓，C_p 为比热容，ΔH_{v} 为蒸发热，ΔH_{fus} 为熔化热。

例如，2005 年吉化双苯厂事故中硝化反应单元（硝化锅）的目标反应为苯的一级硝化反应，生产硝基苯，在精馏纯化后进入加氢反应单元被还原成苯胺。该一级硝化反应的反应方程式如下：

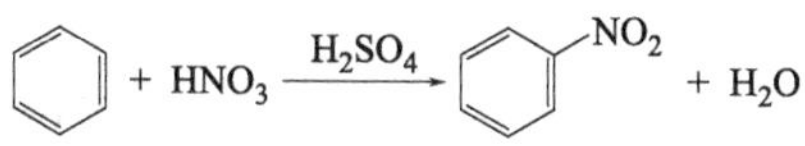

(4-4)

该反应中的所有反应物和产物的标准生成焓都能在相应的物性数据库中查找到，如表 4-3 所示。根据这些数据，可以得出该反应的标准摩尔反应热为 −128kJ/mol。该数据跟表 4-1 中的硝化反应的标准摩尔反应热的典型值略有差别，主要是由于不同浓度的硝酸硫酸体系略有不同。

表 4-3　苯硝化反应的标准生成焓数据

化学品名称	苯	硝酸	硝基苯	水
标准生成焓/(kJ/mol)	49.1	−194.556	12.5	−285.8
数据来源	CRC	NBS	CRC	CRC
该数据对应物态	液体	64%水溶液	液体	液体

【例 4-1】 根据表 4-3 所给的标准生成焓数据，请计算苯一级硝化反应方程式（4-4）的标准摩尔反应热。

解：根据表 4-3 所提供的数据，$\Delta H_{\mathrm{F},硝基苯}=12.5$kJ/mol；$\Delta H_{\mathrm{F},H_2O}=-285.8$kJ/mol；$\Delta H_{\mathrm{F},苯}=49.1$kJ/mol；$\Delta H_{\mathrm{F},硝酸}=-194.556$kJ/mol。

因此：

$$\begin{aligned}\Delta H_{\mathrm{R}}&=\sum_{i=1}^{m} v_i \Delta H_{\mathrm{F},i}-\sum_{j=1}^{n} v_j \Delta H_{\mathrm{F},j}\\&=\Delta H_{\mathrm{F},硝基苯}+\Delta H_{\mathrm{F},H_2O}-\Delta H_{\mathrm{F},苯}-\Delta H_{\mathrm{F},硝酸}\end{aligned}$$

$$=12.5-285.8-49.1+194.556\text{kJ/mol}$$
$$=-127.844\text{kJ/mol}$$

故苯一级硝化反应的标准摩尔反应热为−127.844kJ/mol。

但是很多化学品，特别是大多数不太常见的有机物，其标准生成焓数据很难获得。在此情况下，上述直接计算标准摩尔反应热的方法不再适用，其他可选用的标准摩尔反应热计算方法有 Benson 基团加和法和化学键能法，这些方法也常用于初步的、粗略的近似估算。但这两个方法计算得到的反应热一般是假定分子处于气相状态，因此，液相反应必须通过蒸发热（蒸发焓）来修正，固体物质则需要通过蒸发热和熔化热（ΔH_{fus}）来修正。一般情况下，目标反应的摩尔反应热应尽可能通过计算方法获得，其可作为反应安全危险度评估的初筛数据，还可用于反应量热仪实验测试结果的验证。

对于分解反应，很多情况下反应产物不确定，反应机理不清楚，产物配比也不确定，因此很多情况下分解反应的反应方程式不能配平，该反应的摩尔反应热不能直接计算获得，需要依赖实验测试获得分解反应的反应总热量。很多高能化学品的分解反应热主要来源于其高能基团的能量，一些常见的高能基团的分解能量如表 4-4 所示。

表 4-4　常见高能基团的分解能量

高能基团名称	结构	分解能量/(kJ/mol)
氰化物、异氰酸酯、硫氰酸盐	—O—C≡N，—N═C═O，—S—C≡N	50～75
烯烃、二烯烃、乙烯基酯、丙烯酸酯	—C═C—	50～90
肼类	—NHNH—	70～90
N-氧化物	R_2N:O	100～130
肟	—C═NOH	110～140
三元环：如环丙烷、环氧乙烷、氮丙啶	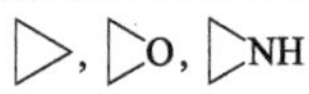	70～150
炔烃、金属乙炔、卤代乙炔衍生物	—C≡C—	120～170
重氮	—N═N—，—N≡N+	100～180
叠氮化物	R—N_3	200～240
亚硝基	R—N═O	150～290
过氧基团	—C—OO—R	180～360
硝基，*N*-硝基	R—NO_2，R_2—N—NO_2	310～430
酰基硝酸盐、酰基亚硝酸盐	—C—O—NO_2，—C—O—N═O	400～480

这些高能基团的能量也可以用来估算含高能基团的化学品的分解反应热。例如，苯环上硝基的分解能量一般为 320kJ/mol，含三个硝基的 TNT 的分解总能量约为 960kJ/mol，根据 TNT 的分子量（227.13g/mol），可计算出 TNT 分解能量约为 4227J/g，接近于 TNT 爆炸热量的实验测量值（4184J/g 或者 1000cal/g）。

4.1.4.2　比反应热

由于摩尔反应热是假设 100%的转化率，因此针对实际工况的反应安全危险度评估，很多时候比反应热比摩尔反应热更适用。在实际反应过程中，完全转化的反应物称为限量反应物（有些教材称为关键组分），比反应热是单位质量限量反应物完全反应时释放出的热量。比反应热是与安全有关的具有重要实用价值的参数，大多数量热设备测试时一般直接获得比反应热的结果（kJ/kg）。比反应热和摩尔反应热的关系如下：

$$Q'_R = c_i(-\Delta H_R)/(\rho v_i) \tag{4-5}$$

式中，Q'_R为比反应热，kJ/kg；ρ 为反应物料的密度，kg/m^3；ΔH_R 为摩尔反应热，kJ/mol；c_i 为限量反应物的浓度，mol/m^3；v_i 为限量反应物的化学计量数。

【例 4-2】 根据例 4-1 计算的摩尔反应热，请计算苯一级硝化反应（4-4）在苯和硝酸摩尔比为 1∶1.2 时的比反应热。已知硝化剂体系为 20%硝酸、60%硫酸和 20%水（质量分数），$M_{硝酸}=63.01g/mol$，$M_{苯}=78.11g/mol$。

解： 对于苯一级硝化反应，在苯和硝酸摩尔比为 1∶1.2 时，硝酸过量，因此苯为限量反应物。

在该硝化剂体系中，不妨假设有 20g 硝酸、60g 硫酸和 20g 水，则：

$$n_{硝酸} = \frac{m_{硝酸}}{M_{硝酸}} = \frac{20}{63.01}mol = 0.3174mol$$

$$n_{苯} = \frac{1}{1.2}n_{硝酸} = \frac{1}{1.2} \times 0.3174mol = 0.2645mol$$

因此，

$$\begin{aligned}
Q'_R &= c_{苯}(-\Delta H_R)/(\rho v_{苯}) \\
&= \frac{n_{苯}}{V}(-\Delta H_R)/\left(\frac{m_{苯}+m_{硝酸}+m_{硫酸}+m_{水}}{V} \cdot v_{苯}\right) \\
&= n_{苯}(-\Delta H_R)/[(n_{苯}M_{苯}+m_{硝酸}+m_{硫酸}+m_{水})v_{苯}] \\
&= 0.2645 \times 127.844/[(0.2645 \times 78.11+20+60+20) \times 10^{-3} \times 1]kJ/kg \\
&= 280.25kJ/kg
\end{aligned}$$

故苯一级硝化反应在苯和硝酸摩尔比为 1∶1.2 时的比反应热为 280.25kJ/kg。

显然，比反应热取决于限量反应物的浓度，不同的工艺、不同的操作方式均会影响比反应热的数值。对于大部分反应来说，摩尔反应热一般变化不大，但比反应热随着物料配比的变化而变化。当单位质量内限量反应物的浓度（物质的量）变化时，实际能发生的反应的物质的量也会变化，从而决定了单位质量内的总反应热量，即比反应热。以吉化双苯厂事故中硝化锅的苯一级硝化反应为例［式（4-4）］，摩尔反应热为－128kJ/mol。如表 4-5 所示，当反应体系内苯和硝酸的摩尔比变化时，比反应热相应地变化。其中苯和硝酸摩尔比为 1∶1 时比反应热为最大值，其他摩尔比都产生过量的反应物，其不参与反应产热但增加单位摩尔反应的质量，从而降低了比反应热。

表 4-5　苯硝化反应体系中不同摩尔比对比反应热和绝热温升的影响

苯和硝酸摩尔比	比反应热/(kJ/kg)	绝热温升/℃
5∶1	181	96
2∶1	271	138
1∶1	325	161
1∶1.2(工厂最常用)	280	139
1∶2	181	89

另外，反应体系的溶剂量也会影响比反应热。根据式（4-5），溶剂量越大，c_i 越小，比反应热越小。以上述硝化反应为例［式（4-4）］，采用不同的硝化剂体系时，比反应热变化

也很大。如表 4-6 所示，在苯和硝酸摩尔比恒定条件下，间歇反应釜常用较温和的硝化剂体系，如 20/60/20 硝化剂体系（20%硝酸、60%硫酸和 20%水）的比反应热为 280kJ/kg。而通道式反应器常需要使用快速硝化剂体系，多为浓硝酸和浓硫酸、发烟硝酸和发烟硫酸，但 1∶1 的发烟硝化剂体系常常由于比反应热过高和绝热温升过高（分别为 508J/g 和 303℃），可能导致反应时局部温度过高而引发产物的分解爆炸反应，因此通道式硝化反应常常通过加入大量浓硫酸（溶剂）来降低比反应热，达到防止温度过高和可能的产物分解爆炸的目的。如表 4-6 所示，当用 10 倍当量的浓硫酸稀释时，比反应热可降到 113J/g。因此，比反应热过高时也可适量增加溶剂量来降低反应体系的比反应热。

表 4-6　苯硝化反应中不同硝化剂体系对比反应热和绝热温升的影响

硝化剂体系	硝化酸体系质量比	比反应热/(kJ/kg)	绝热温升/℃
20/60/20 硝化剂体系	HNO_3 ∶ H_2SO_4 ∶ H_2O=20 ∶ 60 ∶ 20	280	139
1∶1 硝化剂体系	HNO_3 ∶ H_2SO_4=76 ∶ 98	508	303
1∶10 硝化剂体系	HNO_3 ∶ H_2SO_4=76 ∶ 980	113	76

注：基于苯和硝酸摩尔比恒定为 1∶1.2，摩尔反应热为 128kJ/mol。

理论上摩尔反应热跟比反应热可根据式（4-5）自由变换，但实际操作中由于很多原因不容易实现自由变换：首先，复杂反应的化学计量数很难确定，因此单位质量的反应混合物中反应物质的量无法确定；其次，有些反应，特别是分解反应，其分解产物及产物多少也很难确定；最后，很多反应在真实工况中的转化率达不到 100%，根据式（4-3）计算摩尔反应热是假设 100%的转化率。因此，通过式（4-5）计算得到的比反应热跟实际工况或实验测量的比反应热不一定一致。反应安全危险度评估中使用比反应热的优点有：

第一，很多反应安全危险度评估使用的量热仪见 4.2.2 给出的测试结果直接是比反应热。

第二，比反应热除以比热容即可获得反应体系的绝热温升，见式（4-7）。

第三，反应体系的比反应热还可直接换算为 TNT 当量比［比反应热除以 4184J/g 即 TNT 当量比，见式（4-6）］，从而可用于估算发生爆炸事故后的危害范围（计算方法详见 5.4.1.3）。另外，当反应体系或物料分解反应的 TNT 当量比大于 0.24 时（比反应热大于 1000kJ/kg），可认为该体系或物料具有化学爆炸的潜力，工艺过程的反应安全危险度评估时需详细分析可能引发该反应的高温工况，如蒸汽阀泄漏、火灾工况等。

$$\text{TNT 当量比}=\frac{Q'_{\mathrm{R}}}{Q'_{\mathrm{R,TNT}}}=\frac{Q'_{\mathrm{R}}}{4184} \tag{4-6}$$

式中，Q'_{R} 为比反应热，kJ/kg；$Q'_{\mathrm{R,TNT}}$ 为 TNT 分解反应的比反应热，4184kJ/kg。

【例 4-3】 已知双氧水分解反应的摩尔反应热为 -98kJ/mol，$M_{过氧化氢}=34.01$g/mol。请计算 50%含量双氧水的比反应热和 TNT 当量比。

解： 对于 50%双氧水分解反应，不妨设过氧化氢 50g，水 50g，则：

$$n_{过氧化氢}=\frac{m_{过氧化氢}}{M_{过氧化氢}}=\frac{50}{34.01}\mathrm{mol}=1.47\mathrm{mol}$$

因此，

$$Q'_{\mathrm{R}}=c_{过氧化氢}(-\Delta H_{\mathrm{R}})/(\rho v_{过氧化氢})$$
$$=\frac{n_{过氧化氢}}{V}(-\Delta H_{\mathrm{R}})/\left(\frac{m_{过氧化氢}+m_{水}}{V}v_{过氧化氢}\right)$$

$=n_{过氧化氢}(-\Delta H_R)/[(m_{过氧化氢}+m_{水})v_{过氧化氢}]$
$=1.47\times98/[(50+50)\times10^{-3}\times1]\text{kJ/kg}$
$=1440.6\text{kJ/kg}$

$$\text{TNT 当量比}=\frac{Q'_R}{Q'_{R,TNT}}=\frac{1440.6}{4184}=0.3443$$

故 50%含量双氧水的比反应热为 1440.6kJ/kg，TNT 当量比为 0.3443。

4.1.4.3 绝热温升

目标反应、副反应或分解反应产生的能量直接关系事故的严重程度，也就是说关系到发生反应失控事故后的潜在事故损失。如果反应体系不能与外界交换能量，将成为绝热状态。在这种情况下，反应所释放的全部能量用来提高反应体系自身的温度。因此，绝热温升与反应释放的能量成正比。对于大多数人而言，能量大小的数量级难以有直观感性的认识，故常利用绝热温升来评估失控反应的严重度，并以此作为一个比较方便的数据判据。

绝热温升（ΔT_{ad}）由比反应热除以比热容得到：

$$\Delta T_{ad}=\frac{Q'_R}{C'_p} \tag{4-7}$$

式中，Q'_R为比反应热，kJ/kg；ΔT_{ad} 为绝热温升，℃；C'_p 为体系的比热容，指 1g 体系物质温度上升 1℃时所需要的能量，单位为 J/(g·K)。

例如水在 20℃时比热容为 4.182J/(g·K)，大部分有机物在 20℃时比热容接近于 2.1J/(g·K)［卤化物除外，卤化物保守值可选 1J/(g·K)］。

混合体系的比热容可以根据混合规则，由各化合物比热容和质量分数估算得到：

$$C'_p=\frac{\sum w_i C_{pi}}{\sum w_i} \tag{4-8}$$

式中，w_i 为各化合物的质量分数，g/mol；C_{pi} 为各化合物的比热容，J/(g·K)；C'_p 为体系的比热容，J/(g·K)。

【例 4-4】 已知 TNT 爆炸反应的比反应热约为 4184kJ/kg，70%双氧水分解反应的比反应热约为 2018kJ/kg，请计算 TNT 爆炸反应和 70%双氧水分解反应的绝热温升。假设分解产物的比热容跟初始反应物一致。

解：对于 TNT 爆炸反应，$C'_{p,TNT}=1.46\text{J/(g·K)}$，则：

$$\Delta T_{ad}=\frac{Q'_{R,TNT}}{C'_{p,TNT}}=\frac{4184}{1.46}\text{K}=2865.75\text{K}=2865.75℃$$

对于 70%双氧水分解反应，$C'_{p,水}=4.182\text{J/(g·K)}$，$C'_{p,双氧水}=2.618\text{J/(g·K)}$则：

$$C'_{p,70\%双氧水}=\frac{w_{水}C'_{p,水}+w_{双氧水}C'_{p,双氧水}}{w_{水}+w_{双氧水}}=\frac{30\%\times4.182+70\%\times2.618}{30\%+70\%}=3.09\text{J/(g·K)}$$

$$\Delta T_{ad}=\frac{Q'_{R,70\%双氧水}}{C'_{p,70\%双氧水}}=\frac{2018}{3.09}\text{K}=653.07\text{K}=653.07℃$$

故 TNT 爆炸反应的绝热温升为 2865.75℃，70% 双氧水分解反应的绝热温升为 653.07℃。

通常情况下，比热容随着温度升高而增加。出于安全考虑，比热容应当取较低值，因此，常采用在较低工艺温度下（甚至是常温下）的比热容数据进行绝热温升的计算。

式（4-5）指出比反应热是反应物浓度和摩尔反应热的函数，因此，绝热温升直接取决于反应物料浓度或溶剂多少。一个在反应器中正常进行的反应，当反应器冷却系统失效时，反应体系将进入近似绝热状态，体系的绝热温升越高，则体系达到的最终温度将越高，体系的压力将相应升高，同时温度升高将可能引发反应物料的分解反应（二次分解），一旦发生二次分解，将释放出更多的热量和产生更高的压力，可能引发反应器超压爆炸或直接化学爆炸，从而导致反应安全事故的发生。因此，绝热温升越高，体系的反应安全风险越高。

4.1.5 反应体系压力

为防止易燃易爆有毒物质泄漏到环境中，反应器一般采用密闭系统或带某种形式排气管的密闭系统，常要求反应压力不超过反应器的设计压力。当反应器内部压力超过设计压力后可能导致反应器的炸裂。反应体系超压炸裂时，易燃易爆有毒物质泄漏到环境中，这些物质很可能被引燃并导致厂区大面积的火灾。因此在做反应安全危险度评估时还需对目标反应及其可能引发的分解反应的压力效应进行相应的评估。

化学反应发生反应失控后，除了 4.1.2 章节中描述的反应热效应外，很多时候直接导致反应器炸裂的常常是压力效应。导致反应器压力升高的因素主要有以下几个方面：

a. 目标反应过程中产生的不凝气体产物（临界温度低于室温），例如脱羧反应形成的 CO_2 等。

b. 分解反应常常产生小分子的分解产物，这些物质常呈气态，从而造成容器内的压力增长。

c. 反应（含目标反应及分解反应）过程中低沸点组分挥发形成的蒸气。这些低沸点组分可能是反应过程中的溶剂，也可能是反应物或产物，例如甲苯磺化反应过程中的甲苯。

d. 反应（含目标反应及分解反应）常伴随大量能量的释放，温度升高导致反应体系的压力增加（根据气体状态方程或饱和蒸气压的关系），在此情况下，反应失控总是伴随着压力的增长。

4.1.5.1 气体释放

无论是目标反应还是分解反应，均可能产生气体。操作条件不同，产气量、产气速率等气体释放的过程参数也会不一样。在封闭容器中，压力升高可能导致容器破裂，进一步导致易燃易爆气体泄漏或爆炸蒸气云的形成，也可能直接导致容器爆炸。在中低压的封闭体系中可以利用理想气体状态方程近似估算压力：

$$pV=nRT \tag{4-9}$$

式中，p 为封闭体系中由于产气形成的压力，Pa；V 为封闭体系的体积，m^3；R 为摩尔气体常数，8.3145J/(mol·K)；n 为体系中气体的物质的量，mol；T 为体系中的温度，K。

在开放或排空容器中，气体产物可能导致气体、液体的逸出，这些也可能产生如中毒、火灾、无约束蒸气云爆炸等二次效应。因此，对于评估事故的潜在严重度而言，反应或分解过程中释放的气体量也是一个重要的因素。理论上可从静态角度给出气体释放总量及产生的终态压力，解决实际工程问题时还需要考虑气体的释放速率、排空速率、泄压阀泄放速率等动态问题。目前，特别是分解反应的产气，尚没有可靠方法可以预测产气速率和产气总量，这些参数主要通过实验测试获得，如绝热加速量热仪 ARC、泄放尺寸设计量热仪 VSP，其中 VSP 为最常用的获得压力泄放计算所需数据的仪器。

4.1.5.2 蒸气压

对于液体反应体系来说，随着反应体系的温度升高，液体组分逐渐挥发，体系中蒸气压也相应增加。纯物质蒸气压力可以通过克拉佩龙（Clapeyron）方程进行估算：

$$\ln\frac{p}{p_0}=\frac{-\Delta H_v}{R}\left(\frac{1}{T}-\frac{1}{T_0}\right) \tag{4-10}$$

式中，T 为体系温度，K；p 为体系蒸气压，Pa；T_0 为参考状态下的温度，K；p_0 为参考状态下的压力，Pa；ΔH_v 为摩尔蒸发焓，kJ/mol；R 为摩尔气体常数，8.3145J/(mol·K)。T_0 可选溶剂沸点，p_0 为一个大气压。

由于不同温度下的摩尔蒸发焓略有变化，因此更多时候，纯物质蒸气压采用安托因（Antoine）方程进行估算：

$$\lg p=A-B/(T+C) \tag{4-11}$$

式中，A、B、C 为该物质的安托因参数；T 为温度，℃；p 为饱和蒸气压，kPa。

【例 4-5】 根据表 4-7 中纯物质的安托因参数，计算水在 200℃时的饱和蒸气压。

解： 对于水，由表 4-7 中的安托因参数，$A=7.16$，$B=1717.5756$，$C=232.9231$，则：

$$\begin{aligned}p&=10^{A-\frac{B}{T+C}}\\&=10^{7.16-1717.5756/(200+232.9231)}\text{kPa}\\&=1558.15\text{kPa}\end{aligned}$$

故水在 200℃时的饱和蒸气压为 1558.15kPa。

表 4-7 中列举了几种纯物质的安托因参数，图 4-3 为使用安托因参数计算的这几种物质在不同温度下的饱和蒸气压曲线。

表 4-7　纯物质的安托因参数，数据来源 DIPPR 数据库

化学品	CAS #	沸点/℃	安托因参数(压力单位 kPa，温度单位℃)		
			A	B	C
水	7732-18-5	100	7.16	1717.5756	232.9231
双氧水	7722-84-1	151.9	7.1651	1937.7468	225.0688
甲苯	108-88-3	110.5	6.2835	1479.765	234.4267
过氧化二叔丁基	110-05-4	110.4	6.1605	1367.0609	217.7429

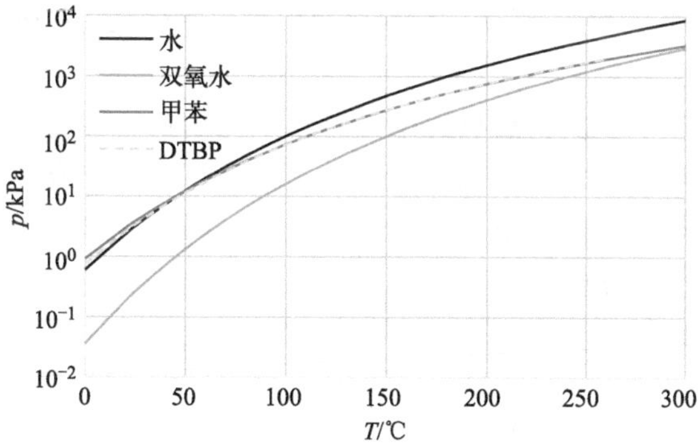

图 4-3　纯物质的蒸气压随温度的变化

图 4-3　纯物质的蒸气压随温度的变化

由图 4-3 可见，在饱和蒸气压曲线上，纯物质的蒸气压为一个大气压时对应的温度为物质的沸点。物质的蒸气压随温度呈指数关系增加，特别是温度高于沸点时，温度升高会导致压力的大幅提高。在失控反应中温度不但大幅度升高，而且以很快的速率升高，这导致压力的升高速率将更快。因此出现失控反应的反应体系压力常常很快达到并超过反应器设计压力，如果不能及时泄压，反应器将发生炸裂并释放大量易燃易爆有毒物料，随后引发厂区火灾。

当然，绝大多数反应体系为混合物，估算其蒸气压时除了需要纯物质的安托因参数之外，还需要考虑混合规则，以及体系的非理想液体（例如活度系数估算）、非理想气体（例如逸度系数估算）和多相平衡（例如液固平衡、液液平衡估算）等，精确的压力估算一般可采用成熟的商业软件如 ASPEN PLUS。反应安全危险度评估时可采用较粗略的两个方法：假设体系压力主要贡献来源于体系中沸点最低的纯物质的蒸气压（保守方法）；根据实验测量的压力数据拟合该体系的蒸气压估算方程。其中第一个方法在初筛评估中使用更多，而第二个方法在更详细的评估中使用更多。

4.1.6 化工过程热平衡方面的基本概念

考虑化工过程的反应安全风险时，必须充分理解热平衡的重要性。这方面的知识对于反应器或储存装置的工业放大同样适用，当然也是实验室规模量热实验结果解析之必需。为此，首先介绍反应器热平衡中的不同表达项，然后介绍常用的和简化的热平衡关系。

4.1.6.1 反应的放热速率

单位质量物料的反应放热速率跟反应的反应速率（r_A）成正比，还跟摩尔反应热 ΔH_R 成正比：

$$q_{rx}=(-r_A)(-\Delta H_R)/\rho \tag{4-12}$$

式中，q_{rx} 为反应放热速率，W/g；r_A 为反应速率，mol/(m^3 · s)；ΔH_R 为摩尔反应热，kJ/mol；ρ 为反应物料的密度，kg/m^3。

对反应安全来说，放热速率非常重要，因为控制反应体系的温度是反应器安全的关键。对于简单的 n 级反应，反应速率可以表示为：

$$-r_A=k_0\mathrm{e}^{\frac{-E_a}{RT}}c_{A0}^n(1-X)^n \tag{4-13}$$

式中，r_A 为反应速率，mol/(m^3 · s)；k_0 为频率因子；E_a 为反应活化能，J/mol；R 为摩尔气体常数，8.3145J/(mol · K)；T 为反应温度，K；c_{A0} 为初始反应浓度，mol/m^3；n 为反应级数；X 为反应转化率。

该方程强调了这样一个事实：放热速率是转化率的函数，因此，在非连续反应器或储存过程中，放热速率会随转化率发生变化。间歇反应釜不存在组分或转化率恒定的状态；在连续搅拌釜式反应器中，体系稳定后组分或转化率恒定，因此放热速率为常数；在管式反应器中放热速率随位置变化而变化。

结合式（4-12）和式（4-13）可获得放热速率的表达式：

$$q_{rx}=k_0\mathrm{e}^{\frac{-E_a}{RT}}c_{A0}^n(1-X)^n(-\Delta H_R)/\rho \tag{4-14}$$

从这个表达式中可以看出：

a. 反应的放热速率是温度的指数函数；

b. 总放热速率与体积成正比。

就安全问题而言，上述两点是非常重要的。

4.1.6.2 反应釜的散热速率

反应物料和冷却介质之间的热交换存在几种可能的途径：热辐射、热传导、热对流。在非牛顿流体或固体体系中主要以热传导为主，当然由于传质问题，这类体系在化工过程反应单元中不常见。常见的主要为黏度低或带搅拌的牛顿流体体系，这类体系常以对流传热为主。例如通过强制对流传热，反应器通过冷却介质从壁面带走热量，其散热速率 q_{ex} 与传热面积（A）、总传热系数（U）及传热驱动力成正比，这里的传热驱动力是指反应物料与冷却介质之间的温差（$T-T_c$）。基于反应物料单位质量的散热速率可表达为：

$$q_{ex}=\frac{UA}{\rho V}(T-T_c) \tag{4-15}$$

式中，q_{ex} 为散热速率，W/g；U 为总传热系数，kW/(m^2·K)；A 为总传热面积，m^2；ρ 为反应物料的密度，kg/m^3；V 为反应物料的体积，m^3；T 为反应物料温度，K；T_c 为冷却介质温度，K。

需要注意的是，如果反应物料的物理化学性质发生显著变化，总传热系数 U 也将发生变化，成为时间的函数。因此，热传递特性通常是温度的函数，其中反应物料的导热系数和黏度为主要影响因素。

就安全问题而言，这里必须考虑两个重要方面：a. 单位质量物料的散热速率是温度的线性函数；b. 总散热速率与热交换面积成正比。这意味着当夹套式反应器进行工艺放大时，由于总放热速率与反应器体积成正比，而总散热速率与夹套的热交换面积成正比，总散热速率的增加将小于总放热速率的增加。对于放热反应来讲，容易导致反应器的飞温，因此在反应器放大时，需要着重关注热平衡问题。表 4-8 给出了一些典型反应器的尺寸及散热能力数据，需要注意的是，该表的传热系数为较保守值，具体工艺反应器应根据实际传热系数重新计算。

表 4-8 一些典型反应器的尺寸及散热能力数据

釜式容器，冷却温差 30℃，80%装满水			反应器（带冷却夹套），总传热系数 250W/(m^2·K)，70%面积散热		储罐（无冷却夹套），总传热系数 11W/(m^2·K)，100%面积散热	
容器	总体积/L	（表面积/体积）/m^{-1}	散热速率/W·kg^{-1}	冷却速率/℃·min^{-1}	散热速率/W·kg^{-1}	冷却速率/℃·min^{-1}
试管	0.01	约 224.5	1473	21.13	93	1.33
烧杯	0.1	约 104.4	684	9.81	43	0.62
烧瓶	1	约 48.4	317	4.55	20	0.29
反应器	500	约 6.09	40	0.57	2.5	0.04
反应器	2500	约 3.55	23	0.34	1.5	0.02

注：1. 表面积、体积是以等体积的球估算的。
2. 冷却速率是指反应器体系单位时间内降低的温度，单位为℃/min。

因此，从实验室规模按比例放大到大型工业生产规模时，基于单位质量的反应物料的散热速率大约减少了两个数量级。实验室规模情况下，散热速率可能高达 1500W/kg，而生产规模时只有 20～50W/kg。这对实际工艺放大过程很重要，因为在实验室规模中没有发生失控反应，并不意味着在大规模工业生产的情况下反应是安全的。

在式（4-15）中，总传热系数 U 起到重要作用。因此，需要根据不同反应物料的特性实际测量其在具体反应器中的总传热系数。对于反应器内物料组分给定的情形，雷诺数对总传热系数的影响很大。这意味着对于搅拌釜式反应器，搅拌桨类型、形状以及转速都将影响总传热系数。

冷却介质的最低温度有时也须加以限制，特别是在低温时反应体系容易析出晶体的情况下。这可以通过控制冷却介质的最低温度高于反应物料的析晶温度或熔点来实现，有时也可以通过限制冷却介质流速来达到目的。

4.1.6.3 反应体系的热累积

当反应器内的物料放热速率大于反应器的散热速率时，物料产生的热量无法及时移除，这时反应热将在反应体系内累积，主要表现为反应体系的温度升高。在计算热累积导致的体系温度升高时，要考虑到体系每一个组成部分，既要考虑反应物料也要考虑设备。因此，反应器或容器，至少与反应体系直接接触部分的热容是需要考虑的。对于非连续反应器，热积累可以用如下单位质量的表达式来表述：

$$q_{ac}=C_p'\frac{dT}{dt} \tag{4-16}$$

式中，q_{ac} 为单位质量热累积速率，J/s；C_p'为体系的比热容，J/(g·K)；T 为反应体系温度，K。

由于单位质量热累积速率源于单位质量放热速率和单位质量散热速率的不同，它会导致反应器内物料温度的变化。因此，如果反应器的散热速率不能平衡反应物料的放热速率时，温度将发生如下变化：

$$\frac{dT}{dt}=\frac{q_{rx}-q_{ex}}{C_p'} \tag{4-17}$$

式中，q_{rx} 为单位质量放热速率，J/s；q_{ex} 为单位质量散热速率，J/s；C_p'为体系的比热容，J/(g·K)；T 为反应体系温度，K。

实际大型工业生产规模中，相比于反应物料的热容，搅拌釜式反应器的热容常常可以忽略，为了简化表达式，设备的热容可以忽略不计。可以用一个例子来说明这样处理的合理性：对于一个 $10m^3$ 的反应器，反应物料热容的数量级大约为 20000kJ/K，而与反应物料接触的金属质量大约为 400kg，其热容大约为 200kJ/K，也就是说大约为总热容的 1%。另外，这种误差会导致更保守的评价结果，这对安全而言是有利的。然而，对于某些特定的应用场合，容器的热容是需要考虑的，如连续反应器，尤其是管式反应器，可以有意识地增大反应器本身的热容，从而增大总热容，有利于提高反应体系的安全性。

4.1.6.4 反应体系的热平衡简化表达式

反应体系热平衡估算时除了涉及物料放热和冷却介质散热以外，还可能涉及加料温度不同而引起的显热、搅拌装置的机械热输入、冷却介质之外的热散失（如反应釜上下端无冷却夹套部分）等因素。然而，在大多数情况下，只考虑物料放热和冷却介质散热两项的简化热平衡表达式对于安全问题来说已经足够了。考虑这种简化热平衡，忽略如搅拌器带来的热输入或热散失之类的因素，则反应釜的热平衡可写成：

$$C_p'\frac{dT}{dt}=(-r_A)(-\Delta H_R)/\rho-\frac{UA}{\rho V}(T-T_c) \tag{4-18}$$

式中，C_p'为体系的比热容，J/(g·K)；T 为反应体系温度，K；r_A 为反应速率，mol/(m^3·s)；ΔH_R 为摩尔反应热，kJ/mol；U 为总传热系数，kW/(m^2·K)；A 为总传热面积，m^2；ρ 为反应物料的密度，kg/m^3；V 为反应物料的体积，m^3；T_c 为冷却介质温度，K。

对一个 n 级反应，着重考虑温度随时间的变化，由于反应物浓度 $c_A=(1-x)c_{A0}=1-\dfrac{T-T_0}{\Delta T_{ad}}c_{A0}=\left(\dfrac{\Delta T_{ad}-T+T_0}{\Delta T_{ad}}\right)c_{A0}=\dfrac{T_f-T_0-T+T_0}{\Delta T_{ad}}c_{A0}=\dfrac{T_f-T}{\Delta T_{ad}}c_{A0}$，结合式 (4-5)、式 (4-7)、式 (4-13)、式 (4-18)，于是：

$$\frac{dT}{dt}=\Delta T_{ad}k_0 e^{\frac{-E_a}{RT}}\left(\frac{T_f-T}{\Delta T_{ad}}\right)^n c_{A0}^{n-1}-\frac{UA(T-T_c)}{\rho VC'_p} \tag{4-19}$$

式中，T 为反应温度，K；c_{A0} 为初始反应浓度，mol/m^3；T_f 为绝热条件下反应体系终末温度，K；ΔT_{ad} 为绝热温升，K；k_0 为频率因子；E_a 为反应活化能，J/mol；R 为摩尔气体常数，8.3145J/(mol·K)；n 为反应级数；C'_p 为体系的比热容，J/(g·K)；T 为反应体系温度，K；U 为总传热系数，$kW/(m^2 \cdot K)$；A 为总传热面积，m^2；ρ 为反应物料的密度，kg/m^3；V 为反应物料的体积，m^3；T_c 为冷却介质温度，K。

4.1.7 温度对反应速率的影响

考虑化工过程的反应安全风险时必须考虑如何控制反应进程，而控制反应进程的关键在于控制反应速率，这是失控反应的原动力。因为反应的放热速率与反应速率成正比，所以在一个反应体系的热平衡中，反应动力学起着根本性的作用。

在式 (4-13) 中，活化能 E_a 是反应动力学中一个重要参数，其物理意义有两种解释：第一，反应需要克服的能量壁垒［图 4-4 (a)］；第二，反应速率对温度变化的敏感度［图 4-4 (b)］。对于合成反应，活化能通常在 50～100kJ/mol 之间变化。在分解反应中，活化能可达到 180kJ/mol。低活化能（小于 40kJ/mol）可能意味着反应受传质控制，较高活化能则意味着反应对温度的敏感度较高，一个在低温下很慢的反应可能在高温时变得剧烈，从而带来相应的反应安全风险。

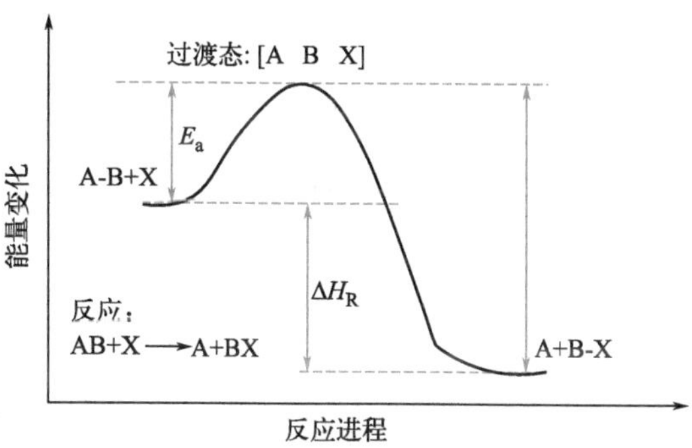

(a) 能量壁垒

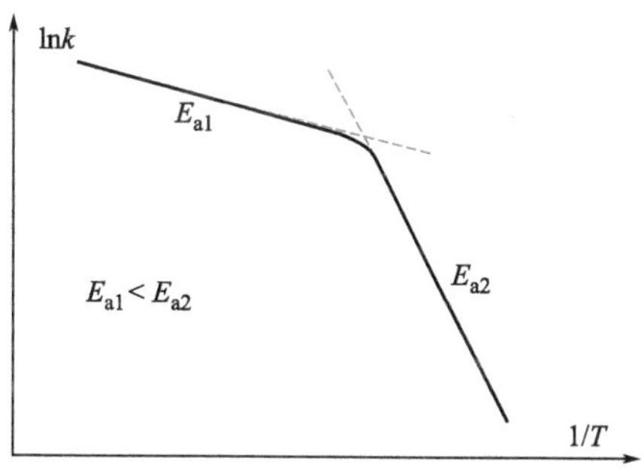

(b) 温度敏感度

图 4-4 活化能物理意义示意图

一般来说放热反应，特别是强放热的目标反应或分解反应，容易引发反应失控的安全事故，其主要原因是反应放热过快而导致反应热在反应体系的累积，从而引起体系温度升高，而温度升高进一步加速反应速率和反应放热速率，最终出现反应失控。为分析反应物料在不同的反应器（从量热仪的微量测试到实验室反应器，再到工业反应器）内的热平衡，常假设物料反应处于绝热状态，这样反应物料的放热速率将不受反应器的散热能力的影响。

绝热条件下进行放热反应，导致温度升高，并因此使反应加速，但同时反应物的消耗导致反应速率的降低。因此，这两个效应相互对立：温度升高导致速率常数和反应速率的指数性增加，而反应物的消耗减慢反应速率。这两个相反变化因素作用的综合结果将取决于两个因素的相对重要性。假设绝热条件时，式（4-19）中的散热速率不需要考虑，因此温度变化速率为：

$$\frac{\mathrm{d}T}{\mathrm{d}t}=\Delta T_{\mathrm{ad}}\cdot k_{0}\mathrm{e}^{\frac{-E_{\mathrm{a}}}{RT}}\left(\frac{T_{\mathrm{f}}-T}{\Delta T_{\mathrm{ad}}}\right)^{n}c_{\mathrm{A0}}^{n-1} \tag{4-20}$$

基于反应物料单位质量的放热速率表达式为：

$$q_{\mathrm{rx}}=C_{p}'\frac{\mathrm{d}T}{\mathrm{d}t}=C_{p}'\Delta T_{\mathrm{ad}}k_{0}\mathrm{e}^{\frac{-E_{\mathrm{a}}}{RT}}\left(\frac{T_{\mathrm{f}}-T}{\Delta T_{\mathrm{ad}}}\right)^{n}c_{\mathrm{A0}}^{n-1} \tag{4-21}$$

由于式（4-20）左右两边都有温度，当其他参数已知时，可通过数值解法获得温度随时间的变化关系、温升速率随时间或温度的变化关系。再结合式（4-21）可获得反应物料的放热曲线。

假设有一放热反应，比反应热（ΔH_{R}）为 400J/g，反应物料的比热容（C_p'）为 2J/(g·℃)，反应活化能（E_{a}）为 80kJ/mol，频率因子（k_0）为 14.94，n 为 1，初始浓度（c_{A0}）为 1mol/L，初始温度（T_0）为 70℃（仪器检测到最初反应放热对应的温度），采用龙格库塔法对式（4-21）做数值解法获得如图 4-5 所示的反应物料单位质量的放热速率跟温度的关系曲线。该曲线的物体意义为绝热条件下，反应物料从初始温度开始自加速反应放热的过程。

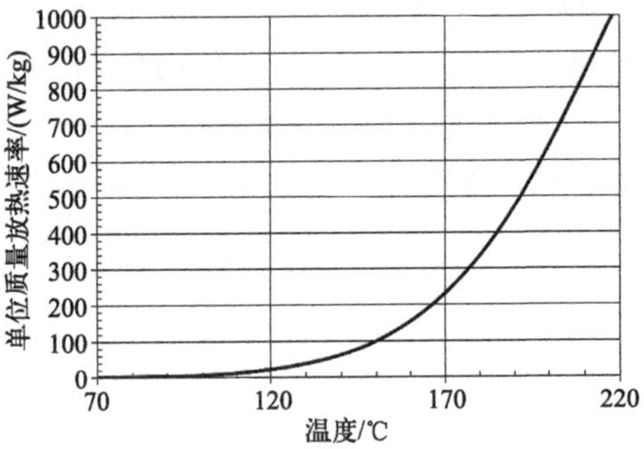

(a) 反应放热起始阶段

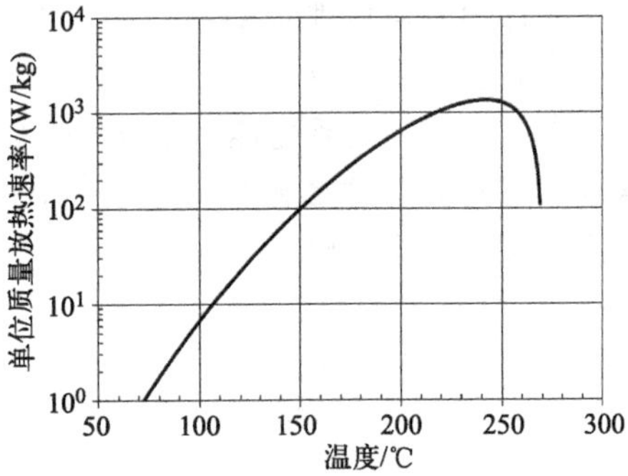

(b) 反应放热全过程

图 4-5 反应物料的放热曲线

4.1.8 化工过程的失控反应

若反应器冷却系统的散热速率低于反应的放热速率，反应体系的温度将升高，反应将进入失控状态。温度越高，反应速率越大，这反过来又使放热速率进一步加大。因为反应速率和放热速率随温度呈指数增加，而反应器的散热速率随着温度只是线性增加，于是温度升高时冷却能力更加不足，温度进一步升高，最终发展成反应失控，甚至爆炸事故，这种由于温度过高引发的爆炸常称为热爆炸。在化工过程安全中往往使用 Semenov 热温图来描述体系中的失控反应。

Semenov 热温图（图 4-6 和图 4-7）常用来直观地表征温度均一或近似均一的反应体系放热速率和散热速率的关系，这类温度均一的反应体系主要为釜式容器（如间歇反应釜、半间歇反应釜、自反应物质的储罐等）内的液相反应。温度不均一的反应体系，如固相反应体系（局部热点）和连续流反应体系（温度随管长变化），不建议采用该方法评估体系热稳定性。

考虑一个 n 级反应动力学的反应体系简化热平衡式［式（4-18）］。在大部分反应的起始阶段（如单位质量的放热速率 0～500W/kg），体系温度接近初始温度，即放热速率随温度呈指数关系变化，因此式中第一项跟温度的关系呈指数关系。第二项为反应器的散热速率，随温度呈线性变化，直线的斜率为 $UA/(\rho V)$，与横坐标的交点是冷却介质的温度 T_c。

如图 4-6 所示的 Semenov 热温图Ⅰ，是同一个反应放热速率在不同冷却介质温度下导致的散热速率不同的体系中的热平衡情况。该图常见的应用案例为自反应物质（例如过氧化物）的运输存储过程，其中外界温度的大范围变化（由于地区变化、季节变化等）可能出现图中三种散热曲线中任何一种情况。散热速率曲线 q_{ex2} 常用于确定自反应物质（如过氧化物、易自聚的单体等）的安全储存运输的环境最高允许温度（跟自加速分解温度 SADT、自加速聚合温度 SAPT 相关），一般采用散热速率曲线 q_{ex2} 跟放热速率曲线 q_{rx} 的相切获得。为防止反应安全事故的发生，常需控制外界温度不超过环境最高允许温度。

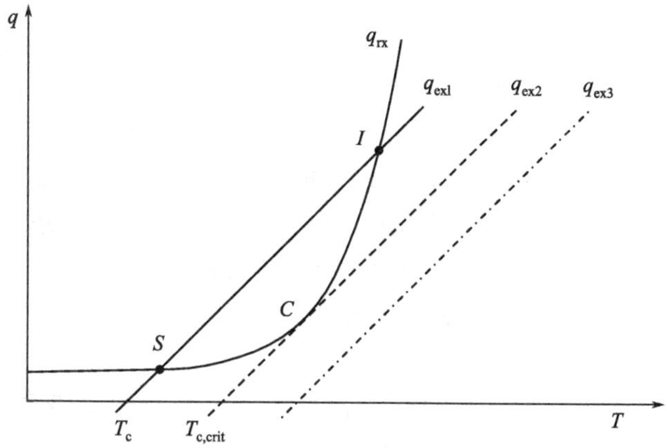

图 4-6　Semenov 热温图Ⅰ（冷却介质温度的影响）

T 为温度，K；q 为热流速率，kJ/s

图 4-6 中，散热速率曲线 q_{ex1} 跟放热速率曲线 q_{rx} 有两个交点，分别为 S 点和 I 点，且存在散热速率大于放热速率的区间（SI 区间），在此区间内反应体系为稳定的体系，这也是很多反应釜能正常工作的必要条件。

S 点处放热速率等于散热速率，为稳态点，即反应物料的温度出现小波动时会回到该点。当温度由 S 点向高温波动时，散热占主导地位，温度降低直到放热速率等于散热速率，系统恢复到其稳态平衡点。反之，温度由 S 点向低温移动时，放热占主导地位，温度升高直到再次达到稳态平衡点。因此，这个较低温度处的 S 交点为反应体系的稳定点，也是绝大部分反应器的反应温度点，反应体系在该点处能维持在反应温度下完成所有反应物料的转化。很多时候冷却介质进口的温度一定时，常通过减少其流量来获得使体系稳定在 S 点的冷却端平均温度。实际操作中，当体系温度低于 S 点时，通过反应放热来加热反应物料所需时间太长，因此常常通过直接升高冷却介质温度（如采用 S 点温度，甚至高于 S 点的温度）来加热反应物料，使反应体系温度快速达到 S 点。

I 点处放热速率也等于散热速率，但 I 点为非稳态点，即反应物料的温度出现左右波动时不会回到该点。从 I 点向低温方向的一个小偏差，冷却占主导地位，温度降低直到到达 S 点。而从这点向高温方向的一个小偏差，放热速率开始大于散热速率，导致产生过量热量，热累积导致温度进一步上升。温度越高，反应速率越大，这反过来又使放热速率进一步加大。如图 4-6 所示，放热速率随温度呈指数增长，而反应器的散热速率随着温度只是线性增加，于是温度升高时冷却能力更加不足，温度进一步升高，最终发展成反应失控或热爆炸。因此，这个较高温度处的 I 交点为反应体系的非稳定点，该点定义为正常反应体系的失控温度（temperature of no return，TNR），即温度超过该点后将不再回来。由于体系温度达到失控温度 TNR 后将出现反应失控状态，在无温度引起的压力问题时，该失控温度常当作反应体系的温度安全边界。实际生产中，可根据失控温度设置反应体系的高温报警［例如取不高于工艺温度（T_p）和 TNR 的中点温度］，高高温报警（例如取不高于 T_p 和 TNR 的 3/4 点温度）来提前感知可能的异常工况（例如反应异常、蒸汽阀泄漏、搅拌热输入过多、外部火灾等），以便及时启动人为干涉或紧急措施，以防止温度继续升高并超过失控温度。

显然，当反应物料的温度接近但低于失控温度时，反应釜散热速率大于产热速率，在移除外界热源的情况下，体系最终会回归到稳态点（S 点）。因此，在冷却系统正常且在没有外界热源的情况下，反应物料温度低于失控温度时，等待多长时间体系也不会飞温或达到最大反应速率。

虽然 q_{ex1} 为绝大部分反应器正常工作的散热速率曲线，当出现冷却系统异常工况或工艺首次试车时，难免出现冷却介质温度过高的工况，这时的散热速率曲线可能变成 q_{ex2} 或 q_{ex3}。当冷却系统温度较高时，相当于冷却线向右平移（图 4-6 中虚线）。两个交点相互逼近直到重合为一点（q_{ex2}）。这个点对应于切点，也是一个不稳定工作点，此时冷却系统的温度叫做冷却系统临界温度。当冷却介质温度大于该临界温度时，冷却线（q_{ex3}）与放热曲线没有交点，意味着热平衡方程无解，反应失控也将不可避免。在工艺设计时，选择的冷却体系应能保证冷却介质温度小于冷却系统临界温度（$T_{c,crit}$），否则开发的工艺易出现反应失控的安全事故。

图 4-7 为同一个反应放热速率在不同 $UA/(\rho V)$ 值下导致的散热速率不同的体系中的热平衡情况。同样，散热速率曲线 q_{ex1} 跟放热速率曲线 q_{rx} 有两个交点，在此区间内反应体系为稳定体系，也是很多反应釜能正常工作的必要条件。

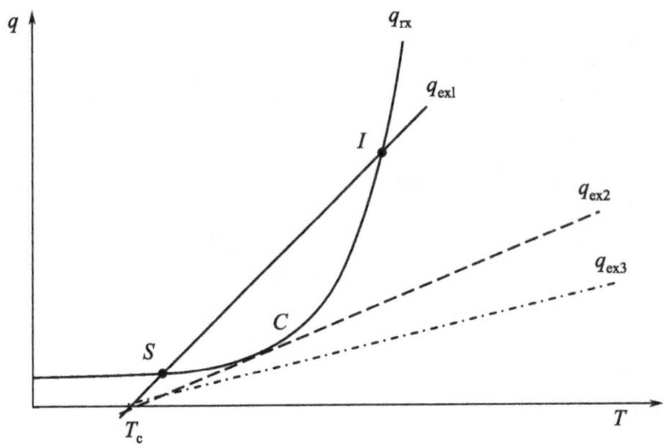

图 4-7　Semenov 热温图Ⅱ［$UA/(\rho V)$ 的影响］

当出现反应系统总传热系数降低（例如结垢、反应器内壁结皮、固体物沉淀、冷却夹套内气泡过多等）或工艺放大时导致单位体积的比表面积（A/V）减少时，都可能导致 $UA/(\rho V)$ 值降低，即冷却曲线斜率降低，这时的散热速率曲线可能变成图 4-7 中的 q_{ex2} 或 q_{ex3}。为了防止反应失控的安全事故发生，特别是在工艺放大时，应保证这样的冷却曲线不会出现。因此，间歇反应或易产生大量反应物料累积的工艺在做工艺放大时，建议构建该反应体系的 Semenov 热温图。

基于热平衡方程式，反应物料的放热速率曲线叠加反应器的散热曲线即可获得反应体系的 Semenov 热温图。考虑一个 n 级反应动力学的反应体系简化热平衡式［式（4-18）］。由于大部分反应的起始阶段（单位质量的放热速率 0～1000W/kg）的放热速率随温度呈指数变化关系，放热曲线可由式（4-21）构建，如图 4-5（b）所示。反应器的散热速率为直线，其斜率为 $UA/(\rho V)$，与横坐标的交点是冷却介质的温度 T_c，也可直接画图，如图 4-8 所示。冷却系统临界温度（$T_{c,crit}$）为散热曲线同放热曲线相切时冷却介质的温度，实际生产中为制冷系统冷却介质温度的上限。由图 4-8 可见，该反应体系的冷却系统临界温度为 103℃，即体系的制冷系统能保证提供 103℃以下的冷却介质（很多时候通过冷源跟热源的相互配合控制）。失控温度（TNR）为散热曲线同放热曲线相交并有两个交点的较高温度交点的温度，实际生产中为防止反应失控需监测反应物料温度的上限。由于实际生产中正常反应过程也存在温度波动（常见由温控系统引起、加料引起、反应速率引起等），因此需要监测反应物料的温度并保证其在稳态点附近波动。当波动过大时，可能超过非稳态点进入反应失控状态，因此反应釜需要根据失控温度设置反应物料的高温报警，以便及时识别高危状态，及时启动人为干涉或紧急措施。如图 4-8 所示，当采用 90℃冷却介质时的失控温度为 143℃。

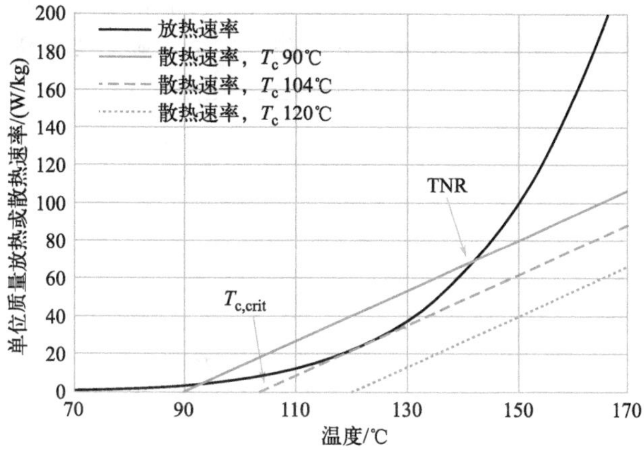

图 4-8　n 级反应的 Semenov 热温图（放热曲线基于图 4-6，散热曲线基于表 4-8 中 500L 反应器）

图 4-8　n 级反应的 Semenov 热温图

4.2　化工反应安全风险数据

化工过程的反应安全危险度评估不但涉及物理性质数据，包括反应体系的温度、压力、流量等操作参数，还需要化学反应热力学和动力学数据。特别是动力学数据，如反应速率、放热速率、产气速率等数据，极大程度地决定了反应体系温度、压力估算的准确性。

4.2.1　热力学数据

热力学数据，特别是摩尔反应热，在反应安全危险度评估中扮演着关键的角色。当一个反应的反应方程式能配平，且所有反应物和产物的标准生成焓 ΔH_F 已知时，该反应的标准摩尔反应热可以直接计算获得。摩尔反应热计算可以：①筛除低风险反应，若反应为吸热反应或弱放热反应，在没有产气或压力问题的情况下，可以判断该体系的反应安全风险较低；

②确定绝热温升和100%反应转化率时的MTSR（工艺反应能够达到的最高温度），其为工艺温度（T_p）或反应温度加以反应的绝热温升；③用于计算不同配比或溶剂量下的比反应热；④用于验证实验测试的比反应热。

例如4.1.4章节中的苯的硝化反应案例，通过反应物和产物的标准生成焓（见表4-3）获得反应的摩尔反应热，从而可以估算不同苯和硝酸摩尔比下的比反应热和绝热温升（见表4-5），以及不同硫酸量（溶剂）下的比反应热和绝热温升（见表4-6）。

再例如双氧水分解的反应方程式为

$$H_2O_2(l) \longrightarrow H_2O(l) + 0.5\ O_2(g) \qquad \Delta H_R = -98kJ/mol \tag{4-22}$$

根据反应物和产物的标准生成焓可获得该分解反应的标准摩尔反应热为−98kJ/mol，产气为0.5mol氧气。根据此反应热计算，质量分数40%双氧水的比分解热理论值为1153J/g。如图4-9所示，差示扫描量热仪（DSC）实验测量值为1084.1J/g，测量值仅比理论值低6%。同样，根据反应热计算得出表4-9，100%双氧水分解反应的比分解热为2882J/g，其TNT当量比为0.69，而目前化工生产中常用的质量分数70%双氧水的TNT当量比为0.48。由于其能量密度大，使用含量70%以上的双氧水具有较高的气相（分解产物氧气跟有机蒸气混合形成爆炸性气体混合物）和液相爆轰的反应安全风险。根据图4-9中DSC数据，Yoshida关系式显示40%的双氧水依然具有爆炸的可能，因此，如果没有因反应速率或反应选择性而要求更高溶度双氧水时，建议化工生产中尽量避免使用高于35%的双氧水。

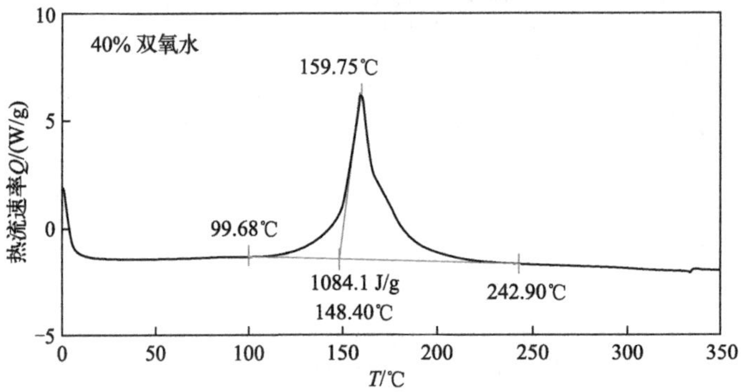

图4-9　质量分数40%双氧水的差示扫描量热仪（DSC）谱图
（玻璃坩埚，温升速率10℃/min）

表4-9　不同含量的双氧水分解热及TNT当量比

H_2O_2 含量	分解热量/(J/g)	TNT当量比
100%	2882	0.69
70%	2018	0.48
50%	1441	0.34
40%	1153	0.27
35%	1009	0.24

4.2.2　仪器测量

对一个具体工艺的反应安全危险度评估，需要获得反应相关的放热速率、放热量、绝热温升、分解温度等数据，而这些数据很可能随浓度、物料配比、催化剂、杂质或 pH 等参数变化很大。因此反应安全危险度评估必须通过针对某一具体的反应物料做量热测试实验，且当上述影响参数变化时可能需要重新测试。本节首先介绍量热仪的运行模式，然后介绍几种常用的量热设备。

4.2.2.1 量热仪的运行模式

大多数量热仪都可以在不同的温度控制模式下运行。常用的温控模式如下：

(1) 等温模式 (isothermal mode)

采用适当的方法调节环境温度从而使样品温度保持恒定。这种模式的优点是可以在测试过程中消除温度效应，不出现反应速率的指数变化，直接获得反应的转化率。缺点是如果只单独进行一个实验不能获得有关温度效应的信息，如果需要得到这样的信息，必须在不同的温度下进行一系列这样的实验。

(2) 动态模式 (dynamic mode)

样品温度在给定温度范围内呈线性（扫描）变化。这类实验能够在较宽的温度范围内显示热量变化情况，且可以缩短测试时间。这种方法非常适合反应放热情况的初步测试。对于动力学研究，温度和转化率的影响是重叠的。

(3) 绝热模式 (adiabatic mode)

样品温度源于自身的热效应。这种方法可直接得到热失控曲线，但是测试结果可能需要利用热修正系数进行修正，因为样品释放的热量有一部分用来升高样品池温度。

4.2.2.2 反应量热仪

反应量热仪最常采用等温模式完成相关量热测试。常见的反应量热仪量热原理主要有两类：温度差和热电传感器。

(1) 温度差量热原理的反应量热仪

该类量热仪以实际工艺生产的间歇、半间歇反应釜为真实模型，可在实际工艺条件的基础上模拟化学工艺过程的具体过程及详细步骤，并能准确地监控和测量化学反应过程的各个参数，例如温度、压力、加料速率、混合过程、反应热流、热传递数据等。所得出的结果一般可较好地放大至实际工厂的生产条件。

反应量热仪的量热原理示意图见图 4-10，其热流测量依据：

$$Q_r = UA\int(T_r - T_j)\mathrm{d}t \qquad (4\text{-}23)$$

式中，Q_r 为传热量，J；U 为总传热系数，W/(m^2·K)；A 为总传热面积，m^2；T_r 为反应物料的温度，K；T_j 为冷却夹套内冷却介质的温度，K。

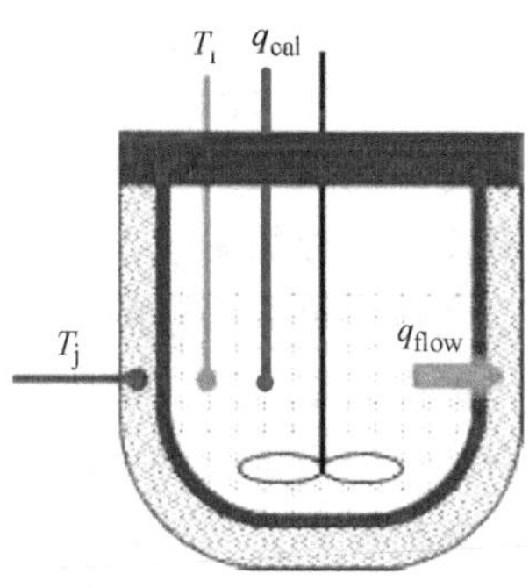

图 4-10 反应量热仪的量热原理示意图

实验测试时连续监测反应物料的温度（T_r）以及冷却夹套内冷却介质的温度（T_j），从而获得任意时段的温度差。式(4-23) 中，UA 为未知量且不同的物料会有不同的 UA 值，因此依赖校正电棒来输入一个已知量的热流来确定 UA 值。当反应开始前或反应结束后，反应产热速率为零时，再次利用校正电棒输入已知的热流，即上述中左边项已知，通过仪器测量温度差，从而计算出 UA 值。将物料滴加进反应釜混合，反应产热引起温度差并被仪器监测，取前后 UA 平均值，从而计算获得反应的产热量。

图 4-11 为乙酸酐在 50℃下水解反应的反应量热仪测量图谱。测量时，需先将 400g 去离子水加入反应量热仪反应釜内，设定搅拌桨搅拌速率为 100r/min，升温到 50℃稳定后，完成反应前校正电棒确定 UA 后，将 50g 乙酸酐滴加入反应釜启动反应并测量其反应产热，待热流速率曲线回归基线后，进行反应前校正电棒确定 UA 后就完成了测试。利用专业的软件，可快速计算反应前后的 UA 值，再对 UA 取平均值，可用于计算乙酸酐水解反应的产热量，如图 4-11 所示，50g 乙酸酐水解反应产热量为 27.591kJ，根据乙酸酐分子量（102g/mol），可推算出对该水解反应的反应热测量值为 56.29kJ/mol。

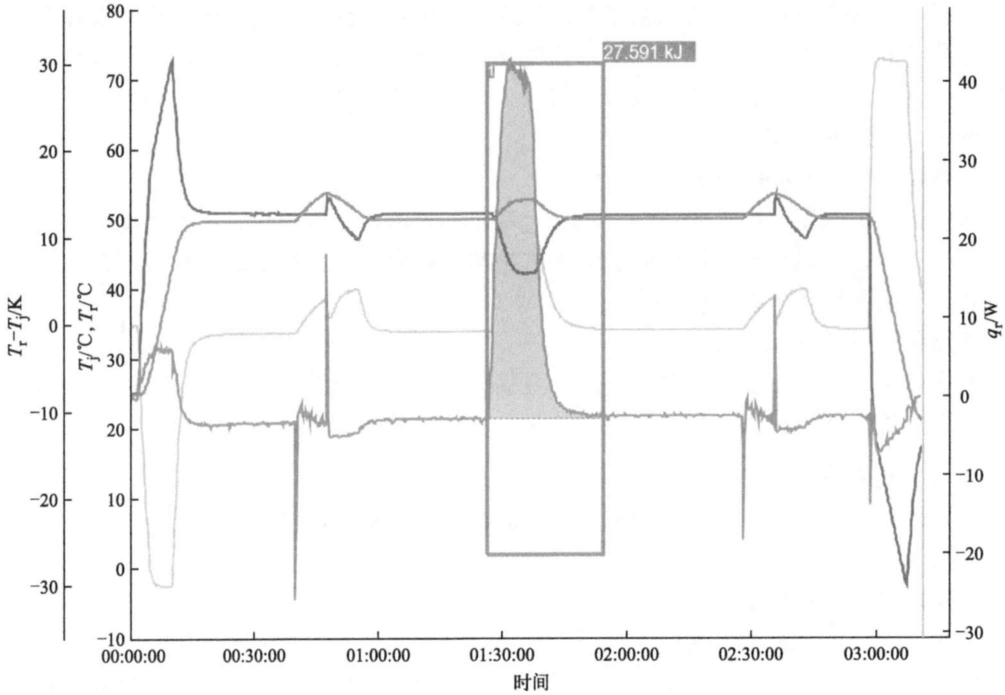

图 4-11 典型的反应量热仪测量图谱

图 4-11 典型的反应量热仪测量图谱

［红色曲线 T_r—反应物料温度；蓝色曲线 T_j—夹套内冷却介质温度；粉色曲线（T_r-T_j）温度差；绿色曲线 q_r—热流速率］

反应量热仪能获得很多工艺反应的信息，如为反应安全危险度评估提供精确的反应热数据，为工艺放大提供反应过程中的最大放热速率，为工艺优化提供不同搅拌速率、加料速率等对反应过程的影响，还可模拟实际工艺过程的具体过程和详细步骤等。但它用于反应安全危险度评估也有明显的缺点：测量过程中要求将热电偶和校正电棒加热部分浸入反应物料中，因此大部分反应量热仪反应釜测量时要求至少 300mL 的物料。如此多的测试样品在工艺研发初期很难获得，因此限制了该仪器在工艺研发初期的应用。另外，该仪器几乎没有任何防爆措施，而当评估一些不正常工况，如加错料、加料顺序错误、热介质一直加热等工况，物料可能发生化学爆炸，而 300mL 的物料爆炸在一般实验室是不可接受的。因此，出于反应量热仪的实验过程安全考虑，建议尽量只采用该仪器做正常工艺过程相关的测试（如测量正常工况下的反应热，工艺条件优化等），而尽量避免用来模拟反应体系的异常工况相关的测试（如冷却失效）。

(2) 热电传感器量热原理的微反应量热仪

目前市场上常见的微反应量热仪常采用热电半导体模块，如帕尔贴，直接测量热流。当热电半导体模块两端出现温度差时，热电半导体模块将产生一个电压信号，使其实现两侧温度差和热流的测量。由于热电半导体模块对热流测量的高灵敏性，这类反应量热仪能很好地实现基于少量反应物料（如 0.1～1g）的反应热精准测量。图 4-12 为一微反应量热仪的量热测试系统，其中恒温池保证整个测试系统在恒定或指定的温度下工作。该系统采用主动传热模式，即当测温热电半导体模块监测到样品池与恒温池有温度差时，系统主要利用量热热电半导体模块实现两端强制传热并测量热流。同时采用参比瓶的差分模式扣除背景噪声，提高仪器的测量灵敏度，因此即使使用总体积只有 2mL 的 GC 样品瓶也能准确地测量反应物料的反应热。

图 4-12 微反应量热仪的量热测试系统

图 4-12 微反应量热仪的量热测试系统
（灰色—恒温池；红色—量热热电半导体模块；紫色—测温热电半导体模块；
绿色—样品池，其中左边为参考瓶，右边为测量样品瓶）

该类微反应量热仪还能同时实现自动或手动进样，以及压力的测试。当测量 A+B 化学品混合后反应放热量时，跟反应量热仪一样，先将一定量化学品 A 置于样品瓶中，而一定量的化学品 B 置于注射器内。待仪器热信号稳定（回归基线）后，将注射器内 B 加入样品瓶混合，启动反应并测量其反应产热及产气速率。可见该类微反应量热仪可以省去反应量热仪中反应前后必需的校正步骤。且他们使用的样品量很少，容易实现一定的防爆措施，即使出现测试样品的化学爆炸也不容易造成严重损失。因此，当评估一些可能发生化学爆炸的不正常工况，如加错料、加料顺序错误、热介质一直加热等工况时，建议采用这类微反应量热仪。当然这类微反应量热仪的缺点是很难实现像反应量热仪一样的搅拌能力（一般多相反应测量结果需要验证），也较难模拟实际工艺过程的具体过程和详细步骤等。

图 4-13 为一个典型的微反应量热仪测量图谱，可见这类测试可以准确地获得物料反应的产热总量、产热速率、产气总量和产气速率。虽然其使用的样品量少，但其测试数据很准确，且不用担心各类危险工况的化学爆炸可能，因此他们可广泛用于筛分化工过程的反应安全危险度评估的各类工况测试中，以及工艺研发初期的反应安全危险度评估中。

4.2.2.3 差示扫描量热仪

差示扫描量热仪（DSC）为最常见的采用动态模式完成相关量热测试的设备。差示扫描量热一般指在程序升温的条件下，测试过程中将参比物（一般为空的测试坩埚）与被测样品进行对比，测量样品与参比物之间的热流差随温度变化的一种量热测试技术。常规的差示扫描量热测试中，将少量的待测样品（1～30mg）置于测试坩埚中，并在 0～400℃的温度区间内，以恒定的加热速率进行加热（常选用的加热速率为 1～10℃/min），仪器输出温差信

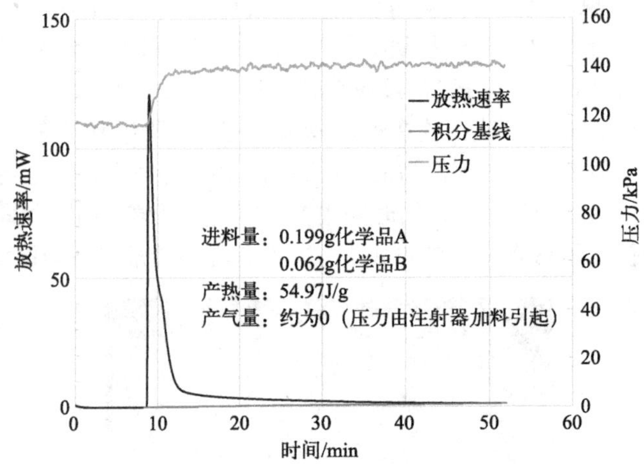

图 4-13 典型的微反应量热仪测量图谱

图 4-13 典型的微反应量热仪测量图谱

号与待测样品和参比物的能量交换差值大小成正比。

如图 4-14 所示，常见的差示扫描量热仪采用被测样品坩埚底部跟空坩埚（参比物）底部的温度差来测量待测物的热流工作模式。当 DSC 加热炉以恒定的加热速率进行加热（图中加热速率控制在 10℃/min）时，参比坩埚底部（空坩埚）的热电偶获得参比温度（T_r），而被测样品坩埚底部热电偶获得样品温度。由于参比盘内无物料，其温升速率跟加热炉温升一致，呈直线上升［图 4-14（b）］。而被测样品坩埚内有物料存在，当被测样品没有吸热或放热时，其样品温度（T_s）的温升速率也将跟加热炉温升速率一致，但加热样品物质到该温升速率所需的额外温差（跟待测样品比热容相关）将使 T_s 线比 T_r 线偏低。当被测样品有吸热或放热，将使得 T_s 偏离原来的直线。在对两温度做差分时，这种样品吸热或放热引起的温度偏离将形成一个吸热峰或放热峰。如图 4-14（b）所示，达到熔点温度（T_f）时，固体开始吸热液化；在熔解过程中固体样品的温度维持不变，但由于 T_s 并非被测样品内部温度而是样品坩埚底部温度，T_s 会略有升高；当固体全部熔解后，样品不再需要提供熔解热量，其吸热峰达到峰值；之后加热炉环境温度将使得样品温度回归原来的直线。整个熔解过程最终将呈现为温差直线上的一个向下的峰。同样，当样品有放热时（如分解反应放热），其测试过程将呈现为一个向上的峰。通过使用已知热量的标准物的热量校正获得仪器校正系数后，可将温差信号转换为热流信号，从而测出待测样品的热流速率及总热量。图 4-15 为一典型的测量物质热稳定性 DSC 测试谱图，其横坐标为温度，纵坐标为热流速率（除以样品质量获得单位质量的热流速率）。

差示扫描量热仪被大量使用于反应安全危险度评估，特别是单个物质或均一性的混合物的热稳定性数据。如图 4-15，DSC 测试可快速获得测试温度范围内物质的起始温度（T_0）和分解热量（dH 焓）这两个关键热稳定性信息，其中 T_0 指首次观察到测试样品的热流信号偏离既定热流基线的温度，即第一次偏离基线或峰积分的左极限。在反应安全危险度评估的应用中，一般取 DSC 吸放热峰的积分区间的低温为起始温度，这样使评估结果更加保守。DSC 起始温度的物理意义是被测物质分解反应的吸放热速率开始大于 DSC 检测下限时对应的温度，实际中在起始温度以下物质已经开始在反应，只是仪器灵敏度不够而不能检测到。可见，同一个物质同一个反应，其起始温度跟仪器的灵敏度相关。通常，当物质在工艺过程中可能涉及的温度大于该物质 DSC 起始温度减 100℃时，强烈建议做进一步的测试（如 ARC 或 VSP）以及动力学仿真等。图 4-15 中 20%（质量分数）过氧化二叔丁基（DTBP）

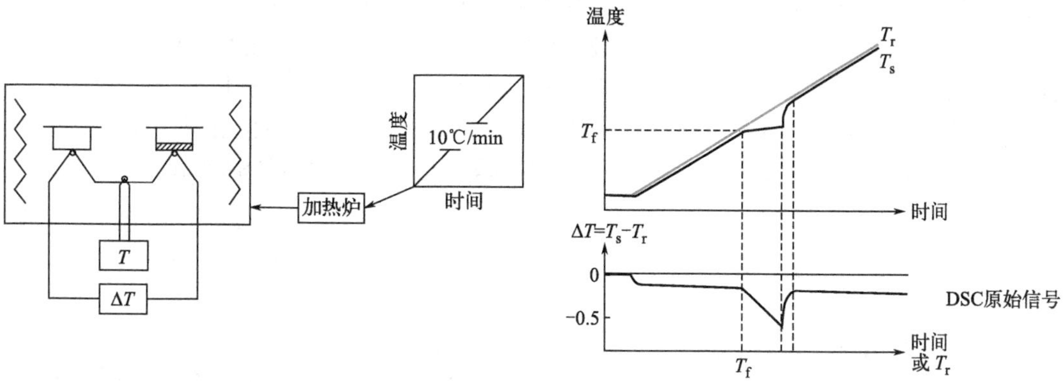

(a) 温度控制和测量系统　　(b) 测试过程中温度差

图 4-14　差示扫描量热仪（DSC）的工作原理示意图

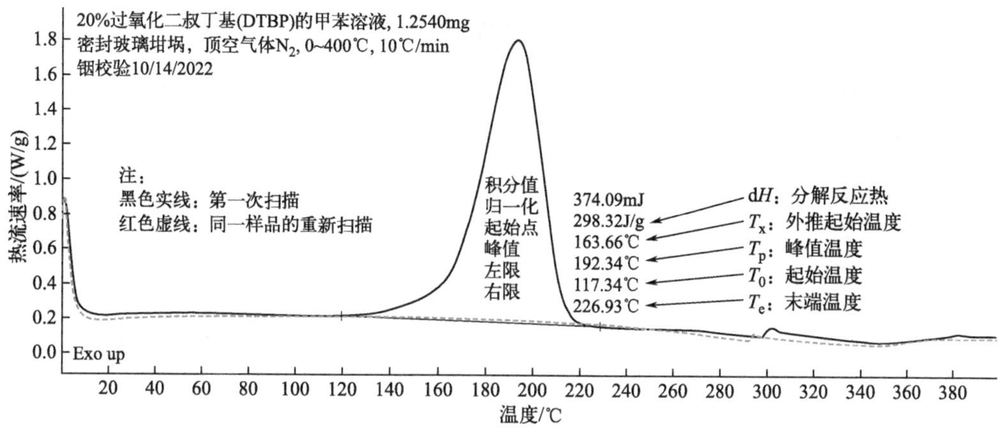

图 4-15　典型的测量物质热稳定性 DSC 谱图

的甲苯溶液的 DSC 起始温度为 117.34℃，因此当该溶液在 17℃以上时，需要进一步测试和详细的反应安全危险度评估。再如图 4-9 中 40%双氧水的 DSC 起始温度为 99.68℃，因此当 40%双氧水在 0℃以上时，需要进一步测试和详细的反应安全危险度评估。另外，可靠的 DSC 测试能获得较准确的分解反应的比反应热，如图 4-9 中 40%双氧水 DSC 测试分解热量为 1084.1J/g，跟理论计算的分解热量 1153J/g 较好地吻合。

DSC 测试除了仪器灵敏度影响物质的分解反应起始温度和分解热量以外，样品坩埚的选取同样重要。图 4-16 为常见的测量物质热稳定性的 DSC 坩埚，其中开口或密封的铝质 DSC 坩埚都不建议用于化学品的热稳定性测试。首先，开口样品盘一般会给出测试样品的汽化吸热过程。由于 DSC 测试使用的样品量少而 DSC 加热炉体积相对较大（有时还有氮气吹扫），在加热过程中液体物质将汽化吸热，当达到样品的沸点时将全部汽化。汽化吸热速率一般远大于大部分样品的分解放热速率，或样品全部汽化后坩埚内再无样品。图 4-17 为 20%（质量分数）过氧化二叔丁基（DTBP）的甲苯溶液样品的开口铝质坩埚 DSC 谱图，可见样品在这两个物质的沸点（均为 110℃）附近全部汽化，DSC 谱图只显示该样品的汽化吸热峰，而无图 4-15 所示的分解放热峰。由于像这样的情况，开口样品盘的 DSC 结果很可能导致物质热分解反应的检测遗漏，因此开口样品盘不建议用于化学品的热稳定性测试。其次，常见的密封铝质 DSC 坩埚都为低压样品容器（承压能力一般几个大气压），而化学品在高温下的蒸气压力或分解产气所导致的压力高达几百个大气压，因此常导致使用的密封铝质DSC坩埚在测试过程中出现泄漏甚至炸裂，此时的DSC结果常常无法判断被测物质的热稳定性。最后，铝为活泼金属，跟很多化学品相互反应，如酸、强碱、氧化剂、卤化物等。这些反应可能被错误地当成被测化学品自身分解反应，从而得出错误的反应安全危险度评估结论。因此，不管是开口还是密封的铝质DSC坩埚都不建议用于化学品的热稳定性测试。

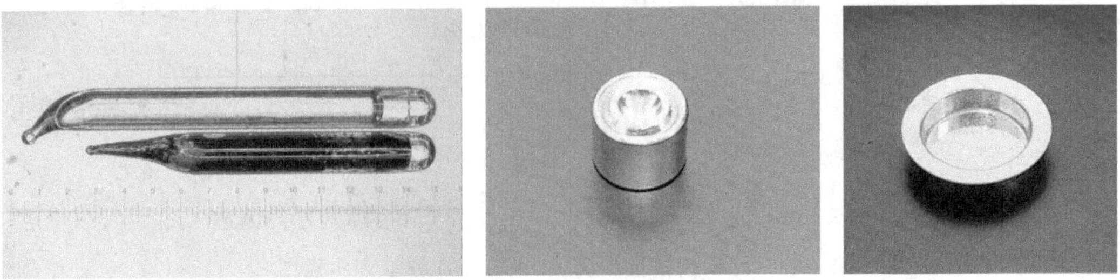

(a) 密封玻璃坩埚　　(b) 镀金高压坩埚　　(c) 铝质DSC坩埚（不建议使用）

图 4-16　常见测量物质热稳定性的DSC样品坩埚

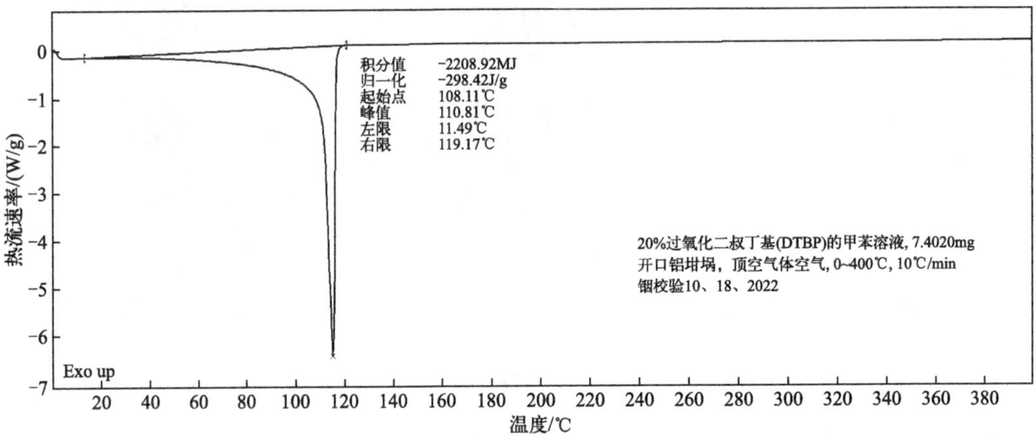

图 4-17　开口铝质坩埚的DSC谱图

常见的可靠的测量物质热稳定性DSC坩埚有密封玻璃坩埚、镀金高压坩埚（不锈钢坩埚镀上几微米厚的金以增加惰性）、不锈钢高压坩埚等。一般这些坩埚的承压能力都为几百个大气压，且常为一次性使用。除样品跟不同坩埚材质的化学反应性之外，这些坩埚在测量分解热量小于2000J/g的样品时差别不大。当被测样品的分解热量大于2000J/g时，建议使用密封玻璃坩埚。图4-18为使用镀金高压坩埚和密封玻璃坩埚测量TNT的分解热量，可见镀金高压坩埚只获得2907.58J/g（TNT分解热的69.5%），而密封玻璃坩埚获得4545.9J/g（TNT分解热的108%），只有密封玻璃坩埚给出可接受测量误差范围（误差小于10%）之内的结果。

DSC数据除了可快速获得测试温度范围内物质的起始温度（T_0）和分解热量（dH 焓）这两个关键热稳定性信息外，反应放热峰的峰形和峰高信息还可用于分解反应的动力学拟合（一般需要考虑导热滞后引起的信号卷积问题），因此DSC测试被广泛应用于反应安全危险度评估中。另外，DSC用于初步判断危险化学品的潜在爆炸属性也很有效。而很多高能化学品由于其爆炸可能性，在其他样品量大的仪器测试中将不得不考虑测试样品对仪器的损害，而采用毫克级样品量的DSC测试通常能最小化这类损害。并且，DSC的分解热量除以

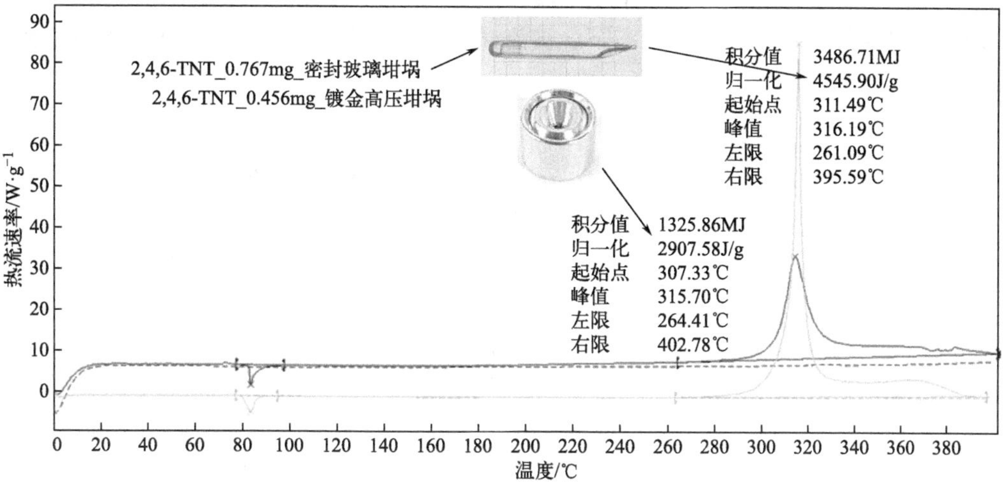

图 4-18 不同高压 DSC 坩埚的 TNT 样品 DSC 测试数据

4184J/g 即为该物料的 TNT 当量比，可进一步用于评估大量物料爆炸的事故后的危害范围。基于上述诸多原因，DSC 为高能化学品的热稳定性首选仪器。

相比于其他仪器，DSC 的显著优点为：a. 所需的测试样品量少（1～30mg），特别是在样品量有限的情况下（工艺研发初期），该优点尤其重要；b. 操作相对简单；c. 耗时较短（一般 1～2 小时）；d. 测试爆炸物的损害最小化。当然 DSC 也有显著的缺点：a. 非均一性样品不适应（毫克级取样很难获得有代表性的样品）；b. 无压力信息；c. 只能一次性进样，因此不能测量物质混合时引发的反应（需使用反应量热仪）。

4.2.2.4 绝热加速量热仪

绝热加速量热仪为最常见的采用绝热模式完成相关量热测试的设备。1978 年，美国陶氏化学公司发明了绝热加速量热仪（accelerating rate calorimeter，ARC），后来由 Columbia Scientific 公司将其实现商品化。绝热加速量热是在绝热测试环境下，测试样品在密封高压样品池内温度变化的一种量热测试技术。常规的 ARC 测试中，将一定量的待测样品（1～5g）置于测试样品池中，并在室温～350℃的温度区间内，以“加热-等待-搜索”的操作模式检测被测物料的分解起始温度，之后切换到绝热追踪模式测量物料分解产热、仪器输出温升速率和压升速率。ARC 可用于表征被测样品的分解反应的放热速率和产气速率。

如图 4-19 所示，ARC 的温控系统主要由加热炉和样品池构成，其中加热炉自身带温度测量热电偶和加热电棒并构成一个独立的 PID 控制系统，位于加热炉中的样品池外部（如底部）连接一个热电偶用于测量样品池的温度。测试时，将被测样品置于样品池中，连接压力传感器后密封。启动测试后，测试将进入 HWS 操作模式［图 4-19（b）］，即加热炉加热（heating）到预设初始温度，随后进入等待（waiting）程序，等待样品池加热完成之后，开始恒温条件下搜寻（search）样品池温度是否继续升高。当样品池内的样品无反应放热时，样品池温度不会比加热炉温度高，自加热温升速率接近于零，测试仪器将进入下一个温度（如高 5℃）的 HWS 过程；当样品发生反应放热时，样品池温度将开始出现高于加热炉的温度，此时仪器将计算一定时间内的温升速率，若低于预设的温升速率检测下限（一般为 0.02℃/min），仪器认为没有发生反应，将也进入下一个温度的 HWS 过程；若一定时间内的温升速率高于预设的温升速率检测下限时，仪器认为检测到放热反应，将利用加热炉自身独立的 PID 控制来控制其温度，使得加热炉的温度等于样品池温度，即开始追踪样品池温度。使被测样品体系保持在绝热状态下，被测样品体系靠自身反应放热升温，最终得到体系的绝热温升。

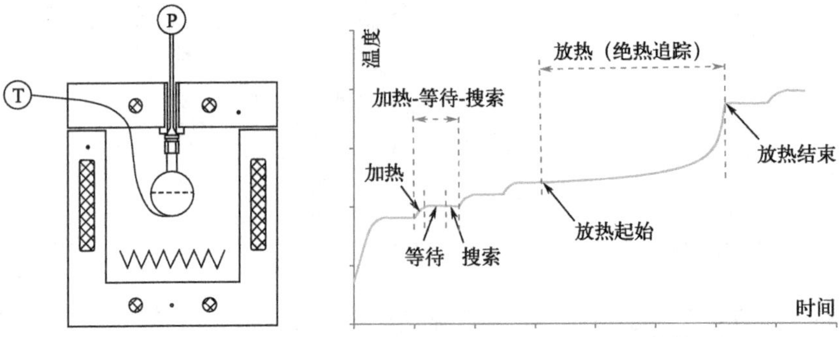

(a) 加热炉温及样品池　　(b) 加热-等待-搜索操作模式

图 4-19　绝热加速量热仪（ARC）的工作原理示意图

ARC 测量过程中不断记录样品温度（样品池温度）和样品压力随时间的变化。图 4-20 中测试样品为 20%（质量分数）过氧化二叔丁基（DTBP）的甲苯溶液。测试开始后将样品加热到 80℃，再采用 HWS 操作模式，其中温度每升高 5℃，等待 15 min，搜寻 10 min。直到温度梯度达到 115℃时，样品温度的温升速率为 0.03℃/min，大于预设的温升速率检测下限（0.02℃/min），仪器认为检测到分解反应的放热，切换到绝热追踪程序，此阶段加热炉温度一直等于样品温度，因此测试体系跟环境无散热，测试样品反应产热都用来加热样品自身和样品池，直到样品的温升速率再一次小于 0.02℃/min 认为反应终止［图 4-20（c）中 195.3℃］。结束后如未到最高测试温度将再次启动 HWS 操作模式。达到最高测试温度后，仪器进入冷却程序。

由于测试时一直检测样品的温度和压力，可画出测试过程的温度和压力图，如图 4-20（b）所示。由该图 ARC 测试压力曲线可见，起始温度前压力跟温度由空气和蒸气压主导；在起始温度（115.3℃）处出反应开始产气（斜率明显增加），且产气过程持续到反应终止。从冷却阶段的压力曲线跟升温阶段的压力曲线重合可以判断反应结束之后的 HWS 程序中几乎无产气，而温度小于反应终止温度的冷却阶段的压力曲线跟升温阶段的压力曲线偏离进一步证实反应过程产气的事实。

另外，基于图 4-20（a）中绝热追踪段的数据可获得反应温升速率数据和反应压升速率数据，将这些数据对温度作图可获得 ARC 温升速率曲线［图 4-20（c）］和 ARC 压升速率曲线［图 4-20（d）］。这两个图横坐标可采用绝对值温度（Kevin）取倒数得负数（$-1/K$），而纵坐标为对数，根据绝热条件下温升速率方程式可获得式（4-24）［式（4-21）左右两边取对数］：

$$\ln\left(\frac{dT}{dt}\right)=\ln\left[\Delta T_{AB}k_0\left(\frac{T_f-T}{\Delta T_{AB}}\right)^n c_{A0}^{n-1}\right]-\frac{E_a}{R}\times\frac{1}{T} \tag{4-24}$$

当温度接近于起始温度时（反应起始阶段），该式右边第一项变化不大，因此温升速率跟 $1/T$ 呈线性关系，其斜率可直接计算出分解反应的活化能（E_a）。当两次实验测试起始温度对应的温升速率差别很大，而需要比较两个测试的起始温度时，基于起始温度附近的线性关系的外推法估算可用来校正 ARC 测试的起始温度。

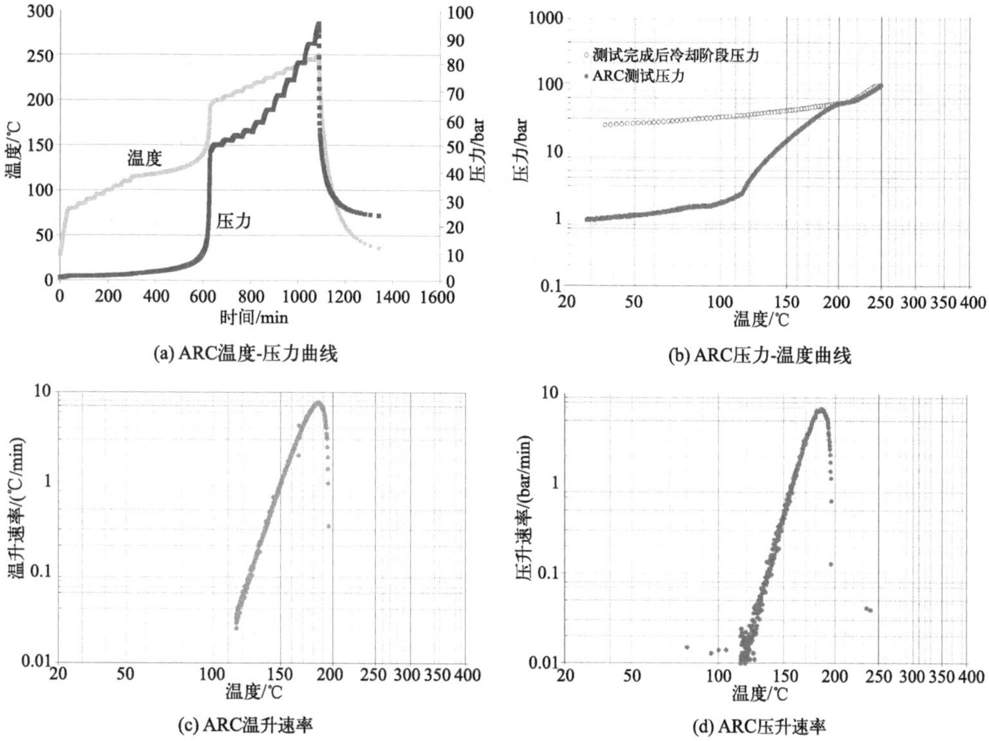

图 4-20　典型的 ARC 测试谱图

［测试样品 20%过氧化二叔丁基（DTBP）的甲苯溶液（m 5.614g，C_p 1.75J·g^{-1}·$℃^{-1}$），样品池为钛质金属球（m 10.289 g，C_p 0.54J·g^{-1}·$℃^{-1}$），该测试惰性因子 ϕ 为 1.57］

在绝热追踪阶段，测试样品体系跟环境无散热，测试样品反应产热都用来加热样品自身和样品池，直到反应终止，因此该测试条件下的反应产热导致的绝热温升为终止温度跟起始温度之差。但该绝热温差不能直接应用到化工过程评估。一般工业生产的化工过程的容器质量远小于内部物料质量，特别是常压容器或低压容器，而 ARC 测试时为了防止高温时泄漏而不得不采用釜壁较厚的金属材质样品池，其承压能力高（一般都几百巴），绝热追踪阶段消耗的反应热比例也高。因此将 ARC 测量的绝热温升数据应用到工艺过程中常需要修正。一般通过惰性因子来扣除样品池的吸热效应，惰性因子为 ϕ 或 Phi。

$$\phi=\frac{M_S C_{pS}+M_B C_{pB}}{M_S C_{pS}}=1+\frac{M_B C_{pB}}{M_S C_{pS}} \tag{4-25}$$

式中，ϕ 为惰性因子；M_S 为测试样品的质量，g；M_B 为样品池的质量，g；C_{pS} 为测试样品的比热容，J/(g·K)；C_{pB} 为样品池的比热容，J/(g·K)。

ARC 测量的绝热温升乘以惰性因子就可获得无样品池吸热后的被测物质自身反应时的绝热温升，基于比热容即可计算出该物质的分解反应放热量。如图 4-20 的 ARC 测试，其 ϕ 为 1.57，惰性因子校正后绝热温升为 126℃，分解反应的放热量为 220J/g，如表 4-10 所列。

表 4-10　典型的 ARC 测试数据

吸热峰	起始温度/℃	起始温度下温升速率/(℃/min)	温升峰值温度/℃	温升峰值/(℃/min)	终止温度/℃	ϕ 校正前绝热温升/℃	ϕ 校正后绝热温升/℃	测试物料总放热量/(J/g)
峰 1	115.3	0.03	185.8	7.71	195.3	80	126	220

惰性因子除了影响绝热温升之外，还对样品的温升速率有更加显著的影响。其校正过程比较复杂，一般需要通过动力学拟合出反应动力学模型后，再仿真计算物料自身反应时的温升速率情况（Phi＝1）。图 4-21 为上述 ARC 测试的校正结果，由校正后曲线（Phi＝1）可见 ϕ 校正后终止温度增高（115.3＋126），同样最大温升对应的温度也相应增高。由图 4-20 可知温升速率随温度变化呈指数增长，因此校正后最大温升速率由测试中的 7.71℃/min 增大为 328.8℃/min（近两个数量级的增长）。可见同样反应放热，在 ARC 测试中放热速率不大，但在工业反应釜中的放热速率可能是其几十倍，因此 ARC 数据在工业反应釜的应用一定要考虑惰性因子校正问题。该校正过程，涉及数值解法和最小方差法的应用，建议采用相关的数学计算软件或专业的动力学仿真软件。

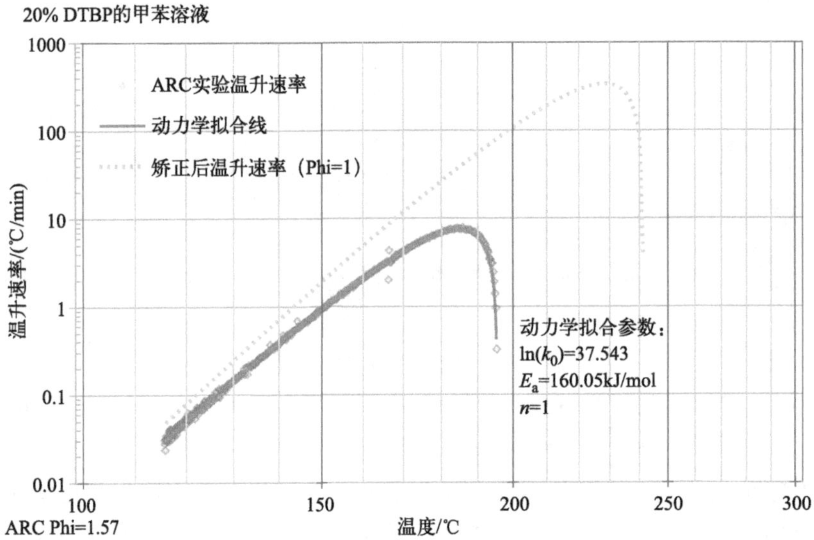

图 4-21　惰性因子 Phi 校正后 ARC 的温升速率随时间的变化

另外，惰性因子还影响被测样品的 ARC 起始温度。同 DSC 起始温度类似，ARC 起始温度处被测物质分解反应产生放热导致的样品和样品池的温升速率开始大于预设检测下限，即起始温度以下物质也在反应只是低于预设的温升速率检测下限（仪器灵敏度决定）而不能被检测到。可见，同一个物质同一个反应，起始温度跟仪器的灵敏度相关，还跟样品池吸热量多少有关。当惰性因子越大（如样品进样量越少）时，单位质量的样品池吸热量越多，直接导致温升速率成比例降低。当温升小于仪器的检测下限时，该反应将可能不能被检测到，仪器将进入下一个 HWS 的升温程序。因此，惰性因子越大可能导致该样品的 ARC 起始温度增高。通常，当物质在工艺过程中可能涉及的温度大于该物质 ARC 起始温度减 50℃时，强烈建议做动力学仿真等。

另外，该仪器还可用于分析一些杂质对物料的分解反应的影响。如图 4-22 所示，质量分数为 35％的双氧水的绝热加速量热仪测试其起始温度为 80℃，最大温升速率为 6.8℃/min；而加入少量氢氧化钠的双氧水的起始温度降为 8℃（外推法估算），最大温升速率增至 344.0℃/min。由此看出，虽然两个测试的总产热量相差不多，但少量的碱的加入，会大大降低双氧水的稳定性，同时也大大增强了双氧水的反应剧烈程度，甚至是引发爆炸性反应。

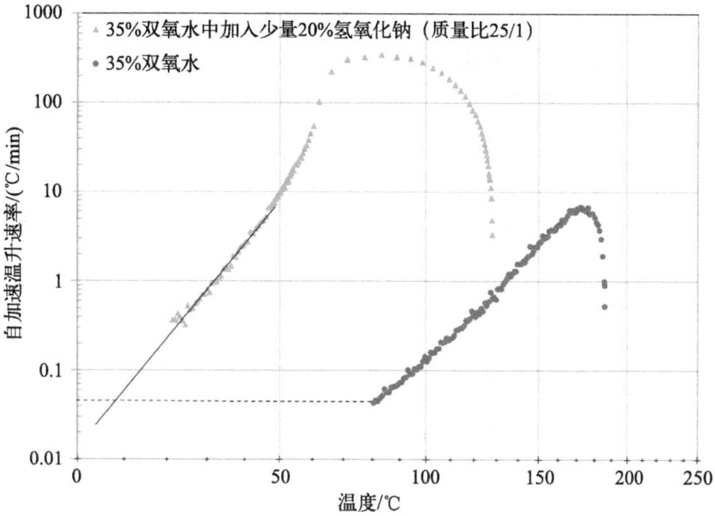

图 4-22 含和不含少量氢氧化钠的质量分数 35％双氧水的绝热加速量热仪（ARC）自加速温升速率比较（9mL 不锈钢样品池，进样量约 2.3g）

4.2.3 分解反应动力学拟合及模拟仿真应用

4.2.3.1 T_{D24}

《精细化工反应安全风险评估规范》（GB/T 42300—2022）为全球首个反应安全风险评估标准，该标准采用了 Stoessel 的 5 级反应工艺危险度分级方法，系统性地明确了评估对象、范围、方法与相应措施等，极大地推动了我国反应安全风险评估技术的发展。根据该标准对反应终点体系物料进行分解动力学分析，获得绝热条件下放热反应从起始至达到最大反应速率所需的时间，即绝热条件下最大反应速率到达时间（TMR_{ad}），用于开展可能性评估，并获取 TMR_{ad} 为 24 小时对应的温度（T_{D24}），进行反应工艺危险度评估。因此，T_{D24} 为绝热条件下最大反应速率到达时间为 24 小时对应的温度，也可简单粗略地理解为离爆炸还有 24 小时对应的温度。当通过量热仪获得分解反应的数据之后，TMR_{ad} 可通过式（4-26）或式（4-27）获得。

$$TMR_{ad} - \frac{C'_p R T_0^2}{q_{T0} E_a} - \frac{C'_p R T_m^2}{q_m E_a} \tag{4-26}$$

式中，TMR_{ad} 为绝热条件下最大反应速率到达时间，s；C'_p 为反应体系平均比热容，J/(kg·K)；E_a 为反应活化能，J/mol；R 为摩尔气体常数，8.3145J/(mol·K)；q_{T0} 为 T_0 温度下反应放热速率，W/g；q_m 为 T_m 温度下的反应放热速率，W/g；T_0 为反应初始温度，K；T_m 为反应速率最大值所对应温度，K。

值得注意的是，如果分解反应不是从 T_0 开始，而是从 TD_{24} 开始，那么绝热条件下最大反应速率到达时间就是 24 小时，式（4-26）可变为

$$24 \times 3600s = \frac{C'_p R T_{D24}^2}{q_{T_{D24}} E_a} - \frac{C'_p R T_m^2}{q_m E_a} \tag{4-27}$$

考虑 ARC 测试过程中，放热量除了被物料吸收外，样品池也吸收部分热量，TMR_{ad} 的修正值如下：

$$TMR_{ad} = \frac{C'_p R T_0^2}{q_{T0} E\phi} - \frac{C'_p R T_m^2}{q_m E\phi} \tag{4-28}$$

【例 4-6】 根据图 4-20 和表 4-10 中 20%（质量分数）过氧化二叔丁基（DTBP）的甲苯溶液 ARC 测试数据以及图 4-21 中拟合获得的动力学模型，请计算该体系的 TMR_{ad} 和 T_{D24}。

解： 由表 4-10 可得热分解数据：起始温度 $T_0=115.3℃$，起始温升速率 $q_{T_0}/C'_p=0.03℃/min$，温升峰值温度 $T_m=185.8℃$，温升峰值 $q_m/C'_p=7.71℃/min$，绝热温升 $\Delta T_{ad}=126℃$。（均为 ϕ 校正后）。

由图 4-21 可得动力学数据：指前因子 $\ln k_0=37.543$，活化能 $E_a=160050J/mol$，反应级数 $n=1$，$k_0=e^{37.543}s^{-1}$。

因此：

$$\begin{aligned}TMR_{ad}&=\frac{C'_pRT_0^2}{q_{T0}E_a}-\frac{C'_pRT_m^2}{q_mE_a}\\&=\frac{8.3145\times(115.3+273.15)^2}{0.03\times160050}-\frac{8.3145\times(185.8+273.15)^2}{7.71\times160050}min\\&=259.87min\end{aligned}$$

故 20wt%过氧化二叔丁基（DTBP）的甲苯溶液体系的 TMR_{ad} 为 259.87min。

根据式（4-21），

$$\frac{q_T}{C'_p}=\frac{dT}{dt}=\Delta T_{ad}k_0e^{\frac{-E_a}{RT}}\left(\frac{T_f-T}{\Delta T_{ad}}\right)^nC_{A0}^{n-1}\text{ 且 }T_f=T_0+\Delta T_{ad}$$

初始温度 $T_0=T_{D24}$，起始温升和温升峰值改变，分别令 $T=T_{D24}$，$T=T_m$，可由下式计算：

$$\frac{q_{T_{D24}}}{C'_p}=\Delta T_{ad}k_0e^{\frac{-E_a}{RT_{D24}}}\left(\frac{T_{D24}+\Delta T_{ad}-T_{D24}}{\Delta T_{ad}}\right)^n*C_{A0}^{n-1}$$

$$\frac{q_m}{C'_p}=\Delta T_{ad}k_0e^{\frac{-E_a}{RT_m}}\left(\frac{T_{D24}+\Delta T_{ad}-T_m}{\Delta T_{ad}}\right)^n*C_{A0}^{n-1}$$

令 $\frac{d(q_T/C'_p)}{dT}=0$，得到：

$$T_m=\frac{E_a}{2nR}\left(\sqrt{1+\frac{4nR(T_{D24}+\Delta T_{ad})}{E_a}}-1\right)$$

将以上 $\frac{q_{T_{D24}}}{C'_p}$，$\frac{q_m}{C'_p}$，T_m 代入式（4-27），通过计算机迭代，解得：

$$T_{D24}=98.64℃$$

故 20wt%过氧化二叔丁基（DTBP）的甲苯溶液体系的 T_{D24} 为 98.64℃。

该计算方法源自陶氏化学 Townsend 等人 1980 年发表的文章，其推导过程做了很多假设但保证了在大多数情况下其计算结果较保守。目前计算机高度发达使得直接用数值解法可避免这些假设带来的误差。图 4-23 为基于图 4-20 中 ARC 数据计算的 TMR_{ad} 和 T_{D24}，其中虚线为基于式（4-28）计算获得的数据而实线为数值解法计算结果，图中 T_{D24} 基于虚线数据。图 4-23（b）可见，按式（4-28）计算的 TMR_{ad} 结果都比数值解法结果低，且在 T_{D24} 附近低 10%左右，即按式（4-28）计算的 T_{D24} 温度（97.7℃）下体系 TMR_{ad} 实际值为 26.4 小时，因此该结果偏保守。

4.2.3.2 失控温度的计算

常见反应体系的失控温度（TNR）为该体系 Semenov 热温图中放热速率曲线与散热曲

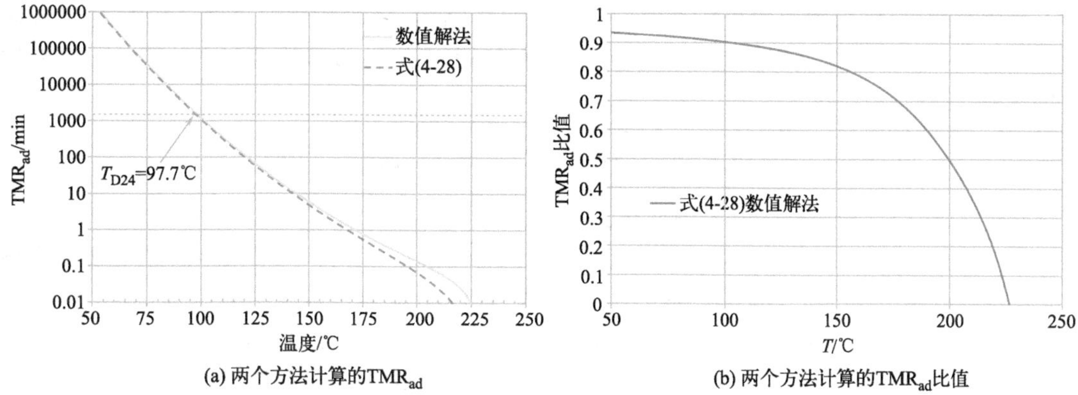

(a) 两个方法计算的TMR_{ad}　　(b) 两个方法计算的TMR_{ad}比值

图 4-23　基于图 4-20 中 ARC 数据计算的 TMR_{ad} 和 T_{D24}

线有两个交点时较高温度处的非稳定交点（如图 4-7 中的交点 I），反应物料温度超过该点时放热速率一直大于散热速率，进入反应失控状态。失控温度计算方法需要构建反应体系的 Semenov 热温图。如图 4-8 所示，基于热平衡方程式，已知反应物料的绝热条件放热速率曲线和反应釜的散热曲线可获得反应釜的 Semenov 热温图。一般反应物料的放热速率曲线需要通过量热仪实验测试（例如 DSC、ARC 等）获得反应动力学，再根据动力学构建物料在绝热条件下的放热速率数据。ARC 为最常用的获得分解反应的实验数据测量方法，利用 ARC 数据拟合动力学参数之后校正数据的惰性因子到 1 即可获得绝热条件温升速率，之后结合比热容计算出反应物料的放热速率曲线。在计算反应物料的绝热条件温升速率时，计算的起始温度（绝热条件开始温度点）对速率曲线影响也很大。如图 4-24 所示，起始温度为 50℃跟 115℃的曲线差别很大。主要原因是 n 级反应动力学的反应速率是转化率的函数，随转化率升高而变小（n 不为 0 时）。起始温度为 50℃的绝热反应当绝热温度升到 115℃时转化率已经是 52%，而起始温度为 115℃的绝热反应的转化率为 0，因此起始温度为 50℃在 115℃下的温升速率更低。由于失控温度在工业生产中的主要是起到报警及应急作用，而很多不正常工况可能涉及外部热源的直接加热（蒸汽加热、搅拌机械热和外部火灾），即外部热源将反应物料加热到失控温度附近，因此失控温度计算应采取零级假设（反应级数 $n=0$）来计算绝热条件温升速率（如图 4-24 中虚线），并基于此获得反应物料的绝热条件放热速率曲线。

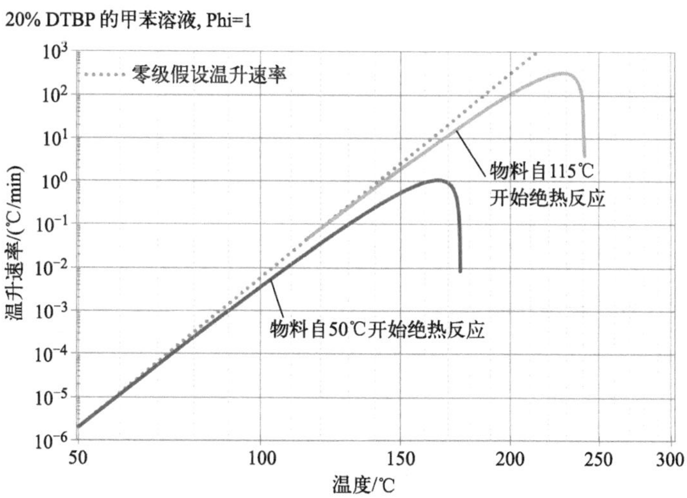

图 4-24　不同起始温度对反应物料的绝热条件温升速率的影响

通常可要求ARC测试单位或其他专业机构根据ARC实验数据提供测试物料的零级假设放热速率图，该图在获得反应动力学参数后通过假设反应为0级反应，来估算反应物料的放热速率，即

$$q_{rx}=C_p'\frac{dT}{dt}=C_p'\Delta T_{AB}k_0e^{\frac{-E_a}{RT}}c_{A0}^{n-1} \tag{4-29}$$

此式为式（4-21）中 $n=0$ 时的简化。

由于一般情况下工业反应釜的散热速率小于200W/kg（如表4-8所示），零级假设放热速率图纵坐标可取0～200W/kg。横坐标一般取ARC测试起始温度附近（如ARC起始温度±50℃）。当反应物料不变时，基于ARC实验测试的反应放热速率可用于表征工业反应釜中的物料反应速率，且基于反应物料的单位质量的放热速率在所有反应釜中的放热速率曲线不会变化，即构建了Semenov热温图中的放热速率曲线。

Semenov热温图中的散热曲线则会随不同的反应釜变化。根据反应釜散热速率表达[式（4-15)]，物料一定时，散热曲线由 U、A/V、T_c 决定。散热曲线为线性关系，其跟横坐标交点为 T_c，斜率为 $\frac{UA}{\rho V}$，其中 T_c 一般取冷却介质温度（不取加热介质温度或反应时夹套控温的温度），以模拟紧急情况下冷却介质全开（最大流量进入反应釜夹套）。当知道反应釜的这些数据时，可直接将其画在零级假设放热速率图上，从而获得完整的Semenov热温图，并确定该反应体系的失控温度。

【例4-7】 以表4-8中所列500L反应釜为例，其 A/V 取 $6.09m^{-1}$，U 取 $250W/(m^2\cdot K)$。假设物料密度为 $1000kg/m^3$，反应釜装料80%，传热面积为总面积的70%，基于ARC实验数据的零级假设放热速率图（图4-25），当冷却介质温度为90℃时，请计算该反应体系的失控温度。

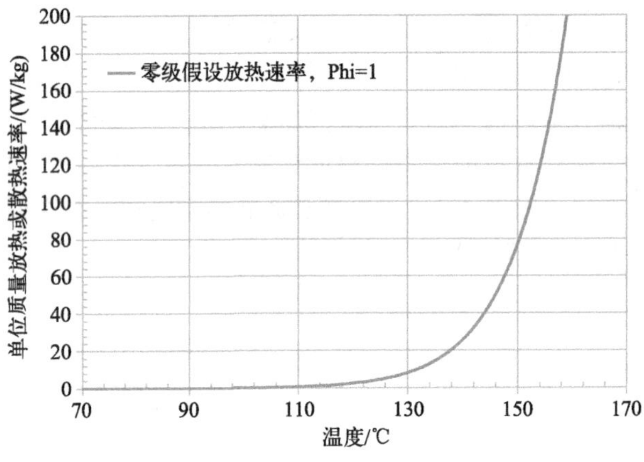

图4-25 基于ARC实验数据的零级假设放热速率图

解：对于该反应釜，散热速率：

$$q_{ex}=\frac{UA}{\rho V}(T-T_c)=\frac{250\times6.09\times0.7}{1000\times0.8}\times(T-90)=1.33(T-90)W/kg$$

作 q_{ex}-T 关系图于零级假设放热速率图（图4-25）上，见图4-26。

由图4-26中放热速率线与散热速率线的交点可得：TNR=150℃

故该反应体系的失控温度为150℃。

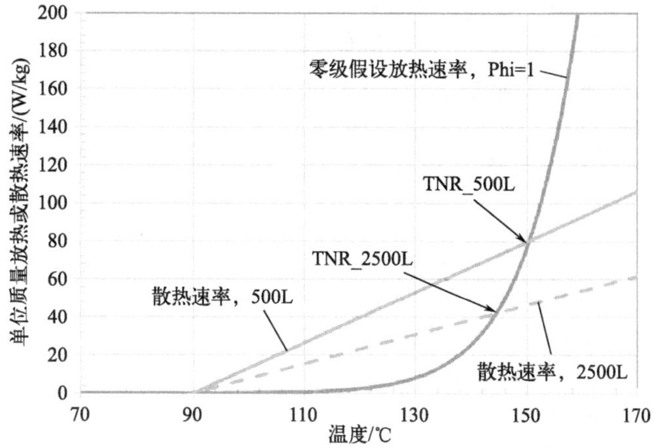

图 4-26　利用零级假设放热速率图构建 Semenov 热温图和确定失控温度示例

【例 4-7】中，基于 Semenov 热温图可确定反应体系的失控温度，如图 4-26 中的 TNR。表 4-8 中所列 2500L 反应釜的冷却曲线也可用类似方法获得，从而获得该反应釜的 Semenov 热温图以及失控温度。从而根据失控温度可以设置反应系统的报警温度和紧急措施启动温度。

4.3 化工反应安全风险的评估方法

根据第 2 章风险的定义，风险被定义为某一特点危险情况发生的可能性和后果的严重性的组合。因此，风险评估必须既评估其严重度又分析其可能性。对于特定的化学反应或工艺，其固有热风险的严重度和可能性到底是什么含义？

实际上，化学反应的热风险就是指由反应失控及其相关后果（如引发的二次反应）带来的风险。所以，必须搞清楚一个反应怎样由正常过程“切换”到失控状态。这意味着为了进行严重度和发生可能性的评估，必须对事故情形包括其触发条件及导致的后果进行辨识、描述。通过定义和描述事故的引发条件（如工艺偏差）、事故演变过程和导致结果，分别对其严重度和发生可能性进行评估。

4.3.1 Stoessel 反应工艺危险分级方法及评估实例

Stoessel 反应工艺危险分级方法为《精细化工反应安全风险评估规范》（GB/T 42300—2022）采用的反应安全风险评估方法。1988 年 Gygax R 提出了冷却失效模型，模型如图 4-27 所示，他提出当冷却系统失效时，近似认为体系处于绝热状态，即处于冷却失效状态，目标反应的热量累积，工艺温度（T_p）上升至工艺反应的最高温度（MTSR），并引发二次热分解反应。基于 Gygax 冷却失效模型，Francis Stoessel 首次提出了失控情景分析法，并构建了反应工艺危险度分级。他认为反应体系的最坏情形（worst case scenario）之一是发生反应器冷却失效，或通常认为的反应物料或物质处于绝热状态，基于该冷却失效模型，他提出了基于四个特征温度关系来判断的 5 级反应工艺危险度分级，1 级风险最小，5 级风险最高。这四个特征温度分别是 T_p、MTT、MTSR 与 T_{D24}。

（1）工艺温度　即 T_p，指目标工艺的操作温度。

(2) 技术最高温度（maximum temperature for technical reaction，简称 MTT） 指反应体系温度允许的最高值。常压反应体系下，MTT 取设计温度与体系泡点的低值；而密闭反应体系，则取体系允许最大压力对应温度和设计温度的低值。

(3) 工艺反应能够达到的最高温度（maximum temperature of the synthesis reaction，简称 MTSR） 指冷却失效情况下，反应体系温度能够达到的最高值。对于间歇、半间歇的恒温反应过程，工艺反应能够达到的最高温度 MTSR 是冷却失效情况下，热累积导致体系的绝热温升与工艺温度之和。间歇反应过程，MTSR 计算公式为：

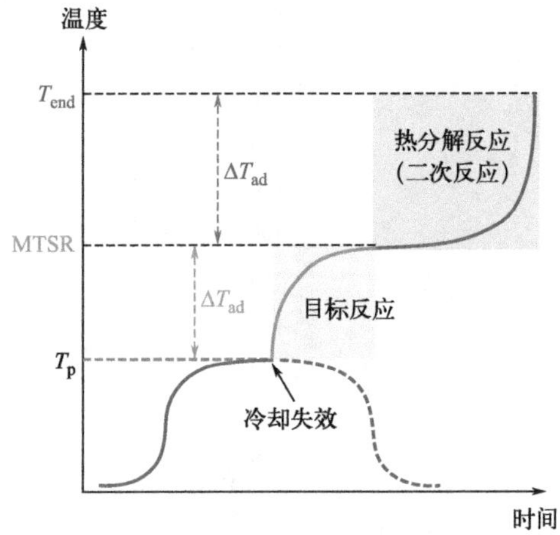

图 4-27　Gygax 冷却失效模型

$$\text{MTSR}=T_p+\Delta T_{ad} \tag{4-30}$$

式中，MTSR 为工艺反应能够达到的最高温度，K；T_p 为工艺温度，K；ΔT_{ad} 为绝热温升，K。

半间歇反应过程，冷却失效时，立即停止加料，MTSR 计算公式为：

$$\text{MTSR}=\left(T_p+X_{ac}\Delta T_{ad}\frac{m_{rf}}{m_{r(t)}}\right)_{max} \tag{4-31}$$

式中，X_{ac} 为反应过程的热累积度；m_{rf} 为反应混合物总质量，g；$m_{r(t)}$ 为任意时间反应混合物瞬间总质量，g。

(4) 绝热条件下最大反应速率到达时间为 24 小时对应温度 即 T_{D24}（详细内容见 4.2.3.1），指绝热条件下最大反应速率到达时间为 24h 对应的温度（T_{D24}），用来进行反应工艺危险度评估。

如图 4-28（a）所示，当二次热分解反应的 T_{D24} 大于 MTSR 时，说明冷却失效发生时目标反应的热量引发二次热分解反应的可能性较小，该类型的反应体系相对比较安全；当 MTT 在 MTSR 和 T_{D24} 之间时，目标反应不会导致溶剂沸腾冲料，且在其他热源作用下温度持续升高时，溶剂沸腾能及时阻止温度达到二次热分解反应所需温度，因此其危险度为 1 级；当 MTT 大于 T_{D24} 时，溶剂沸腾不能及时阻止温度达到二次热分解反应所需温度，因此其危险度为 2 级；当 MTT 小于等于 MTSR 时，目标反应可导致溶剂沸腾冲料，因此

等级	温度参数关系
1	T_p≤MTSR<MTT<T_{D24}
2	T_p≤MTSR<T_{D24}<MTT
3	T_p≤MTT≤MTSR<T_{D24}
4	T_p≤MTT<T_{D24}<MTSR
5	T_p<T_{D24}<MTSR<MTT T_p<T_{D24}<MTT<MTSR

(a) 温度参数关系

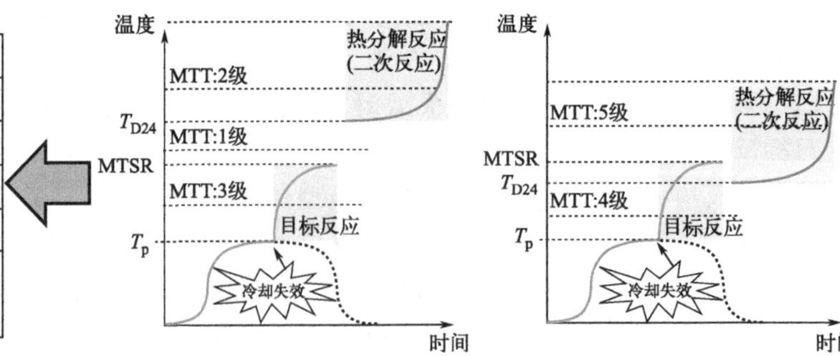

(b) 分级图

图 4-28　结合 Gygax 冷却失效模型的反应工艺危险度分级图

其危险度为 3 级。如图 4-28（b）右图所示，当二次热分解反应的 T_{D24} 小于 MTSR 时，说明冷却失效发生时目标反应的热量可直接引发二次热分解反应，该类型的反应体系相对比较危险；当 MTT 小于 T_{D24} 时，目标反应可导致溶剂沸腾冲料，冲料的严重度相比于二次热分解反应较低，因此其危险度为 4 级；当 MTT 大于 T_{D24} 时，溶剂沸腾不能及时阻止温度达到二次热分解反应所需温度，因此危险度为 5 级。

【例 4-8】 某工艺采用了半间歇反应生产工艺将硝化体系滴加到苯中，反应温度为 50℃，使用【例 4-2】中的 20/60/20 硝化剂体系和 1：1.2 的苯和硝酸摩尔比。反应量热仪测量其热累积度为 20%，请根据 Stoessel 的 5 级反应工艺危险度分级方法对苯一级硝化反应式（4-4）进行反应安全危险度评估。已知在该反应体系中，$C'_p=2.014\text{J}/(\text{g}\cdot℃)$。图 4-29 给出了该体系的 T_{D24}。

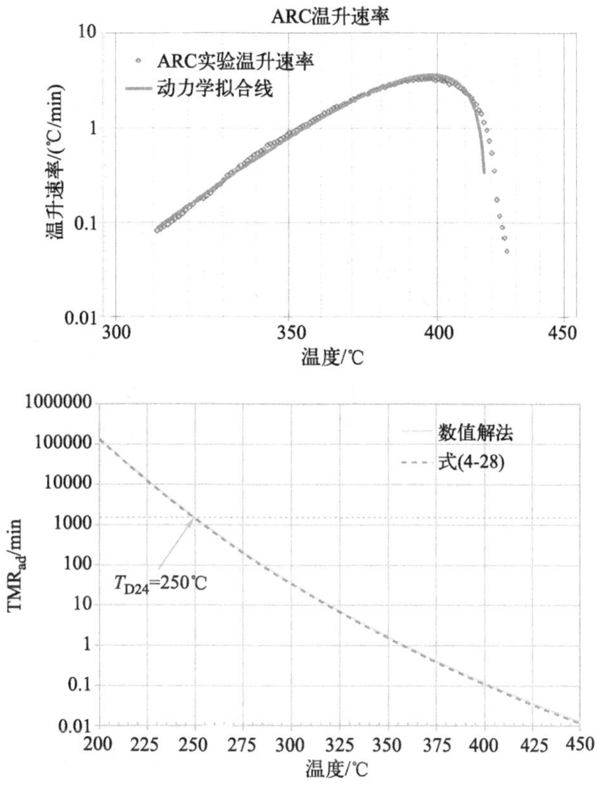

图 4-29　某苯硝化反应物料的 ARC 实验测试数据及 T_{D24} 计算结果

解：该工艺反应温度为 50℃。因此

$$T_p=50℃$$

由【例 4-2】可知，该体系中苯一级硝化反应式（4-4）的比反应热为 280.25kJ/kg。因此

$$\Delta T_{ad}=\frac{Q'_R}{C'_p}=\frac{280.25}{2.014}=139℃$$

$$\begin{aligned}\text{MTSR}&=\left(T_p+X_{ac}\Delta T_{ad}\frac{m_{rf}}{m_{r(t)}}\right)_{max}\\&=50+0.2\times139\\&=78℃\end{aligned}$$

根据 ASPEN 模拟计算可获得 20/60/20 硝化剂体系的沸点为 123℃。因此

$$MTT=123℃$$

如图 4-29 所示，通过 ARC 测试数据以及拟合获得的动力学模型，获得该体系中

$$T_{D24}=250℃$$

综上，在 20/60/20 硝化剂体系和 1∶1.2 的苯和硝酸摩尔比的苯一级硝化反应体系中

$$T_p<MTSR<MTT<T_{D24}$$

根据图 4-28，认为该反应体系为 1 级反应工艺危险度，为最安全的反应安全风险等级。

4.3.2 反应过程的危险性评估实例

由于间歇和半间歇反应单元的反应安全危险度评估比较常见，本节两个反应工艺（研发阶段的半间歇重氮化反应过程、工业生产的间歇聚合反应过程）为例说明反应安全危险度评估的应用。将可能涉及的反应量热、绝热量热等测试及数据处理的过程略去，直接给出了测试结果。

4.3.2.1 重氮化反应过程研发阶段的反应安全危险度评估

重氮化反应为国家重点监管的 18 种危险化工工艺之一，其主要危险源之一来自重氮化合物的不稳定性，重氮化合物不但分解起始温度偏低，还产生大量热量和气体（氮气），易导致分解反应的反应失控爆炸。另外，大部分重氮化合物固体具有化学爆炸潜力，一些还可能是压敏、摩擦敏感化学品。因此反应过程中析出的晶体可能具有高反应危害。

以某实验室使用苯胺与亚硝酸钠、盐酸反应生产苯氨基重氮苯为例，反应在置于冰浴的 300mL 玻璃三口瓶中进行，先将苯胺滴加入 14.7%盐酸溶液中，冷却到 0℃后滴加 40% 亚硝酸钠溶液，滴加时温度不高于 55℃，滴加完成后马上加入另一种芳香族一级胺将不稳定的重氮苯转化为较稳定的叠氮物。该重氮化反应的反应方程式如下：

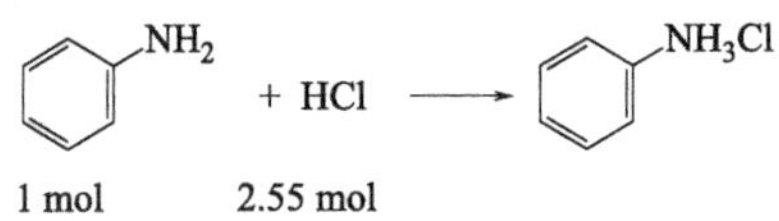

(4-32)

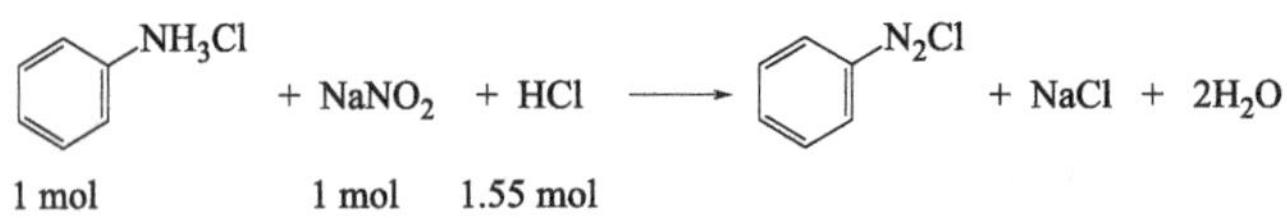

(4-33)

该反应过程包括两个反应，第一个为酸碱中和反应［式（4-32)］，第二个为重氮化反应［式（4-33)］。利用热力学数据获得第一个反应的反应热为 67kJ/mol，比反应热为 58J/g，对应的绝热温升为 14.5℃；第二个反应的反应热为 65～150kJ/mol（无可靠数据，应测试），比反应热最高达 170J/g，对应的绝热温升为 21.6℃。根据表 4-11，酸碱中和反应可不追加测试。

处于研发阶段的工艺做反应安全危险度评估时，应尽量从已有的文献或热稳定性数据中（例如华东理工大学反应安全中心的 RCSC 实验测试数据库）获得数据。正常反应过程中出现的物料及反应测试数据如表 4-11 所示。

表 4-11　正常反应过程中出现的物料及热稳定性数据

物料及反应	筛分测量策略	热稳定性数据
14.7%盐酸溶液	查文献或热稳定性数据库	DSC 测试 400℃未检测到分解反应
苯胺	查文献或热稳定性数据库	DSC 测试 400℃未检测到分解反应

续表

物料及反应	筛分测量策略	热稳定性数据
酸碱中和反应后混合物	查文献或热稳定性数据库	无数据，但结构稳定，研发阶段不用测试
40% 亚硝酸钠溶液	做 DSC 测试	DSC 测试 400℃未检测到分解反应
重氮化反应的反应热	微反应量热仪测试	约 125J/g，反应条件下缓慢产气
重氮化反应后混合物	做 DSC 测试	DSC 测试，分解起始温度 39℃，分解反应放热量 411.2J/g

根据上述数据（比反应热及表 4-11 中数据），可以判断该反应过程有两个高反应危害点：a. 重氮化反应后混合物的分解反应 DSC 起始温度减正常工艺最高温度（冰水 0℃）小于 50℃（39℃）；b. 重氮化反应后混合物的分解反应放热量超过 400J/g（411.2J/g），重氮化反应的比反应热约为 125J/g。

针对这些危害点，下一步应考虑对高反应危害点追加测试（如重氮化反应后混合物的 ARC 测试及必要的模拟计算），再下一步应考虑实验室操作中可能引发反应安全事故的具体偏差，并针对偏差做风险评估及实施事故防范措施。应关注的反应安全风险点如下：

a. 其中分解物料主要是不稳定的重氮苯，但该测试中重氮苯的溶解度较低，实验操作是否可能出现高浓度或直接析出重氮苯固体的操作，如长时间使用的反应器上部釜壁的干燥固体（该固体可能是化学爆炸物，建议对这类固体做 DSC 测试后根据图 4-23 评估）、反应物料泼洒后干燥固体等。

b. 因某些原因下一步叠氮反应不能继续，生产的含重氮化合物的反应后物料不得不存储一段时间，存储过程中冰水温度上升或直接室温存储，这将导致重氮化合物的分解，该分解过程是否会发生失控反应，应根据追加的 ARC 测试数据和失控温度的计算方法确定失控温度。

针对高风险点做好事故防范措施，防止实验室反应安全事故的发生。在生产阶段，更多安全风险点需要进一步的评估，如反应过程中分解产气的压力控制问题，亚硝酸分解产生的 NO_x 的问题等，参见后续章节。

4.3.2.2 聚合反应过程生产阶段的反应安全危险度评估

根据统计，国外反应失控事故中聚合工艺为事故发生数量最多的工艺，我国化工事故统计中聚合工艺也是事故发生数量最多的工艺之一。聚合反应危害主要反应安全风险点有：

① 单体聚合时产热　大部分单体聚合时产生大量热量（见表 4-12），部分甚至可引发化学爆炸（比反应热大于 800J/g）。

表 4-12　常见单体的聚合反应热

单体名称	聚合反应热		单体名称	聚合反应热	
	kJ/mol	J/g		kJ/mol	J/g
丙烯酸	77.51	1075.7	甲基丙烯酸甲酯	54.41	543.5
丙烯腈	69.78	1315.0	氯乙烯	约 70	约 1120
丙烯酸甲酯	77.85	904.3	二氯乙烯	75.3	776.7
丙烯酸乙酯	77.79	776.9	醋酸乙烯酯	87.82	1020.1
丙烯酸正丁酯	77.79	606.9	苯乙烯	69.81	670.4
丙烯酸 2-乙基己酯	60.22	326.8	环氧乙烷	94.56	2146.6
甲基丙烯酸	56.57	657.1	丁二烯	50～136	928.2～2513.9

② 去除阻聚剂后的单体不稳定性　部分单体为了安全运输存储而加入一定量的抑制剂(inhibitor)来防止单体自聚，但这些抑制剂也能抑制在反应釜中的聚合反应，因此反应时常需要采用精馏或吸附过程将这些抑制剂去除。而无抑制剂的单体在工艺储罐内容易引发自聚反应的反应安全事故。

③ 大部分聚合反应引发剂（催化剂）危险性高　常见的聚合反应引发剂都为反应性强的化学品，如过氧化物、偶氮类化学品，反应过程利用这些化学品在较低温度下的分解生成自由基，进而引发单体的聚合反应。但这些化学品在一些条件下的分解反应也可能带来反应安全风险。

另外，由于单体聚合反应时释放大量的热量，且其高黏度甚至固体聚合物传热传质效率差，为控制反应温度和反应进程，工业大型反应釜常常需采用其他化学品（如水）作为稀释介质来降低反应体系的比反应热和控制反应体系黏度。

以悬浮聚合方法（间歇反应）生产聚氯乙烯为例，如图 4-30 所示，在总体积为 2.57m^3 的反应釜内加入 820kg 的氯乙烯单体、1026kg 的去离子水、加入少量的引发剂（偶氮二异丁腈 AIBN）和其他助剂，加热到 50℃反应生成聚氯乙烯。反应转化率达到 85%～90%时，加入终止剂结束反应，反应物料进入汽提塔回收未反应的氯乙烯单体（VCM），之后进入分离和干燥过程获得聚氯乙烯产品。

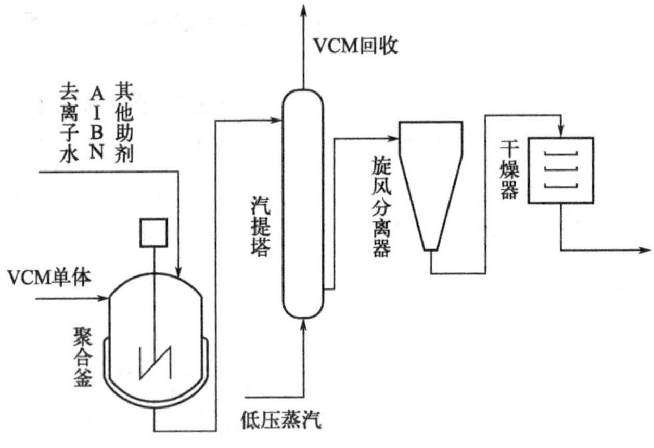

图 4-30　悬浮聚合方法生产聚氯乙烯工艺流程图

该反应体系使用了氯乙烯和 AIBN，其自聚或热分解反应放热量分别为 1120J/g 和 1380J/g，聚合反应的比反应热为 497.8J/g，该过程中物质自身的高反应安全危害点有：a. 氯乙烯的自聚反应；b. AIBN 的热分解反应；c. 聚合反应放热量大。

针对这些危害点，应考虑对这些高反应危害点进行追加测试。需要注意的是，由于该反应体系为悬浮聚合法，即氯乙烯单体以小颗粒分散在水相中，测试时由于 ARC 无搅拌能量（或磁力搅拌子的搅拌能力不可信），应采用具有强搅拌的绝热量热仪如 VSP（泄放尺寸设计量热仪），保证测试时氯乙烯单体的分散情况跟工业反应釜内类似。基于 VSP 数据可拟合动力学并构建反应体系的零级假设放热速率图，从而计算 TNR。图 4-31 为冷却水介质(20℃冷水）全开时的失控温度计算，即在无其他紧急制冷的措施下，反应釜夹套流入大量冷却水时的失控温度。下一步应考虑工艺操作中可能引发反应安全事故的具体偏差，并针对偏差做风险评估及实施事故防范措施。应关注的反应安全风险点如下：

a. 氯乙烯储罐的 TNR 计算，温度检测和温度报警，防杂质、倒流等措施，防火灾等。

b. AIBN 固体在存储包装容器内的 SADT（自加速分解温度），存放地点的温度控制，防火灭火措施等；反应过程 AIBN 加多时可能引发的反应安全风险。

c. 聚合反应过程的失控温度为 97℃，应根据该温度做好反应体系的高温报警（如高温报警设为 74℃，高高温报警设为 85℃）。通常物料加热采用蒸汽加热，工厂低压蒸汽的温度一般为 130℃，远高于聚合反应失控温度，即在反应体系的蒸汽阀出现泄漏时，很可能将反应物料加热到超过失控温度的温度，进而引发反应失控事故。针对该工艺异常工况（蒸汽阀泄漏）应采用 LOPA 具体分析（见第 7 章），并结合工厂实际情况采取事故防范措施。可采用的事故防范措施有安全 SIS 系统（见第 9 章）、反应工况的泄压阀（或爆破片）（见第 8 章）等。

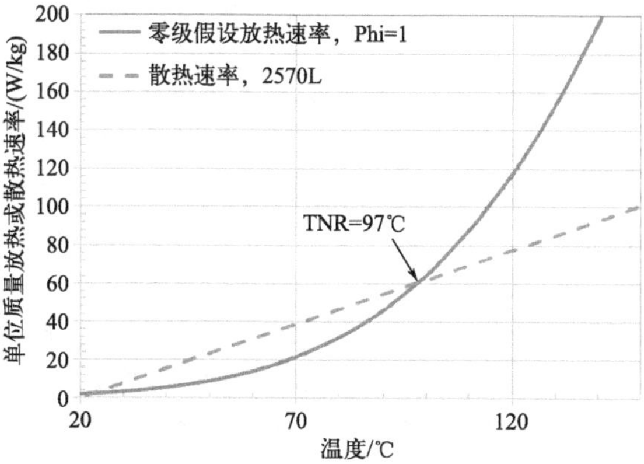

图 4-31　悬浮聚合方法生产聚氯乙烯反应体系的 TNR 计算

4.3.3　非反应单元的反应安全危险点

除了以上讨论的反应单元需要反应安全危险度评估以外，一些非反应单元也可能出现反应安全事故，如 2015～2021 年期间的 15 起硝化工艺的爆炸事故统计中有 2/3 发生在非反应单元。由于没有目标反应，非反应单元的反应安全危险度评估常常聚焦在分解反应。常见的非反应单元可能出现的高反应安全危害点有：

① 蒸馏精馏过程　由于精馏过程常需要对物料加热，当物料热稳定性低时易引发反应安全事故。常用的评估方法是：当物料自身分解反应在精馏条件下处于高反应安全危害时，应对该过程做相应的计算以确定精馏塔釜的失控温度；取物料测试时应考虑取精馏塔釜反应性强的物质浓度最高的样品测试，如苯一级硝化反应物料的精馏过程中塔釜常含更多的多硝基苯和硝基酚等，其反应性更强，反应起始温度更低。

② 运输存储　运输存储一般时间很长（如几个月到几年），物料缓慢的自身分解反应、跟水或氧气的缓慢反应也引发了很多运输存储事故，如天津港“8·12”瑞海公司危险品仓库特别重大火灾爆炸事故、响水爆炸事故。常用的评估方法是：当物料自身分解反应在运输存储条件（运输和室外存储一般可取温度 50℃，室内储存一般可取 20℃）下处于高反应安全危害时，应对该过程做相应的计算，如计算物料的 SADT（自加速分解温度），SAPT（单体的自加速聚合温度，单体自聚常具有自催化反应特性）。

③ 干燥过程　常用的评估方法是：当物料（干燥前以及干燥后）自身分解反应在干燥条件下处于高反应安全危害时，特别是当 DSC（ARC）起始温度减正常工艺最高温度低于 50℃（30℃），或反应为自加速反应时，应对该过程做相应的计算，确定最长安全干燥时间和最大安全床层厚度；如果是空气干燥过程，应考虑跟氧气的氧化还原反应是否影响干燥安

全；若干燥的溶剂为有机溶剂时，需考虑气体燃爆的可能；若存在可燃爆的粉尘时，需考虑粉尘爆炸的可能。

指点迷津

T_{D24} 常被用于冷却失效工况下的反应安全危险度评估，即冷却失效条件（绝热条件）下反应体系因自身反应产热而导致温升最后达到最大反应速率的时间等于 24 小时对应的温度。但中国从 1984 年到 2019 年发生的 271 起反应失控事故统计显示，反应失控事故中冷却失效占比约 2.6%，即绝大多数情况下冷却系统依然提供一定量的冷却能力。由于冷却失效发生的概率低，从而也导致 T_{D24} 防控工厂中反应失控事故的指导意义大打折扣。另外，工厂中还有很多外部热源输入的异常工况，远比绝热条件危险，例如蒸汽阀泄漏、热源一直加热、外部火灾、黏稠反应体系的机械搅拌做功等。这些工况发生时，由于外部热源和自身反应热的相互作用，使得绝热条件下为 24 小时的等待时间大大缩短。因此，在这些工况中，T_{D24} 不但不能指导生产过程的这类异常工况导致的反应失控事故防控，甚至还可能置大量应急人员于危险中。最后，精细化工行业中由于生产周期和产量的要求，很多反应过程都为几小时到十多个小时，反应过程总时间都小于 24 小时，而 T_{D24} 为离爆炸还有 24 小时对应的温度，会有疑问：即使在 T_{D24} 下，工厂是否依然能在完成十多个小时的反应后出料，而不会有爆炸的风险？这些原因都导致了 T_{D24} 对化工过程中的反应安全事故防范的真实指导意义很有限。

习题

1. 某工厂由于阀门忘关，导致 70%的双氧水进入带一定量乙醇的中间储罐，已知该混合物在室温下缓慢反应，一定时间后由于热量累积可能导致爆炸。请根据热力学计算双氧水/乙醇的摩尔比为 1 时混合物的比反应热，进一步计算其 TNT 当量比。当双氧水/乙醇的摩尔比为 3 时，重复上述计算。反应方程式分别如下：

$$C_2H_5OH+H_2O_2 \longrightarrow CH_3CHO+2H_2O \quad \Delta H_R=-182\text{kJ/mol}$$

$$C_2H_5OH+3H_2O_2 \longrightarrow CH_3OH+CO_2+4H_2O \quad \Delta H_R=-927\text{kJ/mol}$$

2. 某工厂采用悬浮聚合方法生产共聚物时，往 3000L 反应釜内加入了 1000kg 水，300kg 丙烯酸，400kg 苯乙烯和 300kg 甲基丙烯酸甲酯，以及少量的引发剂和助剂，请问该聚合反应的比反应热为多少，反应的绝对温升为多少。

3. 基于图 4-26 中的放热速率曲线和表 4-8 中 500L 反应釜散热参数数据，求图中聚氯乙烯反应体系在 500L 反应釜内，冷却水为 20℃时的失控温度。如果图中 2500L 反应釜的实测总传热系数为 500W/(m^2·K) 时，其失控温度为多少？

4. 某反应的反应物之一为二叔丁基过氧化物（DTBP），反应温度为 100℃，热稳定性筛分测试结果显示目标反应的比反应热为 150J/g，反应后混合物的 DSC 起始温度为 185℃，分解放热量为 700J/g。分析该反应过程的反应安全危害点。

参考文献

[1] 国务院．天津港“8·12”瑞海公司危险品仓库特别重大火灾爆炸事故调查报告．2016-02-05.

[2] 刘荣海，陈网桦，胡毅亭．安全原理与危险化学品测评技术．北京：化学工业出版社，2004.

[3] 国家安全监管总局．首批重点监管的危险化工工艺目录的通知．2009-06-15.

[4] 国家安全监管总局．第二批重点监管危险化工工艺目录和调整首批重点监管危险化工工艺中部分典型工艺的通知．2013-01-18.

[5] Sheng M. Practical Estimation Techniques of Reaction Heat. Organic Process Research & Development，2021，25（8）：1862-1872.

[6] Haynes W M. CRC Handbook of Chemistry and Physics. 95th ed. Boca Raton：CRC Press，2014.

[7] NIST Chemistry WebBook. http：//webbook. nist. gov/chemistry/.

[8] Brigham Young University. DIPPR 801 Chemical Database. Provo：BYU，2014.

[9] Wagman D D，Evans W H，Parker V B，et al. The NBS Tables of Chemical Thermodynamic Properties-Selected Values for Inorganic and C1 and C2 Organic Substances in SI Units. Journal of Physical and Chemical Reference Data，1982，11（Suppl. 2）：37-38.

[10] Pedley J B，Naylor R D. Thermochemical Data of Organic Compounds. London：Chapman and Hall，1986.

[11] Cox J D，Pilcher G. Thermochemistry of Organic and Organometallic Compounds. London：Academic Press，1970.

[12] Rowe S M. Thermal Stability：A Review of Methods and Interpretation of Data. Organic Process Research & Development，2002，6（6）：877-883.

[13] 盛敏，田均均，王芳芳，等．基于临界半衰期的连续流反应热安全风险评估方法．含能材料，2024，32（3）：298-311.

[14] Townsend D I，Tou J C. Thermal Hazard Evaluation by an Accelerating Rate Calorimeter. Thermochimica Acta，1980，37（1）：1-30.

[15] Semenov N N. Thermal Theory of Combustion and Explosion. Moscow：Academy of Sciences，1940.

[16] 施特塞尔 F. 化工工艺的热安全——风险评估与工艺设计．陈网桦，彭金华，陈利平，译．北京：科学出版社，2009.

[17] Stoessel F. Thermal Safety of Chemical Processes：Risk Assessment and Process Design. Weinheim：Wiley-VCH，2008.

[18] 盛敏，戴澐．从反应安全浅析典型双氧水事故．上海安全生产，2023（8）：59-61.

[19] Sheng M，Valco D，Tucker C，et al. Practical Use of Differential Scanning Calorimetry（DSC） for Thermal Stability Hazard Evaluation. Organic Process Research & Development，2019，23（10）：2200-2209.

[20] Yoshida T. Estimation of Explosive Properties of Self-Reactive Chemicals from SC-DSC Data. Kogyo Kayaku，1987，48（5）：311-316.

[21] Sheng M，Valco D，Tucker C. Heat Loss in ARC Analysis and Thermal Lag for High Self-Heat Rates. Organic Process Research & Development，2021，25（1）：108-119.

[22] 吴展华，盛敏．绝热加速量热仪在反应安全风险评估应用中的常见问题．化工进展，2023，42（7）：3374-3382.

[23] GB/T 42300—2022. 精细化工反应安全风险评估规范．

[24] Wiss J，Fleury C，Fuchs V. Modelling and Optimization of Semi-Batch and Continuous Nitration of Chlorobenzene from Safety and Technical Viewpoints. Journal of Loss Prevention in the Process Industries，1995，8（4）：205-213.

[25] Gygax R. Chemical Reaction Engineering for Safety. Chemical Engineering Science，1988，43（8）：1759-1771.

[26] Zhang H，Bai M Q，Wang X Y，et al. Thermal Runaway Incidents—A Serious Cause of Concern：An Analysis of Runaway Incidents in China. Process Safety and Environmental Protection，2021，155：277 286.

[27] Barton J A，Nolan P F. Incidents in the Chemical Industry Due to Thermal Runaway Chemical Reactions. Hazards X：Process Safety in Fine and Speciality Chemical Plants，1989：3-18.

[28] 杨钰涛，王达，吴展华，等．Gygax冷却失效模型在化工过程反应安全风险评估应用的局限性．化工进展，2024，43（11）：6379-6389.

[29] CCPS. Guidelines for Chemical Reactivity Evaluation and Application to Process Design. New York：AIChE，1995.

[30] CCPS. Guidelines for Safe Storage and Handling of Reactive Materials. New York：AIChE，1995.

[31] Mannan M S，Rogers W J，Aldeeb A. A Systematic Approach to Reactive Chemicals Analysis. Hazards XVI：Analysing the Past，Planning the Future，2001，NOv 6-8：41-58.

[32] Johnson R W，Rudy S W，Unwin S D. Essential Practices for Managing Chemical Reactivity Hazards. New York：AIChE，2003.

[33] Chakrabarti A，Clark S，Tipler S，et al. Reactive Hazards Assessment（RHA） Practices：An Industry Benchmarking Survey. New York：DIERS，2017.

[34] CCPS. Guidelines for Process Safety in Batch Reaction Systems. New York：AIChE，1999.

[35] Wagner-Gillen P K. How Reactive Hazard Assessment and New Reactor Internals Improve Safety at the Shell Rhineland Refinery. Chemical Engineering Transactions，2019，77：511-516.

[36] 吴乔愚．100万吨/年聚氯乙烯生产新工艺的模拟与设计．北京：北京化工大学，2022.

第5章

事故后果分析

“人无远虑，必有近忧。”

——《论语》

化工安全生产事故按照是否发生化学品泄漏可以分为两类。对于起始阶段发生泄漏的事故，后果主要由泄漏的化学品在大气中扩散或燃爆造成，此类事故从泄漏至最终造成后果一般会经过一段时间；对于起始阶段未发生泄漏的事故，可能由外部火灾加热装置导致内部压力升高，或系统内反应失控引发，表现为设备或装置的突然破裂、爆炸。其中，化学品泄漏进而导致火灾、爆炸、中毒事故是最常见的情形，此类事故往往容易造成严重的后果。图 5-1 为危险化学品事故典型的事件树。

事故后果分析是完成化工过程风险管理的支撑条件。根据经验确定的后果严重程度往往不够准确，甚至出现后果严重程度被人为压低的情况，对同类后果的评估往往会出现前后不一致的情况，不利于风险管理和控制。为此，需要研究和掌握更科学的事故后果评估方法。本章将重点讲述如何定量分析泄漏、扩散、火灾和爆炸这几种事故类型的影响范围。在确定了事故的影响范围后，可以根据该范围内的人、财产、设备分布情况，评估事故后果的严重程度。另外，事故后果的分析不仅包含直接的火灾、爆炸及毒性物质扩散影响，也应包含引发的多米诺事故的影响。

5.1 泄漏后果分析

在化工生产过程中，装置是物料的载体。化工装置的完整性是生产过程安全、可靠、高效运行的基础和前提。化工事故通常由导致工艺物料约束失效的某一事件开始，这些物料可能具有毒害性质和高能量等危险特性。设备失效（材料缺陷、疲劳、腐蚀、焊缝失效等）往往是导致物料泄漏的重要原因之一。此外，操作运行失误，仪表阀门失效、撞击损伤等也可能导致密闭体系内的化学品泄漏。化学品一旦泄漏，往往会释放出大量易燃、易爆、有毒有害物质，可能会导致火灾、爆炸、中毒等重大事故的发生，给人类社会和环境带来巨大灾难。根据化学品事故典型事件树（如图 5-1），泄漏过程是扩散、火灾爆炸的起始阶段。泄漏计算是后续后果分析的前提。泄漏过程按照常压、高压、单相、多相可以形成多种不同的组合。一旦明确了发生的事件，就可以选择源模型（source model）来描述物质怎样从工艺装置中释放到外部环境。源模型给出了释放速率、释放总量（或者释放时间）、释放物质状

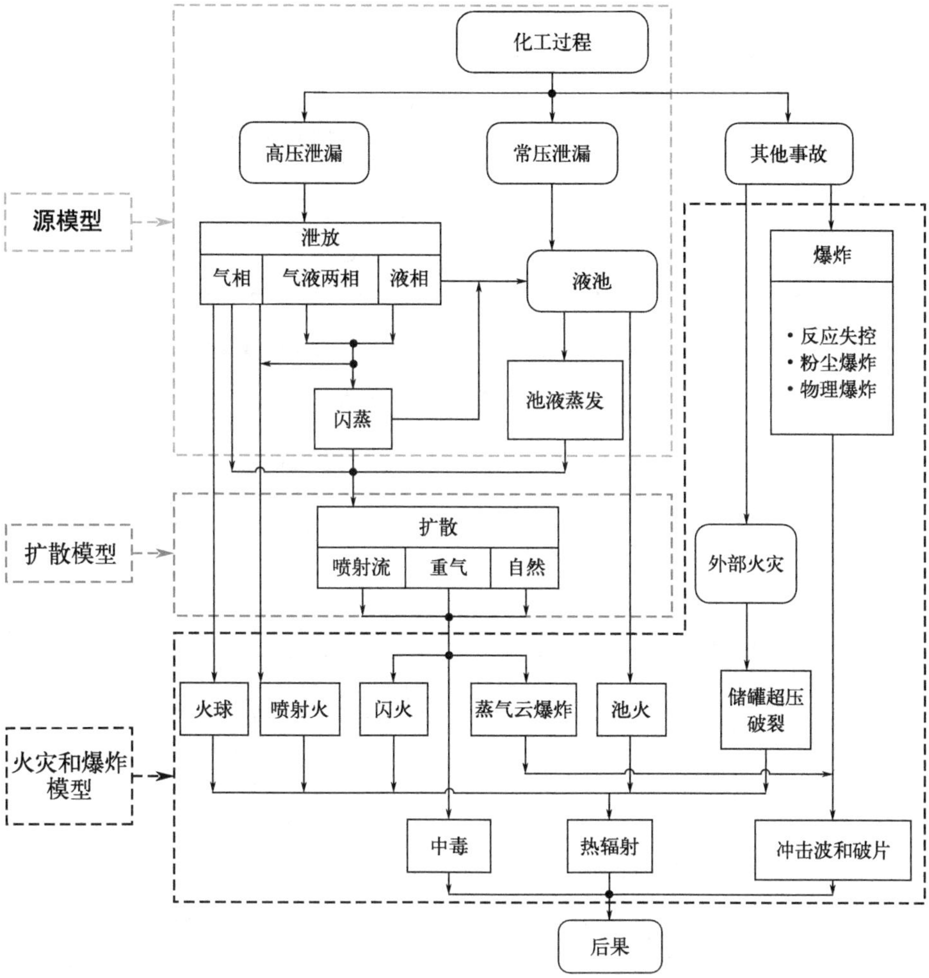

图 5-1　化学品事故典型事件树

态（气液固或多相混合）的表达。

源模型根据描述物质释放所表现出的理化过程的理论或经验方程而建立的，对于比较复杂的工厂，需要多种源模型来描述泄漏过程。另外，由于实际生产环境中影响泄漏的因素很多，泄漏的条件千差万别，源模型无法精确描述所有可能发生的物理过程，或因物质的物理性质不明，或者泄漏释放的物理过程本身没有得到充分认识，源模型计算结果往往是一种预测。为此，工程上一般需要采取较保守的策略来处理模型的不确定性，即选择使泄漏速率和泄漏量最大化的模型参数，确保设计是安全的。

物料泄漏事件按照泄漏孔径可以分为两种机理，大孔泄漏（一般指灾难性破裂）和有限孔泄漏。大孔泄漏事件中，工艺单元内形成大孔，短时间内释放大量物质，如储罐的超压爆炸，可以视为瞬时泄漏一定比例的储存容量；而有限孔泄漏事件往往代表较小的泄漏孔径，化学品在压差作用下通过孔泄漏至外部环境，上游工艺条件往往不会立即发生改变。如图 5-2 所示，有限孔释放一般指物质从储罐、管道的孔洞或裂纹，法兰、阀门和泵体的裂缝以及严重破坏或断裂的管道中喷射出来。

化工装置或容器中化学品的储存状态也会影响物质的泄放机理。如图 5-3 所示，对于气相容器（气柜、气瓶），容器内为气体或蒸气，容器的开孔或裂缝造成气相喷出。对于液相

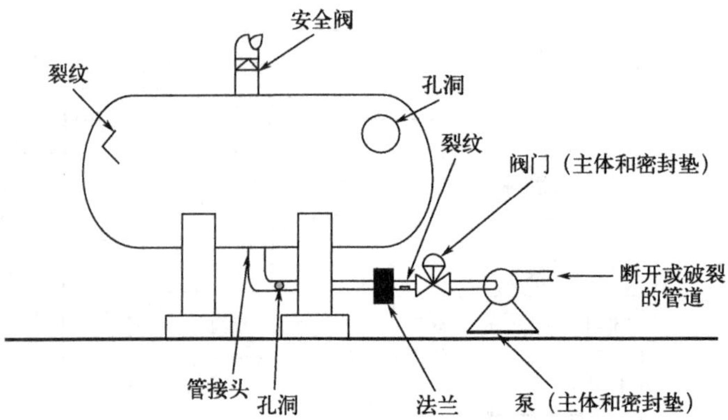

图 5-2　不同类型的有限孔释放

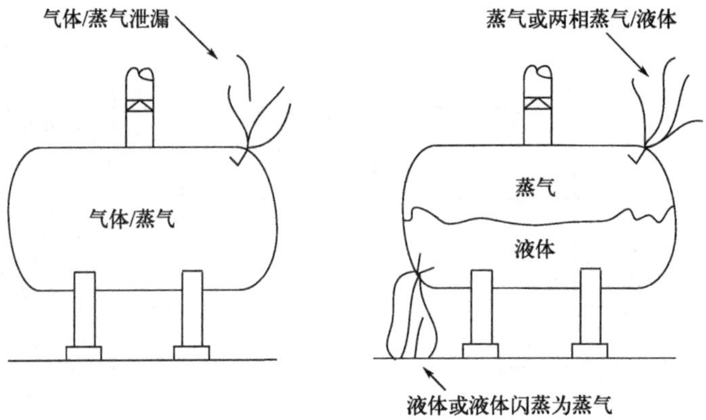

图 5-3　蒸气和液体以单相或两相状态从工艺单元喷射出来

容器，一般容器内存有两相。液面以下为液相，液面以上为蒸气。如果容器破裂或开孔在液位以下，容器中液体泄漏，并可能伴随闪蒸；液位以上的蒸气空间的裂缝也能导致蒸气或者气液两相泄漏，主要取决于物性和环境条件。

以下将从带压工艺单元和储罐内液体经小孔泄漏，液体经过管道泄漏，气体或蒸气经孔洞泄漏，气体或蒸气经管道泄漏，液体闪蒸，易挥发液体蒸发等不同情况分别讨论对应的源模型。

5.1.1　高压工艺单元内带压液体经小孔泄漏源模型

系统与外界无热交换，流体的流动应遵循机械能守恒方程：

$$\int \frac{\mathrm{d}p}{\rho}+\frac{\Delta \bar{u}^{2}}{2\alpha}+g\Delta z+F=-\frac{W_{\mathrm{s}}}{m} \tag{5-1}$$

式中，p 为压力，Pa；ρ 为液体密度，kg/m^3；$\bar{u}$ 为液体的平均瞬时流速，m/s；α 为动能校正系数，层流 $\alpha=0.5$，临界流 $\alpha=1.0$，湍流 $\alpha\to1.0$；g 为重力加速度，m/s^2；z 为高于基准面的高度，m；F 为摩擦损失项，J/kg；W_{s} 为轴功，J；m 为质量，kg。

对于不可压缩流体，密度为常数，即 $\int \frac{\mathrm{d}p}{\rho}=\frac{\Delta p}{\rho}$ 。而泄漏过程可不考虑轴功，则式（5-1）可以转换为我们更熟悉的伯努利方程：

$$\frac{\Delta p}{\rho}+\frac{\Delta \bar{u}^{2}}{2\alpha}+g\Delta z+F=0 \tag{5-2}$$

对于液体从工艺单元的小孔流出，如图 5-4 所示，工艺单元中的液体压力转化为动能。流动的液体与孔洞壁面之间的摩擦力将一部分动能转化为热能，液体的流速降低。对于这类有限孔泄漏，假设工艺单元内的表压为 p_g，外部压力为大气压，工艺单位内压强较高，因液体高度产生的压强可以忽略不计，则有 $\Delta p = p_g$。假设工艺单元内液体流速可以忽略。液体经孔流出过程中，认为装置内液位变化较小，可以忽略，则 $\Delta z = 0$。释放过程摩擦系数用一个恒定系数 C_1 替代，定义为：

$$-\frac{\Delta p}{\rho} - F = C_1^2\left(-\frac{\Delta p}{\rho}\right) \tag{5-3}$$

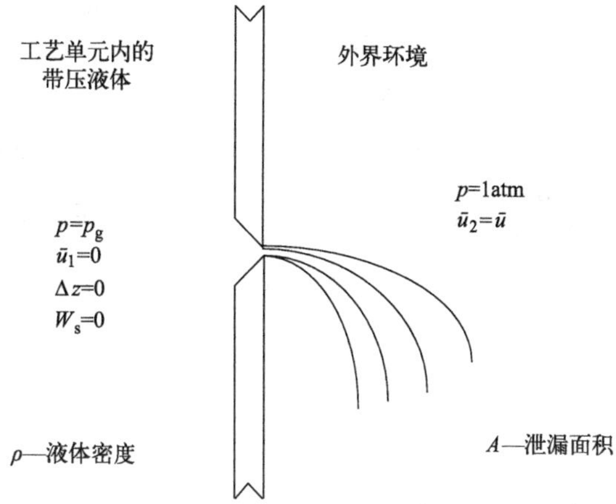

图 5-4　工艺单元内带压液体经小孔泄漏的场景示意图

将上式代入式 (5-2)，可以计算出经孔洞流出液体的平均流速 $\bar{u}$：

$$\bar{u} = C_1\sqrt{\alpha}\sqrt{\frac{2p_g}{\rho}} \tag{5-4}$$

新的孔流系数 C_0 定义为：

$$C_0 = C_1\sqrt{\alpha} \tag{5-5}$$

因此，液体经孔洞泄漏的泄漏速率方程为：

$$\bar{u} = C_0\sqrt{\frac{2p_g}{\rho}} \tag{5-6}$$

如果已知泄漏孔洞的面积 A，则泄漏的质量流率 Q_m 为：

$$Q_m = \rho\bar{u}A = AC_0\sqrt{2\rho p_g} \tag{5-7}$$

总的液体泄漏速率取决于泄漏时间。

泄漏系数 C_0 是从孔洞中流出液体的雷诺数和孔洞直径的复杂函数。建议的指导性经验数据如下：

- 对于边缘锐利的孔口和雷诺数大于 30000 的情况，C_0 近似取 0.61，此时液体流速不依赖孔口的尺寸；
- 对于圆滑的喷嘴，C_0 近似取 1；
- 对于与装置容器相连的短管（长径比不小于 3），C_0 取值近似为 0.81；
- 当 C_0 未知或者不能确定时，可采用 1.0 使得计算的流量最大化。

5.1.2　储罐内液体经小孔泄漏的源模型

储罐是常见的危险化学品储存容器。按照储存压力可以分为常压储罐和高压储罐。常压储罐一般采用立式或者卧式，分为固定容积储罐和变容积储罐。固定容积储罐，内部存在一定液位，液位上为蒸气。变容积储罐（一般指外浮顶罐），罐顶浮盘直连大气，液面直接与浮盘接触。

对于固定容积的储罐，其内部各个物理量如图 5-5 所示。

储罐上部表压为 p_g，外部压力为大气压。轴功 W_s 为零，储罐中液体流速为零。无量

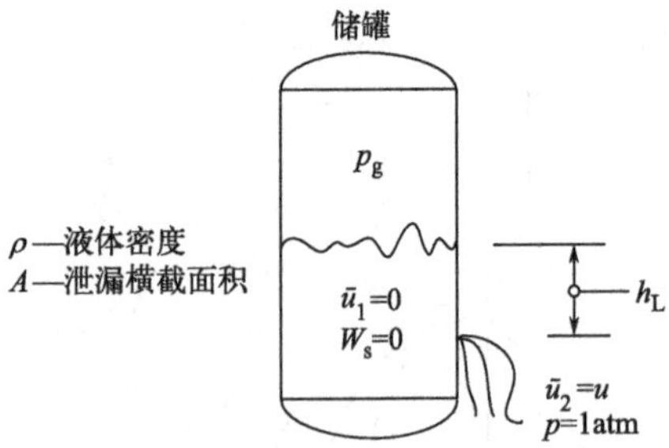

图 5-5　液体从储罐中泄漏的场景示意图

纲孔流系数 C_1 定义为：

$$-\frac{\Delta p}{\rho}-g\Delta z-F=C_1^2\left(-\frac{\Delta p}{\rho}-g\Delta z\right) \tag{5-8}$$

采用机械能守恒方程可以计算从孔洞中流出液体的平均瞬时速率 $\bar{u}$：

$$\bar{u}=C_1\sqrt{\alpha}\sqrt{2\left(\frac{p_g}{\rho}+gh_L\right)} \tag{5-9}$$

其中，h_L 为孔上方的液体高度。新的孔流系数 C_0 定义为：

$$C_0=C_1\sqrt{\alpha} \tag{5-10}$$

从孔洞中流出液体的瞬时速率为：

$$\bar{u}=C_0\sqrt{2\left(\frac{p_g}{\rho}+gh_L\right)} \tag{5-11}$$

对于面积为 A 的孔洞，则泄漏的质量流率 Q_m 为：

$$Q_m=\rho\bar{u}A=\rho AC_0\sqrt{2\left(\frac{p_g}{\rho}+gh_L\right)} \tag{5-12}$$

随着储罐内物质不断流出，储罐内液位降低直至达到开孔高度，泄漏的速率和质量流率也会逐步减小。

假设储罐内液面上蒸气的表压 p_g 为常数。一般情况下，容器内会补充惰性气体防止爆炸，或通过呼吸阀与外界大气相通。对于恒定截面积为 A_0 的储罐，储罐中孔洞处以上的液体的总质量为：

$$m=\rho A_0h_L \tag{5-13}$$

储罐中化学品的质量变化率为：

$$\frac{dm}{dt}=-Q_m \tag{5-14}$$

将式（5-12）、式（5-13）代入式（5-14），假设储罐横截面积和液体密度为常数，可以得到描述液体高度变化的微分方程：

$$\frac{dh_L}{dt}=-\frac{C_0A}{A_0}\sqrt{2\left(\frac{p_g}{\rho}+gh_L\right)} \tag{5-15}$$

整理上式，并将其从初始高度 h_L^0 到任意高度 h_L 积分，得到：

$$\int_{h_L^0}^{h_L}\frac{dh_L}{\sqrt{2\left(\frac{p_g}{\rho}+gh_L\right)}}=-\frac{C_0A}{A_0}\int_0^t dt \tag{5-16}$$

进而得到：

$$\frac{1}{g}\sqrt{2\left(\frac{p_g}{\rho}+gh_L\right)}-\frac{1}{g}\sqrt{2\left(\frac{p_g}{\rho}+gh_L^0\right)}=-\frac{C_0A}{A_0}t \tag{5-17}$$

可得到液面高度 h_L 为：

$$h_L=h_L^0-\frac{C_0A}{A_0}\sqrt{2\left(\frac{p_g}{\rho}+gh_L^0\right)}+\frac{g}{2}\left(\frac{C_0A}{A_0}t\right)^2 \tag{5-18}$$

将液面高度计算公式代入瞬时泄放质量计算式，得到任意时刻 t 时的液体质量流量：

$$Q_m = \rho \bar{u} A = \rho A C_0 \sqrt{2\left(\frac{p_g}{\rho} + g h_L^0\right)} - \frac{\rho g C_0^2 A^2}{A_0} t \tag{5-19}$$

令 $h_L = h_L^0$ 或 $Q_m = 0$，便可通过式（5-18）或式（5-19）求解容器液面降至孔洞所在高度所需要的时间，即容器内全部液体泄漏完的时间。

如果容器采用呼吸阀与大气连通，则 $p_g = 0$，式（5-19）可以简化为：

$$Q_m = \rho A C_0 \sqrt{2 g h_L^0} - \frac{\rho g C_0^2 A^2}{A_0} t \tag{5-20}$$

对于任意几何形状的容器，只需要得到不同高度 h_L 下的横截面积 A（h_L），替代式（5-15）中的 A_0 便可以求解，本书中不再赘述。

【例 5-1】 图 5-6 为某一装有丙酮液体的储罐，上部装有呼吸阀与大气连通。在其下部有一泄漏孔，直径为 4cm，已知丙酮的密度为 800kg/m^3。请估算：

（1）最大泄漏量；

（2）泄漏质量流量随时间变化的表达式；

（3）最大泄漏时间；

（4）泄漏量随时间变化的表达式。

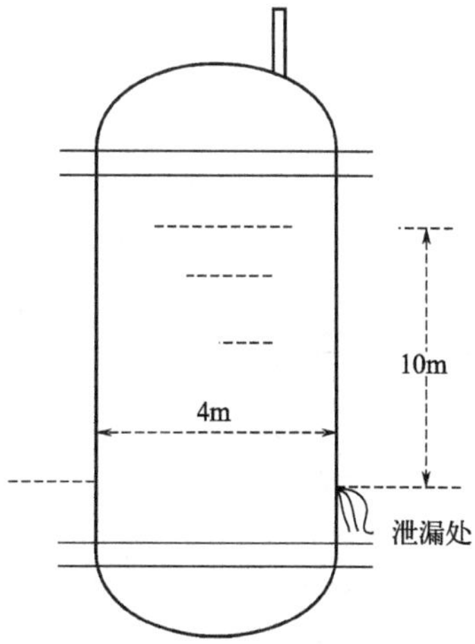

图 5-6　丙酮储罐泄漏示意图

解：（1）最大泄漏量即为泄漏点液位以上的所有液体量：

$$m = \rho A_0 h_L^0 = 800 \times \frac{\pi}{4} \times 4^2 \times 10 = 100480\text{kg}$$

（2）C_0 取值为 1.0，泄漏质量流量随时间的变化表达式为：

$$Q_m = \rho A C_0 \sqrt{2 g h_L^0} - \frac{\rho g C_0^2 A^2}{A_0} t$$

$$= 800 \times 1 \times \frac{\pi}{4} \times 0.04^2 \times \sqrt{2 \times 9.8 \times 10} - \frac{800 \times 9.8 \times 1^2 \times \left(\frac{\pi}{4} \times 0.04^2\right)^2}{\frac{\pi}{4} \times 4^2} t$$

$$= 14.07 - 0.000985t$$

（3）令上述泄漏质量流量随时间表达式的左侧为 0，可得到最大泄漏时间：

$$t = 14285\text{s} = 3.97\text{h}$$

（4）任一时间内的泄漏量为泄漏质量流量对时间的积分：

$$W = \int_0^t Q\text{d}t = 14.07t - 0.0004925t^2$$

给定任意泄漏时间，即可得到已经泄漏的液体总量。

5.1.3　液体经管道泄漏的源模型

图 5-7 为液体经过管道流出过程，沿管道的压力梯度是液体流动的驱动力。液体与管道壁之间的摩擦力将动能转化为热能，从而导致液体压力的下降。液体在管道中的流动同样满足式（5-2）。

式（5-2）中，摩擦损失项 F 代表由摩擦导致的总机械能损失，包括来自液体流经管程

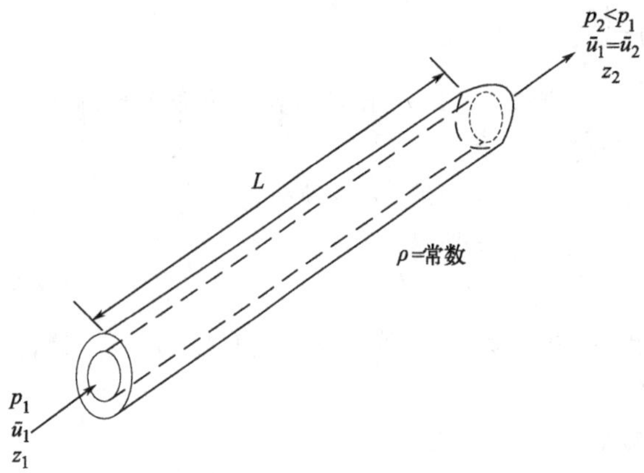

图 5-7　液体流经管道

的摩擦损失，以及液体流经阀门、弯头、孔、管道的进口和出口等配件的机械能损失。对于每种有摩擦的设备，可以使用以下的损失形式：

$$F=K_{\mathrm{f}}\frac{u^2}{2} \tag{5-21}$$

式中，K_{f} 为管道或管道配件导致的压头损失系数；u 为液体流速。对于流经管道的液体，压头损失系数 K_{f} 为：

$$K_{\mathrm{f}}=\frac{4fL}{d} \tag{5-22}$$

式中，f 为范宁（Fanning）摩擦系数；L 为管道长度；d 为管道直径。

范宁摩擦系数 f 是雷诺数 Re 和管道粗糙度 ε 的函数。表 5-1 列出了部分工业管道的粗糙度 ε 值。图 5-8 为范宁摩擦系数与雷诺数、管道粗糙度（ε/d 为参数）之间的关系图。

表 5-1　部分工业管道的绝对粗糙度 ε

管道材料	绝对粗糙度 ε/mm	管道材料	绝对粗糙度 ε/mm
水泥覆护钢	1～10	铸铁	0.045
混凝土	0.3～3	拉制钢管	0.0015
铸钢	0.26	玻璃或塑料	0.002
镀锌钢	0.15	光滑橡胶管	0.01
型钢	0.046	玻璃钢	0.005

对于层流，摩擦系数由下式给出：

$$f=\frac{16}{Re} \tag{5-23}$$

对于湍流，图 5-8 中的数据可由科尔布鲁克（Colebrook）方程替代：

$$\frac{1}{\sqrt{f}}=-4\lg\left(\frac{1}{3.7}\times\frac{\varepsilon}{d}+\frac{1.255}{Re\sqrt{f}}\right) \tag{5-24}$$

其另一种形式，可由摩擦系数 f 计算雷诺数：

$$Re=\frac{1}{\dfrac{\sqrt{f}}{1.255}\left(10^{-0.25\sqrt{f}}-\dfrac{1}{3.7}\times\dfrac{\varepsilon}{d}\right)} \tag{5-25}$$

对于粗糙管道中完全发展的湍流，f 与雷诺数无关。在雷诺数很高的位置，f 接近于常数。对于这种情况，可以得到：

$$\frac{1}{\sqrt{f}}=4\lg\left(3.7\frac{d}{\varepsilon}\right) \tag{5-26}$$

对于光滑管道，$\varepsilon=0$，式（5-24）可以简化为：

$$\frac{1}{\sqrt{f}}=4\lg\frac{Re\sqrt{f}}{1.255} \tag{5-27}$$

对于光滑管道，当雷诺数小于 100000 时，由如下布拉修斯（Blasius）方程所得到的计算值十分接近真实值。

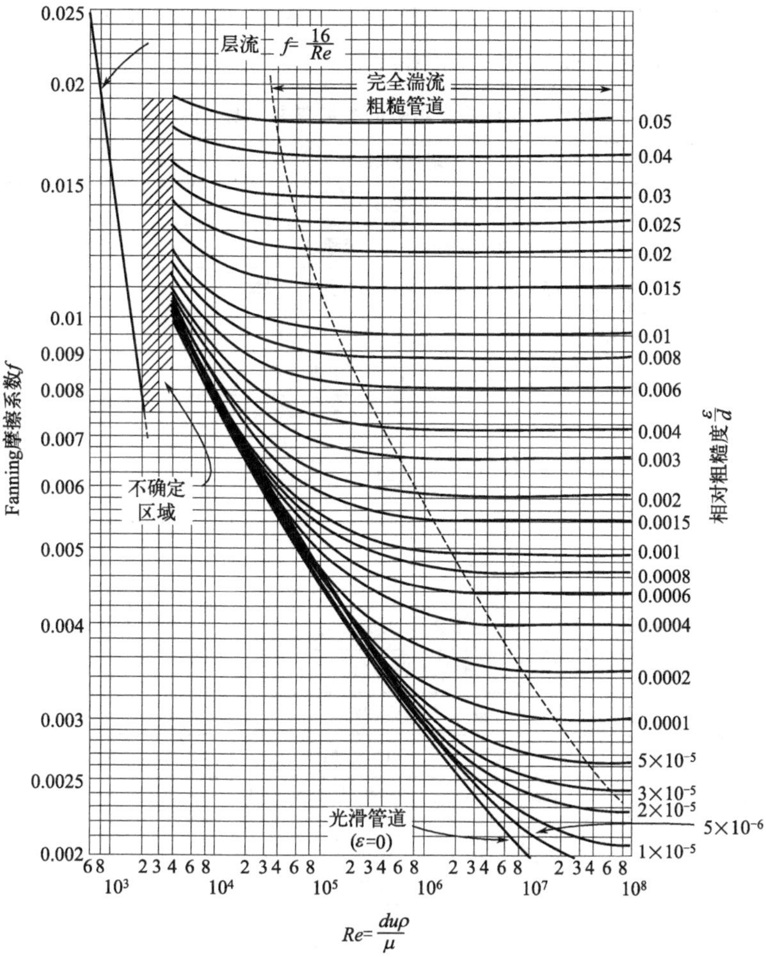

图 5-8 范宁摩擦系数与雷诺数之间的关系

$$f=0.079Re^{-\frac{1}{4}} \tag{5-28}$$

对于管道附件、阀门及其他流动阻碍物，传统方法是在式（5-22）中使用当量长度。而 2-K 方法则作为一种改进的方法，是在式（5-22）中使用实际管道长度，并提供了针对管道配件、进口和出口的详细计算方法。2-K 方法根据雷诺数和管道内径两个常数来定义压头损失系数。

$$K_f=\frac{K_1}{Re}+K_\infty\left(1+\frac{1}{ID_{in}}\right) \tag{5-29}$$

其中，K_f 是压头损失系数，无量纲；K_1 和 K_∞ 是常数；Re 为雷诺数，无量纲；ID_{in} 为管道内径（in）。表 5-2 列出了式（5-29）中使用的各类型配件和阀门的 K 值。

对于管道的进口和出口，为了说明动能的变化，需要对式（5-29）进行修改。

$$K_f=\frac{K_1}{Re}+K_\infty \tag{5-30}$$

对于管道进口，$K_1=160$，对于一般的进口，$K_\infty=0.5$；对于使用博尔达（Borda）管嘴连接的储罐（管道深入储罐内一小段），$K_\infty=1$；对于管道出口，$K_1=0$，$K_\infty=1$。进口和出口的压头损失系数 K_f 体现了管道变化引起的动能变化。在机械能守恒中不必考虑额外的动能项。对于高雷诺数（$Re>10000$），式（5-30）第一项可以忽略，此时 $K_f=K_\infty$；对于低雷诺数（$Re<50$），K_1/Re 占据支配地位。

表 5-2　配件和阀门损失系数的 2-K 常数（Hooper，1981）

<table>
<tr><th>附件</th><th colspan="2">附件描述</th><th>K_1</th><th>K_∞</th></tr>
<tr><td colspan="5">弯头</td></tr>
<tr><td rowspan="8">弯头 90°</td><td colspan="2">标准($r/D=1$)，带螺纹</td><td>800</td><td>0.40</td></tr>
<tr><td colspan="2">标准($r/D=1$)，采用法兰连接/焊接</td><td>800</td><td>0.25</td></tr>
<tr><td colspan="2">长半径($r/D=1.5$)，所有类型</td><td>800</td><td>0.20</td></tr>
<tr><td rowspan="5">斜接($r/D=1.5$)</td><td>1 焊缝(90°)</td><td>1000</td><td>1.15</td></tr>
<tr><td>2 焊缝(45°)</td><td>800</td><td>0.35</td></tr>
<tr><td>3 焊缝(30°)</td><td>800</td><td>0.30</td></tr>
<tr><td>4 焊缝(22.5°)</td><td>800</td><td>0.27</td></tr>
<tr><td>5 焊缝(18°)</td><td>800</td><td>0.25</td></tr>
<tr><td rowspan="4">弯头 45°</td><td colspan="2">标准($r/D=1$)，所有类型</td><td>500</td><td>0.20</td></tr>
<tr><td colspan="2">长半径($r/D=1.5$)</td><td>500</td><td>0.15</td></tr>
<tr><td colspan="2">斜接，1 焊缝(45°)</td><td>500</td><td>0.25</td></tr>
<tr><td colspan="2">斜接，2 焊缝(22.5°)</td><td>500</td><td>0.15</td></tr>
<tr><td rowspan="3">弯头 180°</td><td colspan="2">标准($r/D=1$)，带螺纹</td><td>1000</td><td>0.60</td></tr>
<tr><td colspan="2">标准($r/D=1$)，采用法兰连接/焊接</td><td>1000</td><td>0.35</td></tr>
<tr><td colspan="2">长半径($r/D=1.5$)，所有类型</td><td>1000</td><td>0.30</td></tr>
<tr><td colspan="5">三通管</td></tr>
<tr><td rowspan="4">作为弯头使用</td><td colspan="2">标准的，带螺纹</td><td>500</td><td>0.70</td></tr>
<tr><td colspan="2">长半径，带螺纹</td><td>800</td><td>0.40</td></tr>
<tr><td colspan="2">标准的，采用法兰连接/焊接</td><td>800</td><td>0.80</td></tr>
<tr><td colspan="2">短分支</td><td>1000</td><td>1.00</td></tr>
<tr><td rowspan="3">贯通</td><td colspan="2">带螺纹</td><td>200</td><td>0.10</td></tr>
<tr><td colspan="2">采用法兰连接/焊接</td><td>150</td><td>0.50</td></tr>
<tr><td colspan="2">短分支</td><td>100</td><td>0.00</td></tr>
<tr><td colspan="5">阀门</td></tr>
<tr><td rowspan="3">闸阀、球阀或旋塞阀</td><td colspan="2">全尺寸，$\beta=1.0$</td><td>300</td><td>0.10</td></tr>
<tr><td colspan="2">缩减尺寸，$\beta=0.9$</td><td>500</td><td>0.15</td></tr>
<tr><td colspan="2">缩减尺寸，$\beta=0.8$</td><td>1000</td><td>0.25</td></tr>
<tr><td rowspan="2">球心阀</td><td colspan="2">标准</td><td>1500</td><td>4.00</td></tr>
<tr><td colspan="2">斜角或 Y 型</td><td>1000</td><td>2.00</td></tr>
<tr><td>隔膜阀</td><td colspan="2">闸坝(dam)类型</td><td>1000</td><td>2.00</td></tr>
<tr><td>蝶形阀</td><td colspan="2"></td><td>800</td><td>0.25</td></tr>
<tr><td rowspan="3">止回阀</td><td colspan="2">提升阀</td><td>2000</td><td>10.0</td></tr>
<tr><td colspan="2">回转阀</td><td>1500</td><td>1.50</td></tr>
<tr><td colspan="2">倾斜片状阀</td><td>1000</td><td>0.50</td></tr>
</table>

2-K 方法也能用于描述液体经过孔洞的流出。液体经过孔洞流出的孔流系数表达式可由 2-K 方法确定，即：

$$C_0=\frac{1}{\sqrt{1+\sum K_f}} \tag{5-31}$$

其中，$\sum K_f$ 为所有压头损失系数之和，包括管道、管道配件和进出口的压头损失系数，分别由式（5-22）、式（5-29）、式（5-30）计算。对于没有管道连接或配件的储罐上的一个简单的孔洞，摩擦仅仅是由孔洞的进口和出口效应引起的。当雷诺数大于 10000 时，对于进口，$K_f=0.5$；对于出口，$K_f=1$。因此，$\sum K_f=1.5$，此时 $C_0=0.63$，与推荐值 0.61 非常接近。

如果物质从管道系统中流出，其质量流量的求解过程如下：

① 假设管道长度、直径和类型，管道系统的压力和高度变化，来自泵、涡轮等对液体的输入或输出功，管道上配件的数量和类型，液体特性（包括密度和黏度）。

② 指定初始点（点 1）和终止点（点 2）。

③ 确定点 1 和点 2 处的压力和高度，确定点 1 处的初始液体流速。

④ 推测点 2 处的液体流速，如果认为是完全发展的湍流，则不需要这一步。

⑤ 用式（5-23）～式（5-28）确定管道的摩擦系数。

⑥ 确定管道的压头损失系数［式（5-22）］、配件的压头损失系数［式（5-29）］和进出口的压头损失系数［式（5-30）］。将这些压头损失相加，得到净摩擦损失项，使用点 2 处的液体流速。

⑦ 计算式（5-2）中所有项的值，并将其代入该方程中，如果其中所有项的和等于零，则计算结束；如果不等于零，返回第④步重新计算。

⑧ 使用 $Q_m=\rho\bar{u}A$ 确定质量流量。

如果流动是完全发展的湍流，则求解非常简单。将已知项代入式（5-2）中，将点 2 中的液体流速设为变量，直接求解该流量。

5.1.4 气体或蒸气经小孔泄漏的源模型

对于流动的液体，其动能变化经常可以忽略不计，其物理性质（特别是密度）是不变的。而对于流动的气体和蒸气来说，这些假设仅在压力变化不大（$p_1/p_2<2$）、流速较低（小于 0.3 倍声速）的情况下有效。当气体或蒸气的泄漏速度大到与该气体中声速相近或超过声速时，会引起很大的压力、温度、密度变化。此时，根据不可压缩流体假设得到的结论不再适用。

气体和蒸气从孔洞泄漏可以分为塞流释放和自由膨胀释放。对于塞流释放，气体通过孔洞流出，摩擦损失很大，很少一部分来自气体压力的内能会转化为动能；对于自由膨胀释放，大多数压力能转化为动能，通常假设为等熵过程。

塞流释放的源模型需要有关孔洞物理结构的详细信息，这里不予考虑。自由膨胀释放源模型仅需要孔洞直径。因此，本节主要讨论可压缩气体或蒸气以自由膨胀的形式经小孔泄漏的情况。

自由膨胀释放见图 5-9，可压缩流体经过孔洞流动同样要满足机械能守恒方程。假设内能变化可以忽略，没有轴功，则可以得到式（5-1）的简化形式：

$$\int\frac{\mathrm{d}p}{\rho}+\frac{\Delta\bar{u}^2}{2\alpha}+F=0 \tag{5-32}$$

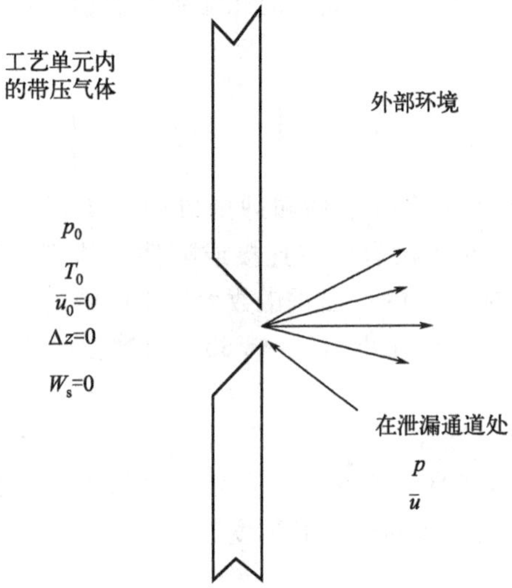

图 5-9　自由膨胀释放示意图

直接定义孔流系数 C_0，满足：

$$\int \frac{\mathrm{d}p}{\rho}+F=\frac{C_0^2}{\alpha}\left(\int \frac{\mathrm{d}p}{\rho}\right) \tag{5-33}$$

联立式（5-32）和式（5-33），并在任意两个合适的点之间进行积分。初始点选在速度为零、压力为 p_0 处，积分到任意的终止点（无下标）。其结果为：

$$C_0^2\int_{p_0}^{p} \frac{\mathrm{d}p}{\rho}+\frac{\bar{u}^2}{2}=0 \tag{5-34}$$

在工程上，通常将气体或蒸气近似为理想气体，其压力、密度、温度等参数遵循理想气体状态方程：

$$p=\frac{R}{M}\rho T \tag{5-35}$$

式中，p 为压力，Pa；R 为理想气体常数，8314kJ/(kmol·K)；M 为气体摩尔质量，kg/kmol；ρ 为密度，kg/m^3；T 为温度，K。

而对于任何等熵膨胀的理想气体，有：

$$\frac{p}{\rho^{\gamma}}=\text{constant} \tag{5-36}$$

式中，γ 为热容比，也称绝热指数，$\gamma=C_p/C_v$。一些常见气体的热容比见表 5-3。

表 5-3　常见气体的热容比 γ

气体	化学式或符号	近似气体摩尔质量 M/(kg/kmol)	γ
乙炔	C_2H_2	26.0	1.30
空气	—	29.0	1.40
氨气	NH_3	17.0	1.32
氩气	Ar	39.9	1.67
丁烷	C_4H_{10}	58.1	1.11
二氧化碳	CO_2	44.0	1.30
一氧化碳	CO	28.0	1.40
氯气	Cl_2	70.9	1.33
乙烷	C_2H_6	30.0	1.22
乙烯	C_2H_4	28.0	1.22
氦气	He	4.0	1.66
氯化氢	HCl	36.5	1.41
氢气	H_2	2.0	1.41
硫化氢	H_2S	34.1	1.30
甲烷	CH_4	16.0	1.32
氯甲烷	CH_3Cl	50.5	1.20
天然气	—	19.5	1.27
一氧化氮	NO	30.0	1.40

续表

气体	化学式或符号	近似气体摩尔质量 $M/(\mathrm{kg/kmol})$	γ
氮气	N_2	28.0	1.41
一氧化二氮	N_2O	44.0	1.31
氧气	O_2	32.0	1.40
丙烷	C_3H_8	44.1	1.15
丙烯	C_3H_6	42.1	1.14
二氧化硫	SO_2	64.1	1.26

以初始点为基准，由式（5-35）和式（5-36），可以计算得到任意压力下的密度：

$$\rho=\rho_0\left(\frac{p}{p_0}\right)^{\frac{1}{\gamma}}=\frac{p_0 M}{RT_0}\left(\frac{p}{p_0}\right)^{\frac{1}{\gamma}} \tag{5-37}$$

将式（5-37）代入式（5-34），求积分得到等熵膨胀过程中任意点处流速的方程：

$$\bar{u}=C_0\sqrt{\frac{2RT_0}{M}\times\frac{\gamma}{\gamma-1}\left[1-\left(\frac{p}{p_0}\right)^{\frac{\gamma-1}{\gamma}}\right]} \tag{5-38}$$

由式（5-37）和式（5-38）进一步计算该点的质量流量：

$$Q_m=\rho\bar{u}A=C_0 p_0 A\sqrt{\frac{2M}{RT_0}\times\frac{\gamma}{\gamma-1}\left[\left(\frac{p}{p_0}\right)^{\frac{2}{\gamma}}-\left(\frac{p}{p_0}\right)^{\frac{\gamma+1}{\gamma}}\right]} \tag{5-39}$$

许多安全研究都需要计算气体通过孔洞流出的最大流量。可由式（5-39）对 p/p_0 微分求导。取导数等于 0，便可计算得到最大流量时的压力比为：

$$\frac{p_c}{p_0}=\left(\frac{2}{\gamma+1}\right)^{\frac{\gamma}{\gamma-1}} \tag{5-40}$$

式中，p_c 为临界压力，也称为塞压。当气体经小孔泄漏时，若单元外部环境压力小于塞压 p_c，则泄漏的孔洞处压力即为塞压。此时，泄漏速度达到最大流量，与环境压力无关，降低环境压力不会进一步增大流量。该类型的流动状态称为塞流或临界流。

将式（5-40）分别代入式（5-38）和式（5-39），可以得到最大流速及最大流量：

$$\bar{u}_c=C_0\sqrt{\frac{2RT_0}{M}\times\frac{\gamma}{\gamma+1}} \tag{5-41}$$

$$Q_{m,c}=C_0 p_0 A\sqrt{\frac{\gamma M}{RT_0}\times\left(\frac{2}{\gamma+1}\right)^{\frac{\gamma+1}{\gamma-1}}} \tag{5-42}$$

对于锐缘孔，在雷诺数大于 30000（且不发生塞流）的情况下，孔流系数 $C_0=0.61$，对于塞流，孔流系数随环境压力的下降而增大。对于这类流动和不确定的情况，推荐使用保守值 1.0。由式（5-41）可见，塞流时孔洞处的流速与内部压力、塞压均无关，此最大流速即为声速，因此又叫声速流。以空气为例，查表 5-3 可知其热容比 $\gamma=1.4$，气体摩尔质量 $M=29.0\mathrm{kg/kmol}$。取 $C_0=1.0$，计算 $T_0=300\mathrm{K}$ 时的最大流速：

$$\bar{u}_c=1.0\times\sqrt{\frac{2\times8314\times300}{29.0}\times\frac{1.4}{1.4+1}}=316\mathrm{m/s}$$

这看起来与声音在 300K 空气中传播的速度约 347m/s 不符。这里要注意，孔洞处的温度并不是 T_0，由式（5-35）和式（5-36）可知：

$$\frac{p^{\frac{\gamma-1}{\gamma}}}{T}=\text{constant} \tag{5-43}$$

塞流状态下的临界温度与设备内部温度之比为：

$$\frac{T_c}{T_0}=\left(\frac{p_c}{p_0}\right)^{\frac{\gamma-1}{\gamma}}=\frac{2}{\gamma+1} \tag{5-44}$$

将式（5-44）代入式（5-41），取 $C_0=1.0$，便是 T_c 温度下声速的计算公式：

$$\bar{u}_c=\sqrt{\frac{\gamma RT_c}{M}} \tag{5-45}$$

对于一般的工业上常见的泄漏事故，可以通过环境压力（可以取 1atm）由式（5-40）计算出单元内部的临界压力，如果单元内部压力大于该临界压力，则会出现塞流。如果该单元设备还有其他控制方式补充气体，保证单元内部压力稳定，则会持续以塞流的形式泄漏。若气体补充或气体补充速度小于泄漏速度，则单元内的压力会下降，塞压也会随之下降。若单元内压力下降过程中，依然大于临界压力时，还会出现塞流。若设备内温度不变，则气体流速不变，质量流量随着压力下降而减小。当单元压力下降到小于临界压力，孔洞处的压力就为环境压力，大于塞压，不再出现塞流现象。

【例 5-2】 在装有氮气的储罐上，有一个直径 10mm 的小孔，储罐内的表压为 1.5MPa，温度为 25℃。计算通过该孔的质量流量。（大气压力按照 0.1MPa 计）

解： 查表 5-3，氮气的热容比 $\gamma=1.41$，气体摩尔质量 $M=28.0$kg/kmol，由式（5-40）得到

$$\frac{p_c}{p_0}=\left(\frac{2}{\gamma+1}\right)^{\frac{\gamma}{\gamma-1}}=\left(\frac{2}{2.41}\right)^{\frac{1.41}{0.41}}=0.527$$

$$p_c=0.527(1.5+0.1)=0.843\text{MPa}$$

外界压力低于 0.843MPa 将导致塞流。该例题中，外界压力为大气压，远小于塞压，认为发生塞流。应用式（5-42），计算最大流量。

首先计算小孔的面积为：

$$A=\frac{\pi d^2}{4}=\frac{3.14\times 0.01^2}{4}=7.85\times 10^{-5}\text{m}^2$$

取 $C_0=1.0$，同时 $p_0=1.5+0.1=1.6$MPa，$T_0=25+273=298$K。

然后，使用式（5-42）计算得到最大流量为：

$$\begin{aligned}
Q_{m,c}&=C_0p_0A\sqrt{\frac{\gamma M}{RT_0}\times\left(\frac{2}{\gamma+1}\right)^{\frac{\gamma+1}{\gamma-1}}}\\
&=1.0\times 1.6\times 10^6\times 7.85\times 10^{-5}\times\sqrt{\frac{1.41\times 28.0}{8314\times 298}\times\left(\frac{2}{2.41}\right)^{\frac{2.41}{0.41}}}\\
&=125.6\times\sqrt{5.325\times 10^{-6}}\\
&=0.290\text{kg/s}
\end{aligned}$$

5.1.5 液体闪蒸的泄漏源模型

储存温度高于沸点温度的加压液体有时会因为闪蒸导致很多问题。如果储罐、管道或其他设备出现孔洞，部分液体会闪蒸成为气体，有时甚至会发生爆炸。

闪蒸发生的速度很快，其过程可以假设为绝热。过热液体中的额外能量使液体蒸发，

并使其温度降低到新的沸点。如果 m 为初始液体的质量，C_p 为液体的定压比热容，T_0 为降压前液体的温度，T_b 为降压后液体的沸点，则包含在过热液体中的额外能量（显热）为：

$$Q=mC_p(T_0-T_b) \tag{5-46}$$

该能量能够使液体蒸发，如果 ΔH_v 为液体的蒸发热，则蒸发的液体质量 m_v 为：

$$m_v=\frac{Q}{\Delta H_v}=\frac{mC_p(T_0-T_b)}{\Delta H_v} \tag{5-47}$$

液体蒸发比例 f_v 为：

$$f_v=\frac{m_v}{m}=\frac{C_p(T_0-T_b)}{\Delta H_v} \tag{5-48}$$

式（5-48）是基于在 $T_0 \sim T_b$ 的温度范围内液体的物理特性不变的假设得到的。没有此假设时，一般的表达形式将在下面介绍。

温度 T 的变化导致液体质量 m 的变化为：

$$\mathrm{d}m=\frac{mC_p}{\Delta H_v}\mathrm{d}T \tag{5-49}$$

在初始温度 T_0（液体质量为 m）与最终沸点温度 T_b（液体质量为 $m-m_v$）区间内，对式（5-49）积分，得到：

$$\int_m^{m-m_v}\frac{\mathrm{d}m}{m}=\int_{T_0}^{T_b}\frac{C_p}{\Delta H_v}\mathrm{d}T \tag{5-50}$$

$$\ln\frac{m-m_v}{m}=\frac{\bar{C}_p(T_0-T_b)}{\Delta \bar{H}_v} \tag{5-51}$$

其中，$\bar{C}_p$ 和 $\Delta \bar{H}_v$ 为 $T_0 \sim T_b$ 温度范围内的平均定压比热容和平均蒸发热。

求解液体蒸发比例 $f_v=m_v/m$，可以得到：

$$f_v=1-\exp\left[-\frac{\bar{C}_p(T_0-T_b)}{\Delta \bar{H}_v}\right] \tag{5-52}$$

对于包含多种混合物质的闪蒸液体，闪蒸计算非常复杂，这是由于更易挥发的组分首先闪蒸，涉及多组分气液相平衡理论。

由于存在两相流动的情况，通过孔洞和管道泄漏出的闪蒸液体需要特殊考虑。有如下特殊情况：如果泄漏的流程长度很短（通过薄壁容器上的孔洞），则存在不平衡条件，以及液体没有时间在孔洞内闪蒸的情况；如果液体在孔洞外闪蒸，则应使用描述不可压缩流体通过孔洞流出的方程。

如果泄漏的流程长度大于 10cm（通过管道或厚壁容器），能达到平衡闪蒸条件，且流动为塞流，这种情况下可近似假设塞压等于闪蒸液体的饱和蒸气压。该假设仅适用于储存在高于其饱和蒸气压环境下的液体。此时，质量流量由下式给出：

$$Q_m=AC_0\sqrt{2\rho(p-p^{sat})} \tag{5-53}$$

式中，A 为泄漏面积，C_0 为孔流系数，ρ 为液体密度，p 为设备内的压力，p^{sat} 为闪蒸液体处于周围温度条件下的饱和蒸气压。

【例 5-3】 液氨储存在 24℃、1.4×10^6Pa 的储罐中。一根直径为 0.0945m 的管道在距离储罐很近的地方断裂了，使闪蒸的氨漏了出来。液氨在此温度下的饱和蒸气压为 0.968×10^6Pa，密度为 603kg/m^3。请计算通过该孔的质量流量。假设是平衡闪蒸。

解：式（5-53）适用于平衡闪蒸的情况。假设孔流系数为 0.61。那么

$$Q_m = AC_0\sqrt{2\rho(p-p^{sat})}$$
$$= \frac{3.14\times0.0945^2}{4}\times0.61\times\sqrt{2\times603\times(1.4\times10^6-0.968\times10^6)}$$
$$= 97.6\text{kg/s}$$

对于储存在饱和蒸气压下的液体，$p=p^{sat}$，此时式（5-53）不再有效。需要更详细的方法描述闪蒸过程。考虑初始静止的液体加速通过孔洞，假设动能占据支配地位，忽略势能的影响。引入比体积 ν（体积/质量）$=1/\rho$，饱和蒸气压 下的液体闪蒸泄漏质量流量为：

$$Q_m = \frac{\Delta H_v A}{\nu_{fg}\sqrt{TC_p}} \tag{5-54}$$

上式中，ν_{fg} 为蒸气和液体之间的比体积差。

【例 5-4】 丙烯储存在温度为 25℃、压力为其饱和蒸气压的储罐中。储罐上有一个直径为 1cm 的洞。请估算在该情况下，通过该洞流出的丙烯的质量流量。已知：$\Delta H_v=3.34\times10^5$J/kg；$\nu_{fg}=0.042\text{m}^3/\text{kg}$；$p^{sat}=1.15\times10^6$Pa，$C_p=2.18\times10^3$J/(kg·K)

解：使用式（5-54），得到

$$Q_m = \frac{\Delta H_v A}{\nu_{fg}\sqrt{TC_p}}$$
$$= \frac{3.34\times10^5\times\frac{3.14\times0.01^2}{4}}{0.042\times\sqrt{298\times2.18\times10^3}}$$
$$= 0.774\text{kg/s}$$

5.1.6 易挥发液体蒸发的泄漏源模型

易挥发液体从液池中蒸发的过程受物性的影响。饱和蒸气压高的液体挥发较快，因此蒸发速率被认为是饱和蒸气压的函数。实际上，对于静止空气中的蒸发，蒸发速率与饱和蒸气压在空气中的分压的差成比例，其一般表达式为：

$$Q_m = \frac{MKA(p^{sat}-p)}{RT_L} \tag{5-55}$$

式中，Q_m 为蒸发速率；M 为易挥发物质的分子量；K 为蒸发界面的传质系数；p^{sat} 为特定温度下纯液体的饱和蒸气压；p 为液体上方静止空气中的蒸气分压；R 为理想气体常数；T_L 为液体的热力学温度。

大多数情况下，p^{sat} 远大于 p，因此式（5-55）可以简化为：

$$Q_m = \frac{MKAp^{sat}}{RT_L} \tag{5-56}$$

式（5-56）可以用来估计敞口容器或溢出液体的挥发速率。

对于液池中的沸腾液体，沸腾速率受周围环境与液池中液体之间的热量传递的限制。热量通过以下方式进行传递：①地面的热传导；②空气的传导与对流；③太阳辐射或邻近区域的热源辐射，如火源。

5.2 扩散后果分析

工艺装置发生物料泄漏事件后，泄漏的化学品在大气中形成有毒或可燃蒸气云，覆盖工厂或附近社区，并随着大气流动向下风向扩散。扩散是指泄漏到大气中的物质或组分随着流体的随机运动和分子运动不断分散的过程。对于泄漏持续时间较长的连续泄漏源，可用如图5-10所示的烟羽扩散模式描述泄漏物质的扩散过程。对于瞬间泄漏源，可用如图5-11所示的烟团扩散模式描述瞬间泄漏源泄漏物质的扩散过程。瞬间泄漏源的特点是泄漏在瞬间完成。

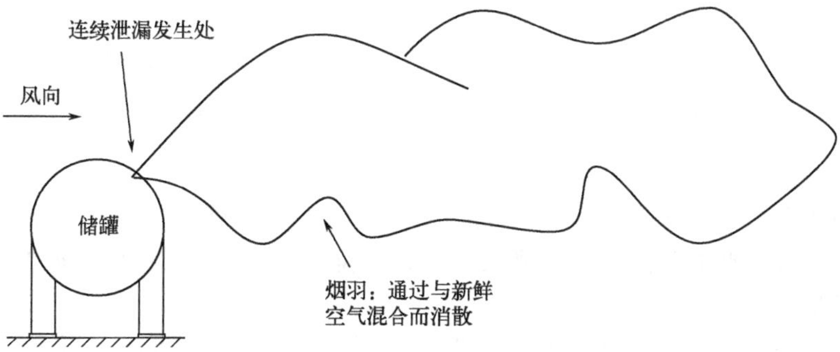

图 5-10　烟羽扩散模式示意图

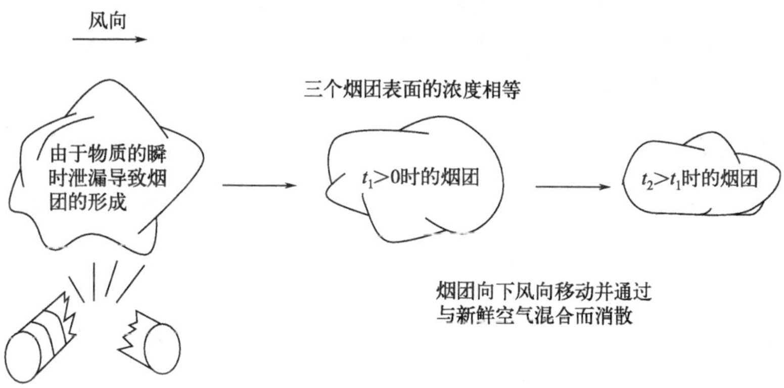

图 5-11　烟团扩散模式示意图

物质扩散的过程主要受两种因素影响，一种是分子扩散，是由分子的随机热运动驱动；另一种是对流扩散，是由大气云团的流动造成的物质输送。扩散模型是描述泄漏物质远离泄漏源向下风向输送的数学模型，主要计算泄漏物质在大气中的扩散程度，以浓度为主要输出结果。

图5-12给出了化学品或污染物在大气中扩散的主要过程。影响扩散的主要气象因素包括风速、风向、温度、降雨、日光等，此外还有地形因素（建筑、山丘、水体），泄漏源特性（高度、直径、泄漏速度、温度和浓度），泄漏物质的理化性质（反应性、溶解性）等。全面、综合的扩散模型需要考虑所有相关的影响因素，而简化模型则使用其中关键的几种因子作为模型输入即可。

值得注意的是，大气运动过程是湍动的，也是混沌的。因此，即使泄漏源参数和气象状

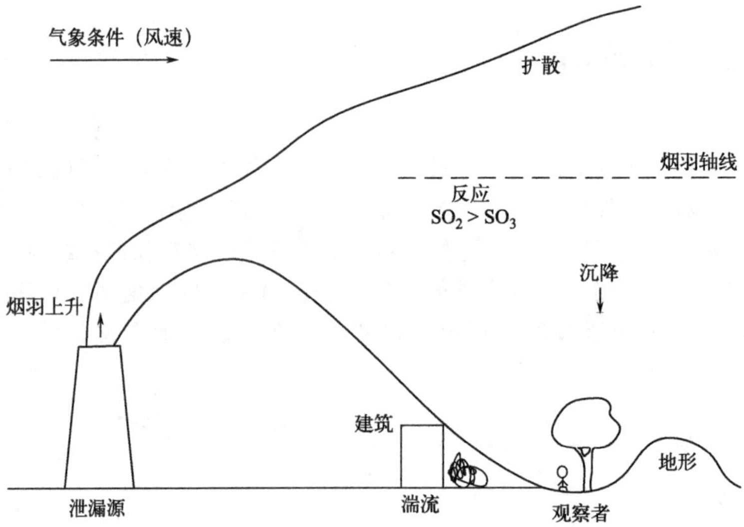

图 5-12　泄漏物在大气中的扩散过程

况一致，泄漏物质的浓度分布也不是一成不变的，不存在能够考虑所有影响因素的扩散模型，这也导致扩散模型的预测在某些情况下不够精确。为此，下列一些指标可用于判断一个扩散模型是否是“成功”：

① 对于短时间预测结果，绝大部分情况下满足 FAC2 指标（factor of two），即在真值的 50％～200％范围内，即认为模型是准确的。

② 对于长时间的预测，模型的平均预测浓度接近真实浓度值。

③ 不同时间和空间位置的模型输出与真实观测值按照从高到低分级，得到的浓度分级数据服从相似的分布，则可认为模型是可信的。

5.2.1 扩散影响因素

影响扩散的主要因素包括：大气稳定度、浮力效应、地表粗糙度、风速、释放高度等。在讨论这些影响扩散的各类因素之前，需要首先分析大气层的基本特性。

地球的大气层分为低层大气和高层大气。一般认为低层大气延伸至平流层的顶部，即大约 50 公里的高度。对低层大气的研究称为气象学；对高层大气的研究称为航空物理学。地球的大气以高度变化的温度和压强为特征。在所有的大气层中，大气的压强随着高度上升而下降，平均温度随着高度的变化是区分大气层的基础。例如，在对流层（距离地表 10～15 公里），温度随着高度的增加而降低，而且存在快速的垂直混合。而在平流层，温度随着高度的升高而增加，垂直混合缓慢。常见的化学品泄漏扩散情景主要发生在近地面的对流层内。只有极少数重特大事故（例如英国 Buncefield 油库爆炸事故）燃烧产生的烟尘能够到达平流层。本书中仅讨论对流层内发生的扩散过程。

5.2.1.1 大气稳定度

大气的稳定程度主要体现在气团发生垂直运动的能力。一般情况下，同一高度，温度较高的气团密度较低，会在浮力作用下上升，相反温度较低的气团则会下降。

大气稳定性是指气团在大气中发生垂直位移的后续变化状态，其含义可由图 5-13 中小球回到初始位置的趋势来表示。大气稳定性决定了物质扩散过程中的对流活动和湍流的可能性、混合程度等。如果在大气中上下移动的气团倾向于保持在其新高度上，那么大气就是中性的；如果一个气团发生垂直位移后倾向于回到原来的高度，那么大气就是稳定的；如果一个上升或下降的气团倾向于继续自行上升或下降，那么大气就是不稳定的。

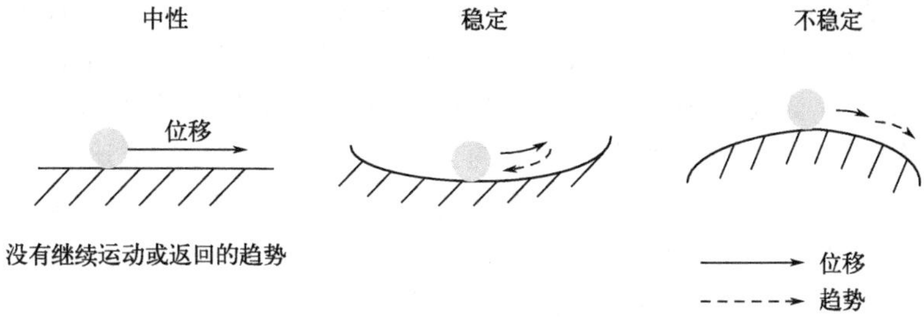

图 5-13 对稳定性的形象描述

为了方便使用，帕斯奎尔和吉福德（Pasquill-Gifford）提出了最常用的大气稳定度分级。共分为 6 级，分别为：

- A＝非常不稳定
- B＝一般不稳定
- C＝轻微不稳定
- D＝中性
- E＝轻微稳定
- F＝稳定

表 5-4 给出了大气稳定度分级的判断准则。值得注意的是，判断大气稳定度需要考虑太阳辐射强度，而太阳辐射强度与太阳高度角和地表反射率等相关，因此稳定度分级还应考虑纬度变化。一般来说可以总结出以下两个关键点：

- 晴天大气一般不稳定，阴天和夜晚一般呈中性，无云的夜晚一般呈稳定状态。
- 风速的增加将使大气趋于中性。

表 5-4 Pasquill-Gifford 大气稳定度分级标准

表面风速/(m/s)	白天日照①			夜间条件②	
	强	适中	弱	薄云遮天或大于4/8低沉的云	≤3/8 运量
<2	A	A~B	B	E	F
2~3	A~B	B	C	E	F
3~4	B	B~C	C	D③	E
4~6	C	C~D	D③	D③	D③
>6	C	D③	D③	D③	D③

① 强的日照相当于中纬度地区盛夏正午的日照；弱的日照相当于严冬时期晴天正午的日照。

② 夜间是指日落前 1h 至破晓后 1h 这段时间。

③ 对于白天或夜晚多云的情况以及日落前或日出后数小时的任何天气情况，不管风速有多大，都应该使用中性稳定度等级 D。

5.2.1.2 浮力效应

气体的实际密度由其自身性质（分子量）和气体的温度共同决定。不同密度的气体在泄漏初始阶段具有不同的扩散行为。

(1) 浮力扩散 如果一种气体泄漏形成的气团对空气的相对密度低于 98%，则该气体可以认为是比空气轻的气体（buoyant gas），会在浮力作用下上浮。在上浮过程中气团边界与空气相对运动产生扰动会促进气团与空气的混合，促使气团不断扩张，从而进一步加剧气团的稀释，这一过程称为浮力扩散。最终，气团的密度与空气相当，失去浮力，其扩散行为完全受大气运动支配，称为被动扩散或自然气体扩散。常见的泄漏后形成比空气轻的气团的物质有甲烷（CH_4）、氨气（NH_3）和氢气（H_2）。其他分子量大于空气，但排放温度较高的气体在初始阶段呈浮力扩散。实际上只有约 20% 的气体排放会形成比空气轻的气团。

(2) 自然气体扩散 如果气体泄漏后形成的气团密度与空气相当，这类气体称为中性气体或自然气体，中性气体完全随空气扩散，即被动扩散。扩散的驱动力是风或者障碍物表面的气流。受大气的扰动和涡流的影响，泄漏的物质会快速与空气混合。常见的属于中性气体扩散的气体有乙烯、乙烷、一氧化碳、乙烯醇等。

(3) 重气扩散 自身分子量大于空气平均值，或者分子量小于空气但温度很低，在泄漏初始阶段形成微小液滴的气体（如液化天然气）在扩散初始阶段均表现为重气扩散。重气扩散是化工生产过程中最常见的气体扩散类型。

5.2.1.3 风速与地面粗糙度

对于大气运动，风速是分布在不同空间位置且随时间变化的矢量。一般情况下能够获得风速在某个高度的观测值。此时可使用如下经验公式计算其他高度的风速（这里特指水平风速）：

$$u_2=u_1\left(\frac{z_2}{z_1}\right)^p \tag{5-57}$$

式中，u_1 为 z_1 高度处的风速；u_2 为 z_2 高度处的风速。关于 p 的取值尚无一种广泛接受的理论方法。大气稳定度对风速的垂直分布（又称为风廓线，风速剖面）有至关重要的影响。经过大量观察和数据对比，Beychok 提出了适用于城市和乡村地表环境的 p 值，见表 5-5。

表 5-5 式 (5-57) 中用于预测风廓线的 p 值

大气稳定度	农村地表环境的 p 值	城市地表环境的 p 值
A	0.11	0.15
B	0.12	0.15
C	0.12	0.20
D	0.17	0.25
E	0.29	0.40
F	0.45	0.60

在一些关于风速的研究中，假设地球表面为空气动力学平滑。然而，在绝大多数情况下，表面空气动力学平滑假设并不适用。为了描述地面障碍物（建筑、山川、河流、草地）等对空气流动的影响，引入地面粗糙度的概念，表示地表障碍物（如植被、建筑）对气流产生的摩擦阻力，量化参数为粗糙度长度 z_0（单位：米）。粗糙度增大会显著削弱近地面风速，但增强气流湍流强度，从而改变物质扩散模式：

在低粗糙度的平坦地表，风速较高且分布均匀，污染物易顺风向长距离扩散，形成狭长分布；在高粗糙度的复杂地表，地面障碍物引发强烈湍流，加速污染物垂直混合（如向上稀释），但水平扩散受阻，易导致污染物在局部滞留堆积。

5.2.1.4 释放高度与状态

释放高度对泄漏物质地表浓度影响很大。释放高度越高，烟羽的垂直扩散距离就越长，从而使地表浓度相应降低。同时，泄漏高度越高，泄漏物质受近地面障碍和风廓线的影响越小。

如图 5-14 所示，释放物质的状态也对扩散的初始阶段产生影响，其中最主要的现象称为烟羽抬升（plume rise）。烟羽抬升主要由两种因素产生：

① 泄漏物的密度较低，受浮力影响上升，如小分子物质泄漏或者高温排放。

② 泄漏物具有向上的动量，例如有较大的垂直泄漏速度。

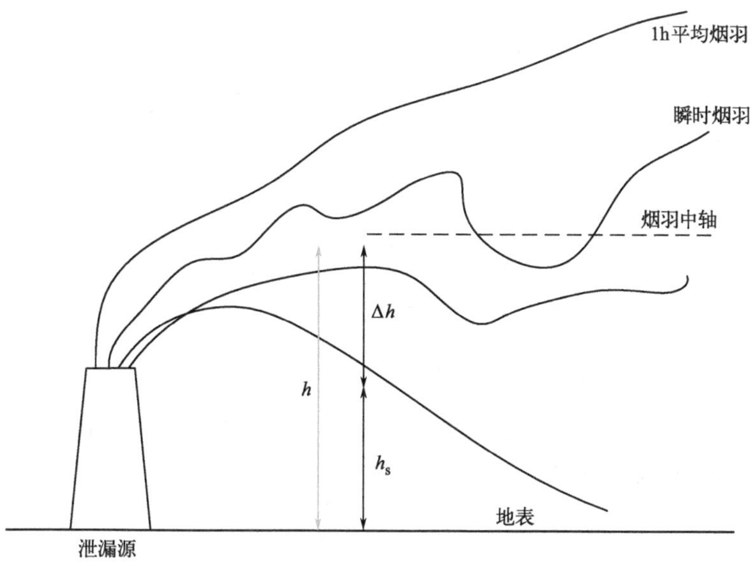

图 5-14　烟羽抬升

一般情况下，初始动量造成的烟羽抬升在较大尺度的扩散过程中可以忽略。浮力造成的烟羽抬升源自泄漏气团和空气团的密度差，而泄漏气团的密度由其分子量和气团温度共同决定，且多数情况下，温度对气团密度起决定性作用，即对于分子量大于空气的物质，如果温度足够高，泄漏初始阶段也会受浮力作用而上浮。对于高浓度泄漏，在扩散初始阶段，如果泄漏物的分子量小于空气的分子量（28.97），会出现由分子量差异造成的浮力抬升，但随着高浓度泄漏物的不断稀释，由分子量差异造成的浮力抬升逐渐消失，最终回归中性气体扩散。实际情况下，化工事故泄漏的绝大部分物质分子量均比空气大，泄漏初始阶段泄漏物气团在重力作用下沉降，表现出重气扩散的特性。

5.2.2 扩散模型

泄漏物在大气中的扩散从原理上可以分为两类，一类是由泄漏物浓度差造成的分子扩散（diffusion），遵循菲克定律（Fick law）：

$$N=-D\frac{\partial c}{\partial z} \tag{5-58}$$

式中，N 是质量通量，D 为分子扩散系数。值得注意的是，这里的 N 指代随着泄漏物气团一起运动的虚拟平面上的质量通量，而不是空间中某个固定平面上的质量通量。

另一类是伴随空气水平运动的物质输送，即对流传质。对流传质可由大气中的物料守恒方程推导。

在介绍对流传质之前，需要明确大气扩散模型依赖的参考系。描述时空变化的物理场可采用两类参考系，拉格朗日参考系和欧拉参考系。拉格朗日参考系中，观察者跟随流体单元（质心）在空间中运动，描述每个流体质点的运动过程，可以将每个质点的某些物理量表示为质点初始状态和时间的函数；欧拉参考系采用固定空间的坐标，将各个时刻流过空间任意固定点的流体的某些物理量（温度、速度、浓度等）表示为该点位置和时间的函数。

对于本节讨论的对流传质过程，采用欧拉参考系建立数学模型。一般地，对于微分体积 $\mathrm{d}x\mathrm{d}y\mathrm{d}z$，有

质量累积＝对流进－对流出＋扩散进－扩散出＋源项

式中，体积微元的泄漏物质质量累计为

$$\text{Accumulation}=\frac{\partial c_i}{\partial t}\mathrm{d}x\mathrm{d}y\mathrm{d}z \tag{5-59}$$

式中，c_i 为组分 i 的浓度。

取风速在 x、y、z 三个方向的分量为 u、v、w。对于 x 方向，风速分量为 u，微分体积内的质量对流进项为

$$\text{Advection in}=c_i u\mathrm{d}y\mathrm{d}z \tag{5-60}$$

在微分体积的出口，对流出项为

$$\text{Advection out}=\left(c_i u+\frac{\partial c_i u}{\partial x}\mathrm{d}x\right)\mathrm{d}y\mathrm{d}z \tag{5-61}$$

对于扩散项，可以采用费克定律计算。对于多组分扩散，可以使用史蒂芬-麦克斯韦公式（Stefan-Maxwell）描述由浓度梯度驱动的质量通量：

$$-\frac{p}{RT}\times\frac{\partial y_i}{\partial x}=\sum_{j=1,j\neq i}^{n}\frac{N_i y_j-N_j y_i}{D_{ij}} \tag{5-62}$$

其中，y_i 是第 i 种组分的摩尔分数，N_i 是第 i 种物质的质量通量，D_{ij} 是组分 i 和组分 j 之间的扩散系数。考虑到一般情况下，大气中空气占绝大比例，泄漏物质比例很小。因此，以下标"a"表示空气，将其从式（5-62）中分离，同时应用理想气体状态方程，得到

$$-c_{\text{tot}}\frac{\partial y_i}{\partial x}=N_i\sum_{j=1,j\neq i,j\neq a}^{n}\frac{y_j}{D_{ij}}+\frac{N_i y_\text{a}}{D_{i\text{a}}}-y_i\sum_{j=1,j\neq i,j\neq a}^{n}\frac{N_j}{D_{ij}}-\frac{y_i N_\text{a}}{D_{i\text{a}}} \tag{5-63}$$

式中，c_{tot} 是除了空气外所有的泄漏物质的摩尔浓度。对于大气环境下温度和压力随距离渐变的环境，等号左侧是泄漏物的浓度梯度。考虑大气中空气占绝对比例，右侧第一和第三项相比第二和第四项可以忽略。因此，可以进一步假设 $y_\text{a}\approx 1$，$N_\text{a}=N_{\text{tot}}$，可得

$$-c_{\text{tot}}\frac{\partial y_i}{\partial x}=-\frac{\partial c_i}{\partial x}=\frac{N_i}{D_{i\text{a}}}-\frac{y_i N_{\text{tot}}}{D_{i\text{a}}} \tag{5-64}$$

考虑到泄漏物总浓度和风速的积即为质量通量，重新整理式（5-64）可得

$$N_i=-D_{i\text{a}}\frac{\partial c_i}{\partial x}+u y_i c_{\text{tot}}=-D_{i\text{a}}\frac{\partial c_i}{\partial x}+u c_i \tag{5-65}$$

上式显示，第 i 个组分的质量通量为分子扩散项和对流项的加和。此时，有

$$\text{Diffusion in}=-D_i\frac{\partial c_i}{\partial x}\mathrm{d}y\mathrm{d}z \tag{5-66}$$

在体积微元出口方向（x 轴）的分子扩散项为：

$$\text{Diffusion out}=\left[-D_i\frac{\partial c_i}{\partial x}-\frac{\partial}{\partial x}\left(D_i\frac{\partial c_i}{\partial x}\right)\mathrm{d}x\right]\mathrm{d}y\,\mathrm{d}z \tag{5-67}$$

式中，分子扩散系数 D_i 在较小空间距离内可以视为常数，因此，对流扩散方程中的扩散浓度变化为：

$$\text{Diffusion in}-\text{diffusion out}=D_i\frac{\partial^2 c_i}{\partial x^2}\mathrm{d}x\,\mathrm{d}y\,\mathrm{d}z \tag{5-68}$$

最终，源项可以简化为

$$\text{Source}=S_i\,\mathrm{d}x\,\mathrm{d}y\,\mathrm{d}z \tag{5-69}$$

式中，S_i 为第 i 个组分的单位体积质量新增速率。当 S_i 为负时，代表第 i 种物质在大气中被消除。因此，S_i 项可以代表源项、沉降项、反应项等。另外，源项也可以通过设置边界条件引入。

将以上关于微分体积的质量平衡项整合，得到对流扩散方程

$$\frac{\partial c_i}{\partial t}=-\frac{\partial c_i u}{\partial x}-\frac{\partial c_i v}{\partial y}-\frac{\partial c_i w}{\partial z}+D_i\left(\frac{\partial^2 c_i}{\partial x^2}+\frac{\partial^2 c_i}{\partial y^2}+\frac{\partial^2 c_i}{\partial z^2}\right)+S_i \tag{5-70}$$

将式（5-70）等号右侧三项分解，得到如下形式：

$$\frac{\partial c_i}{\partial t}=-u\frac{\partial c_i}{\partial x}-v\frac{\partial c_i}{\partial y}-w\frac{\partial c_i}{\partial z}-c_i\left(\frac{\partial u}{\partial x}+\frac{\partial v}{\partial y}+\frac{\partial w}{\partial z}\right)+D_i\left(\frac{\partial^2 c_i}{\partial x^2}+\frac{\partial^2 c_i}{\partial y^2}+\frac{\partial^2 c_i}{\partial z^2}\right)+S_i \tag{5-71}$$

对于不可压缩流体，速度的散度为 0，此时对流扩散方程为：

$$\frac{\partial c_i}{\partial t}+u\frac{\partial c_i}{\partial x}+v\frac{\partial c_i}{\partial y}+w\frac{\partial c_i}{\partial z}-D_i\left(\frac{\partial^2 c_i}{\partial x^2}+\frac{\partial^2 c_i}{\partial y^2}+\frac{\partial^2 c_i}{\partial z^2}\right)-S_i=0 \tag{5-72}$$

式（5-72）描述的对流扩散过程仅适用于层流。在实际应用场合，仅层流的情况极少。一种重要的湍流处理方式是将风速分解为平均值和瞬时值（扰动值），即

$$\begin{aligned}u&=\bar{u}+u'\\v&=\bar{v}+v'\\w&=\bar{w}+w'\end{aligned} \tag{5-73}$$

同时将浓度也分解为平均值和由速度扰动带来的波动值：

$$c=\bar{c}+c' \tag{5-74}$$

代入式（5-71）得到：

$$\begin{aligned}\frac{\partial(\overline{c_i}+c_i')}{\partial t}=&-\frac{\partial(\overline{c_i}+c_i')(\bar{u}+u')}{\partial x}-\frac{\partial(\overline{c_i}+c_i')(\bar{v}+v')}{\partial y}-\frac{\partial(\overline{c_i}+c_i')(\bar{w}+w')}{\partial z}\\&+D_i\left[\frac{\partial^2(\overline{c_i}+c_i')}{\partial x^2}+\frac{\partial^2(\overline{c_i}+c_i')}{\partial y^2}+\frac{\partial^2(\overline{c_i}+c_i')}{\partial z^2}\right]+(\bar{S}_i+S_i')\end{aligned} \tag{5-75}$$

将上式展开，并应用 RANS 方法的假设，得到

$$\begin{aligned}\frac{\partial\overline{c_i}}{\partial t}=&-\frac{\partial\overline{c_i u}}{\partial x}-\frac{\partial\overline{c_i v}}{\partial y}-\frac{\partial\overline{c_i w}}{\partial z}-\frac{\partial\overline{c_i'u'}}{\partial x}-\frac{\partial\overline{c_i'v'}}{\partial y}-\frac{\partial\overline{c_i'w'}}{\partial z}\\&+D_i\left[\frac{\partial^2\overline{c_i}}{\partial x^2}+\frac{\partial^2\overline{c_i}}{\partial y^2}+\frac{\partial^2\overline{c_i}}{\partial z^2}\right]+\bar{S}_i\end{aligned} \tag{5-76}$$

其中，对流扩散方程中的湍流部分引入湍流扩散系数 K_x、K_y、K_z，定义为

$$\overline{c_i'u'}=-K_x\frac{\partial\overline{c_i'}}{\partial x} \tag{5-77}$$

$$\overline{c_i'v'}=-K_y\frac{\partial\overline{c_i'}}{\partial y} \tag{5-78}$$

$$\overline{c_i'w'}=-K_z\frac{\partial\overline{c_i'}}{\partial z} \tag{5-79}$$

代入上式可得：

$$\frac{\partial\overline{c_i}}{\partial t}=-\frac{\partial\overline{c_i u}}{\partial x}-\frac{\partial\overline{c_i v}}{\partial y}-\frac{\partial\overline{c_i w}}{\partial z}+\frac{\partial}{\partial x}\left[(D_i+K_x)\frac{\partial\overline{c_i}}{\partial x}\right]+\frac{\partial}{\partial y}\left[(D_i+K_y)\frac{\partial\overline{c_i}}{\partial y}\right]+\frac{\partial}{\partial z}\left[(D_i+K_z)\frac{\partial\overline{c_i}}{\partial z}\right]+\overline{S_i} \tag{5-80}$$

如果空气不可压缩，将等号右侧三项分解，考虑

$$\frac{\partial\bar{u}}{\partial x}+\frac{\partial\bar{v}}{\partial y}+\frac{\partial\bar{w}}{\partial z}=0 \tag{5-81}$$

得到不可压缩流体的对流扩散方程：

$$\frac{\partial\overline{c_i}}{\partial t}+\bar{u}\frac{\partial\overline{c_i}}{\partial x}+\bar{v}\frac{\partial\overline{c_i}}{\partial y}+\bar{w}\frac{\partial\overline{c_i}}{\partial z}=\frac{\partial}{\partial x}\left[(D_i+K_x)\frac{\partial\overline{c_i}}{\partial x}\right]+\frac{\partial}{\partial y}\left[(D_i+K_y)\frac{\partial\overline{c_i}}{\partial y}\right]+\frac{\partial}{\partial z}\left[(D_i+K_z)\frac{\partial\overline{c_i}}{\partial z}\right]+\overline{S_i} \tag{5-82}$$

各种泄漏情形下，不考虑分子扩散，扩散微分方程、适用条件、初始（边界）条件及解的形式（扩散模型）列于表 5-6 中。

5.2.3 高斯扩散模型

根据扩散机理和质量平衡推导得到的对流扩散方程绝大多数情况下只能通过数值方法求解。从工程应用的角度，概念模型（conceptual model）得到了更广泛的应用。概念模型是一种用于描述和理解复杂系统、过程或现象的简化表示，能够以直观和易于理解的方式解释抽象概念或复杂系统。最经典的概念模型是高斯扩散模型，分为高斯烟羽模型和高斯烟团模型两种。

5.2.3.1 高斯烟羽模型

高斯烟羽模型是基于烟囱排放场景建立的。采用如图 5-15 所示的坐标系。其中，x 表示沿风向离开泄漏源的距离，y 表示垂直风向的水平方向（$y=0$ 表示烟羽中心线），z 表示垂直高度（$z=0$ 表示地面）。

高斯烟羽模型描述了单一泄漏源在稳定风场条件下，持续泄漏达到稳态时的浓度时间平均值（如图 5-16 所示）。假设泄漏形成的烟羽在 y 和 z 方向的扩散完全随机，在时间平均角度，泄漏物浓度在 y 和 z 方向服从高斯分布，这也是高斯模型名称的由来。需要注意的是，高斯模型采用了很强的假设条件（简化条件），主要有以下几点：

① 泄漏源是数学意义上的点源。

② 泄漏源的泄漏速率不随时间变化。

③ 大气流动的风速和风向为定值，且不随时间和空间变化。

表 5-6　各种泄漏情形下使用条件、扩散微分方程、初始（边界）条件及解的形式

泄漏情形	适用条件	扩散微分方程	初始(边界)条件	解的形式(扩散模型)	备注
(1)无风情况稳态连续点源泄漏	质量泄漏速率不变($Q=$常数)； 无风($\bar{u}_j=0$)； 稳态($\frac{\partial \bar{c}}{\partial t}=0$)； 湍流扩散系数各向同性($K_j=K$)	$\Delta^2\bar{c}=\frac{\partial^2\bar{c}}{\partial x^2}+\frac{\partial^2\bar{c}}{\partial y^2}+\frac{\partial^2\bar{c}}{\partial z^2}=0$	$-4\pi r^2K\frac{d\bar{c}}{dr}=Q$ $\bar{c}\mid_{r\to\infty}=0$	$\bar{c}(r)=\frac{Q}{4\pi Kr}$ $\bar{c}(x,y,z)=\frac{Q}{4\pi K\sqrt{x^2+y^2+z^2}}$	
(2)无风时的烟团	烟团泄漏，即一定量(m)的物质瞬时泄漏； 无风($\bar{u}_j=0$)； 湍流扩散系数各向同性($K_j=K$)	$\frac{1}{K}\times\frac{\partial \bar{c}}{\partial t}=\frac{\partial^2\bar{c}}{\partial x^2}+\frac{\partial^2\bar{c}}{\partial y^2}+\frac{\partial^2\bar{c}}{\partial z^2}$	$\bar{c}(x,y,z,t)\mid_{t=0}=0$	$\bar{c}(r,t)=\frac{m}{8(\pi Kt)^{\frac{3}{2}}}\exp\left(-\frac{r^2}{4Kt}\right)$ $\bar{c}(x,y,z,t)=\frac{m}{8(\pi Kt)^{\frac{3}{2}}}\exp\left(-\frac{x^2+y^2+z^2}{4Kt}\right)$	
(3)无风情况非稳态连续点源泄漏	质量泄漏速率不变($Q=$常数)； 无风($\bar{u}_j=0$)； 湍流扩散系数各向同性($K_j=K$)	$\frac{1}{K}\times\frac{\partial \bar{c}}{\partial t}=\frac{\partial^2\bar{c}}{\partial x^2}+\frac{\partial^2\bar{c}}{\partial y^2}+\frac{\partial^2\bar{c}}{\partial z^2}$	$\bar{c}(x,y,z,t)\mid_{t=0}=0$ $\bar{c}\mid_{r\to\infty}=0$	$\bar{c}(r,t)=\frac{Q}{4\pi Kr}\mathrm{erfc}\left(\frac{r}{2\sqrt{Kt}}\right)$ $\bar{c}(x,y,z,t)=\frac{Q}{4\pi K\sqrt{x^2+y^2+z^2}}\mathrm{erfc}\left(\frac{\sqrt{x^2+y^2+z^2}}{2\sqrt{Kt}}\right)$	当$r\to\infty$时，扩散模型可简化为相应的稳态解
(4)稳态情况连续点源泄漏	连续泄漏，$Q=$常数； 风只沿x方向吹，($\bar{u}_j=\bar{u}_x=u=$常数)； 湍流扩散系数各向同性($K_j=K$)	$\frac{u}{K}\times\frac{\partial \bar{c}}{\partial t}=\frac{\partial^2\bar{c}}{\partial x^2}+\frac{\partial^2\bar{c}}{\partial y^2}+\frac{\partial^2\bar{c}}{\partial z^2}$	$-4\pi r^2K\frac{d\bar{c}}{dr}=Q$ $\bar{c}\mid_{r\to\infty}=0$	$\bar{c}(x,y,z)=$ $\frac{Q}{4\pi K\sqrt{x^2+y^2+z^2}}\exp\left[-\frac{u}{2K}(\sqrt{x^2+y^2+z^2}-x)\right]$ 如果假设烟羽细长(烟羽很长、很细，并且没有远离x轴)，即$z^2+y^2\ll x^2$，利用$\sqrt{1+a}\approx 1+\frac{a}{2}$，可得 $\bar{c}(x,y,z)=\frac{Q}{4\pi Kx}\exp\left[-\frac{u}{4Kx}(y^2+z^2)\right]$ 沿烟羽的中心线，$y=z=0$，平均浓度为 $\bar{c}(x,0,0)=\frac{Q}{4\pi Kx}$	

续表

泄漏情形	适用条件	扩散微分方程	初始(边界)条件	解的形式(扩散模型)	备注
(5)无风时的烟团，湍流扩散系数是方向的函数	烟团泄漏，m=常数； 无风($\bar{u}_j=0$)； 每一坐标方向都有不同的恒定湍流扩散系数(K_x，K_y，K_z)	$\frac{\partial \bar{c}}{\partial t}=K_x\frac{\partial^2 \bar{c}}{\partial x^2}+K_y\frac{\partial^2 \bar{c}}{\partial y^2}+K_z\frac{\partial^2 \bar{c}}{\partial z^2}$	$\bar{c}(x,y,z,t)\|_{t=0}=0$	$\bar{c}(x,y,z,t)=\frac{m}{8(\pi K t)^{\frac{3}{2}}\sqrt{K_xK_yK_z}}\exp\left[-\frac{1}{4t}\left(\frac{x^2}{K_x}+\frac{y^2}{K_y}+\frac{z^2}{K_z}\right)\right]$	与(2)相同，但湍流扩散系数是方向的函数
(6)有风情况下稳态连续点源泄漏	连续泄漏，Q=常数； 稳态($\frac{\partial \bar{c}}{\partial t}=0$)； 风只沿$x$方向吹，($\bar{u}_j=\bar{u}_x=u$=常数)； 每一坐标方向都有不同的恒定湍流扩散系数(K_x，K_y，K_z)； 接近细长的烟羽	$u\frac{\partial \bar{c}}{\partial t}=K_x\frac{\partial^2 \bar{c}}{\partial x^2}+K_y\frac{\partial^2 \bar{c}}{\partial y^2}+K_z\frac{\partial^2 \bar{c}}{\partial z^2}$	$\bar{c}\|_{r\to\infty}=0$	$\bar{c}(x,y,z)=\frac{Q}{4\pi x\sqrt{K_yK_z}}\exp\left[-\frac{u}{4x}\left(\frac{y^2}{K_x}+\frac{z^2}{K_z}\right)\right]$ 沿烟羽的中心线，$y=z=0$，平均浓度为 $\bar{c}(x,0,0)=\frac{Q}{4\pi x\sqrt{K_yK_z}}$	
(7)有风时的烟团泄漏	烟团泄漏，m=常数； 风只沿x方向吹，($\bar{u}_j=\bar{u}_x=u$=常数)； 每一坐标方向都有不同的恒定湍流扩散系数(K_x，K_y，K_z)	$\frac{\partial \bar{c}}{\partial t}+u\frac{\partial \bar{c}}{\partial x}=K_x\frac{\partial^2 \bar{c}}{\partial x^2}+K_y\frac{\partial^2 \bar{c}}{\partial y^2}+K_z\frac{\partial^2 \bar{c}}{\partial z^2}$	$\bar{c}(x,y,z,t)\|_{t=0}=0$	$\bar{c}(x,y,z,t)=\frac{m}{8(\pi K t)^{\frac{3}{2}}\sqrt{K_xK_yK_z}}\times\exp\left[-\frac{1}{4t}\left(\frac{(x-ut)^2}{K_x}+\frac{y^2}{K_y}+\frac{z^2}{K_z}\right)\right]$	与(5)相同，但有风。采用随风移动的坐标系($x-ut$)代替坐标系x

续表

泄漏情形	适用条件	扩散微分方程	初始(边界)条件	解的形式(扩散模型)	备注
(8)泄漏源在地面上、无风时的烟团泄漏	烟团泄漏,m=常数; 无风($\bar{u}_j=0$); 每一坐标方向都有不同的恒定湍流扩散系数(K_x,K_y,K_z)	$\frac{\partial \bar{c}}{\partial t}=K_x\frac{\partial^2 \bar{c}}{\partial x^2}+K_y\frac{\partial^2 \bar{c}}{\partial y^2}+K_z\frac{\partial^2 \bar{c}}{\partial z^2}$	$\bar{c}(x,y,z,t)\mid_{t=0}=0$	$\bar{c}(x,y,z,t)=\frac{m}{4(\pi K t)^{\frac{3}{2}}\sqrt{K_x K_y K_z}}\times \exp\left[-\frac{1}{4t}\left(\frac{x^2}{K_x}+\frac{y^2}{K_y}+\frac{z^2}{K_z}\right)\right]$	与(5)相同,但泄漏源在地面上。地面代表不能渗透的边界。浓度是(5)的2倍
(9)泄漏源在地面上、稳态连续点源泄漏	连续泄漏,Q=常数; 稳态($\frac{\partial \bar{c}}{\partial t}=0$); 风只沿$x$方向吹,($\bar{u}_j=\bar{u}_x=u$=常数); 每一坐标方向都有不同的恒定湍流扩散系数(K_x,K_y,K_z)	$u\frac{\partial \bar{c}}{\partial t}=K_x\frac{\partial^2 \bar{c}}{\partial x^2}+K_y\frac{\partial^2 \bar{c}}{\partial y^2}+K_z\frac{\partial^2 \bar{c}}{\partial z^2}$		$\bar{c}(x,y,z)=\frac{Q}{2\pi x\sqrt{K_y K_z}}\times \exp\left[-\frac{u}{4x}\left(\frac{y^2}{K_x}+\frac{z^2}{K_z}\right)\right]$	与(6)相同,但泄漏源在地面上。地面代表不能渗透的边界。浓度是(6)的2倍
(10)连续稳态点源泄漏,泄漏源在地面上方H处				$\bar{c}(x,y,z)=\frac{Q}{4\pi x\sqrt{K_y K_z}}\exp\left(-\frac{uy^2}{4K_y x}\right)\times \left\{\exp\left[-\frac{u}{4K_z x}(z-H)^2\right]+\exp\left[-\frac{u}{4K_z x}(z+H)^2\right]\right\}$	对于这种情况,地面起着距离泄漏源H远处不能渗透的边界作用

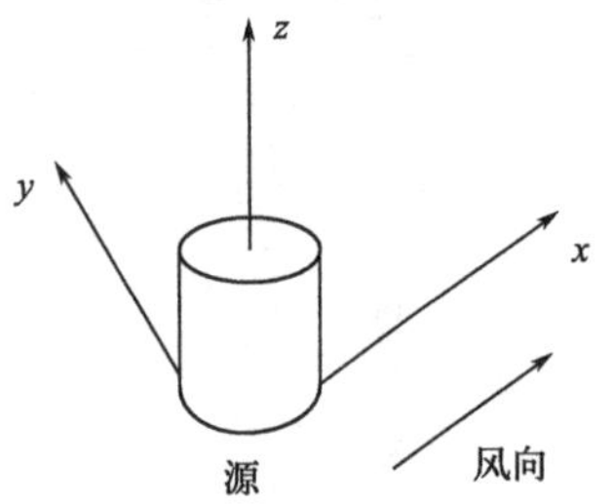

图 5-15 高斯烟羽模型所用的坐标系

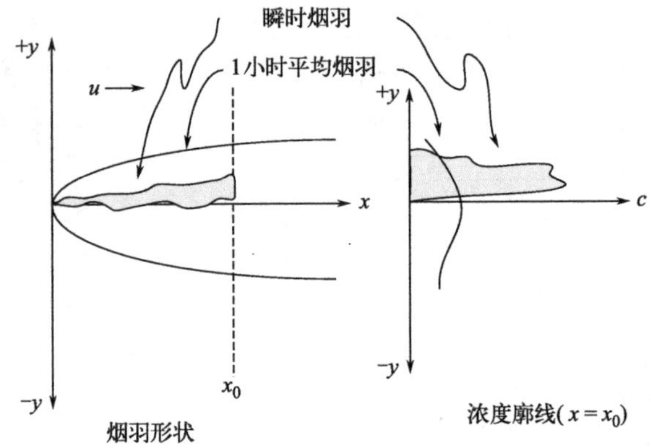

图 5-16 瞬时烟羽和小时平均烟羽的浓度廓线俯视图

④ 大气的湍流程度恒定，且不随时间和空间变化。

实际上，高斯烟羽模型要求的简化条件在实际中不可能存在。因此，从应用角度只能期望当上述条件近似满足的情况下，高斯模型的精度在相对真值的 50%～200%之间(FAC2)，随着实际情况偏离假设越远，模型精度越差。

高斯烟羽模型的数值表示为

$$c=\frac{Q}{2\pi\sigma_y\sigma_z}\exp\left(-\frac{1}{2}\times\frac{y^2}{\sigma_y^2}\right)\exp\left[-\frac{1}{2}\times\frac{(z-h)^2}{\sigma_z^2}\right] \tag{5-83}$$

式中，c 为空间某个位置的浓度，Q 为泄漏速率，σ_y、σ_z 为扩散系数，y、z 为下风向垂直方向坐标，h 为泄漏源高度。

实际情况下，化学品泄漏主要发生在近地面，地面对扩散过程有重要影响，可能会造成泄漏物质沉降或吸收（水面）。绝大多数化学品在地面的沉积速率都很低，可以忽略，此时认为地面对烟羽有反射作用（图 5-17），即真实源的烟羽触地后镜面反射，可以视为在真实源地下镜像位置有一个虚拟泄漏源，浓度在地表之上叠加。此时，可以引入虚拟的镜像点源计算扩散。此时，高斯烟羽模型可以写为

$$c=\frac{Q}{2\pi u\sigma_y\sigma_z}\exp\left(-\frac{1}{2}\times\frac{y^2}{\sigma_y^2}\right)\left\{\exp\left[-\frac{1}{2}\times\frac{(z-h)^2}{\sigma_z^2}\right]+\exp\left[-\frac{1}{2}\times\frac{(z+h)^2}{\sigma_z^2}\right]\right\} \tag{5-84}$$

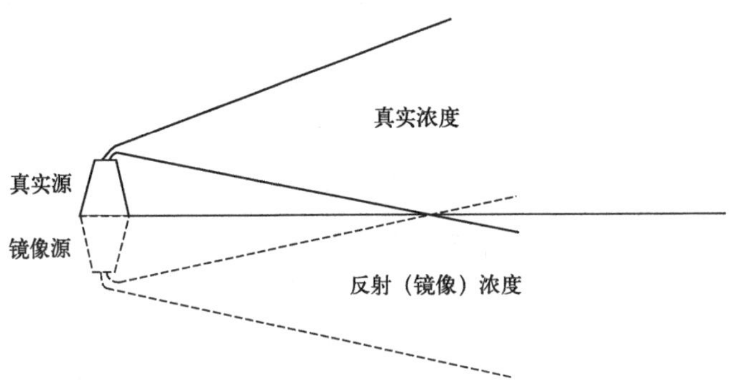

图 5-17 高斯烟羽模型的地面反射示意图

引入地面反射后的浓度廓线如图 5-18 所示，可见地面反射对垂直浓度分布有重要影响。如果去除反射项，地面的泄漏物浓度会被严重低估，并超出真值 50%～200%的范围。

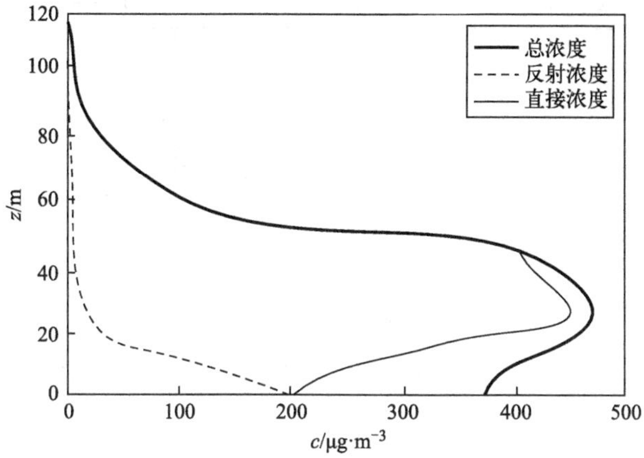

图 5-18　高斯烟羽模型考虑地面反射的浓度廓线构成

当泄漏发生在近地面的大气混合层内，混合层底部为地面，顶部为更高层的稳定大气。泄漏物质可能在混合层底和层顶之间发生无数次反射，本教材不再做详细介绍。

此外，高斯烟羽模型还有其他限制：

① 模型的计算精度依赖较高的风速，或者足够小的湍流强度，使得 x 方向的分子扩散相对于对流扩散可以忽略。实际上，高斯烟羽模型在风速小于 1m/s 的情况下精度不断下降。

② 当空气中存在化学反应或沉降时，高斯模型无法满足质量平衡的要求。

尽管高斯烟羽模型应用了很多假设，而且绝大部分假设实际情况下都难以满足，但由于高斯模型的两个参数 σ_y、σ_z 可以由实际观测值拟合，以适应不同的扩散情况，因此模型假设中的恒定湍流条件一般不需要满足。此时高斯模型的使用需要考虑大气稳定性条件。

根据前文所述，大气稳定性主要描述了大气垂直方向的热平衡，稳定性的判断理论上需要知道不同高度大气的温度变化率（观测值），以及某一层气团的绝热温度变化率，但在工程上，Pasquill-Gifford 大气稳定度分级仍然是行之有效的稳定度判断方法。Briggs（1973）提出了至今仍被广泛接受的高斯烟羽模型中 σ_y、σ_z 的参数化计算方法，该方法与大气稳定度和地面粗糙度有关，可以写为：

$$\sigma_y=\frac{ax}{(1+bx)^c} \tag{5-85}$$

$$\sigma_z=\frac{dx}{(1+ex)^f} \tag{5-86}$$

式中，a、b、c、d、e、f 是经验常数。一般地，c、f 取值均为 0.5，但对于 σ_z，由于其描述的是浓度的垂直分布，$f=0.5$ 在某些极端不稳定或极端稳定的场景下不适用。

Briggs 针对城市和乡村两类粗糙度等级对式（5-85）和式（5-86）的参数进行拟合，拟合结果见表 5-7。

值得注意的是，上述的拟合结果是基于 10min 的时间平均观测数据得到的。高斯模型的扩散系数 σ_y、σ_z 随着平均观测时间的增大而增大。这是因为随着平均观测时间的提高（例如小时平均），风向的扰动有足够长的时间能够达到更宽的范围。从篇幅角度考虑，本书将不再进一步讨论高斯烟羽模型相对平均观测时间、地面粗糙度、不同高度的风切（由风向差异导致）、湍流等因素对模型的修正。感兴趣的读者可以查阅参考文献［6］。

表 5-7 计算 σ_y 和 σ_z 的 Briggs（1973）方程的系数

稳定度等级		σ_y/m			σ_z/m		
		a	b	c	d	e	f
乡村	A	0.22	0.0001	0.5	0.2	0	1
	B	0.16	0.0001	0.5	0.12	0	1
	C	0.11	0.0001	0.5	0.08	0.0002	0.5
	D	0.08	0.0001	0.5	0.06	0.0015	0.5
	E	0.06	0.0001	0.5	0.03	0.0003	1
	F	0.04	0.0001	0.5	0.016	0.0003	1
城市	A-B	0.32	0.0004	0.5	0.24	0.0001	−0.5
	C	0.22	0.0004	0.5	0.2	0	1
	D	0.16	0.0004	0.5	0.14	0.0003	0.5
	E-F	0.11	0.0004	0.5	0.08	0.0015	0.5

5.2.3.2 高斯烟团模型

高斯烟羽模型是实用大气扩散模型的基础，但它只能计算连续稳态烟羽，不能处理动态释放或大气流动发生变化（风速、风向）的过程。针对上述问题，可以使用高斯烟团模型（图 5-19）。

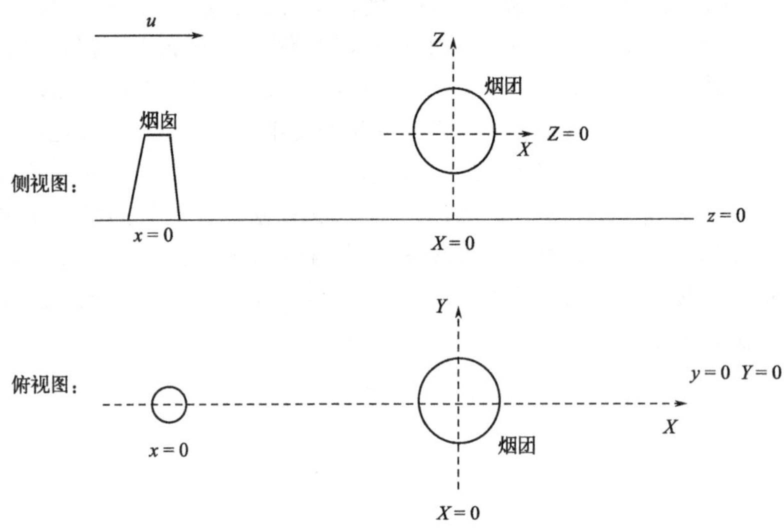

图 5-19 高斯烟团模型

图 5-19 给出了高斯烟团模型的描述。假设从烟囱中释放出来一个由泄漏物组成的烟团，并定义新的坐标系统(X,Y,Z)。与高斯烟羽采用的欧拉坐标系不同，(X,Y,Z)定义为离开烟团质量中心的距离。X 表示下风向，Y 表示水平风向法向，Z 表示垂直方向，即拉格朗日坐标系，坐标系随烟团质心一起运动。此时，由烟团模型定义的平均浓度不是欧拉坐标系意义下的时空平均值，而是集合平均值。假设有无限个完全相同的烟团从烟囱中连续排出，每个烟团都经过空间中固定的一个观测点（此时每个烟团的扩散时间相同）。此时的平均浓度即为观测点观测到的集合平均值。计算集合平均值需要考虑所有烟团在观测点的重叠现

象，并把所有烟团在观测点的浓度值加和。

相比于烟羽模型，烟团模型有如下优势：

① 烟团模型适用于低风速场景，能够在极小风速时预测上风向的浓度（扩散占主导）。

② 烟团模型能够计算随时空变化的风场，例如物质随风流经曲折的峡谷（图 5-20）。

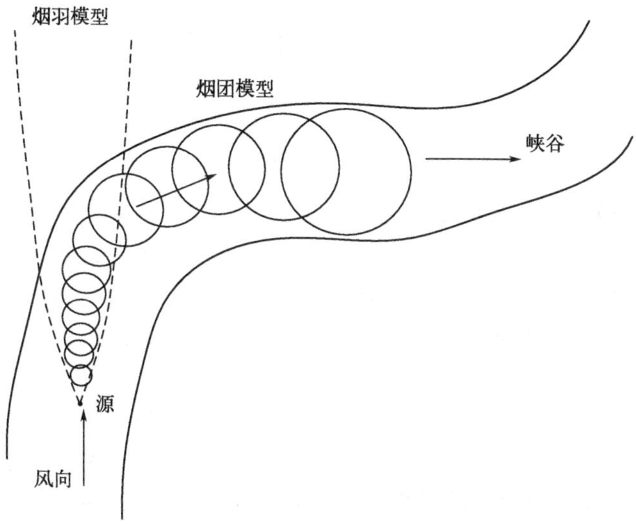

图 5-20　峡谷中的烟团移动路径

烟团模型与烟羽模型的主要差别在于，每个烟团在 x 方向（沿风向）的稀释受湍流影响是完全随机的。对于单个烟团，风速对烟团的稀释没有贡献，而仅仅拉开各个烟团之间的间距，使得空间中固定位置的观测点在单位时间内接触到的烟团数量减少。烟团模型的数学表达为

$$\bar{c}=Q_{\mathrm{p}}\psi_{\mathrm{x}}\psi_{\mathrm{y}}\psi_{\mathrm{z}} \tag{5-87}$$

其中，Q_{p} 是烟团中的泄漏物质量，ψ_{x}、ψ_{y} 是定义在拉格朗日坐标系中的参数，其表达式为

$$\psi_{\mathrm{x}}=\frac{1}{\sqrt{2\pi}\sigma_{\mathrm{x}}}\exp\left(-\frac{1}{2}\times\frac{X^2}{\sigma_{\mathrm{x}}^2}\right) \tag{5-88}$$

$$\psi_{\mathrm{y}}=\frac{1}{\sqrt{2\pi}\sigma_{\mathrm{y}}}\exp\left(-\frac{1}{2}\times\frac{Y^2}{\sigma_{\mathrm{y}}^2}\right) \tag{5-89}$$

而 ψ_{z} 是定义在欧拉坐标系中的参数。假设烟团仅在地表发生反弹，此时 ψ_{z} 可以表示为

$$\psi_{\mathrm{z}}=\frac{1}{\sqrt{2\pi}\sigma_{\mathrm{z}}}\left\{\exp\left[-\frac{1}{2}\times\frac{(z-h)^2}{\sigma_{\mathrm{z}}}\right]+\exp\left[-\frac{1}{2}\times\frac{(z+h)^2}{\sigma_{\mathrm{z}}}\right]\right\} \tag{5-90}$$

代入式（5-87）可得烟团的平均浓度：

$$\bar{c}=\frac{Q_{\mathrm{p}}}{(2\pi)^{3/2}\sigma_{\mathrm{x}}\sigma_{\mathrm{y}}\sigma_{\mathrm{z}}}\exp\left(-\frac{1}{2}\times\frac{X^2}{\sigma_{\mathrm{x}}^2}\right)\exp\left(-\frac{1}{2}\times\frac{Y^2}{\sigma_{\mathrm{y}}^2}\right)$$
$$\times\left\{\exp\left[-\frac{1}{2}\times\frac{(z-h)^2}{\sigma_{\mathrm{z}}}\right]+\exp\left[-\frac{1}{2}\times\frac{(z+h)^2}{\sigma_{\mathrm{z}}}\right]\right\} \tag{5-91}$$

有多种方法可以确定烟团模型的参数 σ_{x}、σ_{y}、σ_{z}。特别是在 σ_{x} 无法计算时，可以用 σ_{y} 来近似表示。表 5-8 给出了烟团模型在不同大气稳定度等级下扩散系数的计算公式。

表 5-8　烟团模型的扩散系数计算推荐计算公式

Pasquill-Gifford 稳定度等级	σ_y 或 σ_x/m	σ_z/m
A	$0.18x^{0.92}$	$0.60x^{0.75}$
B	$0.14x^{0.92}$	$0.53x^{0.73}$
C	$0.10x^{0.92}$	$0.34x^{0.71}$
D	$0.06x^{0.92}$	$0.15x^{0.70}$
E	$0.04x^{0.92}$	$0.10x^{0.65}$
F	$0.02x^{0.89}$	$0.05x^{0.61}$

烟团模型和烟羽模型的关系可以通过以下过程来对比。假设一个泄漏点源以极快的速度泄漏浓度稀薄的烟团，此时固定空间点的时间平均浓度可由覆盖该点的多个烟团浓度叠加获得。这种方法称为直接烟团方法。直接烟团方法要求泄漏源释放烟团的间隔非常小，两个烟团质心的距离不能超过 σ_y，此时烟团的释放频率至少达到每秒 1 个。这造成直接烟团方法的计算量较大。

为了解决直接烟团方法烟团生成频率过高的问题，学者提出了积分烟团法和蚯蚓法。

积分烟团法假设 $\sigma_x=\sigma_y$，且烟团的演化按照离散的时间段跳跃式进行。即在每个时间步长 Δt 内，烟团的高度和尺寸都不发生变化，此时 σ_y、ψ_z 都不变，烟团在每个 Δt 的移动距离为 Δs，即（$\Delta x,\Delta y,\Delta z$）。假设空间中的观测点坐标为($x_r,y_r$)，烟团初始坐标为($x_1$，$y_1$)，经过推导可得任意时刻烟团浓度：

$$\bar{c}_{\text{ave}}=\frac{Q_p\psi_z}{2\pi\sigma_x\sigma_y}\sqrt{\frac{\pi}{2a}}\exp\left(\frac{b^2}{2a}-\frac{c}{2}\right)\left[\operatorname{erf}\left(\frac{a+b}{\sqrt{2a}}\right)-\operatorname{erf}\left(\frac{b}{\sqrt{2a}}\right)\right] \tag{5-92}$$

式中，

$$a=\frac{(\Delta x)^2+(\Delta y)^2}{\sigma_y^2} \tag{5-93}$$

$$b=\frac{\Delta x(x_1-x_r)+\Delta y(y_1-y_r)}{\sigma_y^2} \tag{5-94}$$

$$c=\frac{(x_1-x_r)^2+(y_1-y_r)^2}{\sigma_y^2} \tag{5-95}$$

积分烟团法在接近泄漏源的位置，由于烟团产生频率过高，在一个时间步长内，烟团的体积和高度不变这一假设不再适用。因此，引出了蚯蚓法。这里，蚯蚓代表一个拉长形状的烟团，能够反映烟团在扩散过程中不规则的形变。即考虑无限个高斯烟团的叠加，每个烟团包含无穷小量的泄漏物质，一个蚯蚓代表在一个时间步长里泄漏的所有物质形成的烟团。烟团的前端（下风向端）因为扩散时间长，比烟团的后端更加分散和扩展，得到如下的浓度计算公式：

$$\bar{c}(t)=\frac{Q\psi_z}{2\sqrt{2\pi}u'\sigma_y}\exp\left(-\frac{d_c^2}{2\sigma_y^2}\times\frac{u^2}{u'^2}\right)\left[\operatorname{erf}\left(\frac{d_{a2}}{\sqrt{2}\sigma_{y2}}\right)-\operatorname{erf}\left(-\frac{d_{a1}}{\sqrt{2}\sigma_{y1}}\right)\right] \tag{5-96}$$

注意，公式中 Q 表示泄漏源的质量泄漏速率，而非 Q_p 表示的单一烟团质量。

5.2.4　毒性作用标准

完成扩散计算之后，需要关注的问题是怎样确定泄漏物质的浓度阈值。本书介绍的泄漏扩散模型主要应用于突发事故与紧急状态，因此需要一种针对短期暴露的毒性作用标准。

一种典型方法是采用概率单位模型，模型能够将有毒物质浓度瞬时变化的影响考虑进去。但目前仅有少数几种化学物质的方程，且这些方程的变化范围很大。

简化方法是指定一种毒物的浓度标准，假设个人暴露于超过该标准的环境中就会有危险。一些政府机构和非官方协会基于该方法发布了很多标准和具体的方法，包括：

- 美国工业卫生协会（AIHA）发布的适用于污染空气的《应急响应计划指南》（ERPG）；
- 由美国职业安全与卫生健康研究所（NOISH）建立的 IDLH 标准；
- 由美国国家科学院/国家研究院发布的《紧急暴露指导限值》（AEGL）和《短时间公众紧急暴露指导限值》（SPEGL）；
- 由美国工业卫生师协会（ACGIH）建立的阈限值（TLV）包括短时间暴露容许浓度（TLV-STEL）和最高容许浓度（TLV-C）；
- 由美国职业安全与健康管理局（OSHA）公布的 PEL。

上述标准和方法是以动物实验、长期和短期的人类暴露观察，以及专家意见的综合结果为基础的。其中，具有较高参考价值的是 ERPG 标准。

ERPG 是由一个工业特别小组起草，AIHA 出版的。作为暴露于特定物质中的后果，它给出了 3 个浓度范围：

① ERPG-1 是产生如下效应的空气中的最高浓度：低于该值时，几乎所有人都能暴露在其中 1 小时，除了有轻微短暂的有害于健康的影响，或明显感觉到令人讨厌的气味外，没有其他影响。

② ERPG-2 是产生如下效应的最高允许浓度：低于该值时，几乎所有人都能够暴露在其中 1 小时，除了逐步显示出来的不可逆或其他严重的健康影响，或削弱其采取自救的能力外，没有其他影响。

③ ERPG-3 是产生如下效应的空气中最高浓度：低于该值时，几乎所有人都能够暴露在其中 1 小时，会逐步显示出危及生命健康的影响。

5.3 火灾后果分析

化学品泄漏并在大气中扩散，若为有毒物质，会造成一定范围内的人员中毒。若化学品易燃易爆，则在遇到点火源的情况下容易发生火灾或爆炸，造成灼伤、冲击波损伤等后果。例如，一桶甲苯（4L 左右）燃烧后能在几分钟内破坏一间普通的实验室，可能使在场人员遇难。而更大规模的化学品火灾（中试、生产、储存装置）往往会造成更严重的潜在后果。

化工企业最常见的三类事故后果为火灾、爆炸或毒物泄漏。其中，有机溶剂是常见的火灾和爆炸源。本节主要介绍物质的火灾和爆炸特性。（可扫二维码观看视频）

储罐火灾

5.3.1 火灾的一般性描述

物质燃烧的要素是燃料、氧化剂和点火源。这些要素之间的关系通过图 5-21 所示的火三角来说明。火三角的三个边是燃烧的必要条件，缺少任意一条边，燃烧都不能发生。

燃烧是被点燃的燃料快速释放热量的氧化过程。燃料可以是固态、液态或者气态。液态或气态燃料一般很容易被点燃。燃烧总是发生在气相；燃烧发生之前，液体会蒸发变成蒸气，固体分解后释放出蒸气。

当燃料、氧化剂、点火源满足需要的条件时，燃烧就会发生。普通的火三角三要素典型例子是木材、空气、火柴，汽油、空气、火花等。在化工领域存在多种燃料、氧化剂和点火源。常见的类型如下：

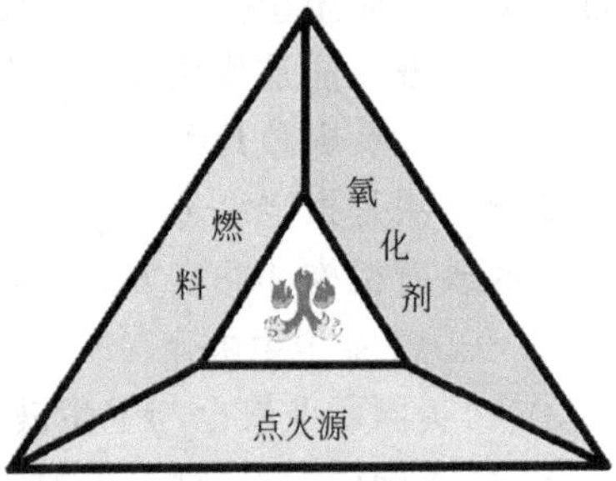

图 5-21　火三角

① 燃料

液体：汽油、丙酮、醚等富含碳氢的化合物。

固体：塑料、木材粉末、纤维、金属颗粒。

气体：小分子碳氢化合物，如一氧化碳、氢气等。

② 氧化剂

气体：氧气、氟气、氯气等。

液体：过氧化氢、硝酸、高氯酸。

固体：金属过氧化物、亚硝酸铵。

③ 点火源

火花、火焰、静电、热。

火灾和爆炸之间的主要区别是能量释放速率不同。火灾释放能量的速率很慢，而爆炸释放能量的速度很快，通常是微秒级的。火灾可能由爆炸引起，而爆炸也可能由火灾引起。

火灾危险性的分类方式依据的标准主要包括火灾本身的特性、火灾可能造成的后果，以及场所内物质或生产工艺的火灾危险性等多个方面。针对火灾的分类有以下几种不同的方式。

(1) 按燃烧物质特性分类

《火灾分类》(GB/T 4968—2008) 明确规定了火灾分为 A、B、C、D、E、F 六类，每类火灾依据其燃烧物质的特性和燃烧方式进行划分。

A 类火灾：固体物质火灾，燃烧时产生灼热余烬的火灾。

B 类火灾：液体或可熔化的固体物质火灾。

C 类火灾：气体火灾。

D 类火灾：金属火灾。

E 类火灾：带电火灾，物体带电燃烧的火灾。

F 类火灾：烹饪器具内的烹饪物（如动植物油脂）火灾。

(2) 按场所火灾危险性分类

《建筑设计防火规范》(GB 50016—2014) 根据生产中使用或产生的物质性质及其数量等因素，对场所的火灾危险性进行分类。

甲类：高度易燃易爆物质，如闪点小于 28℃的液体、爆炸下限小于 10%的气体等。

乙类：中度易燃易爆物质，如闪点大于等于 28℃但小于 60℃的液体、爆炸下限大于等于 10%的气体等。

丙类：较低火灾危险性物质，如闪点大于等于 60℃的液体、可燃固体等。

丁类：难燃烧物质或生产工艺中产生的强辐射热、火花等。

戊类：不燃烧物质或生产工艺中不涉及火灾危险性的物质。

(3) 按燃烧形态与事故特征分类

池火：可燃液体（如汽油、原油）在开放环境中形成液池后持续燃烧的现象。池火的火焰稳定、热辐射强，常见于储罐泄漏或液体燃料倾倒事故。

火球：高压可燃气体或挥发性液体瞬间释放并燃烧形成的球形火焰团。火球一般伴随爆炸，持续时间短但热辐射极高，如液化气罐破裂事故。

喷射火：高压可燃气体/液体从破裂管道或容器中高速喷出并持续燃烧的现象。喷射火的火焰呈喷射状，局部温度极高，可能引发连锁爆炸。

闪火：可燃气体或粉尘云在开放空间快速燃烧但未达到爆炸条件。闪火的燃烧速度快，通常无显著超压，但可造成严重灼伤。

下文将在介绍液体和蒸气的燃烧特性后，分别对池火、火球、喷射火和闪火进行介绍。重点介绍池火和火球的计算。

5.3.2 液体和蒸气的燃烧特性

5.3.2.1 液体

闪点是描述液体火灾和爆炸危险性的主要参数之一，可以通过开杯闪点测量仪进行测定。Satyanarayana 和 Rao 指出，纯物质的闪点与液体的沸点很好地满足特定关系。使用式(5-97) 计算，超过 1200 种化合物的闪点值误差低于 1%。

$$T_f = a + \frac{b(c/T_b)^2 e^{-c/T_b}}{(1-e^{-c/T_b})^2} \tag{5-97}$$

式中，T_f 为液体的闪点，K；a, b, c 为常数；T_b 为物质的沸点，K。

表 5-9 列出了部分常见化学物质的 a、b、c 取值。

表 5-9 式 (5-97) 中用来预测闪点使用的常数

化学物质	a	b	c	化学物质	a	b	c
烃	225.1	537.6	2217	酮	260.5	296.0	1908
醇	230.8	390.5	1780	卤素	262.1	414.0	2154
胺	222.4	416.6	1900	醛	264.5	293.0	1970
酸	323.2	600.1	2970	含磷化合物	201.7	416.1	1666
醚	275.9	700.0	2879	含氮化合物	185.7	432.0	1645
硫黄	238.0	577.9	2297	石油馏分	237.9	334.4	1807
酯	260.8	449.2	2217				

如果多组分混合物中仅有一种组分是可燃的，并且该可燃组分的闪点已知，那么就可以估算该混合物的闪点。这种情况下，通过确定在某温度下混合物中可燃组分的蒸气压等于该组分纯物质在闪点时的蒸气压，可以估算混合物的闪点。对于可燃组分超过一种的多组分混合物，推荐使用实验测量闪点。

5.3.2.2 气体和蒸气

蒸气的燃烧极限可在专门的封闭容器中测定。将已知浓度的蒸气与空气混合物充入容器并点燃，测量最大爆炸压力。该实验在不同的浓度中反复进行，以便测得特定气体的燃烧极限或爆炸极限。

常见碳氢化合物的燃烧下限（LFL）和燃烧上限（UFL）可以查看附录。燃烧上限也叫爆炸上限（UEL），燃烧下限也叫爆炸下限（LEL）。混合物的 LFL 和 UFL 在实际应用中经常用到，混合物的燃烧极限通常由 Le Chatelier 方程计算：

$$\mathrm{LFL_{mix}} = \frac{1}{\sum_{i=1}^{n} \frac{y_i}{\mathrm{LFL}_i}} \tag{5-98}$$

式中，LFL_i 为燃料空气混合物中组分 i 的燃烧下限（体积分数）；y_i 为组分 i 占据可燃物质部分的摩尔分数；n 为可燃物的数量。同理，对于燃烧上限（UFL），有

$$\mathrm{UFL_{mix}} = \frac{1}{\sum_{i=1}^{n} \frac{y_i}{\mathrm{UFL}_i}} \tag{5-99}$$

Le Chatelier 方程是由经验推导得到的，并不具备普遍适用性，因为该方程中存在固有假设：

① 物质的比热容为常数。

② 气体的物质的量不发生变化。

③ 各组分的燃烧动力学性能是独立的，并不因其他可燃物的存在而变化。

④ 各组分在燃烧极限时的绝热温升都是相同的。

这些假设对 LFL 或 LEL 的计算非常有效，但对于 UFL 或 UEL 的计算有效性稍有降低。

5.3.2.3 极限氧浓度与惰化

LFL 反映空气中燃料的百分比，但其实氧气是更关键的因素，并且存在火焰传播的最小氧浓度。这个原理意味着，不管燃料浓度是多少，通过减少氧浓度即可阻止火灾和爆炸的发生。这就是惰化的基础（见 8.3.2）。

低于极限氧浓度（LOC）时，燃烧反应就不能产生足够的能量，使整个气体混合物（包括惰性气体）被加热到火焰自传播的程度。

LOC 也被称为最小氧浓度（MOC）、最大安全氧浓度（MSOC）。LOC 与气体的种类有关，是氧气的物质的量占总物质的量的百分比。表 5-10 列出了部分物质在采用氮气或二氧化碳惰化时的 LOC 值。

表 5-10　极限氧浓度［当氧气浓度（体积分数）超过该值时，燃烧才能发生］

化学物质	极限氧浓度 LOC(体积分数)/%	
	氮气-空气	二氧化碳-空气
甲烷	10.0	12.5
乙烷	9.0	11.5
丙烷	9.5	12.5
丁烷	10.0	12.5
醋酸丁酯	9.0	—
异丁烷	10.0	13.0
正戊烷	10.0	12.5
异戊烷	10.0	12.5
正己烷	10.0	12.5
正庚烷	9.5	12.5
乙醇	8.7	—

续表

化学物质	极限氧浓度 LOC(体积分数)/%	
	氮气-空气	二氧化碳-空气
乙烯	8.0	9.5
丙烯	9.5	12.0
丁烯	9.5	12.0
异丁烯	10.0	13.0
丁二烯	8.5	11.0
3-甲基-1-丁烯	9.5	12.0
苯	10.1	12.0
甲苯	9.5	—
苯乙烯	9.0	—
乙苯	9.0	—
甲基苯乙烯	9.0	—
二乙烯基苯	8.5	—
二乙苯	8.5	—
环丙烷	9.5	12.0

注：数据源自国标 GB/T 37241—2018《惰化防爆指南》。

5.3.2.4 可燃界限图

描述气体或蒸气可燃性的一般方法为图 5-22 所示的可燃界限图。图中，燃料、氧气和惰性气体的浓度（用体积分数或摩尔分数表示）标绘在三个轴上。三角的顶点分别表示 100%的燃料、氧气和氮气；刻度线方向表明图中可读的变化方向。因此点 *A* 代表甲烷含量的 60%，氧气含量 20%，氮气含量 20%的混合气。虚线包围的区域表示位于该范围内的混合气都具有可燃性。由于 *A* 位于燃烧区域范围之外，因此该混合气是不可燃的。

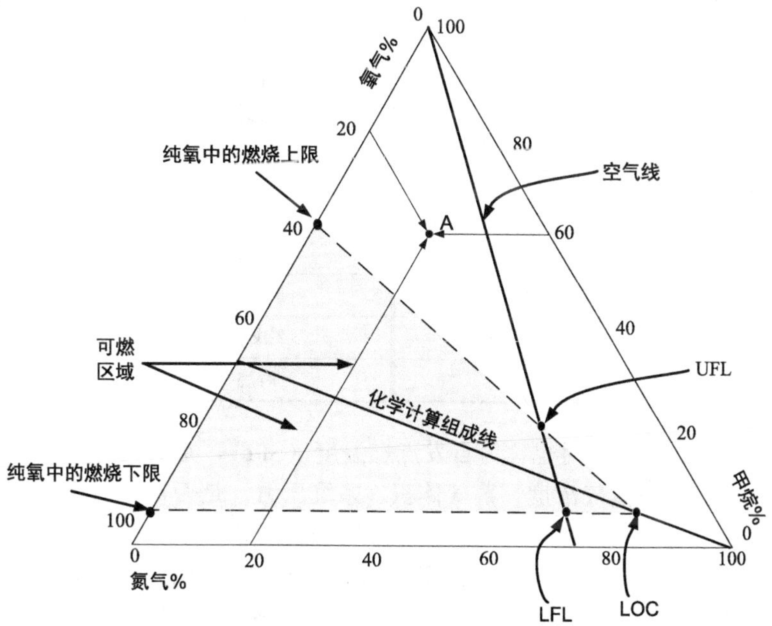

图 5-22 初始温度为 25℃，压力为 1atm 时甲烷的可燃界限图

空气线代表了所有可能的燃料和空气的组合。空气线从燃料 0%、氧气 21%、氮气 79%这个点延伸到燃料 100%、氧气 0%、氮气 0%的点。该方程为

$$\text{Fuel}\% = -\left(\frac{100}{79}\right)\times N_2\% + 100\% \tag{5-100}$$

化学计量组成线是燃料与氧气达到化学计量比的所有点的连线。燃料反应可以如下形式写出：

$$\text{燃料} + zO_2 \longrightarrow \text{燃烧产物}$$

式中，z 为氧气的化学计量系数。化学计量组成线与氧气轴（氧气的体积分数 V_{O_2}）交点由下式计算：

$$V_{O_2} = 100\% \times \left(\frac{z}{1+z}\right) \tag{5-101}$$

式（5-101）是基于氧气轴上不存在任何氮气得到的。因此，现有的物质的量是燃料的物质的量（1mol）与氧气的物质的量（$z$mol）。总物质的量为（$1+z$）mol。

可燃界限图中也显示了 LOC 线。对于任何混合气体，当其中含有的氧气浓度低于 LOC 时，都不会燃烧。

可燃界限图中可燃区域的形状和尺寸随许多参数而变化，这些参数包括燃料的种类、温度、压力和惰性气体的种类。因此燃烧极限和 LOC 也随这些参数而变化。

5.3.2.5 点火能

最小点火能（MIE）是引发燃烧所需的最小能量。所有的可燃物质（包括粉尘）都具有最小点火能。MIE 依赖于特定的化学物质或混合物、浓度、压力和温度。部分化学物质的最小点火能见表 5-11。

表 5-11 部分化学物质的最小点火能

化学物质	最小点火能/mJ	化学物质	最小点火能/mJ
乙炔	0.020	正庚烷	0.240
苯	0.225	(正)己烷	0.248
1,3-丁二烯	0.125	氢气	0.018
正丁烷	0.260	甲烷	0.280
环己烷	0.223	甲醇	0.140
环丙烷	0.180	甲基乙炔	0.120
乙烷	0.240	丁酮	0.280
乙烯	0.124	正戊烷	0.220
乙酸乙酯	0.480	2-戊烷	0.180
环氧乙烷	0.062	丙烷	0.250

蒸气的自燃点（AIT）有时也称为自发点燃温度（SIT），是蒸气从环境吸收能量而自发点燃的温度。自燃温度是蒸气浓度、蒸气体积、系统压力、是否存在催化剂和流动条件的函数。自燃点的实验测定必须在尽可能与工艺条件相一致的条件下进行。

物质的浓度影响 AIT，浓度过高或过低都会使得混合物具有较高的 AIT。系统体积增大会降低 AIT，压力增加会降低 AIT，氧气浓度增加会降低 AIT。AIT 对条件的强烈依赖性要求人们在使用 AIT 前必须谨慎考虑。

5.3.2.6 点火源

如前述对火三角的分析，消除点火源可以预防火灾和爆炸。点火源种类众多，并且完全消除它们不太可能。向可燃液体中添加惰性化物质可以阻止因不确定点火源而引起的火灾或爆炸。

在过程工业中可能会有一些特殊的情况发生，导致可燃混合物的形成不可避免，在这些情况下，需要进行详尽的安全分析，从而在可燃气体存在的每个单元中清除所有可能的点火源，应该特别注意消除发生可能性最大的点火源，如电火花、摩擦、过热物质等。同时还应该研究不同点火源的组合效果，目的是消除或减少点火源，因为随着点火源数量的增加，发生火灾或爆炸的可能性将显著增加。随着工厂规模的增大，所需付出的努力也会显著增加，潜在的点火源可能成千上万。

5.3.3 池火

池火一般定义为在水平的易挥发可燃液体表面发生的湍流扩散的火焰。易燃物质不流动或者有极小的移动。池火一般包含以下特征：

① 池火的特征极大程度上受到气象条件，尤其是风速的影响。

② 池火的持续时间主要取决于可挥发的可燃物质质量。

③ 池火的燃烧速率等于池液蒸气的蒸发速率。

④ 池火的火焰和可燃物质之间存在热量传递。火焰的热量能够传递给待挥发的液池，增加可燃物质的蒸发速率以及火焰的规模。

池火主要发生在航空煤油、柴油等包含较多重组分（一般需要 8 个碳以上）的可燃物燃烧场景。另外，醇类、液压油等也容易发生池火。为了方便计算池火的热辐射强度，一般采用固体火焰假设，认为池火的火焰呈圆柱形。

池火按照流动特性主要分为三类。

① 地面受限池火：一般发生在有明确边界的防火堤、液池等场景。火焰的面积固定，由可燃物质填充液池、被引燃并燃烧形成。

② 地面自由池火：火焰的面积不固定，同时持续燃烧，可以在地面自由流淌（流淌火）。

③ 水面火灾。

本节对最常见的地面受限池火进行分析。涉及池火的燃烧速率，以及池火的最大热辐射强度。

5.3.3.1 池火燃烧速率

池火的燃烧速率为单位时间单位面积池液蒸发并燃烧的可燃物质的质量，用 m' 表示。对于池火，其表面温度非常接近于环境压力下可燃物质的沸点。池液被加热至沸点，蒸发形成蒸气，蒸气被燃烧消耗。因此，池火的燃烧速率等同于易燃液体的质量流失速率。液池的热量平衡方程为：

$$m'[\Delta H_{\mathrm{v}}+C_{p}(T_{\mathrm{b}}-T_{\mathrm{a}})]=q_{\mathrm{r}}+q_{\mathrm{c}}-q_{\mathrm{rr}}-q_{\mathrm{misc}} \tag{5-102}$$

式中，ΔH_{v} 是易燃物质的蒸发热；C_p 为定压比热容；T_{b},T_{a} 分别为易燃液体的沸点和外部环境温度；q_{r} 为液池吸收的热辐射强度，$\mathrm{W/m^2}$；q_{c} 为通过对流传递给液池的热通量；q_{rr} 为液池对外辐射的热量（表面温度较高）；q_{misc} 表示整体的热损失（传递给围堰或其他部位）。一般来说，q_{rr}、q_{misc} 很小，可以忽略。

Hottel 等通过对大量池火数据分析得出，对于面积较大的池火，直径为 D，液池通过辐射获取热量占主导地位；对于面积较小的池火，对流传热占主导地位。详细见表 5-12。

表 5-12　不同半径池火的主要热传输方式

D/m	热传递形式
<0.05	对流传热，层流
0.05～0.2	对流传热，湍流
0.2～1.0	热辐射，通过光学透明的火焰
>1.0	热辐射，通过光学不透明的火焰

池火造成的热辐射可由下式计算：

$$q' = \varepsilon\sigma(T_f^4 - T_a^4) \tag{5-103}$$

式中，ε 表示灰体辐射系数；σ 为 Stefan-Bolzmann 常数（$\sigma = 5.6703 \times 10^{-8}\,\mathrm{W \cdot m^{-2} \cdot K^{-4}}$）；$T_f$、$T_a$ 分别表示火焰表面温度和环境温度。

池火燃烧速率的计算有三种方法：

(1) Zabetakis-Burgess 方法

对于液池等效直径>0.2m，对流传热占主导作用的池火形式，燃烧速率可以由下式计算：

$$m' = \frac{\sigma T_f^2 (1 - e^{-k\beta D})}{[\Delta H_v + C_p(T_b - T_a)]} \tag{5-104}$$

式中，β 是平均衡量长度修正系数；k 为火焰的吸收灭绝系数，1/m。值得注意的是，式中火焰表面温度 T_f 一般情况下未知，因此，式（5-104）可以被经验性地修正为液池直径的函数：

$$m' = m'_\infty (1 - e^{-k\beta D}) \tag{5-105}$$

式中，m'_∞ 为无限大池火的燃烧速率，kg/(m² · s)。

表 5-13 列出了一些典型物质的燃烧参数值。

表 5-13　不同可燃物的燃烧参数值

可燃物	m'_∞/(kg/m² · s)	$k\beta$/(1/m)	k/(1/m)	T_f/K
液态氢	0.169	6.1	—	1600
液化天然气	0.078	1.1	0.5	1500
液化丙烷	0.099	1.4	0.4	—
甲醇	0.017	—	—	1300
乙醇	0.015	—	0.4	1490
丁烷	0.078	2.7	—	—
己烷	0.074	1.9	4	—
苯	0.085	2.7	2	1490
二甲苯	0.090	1.4	—	—
汽油	0.055	2.1	2	1450
煤油	0.039	3.5	2.6	1480
喷气燃料 JP-5	0.054	1.6	0.5	1250

(2) Burgess-Strasser-Grumer 方法

Burgess 等建立了燃烧率和 $\Delta H_c/\Delta H_G$ 之间的关系。

通过拟合多种不同物质的燃烧实验数据，得到燃烧速率的经验公式：

$$m'=\rho_L c_1 \frac{\Delta H_c}{\Delta H_v+C_p(T_b-T_a)} \tag{5-106}$$

式中，ΔH_c 和 ΔH_v 分别代表燃烧热和蒸发热；C_p 为可燃物质（液体）的定压比热容；ρ_L 为易燃液体的在沸点时的密度；T_b 和 T_a 分别为沸点和环境温度，K。其中，系数 $c_1=1.27\times10^{-6}$ m/s。

式（5-106）适用于计算碳氢化合物和常见液体燃料的池火燃烧速率，但对于液化气体（LNG 或 LPG），其计算所得燃烧速率严重偏低。

（3）Mudan 方法

Mudan 方法主要对液化气体的燃烧速率计算进行了修正。所提出的质量燃烧速率经验公式为

$$m'=\frac{c_2\Delta H_c}{\Delta H_v+C_p(T_b-T_a)} \tag{5-107}$$

式中，$c_2=0.001$kg/(m^2·s)。

式（5-107）的优势在于对液化气体的燃烧速率估计较为准确，但相比 Zabetakis-Burgess 方法以及 Burgess-Strasser-Grumer 方法，对于液体燃料的燃烧速率估计准确度较低。

【例 5-5】 计算直径为 10 m 的池火中正己烷的燃烧速率。现已知如下数据：

沸点 T_b：341.9K

背景温度 T_a：298K

燃烧热 ΔH_c：44700kJ/kg

蒸发热 ΔH_v：450kJ/kg

比热容 C_p：2.31J/(kg·K)

液体密度 ρ_L（在 T_b 处）：616kg/m^3

解： ① Zabetakis-Burgess 方法

燃烧速率 m' [kg/(m^2·s)] 由式（5-105）算得，参数值见表 5-13。

$$m'=m'_\infty(1-e^{-k\beta D})=0.074(1-e^{-1.9\times10})=0.074\text{kg/(m}^2\cdot\text{s)}$$

② Burgess-Strasser-Grumer 方法

燃烧速率 m' [kg/(m^2·s)] 由式（5-106）计算得出：

$$m'=\rho_L c_1 \frac{\Delta H_c}{\Delta H_v+C_p(T_b-T_a)}$$
$$=616\times1.27\times10^{-6}\times\frac{44700}{450+0.001\times2.31(341.9-298)}=0.078\text{kg/(m}^2\cdot\text{s)}$$

③ Mudan 方法

燃烧速率 m' [kg/(m^2·s)] 由式（5-107）计算得出：

$$m'=\frac{c_2\Delta H_c}{\Delta H_v+C_p(T_b-T_a)}=\frac{0.001\times44700}{450+0.001\times2.31(341.9-298)}=0.099\text{kg/(m}^2\cdot\text{s)}$$

5.3.3.2 火焰表面发射功率

池火的火焰表面最大发射功率 SEP_{max}（kW/m^2）定义为在没有烟尘的情况下，池火火焰表面的最大辐射功率。SEP_{max} 是质量燃烧速率和燃烧热的函数。在假设火焰圆柱高度（长度）为 L（m），液池直径为 D（m）时，火焰表面最大辐射功率（强度）为

$$SEP_{max}=F_s\frac{1}{1+4(L/D)}m'\Delta H_c \tag{5-108}$$

式中，F_s 为辐射系数，表示在火焰温度下以热辐射形式传播的能量占燃烧释放总能量的比例。表 5-14 给出了一些典型物质的辐射系数。值得注意的是，式（5-108）忽略了易燃液体从自身初始温度升温至沸点，以及蒸发所需要的热量（焓变）。但一般情况下这个假设是成立的，因为大部分物质的燃烧热远大于蒸发热。

表 5-14 典型物质的辐射系数

物质	D/m	F_s	物质	D/m	F_s
甲醇	0.076	0.162	丁烷	0.700	0.269
	0.152	0.165	汽油	1.22	0.30～0.40
	1.220	0.177		1.53	0.16～0.27
甲烷	0.305	0.210		3.05	0.13～0.14
	0.760	0.230		>3.05	0.2
	1.530	0.15～0.24	苯	0.076	0.350
	3.050	0.24～0.34		0.457	0.345
	6.100	0.20～0.27		0.760	0.350
丁烷	0.305	0.199		1.220	0.360
	0457	0.205			

式（5-108）中火焰高度 L 可以采用以下两种经验公式计算。

（1）Thomas 方法

托马斯在实验室内木材燃烧的基础上提出了火焰高度的经验计算公式：

$$\frac{L}{D}=42\left[\frac{m'}{\rho_a\sqrt{gD}}\right]^{0.61} \tag{5-109}$$

式中，ρ_a 为空气密度，g 为重力加速度。式（5-109）适用于在较低风速、无烟尘的情况下估计池火火焰高度。

如果池火场景风速较大，需要引入一个无量纲的风速 u^* 和 10m 高度的实际风速 u_w，有：

$$u^*=u_w\left(\frac{gm'D}{\rho_a}\right)^{-1/3} \tag{5-110}$$

式（5-110）限制无量纲风速 u^* 不能小于 1，当计算得到的 $u^*<1$ 时，将其置为 1。此时，式（5-109）可写为

$$\frac{L}{D}=55\left[\frac{m'}{\rho_a\sqrt{gD}}\right]^{0.67}(u^*)^{-0.21} \tag{5-111}$$

式（5-111）一般情况下会低估火焰高度。

（2）Pritchard-Binding 方法

为了解决托马斯方法低估火焰高度的问题，Pritchard-Binding 提出了如下修正方程：

$$\frac{L}{D}=10.615\left[\frac{m'}{\rho_a\sqrt{gD}}\right]^{-0.305}(u^*)^{-0.03} \tag{5-112}$$

【例 5-6】 计算由JP-5燃料泄漏引发的直径为5m的池火的平均火焰高度。现已知如下数据：

燃烧速率 m'：0.054kg/(m^2·s)

风速 u_w：10m/s

空气密度 ρ_a：1.21kg/m^3

解：由给定的数据计算，Thomas方法和Pritchard-Binding方法均可使用。

① Thomas方法

直接代入式（5-111），得 $u^*=3.85$，$L=7$m。

② Pritchard-Binding 方法

将 $u^*=3.85$ 代入式（5-112），得 $L=10.8$m。

这两种方法得到了不同的值。Thomas方法算出了一个更低的平均火焰长度。

火焰表面最大热辐射是在物质完全燃烧，没有烟尘的条件下获得。实际燃烧情况下，烟尘（soot）的存在会显著降低火焰表面的热辐射强度。由式（5-113）给出实际热辐射强度 SEP_{act}：

$$SEP_{act}=SEP_{max}(1-s)+SEP_{soot}s \tag{5-113}$$

式中，SEP_{soot} 表示由烟尘发出的热辐射强度，kW/m^2；s 表示火焰表面被烟尘覆盖的比例。对于油类物质，$s=80\%$，此时 $SEP_{soot}=20$kW/m^2。对于直径比较小的池火（1～2m），烟尘的占比很小，可以近似认为 $SEP_{act}=SEP_{max}$。表5-15给出了不同物质燃烧的表面辐射功率与火焰长径比的关系。

表 5-15 池火表面实际辐射功率与火焰长径比的关系

物质	$D=1$m		$D=10$m	
	L/D	SEP_{act}/（kW/m^2）	L/D	SEP_{act}/（kW/m^2）
丙酮	3.06	42	1.52	79
苯	4.16	71	2.06	135
正己烷	4.53	87	2.24	166
甲醇	1.59	19	0.79	34
甲酯	2.59	26	1.28	48

火焰表面的实际热辐射强度也可以采用如下两种方法计算：

（1）Mudan-Croce 方法（适用于碳氢化合物火焰）

对于由碳氢化合物（分子量在60左右）燃烧产生的池火，SEP_{act}（kW/m^2）可以通过经验公式（5-114）与池火直径关联。

$$SEP_{act}=140e^{-0.12D}+20(1-e^{-0.12D}) \tag{5-114}$$

烟尘热辐射强度参考值为20kW/m^2，该值在大尺寸池火下经过了验证，对应的燃料包括航空煤油、苯、其他煤油等。式（5-114）在池火直径大于15m的场景下精度很高。

（2）非碳氢化合物燃料方法

对于非碳氢化合物燃料燃烧的池火，其实际热辐射强度由下式计算。

$$SEP_{act}=\frac{c_3 m'\Delta H_c}{1+72(m')^{0.61}} \tag{5-115}$$

式中，$c_3=0.35$。

【例 5-7】 计算直径为5m的正己烷池火的实际表面热辐射功率。现已知如下数据：

燃烧速率 m'：$0.074\mathrm{kg/(m^2 \cdot s)}$

风速 u_w（10m 处）：5m/s

空气密度 ρ_a：$1.21\mathrm{kg/m^3}$

燃烧热 ΔH_c：44700kJ/kg

辐射系数 F_s：0.2

解：首先要计算出最大表面热辐射功率。这是燃烧比例（L/D）的函数。为了计算比例（L/D），这里有两种方法，即 Thomas 方法和 Pritchard-Binding 方法。这里选择 Pritchard-Binding 方法，因为这种方法更准确。

将题目给定数据代入式（5-110）和式（5-112），得 $u^*=3.41$，$L/D=2.41$，$L=12\mathrm{m}$。最大表面热辐射功率 SEP_{max} 由式（5-108）计算得到。由于 $F_s=0.2$，可得 $SEP_{max}=62\mathrm{kW/m^2}$。

实际表面热辐射功率 SEP_{act} 由式（5-113）计算得到。假定 $s=0.8$，$SEP_{soot}=20\mathrm{kW/m^2}$，可得 $SEP_{act}=28.4\mathrm{kW/m^2}$。

如果使用式（5-114），我们会发现 $SEP_{act}=85.9\mathrm{kW/m^2}$。这个值与之前得到的值差距很大，因为式（5-114）在池直径 $D\gg 15$ m 时才会有较好的效果。

5.3.3.3 池火的视角因子

火焰的视角因子 F_{view} 是热辐射传递中的一个重要概念，它描述了发射体（火焰）辐射的能量被接收者接收的部分所占的比例。工程上多采用固体火焰模型来描述池火在各个方向的热辐射。假设池火的火焰是一个倾斜的圆柱（受风的影响），倾角为 θ，这个倾角是圆柱轴心与竖直方向的夹角。视角因子由垂直方向的因子 F_v 和水平方向因子 F_h 组成，有

$$F_{view}=\sqrt{F_v^2+F_h^2} \tag{5-116}$$

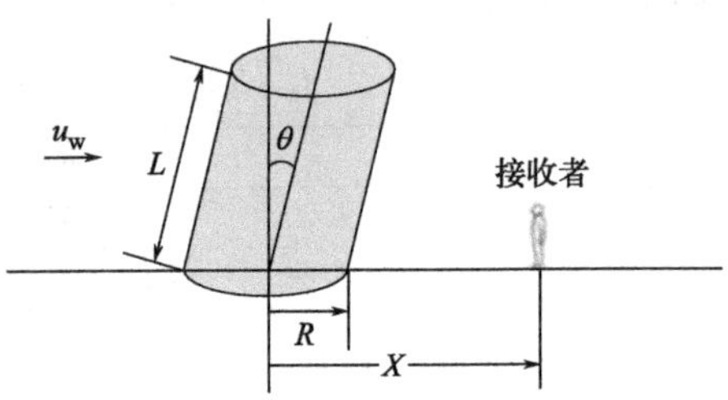

图 5-23　圆柱形倾斜火焰的视角因子示意图

对于图 5-23 所示的倾斜火焰，视角因子在垂直、水平两个方向的分量分别由式（5-117）和式（5-118）给出：

$$\pi F_v=E\left[\frac{\alpha^2+(\beta+1)^2-2\beta(1+\alpha\sin\theta)}{AB}\right]\tan^{-1}\left(\frac{AD}{B}\right)+\frac{\cos\theta}{C}\left[\tan^{-1}\left(\frac{\alpha\beta-F^2\sin\theta}{FC}\right)+\tan^{-1}\left(\frac{F\sin\theta}{C}\right)\right]-E\tan^{-1}D \tag{5-117}$$

$$\pi F_h=\tan^{-1}\left(\frac{1}{D}\right)+\frac{\sin\theta}{C}\left[\tan^{-1}\left(\frac{\alpha\beta-F^2\sin\theta}{FC}\right)+\tan^{-1}\left(\frac{F\sin\theta}{C}\right)\right]-\tan^{-1}\left(\frac{AD}{B}\right)\left[\frac{\alpha^2+(\beta+1)^2-2(\beta+1+\alpha\beta\sin\theta)}{AB}\right] \tag{5-118}$$

式中

$$\begin{aligned}
&\alpha=L/R, && \beta=X/R\\
&A=\sqrt{\alpha^2+(\beta+1)^2-2\alpha(\beta+1)\sin\theta}, && D=\sqrt{(\beta-1)/(\beta+1)}\\
&B=\sqrt{\alpha^2+(\beta-1)^2-2\alpha(\beta-1)\sin\theta}, && E=\alpha\cos\theta/(\beta-\alpha\sin\theta)\\
&C=\sqrt{1+(\beta^2-1)\cos^2\theta}, && F=\sqrt{(\beta^2-1)}
\end{aligned} \tag{5-119}$$

进一步，圆柱形火焰的倾角与风速之间的关系为

$$\tan\theta/\cos\theta=0.666Fr^{0.333}Re^{0.117} \tag{5-120}$$

其中 Fr 为弗劳德准数，表示流体中惯性力与重力的比值；Re 为雷诺数，有

$$Fr=\frac{u_w^2}{gD},\quad Re=\frac{u_w\rho_a D}{\mu_a} \tag{5-121}$$

5.3.3.4 热辐射通量

热辐射通量，q'(kW/m^2)，即距离池火中心线一定距离位置的辐射强度。热辐射通量由火焰的实际表面辐射功率 SEP_{act}、火焰视角因子 F_{view} 和大气的透光率 τ_a 计算得到：

$$q'=SEP_{act}F_{view}\tau_a \tag{5-122}$$

式中，大气透明度 τ_a 可采用 Bagster & Pittblado 提出的方法计算：

$$\tau_a=c_4[p_w(X-R)]^{-0.09} \tag{5-123}$$

式中，p_w 为大气中水蒸气分压，Pa；X 为接收者距离池火中心点的距离，m。$c_4=2.02\text{Pa}^{0.09}\cdot\text{m}^{0.09}$为常数。水蒸气在空气中的分压可根据环境温度下的饱和蒸气压计算，其中 RH 为相对湿度。

$$p_w=RHp_w^{\circ} \tag{5-124}$$

【例 5-8】 计算在 28.3m^3 汽油泄漏后形成的 0.02m 厚的池中的热辐射通量：①火焰表面，②距离火焰表面下风向 20m。现已知如下数据：

沸点 T_b：423K

燃烧热 ΔH_c：45000kJ/kg

蒸发热 ΔH_v：370kJ/kg

比热容 C_p：2.21J/(kg·K)

背景温度 T_a：298K

烟尘表面热辐射功率 SEP_{soot}：20kW/m^2

风速 u_w：5m/s

空气密度 ρ_a：1.21kg/m^3

空气黏度 μ_a：16.7μPa·s

饱和水蒸气压力 p_w°：2320Pa

相对湿度 RH：0.7

解： ① 燃烧速率

Mudan 表达式，即式（5-107），可以用来计算燃烧速率。根据这个表达式，燃烧速率 m' 为

$$m'=\frac{c_1\Delta H_c}{\Delta H_v+C_p(T_b-T_a)}=\frac{0.001\times 45000}{370+2.21(423-298)}=0.069\text{kg}/(\text{m}^2\cdot\text{s})$$

② 最大表面热辐射功率

首先需要计算池的直径。由于泄漏了 28.3m^3，形成了 0.02m 厚的池，池的直径 D 可以由 $D^2=28.3\times 4/(0.02\pi)$得出，因此 $D=42.4$m，池半径 $R=21.2$m。

这里采用 Pritchard-Binding 方法，即式（5-112），该方法能得到最佳结果。

通过直接代入式（5-112），得 $u^*=1.74$，$L=74$m。

最大表面热辐射功率 SEP_{max} 由式（5-108）计算得到。由于所有数据已知，查表 5-14，得到 $D=21.2>3.05$ 时，汽油的辐射系数 $F_s=0.2$，可得

$$SEP_{max}=\frac{F_s}{1+4(L/D)}m'\Delta H_c=78.6\text{kW/m}^2$$

③ 实际表面热辐射功率

实际表面热辐射功率 SEP_{act} 用式（5-113）计算得到。烟尘表面热辐射功率 $SEP_{soot}=20\text{kW/m}^2$，因此当 $s=0.8$ 时，可得

$$SEP_{act}=SEP_{max}(1-s)+SEP_{soot}s=31.7\text{kW/m}^2$$

若使用 Mudan-Crose 公式，即式（5-114），因为可以在苯火焰使用，则

$$SEP_{act}=140\text{e}^{-0.12D}+20(1-\text{e}^{-0.12D})=20.7\text{kW/m}^2$$

这个值太低了。由于 Mudan-Crose 公式是根据经验得到的，且独立于燃料类型，可以认定之前的结果更加合适。因此本例将继续采用 $SEP_{act}=31.7\text{kW/m}^2$。

④ 视角因子

将已知数据代入式（5-121），求得 Fr 和 Re：

$$Fr=\frac{u_w^2}{gD}=\frac{5^2}{9.8\times 42.4}=0.06,\ Re=\frac{u_w\rho_a D}{\mu_a}=\frac{5\times 1.21\times 42.4}{16.7\times 10^{-6}}=15360479.04$$

进而由式（5-120）计算 θ：

$\frac{\tan\theta}{\cos\theta}=0.666Fr^{0.333}Re^{0.117}=0.666\times 0.06^{0.333}\times 15360479.04^{0.117}=1.81$，得 $\theta=49.6°$

无论在火焰表面处还是火焰外围，$\alpha=\frac{L}{R}=\frac{74}{21.2}=3.49$。其中，$R=\frac{D}{2}=21.2\text{m}$ 为液池半径。

在火焰表面处，即 $X=R$，在式（5-119）中，$\beta=1$，可得

$A=\sqrt{\alpha^2+(\beta+1)^2-2\alpha(\beta+1)\sin\theta}=2.354$，

$B=\sqrt{\alpha^2+(\beta-1)^2-2\alpha(\beta-1)\sin\theta}=3.49$，$C=\sqrt{1+(\beta^2-1)\cos^2\theta}=1$，

$D=\sqrt{\frac{\beta-1}{\beta+1}}=0$，$E=\frac{\alpha\cos\theta}{\beta-\alpha\sin\theta}=-1.36$，$F=\sqrt{\beta^2-1}=0$。

进一步由式（5-117）、式（5-118）分别求得 $F_v=0.324$，$F_h=0.881$。其中，$\tan^{-1}(0)=0$，$\tan^{-1}(\infty)=\frac{\pi}{2}$。

最后代入式（5-116），求得视觉因子 $F_{view}=\sqrt{F_v^2+F_h^2}=0.938$；

在距离火焰表面下风向 20 m 处，即 $X=R+20=41.2\text{m}$，$\beta=\frac{X}{R}=1.94$，得

$A=2.278$，$B=2.834$，$C=1.472$，$D=0.566$，$E=-3.184$，$F=1.666$。

由式（5-117）、式（5-118）分别求得 $F_v=0.331$，$F_h=0.535$。代入式（5-116），求得视觉因子 $F_{view}=0.629$。

⑤ 热辐射通量

热辐射通量由式（5-122）计算得到。因此：

火焰表面处，$q'=31.7\times 0.938\times 1=29.7\text{kW/m}^2$。

距离火焰表面下风向 20 m 处，$q'=31.7\times 0.629\times 0.79=15.8\text{kW/m}^2$。

5.3.4 火球

加压可燃物质的快速泄放并点燃是火球发生的一般条件。但是，可燃物质的带压泄放在

什么情况下能够产生火球，仍是尚未解决的问题。

在典型情况下，火球可能发生在由沸腾液体扩展蒸气爆炸（BLEVE，详见 5.4.3）造成的大量可燃物质快速泄漏并立即点燃情况，但对于可燃气云与空气的混合物，遇点火源后也可能产生火球。火球能够在极短的时间内释放大量的热量，造成周边远超过火球范围的人员伤亡与建筑结构损伤。

对于火球，可以观察到以下现象：

① 火球主要由高压物质的快速释放并点燃产生，大部分情况下不受气象条件的影响。

② 火球的持续时间较短，一般在秒级。

③ 火球的燃烧速率可以等价于参与燃烧的可燃物质总质量除以燃烧时间。

对于火球热辐射强度的计算，火焰形状主要采用球形。主要涉及以下几个方面：

① 火球的尺寸和持续时间；

② 火球的燃烧速率以及最大表面辐射功率；

③ 接收者的视角因子。

5.3.4.1 火球的尺寸和持续时间

假设一个储存可燃物质的容器，体积为 V（m^3），其中有液相可燃物质的比例为 f，液相的密度为 ρ_{mat}（kg/m^3），则构成火球的可燃物质总质量为 M（kg）为：

$$M = fV\rho_{mat} \tag{5-125}$$

通过观察和分析实际火球的燃烧过程，可以将火球燃烧分为以下几个阶段：假设火球总持续时间为 t_{max}（s），其前 1/3 时间内火球的直径 D（m）不断增大并达到最大值 D_{max}（m）。随后，火球高度上升，且大小维持不变。火球上升的最大高度（球心的高度）约等于火球的直径。

根据观察，可以得到描述火球直径增长的经验方程：

$$D = c_1 M^{1/4} t^{1/3} \tag{5-126}$$

式中，常数 $c_1 = 8.664\text{m} \cdot \text{kg}^{-1/4} \cdot \text{s}^{-1/3}$。另有两个经验公式计算火球的最大直径 D_{max} 和最大持续时间 t_{max}。

(1) Roberts 方法

Roberts 于 1982 年提出了计算火球最大直径和火球最大持续时间的经验公式：

$$D_{max} = c_2 M^{1/3} \tag{5-127}$$

$$t_{max} = c_3 M^{1/3} \tag{5-128}$$

式中，$c_2 = 5.8\text{m} \cdot \text{kg}^{-1/3}, c_3 = 0.45\text{s} \cdot \text{kg}^{-1/3}$

(2) TNO 方法

TNO 法计算火球最大直径和持续时间的经验公式在形式上和 Roberts 方法相似，但系数不同。

$$D_{max} = c_4 M^{0.325} \tag{5-129}$$

$$t_{max} = c_5 M^{0.26} \tag{5-130}$$

式中，$c_4 = 6.48\text{m} \cdot \text{kg}^{-0.325}$，$c_5 = 0.852\text{s} \cdot \text{kg}^{-0.26}$

根据观测，火球中心的上升高度基本等同于火球直径，有：

$$H = D_{max} \tag{5-131}$$

5.3.4.2 燃烧速率

火球的燃烧速率 m' [$kg/(m^2 \cdot s)$] 是火球质量、燃烧持续时间的函数。由下式计算：

$$m'=\frac{M}{(0.888\pi D_{max}^2)t_{max}} \tag{5-132}$$

式中，$0.888\pi D_{max}^2$是火球在整个生命周期内的平均表面积。

5.3.4.3 热辐射功率

与池火类似，火球的最大热辐射功率 SEP_{max}（kW/m^2）和火球的燃烧速率 m'，燃烧热 ΔH_c（kJ/kg）以及辐射系数 F_s 相关。辐射系数是以辐射形式释放的能量占燃烧释放总能量的比值。有：

$$SEP_{max}=F_s m'\Delta H_c \tag{5-133}$$

上式忽略了构成火球的可燃物质从储存温度升温至沸点的显热以及相变潜热。考虑到可燃物质燃烧热远大于相变热，忽略升温和相变的能量是合理的。

式（5-133）中的辐射系数可由下式计算。

$$F_s=c_6 p_{sv}^{0.32} \tag{5-134}$$

式中，$c_6=0.00325Pa^{-0.32}$；p_{sv} 为容器内的蒸气压，Pa。通常情况下，辐射系数取值在 0.2～0.4 之间。

由于火球的燃烧速率很快，存在时间较短，一般认为没有足够的时间来生成足够的烟尘，以至于降低火球的辐射功率。因此，多假定：

$$SEP_{act}=SEP_{max} \tag{5-135}$$

5.3.4.4 视角因子

与池火相似，图 5-24 中，视角因子定义为距离火球一定距离的接收者受到的热辐射强度占火球总热辐射功率的比例。考虑如下的火球与接收者位置关系：

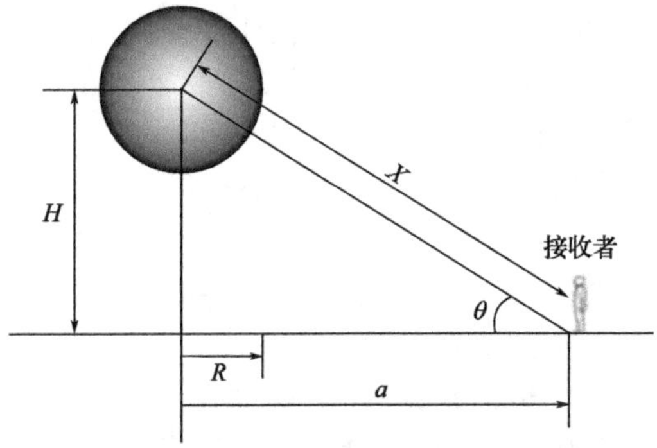

图 5-24 火球的热辐射计算场景

火球辐射的总能量为实际辐射强度与火球表面积的乘积 $SEP_{act}\cdot 4\pi R^2$（kW）。观测者距离火球中心的直线距离为 X（m），则接收者受到的热辐射强度为 $SEP_{act}\cdot 4\pi R^2/4\pi X^2$（$kW/m^2$）。因此，火球热辐射的视角因子可定义为：

$$F_{view}=(R/X)^2 \tag{5-136}$$

其中，

$$X=\sqrt{H^2+a^2} \tag{5-137}$$

5.3.4.5 热辐射通量

热辐射通量 q'（kW/m^2）为距离火球一定距离的观测者实际受到的热辐射强度，其取值受火球实际热辐射功率、大气透明度 τ_a 和视角因子 F_{view} 影响。有：

$$q'=SEP_{act}F_{view}\tau_a \tag{5-138}$$

其中，大气透明度可由式（5-139）计算：

$$\tau_a=c_7[p_w(X-R)]^{-0.09} \tag{5-139}$$

式中，p_w 为空气中的水蒸气分压，Pa；X 为接收者与火球中心的直线距离，m；火球半径为 R，m；系数 $c_7=2.02Pa^{0.09}\cdot m^{0.09}$。

空气中水蒸气分压可由环境温度下水蒸气的饱和蒸气压 p_w^o（Pa）和相对湿度 RH 计算：

$$p_w = RHp_w^o \tag{5-140}$$

火球的典型实际辐射功率 SEP_{act} 一般在 150～300kW/m² 之间，但丁烷火球观测到的热辐射强度可达到 350kW/m²。

【例 5-9】 一起与罐车相关的交通事故导致罐内压力增加，随后发生爆炸。罐车的容量为 50m³，装载了 85%容量的液化丙烷气（LPG）。丙烷全部泄漏并立即被点燃，形成了一个火球。计算距离罐车 150m 处的热辐射强度。现已知如下数据：

燃烧热 ΔH_c：46000kJ/kg

罐内压力 p_{sv}：1.6MPa

背景温度 T_a：298K

LPG 密度 ρ_{LPG}：517kg/m³

饱和水蒸气压力 p_w^o：2320Pa

相对湿度 RH：0.7

解：丙烷的质量为 $M=0.85V\rho_{LPG}=0.85\times50\times517=21973\text{kg}$

由 Roberts 公式，得

$$D_{max}=5.8M^{1/3}=162\text{m}$$

$$t_{max}=0.45M^{1/3}=12.6\text{s}$$

火球的中心高度为 $H=D_{max}=162\text{m}$

① 燃烧速率

燃烧速率 m' [kg/(m² · s)] 由式（5-132）计算得到：

$$m'=\frac{M}{(0.888\pi D_{max}^2)t_{max}}=0.024\text{kg}/(\text{m}^2\cdot\text{s})$$

② 最大表面热辐射功率和实际表面热辐射功率

为了计算最大表面热辐射功率 SEP_{max}（kW/m²），首先要计算辐射分数 F_s，由式（5-134），得

$$F_s=0.00325p_{sv}^{0.32}=0.314$$

然后由式（5-133），得

$$SEP_{max}=F_s m'\Delta H_c=342.3\text{kW/m}^2$$

由于没有足够的时间在火球表面周围生成烟尘，因此：

$$SEP_{act}=SEP_{max}=342.3\text{kW/m}^2$$

③ 视角因数

直接代入式（5-137）和式（5-136），得

$$X=\sqrt{H^2+a^2}=(162.5^2+150^2)^{1/2}=221.1\text{m}$$

$$F_{view}=(R/X)^2=0.135$$

④ 热辐射通量

为了计算热辐射通量，首先根据式（5-139）计算大气透明度 τ_a。其中，$p_w=2320\times0.7=1624\text{Pa}$，当 $X=221.1\text{m}$ 时：

$$\tau_a=2.02[p_w(X-R)]^{-0.09}=0.67$$

因此：

$$q'=SEP_{act}F_{view}\tau_a=30.8\text{kW/m}^2$$

5.3.5 喷射火

喷射火定义为由可燃物质以较高的动量持续沿一个确定的方向喷出，并被点燃形成的火焰。与池火最大的差别在于喷射火有一个初始的较大动量。喷射火有以下特点：

① 喷射火主要由可燃物质在高压喷射的射流点燃形成，基本不受气象条件影响。

② 喷射火的持续时间主要受高压可燃物质量的影响，一般会持续一段时间。

③ 喷射火的燃烧速率和从空中喷射速率相同。

④ 喷射火的喷射速率不受燃烧速率的影响。

喷射火多由轻组分碳氢化合物喷射点燃产生，例如天然气、易挥发物质、高压碳氢化合物等。为了方便计算喷射火的热辐射通量，通常将火焰形状定义为圆锥体。对喷射火热辐射强度的建模分析主要考虑火焰尺寸、火焰最大的热辐射强度、实际热辐射强度以及视角因子。

喷射火计算主要采用 Chamberlain 提出的经验方程。该方程最初被用于预测火炬火焰的形状和辐射区域。典型火炬的燃烧速率可达到 100kg/s，火焰高度可以达到 65m，热辐射强度能达到 5000MW。模型早期由 Thornton 研发中心为 Shell（壳牌）开发，并经过风洞实验和海上平台、陆地实验验证。模型假设喷射火为平截面的圆锥体，表面各点热辐射强度一致。

5.3.6 闪火

闪火是由开放空气中的可燃气体混合物被点燃，并且没有障碍物或湍流使火焰加速的过程。目前，可燃气云被点燃后形成闪火或者火球的机制尚不明确。

闪火由于持续时间很短，产生的冲击波强度很小，对周边装置和设备的影响较弱。但对于可燃蒸气云燃烧范围内的建筑和物品，其中的可燃部分会被闪火引燃，造成二次火灾。对闪火的后果评估主要集中在对人员的影响方面。

火焰传播容易受地面障碍物的影响，火焰绕过障碍物产生的湍流会增加火焰燃烧速度，增大爆炸的风险。

对闪火后果的计算首先依赖对可燃气体的扩散建模，得到可燃蒸气云（浓度在 LFL～UFL 之间）的分布后再计算闪火。更保守的情况下也考虑 50% LFL 的蒸气云体积。部分研究者建议使用 LFL 计算火焰扩展过程，并假设一定距离处受到火焰的影响程度为 50%的火焰热辐射强度。

更保守的闪火后果估计方法会考虑浓度大于 LFL 的可燃气体在火焰传播过程中的快速膨胀以及超压影响。

对于闪火，一般认为处于可燃蒸气云范围内的人员会受到致命伤害，可燃蒸气云范围之外的人员受影响程度根据人体受到的热辐射强度，依据《化工企业定量风险评导则》（AQ/T 3046）进行估算。1990 年 9 月 24 日 22:30，一辆运载液化石油气（LPG）的罐车在泰国曼谷繁忙的十字路口发生车祸，造成大约 5 吨 LPG 泄漏，但没有立即点燃。当泄漏造成的可燃蒸气云最终点燃时，发生了一次闪火，后续由于可燃气体进入临街的大楼，引发蒸气云爆炸。街道两边的商铺是受影响最严重的区域，被完全摧毁。事故造成 68 人死亡，约 100 人受伤。

5.3.7 火灾的热辐射影响

火灾对人员的伤害主要以持续的热辐射为主，其次是燃烧产生的一些有毒气体和烟尘。

火灾的典型燃烧产物以二氧化碳、氮氧化物、硫氧化物为主，同时还会产生一些具有较强毒性的气体，这些有毒气体会大大阻碍火灾现场人员的逃生以及消防救援行动，造成更大的伤亡。这里主要介绍火灾热辐射对人员和装置设备的影响。

本节已经讨论了池火、喷射火、火球等火灾形式的热辐射强度计算，并涵盖了距离火灾一定距离的接收者所收到的实际热辐射强度计算方法。火灾的热辐射对周边人员和环境造成的损害与距离有关，同时也与暴露的时间有关。由于火灾热辐射计算过程采用了合理的简化假设，对接收者受到的热辐射乃至伤亡风险的评估更多应用于对假设火灾场景的分析和应急准备。

5.3.7.1 人员皮肤烧伤

人员皮肤受热辐射的损伤与热辐射强度和暴露时间有关。

由火灾产生的热辐射对人体有双重作用。最开始，会造成人的心跳加速，出汗，体温升高，随后，随着皮肤受到的热辐射的持续增多，会呈现不同烧伤的状态。

① 一级烧伤：热辐射仅对皮肤的上表皮或最外层产生影响，被烧伤部分呈现红色，有痛感，皮肤干燥但无水疱。类似太阳晒伤的表现，皮肤颜色改变，但不会出现长期的组织损伤。

② 二级烧伤：二级烧伤影响表皮和部分真皮层（0.07～0.12mm 厚度）。烧伤部位呈现红色，有水疱，可能产生水肿并伴随剧烈疼痛。

③ 三级烧伤：三级烧伤会摧毁表皮层和真皮层，并可能导致皮下肌肉、肌腱和骨骼损伤。烧伤部位呈现白色或烧焦颜色，且烧伤部位的末端神经受损，失去知觉。

二级和三级烧伤可能造成终身残疾。由烧伤导致的死亡的概率与烧伤面积有关。一般来说，对于 0～9 岁的儿童，烧伤面积达到 50%即有 20%的概率死亡，而对于 30～35 岁的成年人，50%的烧伤面积伴随 50%的死亡率，对于 60 岁以上人员，50%的烧伤面积往往会导致死亡。值得一提的是，皮肤烧伤与衣物的覆盖直接相关。如果衣服是阻燃的，其能有效地保护皮肤，但绝大多数情况下，衣物在受到过量热辐射后会自燃，造成更严重的后果。

5.3.7.2 热辐射强度阈值

为了计算火灾热辐射造成的损伤，需要对应不同的烧伤程度提出热辐射强度的限制。表 5-16 展示了世界银行 1988 年提出的热辐射强度限制，对人员和材料不同程度损伤受到的热辐射强度做了约束，并符合美国石油学会 API 标准。

表 5-16　热辐射强度限制的推荐参考值

热通量/kW·m^{-2}	对材料的影响	对人的影响
37.5	设备损坏	100%死亡(1min) 1%死亡(10s)
25	木材长期暴露被引燃的最小辐射强度	100%死亡(1min) 重度烧伤(10s)
12.5	塑料管道长期暴露熔化和燃烧的最小强度	1%死亡(1min) 1 度烧伤(10s)
6.3	—	8s 内裸露皮肤有痛感;无热辐射屏蔽设施时,操作人员穿上防护服可停留 1min
4.7	—	暴露 16s,裸露皮肤有痛感;无热辐射屏蔽设施时,操作人员穿上防护服可停留几分钟
1.58	—	长时间暴露无不适感

注：数据来自 AQ/T 3046—2013。

5.4 爆炸后果分析

5.4.1 爆炸的一般描述

爆炸是物质的一种非常急剧的物理、化学变化，也是大量能量在短时间内迅速释放或急剧转化成机械能的现象。根据能量释放过程的性质，可以分为物理爆炸、化学爆炸和核爆炸（可扫描二维码观看视频）。

储罐火灾

物理爆炸就是物质状态参数（温度、曳力、体积）迅速发生变化，在瞬间放出大量能量且对外做功的现象。其特点是爆炸现象发生过程中，造成爆炸发生的介质的化学性质不发生变化，发生变化的仅为介质的状态参数。这类爆炸是由于设计、制造、腐蚀或低温、材料缺陷、交变载荷的作用，使得容器壁的平均应力超过材料的屈服点或强度极限，导致脆性疲劳、疲劳破裂和应力腐蚀破裂而发生的，也可因安全泄放装置、液化气体充装过量、严重受热膨胀、违章超负荷运行等而发生。常见的有蒸气锅炉爆炸、轮胎爆炸、高压气瓶爆炸等。

化学爆炸是物质由一种分子迅速转换为另外一种分子，在瞬间放出大量能量且对外做功的现象。如可燃气体、蒸气或粉尘与空气混合形成爆炸性混合物的爆炸。特点是爆炸现象发生过程中，介质的化学性质发生变化；形成爆炸的能量来自物质迅速发生反应过程中所释放的能量。化学爆炸往往伴随着快速放热、快速反应和气体产物等特征。

核爆炸是指某些物质的原子核发生裂变反应或聚变反应，瞬间释放出巨大能量而形成的爆炸现象。这里主要讨论物理爆炸和化学爆炸。

爆炸是一类常见的化工过程事故，通常能够在较大的区域内产生破坏性影响（见图 4-2）。尤其是异常状态出现和爆炸发生之间的间隔时间很短，留给人员处置和反应的时间有限，容易造成更严重的后果。

5.4.1.1 冲击波和超压

爆炸最重要的特征是冲击波。由于可燃蒸气云燃烧产物主要为气体，气体膨胀（主要由反应后的气体物质量增大和热膨胀引起的）促使燃烧热部分转化为机械能（超压）。在大气环境中，碳氢化合物-空气爆炸混合物的燃烧热向机械能转换的最大理论效率大约为 40%，当然实际蒸气云爆炸一般远远低于此理论值。相对应地，传统炸药的内能-机械能转换效率要高得多。

爆炸释放的机械能形成了一个超压波，以一定速度通过大气传播。这个过程其实是两个过程相互竞争的结果（图 5-25），由燃烧引起的压力积累和气体膨胀引起的压力降低共同决定。

冲击波的形状取决于爆炸的类型。在冲击波到达之前，观测点的压力是环境压力 p_0。在理想的爆炸波中，超压几乎瞬间增加到 $p_0+\Delta p$，然后缓慢减少到负值，再缓慢恢复到环境值。此类爆炸波称为冲击波，主要表示其超压压力瞬间增加，主要对应爆轰过程。此时，Δp 称为峰值侧向超压。与爆轰对应的是爆燃过程，此时压力增加为渐变过程。对于给定量的爆炸物，最大峰值超压较小，爆炸波有一个正相，随后是负相或者吸引相。如果爆炸波遇到一个刚性物体，在正相期间会在其表面引起一个瞬时压力，并在其前壁上产生一个局部反射波。反射超压一般在爆炸波正相超压的 2 倍以上。对于爆炸波传播路径上宽阔物体的影响主要由爆炸波的正相造成。

尽管爆炸波的破坏效果通常与峰值超压有关，但与之相关的另一个重要变量是动态压力。动态压力是由爆炸波引起的空气移动（爆炸风）产生的，并且与空气速度的平方和超压波后空气密度成正比。一旦正相通过，物体就会受到跟随正相的爆炸风（拖曳力）的影响。拖曳力与负相有关，爆炸对狭窄物体的影响主要由拖曳力造成。

爆炸的持续时间和冲量也是爆炸波的重要参数。持续时间是超压的持续时间。图 5-25 中，正相的持续时间是 t_2-t_1，负相的持续时间为 t_3-t_2。冲量即为超压-时间曲线的面积。正冲量和负冲量定义为：

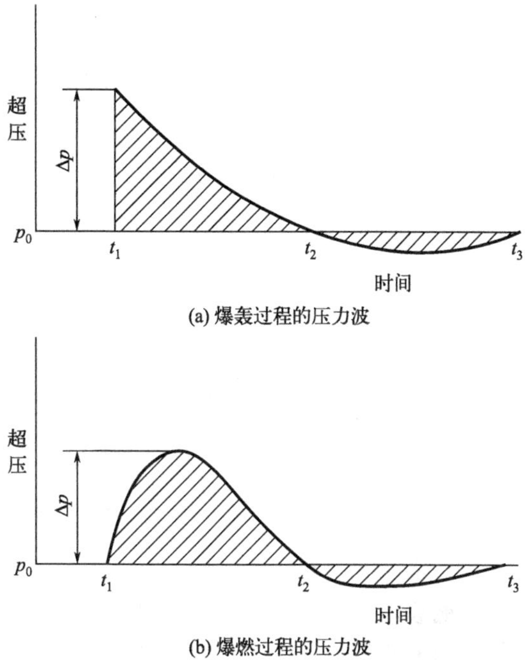

图 5-25　压力波的一般形式

$$
\begin{aligned}
i^{+}&=\int_{t_1}^{t_2}(p_{\mathrm{t}}-p_0)\mathrm{d}t \\
i^{-}&=\int_{t_2}^{t_3}(p_0-p_{\mathrm{t}})\mathrm{d}t
\end{aligned}
\tag{5-141}
$$

其中，p_{t} 为超压值，Pa；p_0 为大气压。

(1) 爆炸标度定律

爆炸冲击波的特性与爆炸物数量和距离有关。可以从不同条件下获得的数据中推断某次爆炸冲击波的特性。

实验表明，对于直径为 D 的球形炸药包，在其中心距离 d 处产生峰值超压 Δp，以及正相持续时间 t_1 和冲量 i（压力-时间的积分）。在相同大气条件下，一个相似爆炸物（直径为 kD 的药包）将在距离药包中心 kd 处产生具有相似形态和相同峰值超压 Δp 的超压波（以及正相持续时间 kt_1 和冲量 ki），称为霍普金森或“立方根”标度定律（图 5-26）。

考虑到炸药质量和体积成正比，即与直径的三次方成正比，定义一个“缩放距离”，即实际距离和药包质量的立方根之比，记为：

$$d_n=\frac{d}{M^{1/3}} \tag{5-142}$$

式中　d_n——缩放距离，$\mathrm{m\cdot kg^{-1/3}}$；

d——爆炸物中心到观测冲击波位置的距离，m；

M——爆炸物质量，kg。

(2) 自由空气爆炸和地面爆炸

如果爆炸发生在自由空气中，且爆炸物的质量或爆炸容器不影响冲击波，则冲击波是球形的，此时称为自由空气爆炸。化工过程中极少出现自由空气爆炸的场景。如果爆炸发生在接近地面的地方，则冲击波将被地面反射，并在半球形体积上作用。此时，反射波会追上第

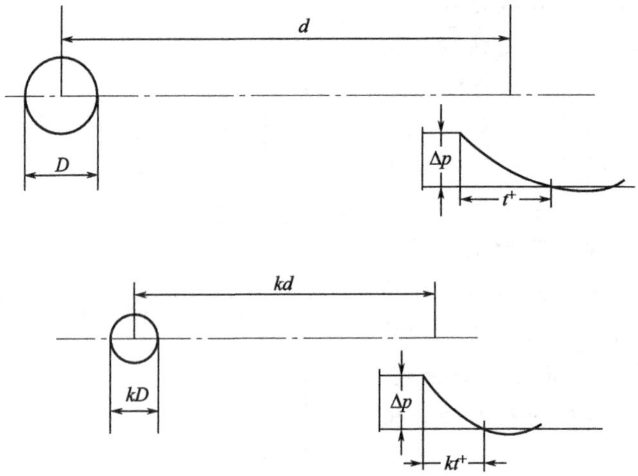

图 5-26 霍普金森标度定律

一波，进而增加其强度。此类爆炸称为地面爆炸。

如果能够完美反射冲击波，反射因子为 2，此时自由空气爆炸时下半球中的冲击波包含的能量被用来产生地面上方半球中的冲击波。实际过程中，高能炸药的反射因子通常较低（约 1.8），部分能量用于引起地面振动或产生塑性形变（弹坑）。对于低能量密度的爆炸源（如蒸气云爆炸），地面耗散的能量非常小，反射因子为 2。

5.4.1.2 爆轰与爆燃

爆炸现象根据能量释放速率与传播机制的差异，可划分为爆轰（detonation）与爆燃（deflagration）两种模式，其核心差异体现在传播机制、破坏强度及触发条件上。尽管二者均表现为可燃物质的剧烈能量释放，但物理本质和工程影响存在显著分界。

(1) 爆轰

爆轰是爆炸能量以超声速传播的极端模式，其核心特征为冲击波与化学反应的强耦合。当高能物质（如炸药）或受限空间内的可燃混合物（如预混气体）被高强度点火源（如雷管）触发后，爆炸波以 1500～3000m/s 的超声速传播，远超介质中的声速。这一过程遵循“激波压缩—瞬时反应—能量反馈”的自持循环：冲击波前端将未燃混合物压缩至高温高压状态，触发毫秒级剧烈化学反应；释放的能量又持续驱动冲击波高速推进，形成经典的 ZND（激波-反应区耦合）结构。爆轰的破坏力源于其瞬时压力峰值（可达数十吉帕，如 TNT 爆轰压力约 20 GPa）与高速冲击载荷，能够直接摧毁建筑结构或穿透装甲。军事爆破、工业管道内气体极端爆炸及内燃机异常爆震均属此类模式。需注意的是，爆轰需苛刻的触发条件，包括高活性燃料（如氢气）、接近化学当量比的混合浓度，以及空间约束提供的湍流强化作用。

(2) 爆燃

爆燃是爆炸能量以亚声速传播的扩散模式，其能量释放依赖热传导或湍流混合驱动。当可燃气体、蒸气或粉尘在开放或半密闭环境中被点燃后，爆炸波以每秒数米至数百米的速度传播（低于介质声速），压力峰值通常为初始压力的数倍。例如，煤气泄漏后在厂房内引发的爆炸多表现为爆燃，火焰通过预热未燃区域逐步扩散，压力上升相对缓慢。然而，在管道、储罐等受限空间中，爆燃可能因压力波反射叠加或湍流加速而增强破坏力，甚至向爆轰转变（DDT 现象）。与爆轰相比，爆燃的触发条件更为宽松，低能量点火源（如电火花）和较宽浓度范围的可燃混合物均可引发，使其成为工业事故中最常见的爆炸形式。

5.4.1.3 TNT 当量法

确定爆炸威力的常见方法之一为计算爆炸的等效 TNT 当量，即产生相同程度损害的 TNT 质量。TNT 作为一种经典炸药，其主要特征得到了广泛研究，可以用作标准参考。

蒸气云爆炸中，可以用以下公式计算 TNT 当量：

$$W_{TNT}=\eta\frac{M\Delta H_c}{\Delta H_{TNT}} \tag{5-143}$$

式中，M 为蒸气云的质量，kg；ΔH_c 为燃料的燃烧热下限；η 为爆炸因子；ΔH_{TNT} 为单位质量 TNT 的爆炸能量（4184kJ/kg）。

式（5-143）的使用存在一些困难，首先需要确定爆炸因子的值。由于烃类是蒸气云爆炸的常见物质，其作为相当差的爆炸物，只有小部分释放的能量用于形成冲击波。η 取值受燃料的反应性和云团是否处于受限空间等因素的影响，一般在 1%～10%之间，目前普遍接受的取值是 $\eta=0.03$。

对于参与爆炸的燃料质量，最坏情况下应假定可燃气云中所有的可燃物质均参与燃烧，对产生冲击波有贡献。但实际操作时一般只考虑爆炸下限（LEL）轮廓内的燃料质量。一旦确定 TNT 当量值 W_{TNT}，再用式（5-142）计算缩放距离，进而查标准图确定或使用经验公式计算爆炸的最大超压值：

$$\frac{\Delta p}{p_0}=\frac{1}{d_n}+\frac{4}{d_n^2}+\frac{12}{d_n^3} \tag{5-144}$$

TNT 和蒸气云爆炸的主要特征有较大区别。TNT 是一种高能量密度的爆炸物，蒸气云的能量密度低；TNT 的爆炸是爆炸性的反应，蒸气云爆炸是由燃烧发展而来的，但二者各自的冲击波形状和速度不同。因此，TNT 当量法不是一种精确程序，误差在近场（从爆炸中心至 3 倍云直径的距离）会更高，在远场（从爆炸中心 10 倍云团直径距离开始）较低。蒸气云爆炸形成的冲击波在远离爆炸中心时趋近于 TNT 冲击波的特征。因此，TNT 当量法在远场时是有效的，可以估计化工厂周边地区的爆炸损伤。

【例 5-10】 1974 年 6 月 1 日，在位于 Flixborough（英国）的一个加工厂，管道破裂产生了含有大约 30000kg 环己烷（$\Delta H_c=43930\text{kJ}\cdot\text{kg}^{-1}$）的蒸气云。从管道破裂到爆炸之间的时间是 45s。据估计，爆炸时蒸气云的体积为 400000m^3，平均浓度为 2%。计算：(1) 在距离云中心 500m 处的最大超压，(2) 在距离破裂处 1950m 处的玻璃破裂对应的爆炸因子。（已知 TNT 爆炸能量为 4184kJ/kg，玻璃破裂对应的典型超压值为 0.01bar）

解：(1) 用式（5-143）计算 TNT 当量，假设爆炸因子为 3%：

$$W_{TNT}=\eta\frac{M\Delta H_c}{\Delta H_{TNT}}=0.03\times\frac{30000\times43930}{4184}=9449.6\text{kg}$$

计算缩放距离：

$$d_n=\frac{d}{W_{TNT}^{1/3}}=\frac{500}{\sqrt[3]{9449.6}}=23.65\text{m}\cdot\text{kg}^{-1/3}$$

如果使用式（5-144）计算最大超压，大气压 $p_0=101300\text{Pa}$：

$$\frac{\Delta p}{1013}=\frac{1}{24.55}+\frac{4}{23.65^2}+\frac{12}{23.65^3}$$

$$\Delta p=5100\text{Pa}=0.051\text{bar}$$

(2) 玻璃破碎的超压阈值约为 0.01bar。代入式 (5-144)，求得对应玻璃破碎的缩放距离 $d_n = 105\text{m} \cdot \text{kg}^{-1/3}$。对于 1950 米的距离，TNT 当量为

$$d_n = 80 = \frac{1950}{\sqrt[3]{W_{TNT}^{1/3}}}$$

$$W_{TNT} = 6405\text{kg}$$

这意味着爆炸因子为

$$\eta = \frac{W_{TNT}\Delta H_{TNT}}{M\Delta H_c} = \frac{6405 \times 4184}{30000 \times 43930} = 0.02$$

5.4.2 蒸气云爆炸

蒸气云爆炸 (vapour cloud explosion，VCE) 是化工过程工业中破坏性最强的爆炸类型，由可燃气体或蒸气泄漏后与空气混合形成预混云团并遇点火源引发。典型案例如英国 Flixborough 事故：20 英寸环己烷管线破裂导致 30t 物料瞬间汽化，45s 后云团点燃，工厂夷为平地并造成 28 人死亡。涉及液化气、挥发性过热液体或高压气体的工艺均为 VCE 高风险场景。对应危险化学品的储存运输场景往往也有较大风险。2020 年 6 月 13 日 16 时 46 分许，G15 沈海高速浙江省温岭市大溪镇良山村路段发生液化石油气槽罐车爆炸事故，具体事故情况请见二维码。

温岭槽罐车爆炸事故

5.4.2.1 VCE 发生机制

VCE 的发生需满足三个基本条件：可燃物质泄漏、蒸气与空气混合达到爆炸极限、存在有效点火源。典型过程包括以下阶段。

① 泄漏与扩散：常温下易挥发的液体（如液化石油气、汽油）或高压储存的气体（如乙烯、丙烯）因设备腐蚀、密封失效或操作失误发生泄漏，泄漏物质在空气中快速扩散并挥发，形成蒸气-空气混合云团。

② 云团形成：蒸气云受环境风速、温度及地形影响，扩散范围可达数十至数百米，其浓度需处于爆炸下限（LEL）与上限（UEL）之间（如甲烷的爆炸极限为 5%～15%体积浓度）。

③ 点火与爆炸：云团内任意位置的点火源（如静电火花、明火或高温表面）均可触发爆炸。爆炸模式通常以爆燃为主，火焰以亚声速传播并产生冲击波；若蒸气云处于半密闭空间（如厂区建筑群或设备密集区域），障碍物引发的湍流可能加速火焰传播，甚至导致爆燃向爆轰转变，显著增强破坏力。

5.4.2.2 VCE 爆炸强度的影响因素

VCE 的破坏强度受多因素耦合影响，燃料特性、空间约束与湍流效应，以及点火位置与延迟时间这三组参数尤为关键。

① 燃料特性。高活性燃料（如乙烯、氢气）的燃烧速度是丙烷的 5～10 倍，直接导致超压峰值差异。实验表明，10t 乙烯云团在受限区域的爆炸超压可达 800kPa，而同等规模的丙烷云团仅产生约 300kPa。

② 空间约束与湍流效应。化工企业内，若蒸气云爆炸发生在设备密集区，障碍物使局部湍流增强，火焰前锋扭曲，燃烧表面积增加，超压放大倍数可达 25 倍，同时半封闭空间阻碍冲击波扩散，延长超压作用时间。

③ 点火位置与延迟时间。点火位置决定能量释放效率，远端点火（云团边缘）会使火焰向中心传播，形成叠加压力波。而点火延迟过长（>60s）可能导致云团过度扩散，浓度低于可燃下限。

5.4.2.3 VCE 超压计算

实际上，对烃类 VCE 的分析表明等效 TNT 当量在一个相当宽的范围内变动。VCE 的损伤效果取决于蒸气云中哪些部分在空间中受限或受限部分的大小、形状和特征，未受限的蒸气云部分仅仅燃烧殆尽，对超压没有贡献。使用传统 TNT 当量法进行 VCE 的超压计算时，因假设能量均匀释放且忽略实际环境中的湍流、障碍物和燃料分布的不均匀性，常导致显著误差。例如，开放区域的爆炸能量因快速扩散而衰减，而设备密集区的爆炸因湍流增强和压力聚焦效应，超压峰值可能高出数倍，TNT 模型对此类差异的预测误差可达 40%以上。

针对蒸气云爆炸，有学者提出了 TNO 多能法，通过离散化能级（1～10 级）量化爆炸强度的空间差异。其核心假设是：环境约束（如设备密度、空间封闭性）导致能量释放集中度不同。对于 TNO 多能法，部分受限空间内气云体积被转换为等体积的半球体，并假设这个半球体云团是一个均质的烃和空气混合物，处于化学当量浓度。假定烃-空气混合物的平均密度为 $0.1\mathrm{kg/m^3}$，对应于平均燃烧能量为 $3.5\times10^6\mathrm{J/m^3}$。对半球体在地面爆炸产生的冲击波进行数值模拟，得到图 5-27 的一系列爆炸强度的曲线。例如，开放区域的能量分散爆炸强度 1～3，而设备密集区因湍流增强和压力积聚，能量高度聚焦爆炸强度 7～10。该方法基于爆炸实验数据，构建无量纲缩放距离 $\tilde{d}_n$，将实际距离与超压关联：

$$\tilde{d}_n=\frac{d}{(E/p_0)^{1/3}} \tag{5-145}$$

式中，$\tilde{d}_n$ 为无量纲缩放距离；E 为有效爆炸能量，J；p_0 为环境压力，Pa。

应用 TNO 多能法估算爆炸超压时，首先应确定可燃性极限范围内蒸气云的体积，再估算有效能量 E。应用式（5-145）计算得到缩放距离 $\tilde{d}_n$。

再估算该蒸气云的爆炸强度（对于受限空间，推荐爆炸强度为 7），通过查标准曲线（图 5-27），确定缩放距离 $\tilde{d}_n$ 对应的无量纲超压 $\Delta\tilde{p}_s$。

最后通过式（5-146）计算最大爆炸超压。

$$\Delta p=\Delta\tilde{p}_s p_0 \tag{5-146}$$

TNO 当量法适用于设备密集的石化装置、储罐区等静态复杂环境，可快速评估多区域风险分布。其优点在于能级划分直观、计算效率高，且被 API、NFPA 等标准广泛采用。但 TNO 当量法对全开放或全封闭场景的误差较大，且无法动态反映火焰传播过程。

在更加复杂的场景下，除了 TNO 当量法方法，学者往往还会基于现场的实际场景，进行 CFD 模拟计算，确定局部超压场景，帮助制定详细的超压预防措施。

5.4.3 BLEVE 和容器爆炸

压力容器可能含有高能量，如果突然释放，会引发机械爆炸。容器爆炸的例子包括锅炉的突然破裂或压缩空气罐的爆炸。容器爆炸的一个特定案例是 BLEVE（沸腾液体扩展蒸气爆炸）。一般定义为“当容器内的液体温度高于其在正常大气压下的沸点时，容器破裂或碎裂”。由于上述定义仅涉及容器的爆炸，严格来说，BLEVE 并不一定意味着热效应。然而，如果像通常发生的那样，容器内的物质是易燃的，爆炸后易燃物质迅速燃烧，会产生火球。

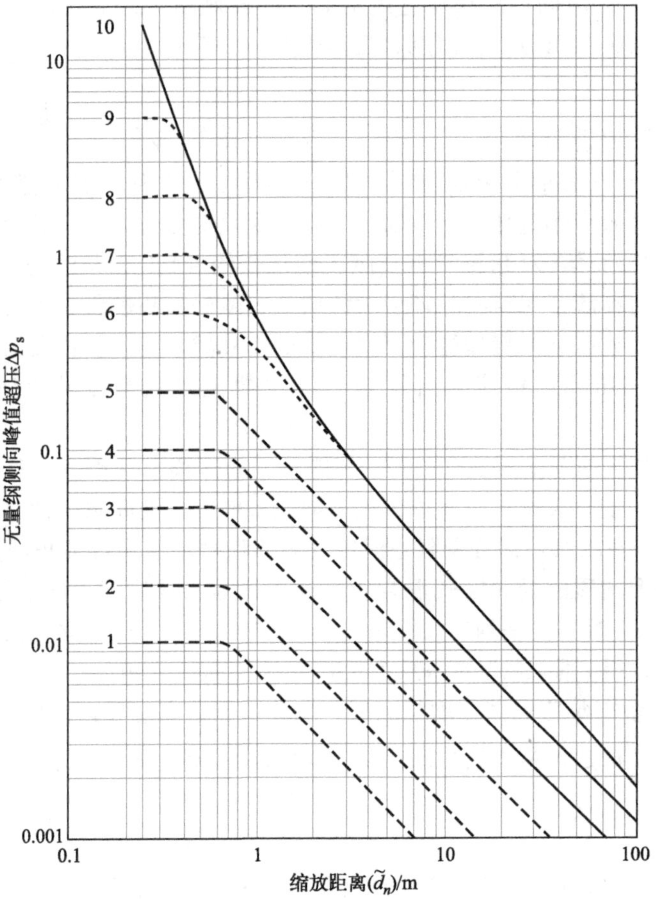

图 5-27　多能法冲击波曲线：无量纲侧向超压值

1～10 代表不同等级的爆炸强度

因此，在实践中，BLEVE 通常与火球相关联，使其成为一种结合了爆炸的机械效应和火灾的热效应的事故。这是在过程工业或危险物质运输中可能发生的最严重的事故之一。

可能导致 BLEVE 的物质（如丙烷、丁烷、水等）在工业中相对常见，且通常由汽车或铁路运输，这意味着 BLEVE 较容易发生。在对 1970 年到 2004 年之间发生的 70 起事故分析的基础上，研究人员总结了导致 BLEVE 的主要原因（表 5-17）。火车出轨，紧接着由撞击引起泄漏和火灾，是最常见的原因。公路油罐车事故和外部火灾的发生频率大致相同，其次是装卸操作、过充和失控反应。其他因素（软管破裂、超压、机械故障、仪表故障、船只碰撞等）频率较低（可扫描二维码观看视频）。

储罐火灾

表 5-17　造成 BLEVE 事故的主要原因

原因	所占比例/%	原因	所占比例/%
火车出轨	33	过充	4
外部火灾	17	失控反应	4
装卸操作	16	其他	12
罐车事故	14		

5.4.3.1 BLEVE 发生机制

加压液体储罐受外部热源加热时，内部压力逐步上升。罐体顶部因无液相而只有气相形成局部热点，导致器壁温度骤升、材料强度显著下降（底部器壁通过液相热传导维持低温）。安全阀起跳时，沸腾液体的蒸发潜热可增强局部冷却，但若泄放能力不足以抵消火灾热负荷，初始裂纹将扩展为贯穿损伤，最终引发容器整体失效。

失效瞬间液体因压力骤降至环境压力进入过热状态（温度高于当前沸点），发生剧烈闪蒸并释放大量气液两相混合物。液体相变时体积急剧膨胀（水膨胀 1750 倍，丙烷膨胀 250 倍），叠加蒸气扩散效应，导致容器爆裂产生高速破片与高强度压力波。实验数据显示：破裂瞬间压力先小幅下降，随后因局部过热流体二次爆炸反应急剧攀升至峰值。

对于非可燃物仅表现为压力波和破片（类似蒸气锅炉爆炸）。而对于可燃物质（如丙烷/丁烷），爆炸释放的液气混合物会迅速点燃，形成初始半球形火球（热辐射为主），未燃液体下落会引发次生火灾。火球通过湍流卷入空气后体积剧增，发展为球形燃烧体并产生强热辐射。

典型情况下，一个暴露在火灾中的罐体可能发生 BLEVE 的时刻主要取决于以下因素：

a. 火灾热通量（与火焰类型/距离相关，池火约 100kW/m^2，喷射火可达 350kW/m^2）；

b. 罐体直径与充装量；

c. 安全阀泄放能力；

d. 防火措施有效性（绝热层/冷却系统）。

充装加压易燃液体的罐体爆炸几乎总会导致严重的机械爆炸效应和火球，但并不是所有的爆炸都能严格视为 BLEVE。判定 BLEVE 应满足以下条件：

a. 液体的显著过热。大多数在火灾攻击下的液化气体（液化石油气、氨、氯）满足这一条件；其他在封闭容器中因异常加热而处于这种状态的液体也可以满足这一条件，例如由于火灾。

b. 瞬间减压。这种现象通常与容器的故障类型有关。容器故障时压力的突然下降会导致液体过热。如果过热显著，闪蒸可能是爆炸性的。

5.4.3.2 BLEVE 爆炸后果

当容器爆炸涉及易燃物质时，通常伴随火球并释放出强烈的热辐射。火球的体积与易燃液体蒸发量有关，是罐体内液体质量的函数。火球的大面积燃烧会产生强烈的热辐射。火球热辐射计算参考 5.3.4 节的介绍。尽管 BLEVE 通常与火球联系在一起，但若是容器内物质不可燃（如水），爆炸时不会产生火球，仅会产生机械能的释放：压力波和碎片。

当容器破裂时，其中包含的机械能被释放出来。容器爆炸中释放的机械能分布在以下几个方面：

① 压力（冲击）波的能量。

② 抛射物的动能。

③ 破坏容器所需的能量。

能量的相对分布会随着爆炸条件而变化。很难准确确定转换为压力波的能量比例。爆炸中释放的能量的一部分转换为推进碎片的动能；另一部分能量则用于将容器破碎成片。研究表明，对于脆性失效，80%释放的能量用于产生压力波。在韧性断裂造成容器破裂，且较大碎片被炸飞的情况下，仅有 40%到 50%的能量用于产生压力波。

(1) 抛射物

大多数容器或储罐是由在操作条件下具有韧性的材料构成的。只有当材料承受的应力远高于其塑性极限时才会发生脆性失效，一般仅有回火钢和玻璃会发生脆性失效。因此，容器爆炸通常为韧性断裂，产生有限数量的碎片。

容器爆炸产生的抛射物是最难量化的危险之一，其行为是随机的。爆炸抛出的碎片具有有限性和方向性，但通常具有比压力波和火球的急剧热效应更大的破坏半径。如果这些碎片摧毁了其他储罐或设备，可能会引发多米诺骨牌效应。典型的碎片穿透其他储罐所需的速度范围在 4～12m/s，而在容器爆炸中碎片能达到的最大速度在 100～200m/s 之间。该速度是爆炸发生条件、容器最初包含的蒸气量、故障模式和容器形状的函数。

BLEVE 产生的抛射物有两种：

① 主要抛射物，即容器的主要部分。

② 次要抛射物，由附近物体（管道、棒材、砖块等）的加速产生。

主要抛射物（即储罐的主要部分）的数量取决于储罐故障类型、加热过程、容器的形状和爆炸的严重程度。通常，容器爆炸涉及韧性故障，裂纹以较低速度传播，不会分支，碎片的数量少于脆性故障。

(2) 冲击波

容器爆炸除了产生碎片外，还会产生压力波，如图 5-28 所示。任何包含过热液体和蒸气的容器爆炸并产生超压的过程，通常表现出两个分离的峰值，且时间间隔非常短暂。第一个峰值对应于蒸气的膨胀，第二个峰值对应于液体的剧烈汽化。由于液体闪蒸产生的超压具有显著的方向性，因此无法从实验数据中推断出两个峰值超压的相对大小。两个峰值大小与爆炸前后容器内液体和蒸气的质量分数有关。BLEVE 产生的两次超压的冲击波通常是分离的，但有时也需要将二者结合考虑。如果物料是可燃的，BLEVE 还会产生第三个峰值，对应于燃烧过程。

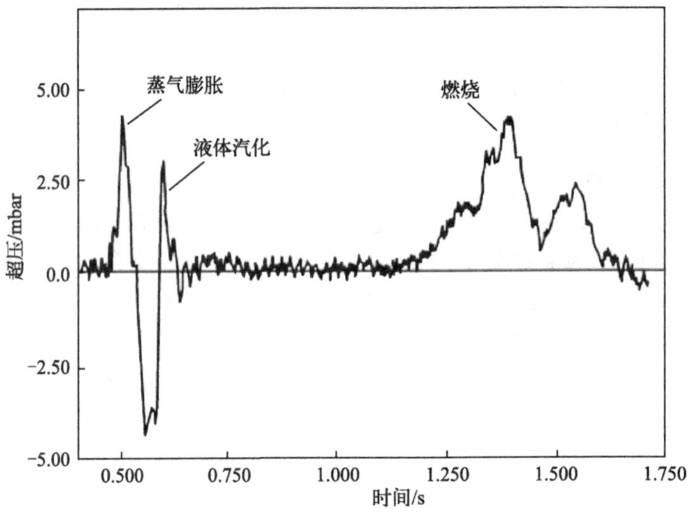

图 5-28 丙烷罐 BLEVE 产生的超压随时间变化曲线（实验用 5.7m^3 容器，80%充装）

一旦知道了爆炸所涉及的能量，可以通过等效 TNT 质量来估计爆炸产生的冲击波的侧向峰值压力。由于在容器爆炸中，能量的释放速度低于 TNT 爆炸，并且容器的体积远大于等效当量常规炸药的体积。因此，这是一种近似方法，可以进行有用的估算。另外，由于爆炸释放的能量最初占据的体积远大于等效当量 TNT 所占据的体积，必须对从爆炸中心到压力波观测点的距离进行校正。同样采用霍普金森基于相似性原理提出的缩放距

离 d_n（详见 5.4.1.1）。

考虑到超压是距离的函数，两个不同的爆炸在离爆炸中心相同距离处不会产生相同的超压，因此缩放距离被定义为在该距离上两种爆炸的超压具有相同值。缩放距离与实际距离和等效 TNT 质量通过立方根定律相关联：

$$d_n = \frac{d}{(\beta W_{\text{TNT}})^{1/3}} \tag{5-147}$$

式中，d_n 为缩放距离，$\text{m} \cdot \text{kg}^{-1/3}$；$d$ 是爆炸中心到观测点的实际距离，m；β 是释放的能量中转换为压力波的百分比，通常对于韧性断裂取值范围在 0.4～0.5 之间，保守考虑可以取 0.5。如果忽略 β，意味着超压的估算会高出 30%。计算出 d_n 后，可以根据式（5-144）估算超压。

由 BLEVE 引起的超压随着距离的增加而快速减小。在近场区域可能存在非常高的超压；这对于分析爆炸对建筑物、桥梁或其他容器等基础设施可能造成的破坏性影响方面尤为重要。此外，对于非球形容器，爆炸产生的压力波有显著的方向性。对于圆柱形容器，侧面的超压可能更高，可能是沿纵向轴线测量的两倍。在远场区域，爆炸的方向性较小。如果储罐足够脆弱，储罐也可能在冷液体（非饱和）的情况下失效并破裂，此时会发生微弱的爆炸。如果介质可燃，会形成火球和大面积的池火。

5.4.4 粉尘爆炸

可燃气体或蒸气与空气形成的混合物可能发生爆炸，但某些被认为是非爆炸性的固体材料在特定条件下也可能发生爆炸。可燃固体颗粒悬浮在空气中，可以形成爆炸性混合物，在合适的环境条件下遇到点火源可能发生爆炸。实际上，可以在空气中燃烧的固体材料，如面粉、木材、奶粉、糖、阿司匹林、谷物、塑料等，被分散成细小颗粒时，如果被点燃可在空气中高速燃烧，引发爆炸。其他可能涉及的材料还包括金属（铝、铁、锌）、煤、有机颜料等也可能发生粉尘爆炸。

在没有经过针对性培训的前提下，人们很难辨识粉尘爆炸的风险。据统计，有约 36% 的粉尘爆炸是由人为失误造成的。与火灾相似，粉尘爆炸的发生需要具备 5 个基本条件：

① 一定粒径范围内的可燃固体颗粒（燃料）；

② 氧化剂，通常是空气中提供的氧气；

③ 点火源；

④ 固体颗粒分散在气体中，形成的混合物在一定浓度范围内；

⑤ 云团的某种程度的密闭。

上述五个条件还可以用爆炸五角（图 5-29）来表示。

影响粉尘爆炸的一个重要因素是固体颗粒的大小。随着颗粒粒径减小，其比表面积增加，导致颗粒在空气中的燃烧速率提升。另外，云团中的粉尘浓度，材料的组成和燃烧热，以及云团中的湍流也会影响爆炸的强度。

粉尘爆炸只有在受限空间中才会发生。如果在开放环境下，粉尘云团会被点燃，发生闪火，但不会爆炸。当粉尘云团在封闭空间点燃时，会产生超压，可能发生严重的爆炸。粉尘的浓度和湿度等其他因素也会对爆炸后果产生显著影响。

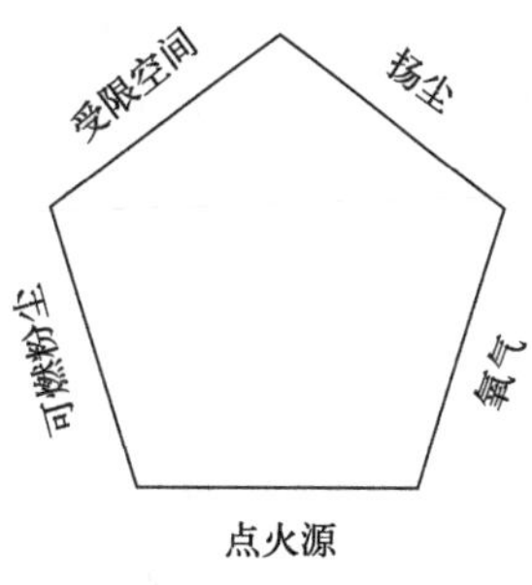

图 5-29 粉尘爆炸五角

5.4.4.1 粉尘性质

如前所述，颗粒的大小对其比表面积有相当大的影响。对于球形颗粒，其比表面积 S（m^2/m^3）为：

$$S=\frac{\pi d^2}{\pi(d^3/6)}=\frac{6}{d} \tag{5-148}$$

式中，d 为球体直径。随着直径减小，比表面积显著增加。对于直径 $d=500\mu m$ 的颗粒，比表面积为 $1.2\times10^4 m^2/m^3$，而直径 $d=70\mu m$ 的颗粒，比表面积为 $8.63\times10^4 m^2/m^3$。比表面积的增加有助于颗粒在悬浮时与空气接触更好，燃烧速率更快，可能会导致粉尘爆炸。实际上，颗粒材料一般有粒径分布，实践中 d 一般指平均直径。因此，描述颗粒材料一般都需要提供粒径分布。

此外，随着颗粒减小，颗粒之间的吸引力会增加，可能会导致颗粒聚集，进而增加平均粒径。此时，粉尘爆炸的可能性会降低。当粉尘粒径超过 $500\mu m$ 时，将变得不可燃。

只有粉尘云中粉尘浓度在一定范围时才会发生爆炸。最低限度对应于粉尘云每单位体积的粉尘最小量，通过完全燃烧释放足够的能量，将粉尘云下一个单位体积加热到点燃温度。最大浓度受到空气中含氧量的限制。这些氧气被粉尘按照化学计量比例完全消耗。

确定粉尘爆炸的最低浓度和最高浓度是非常困难的，其对粉尘特性有极强的依赖。通常能够接受的典型值是粉尘云的最低浓度限值为 $50\sim100g/m^3$，最高浓度限值为 $2\sim3kg/m^3$。粉尘的最低爆炸浓度限值可能随粉尘的湿度和粒径减小而降低。可以采用如下粗略指标：如果可以通过 2m 长的粉尘云看到发光的 25W 灯泡，粉尘浓度低于 $40g/m^3$。

除非大气中有气流或湍流，否则粉尘会沉降并形成具有一定孔隙度的固定床。此时，粉尘不会爆炸。然而，沉积的粉尘层仍存在风险。如果受到冲击、空气流动或湍流（由于设备内部的初级爆炸，或用压缩空气清理沉积的粉尘），粉尘会重新散布到空气中，即使是薄层粉尘也可能形成相当体积的粉尘云。如 $1m^2$ 的粉尘层，厚度为 1mm，体积密度为 $500kg/m^3$，如果其粉尘云高 5m（即每平方米沉积层有 $5m^3$ 的粉尘云），则粉尘云浓度为 $100g/m^3$，如果它仅扩展到 1m 高（$1m^3$ 的云），则粉尘云浓度为 $500g/m^3$。沉积粉尘层的体积密度和厚度与它被均匀分散到空气中一定高度产生的粉尘云浓度之间的关系可以由下式计算：

$$c=\rho_{\mathrm{bulk}}\frac{h}{H} \tag{5-149}$$

式中，c 是粉尘浓度，kg/m^3；H 是粉尘云的高度，m；h 为粉尘沉积层厚度，m；ρ_{bulk} 为粉尘沉积层的密度，kg/m^3。

由于圆柱管道经常用于粉尘输送，其内壁会有粉尘附着。假设管道内径 D_{duct}，附着有厚度为 h 的粉尘。如果管道受到外部震动（如爆炸），其内壁附着的粉尘均匀分散在管道内。其浓度为：

$$c=\rho_{\mathrm{bulk}}\frac{4h}{D_{\mathrm{duct}}} \tag{5-150}$$

基于此种考虑，附着在地面、设备上的粉尘往往是一次爆炸实际中的潜在危险，可能会由一次爆炸震动造成粉尘悬浮分散，可能引发二次爆炸。

另外，粉尘的燃烧热直接影响粉尘爆炸的能量释放。粉尘爆炸过程也是粉尘颗粒在空气中的燃烧过程，生成氧化产物并放出大量的热。对于粉尘爆炸，燃烧热通常表示为消耗

1mol 氧气时释放的热量。实际反应过程往往受到粉尘云中含氧量的限制。其中部分粉尘材料的燃烧热见表 5-18。

表 5-18　部分粉尘材料的燃烧热

物质	燃烧热/(kJ/mol O_2)	物质	燃烧热/(kJ/mol O_2)
钙	1270	铜	300
镁	1240	蔗糖	470
铝	1100	淀粉	470
硅	830	聚乙烯	390
铬	750	碳	400
锌	700	煤	400
铁	530	硫	300

由于空气一般具有一定湿度，粉尘中的水分含量对点火温度有一定影响：水分的增加可能导致最小点火温度升高。粉尘水分含量提升也会降低爆炸的严重程度。

尽管粉尘必须具有可燃性才能形成爆炸性云团，但并非所有可燃粉尘都容易爆炸，实际上，有些粉尘根本不容易发生爆炸。实际情况下很难判断粉尘是否会爆炸，而且爆炸性可能取决于一系列情况（例如，非常细小颗粒的存在，或有一定浓度的可燃气体），最谨慎的做法是认为所有可燃（或可氧化）的粉尘在某些情况下都有潜在的爆炸风险。

【例 5-11】 在一个木材加工车间，打扫和集尘没有得到重视。在地面（10m×6m），总是有一层大约 1mm 的细木屑。沉降粉末层的密度为 $290kg/m^3$。经过几年没有任何问题，但有一天排气管发生了爆炸。爆炸将所有沉淀的粉末分散到整个车间（车间高 3m），随后发生二次爆炸。估算爆炸云中木屑的浓度和质量。

解：木屑的质量为

$$M_{dust}=10\times6\times0.001\times290=17.4kg$$

$$c=\rho_{bulk}\frac{h}{H}=290\times\frac{0.001}{3}=0.097kg/m^3$$

即 $97g/m^3$。该浓度高于该材料达到爆炸范围所需的最低浓度（约 $60g/m^3$）。

5.4.4.2　点火源

和气云爆炸类似，粉尘爆炸也需要点火源。点火源按照种类可以分为机械性点火源（冲击、摩擦、研磨），电气或静电火花，热表面，焖烧的火或明火等。一些点火源与工厂的常规操作有关，如旋转托盘干燥器可能有摩擦火花；其他点火源和现场的特殊作业有关，如停机检维修时的动火作业（焊接、打磨等产生的热表面或明火）。识别最可能的点火源有助于预防粉尘爆炸，可以通过隔离、清洗等方式降低粉尘爆炸发生的频率。

5.4.4.3　主要爆炸特性

粉尘的爆炸性可以通过小型实验研究。典型的实验装置是哈特曼管，为容积 1.2L 的垂直管，其中一定量的粉尘通过空气冲击分散，并通过火花塞点燃。通过记录爆炸压力随时间的变化来研究粉尘的爆炸特性。由于哈特曼管无法创造湍流环境，且火焰的扩展受到管壁的影响，存在明显的热损失。其测量到的峰值压力通常比大型球形容器中有相同粉尘产生的峰值压力低 25%～30%。因此，球形容器更适合做爆炸测试。现主要使用 20L 和 $1m^3$ 的球形容器，点火源位于球心，粉尘从一个单独的容器注入。此类装置能够用来确定粉尘是否有爆炸性，并测量爆炸的压力上升速率、最大爆炸压力以及最小可爆炸粉尘浓度。

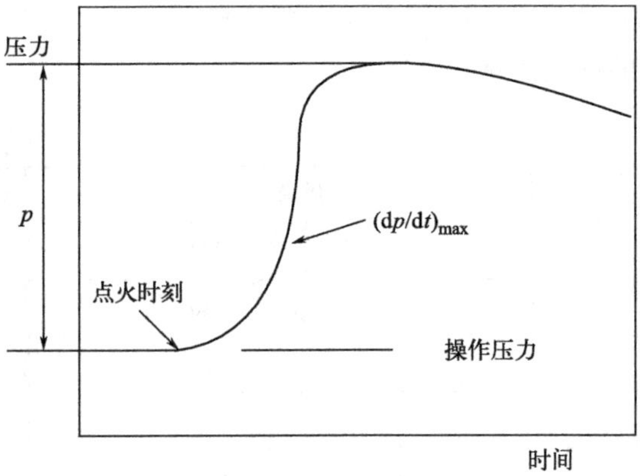

图 5-30　粉尘爆炸的压力随时间变化曲线

在测试装置中实验时，典型的压力变化是突然上升到最大（峰值）值，然后是较慢地下降（图 5-30）。其中，爆炸达到的最大压力 p_{max} 和压力上升的最大速率 dp/dt_{max} 是描述爆炸特性的两个重要参数。$(dp/dt)_{max}$ 给出了爆炸强度的概念。如果测试容器的体积发生变化，对于相同的粉尘和测试条件，p_{max} 的值基本上保持不变，压力上升的最大速率则根据“立方定律”变化：

$$\left(\frac{dp}{dt}\right)_{max,1} \times V_1^{1/3} = \left(\frac{dp}{dt}\right)_{max,2} \times V_2^{1/3} = \text{Constant} = K_{St} \qquad (5\text{-}151)$$

K_{St} 值通常称为“爆炸指数”（bar · m/s），与爆炸容器的体积无关，可以用于比较特定粉尘与其他粉尘相比的相对爆炸严重性。K_{St} 越高，对于给定的情况和一定量的粉尘，爆炸将越强烈。通过对大量物质的 K_{St} 值的确定和相关的数据分析，可以将粉尘划分为 4 个等级，以区分其爆炸严重程度，如表 5-19 所示。

表 5-19　基于 K_{St} 的粉尘爆炸性分类

$K_{St}(bar \cdot m \cdot s^{-1})$	粉尘等级	特征	典型材料
0	St 0	不会爆炸	二氧化硅
1～200	St 1	弱爆炸	糖
201～300	St 2	强爆炸	木屑
>300	St 3	很强的爆炸	铝粉

这些等级提供了爆炸严重程度的相对顺序，但不考虑特定粉尘爆炸的倾向或该粉尘发生爆炸的概率。任何 K_{St} 值高于 0 的粉尘都有可能发生爆炸，原则上，粉尘爆炸等级越高，爆炸越强烈。K_{St} 给出了与其他粉尘相比粉尘的相对爆炸严重性。从立方定律可以推断出，压力上升的最大速率也随着 K_{St} 等级的变化而变化。

对于相同种类的粉尘，粒径也会对 K_{St} 造成影响。粉尘平均粒径越大，K_{St} 越低，反之亦然。另外，粉尘爆炸的严重程度除了取决于 K_{St} 值外，还和参与爆炸的粉尘质量，以及粉尘云团所处环境的封闭程度和湍流条件有关。

5.4.4.4　首次和二次爆炸

一般情况下，粉尘爆炸通常按照以下顺序发生：首先，存在可燃粉尘-空气混合物的设备中会发生第一次（首次）爆炸（如干燥器、磨机、管道等）。这次爆炸通常规模相对较小，但会在周围区域或邻近设备中造成强烈的湍流，如果周边区域储存着相当数量的粉尘，或者地表/表面有粉尘沉积，这些粉尘立即被首次爆炸的湍流和振动扬起，并分散在空气中，形成粉尘云，极有可能发生二次爆炸。

二次爆炸的点火源通常由首次爆炸提供，如燃烧的粉尘、被抛出的碎片的冲击等。两次爆炸之间的时间间隔通常非常短。在2006年巴塞罗那一个污泥干燥厂发生的事故中，根据安全摄像头记录，首次爆炸（发生在一个大干燥器内）和强烈的二次爆炸之间的时间间隔仅为1s。

二次爆炸可能会引起进一步的爆炸或火灾（例如，储存在筒仓中的散装粉尘可能通过阴燃长时间燃烧），形成多米诺事故。

二次爆炸通常比首次爆炸威力更强。因此，应采取以下几项措施以防止二次爆炸：

① 将初级爆炸限制在其设备单元内，从而避免对外部环境的影响。

② 减少沉积在平面上的粉尘量，避免其受冲击悬浮在空气中形成爆炸混合物并被首次爆炸点燃。

习题

1. 氯气用于特定的化学过程。源模型研究表明，在一个特定的事故场景中会瞬间泄漏1.0kg的氯气。泄漏发生在地平面上。距离泄漏源500m处有一个居民区。计算：

(1) 泄漏云中心到达居民区所需的时间。假设风速为2m/s。

(2) 居民区中氯气的最大浓度。将结果与氯气浓度为1.0μL/L时的ERPG-1对比。在什么样的稳定条件和风速下会达到最大浓度？

(3) 确定泄漏蒸气云的移动距离，使得蒸气云分散到ERPG-1以下的最大浓度。

(4) 根据ERPG-1，确定在地面下风向5公里处泄漏蒸气云的大小。

假设在所有情况下，释放的氯云都是中性浮力的（这可能不是一个有效的假设）。

2. 计算下面这种液化天然气（LNG）泄漏的下风距离，以达到蒸气浓度为5%的可燃性下限（LFL）。假设环境条件为298K和1atm。现有以下数据：

液体泄漏速率：$0.23m^3/s$；

泄漏时间（t）：174 s；

地上10m处的风速（u）：10.9m/s；

LNG密度：$425.6kg/m^3$；

LNG在沸点−162℃时的蒸气密度：$1.76kg/m^3$。

3. 一个后院烧烤架装有10kg重的丙烷。丙烷通过一个阀门和调节器离开油箱，并通过一个1/2英寸的橡胶软管进入一个双阀组件。在通过阀门后，丙烷通过一组双喷射器，并与空气混合。随后丙烷与空气的混合物到达燃烧器组件并燃烧。描述该设备可能发生的泄漏的事件。

4. 受污染的甲苯进入图5-31所示的水清洗系统。甲苯从一个200L的桶中泵入一个逆流离心提取器中。萃取器通过作用于密度差上的离心力将水和甲苯分离出来。被污染的甲苯进入外围的提取器，并流入中心。水进入提取器的中心并流入外围。被洗过的甲苯和被污染的水流入200L的桶中。确定该设备的一些泄漏事件。

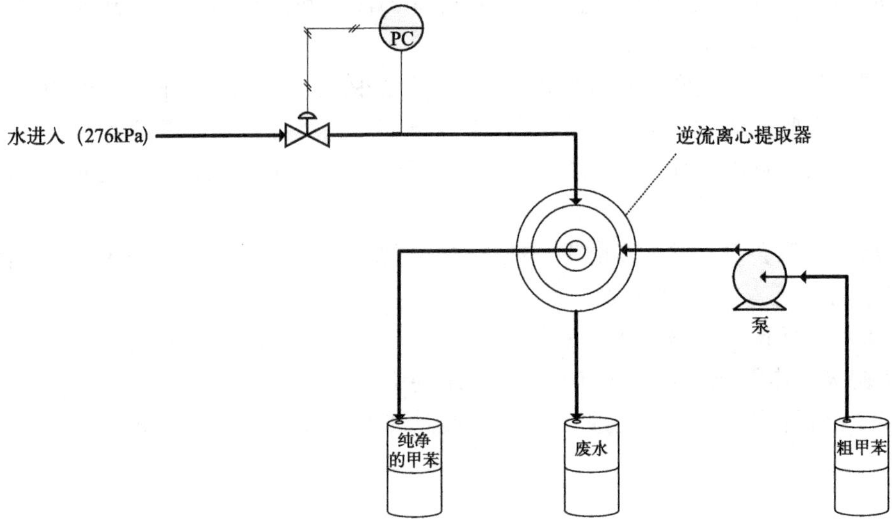

图 5-31　苯水洗工艺

参考文献

[1] Carslaw H S，Jaeger J C. Conduction of Heat in Solids. London：Oxford University Press，1959.

[2] Frank P Less. Loss Prevention in the Process Industries. 2nd. London：Butterworths，1996.

[3] Gifford F A. Use of routine meteorological observations for estimating atmospheric dispersion. Nuclear Safety，1961，2 (4)：47.

[4] Gifford F A. Turbulent dispersion typing schemes：A review. Nuclear Safety，1976，17 (1)：68.

[5] Crowl D A，Louvar J F. Chemical Process Safety Fundamentals with Applications. 2nd. New Jersey：Prentice Hall，2002.

[6] Visscher De Alex. Air dispersion modeling：foundations and applications. Hoboken：John Wiley & Sons，2013.

[7] Sutton G. Micrometeorology. New York：McGraw-Hill，1953.

[8] Pasquill F. Atmospheric Diffusion. London：Van Nostrand，1962.

[9] Jones G W. Inflammation limits and their practical application in hazardous industrial operations. Chemical Reviews，1938，22 (1)：1-26.

[10] Suzuki T. Empirical relationship between lower flammability limits and standard enthalpies of combustion of organic compounds. Fire and materials，1994 (18)：333-336.

[11] Suzuki T，Koide K. Correlation between upper flammability limits and thermo chemical properties of organic compounds. Fire and Materials，1994 (18)：393-397.

[12] Griffiths E F. Errors in the use of Briggs parameterization for atmospheric dispersion coefficients. Atmospheric Environment，1994，28 (17)：2861-2865.

[13] Briggs G A. Diffusion estimation for small emissions. ATDL Contribution File No. 79，Atmospheric Turbulence and Diffusion Laboratory，1973.

[14] Hooper W B. The Two-K method predicts head losses in pipe fittings. Chemical Engineering，1981 (24)：97-100.

[15] High R W. The Saturn fireball. Annals New York Academy of Science，1968 (152)：441-451.

[16] Dorofeev S B，Sidorov V P，Efimenko A A，et al. Fireballs from deflagration and detonation of heterogeneous fuel-rich clouds. Fire Safety Journal，1995，25 (4)：323-336.

[17] Jarrett D E. Derivation of British explosive safety distance. Annals of New York Academy of Science，1968，152：18-35.

[18] ［美］Baker W E. 爆炸——危险性及其评估．张国顺等译．北京：群众出版社，1988.

[19] 汪元辉．安全系统工程．天津：天津大学出版社，1999.

[20] 蔡凤英，谈宗山，孟赫，等．化工安全工程，2 版．北京：科学出版社，2009.

[21] 许文．化工安全工程概论．北京：化学工业出版社，2002.

[22] CCPS. Safety，health，and loss prevention in chemical processes：Problems for undergraduate engineering curricula. New York：AIChE，1990.

[23] 崔克清，张礼敬，陶刚．化工安全设计．北京：化学工业出版社，2004.

[24] 崔克清．危险化学品安全总论．北京：化学工业出版社，2005.

[25] ［美］盖尔·伍德赛德，戴安娜·科库雷．环境、安全与健康工程．毛海峰等译．北京：化学工业出版社，2006.

[26] 刘荣海，陈网桦，胡毅亭．安全原理与危险化学品测评技术．北京：化学工业出版社，2004.

[27] Marc J Assael，Konstantinos E Kakosimos. Fires，explosions，and toxic gas dispersions：effects calculation and risk analysis. Boca Raton：CRC Press，2010.

[28] Casal J. Evaluation of the effects and consequences of major accidents in industrial plants. Amsterdam：Elsevier，2017.

第6章

风险辨识

“无知是最大的敌人。”

——苏格拉底

6.1 风险辨识概述

根据式（2-1），风险辨识的一个很重要的目的是识别出所有潜在危险情况（也叫风险场景）。如果风险场景没有辨识全面，风险场景总数出现误差，会导致风险辨识不到位，埋下事故隐患。2005 年 BP 公司得克萨斯炼油厂爆炸事故的一个原因就是危险和可操作性（HAZOP）分析不全面；大连输油管道爆炸事故的一个原因就是事故单位没有对硫化氢脱除剂的变更进行风险分析；2014 年美国杜邦公司 La Porte 工厂甲硫醇泄漏事故主要原因就是该工厂的风险辨识不全面，没有对熔化甲硫醇固体水合物过程进行风险辨识，没有对通风系统进行风险辨识。因此，2.2 节介绍的双重预防机制就要求风险辨识做到系统、全面、无遗漏。

风险辨识的方法论随着工业化进程和安全需求的演变不断发展和完善。在工业化初期，风险辨识主要依赖于经验丰富的技术人员对系统的观察和判断。这种方法缺乏系统性，存在较大的主观性，难以覆盖所有潜在风险场景。20 世纪中期，随着工艺复杂性的增加和事故分析的需求，系统化的风险辨识工具开始出现。将经验和规则结构化的安全检查表法被广泛应用，通过列出常见问题检查关键环节，提供了系统性的辨识手段。20 世纪 60 年代之后，随着安全系统工程技术的不断发展与完善，失效模式与影响分析（failure mode and effects analysis，FMEA）、危险与可操作性分析（hazard and operability，HAZOP）等高度结构化的系统性方法被提出并推广应用，实现对化工装置、设备及工艺过程中存在风险的系统化辨识。这些方法不仅关注技术层面的危险，还涵盖了操作、管理和人等综合因素。

由于篇幅限制，本章仅介绍化工行业常用的安全检查表、故障假设分析、失效模式与影响分析、危险与可操作性分析等几种风险辨识方法。

6.2 安全检查表

6.2.1 安全检查表简介

安全检查表（safety check list，SCL）法是一种广泛应用的定性方法，可适用于各类系统的设计、验收、运行、维护、维修、应急准备、事故调查等过程。

SCL 使用一个预先编制的检查项目清单来确认各检查项的状态。一般来说，检查表是依据现行的法规、标准及规范条文改编而成。SCL 上列出的问题一般使用“是”“否”“不适用”或“需要额外信息”来回答。多数情况下根据分析人员的经验，使用同样的检查表可能得出的结论并不完全一致，但是总体上说，检查表可以帮助判断系统与法律、法规、政策、标准、规范或规章制度的符合性。

SCL 的主要优点在于：

① 检查表基于以往的经验，在查找危险因素时，能够提示检查人员，避免遗漏、疏忽；

② 检查表中体现了法规、标准的要求，使检查工作规范化（因此，SCL 也是 PSM 体系要素中安全生产合规性管理的重要工具）；

③ 针对不同的检查对象和检查目的，可编制不同的检查表，应用灵活广泛；

④ 检查表易于掌握，检查人员按表逐项检查，能弥补其知识和经验不足的缺陷。

其方法的局限性在于：

① 检查表的编制质量受制于编制者的知识水平及经验积累，可能会遗漏一些检查项；

② SCL 的实施也可能受检查人员的专业与经验限制，影响检查效果。

6.2.2 检查表的编制

为了查找工程、系统中各种设备设施、物料、工件、操作、管理和组织措施中的隐患、有害因素，事先把检查对象加以分解，将大系统分割成若干小的子系统，以提问或打分的形式，将检查项目列表逐项检查，避免遗漏。

(1) 编制检查表时分析单元的划分

一般按照检查对象的特征确定检查表的分析单元，例如编制生产企业的安全生产条件检查表时，分析单元可分为安全管理单元、厂址与平面布置单元、生产储存场所建筑单元、生产储存工艺技术与装备单元、电气与配电设施单元、防火防爆防雷防静电单元、公用工程单元、消防设施单元、安全操作与检修作业单元、应急准备与救援单元、危险废物安全处置单元等。

(2) 编制检查表主要依据

① 有关标准、规程、规范、规定及良好的作业实践。为了保证生产安全，国家及有关部门发布了各类安全标准及文件，这些是编制检查表的主要依据。编制检查表过程中，检查条款的出处与依据应加以注明。

② 国内外事故案例。国内外同行业及本单位的事故事件案例、安全生产以及应急演练中的有关经验，是编制检查表的重要依据。

③ 通过其他风险辨识方法（例如本章后面将要介绍的 What-if 方法、HAZOP 方法等）确定的高风险场景的初始原因及安全保护措施，也是检查表的重要内容。

④ 文献及信息检索。通过文献及信息检索，在编制检查表时应用最新的知识和研究

成果。

(3) 检查表的格式

根据分析的具体内容和依据，检查表的格式略有不同。一般都会有一栏列出检查项，具体说明检查内容，有些检查表还会列出该检查内容对应的依据。然后列出具体的检查结果，可以列出具体的检查详情，再给出是/否或者符合/不符合的检查结论。对于一些检查项，基于当前信息不能得到结论的，则记录不适用或需进一步研究等说明。一些检查表对于不符合或者否定的检查结论，还会列出建议措施项。

(4) 检查表示例

对于同一套装置，在不同的阶段，可以编制不同的检查表开展风险辨识。例如，对于某个储罐罐区，在设计阶段可以依据《石油化工企业设计防火规范》(GB 50160)、《建筑设计防火规范(2018年版)》(GB 50016)、《石油库设计规范》(GB 50074)、《石油化工储运系统罐区设计规范》(SH/T 3007) 等相关设计标准和规范编制检查表。如表6-1所示，重点检查设计内容是否符合标准规范要求。

表 6-1 成品油罐区设计阶段安全检查表示例

检查项目	检查内容	依据规范	检查结果	符合性(√/×)	备注
1 罐区总体布局					
1.1 罐区选址	是否远离人口密集区、饮用水源地、重要交通枢纽等区域	GB 50160—2008			
1.2 风向考虑	是否考虑常年主导风向，火炬是否位于全年最小频率风向的上风侧	GB 50160—2008			
1.3 防火分区	是否根据罐区储存容量划分防火分区，分区储量是否符合规范要求	GB 50160—2008			
1.4 安全距离	储罐与建筑物、厂界、重要设施之间的防火间距是否符合规定	GB 50160—2008 GB 50016—2014			
2 储罐设计					
2.1 储罐类型	是否选用符合介质特性的储罐类型(如内浮顶罐或外浮顶罐)	SH/T 3007—2014			
2.2 储罐材质	储罐材质是否适合存储介质，是否具有耐腐蚀性和防渗漏能力	SH/T 3007—2014			
2.3 储罐密封性	是否设置氮封系统以减少油气挥发，并满足环保和安全要求	SH/T 3007—2014			
2.4 储罐附件	是否配备符合要求的液位计、压力表、安全阀、排水系统等附件	GB 50160—2008			
3 消防设施					
3.1 消防水系统	是否配备独立的消防水源，并满足设计流量和压力要求	GB 50160—2008			
3.2 泡沫灭火系统	是否配置泡沫灭火系统，泡沫混合液供应量和分布是否符合规范	GB 50160—2008			
3.3 防火堤	是否设置防火堤，防火堤容量是否能容纳最大储罐的全部储量	GB 50160—2008			
3.4 防雷接地	储罐是否设计防雷接地设施，接地电阻是否符合规范要求	GB 50160—2008			

续表

检查项目	检查内容	依据规范	检查结果	符合性(√/×)	备注
4 安全和环保措施					
4.1 泄漏监测系统	是否设计油气泄漏监测系统，及时报警并联动处置	GB 50074—2014			
4.2 环保设施	是否设计油气回收装置和污水处理设施，满足环保要求	GB 50074—2014			
4.3 紧急停车装置	是否设置紧急停车装置，能够快速切断储罐与管道的连接	SH/T 3007—2014			
……	……	……			

同样的储罐罐区，在建成后的日常生产运营过程中，需要重点关注设备、工艺、操作等相关的风险。针对这样的在役装置，也可根据不同的运行阶段和目的，分别设计检查表，如日常生产的隐患排查，停工检维修的安全检查，针对人员操作、设备运维、外来承包商等的专项检查。表 6-2 展示了一个储罐罐区的安全隐患检查表。检查时，一旦发现不符合检查内容的安全隐患，须详细记录隐患描述，并提出整改措施。

表 6-2 储罐罐区安全隐患检查表检查结果填写示例 (1)

检查项目	检查内容	检查标准/依据	检查结果(√/×)	隐患描述	整改措施
1 储罐及附件					
1.1 储罐密封性	储罐本体是否存在泄漏、渗漏现象，法兰、阀门等接口处是否有油渍或异味	GB/T 37327—2019			
1.2 液位监测系统	液位计是否运行正常，报警装置是否灵敏，是否按要求定期校准	GB 50160—2008			
1.3 呼吸阀与压力控制系统	呼吸阀是否正常工作，安全阀是否完好，压力控制系统是否处于正常状态	GB 50160—2008			
1.4 储罐防腐管理	储罐本体、支架和附件是否有腐蚀、裂纹或变形现象，防腐涂层是否完好	《危险化学品安全管理条例》			
1.5 氮封系统	氮封装置运行是否正常，压力控制是否在规定范围内	企业氮封设计规范			
2 工艺及操作管理					
2.1 物料装卸管理	物料进出库是否按规程操作，是否严格执行装卸流程，操作过程中是否防止溢流和静电积聚	《危险化学品安全管理条例》			
2.2 防静电管理	是否定期检测静电接地设施，装卸作业是否遵守防静电操作规程	GB 50160—2008			
2.3 作业区域标识	作业区安全警示标识是否清晰且醒目	AQ 3047—2013			
2.4 作业许可管理	罐区内是否严格执行动火、进入受限空间等作业许可制度	GB 30871—2022			

续表

检查项目	检查内容	检查标准/依据	检查结果（√/×）	隐患描述	整改措施
3 消防设施					
3.1 泡沫灭火系统	泡沫灭火系统是否运行正常，泡沫液储备是否充足，管道喷头有无堵塞	GB 50151—2010			
3.2 消防通道	消防通道是否畅通，无障碍物	GB 50160—2008			
3.3 消火栓与灭火器材	配置数量是否充足、设备是否完好	GB 50140—2005			
3.4 防雷接地设施	储罐接地是否良好，接地电阻是否符合要求，防雷设施是否定期检测	GB 50160—2008			
4 防雷与防静电					
4.1 防雷设施	防雷装置接地电阻是否符合规范要求	GB 50057—2010			
4.2 防静电措施	管道、储罐是否设置防静电装置，接地是否良好	GB 50160—2008			
……	……	……			

6.2.3 检查过程

针对新建装置设计阶段的检查，检查小组以会议形式，对装置的流程图、设计文件等进行讨论，记录不一致之处。例如，以表 6-1 检查项“1.1 罐区选址”为例，检查小组可以基于厂区总平面布置图及相关设计文件，查找厂区周边是否有人口密集区、饮用水源地、重要交通枢纽。若没有则符合检查要求，若有则不符合要求。然而国家标准 GB 50160 的 4.1.2 条仅提出了石油化工企业选址应远离人口密集区、饮用水源地和重要交通枢纽等区域的原则性要求，没有明确规定具体的数值距离。因此，分析时还需要结合各项法规标准中的具体规定进行综合判断，例如 GB 50160 的 4.1.9 规定单罐容积大于 $50000m^3$ 的甲、乙类液体储罐与居民区、公共福利设施、村庄的防火间距不应小于 120m。根据《中华人民共和国水污染防治法》规定，禁止在饮用水水源一级保护区内新建、改建、扩建与供水设施和保护水源无关的建设项目，禁止在饮用水水源二级保护区内新建、改建、扩建排放污染物的建设项目。此外，还要结合具体罐区具体所在地及相关法律法规进行判断。例如，若罐区位于长江干支流沿线，还应遵守《中华人民共和国长江保护法》关于在长江干支流岸线一公里范围内禁止新建、扩建化工园区和化工项目的规定。在满足现有相关法律法规基础上，关于选址距离，应结合 QRA（安全风险评价）分析（见 7.3）结果，查看安全距离内是否有人口密集区、饮用水源地、重要交通枢纽，根据实际情况，填写检查结果。再看检查项“1.2 风向考虑”，查阅当地主风向和总平面布置图，判断罐区布置是否考虑了风向，再填写检查结果。检查记录如表 6-3 所示。可见，虽然大部分检查项是依据标准规范设置的，但由于标准规范对于一些条款也没有定量的描述，在实际检查过程中还是需要对检查项进行综合分析，才能得出正确的检查结果。因此，检查人的专业素质和能力也会影响风险辨识的结果。

针对在役装置，应针对检查对象进行一次现场的实地调研。检查小组在调研过程中，对工艺设备或实际操作过程与检查表中各项进行逐一比对。这里的工艺设备现状必须经过现场

表 6-3　成品油罐区设计阶段安全检查表检查结果填写示例

检查项目	检查内容	依据规范	检查结果	符合性（√/×）	备注
1　罐区总体布局					
1.1　罐区选址	是否远离人口密集区、饮用水源地、重要交通枢纽等区域	GB 50160—2008	相关法律法规的规定区域和QRA分析的安全防护距离内无人口密集区、饮用水源地、重要交通枢纽	√	
1.2　风向考虑	是否考虑常年主导风向，火炬是否位于全年最小频率风向的上风侧	GB 50160—2008	罐区所在地常年主导风向为西北风，最小频率风向为东南风，根据总布置图，高架火炬位于罐区的西北方，高架火炬位于常年最小频率风向的下风侧	×	

核对，而操作过程也需要有真实可追溯的操作记录，当发现检查对象与检查表中所列不符合时，分析小组应详细记录下来。检查小组应当对检查中发现的不符合之处进行汇总整理，并形成报告，检查表的记录结果作为附件，其中针对安全性提升的所有建议应进行相应的解释。

例如针对表 6-2 所示的罐区安全隐患检查表，组织检查组到罐区现场检查。首先检查1.1　储罐密封性，现场查看每个储罐本体、法兰和阀门是否存在泄漏渗漏，是否有油渍或异味，如没有任何泄漏迹象，则检查结果填√，若检查到相关现象，则可以将具体的现场隐患记录下来，并提出整改措施。再检查 1.2 项的液位监测系统，这部分除了要现场确认液位计指示是否正常，测试现场报警是否灵敏以外，还要查看校准记录，确定是否按要求进行了校准。通过这样的现场检查，将检查记录记入检查表，如表 6-4 所示。

表 6-4　储罐罐区安全隐患检查表检查结果填写示例（2）

检查项目	检查内容	检查标准/依据	检查结果（√/×）	隐患描述	整改措施
1　储罐及附件					
1.1　储罐密封性	储罐本体是否存在泄漏、渗漏现象，法兰、阀门等接口处是否有油渍或异味	GB/T 37327—2019	×	柴油罐 V101 采出管线法兰处有油渍	详细检查柴油罐 V101 采出管线手阀密封性，必要时进行配件更换
1.2　液位监测系统	液位计是否运行正常，报警装置是否灵敏，是否按要求定期校准	GB 50160—2008	√		

根据以上案例分析不难发现，安全检查表法应用于新建装置的设计，主要依据是标准规范，可以保障装置的合法合规，但是对于设计缺陷、个性化问题很难及时发现。而对于在役装置，可以在装置的整个生命周期，总结本装置乃至全世界同类装置遇到的事故事件，并结合最新的法律法规和标准规范要求，不断优化检查表。因此，在工业应用中，安全检查表在在役装置中应用更为广泛。在设计阶段，则需要其他系统性的风险辨识方法与安全检查表法联合使用。

6.3 故障假设分析

6.3.1 故障假设分析简介

故障假设分析（What-if）是一种定性的风险辨识方法，通过头脑风暴的方式提出“假如……会发生什么?”的问题，识别可能事件场景、在最坏的条件下可能导致的后果、已有的安全措施以及降低危险性的建议。故障假设分析由熟悉分析对象的人员组成的团队共同完成。该方法在工程项目生命周期的各个阶段都可经常采用。

6.3.2 故障假设分析法的步骤

What-if 方法的分析步骤通常包括以下几个关键环节：

(1) 确定分析对象 首先需要明确分析的系统或工艺流程，通常会选择一个完整的流程或具有较高风险的单元。

(2) 团队组建与角色分配 组成一个跨专业的分析小组，确保团队成员具备不同领域（工艺、设备、仪表控制、安全等）的专业知识。

(3) 提出假设 团队组长准备一些种子问题，启发小组成员共同提出一系列可能发生的异常事件或故障情况。下面是三个种子问题示例：

① 如果提供的原料组分发生变化，会怎样?

② 如果给料泵故障停止运转，会怎样?

③ 如果操作工误动作打开阀 B 而不是阀 A，会怎样?

(4) 分析后果与影响 评估每个假设事件可能的最坏后果，分析对安全、健康、环境、财产等方面的影响。

(5) 分析应对措施 根据分析结果，识别分析对象已有的安全保护措施。如果已有的安全保护措施不够，提出建议措施进一步降低潜在风险。

(6) 不断重复上述（3）～（5）步，直到提不出任何新问题。最后基于分析记录编制报告，报告要明确分析人、分析时间等相关信息。

What-if 分析记录如表 6-5 所示。

表 6-5 故障假设分析记录表格示例

What-if 问题	后果	已有保护措施	建议措施
假如储罐周边发生火灾导致储罐温度过高,会发生什么	液体蒸发,压力升高,可能导致火灾或爆炸	呼吸阀	①安装温度报警装置 ②安装自动喷淋降温系统,并定期检验测试 ③安装阻火器
假如液位计失灵会发生什么	高液位时持续进料,物料由呼吸阀溢出,物料为毒性物质,可能导致巡检人员中毒伤亡	储罐外设有围堰; 罐区安装有毒有害气体传感器和声光报警	①定期校验液位计 ②设置独立的高液位联锁停止进料 ③巡检人员配备便携式有毒有害气体检测器

不难发现，What-if 方法较为灵活，适用范围很广。它鼓励思考潜在的事故和后果，弥补了基于标准、法规和经验的安全检查表编制时，对非常规问题考虑不足的缺陷。但传统 What-if 存在很强的局限性，其分析过程缺乏系统性，过于依赖专家的直觉和经验，容易遗漏潜在的风险点，分析结果的主观性较强。而且，由于提出的假设往往较为宽泛，如果分析对象是一个大型复杂化工流程，分析过程中可能会出现相似事件的重复讨论，从而降低了效率和针对性。

6.3.3 结构化的故障假设分析方法

为了克服传统 What-if 方法的不足，结构化的故障假设分析法（structured what-if technique，SWIFT）应运而生。SWIFT 是 What-if 方法的结构化版本，通过提供标准化的分析框架来进行系统性和有序的风险分析。它通过预先确定的引导词或问题分类，组织团队成员在一定的范围内开展头脑风暴，确保所有相关风险被识别并得到适当的分析。通常，SWIFT 采用分层的方式进行分析，从整个系统的功能和操作条件出发，逐步深入各个子系统、组件以及具体的操作环节。通过这种分层的结构化方法，能够从多个角度、不同层次进行全方位的风险识别。

SWIFT 法和传统 What-iF 方法在步骤上基本一致，只是准备阶段除了要确定分析对象，还要进行系统分解。即将整个装置区划分为各个子系统，每个子系统再单独分析。同时，SWIFT 法还会针对分析对象提前准备引导词或问题类型，分析时，小组成员基于引导词或问题分类，结合每个子系统的功能，讨论分析“如果……，会导致什么后果”。

SWIFT 法应用于化工装置常见的引导词和典型问题如表 6-6 所示。

表 6-6　SWIFT 法常用引导词

引导词	典型问题
操作错误和其他人为因素	操作顺序错误；未及时操作；操作执行不到位(阀门开度不准确，物料添加量不准确等)；误开或误关阀门；投错物料；误开、误关或开错设备
设备或仪器故障	泵、压缩机故障停；控制回路故障；搅拌中断
设备完整性失效	设备、管线、阀门等腐蚀泄漏；换热器等设备结垢；反应器、管线积碳
公用设施故障	公用工程(氮气、蒸汽、循环水等)中断；电力中断；尾气系统故障
物料问题	物料组成异常；催化剂失活；辅助物料性能异常
过程扰动	操作参数(温度、压力、液位、流量等)异常
测量误差	温度、压力、液位等报警假指示；分析化验结果不正确
外部事件或影响	环境温度过低或过高；地震、台风等自然灾害

以储罐罐区为例，应用 SWIFT 法进行风险辨识，首先可以将整个储罐罐区拆分为储罐、管道、泵、阀门、消防系统、火炬系统、安全附件等子系统。组建团队整理资料，再基于表 6-6 的引导词逐一对子系统进行分析。首先分析储罐，考虑引导词操作错误和其他人为因素，可以首先分析存在哪些操作，然后针对这些操作逐一讨论。例如，如果切水操作未及时关阀，会导致什么后果。这时就需要结合储罐中的物料进行分析讨论。如果物料有毒，则可能导致人员中毒伤亡。如果物料为易燃易爆物质，则可能因为物料泄漏，遇火源引发火灾爆炸。再讨论对应的应对措施，对于人员的误操作，一方面可以要求严格遵守操作规程，切水时双人作业；另一方面也可以根据详细评估风险大小，考虑设置自动切水或密闭切水设备。将分析结果记录至表格，如表 6-7 所示。继续基于操作错误和其他人为因素，提出其他

问题，并讨论可能的后果及应对措施。该引导词没有新的问题后，再基于其他引导词分析讨论。全部引导词分析完成后，再分析下一个子系统，直至完成全部系统的分析。

表 6-7 SWIFT 法分析记录表格

子系统	引导词	问题	后果	应对措施
储罐	操作错误和其他人为因素	切水操作未及时关阀	有毒物料泄漏，可能导致人员中毒伤亡	严格遵守操作规程，切水时双人作业，考虑安装自动切水设备
		……	……	……
	设备或仪器故障	……	……	……
	……	……	……	……
管道	……	……	……	……
……	……	……	……	……

无论是传统 What-if 法，还是 SWIFT 法，分析内容都比安全检查表法更加发散，能够发现安全检查表法无法发现的很多非常规问题。但是这两种方法，也很难识别出所有的违反标准规范的问题。因此，在实际的分析过程中，安全检查表和故障假设分析往往是相辅相成的。

6.4 失效模式与影响分析

6.4.1 FMEA 方法概述

失效模式与影响分析（failure mode and effects analysis，FMEA）是一种结构化分析方法，用于识别设备或系统中的潜在失效模式及其可能影响，从而在设计或操作阶段采取预防措施，降低失效风险，提高设备或系统的质量和可靠性。FMEA 最早由美国军方于 1949 年开发，最初应用于分析弹药生产中的故障问题。进入 20 世纪 50 年代，FMEA 开始应用于航空器主操控系统的失效分析。20 世纪 70 年代，随着需求的增加，FMEA 逐渐推广至航空航天、汽车、医疗、电信等领域，并发展为标准化工具。汽车行业在这一过程中起到了重要推动作用，1982 年，美国汽车工业行动小组（AIAG）成立并推动 FMEA 的标准化，1986 年，德国汽车工业协会（VDA）将 FMEA 纳入标准。2019 年，AIAG 与 VDA 联合发布了新版 FMEA 手册，提出了“七步法”，进一步结构化了 FMEA 分析方法。

FMEA 的标准化也扩展到国际和中国的标准体系。1985 年，国际电工委员会（IEC）发布了第一版 IEC 60812 标准《系统可靠性分析技术 失效模式和效应分析（FMEA）程序》，为 FMEA 应用提供了国际性指导。1987 年，中国根据行业需求发布了 GB/T 7826 标准《系统可靠性分析技术 失效模式和效应分析（FMEA）程序》，标志着 FMEA 方法在中国的本土化应用。随着标准的不断更新与完善，FMEA 在各行业已成为提升设备或系统的可靠性、降低生产故障率的重要工具。目前，最新版本的 IEC 60812 为 2018 年版，GB/T 7826 为 2012 年版。FMEA 在化工行业的应用主要集中在设备维护和故障诊断领域，主要目的是提高设备的可靠性和稳定性。化工企业的设备操作面临着复杂的生产工艺和高风险的操作环境，可以通过 FMEA 分析潜在的失效模式和事故后果，帮助企业识别可能的设备安全隐患，减少事故发生的概率。

失效模式、影响与危害性分析（failure modes，effects and criticality analysis，FME-

CA）是在 FMEA 的基础上增加了危害性分析部分。在分析失效模式及其影响后，进一步评估失效模式的严重性（severity）、发生概率（occurrence）和可检测性（detection），并进行量化分析（如通过风险优先数 RPN 或危害性等级）。通过这些量化指标对失效模式进行优先级排序，帮助决策者更有针对性地分配资源。

6.4.2 FMEA 的分析步骤

FMEA 应用于化工设备的风险辨识主要步骤如下。

① 明确分析范围与目标，分解设备系统结构。明确分析对象及其系统边界、目标和限制条件；将设备系统分解为若干子功能单元，确定所有要分析的最小单元。

② 选择一个设备单元，结合历史数据、设计规范和专家经验识别该单元的全部失效模式。化工行业的设备失效模式可以参考 GB/T 20172—2006《石油天然气工业　设备可靠性和维修数据的采集与交换》的分类规定。表 6-8 为标准列出的压缩机常见失效模式。

表 6-8　压缩机失效模式

设备单元	编号	代码	定义	描述
压缩机	1	FTS	不能按指令启动	不能启动压缩机
	2	STP	不能按指令停车	不能停车或不正确的关闭措施
	3	SPS	误停车	压缩机意外的停车
	4	BRD	事故	严重损坏(卡住、破损、爆炸等)
	5	HIO	高输出	规格以上的压力流量输出
	6	LOO	低输出	要求规范以下的压力流量输出
	7	ERO	不稳定输出	颤振或是不稳定的压力流量
	8	ELP	过程介质外漏	过程介质漏至环境
	9	ELU	有用介质外漏	隔腐密封衬、冷却剂等
	10	INL	内漏	如润滑油中的过程介质
	11	VIB	振动	过分的振动
	12	NOI	噪声	过分的噪声
	13	OHE	过热	过高的温度
	14	PDE	参数偏离	监测参数超过允许值
	15	AIR	仪表读数异常	如假警报、故障读数
	16	STD	结构性缺陷	如支座或悬架破裂
	17	SER	一般运行问题	零件松动、变色、脏污等
	18	OTH	其他	无上述情况，在注解处规定
	19	UNK	未知	不充分的或遗漏的信息

③ 从上一步确定的该单元所有失效模式中选择一个，分析该失效模式对设备系统或整个化工流程的影响。

④ 分析可能导致该失效模式的潜在原因。

⑤ 提出针对该失效模式的建议应对措施或安全保护措施。

⑥ 重复第②至第⑤步，直至分析完该单元的所有失效模式。

⑦ 重复第①至第⑥步，直至分析完所有的设备单元。

⑧ 完成 FMEA，编制报告，并确定下一次分析时间。

FMECA 在 FMEA 的基础上对于每个失效模式还要确定其危害性，风险优先数（RPN）

是常用的定量确定危害性的方法。它和第二章介绍的基于严重性和可能性的风险评估相比，增加了另一个参数可探测度 D。

$$\mathrm{RPN}=SOD$$

式中 S——严重性，无量纲数，表示一种失效对系统或用户的影响严重程度，许多 FMEA 的研究将其称为严酷度；

O——一种失效模式在预先确定或规定的时间段内发生的频度，采用等级值来表示比用真实的发生概率值表示更合适；

D——可探测度，无量纲数，即在系统或用户受影响前识别和消除失效的估计概率。D 值的排序原则通常与严重性或发生概率的排序相反。D 值越高，可探测度越小。较低的可探测度将导致较高的 RPN，故处理失效模式的优先级较高。

风险优先数可用于确定减轻和消除失效模式的优先次序。除了依据 RPN 的大小外，失效模式严重性也是需要考虑的因素。如果失效模式的 RPN 相同，严重性高者优先。

这种关系可用连续的或离散的（有限数量的规定数标）尺度来量化估计。把失效模式按照它们的 RPN 值进行排序，RPN 越高，优先级越高。在一些应用中，失效影响的 RPN 超过规定阈值是不可接受的；而在另一些应用中，严重性越高就越重要，而不考虑 RPN 值。不同类型的 FMECA 对 S、O 和 D 定义了不同的取值范围。有些是 1～4 或 5；还有一些，如广泛用于汽车工业的设计和生产过程分析的 FMECA，取值范围则为 1～10。

包含了危害性分析的 FMEA 步骤如图 6-1 所示，虚线方框内为 FMECA 所特有的步骤，典型的 FMECA 记录表如表 6-9 所示。

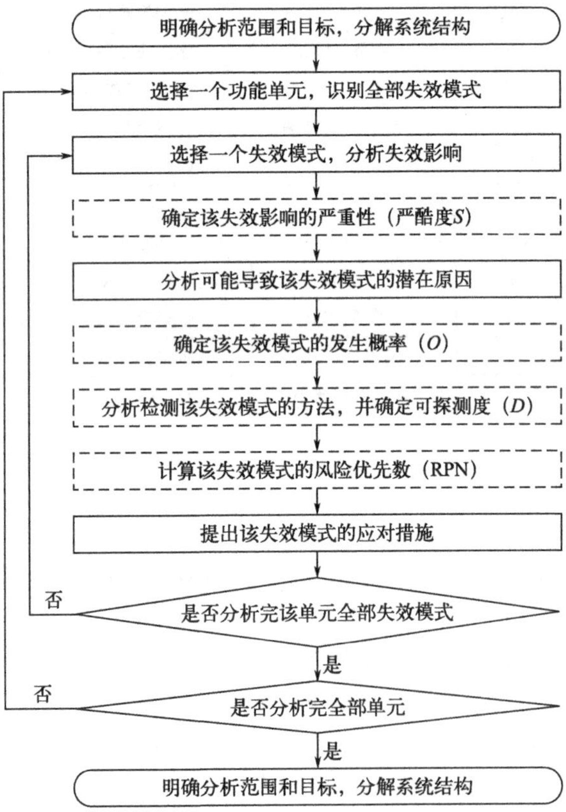

图 6-1 FEMA/FMECA 分析步骤图

表 6-9　FMECA 分析记录表格

编号	单元名称	失效模式	失效原因	失效后果	探测方法	S	O	D	RPN	建议措施
1	储罐									
1.1	储罐主体									
1.2	呼吸阀									
……	……									
2	管道									
……	……									

6.4.3　FMEA 的应用

FMEA 在化工行业中，主要应用于设备的风险评估。FMEA 分析对设备故障原因的识别，能够有效地支撑维护检修策略的制定，使设备长周期、稳定、满负荷高效运行，减少设备故障导致的安全生产事故。因此，FMEA 已经成为 PSM 管理体系要素设备完好性管理（见第 10 章）的重要工具。

以储罐罐区为例，对罐区进行分析首先需要明确分析范围，即罐区内所有的动静设备。然后将罐区分解为多个子系统，如储罐、管道、泵、阀门、火炬、消防系统等，而储罐又可以进一步分解为多个功能单元，如储罐主体、呼吸阀、安全阀、内浮顶等。

进一步选择储罐主体开展分析，识别出以下失效模式：储罐壁破裂；储罐底板腐蚀泄漏；储罐焊缝失效；储罐超压变形。

再针对储罐壁破裂这一失效模式分析可能的失效后果：储罐壁破裂可能导致大量储存介质泄漏，化学介质泄漏至环境中可能污染土壤和水源，同时损坏设备造成经济损失。FMECA 还要进一步分析该失效后果的严重性。该企业的事故后果严重性分级表如表 6-10 所示。将储罐壁破裂这一失效模式再分为腐蚀破裂和超压破裂两类。假设储罐内物料有毒，对于腐蚀导致的缓慢破裂，可能造成罐区内巡检的 2 人中毒，储罐维修经济损失约 50 万元，严重性 S 取 4。对于超压导致的爆炸破裂，可能造成罐区内巡检的 2 人受到爆炸冲击波冲击死亡，经济损失超过 100 万元，严重性 S 取 5。

表 6-10　失效后果严重性分级表

等级	严重性描述	量化标准(S 值)
1	无影响	对系统、人员和环境无影响，经济损失<1000 元
2	轻微影响	对系统性能略有影响，无安全或环境问题，经济损失 1000～10000 元
3	中等影响	系统性能下降，有轻微环境影响或轻伤，经济损失 10000～100000 元
4	严重影响	系统运行中断，环境污染中等，可能导致非致命性人员伤害，经济损失 100000～1000000 元
5	灾难性影响	导致多人死亡、严重环境污染或系统不可恢复，经济损失>1000000 元

再分析该失效模式的可能失效原因：腐蚀破裂的原因即腐蚀介质长期作用，2～3 年发生一次，参照表 6-11，发生概率 O 取 3；超压破裂的原因可能是储罐运行压力超出设计范围，查询企业历史数据库，超压破裂 7～8 年 1 次，发生概率 O 取 2。

表 6-11 失效模式发生概率分级表

等级	发生概率描述	量化标准(O 值)
1	几乎不可能	1 次/10 年及以上
2	很低	1 次/5～10 年
3	中等	1 次/1～5 年
4	较高	每年 1 次
5	很高	每季度 1 次或以上

最后分析针对该失效模式的检测方法有：针对腐蚀检测，每半年使用超声波厚度测量仪检测罐壁厚度超声波检测（见第 10 章），参照表 6-12，检测度 D 取 3。针对超压破裂，储罐运行参数（如压力、液位）有实时的在线监测及报警且装有安全阀，检测度 D 取 1。

表 6-12 失效模式检测度分级表

等级	可探测度描述	量化标准(D 值)
1	极易检测	检测手段高度可靠(如实时监控),失效几乎必然被发现
2	较易检测	定期检测可以高概率发现失效(每月或每季度)
3	中等	检测手段有局限性,部分失效模式可能被遗漏
4	较难检测	检测难度较大,检测频率较低,仅能偶然发现
5	无法检测	现有检测手段完全无法发现失效

基于上述分析，可以计算得：

腐蚀破裂：RPN＝4×3×3＝36

超压破裂：RPN＝5×2×1＝10

提出建议措施，针对腐蚀破裂，增加储罐腐蚀检测频率（可以提升至季度乃至月度），还可以加强储罐防腐涂层的维护，安装实时腐蚀速率监测仪。对于超压破裂，则要定期对压力检测仪表和安全阀进行校验。将分析结果记录至表 6-13。

表 6-13 FMECA 分析记录表格分析结果填写示例

编号	单元名称	失效模式	失效原因	失效后果	探测方法	S	O	D	RPN	建议措施
1	储罐									
1.1	储罐罐体	腐蚀破裂	腐蚀介质长期作用	化学品泄漏,导致环境污染和人员中毒	定期超声波检测	4	3	3	36	增加检测频率,实时监控腐蚀速率
		超压破裂	压力控制失效	储罐爆炸,造成人员死亡	压力实时监控系统	5	2	1	10	定期校验压力表和安全阀

6.5 危险与可操作性分析

危险与可操作性（hazard and operability，简称 HAZOP）分析是一种系统性的风险辨识与评估方法，被广泛应用于识别化工装置在设计、开车、运行、检维修、停车等各阶段的安全隐患与可操作性问题。

HAZOP 是 1964 年英国帝国化学公司（ICI）的工程师们在分析异丙苯生产苯酚和丙酮的过程设计问题时，用四个月时间摸索出来的一套方法。该方法后经不断完善，于 1973 年在美国举行的国际会议上公开发表，立即产生了极大反响。之后逐渐成为诸多国际石油、化工企业和工程公司的化工过程风险辨识最佳实践。至今，国内外形成了 IEC 61822—2016、GB/T 35320—2017、AQ/T 3049—2013 等一系列 HAZOP 标准规范（可扫描二维码观看视频）。

HAZOP 分析

高质量实施 HAZOP 分析，可以产生如下收益：

① 执行 HAZOP 分析是企业实现“安全第一，预防为主”理念的有效措施；

② 强化分析团队对工艺系统的认知能力，提升团队成员的安全意识；

③ 提升企业的过程安全管理（PSM）水平；

④ 保障化工过程顺利开停车；

⑤ 避免火灾、爆炸、有毒物质泄漏等重大事故的发生。

对于新建、改建的化工项目，应在设计阶段进行 HAZOP 分析。对在役化工设施，应自投产之日起每隔 3～5 年汇总装置变更，梳理曾经发生的过程安全事件，应用 HAZOP 分析方法对其再次进行风险辨识。

6.5.1 HAZOP 主要概念

节点（node）：由设备和/或管道组成的、具有一定功能的系统或系统的一部分。对于连续的工艺操作过程，HAZOP 分析节点为工艺单元；而对于间歇操作过程来说，工艺单元是指具有确定边界的设备单元；操作步骤是指间歇过程的不连续动作，或者是由 HAZOP 分析组分析的操作步骤。

设计意图（design intention）：被分析的化工过程系统或单元按设计要求应实现的功能。HAZOP 分析的关注点就是设计意图的偏离，因为设计意图的偏离往往会导致一些危险或可操作性问题。

参数（parameter）：描述化工过程的物理化学状态或行为的变量，如流量、压力、温度、液位、相态、组成、黏度等。在一个节点内，全面识别出来该节点内部的相关参数尤其重要，因为如果没有识别出来某些重要的参数，就会遗漏对某些设计意图偏离的分析。而要全面识别某个节点内的重要参数，对该节点的设计意图的准确理解和描述尤为重要。

引导词（guide word）：一种特定的描述设计意图偏离的词或短语。引导词的作用是帮助和引导 HAZOP 团队创造性地分析所有可能的设计意图偏离，从而尽可能使 HAZOP 分析更完整全面。表 6-14 列出了常用的化工过程 HAZOP 分析引导词。HAZOP 团队尽量不要自创引导词，否则容易混淆和困惑，容易影响 HAZOP 的分析质量和工作效率。

表 6-14 HAZOP 分析引导词及其定义

引导词	含义
无(none,no,not)	设计或操作意图的完全否定
过多(more)	同设计值相比，相关参数的量化增加
过少(less)	同设计值相比，相关参数的量化减小
伴随，以及(as well as)	相关参数的定性增加。在完成既定功能的同时，伴随多余事件发生，如物料在输送过程中发生组分及相变化，产生杂质，产生静电

续表

引导词	含义
部分(part of)	相关性能的定性减少。只完成既定功能的一部分,如组分的比例发生变化,无某些组分
逆向/反向(reverse)	出现和设计意图完全相反的事或物。如流体反向流动,加热而不是冷却,反应向相反的方向进行
其他(other than)	出现和设计意图不相同的事或物,完全替代。如发生异常事件或出现异常状态
早(early)	相对于给定时间早
晚(late)	相对于给定时间晚
先(before)	相对于顺序或序列提前
后(after)	相对于顺序或序列延后

偏差（deviation）：设计意图的偏离。一个节点的设计意图偏离往往是指该节点内的相关参数超出了正常的设计范围。由于一个节点的设计意图往往用若干个参数来定量或定性表达，因此一个节点会有多个设计意图偏离，即偏差。产生偏差的方式是引导词与参数的结合，即“引导词＋参数”。偏差的中文描述要符合中文习惯，比如引导词“过多”与参数“温度”结合时，不能描述为“过多温度”或“温度过多”，而应该是“温度过高”。

原因（causes）：发生偏差的根本原因，如某控制回路故障、某设备故障、操作失误等。

后果（consequences）：偏差所能造成的健康、安全、环境、经济等方面的不利后果。在分析偏差的后果时假定已有安全保护措施不存在。

安全措施（safety measures）：为消除偏差发生的原因或减轻其后果，所分析的化工装置中已经采取的安全保护措施（如联锁、报警、安全阀等）。

6.5.2 HAZOP 人员组成

HAZOP 分析小组一般由 5～8 位来自不同专业方向的专家组成。这些专家应具有足够的专业知识经验和较高的工程伦理素养，能够在 HAZOP 分析会上实事求是地回答、解决绝大多数问题。这些专家来自设计方、业主方、承包商，应包括设计人员、各专业工程师和经验丰富的操作人员。

小组至少包括如下人员：

① HAZOP 组长（有时也称作主持人或主席）；

② HAZOP 秘书（有时也称作记录员）；

③ 工艺专家；

④ 仪表专家；

⑤ 安全专家；

⑥ 设计专家；

⑦ 设备专家；

⑧ 操作/开车人员代表；

⑨ 其他相关专业专家/代表。

HAZOP 组长应由 HAZOP 分析专家担任，在 HAZOP 分析中起主导作用。HAZOP 组长在分析中应客观公正，积极鼓励、引导分析小组每位成员参与讨论；应引导工作组按照 HAZOP 分析方法论完成分析，而不偏离 HAZOP 方法论；应确保工艺或装置的每个部分、每个参数、每一个引导词都得到了分析。

HAZOP 秘书负责记录 HAZOP 会议内容，并协助 HAZOP 组长编制 HAZOP 分析报告。秘书要经过 HAZOP 培训，熟悉 HAZOP 工作程序、工作方法、工程术语，能够准确理解、记录会议讨论内容。

其他成员应具有一定的专业能力和经验，能够充分了解设计意图及运行方式。成员应跟随 HAZOP 组长的引导，积极参与分析和讨论，利用自己的知识和经验响应每个步骤的分析内容和要求。

6.5.3 HAZOP 分析步骤

在组建 HAZOP 分析小组后，可以按照流程（图 6-2）开展 HAZOP 分析。下面对于各步骤执行要点逐一介绍。

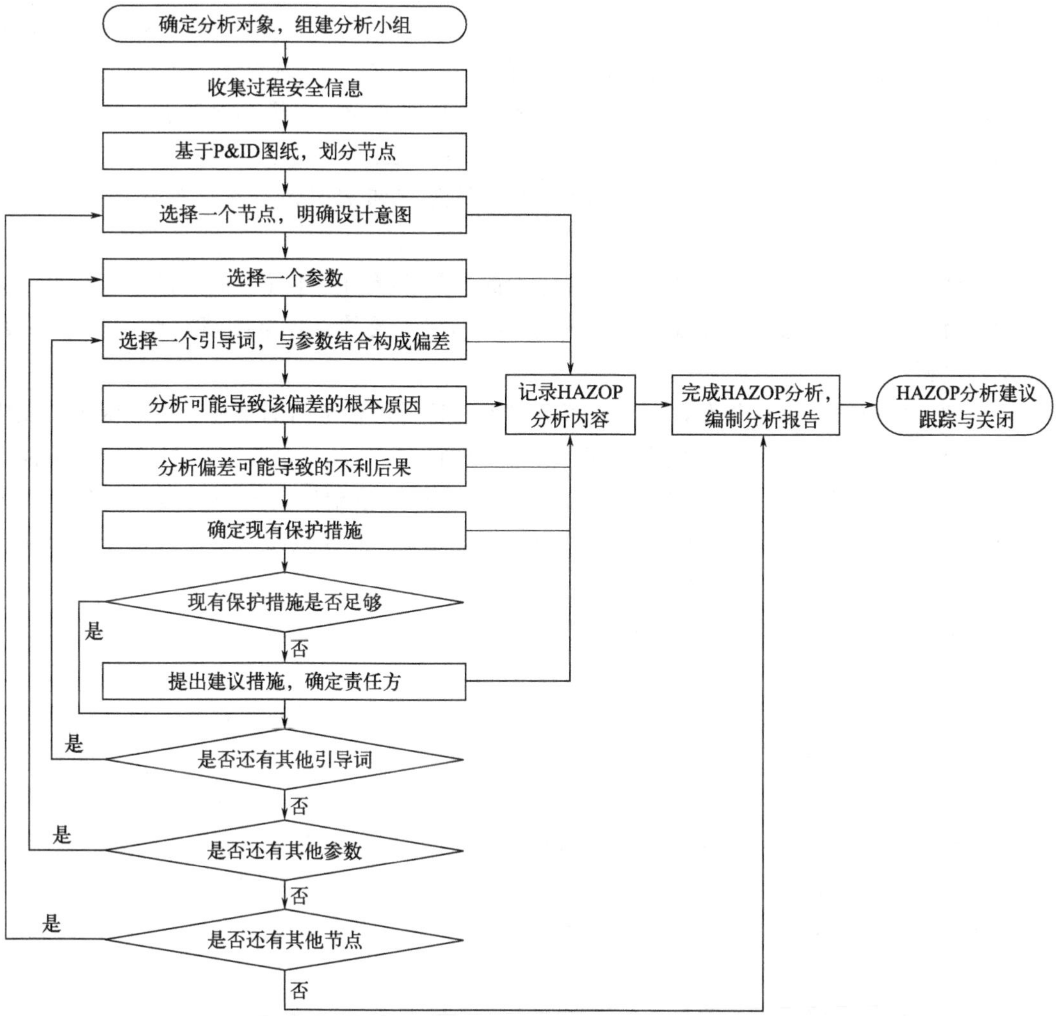

图 6-2　HAZOP 分析流程图

(1) 收集过程安全信息 (process safety information，PSI)　收集待分析化工过程的 PSI，PSI 的具体内容详见 2.3.4.1。需要强调的是 PSI 必须完整准确，反映待分析化工过程的实际情况。另外，分析小组还要收集该化工过程所属企业的风险矩阵（见图 2-2）。对于在役装置的 HAZOP 分析，需收集装置及国内外同类装置历史上发生过的事故、事件及未遂事件，整理装置建成以来的全部变更，并收集操作手册、应急预案等运行资料。

(2) 基于P&ID图纸划分节点 HAZOP分析要求对分析对象的P&ID图纸按流程顺序划分节点。节点划分太小或过细，可能影响对被分析对象的整体把握或理解，且导致分析时间的延长；节点划分过大，可能影响分析质量，导致某些偏差被遗漏或被忽视（事实上，某些单位为了加快HAZOP分析进程，抢进度、抢工期，或者节约成本等，人为地把节点划分过大，最终导致了化工事故）。通常一个单元操作即可划分为一个节点。

HAZOP分析前，HAZOP组长应预先对P&ID进行节点划分，并在HAZOP分析会议前，就其预先划分的节点以及预设的分析工作进度表向HAZOP分析小组成员进行介绍。必要时，可以根据小组成员的建议进行节点调整。HAZOP分析的节点应取得小组成员的一致认同。

(3) 选择一个节点，明确设计意图 现场分析会议开始后，HAZOP组长将按照预先划分的节点顺序，逐一选择节点开始分析。针对每个节点，设计专家有责任在开始分析前向小组成员解释该节点的流程和设计意图。只有分析小组成员对设计意图和参数有了清晰准确的理解和把握，才能保证之后HAZOP分析的讨论富有成效。建议设计专家对节点中每条管线和设备的设计意图均予以介绍，以方便小组成员理解和把握该节点内的所有相关工艺参数。

需要强调的是“设计意图”是下面将要进行的参数选择和产生偏差的基础，应尽可能完整准确，否则可能会疏漏某些关键参数和偏差。秘书将主要的设计意图填写至分析记录表，并由全体分析小组成员确认。

对于涉及反应器的分析节点，工艺专家应对反应特征进行全面的阐述，不局限于主反应的反应产物分布和放热特征，还应介绍可能发生的副反应，甚至是在一些异常操作条件下（如初始投料过程混合不均匀）可能发生的反应。这些设计基础作为判断反应失控后是否会出现超温超压以及泄漏后会产生何种影响的依据。第4章中介绍的反应安全风险评估可作为工艺专家及整个分析小组的关键输入内容。

(4) 选择一个参数 根据上一步确认的节点设计意图，选择该节点中的一个相关参数开始分析。一般来说，HAZOP分析记录表或者专业的分析软件会提前将各类通用的参数预置到表格或软件中。在实际分析的过程中，HAZOP组长按照预先确定的顺序，选择该节点中有实际物理意义的参数进行分析。例如在换热器的节点，一般就会选择流量和温度进行分析，而不会选择液位。

(5) 选择一个引导词，与参数结合构成偏差 针对上一步选中的参数，选择一个引导词，与之组成有意义的偏差。所谓有意义的偏差是指偏差产生的原因是实际可能发生的，其可能造成的后果会产生危险或带来可操作性问题。表6-15列出了连续化工过程HAZOP分析中常见的偏差组成。

(6) 分析可能导致该偏差的根本原因 在上一步确定了需要分析的偏差后，就要分析该节点中所有能导致该偏差的根本原因。需要注意的是，在一个节点内，同一个偏差可能会有多处，对应的原因和后果并不相同。例如反应器的流量高就存在进料原料流量高和产品出料流量高，换热器的压力高也存在管程压力高和壳程压力高两种情况。在实际分析的时候，需要将该节点内所有的偏差都找出来并注明，然后由HAZOP小组共同深入分析可能导致这些偏差的根原因。表6-16对典型偏差生成的可能原因进行了介绍。

表 6-15 连续化工过程 HAZOP 分析常见偏差组成

引导词		无	过少	过多	其他	伴随	部分	逆向
参数	流量	无流量	流量过低	流量过高	泄漏	起泡沫/两相混合/内漏/污染		逆向流
	压力	—	压力过低	压力过高	—	—	—	—
	温度	—	温度过低	温度过高	—	—	—	—
	液位	无液位	液位过低	液位过高	—	—	—	—
	界位	无界位	界位过低	界位过高	—	—	—	—
	组分	未加入物料	物料加入过少	物料加入过多	加错物料	污染	加料比例错误	加料比例颠倒
	时间	无操作	时间不足	时间过长	—	—	—	—

表 6-16 典型偏差及其对应原因

偏差		可能原因
引导词	参数	
无	流量	阀门故障关闭,错误路径,堵塞,盲板法兰遗留,错误的隔离(阀/隔板),爆管,气锁,流量控制回路故障,伴热失效,泵故障等
过多	流量	泵能力增加(泵运转台数错误增加),需要的输送压力降低,入口压力增高,控制阀持续开,流量控制器(限流孔板)误操作
	压力	压力控制失效,从高压连接处泄漏(管线和法兰),压力管道过热,环境辐射热,液封失效导致高压气体冲入,添注时气体/蒸汽放空不足,与高压系统的连接,容积式泵气阻
	温度	冷却器管结垢,冷却水供应系统故障,换热器故障,热辐射,高环境温度,火灾,加热器/反应器温度控制回路失效,加热介质内漏入工艺侧
	液位	进入容器物料超过了溢流能力,高静压头,液位控制回路故障,液位测量失效,下游流股受阻,出口隔断或堵塞
	黏度	材料、规格、温度变化,固体物高浓度或沉降
过少	流量	部分堵塞,容器/阀门/流量控制回路故障,泵故障,密度/黏度变化
	压力	压力控制失效,释放阀开启但没回座,容器抽出泵造成真空,蒸汽冷凝或气体溶于液体,泵或压缩机入口管线堵塞,倒空时容器排放受阻,泄漏,过度排放
	温度	环境温度过低,加热不足,换热器故障
	液位	相界面的破坏,气体窜漏,泵汽蚀,液位控制回路故障,液位测量失效,排放阀持续开,入口流股受阻,出料大于进料
	黏度	材料、规格、温度变化,溶剂冲洗过多
逆向	流量	下游压力高/上游压力低,虹吸,错误路径,阀故障,事故排放(紧急放空),泵故障,误操作,忘记关闭在线备用设备或管道
部分	组成	换热器内漏,不当的进料,相位改变,原料规格问题
伴随	流量	突然压力释放导致两相混合,过热导致气液混合或产生大量泡沫,换热器破裂导致被换热介质污染,分离效果差,空气/水进入,残留水力测试液体,物料通过隔离,空气进入,阀门内漏,过滤失效,夹带
其他	组成	其他物料被加入进来

通常在寻找导致偏差的原因时仅在本节点内考虑，同时仅考虑单一、独立的故障或失效原因，但应注意共因失效问题。如图 6-3 所示，同一容器中的两块压力传感器，一块用于控制回路，一块作为指示报警。那么当考虑容器中高温的苯乙烯（SM）物料使用时，由于 SM 气相易聚合，若引压管线未设置氮气的连续吹扫保护时，可能导致引压管线共同堵塞，此时若分析压力控制回路故障原因，应同时考虑压力报警也失效。

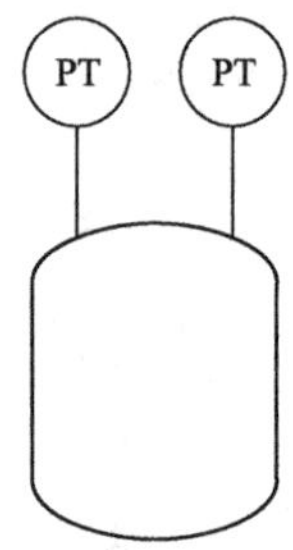

图 6-3　共因失效举例

(7) 分析偏差可能导致的不利后果　对于每个有意义的偏差，分析小组都应对其所有直接和间接的后果进行科学分析。与分析偏差原因不同，偏差导致的后果应考虑到全装置范围的影响。这些影响包括健康、安全、环境、经济、质量等方面的不利后果，要考虑到切实可能的最坏情况。这里值得注意的地方有两点：一是初学者很容易不科学地夸大后果，例如某些初学者会认为所有储罐内的“压力过高”这个偏差的后果都是储罐爆炸，这是不对的，因为如果该储罐所在的化工过程最大的压力都不能超过该容器的设计压力，这个容器是不会爆炸的；二是在分析这些不利后果时不考虑该化工过程已有的安全保护措施。

(8) 确定现有保护措施　分析小组要在 P&ID 图纸和其他 PSI 中识别出每一组原因和后果所对应的风险场景的已有保护措施，主要是被动控制措施和主动控制措施（见第 8 章）。

(9) 提出建议措施　针对每一个偏差的根原因和后果所对应的风险场景，分析小组要基于经验讨论其现有保护措施是否足够，即残余风险是否足够低。针对保护措施不足的场景，提出新增的安全保护建议措施，建议措施的表述应清晰明确，具有可操作性。HAZOP 分析小组应在分析会议上就提出的建议措施明确具体的责任方（个人或部门），由责任方负责对建议措施进行落实。这里需要指出的是，在 HAZOP 分析过程中，对于辨识出来的一些合规性和操作性的问题，即使残余风险已经很低了，也会提出建议措施，改善装置的可操作性并确保设计合法、合规。另外，需要重视的是在提出建议措施时，也要考虑本质更安全的措施（见 8.2），这是工艺创新的一个宝贵机会。

(10) 识别该参数是否还有其他引导词　对本节点内全部该偏差的所有风险场景提出必要的建议措施后，检查该参数是否还可以与其他引导词组成有意义的偏差，如果可以则回到第（5）步；如果没有其他引导词可以与其组合产生新的偏差，则进入下一步。

(11) 识别该节点是否还有其他参数　完成该参数全部偏差的分析后，检查该节点内是否还有其他需要分析的参数，如果有则选择下一个参数，回到第（4）步。如果该节点已经没有其他有意义的参数需要分析，则进入下一步。

(12) 判断该装置是否还有其他节点　当一个节点内所有有意义的参数都分析完毕后，按照预先划分的节点，若还有节点未分析，则回到第（3）步，按顺序分析下一个节点。若全部节点的全部参数分析均已完成，则现场分析会议就告一段落，进入下一步。

(13) 编制 HAZOP 分析报告　在分析会议进行的过程中，HAZOP 秘书会实时记录上述第（3）步至第（11）步的分析结果。现场分析会议结束后，再将 HAZOP 分析的结果汇总形成 HAZOP 分析报告，HAZOP 报告的主要内容参见《危险与可操作性分析（HAZOP 分析）应用指南》(GB/T 35320—2017) 中所介绍。

(14) HAZOP 分析建议跟踪与关闭　应当注意的是，撰写 HAZOP 分析报告并不代表 HAZOP 分析工作的结束。最终依据 HAZOP 的分析报告完成建议的跟踪落实和关闭，才代

表一次完整的 HAZOP 分析工作结束。这里需要说明的是，HAZOP 分析提出的建议，责任方不一定都会采纳。有时还会通过更定量地分析来确定建议措施的可行性。无论建议最终是否采纳实施，相关责任方都需要对建议措施的落实情况进行答复，形成闭环。相关建议措施跟踪落实和关闭的情况未来还要能经受审核。如果是新建、改建、扩建化工装置的 HAZOP 分析，在该装置开车前要开展的开车前安全审查（PSSR）也要审核 HAZOP 的建议措施落实情况（见 8.5.1 节）。

6.5.4 HAZOP 分析案例

图 6-4 为典型的柴油加氢工艺流程概念图，原料油与氢气混合经加热炉加热至反应温度后，进入加氢反应器进行反应，反应产物回收热量后经空冷冷却后依次进入高压/低压分离器，继而经过分馏塔分离产出液相产品柴油，气相与新氢混合返回反应系统中。

进行该装置的 HAZOP 分析时，首先收集过程安全信息，包含装置的工艺流程图(PFD)、工艺管道及仪表流程图（P&ID)、操作手册等内容。若该装置为在役装置，收集该项目过往生产过程的事故或操作异常信息，对于风险场景的建立很有帮助。

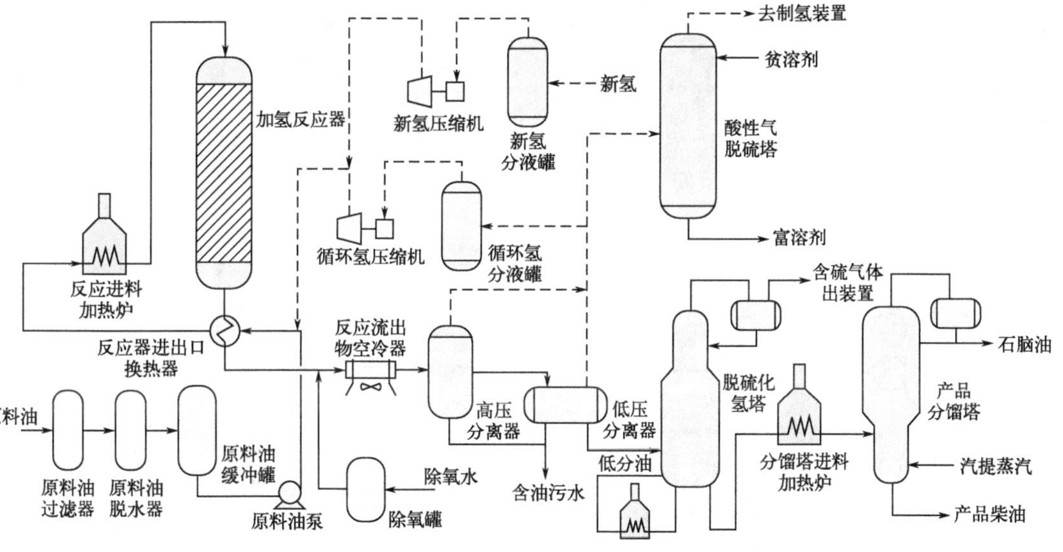

图 6-4 柴油加氢工艺流程概念图

在对整个流程有了全面的认知后，HAZOP 组长在分析会议启动前对 P&ID 进行节点划分，本装置共有 24 张 P&ID 图，依据流程以及 P&ID 内容的多少，划分为原料油过滤、原料油脱水、原料油输送等 24 个节点（详见表 6-17)。为了在分析过程中让分析小组明确分析范围，在 P&ID 图纸上，用不同颜色标注出节点范围，图 6-5 和图 6-6 展示了本次分析的包含节点 1、2、3 三个节点的两张图纸 P&ID1101 和 P&ID1102，相关图例可以扫二维码码获得。

柴油加氢 HAZOP
分析图图例

扫二维码可查看 HAZOP 分析的介绍视频，视频中简要介绍了 HAZOP 分析方法，并以节点 1“原料油过滤”的一个偏差演示了 HAZOP 分析的基本过程。教材中，我们将以节点 3“原料油输送”为例，再详细介绍 HAZOP 分析过程的注意事项，以及遇到复杂的场景如何讨论并提出建议措施。

HAZOP 分析

会议开始，首先请设计专家介绍该节点的设计意图。

图 6-5 柴油加氢 HAZOP 分析 节点 1、节点 2

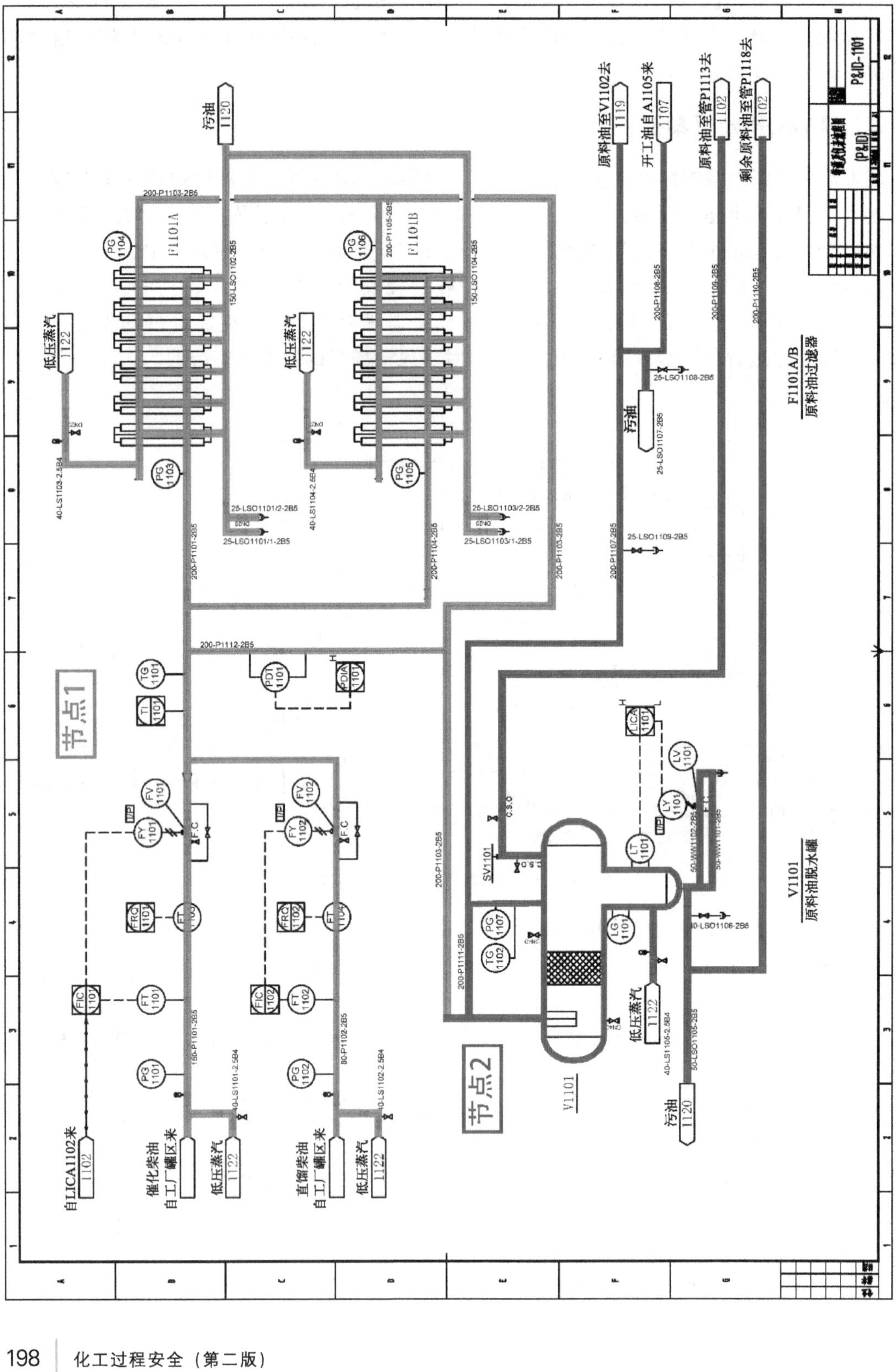

图 6-5 柴油加氢 HAZOP 分析节点 1、节点 2

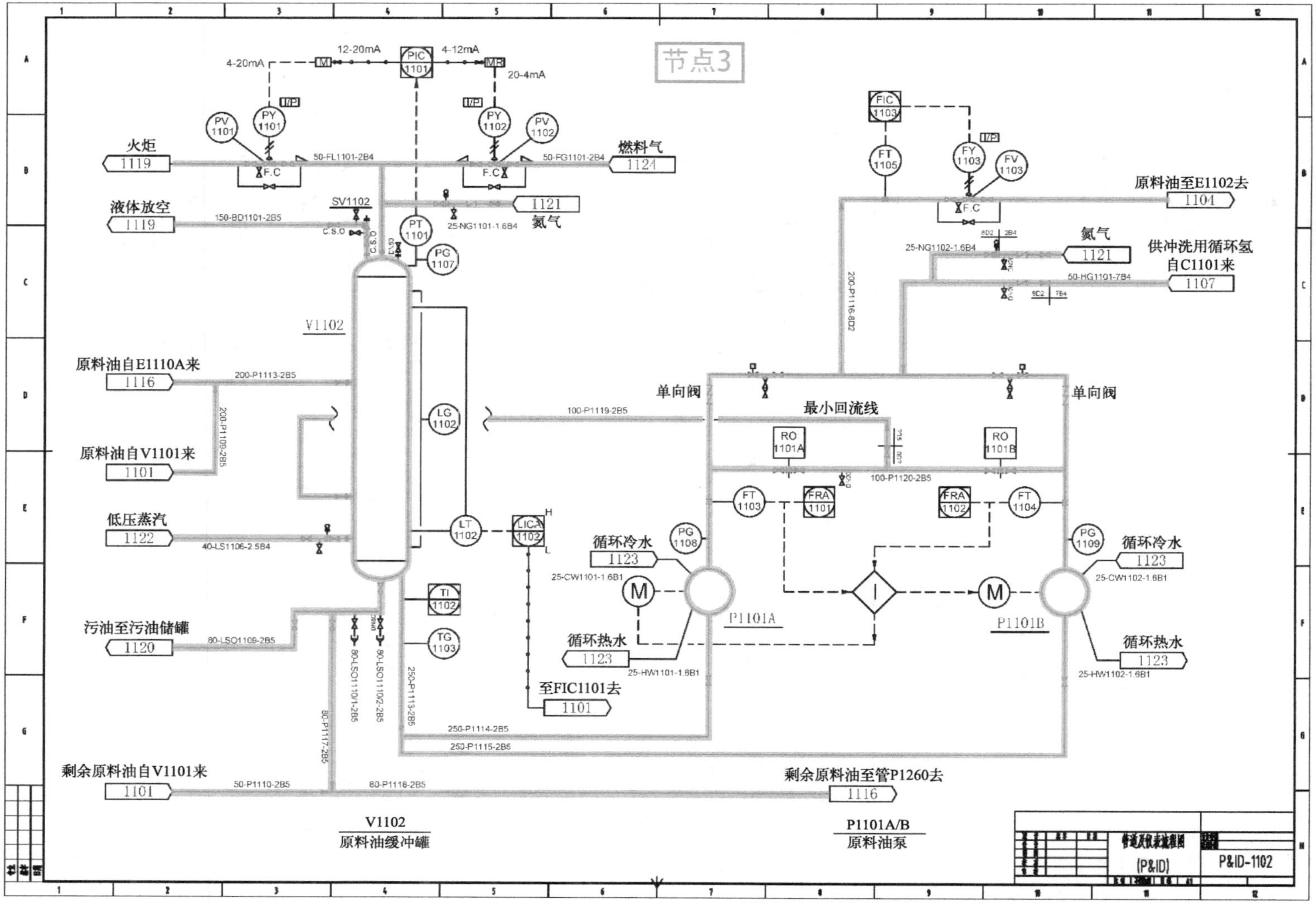

图 6-6 柴油加氢 HAZOP 分析节点 3

图 6-6 柴油加氢 HAZOP 分析节点 3

表 6-17 柴油加氢 HAZOP 分析节点划分表

节点编号	节点描述	节点编号	节点描述
节点 1	原料油过滤	节点 13	脱硫塔及其塔底采出部分
节点 2	原料油脱水	节点 14	脱硫塔塔顶回流部分
节点 3	原料油输送	节点 15	产品分馏塔进料加热炉
节点 4	新氢压缩机	节点 16	分馏塔及柴油产品采出部分
节点 5	循环氢压缩机	节点 17	分馏塔塔顶回流部分
节点 6	加氢原料/反应产品换热	节点 18	酸性气脱硫塔
节点 7	反应进料加热炉	节点 19	火炬放空系统
节点 8	加氢反应器	节点 20	污油系统
节点 9	反应产物注水	节点 21	氮气系统
节点 10	反应产物冷却	节点 22	蒸汽系统
节点 11	高压分离器	节点 23	循环水与新鲜水系统
节点 12	低压分离器	节点 24	燃料气系统

“原料油经过脱水后进入原料油缓冲罐（V1102）缓冲，经原料油泵（P1101A/B，A/B两个泵为一开一备）加压至 13.3MPa(G) 后，送至下游与氢气混合继而进入反应器。泵出口设置有流量控制回路 FIC1103，确保下游进入反应器的原料油流量稳定。为了避免 P1101A/B 入口流量过小，泵出口设置有最小回流线，经过限流孔板 RO1101 返回 V1102，在 P1101A/B 出口设置了流量低报警 FRA1101 和 FRA1102，并自带流量过低联锁停泵，保护泵体避免抽空损坏。同时 V1102 罐顶设置有 PIC1101 压力分程控制，当压力低于 0.1MPa(G) 时补入燃料气，当压力高于 0.35MPa(G) 时排放火炬。同时 V1102 设有安全阀 SV1102，考虑了当 PIC 控制失效时 V1102 可能有超压风险。”

其中原料油泵共两台，P1101A/B 一开一备，关键参数：泵送流量（178m^3/h），入口压力（0.3MPa），出口压力（13.3MPa，注意高低压界面的形成!）。原料油缓冲罐 V1102 关键参数：罐容（58m^3），操作压力（0.3MPa），设计压力（1.2MPa）。

首先分析讨论流量这个参数，选择引导词“无”，形成偏差“无流量”。然后 HAZOP 组长引导分析小组头脑风暴分析出现这种偏差的可能的根原因有哪些。此时一定要注意原因要分析全面，引导分析小组的共同分析思考。针对该流程，工艺专家认为根原因有可能是原料油泵（P1101A/B）故障跳车；仪表专家结合自身的经验分析根原因也可能是进料流量控制阀 FV1103 故障关闭。

针对每种可能的原因，记录员均要记录下来，并逐条讨论对应的可能事故后果，事故原因、偏差及后果共同构成一个事故假设场景。以“原料油泵 P1101A/B 跳车”为例，当发生该故障后分析小组共同分析可能的事故后果。注意，当找寻原因时，在分析节点内找原因，但是针对特定原因的后果分析要在整个装置内分析可能的影响。经讨论：

① 从上游的影响看，可能导致原料油缓冲罐 V1102 液位上升，严重时可能导致 V1102 冒罐。

② 从下游的影响看，可能导致下游节点 7 的加热炉 F1101 原料油进料中断，导致

F1101 出口物料温度过高，节点 8 的反应器 R1101 内氢油比上升，反应加速，床层温度上升，严重时可能导致反应器床层飞温，反应器超温损坏。

③ 从下游跟上游的结合来看，原料油泵 P1101A/B 跳车后，原料油进料管线系统失压，下游的高压物料逆流至进料泵出口，经泵出口最小回流线逆流进入原料缓冲罐 V1102，由于 V1102 的设计压力只有 1.2MPa(G)，而泵下游的管线操作压力为 13.3MPa(G)，若发生逆流，待管道内的柴油全部流回缓冲罐后，下游的高压氢气窜入 V1102，会导致储罐严重超压损坏，高温的原料油和氢气泄漏至环境中，进一步引发火灾爆炸，可能导致现场巡检人员伤亡。

节点 7 和节点 8 的节点图

对于上述严重场景，分析现有设计方案中有哪些有效的保护措施可以规避事故的发生。首先针对原料油泵 P1101 的故障停这个场景原因，P1101 设有备用泵，当发现泵故障后可以启动备用泵。再针对原料油缓冲罐 V1102 液位上升冒罐的场景后果，V1102 设置有液位控制及高报警 LICA1102。针对加热炉 F1101 进料流量中断，出口温度过高，R1101 超温的场景后果，设置了 P1101A/B 出口流量低报警，F1101 出口温度控制 TIC1103，R1101 床层温度控制 TIC1104 和温度高高联锁 I01。针对 P1101 跳车导致的下游高压氢气逆向窜入 V1102 导致超压爆炸的场景后果，P1101 出口设置有单向阀，罐 V1102 设置有压力控制 PIC1101 和安全阀 SV1102。

然而设计人员此时提出："V1102 的压力控制和安全阀设计本意是应对上游进料和下游生产负荷调整的压力波动及控制失效导致的超压，其设计选型的泄放能力不一定能满足泵跳车后的逆流场景。"

当分析小组对于 V1102 的压力控制和安全阀这个关键保护措施的有效性无法确认时，HAZOP 组长提出："将此要求作为建议项要求设计专家进行确认，核实 V1102 罐顶压力控制和安全阀是否可处理此工况。"若经核实，可以保护此事故工况，则认为措施有效，否则该措施不能列入有效的保护措施。

此时安全专家进一步提出，原料油泵 P1101 出口的单向阀是防止原料油倒流的，它不属于强制检修设备，很容易因为积碳等失效。建议加强对单向阀的检查、检测和维护管理，同时在原料油泵出口管线的流量控制阀 FV1102 后设置紧急切断阀，当原料油流量低低时，联锁关阀，防止下游高压氢气顺最小回流线逆向窜入原料油缓冲罐。

接着 HAZOP 组长继续组织讨论"FV1103 故障关"这个原因对应的无流量场景事故后果和保护措施。经分析，发现该场景下也可能发生"反应进料泵 P1101A/B 跳车"场景的事故后果 1 和后果 2。但由于 FV1103 阀门关闭，且 P1101 未停泵，不会出现逆流导致 V1102 超压的后果。另外，对于前一个场景的保护措施，除了 P1101 设置备用泵外，其他针对后果 1 和后果 2 的保护措施在该场景下也能发挥作用。

记录员在分析过程中，将上述确定的讨论内容记录到 HAZOP 分析记录表中，如表 6-18 所示。可看出，当进行无流量偏离的 HAZOP 分析时，分析小组找到了原料油泵 P1101A/B 故障跳车为偏差的原因。其中下游原料油中断导致加热炉和反应器超温的场景，原有设计方案设置了诸多保护措施。但对于因停泵后，下游的高压氢气逆流窜入上游原料油缓冲罐导致的超压风险，之前认识不足。而这一事故场景与某石化公司造成 2 死 1 伤的爆炸着火事故吻合。该事故造成了 2 人死亡 1 人受伤，直接经济损失约 338 万元。可见，如果全面、认真地开展 HAZOP 分析，可以发现许多设计和操作的安全隐患，减少重大安全生产事故发生。

表 6-18 柴油加氢装置 HAZOP 分析表（示例）

<table>
<tr><td colspan="2">节点序号</td><td>节点名称</td><td colspan="4">设计意图</td></tr>
<tr><td colspan="2">节点 3</td><td>原料油输送</td><td colspan="4">原料油经过脱水后进入原料油缓冲罐(V1102)缓冲，经原料油泵(P1101A/B)加压至 13.3MPa(G)后，送至下游与氢气混合加热后送入反应器。泵出口设置有流量控制回路 FIC1103，确保下游进入反应器的原料油流量稳定。为了避免 P1101A/B 入口流量过小，泵出口设置有最小回流线，经过限流孔板 RO1101 返回 V1102，在 P1101A/B 出口设置了流量低报警 FRA1101 和 FRA1102，并自带流量过低联锁停泵。同时 V1102 罐顶设置有 PIC1101 压力分程控制，当压力低于 0.1MPa(G)时补入燃料气，当压力高于 0.35MPa(G)时排放火炬。同时 V1102 设有安全阀 SV1102，考虑了当 PIC 控制失效时 V1102 可能有超压风险</td></tr>
<tr><td colspan="2">图号</td><td>会议日期</td><td colspan="4">参加人员</td></tr>
<tr><td colspan="2">P&ID-1102</td><td>××××年××月××日</td><td colspan="4">组长：×××　秘书：×××　参与人员：×××、×××、×××、×××、×××</td></tr>
<tr><td>偏差</td><td>原因</td><td>后果</td><td>保护措施</td><td>建议措施</td><td>责任方</td><td>备注</td></tr>
<tr><td rowspan="7">No Flow
(无流量)</td><td rowspan="5">1. 反应进料泵 P1101A/B 跳车</td><td>原料油缓冲罐 V1102 液位上升，严重时可能导致原料油进入火炬管网，影响火炬系统操作</td><td>①P1101 设有备用泵
②V1102 液位控制及高报警 LICA1102</td><td></td><td></td><td rowspan="7"></td></tr>
<tr><td>加热炉 F1101 原料油进料中断，导致反应器 R1101 进料温度高，反应器床层温度上升，严重时可能导致反应器飞温，催化剂超温损坏</td><td>①P1101 出口流量低报警 FRA1101/FRA1102
②F1101 出口温度控制 TIC1103
③R1101 床层温度控制 TIC1104
④R1101 温度高高联锁 I01</td><td></td><td></td></tr>
<tr><td rowspan="3">原料油进料管线系统失压，高压物料逆流至进料泵入口，经泵出口最小回流线逆流进入原料缓冲罐 V1102，严重时高压氢气进入 V1102，导致超压损坏，物料泄漏，有火灾爆炸隐患</td><td rowspan="3">①P1101 出口设置单向阀
②V1102 压力分程控制 PIC1101
③V1102 设有安全阀 SV1102</td><td>评估进料泵跳车后原料逆流工况，核实 V1102 罐顶压力控制和安全阀是否可处理此工况</td><td>设计院</td></tr>
<tr><td>加强对单向阀的检查、检测和维护管理</td><td>业主</td></tr>
<tr><td>考虑在进料泵出口管线的 FV1103 阀门后，增设紧急切断阀，并设置出口流量低低联锁关该紧急切断阀</td><td>设计院与业主</td></tr>
<tr><td rowspan="2">2. FV1103 故障关(Fail Close,F.C)</td><td>原料油缓冲罐 V1102 液位上升，严重时可能导致原料油进入火炬管网，影响火炬系统操作</td><td>V1102 液位控制及高报警 LICA1102</td><td></td><td></td></tr>
<tr><td>加热炉 F1101 原料油进料中断，导致反应器 R1101 进料温度高，反应器床层温度上升，严重时可能导致反应器飞温，催化剂超温损坏</td><td>①P1101 出口流量低报警 FRA1101/FRA1102
②F1101 出口温度控制 TIC1103
③R1101 床层温度控制 TIC1104
④R1101 温度高高联锁 I01</td><td></td><td></td></tr>
</table>

通过此示例，可清晰地看到 HAZOP 如何辨识化工装置中不易察觉的风险及确定保护措施，并针对保护措施不足的场景提出可行的建议措施。然而当分析小组决定采取措施后，又出现了新的问题，传统的 HAZOP 只是进行风险的辨识，但无法判断风险多大，采取建议措施后风险是否可接受。虽然，现在许多 HAZOP 分析时，也会用风险矩阵，判断初始风险和残余风险，但分析时只是采用定性的分级数据，无法准确判断风险大小。其次，对于流量低低关闭下游切断阀联锁的可靠性如何确定？而这些问题的回答，均需借助下一章的保护层分析（LOPA）方法回答。

最后值得一提的是 HAZOP 分析在工程实践中是一个费时费力的过程。一个典型的化工流程的 HAZOP 分析往往需要耗费 HAZOP 小组几个星期到几个月的时间。HAZOP 分析小组成员的知识水平和职业伦理素养不同，人工 HAZOP 分析的结果往往会产生疏漏，不够全面。为提升人工 HAZOP 分析的质量和工作效率，国际上从 20 世纪 80 年代起就开始了 HAZOP 智能化研究。有兴趣的读者可以查看参考文献 [22] [24]。

习题

1. 简述 HAZOP 分析步骤及流程，并描述 3 种以上可能导致 HAZOP 分析质量不高的因素。

2. 针对 6.5.4 节柴油加氢案例的节点 3，选择其他偏差进行 HAZOP 分析。

3. 描述检查表法的主要特点与优缺点，并举例说明一个典型应用。

4. 某石化公司将在现有罐区旁，拆除一台报废停用的 5000m^3 汽油常压储罐，并重新设计建造两台 1000m^3 液化石油气高压球罐。假定你是石化公司的负责人，请描述你将如何规划项目建设的不同阶段（拆除、设计、施工、投产运行）中的风险辨识工作，并说明该项目不同阶段中风险辨识工作的目的、工作范围和工作方法。

参考文献

[1] API RP 14C. Recommended practice for analysis, design, installation, and testing of basic surface safety systems for off shore production platforms. American Petroleum Institute, 2001.

[2] GB/T 16483—2008. 化学品安全技术说明书 内容和项目顺序.

[3] GB/T 27921—2023. 风险管理 风险评估技术.

[4] CCPS. Guidelines for hazard hazard evaluation procedures. 3rd ed. Hoboken: Wiley-Blackwell, 2008.

[5] IEC 61882-2016. Hazard and operability studies (HAZOP studies)-Application guide.

[6] AIAG & VDA. FMEA Handbook 2019: Failure Mode and Effects Analysis (FMEA).

[7] IEC 60812—2018. Failure modes and effects analysis (FMEA and FMECA).

[8] GB/T 7826—2012. 系统可靠性分析技术 失效模式和影响分析（FMEA）程序.

[9] GB/T 20172—2006. 石油天然气工业 设备可靠性和维修数据的采集与交换.

[10] ISO 14224: 2016. Petroleum and natural gas industries-Collection and exchange of reliability and maintenance data for equipment.

[11] Frank W L, Whittle D K. Revalidating Process Hazard Analyses. Wiley-Blackwell, 2001.

[12] Perry R H, Green D W. Perry's Chemical Engineers' Handbook. 7th ed. McGraw-Hill, 1997.

[13] Greenberg H R, Cramer J J. Risk Assessment and Risk Management for the Chemical Process Industry. Hoboken: John Wiley & Sons, Inc., 1991.

[14] Yacov Y Haimes. Risk Modeling, Assessment, and Management. John Hoboken: Wiley & Sons Inc., 2004.

[15] Lawley H G. Operability studies and hazard analysis. Chemical Engineering Progress, 1974, 8 (4): 105-116.

[16] Klezt T. HAZOP-Past and Future. Reliability Engineering and System Safety, 1997, 55 (3): 263-266.

[17] Kletz T. What Went Wrong-Case Histories of Process Plant Disasters. 5th ed. Oxford: Butterworth-Heinemann,

2009.

[18] Card A J, Ward J R, Clarkson P J. Beyond FMEA: The structured what-if technique (SWIFT). Journal of Healthcare Risk Management, 2012, 31 (4): 23-29.

[19] 蒋军成，郭振龙．工业装置安全卫生预评价方法．北京：化学工业出版社，2004.

[20] 孙连捷，张梦欣．安全科学技术百科全书．北京：中国劳动社会保障出版社，2003.

[21] 贺陈琴，王岳．FMEA 在乙烯罐区风险分析中的应用研究．中国安全生产科学技术，2012，8 (1)：149-153.

[22] Venkatasubramanian V, Zhao J S, Viswanathan S. Intelligent systems for HAZOP analysis of complex process plants. Computers & Chemical Engineering, 2000, 24 (9/10), 2291-2302.

[23] Zhao J S, Cui L, Zhao L H, et al. Learning HAZOP Expert System by Case-based Reasoning and Ontology. Computers & Chemical Engineering, 2009, 33 (1): 371-378.

[24] Li Z Y, Zhao J S. HAZOPCT: a HAZOP analysis Completeness tool based on knowledge graph reasoning. Process Safety and Environmental Protection, 2025, 197: 107025.

第7章

风险分析与评价

“一个事物，你如果无法度量它，就无法管理它（If you can't measure it, you can't manage it）。”

——现代管理学之父　彼得·德鲁克（Peter Drucker）

利用上一章介绍的风险辨识方法对化工过程进行研究，实质上是在回答两个问题：第一，该化工过程异常时可能发生哪些事故及其根原因是什么？第二，针对该事故，我们采取了哪些保护措施？

那么当回答完以上问题后，继而我们需要回答，辨识出的这些风险到底有多么严重或者会经常发生吗？我们是否可以接受这种风险？

这就需要对每个风险场景深入理解，包括对其严重程度和可能性的深刻认知和分析，即风险分析。风险分析可以是定性的，也可以是定量的。定性的风险分析会严重依赖风险分析团队的经验和知识，风险分析的科学性不足，所提出的风险管控措施也会有较大差别，也很难知道风险管控水平是提升了，还是下降了。因此，定量化的风险分析已经为越来越多的现代化工企业所青睐和采用，进而使得 PSM 的科学性得到增强。

化工事故的主要形式就是危险化学品的泄漏、扩散、火灾和爆炸。对这些事故影响的严重程度进行量化分析需要利用第 5 章的知识。如果是反应单元的事故，还需要利用第 4 章有关知识。然后再利用事先定义的严重性等级划分标准（如表 2-1）确定严重度等级。

如何衡量风险场景的可能性？这里的可能性有两种情况要考虑：一个是在不考虑已有保护措施的情况下的初始风险的可能性，另一个是考虑保护措施后的残余风险的可能性。一般而言，初始风险的可能性主要依赖于该风险场景当中的根原因（也叫始发事件）的可能性，这个要通过设备完好性管理（见第 10 章）系统的数据，或者事故事件积累的数据（见第 11 章）进行衡量。进一步考虑保护措施后的可能性，便可以整体分析和评价该风险场景的残余风险。本章介绍了三种常见的半定量或定量分析事故后果可能性的风险分析方法——保护层分析（LOPA）、故障树分析（FTA）和定量风险分析（QRA）。

7.1 保护层分析

保护层分析（Layer of protection analysis，简称 LOPA）的概念最早是美国化学工程师学会化工过程安全中心于 1993 年在《化工过程自动化指南》中提出。该中心组织编写的

LOPA 专著于 2001 年正式出版，标志着该方法的成熟。经过二十多年的发展，特别是近年来工业互联网和大数据技术（见第 12 章）在化工行业的普及应用，过程安全相关数据的积累越来越丰富，LOPA 已经逐渐与 HAZOP 等风险辨识方法逐渐融合，使得风险分析逐渐从定性走向定量，使得化工过程安全管理（PSM）更加规范。2016 年，我国发布了《保护层分析（LOPA）应用指南》，为应用 LOPA 方法开展风险分析提供适当的指南和参考。

为了提升化工过程的安全水平，设计单位在过程设计之初就给化工过程设置若干风险控制措施（见第 8～11 章）。这些风险控制措施从里到外一层层地把化工过程保护起来，因此也被称为保护层。一个典型的化工过程往往包含多种保护层，如过程设计（包含本质更安全理念）、基本过程控制系统、报警、安全仪表系统、被动防护设施（如防火堤、防爆墙等）、各级应急预案等（见图 7-1）。但是，图 7-1 所表示的仅仅是化工过程通常所具有的保护层类型，并不是说化工过程真的被一层层的保护“铠甲”包裹起来。针对每一个被 HAZOP 等风险辨识方法识别出来的成百上千个风险场景，保护层的多少和起的作用大小是不一样的，而 LOPA 方法就是通过对这些保护层进行抽丝剥茧，精准分析其有效性。

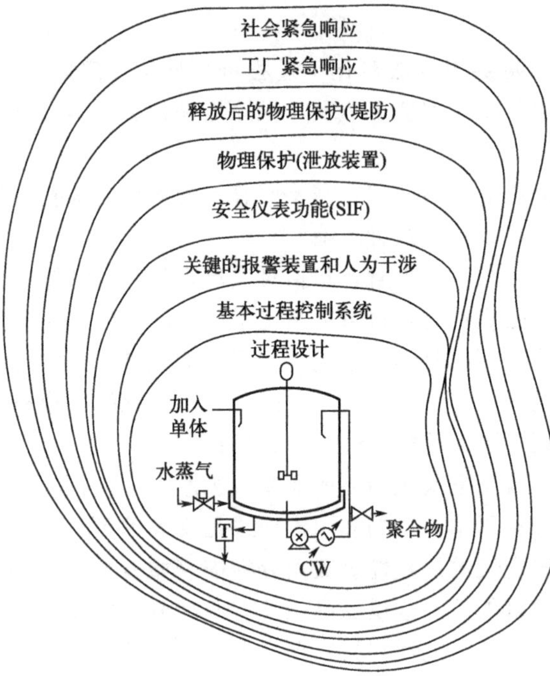

图 7-1　化工过程保护层示意图

7.1.1　LOPA 方法概述

LOPA 方法的一个基本假设就是所有的保护层都会以某种故障模式失效，并且失效的概率不同。保护层的失效概率也叫需求时失效概率（probability of failure on demand，PFD），也就是当需要某个保护层发挥作用时该保护层很不巧失效了的概率。保护层的 PFD 不同，其可靠性不同。因此，为了防止过低估计风险，LOPA 方法中仅仅考虑可靠性较高（PFD 较低）的保护层的作用。而这些可靠性高的保护层又叫独立保护层（independent protection layer，IPL）。判断一个保护层是不是独立保护层，需要用以下三个原则：

① 有效性。独立保护层按照设计的功能发挥作用，必须在初始事件发生后能够有效地

防止后果发生。这里需要确认保护措施是否有足够的能力采取所要求的行动，包括保护措施本身的选型、现场的管理和响应以及泄放类措施的通量和容器的容量等。例如：系统安装有安全阀，若安全阀的泄放通量小于计算的场景物料的泄放通量，或安全阀连接的泄放罐容量小于该场景可能的最大泄放量，则这个安全阀不能作为这个场景的独立保护层，并需在分析表中给出说明。

② 独立性。其他事件的发生或失效都不影响保护层实现功能，应同时满足独立于初始事件的发生及其后果，且独立于同一场景中的其他独立保护层。

③ 可审查性。对于独立保护层阻止后果的有效性和 PFD 应以某种方式（通过记录、审查、测试等）进行验证。审查程序应确认如果独立保护层按照设计发生作用，它将有效地阻止后果。

根据以上三个原则，图 7-1 中的一些保护层就不是独立保护层，例如各级应急预案和应急响应。因为一般而言，应急响应都是在事故已经发生之后才启动的，应急响应人员素质、应急响应装备性能、应急物资储备情况等不一而同，有效性无法确定。另外，如果一个化工过程报警设置过多，报警的设置和管理得不合理，致使报警太多甚至泛滥（见第 8 章），操作人员已经无力应对报警，那么这种情况下，报警的有效性大大降低，报警和人员的响应也不能构成一个独立保护层。

LOPA 分析也是由一个小组完成。LOPA 小组成员可包括但不限于以下人员：

① 组长/主席；

② 记录员/秘书；

③ 操作人员；

④ 工艺专家；

⑤ 仪表专家；

⑥ 安全专家。

根据需要，可要求以下人员参加 LOPA：

① 工艺包供应商；

② 设备专家；

③ 公用工程专家；

④ 管道/机械/电气/催化剂专家；

⑤ 其他专业专家。

如果 LOPA 是基于 HAZOP 分析的结果，LOPA 小组人员组成宜包括 HAZOP 分析小组成员。

7.1.2 LOPA 分析步骤

LOPA 分析在组建分析小组后，需要在组长的带领下，针对分析对象存在的后果严重性高的风险场景开展分析。在确定初始后果严重性等级和初始事件发生概率后，识别并分析防止事故后果发生的独立保护层及其失效概率，计算最终后果发生频率，评估最终风险是否可以接受，提出建议措施。具体开展保护层分析的基本程序如图 7-2 所示。

工程实践中，LOPA 往往在 HAZOP 等风险辨识方法之后展开，选择风险辨识中发现的后果严重性较高的场景展开分析。按照图 7-2 所示，我们具体介绍 LOPA 的步骤。

(1) 组建分析小组，收集分析资料 按照上一节介绍的人员构成，组建分析小组。分析小组需提前熟悉所分析的工艺过程并收集资料，包括危险与可操作性（HAZOP）分析等风

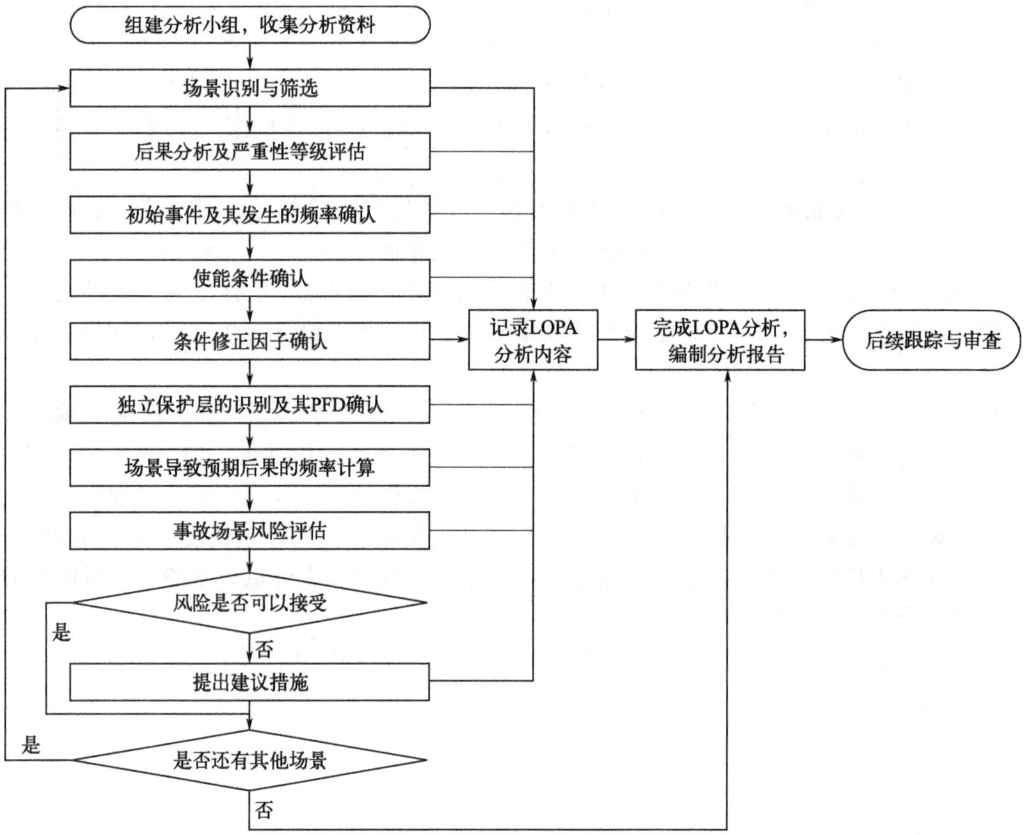

图 7-2　保护层分析的基本程序

险辨识的分析报告、企业风险标准、设计文档和 P&ID 图纸、设备可靠性数据、泄压阀设计和检测报告等。

(2) 场景识别与筛选　LOPA 的场景由引起一连串事件的初始事件和该事件继续发展所导致的后果组成。每个场景应有唯一的初始事件及其对应后果。场景识别信息通常来源于对分析对象的风险辨识，如 HAZOP 分析所识别的严重性较高的场景（例如人员伤亡、火灾、爆炸、有毒有害物质泄漏扩散等）。从 HAZOP 中可导出的用于 LOPA 分析的数据见表 7-1。值得一提的是，HAZOP 分析过程中所记录的现有保护措施可能是不完整的，在开展 LOPA 分析时，需要重新仔细检查是否遗漏了现有的措施，被遗漏的这些安全措施可能是独立保护层。

表 7-1　从 HAZOP 分析导出可用于 LOPA 的数据

LOPA 要求的信息	从 HAZOP 分析中导出的信息
场景背景与描述	偏差
初始事件	可能导致偏差的根本原因
后果描述	偏差可能导致的不利后果
独立保护层	现有保护措施

注：1. HAZOP 分析所导出的信息被应用于 LOPA 分析时需再次判断。例如 HAZOP 分析中的现有保护措施并不都是独立保护层。

2. HAZOP 分析建议新增的保护措施是否可作为独立保护层，也可在 LOPA 分析时再次判断。

(3) 事故后果分析及严重性等级评估 事故后果可以直接来自风险辨识的结果，如表7-1可以直接引用HAZOP分析中偏差可能导致的不利后果。后果严重性等级一般采用定性的方法进行评估，如用表2-1的分级表确定。对于复杂的场景，也可以采用第4章和第5章的相关知识进行定量评估。

(4) 确定初始事件及其发生的频率 初始事件一般包括外部事件、设备故障和人为失误。基于HAZOP分析开展的LOPA，可以直接应用偏差的根本原因，确定该场景的初始事件 i，及其发生的频率 f_i^{I}。对于不同原因导致相同后果的风险场景，需要分不同的场景独立进行LOPA分析。针对不同原因导致的偏差及后果，其独立保护层可能不同。通常情况下，初始事件的发生频率可以参照表7-2进行选择。

表7-2 初始事件的典型发生频率

初始事件	来自文献的发生频率范围(每年)	LOPA使用中的选择值
压力容器残余失效	$10^{-5}\sim10^{-7}$	1×10^{-6}
管道残余失效，每100m长，全部破裂	$10^{-5}\sim10^{-6}$	1×10^{-5}
管道泄漏(10%截面)，每100m长	$10^{-3}\sim10^{-4}$	1×10^{-3}
常压罐失效	$10^{-3}\sim10^{-5}$	1×10^{-3}
垫圈/包装冒气	$10^{-2}\sim10^{-6}$	1×10^{-2}
缸体破裂的涡轮机/柴油机引擎超速	$10^{-3}\sim10^{-4}$	1×10^{-4}
第三方的干涉(挖土机、车辆等外部的作用)	$10^{-2}\sim10^{-4}$	1×10^{-2}
起重机吊装物下落	$10^{-3}\sim10^{-4}$/吊装	1×10^{-4}/吊装
雷击	$10^{-3}\sim10^{-4}$	1×10^{-3}
安全阀错误地起跳	$10^{-2}\sim10^{-4}$	1×10^{-2}
冷却水系统失效	$1\sim10^{-2}$	1×10^{-1}
泵的密封垫失效	$10^{-1}\sim10^{-2}$	1×10^{-1}
卸载/装载软管失效	$1\sim10^{-2}$	1×10^{-1}
BPCS仪器线圈失效	$1\sim10^{-2}$	1×10^{-1}
调节器失效	$1\sim10^{-1}$	1×10^{-1}
小的外部火灾(多因素)	$10^{-1}\sim10^{-2}$	1×10^{-1}
大的外部火灾(多因素)	$10^{-2}\sim10^{-3}$	1×10^{-2}
LOTO(挂牌上锁)程序失效	$10^{-3}\sim10^{-4}$/次	1×10^{-3}/次
操作者的失误(没有完成日常的程序、没有得到很好的培训、很疲劳)	$10^{-1}\sim10^{-3}$/次	1×10^{-2}/次

注：企业可以自行选择这些数值，但应该与企业的保守程度或风险容忍标准相一致。失效率也受到预防性维修计划的巨大影响。

(5) 确认使能条件 E 及其发生的概率 P_i^{E} 使能条件指不直接导致场景后果发生的事件或条件，它是使初始事件转变为场景后果的某种必要的操作状态或条件。在确定使能条件时，应遵循以下原则：

a. 使能条件的确认应给出充分理由；

b. 必须独立于场景初始事件或任意独立保护层；

c. 使能条件概率必须代表真实的风险削减因素，并且不随时间变化而变化。

常用的使能条件包括时效使能和操作使能。例如对于进料管线伴热失效，管道冻裂致使物料泄漏的场景，使能条件就是环境温度低于进料的凝固点。假设该地区平均每年有 50 天环境温度低于进料的凝固点，则 P_i^E 取 50/365=0.137。这就是时效使能。再例如，对于间歇生产过程进料时投错料，导致反应失控的场景，使能事件就是加料操作。假设平均每 3 天进行一次加料操作，则 P_i^E 取 365/3=121.7。

(6) 确认条件修正因子 P_i^C 条件修正因子是在计算危险物质释放后果发生概率时使用的可能性概率。常见的条件修正因子包括：点火概率，人员出现在后果影响区域的概率，暴露致死率，其他适用的条件修正因子。条件修正因子是根据事故后果确定的，例如事故后果为超压爆炸冲击波，致 2 名巡检人员死亡，现场巡检周期 8 小时一班，每班现场停留 1 个小时，则条件修正因子 P_i^C 取人员出现在后果影响区域的概率，即 1/8=0.125。当同时存在多个条件修正因子时，P_i^C 取各条件修正因子的乘积。

(7) 识别所有的独立保护层，确定其 PFD 基于 7.1.1 节提出的有效性、独立性和可审查性的三原则，识别防止该场景后果发生的所有独立保护层，并确定其 PFD。需要特别指出的是，如果某个独立保护层失效作为初始事件，那么该独立保护层不应再当作安全保护措施。例如工艺控制回路失效为事故的初始事件，那么在该工艺控制回路中的传感器上设置的报警不应再作为降低风险的独立保护措施。工业界对一些常见的独立保护层的 PFD 进行了统计，这些 PFD 都有一个变化区间（见表 7-3 和表 7-4）。为保守起见，如果没有更准确的数据，某个 IPL 的 PFD 取值宜选择其区间的上限。

表 7-3 被动独立保护层的 PFD

被动的 IPL	注释(假设具有充分的设计基础，检查和维护程序)	来自工业的 PFD	建议选取的 PFD
围堰	减少储罐满溢、破裂、溢出等造成重大后果的发生频率	$1\times10^{-3}\sim1\times10^{-2}$	1×10^{-2}
地下排水系统	减少储罐满溢、破裂、溢出等造成重大后果的发生频率	$1\times10^{-3}\sim1\times10^{-2}$	1×10^{-2}
敞开的通风口(没有阀门)	防止超压	$1\times10^{-3}\sim1\times10^{-2}$	1×10^{-2}
防火	减少热量输入率并为减压和消防提供额外的时间	$1\times10^{-3}\sim1\times10^{-2}$	1×10^{-2}
抗爆墙或掩体	通过限制爆炸冲击和保护设备、建筑物等来减少爆炸导致的重大后果的发生频率	$1\times10^{-3}\sim1\times10^{-2}$	1×10^{-2}
本质安全设计	如果正确地执行，能够消除这种场景或大大地减少与这种场景相联系的后果	$1\times10^{-6}\sim1\times10^{-1}$	1×10^{-1}
阻火器	如果正确地进行设计、安装和维护，能够消除潜在的通过管道系统进入容器的快速回火	$1\times10^{-3}\sim1\times10^{-1}$	1×10^{-1}

(8) 场景导致预期后果的频率计算 根据前面确定的初始事件 i 发生频率 f_i^I，使能条件发生概率 P_i^E，条件修正因子 P_i^C，针对该场景初始事件 i 预防事故后果 C 发生的 J 个独立保护层，以及第 j 个独立保护层失效概率 PFD_{ij}，经这些条件和独立保护层的削减后，应用下式可计算该场景下后果事件 C 的发生频率 f_i^C。

$$f_i^C=f_i^I P_i^E P_i^C\times\Pi_{j=1}^{J}PFD_{ij} \tag{7-1}$$

表 7-4　主动独立保护层和人员行为的 PFD

主动 IPL 或人员行为	注释[假设具有足够的设计基础、检查和维护程序(主动的 IPL)和充足的文档材料、培训和测试程序(人员行为)]	来自工业的 PFD	建议选取的 PFD
安全阀	防止系统超出指定的压力	$1\times10^{-5}\sim1\times10^{-1}$	1×10^{-1}
爆破片	防止系统超出指定的压力	$1\times10^{-5}\sim1\times10^{-1}$	1×10^{-1}
基本的过程控制系统	如果与所考虑的初始事件没有联系，那么就将其作为 IPL 来信任，见 IEC 61508—2010	$1\times10^{-2}\sim1\times10^{-1}$	1×10^{-1}
小于 10min 反应时间的操作人员行为	具有所需的编制完好的简单、清楚、可靠的操作规程	$1\times10^{-1}\sim1$	1
大于 10min 反应时间的操作人员行为	具有所需的编制完好的简单、清楚、可靠的操作规程	$1\times10^{-2}\sim1\times10^{-1}$	1×10^{-1}

(9) 事故场景风险评估　基于前面分析确定的事故后果严重程度和上述最终后果发生频率 f_i^{C}，即可确定最终风险等级，和企业的可容许风险进行比较，判断该场景的风险是否可以接受。

在实际的 LOPA 分析过程中，在第（3）步确定事故后果严重性等级时，会基于企业风险矩阵确定对应的可容许频率 f_{t}。若第（8）步计算的后果频率 f_i^{C} 不大于 f_{t}，则当前独立保护层的设置已满足要求，风险可接受；若计算得出的 f_i^{C} 大于 f_{t}，则风险不可接受。

(10) 提出建议措施　对于当前独立保护层的设置仍然不能使风险可接受的场景，LOPA 分析小组应提出能够进一步降低事故场景风险的保护措施及其实施负责人和预计行动完成日期。建议措施的提出同样需要保证其独立性，同时还需要确定拟采取措施的 PFD 或风险降低因子（risk reducation factor，RRF），以将风险降低到可接受风险之下。其中 RRF 的计算见式（7-2），而 PFD 为 RRF 的倒数。

$$\mathrm{RRF}=\frac{f_i^{\mathrm{C}}}{f_{\mathrm{t}}} \tag{7-2}$$

(11) 重复（2）～（10）步，直至分析完全部场景。

(12) 编制 LOPA 分析报告　在分析会议进行的过程中，LOPA 秘书也需要实时将上述分析内容填写至记录表，现场分析会议结束后，再将 LOPA 分析的结果汇总形成 LOPA 分析报告，LOPA 报告的主要内容参见《保护层分析（LOPA）应用指南》(GB/T 32857)。

(13) 后续跟踪与审查　和 HAZOP 分析相比，LOPA 的结论是定量的，LOPA 分析提出的建议更加科学严谨，需要严格跟踪落实。在分析结束后，还需要定期对已完成的分析报告进行审查。

7.1.3　LOPA 分析案例

在第 6 章柴油加氢流程的 HAZOP 分析案例中，我们得到一个后果比较严重的事故场景：“反应进料泵 P1101A/B 跳车导致的高压物料逆流至进料泵入口，经泵出口最小回流线逆流进入原料缓冲罐 V1102，严重时导致 V1102 超压损坏，物料泄漏，有火灾爆炸隐患。”

针对此风险场景，我们需评估建议措施中“在原料油泵出口管线最小回流线下游处，增设紧急切断阀，并设置流量低低联锁关该紧急切断阀”的必要性，同时该联锁的可靠性要求有多大？于是针对该场景，我们进行 LOPA 分析。假设该流程所在企业的风险矩阵如表 7-5 所示。

首先该场景的初始事件“原料油泵故障跳车”，可能由动设备的自身故障导致或控制系统故障导致误跳车，查初始事件发生频率表 7-2 可知，泵的密封垫失效频率为 10^{-1}，事实上泵的故障跳车除了密封垫失效外，还有电轴、叶轮等其他问题可能导致泵的故障跳车，结合企业设备专家经验，这里保守计算，取初始事件的发生频率 $f_i^{\mathrm{I}}=0.5$。

该场景下的事故后果会导致 V1102 超压损坏，物料泄漏，火灾爆炸，最终导致人员的伤亡。根据 6.5.4 的 HAZOP 分析结论，事故后果爆炸可能导致现场巡检班组的 2 名巡检人员死亡。参照该企业的风险矩阵（表 7-5），事故后果的严重程度为 S1，按照该企业自身的可容许风险矩阵接受标准，需要将风险大小降至 D，对应可能性为 P5，对于此事故风险可接受的频率标准为 $f_{\mathrm{t}}=10^{-4}$。

表 7-5 LOPA 案例采用的风险矩阵

可能性	严重程度			
	S1	S2	S3	S4
P0	A	B	C	C
P1	A/B①	B	C	D
P2	B	C	C	D
P3	C	C	D	D
P4	C	D	D	D
P5	D	D	D	D

① 根据具体情况决定是 A 或 B。

a. 可能性

P0：$P<1$，每年内发生多次

P1：$P<10^{-1}$，每年一次到每 10 年发生一次

P2：$10^{-1}\leqslant P<10^{-2}$，每 10 年一次到每 100 年一次

P3：$10^{-2}\leqslant P<10^{-3}$，每 100 年一次到每 1000 年一次

P4：$10^{-3}\leqslant P<10^{-4}$，每 1000 年一次到每 10000 年一次

P5：$P\geqslant 10^{-4}$，每 10000 年不到一次

b. 严重程度（健康影响）

S1：有可能造成一人或多人死亡

S2：有可能造成一人或多人严重伤害（不可逆）

S3：有可能造成一人或多人失能伤害

S4：有可能造成轻伤或刺激

c. 风险等级

A：最严重，必须马上整改

B：较严重，需要选择适合的时机整改

C：一般严重，需要结合实际情况，判断是否采取有效措施

D：不需要采取措施

因此需要考虑从该初始事件到事故发生中设置哪些削减因子可以避免事故的最终发生。首先该过程为连续生产过程，高低压系统界面一直存在，发生逆流的使能条件的概率 $P_i^{\mathrm{E}}=1$。

同时逆流泄漏出的物质可能含有氢气等极易点燃发生爆炸的物质，因此保守考虑，不考

虑条件因子，不考虑物质的点火能对事故的削减。但是由于后果类型是人员的死亡，因此要考虑人员出现在该事故影响区域的概率。经调查该装置日常管理要求，8 小时一个班组，每个班组要求到装置区巡检两次，每次停留时间 20 分钟，因此 $P_i^C = 2 \times \frac{20}{8 \times 60} = 0.0833$。

接下来判断流程中有多少有效的保护层可规避该场景出现。基于 HAZOP 分析中提出的建议措施，并在原料油缓冲罐所在的 P&ID 图（图 6-6）中核对。现有保护措施为缓冲罐 V1102 罐顶设置的压力控制 PIC1101 和安全阀 SV1102，然而这些措施都是针对日常生产的 0.3MPa 操作压力设计的，压力控制能力和安全阀泄放量都完全无法处理 7.5MPa 的高压氢气逆向窜入缓冲罐的超压场景，不能作为有效的独立保护层。

LOPA 分析过程中又发现，由于 V1102 的液位是通过调节进料柴油流量控制的，当泵出口管线柴油逆向窜入缓冲罐时，即使柴油进料阀关死，液位还是会持续上升。因此，V1102 液位控制 LICA1102 设置的液位高报警也能起到警示作用，如果及时发现，采取有效措施，关闭原料油出口阀门，也能防止逆流超压事故发生。再分析该报警留给操作人员的反应时间，参考九江石化 3·12 事故调查报告，记录员在分析过程中，将上述确定的讨论内容记录到 HAZOP 分析记录表中，如表 6-18 所示。可看出，当进行无流量偏离的 HAZOP 分析时，分析小组找到了原料油泵 P1101A/B 故障跳车为偏差的原因。其中下游原料油中断导致加热炉和反应器超温的场景，原有设计方案设置了诸多保护措施。但对于因停泵后，下游的高压氢气逆流窜入上游原料油缓冲罐导致的超压风险，之前认识不足。分析该报警留给操作人员的反应时，参考该场景的同类事故调查报告，原料油缓冲罐液位到达高报警液位（液位 70%）的时间为 16 时 08 分 07 秒，再到 16 时 09 分 11 秒达到高高报警（液位 75%），压力显示为零（表压）。16 时 11 分 07 秒，下游换热器和管道的原料柴油全部流入缓冲罐，失去柴油液封的高压氢气进入缓冲罐，压力迅速上升。16 时 13 分 05 秒，缓冲罐压力达到压力测量上限 0.437MPa。16 时 15 分 29 秒，加氢原料缓冲罐发生撕裂，溢出的氢气与空气混合发生燃爆，同时溢出的柴油液体在地面形成流淌火，造成现场 2 人死亡，1 人受伤。分析发现，缓冲罐液位从高报警到爆炸，操作人员的反应时间不到 10 分钟。参照表 7-4，原料油缓冲罐 V1102 液位高报警及人员响应的 PFD 取 1。

最后一个有效的独立保护层便是 P1101 出口的单向阀，然而根据企业工艺专家的经验，并参考 3·12 事故调查报告，单向阀在实际生产过程中，可靠性不高，特别是针对高压气体极易失效。根据企业以往的检查数据，此处取单向阀的 PFD 为 0.5。

最终，依据式（7-1），考虑使能条件、条件因子和独立保护层削减等多方面因素，该事件最终发生频率，$f_i^C = f_i^I P_i^E P_i^C \times \prod_{j=1}^{J} PFD_{ij} = 0.5 \times 1 \times 0.5 \times 0.0833 \times 1 = 0.0208$，远大于 $f_t = 10^{-4}$。仍未达到可接受风险水平，因此需要增加新的有效的保护措施，这里采用 HAZOP 分析提出的建议措施："在进料泵出口管线最小回流线下游处，增设紧急切断阀，并设置流量低低联锁关该紧急切断阀。"应用式（7-2）计算该保护措施的 $RRF = f_i^C / f_t = 208$，对应的其作为使该场景达到可接受风险的独立保护层，应当满足 $PFD = 1/RRF = 4.8 \times 10^{-3}$。

若最终新增的保护措施为新增加联锁措施，则该联锁动作应设置在安全仪表系统，且满足 SIL2 联锁设置要求（详见第 9 章关于安全仪表系统的介绍）。可见，若要把该风险场景的风险真正地降低到可接受的水平，简单地增设一个流量低低联锁是不够的，还要增设一个可靠性等级比较高的联锁，即 SIL2 的联锁。

将以上分析过程列入 LOPA 分析记录表中，详见表 7-6。

表 7-6 柴油加氢装置原料泵跳车事故场景 LOPA 分析示例

初始事件		后果	事故类型	严重性	可容许频率/年	使能条件		条件修正因子		未削减事件频率	独立保护层			削减后事件频率/年	RFF	建议措施
描述	频率					描述	概率	描述	概率		IPL	类型	PFD			
反应进料泵P1101A/B跳车	0.5	高压物料逆流至进料泵入口，经泵出口最小回流线逆流进入原料油缓冲罐 V1102，严重时导致 V1102 超压损坏，物料泄漏，有潜在的火灾爆炸隐患	人员安全	5	1×10^{-4}	NA	1	人员巡检：1 班 8h，巡检两次，停留时间 20min	0.0833	0.0415	原料油缓冲罐 V1102 液位高报警	报警及人员干预	1	0.0208	208	建议在进料泵出口管线最小回流线下游处，增设紧急切断阀，并设置流量低低的 SIS 联锁关该紧急切断阀。该联锁的 PFD 最低满足：4.8×10^{-3}
											单向阀	其他保护层	0.5			

7.2 故障树分析

故障树分析（fault tree analysis，FTA）方法，也叫事故树分析方法。它通过对可能造成事故的各种原因进行分析，编制故障树来确定事故发生途径及导致事故的各原因之间的关系。对于不清楚导致事故基本原因发生概率的故障树，可以进行定性分析，确定不同事故基本原因对最终事故结果的影响大小，找出造成事故的主要原因。当能确定故障树的基本原因发生概率时，还可以对故障树进行定量分析，计算最终事故的发生频率。

7.2.1 故障树的编制

7.2.1.1 故障树中的基本符号

故障树由各种事件及其连接的逻辑门组成，GB/T 4888—2009《故障树名词术语和符号》中规定了故障树常用的符号可分为事件符号、逻辑门符号和转移符号三大类。其中转移符号是为了避免画图时重复和使图形简明而设置的符号，使用较少。本书重点介绍事件符号和逻辑门符号。

(1) 事件符号

在故障树分析中，各种非正常状态或不正常情况皆称故障事件，故障树中的每一个节点都表示一个事件。各事件符号代表意义如表 7-7 所示。

表 7-7 事件符号及其代表意义

序号	事件符号名称	符号形式	代表事件
1	矩形符号	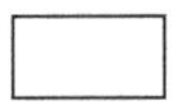	结果事件(即顶事件或中间事件)
2	圆形符号		基本事件
3	屋形符号		正常事件(也叫“开关事件”)
4	菱形符号	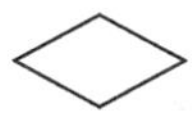	省略事件(也叫“未探明事件”)
5	椭圆形符号		条件事件

矩形符号表示结果事件。它是由其他事件或事件组合所导致的事件，又分为顶事件和中间事件。顶事件是所有事件联合发生作用的结果事件，位于故障树的顶端，是所讨论故障树中逻辑门的输出事件，即待确定概率的结果事件。顶事件应具体、清楚明了，不能太笼统。例如“爆炸着火事故”，对此人们无法下手分析，而应当选择具体事故，如“某甲醇储罐火灾”“某加热炉炉膛爆炸”等具体事故。

中间事件是位于故障树顶事件和底事件之间的结果事件，它既是某个逻辑门的输出事件，又是其他逻辑门的输入事件。

底事件则是仅导致其他事件的原因事件，它们位于所讨论的故障树底端，总是某个逻辑门的输入事件，而不是输出事件。底事件分为基本事件和省略事件。

基本事件用圆形符号表示，是导致顶事件发生的最基本的事件，无须再探明其发生原因。基本事件可以是人的差错，也可以是设备机械故障、环境因素等。例如，影响操作人员观察条件的“设备布置不合理，遮挡视线”“照明不好”，操作人员本身问题影响装置安全的“酒后上岗”“疲劳”等原因。

菱形符号表示省略事件，是没有必要进一步向下分析或其原因不明确的原因事件。例如“天气不好”“操作不当”等。另外，省略事件还表示二次事件，即不是本系统的原因事件，而是来自系统之外的原因事件，例如“储罐罐体外火灾”。

屋形符号表示正常事件，又称开关事件，是在正常工作条件下必然发生或必然不发生的事件，是系统在正常状态下发生的正常事件。如“装置进料”“因切换至备用泵，关闭泵进出口手阀”等，将事件扼要记入屋形符号内。

椭圆形符号表示条件事件，是限制逻辑门开启的事件。

(2) 逻辑门符号

逻辑门符号即连接各个事件，并表示逻辑关系的符号，主要有与门、或门、非门、特殊门。特殊门又包含条件与门、异或门、表决门、禁门等。

① 与门。与门连接表示输入事件 E_1、E_2 同时发生的情况下，输出事件 E 才会发生的连接关系。二者缺一不可，表现为逻辑积的关系，即 $E=E_1\cap E_2$。在有若干输入事件时，也是如此。与门符号如图 7-3(a) 所示。

② 或门。表示输入事件 E_1 或 E_2 中，任何一个事件发生都可以使事件 E 发生，表现为逻辑和的关系，即 $E=E_1\cup E_2$。在有若干输入事件时，也是如此。或门符号如图 7-3(b) 所示。

③ 非门。表示输出事件是输入事件的对立事件。非门符号如图 7-3(c) 所示。

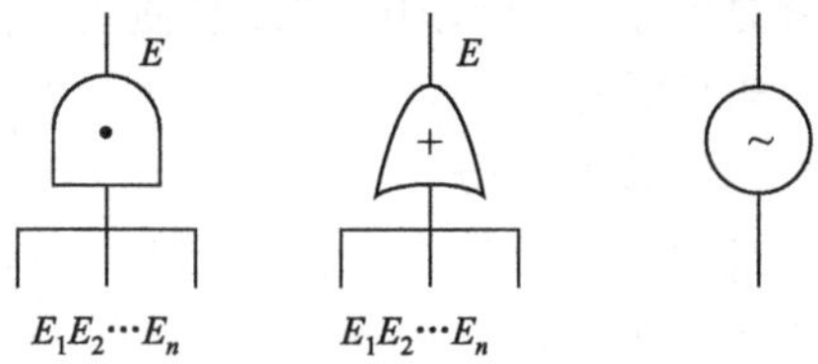

(a) 与门　(b) 或门　(c) 非门

图 7-3　逻辑门符号

④ 特殊门

a. 条件与门：表示输入事件不仅同时发生，而且还必须满足条件 A，才会有输出事件发生。条件与门符号如图 7-4(a) 所示。

b. 表决门：表示仅当 n 个输入事件有 m ($m\leqslant n$) 个或 m 个以上事件同时发生时，输出事件才发生。表决门符号如图 7-4(b) 所示。显然，或门和与门都是表决门的特例。或门是 $m=1$ 时的表决门；与门是 $m=n$ 时的表决门。

c. 异或门：表示仅当单个输入事件发生时，输出事件才发生。异或门符号如图 7-4(c) 所示。

d. 禁门：表示仅当条件事件发生时，输入事件的发生方能导致输出事件的发生。禁门符号如图 7-4(d) 所示。

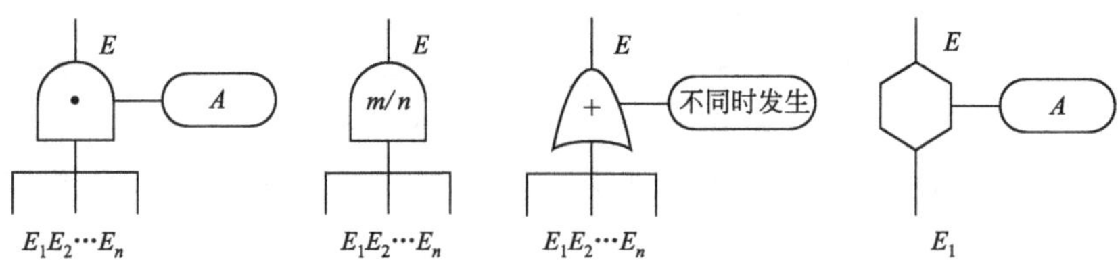

(a) 条件与门　(b) 表决门　(c) 异或门　(d) 禁门

图 7-4　特殊门符号

7.2.1.2　故障树的编制方法

故障树编制是 FTA 方法中最基本、最关键的环节。编制工作一般应由设计人员、操作人员和可靠性分析人员组成的编制小组来完成，经过反复研究，不断深入，才能趋于完善。

故障树是否完善直接影响到概率计算的结果正确性。

编制故障树的基本规则如下：

① 明确建树的边界条件，明确规定被分析系统与其他系统的界面；

② 顶事件应严格定义，即确切地描述出事故的状态；

③ 故障树演绎过程首先寻找的是直接原因而不是基本事件；

④ 应从上而下逐级建树；

⑤ 建树时不允许逻辑门与逻辑门直接相连。

编制故障树经常采用演绎法，首先确定系统的顶事件，找出直接导致顶事件发生的各种可能因素或因素的组合即中间事件。在顶事件与其紧连的中间事件之间，根据其逻辑关系相应地画上逻辑门。然后再对每个中间事件进行类似的分析，找出其直接原因，逐级向下演绎，直到不能分析的基本事件为止。这样就可得到用基本符号表示的故障树。

7.2.1.3 故障树的编制举例

【例 7-1】 编制“加热炉炉膛爆炸”故障树。

炼化企业中许多装置对轻烃等原料升温时主要依赖于以燃料气为燃料的加热炉，国内外的加热炉在点火启动过程中曾发生过多起炉膛爆炸事故。本案例以“加热炉炉膛爆炸”事故作为顶事件编制其故障树。

①“燃料气聚集炉膛”与存在“足够引燃能量”两个中间事件同时存在并且“燃料气浓度达到爆炸极限”时，顶事件“加热炉炉膛爆炸”才能发生，因而两个中间事件与顶事件之间用“条件与门”连接起来，“燃料气浓度达到爆炸极限”作为“条件与门”的条件记入椭圆内。

②中间事件“燃料气聚集炉膛”是由“燃料气进入炉膛”和“炉膛置换不合格”同时发生的情况下才会发生的事件，因而用“与门”连接。

③对于中间事件“足够引燃能量”“点火”和“炉膛余热”都可引起上层事件的发生，因此，上下层事件用或门连接。

以此逐级向下演绎成如图 7-5 所示的故障树，故障树符号意义对应见表 7-8。

表 7-8 “加热炉炉膛爆炸”故障树基本事件符号意义对应表

符号	意义	符号	意义
X_1	浓度达到爆炸极限	X_8	阀门未关
X_2	点火	X_9	风量小
X_3	炉膛余热	X_{10}	风门误关
X_4	压力高熄火	X_{11}	置换时间短
X_5	压力低熄火	X_{12}	未置换
X_6	阀门内漏	X_{13}	未分析
X_7	阀门关不严		

7.2.2 故障树的分析

当故障树编制完成后，人们可以对其进行分析，以判断基本事件对顶事件的影响大小。在故障树中，如果所有的基本事件都发生则顶事件必然发生。但是在很多情况下并非一定要所有的基本事件都发生，顶事件才发生，往往是只要某个或几个基本事件发生，顶事件就能发生。在故障树中，把凡是能导致顶事件发生的基本事件的集合叫割集。割集也就是系统发

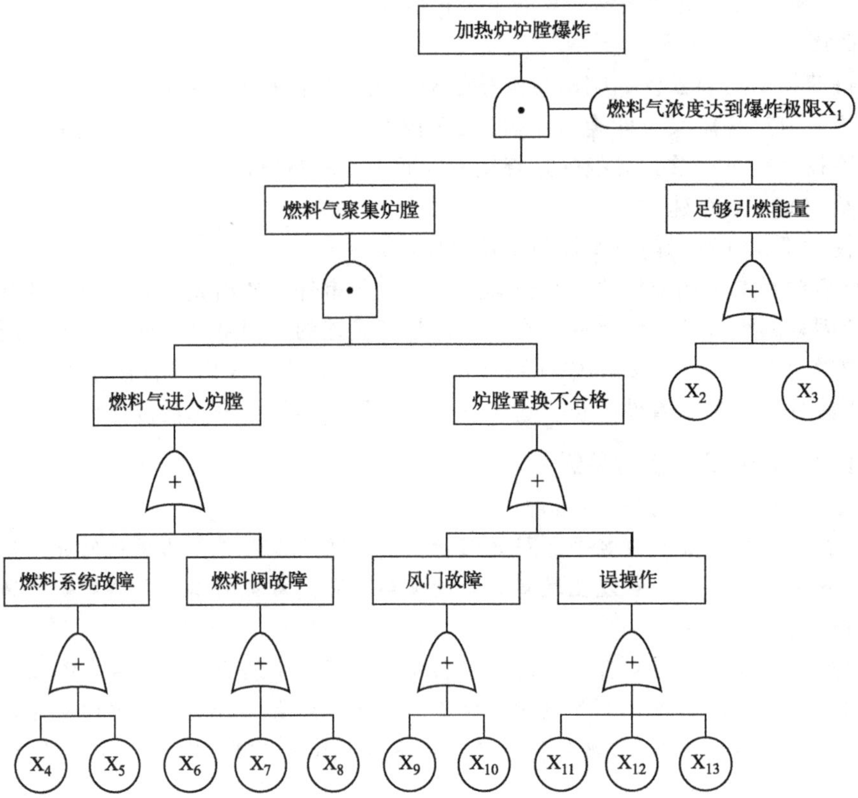

图 7-5 “加热炉炉膛爆炸”故障树

生故障的模式。

在一棵故障树中，割集数目可能有很多，而在某些割集的元素上可能有相互包含和重复的情况，甚至有多余的基本事件出现，必须把它们除去。除去这些多余基本事件的割集叫最小割集。也就是说最小割集是能导致顶事件发生的最低限度的基本事件的集合。在最小割集里，任意去掉一个基本事件后就不是割集。因此，最小割集是引起顶事件发生的充分必要条件。故障树中最小割集越多，顶事件发生的可能性就越大，系统就越危险。故障树分析就是通过逻辑运算，得到引起顶事件的最小割集。定性分析时根据最小割集，判断各基本事件对顶事件的影响。定量分析则要进一步计算顶事件的发生概率。

7.2.2.1 布尔代数运算定律

故障树的逻辑运算主要采用的是布尔代数运算。F 称为逻辑函数。布尔代数系统是建立在集合｛0，1｝上的运算和规则，其定义域和值域只有“0”和“1”，布尔代数的数字函数表达式：$Y=f(A_1,A_2,\cdots,A_n)$。其中，$A_1,A_2,\cdots,A_n$ 称为输入变量；Y 叫作输出变量；运算只有三种：“或”，即逻辑加法（用＋表示），“与”，即逻辑乘（用·表示），非，（用一或′表示）。布尔表达式是布尔函数的一种表示方法。

布尔代数与普通代数运算法则不同。常用的布尔代数运算定律如下：

结合律：$(A+B)+C=A+(B+C)$

$(A\cdot B)\cdot C=A\cdot(B\cdot C)$

交换律：$A+B=B+A$

$A\cdot B=B\cdot A$

分配律：$A \cdot (B+C)=(A \cdot B)+(A \cdot C)$

$A+(B \cdot C)=(A+B) \cdot (A+C)$

幂等律：$A+A=A \cdot A=A$

吸收律：$A+(A \cdot B)=A \cdot (1+B)=A$

互补律：$A+A'=1 \qquad A \cdot A'=0$

对合律：$(A')'=A$

摩根定律：$(A+B)'=A' \cdot B'$

$(A \cdot B)'=A'+B'$

重叠律：$A+A' \cdot B=A+B=A \cdot B'+B$

7.2.2.2 最小割集的计算——应用布尔代数法求最小割集

任何一个故障树都可以用布尔表达式来描述，化简布尔表达式，得到最简析取标准式，即若干个不可再化简的逻辑积的逻辑和的形式，每一个逻辑积便是一个最小割集。若最简析取标准式中含有 m 个逻辑积，则该故障树有 m 个最小割集。

① 建立故障树的布尔表达式。建立故障树的布尔表达式一般从故障树的顶事件（即第一层事件）开始，用下一层事件代替上一层事件，“或门”的输入事件用逻辑加表示，“与门”的输入事件用逻辑积表示，再用第三层事件代替第二层事件，然后用第四层事件代替第三层事件，一层一层，直至顶事件被所有基本事件代替为止。

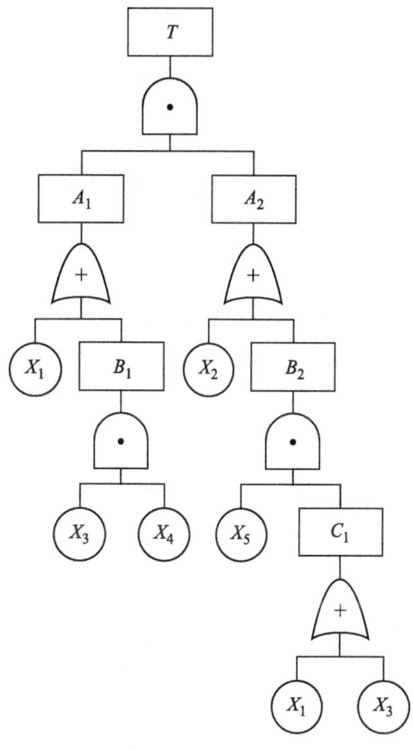

图 7-6 故障树举例

【例 7-2】 建立图 7-6 所示故障树的布尔表达式。

$$\begin{aligned} T &= A_1A_2 \\ &=(X_1+B_1)(X_2+B_2) \\ &=(X_1+X_3X_4)(X_2+X_5C_1) \\ &=(X_1+X_3X_4)[X_2+X_5(X_1+X_3)] \end{aligned}$$

② 将布尔表达式化为析取标准式。根据布尔代数的性质，可把任何布尔表达式化为析取标准式。

析取标准式为

$$f=E_1+E_2+\cdots+E_n=\sum_{i=1}^{n}E_i$$

可以证明，E_i 是故障树的割集。

【例 7-3】 建立图 7-6 所示故障树的布尔表达式，再将其化为析取标准式。

$$\begin{aligned} T &=(X_1+X_3X_4)[X_2+X_5(X_1+X_3)] \\ &=X_1[X_2+X_5(X_1+X_3)]+X_3X_4[X_2+X_5(X_1+X_3)] \\ &=X_1(X_2+X_1X_5+X_3X_5)+X_3X_4(X_2+X_1X_5+X_3X_5) \\ &=X_1X_2+X_1X_1X_5+X_1X_3X_5+X_2X_3X_4+X_1X_3X_4X_5+X_3X_3X_4X_5 \\ &=X_1X_2+X_1X_5+X_1X_3X_5+X_2X_3X_4+X_1X_3X_4X_5+X_3X_4X_5 \end{aligned}$$

以上主要使用了分配律和幂等律。

③ 化简取标准式为最简析取标准式。如果定义析取标准式的布尔项之和中各项之间不存在包含关系，即其中任意一项基本事件逻辑积不被其他基本事件逻辑积所包含，则该析取标准式为最简析取标准式 $f=\sum_{i=1}^{n}A_i$，那么 A_i 为布尔函数 f 的最小割集。

化简析取标准式最普遍的方法是，当求出割集后，对所有割集逐个进行比较，应用吸收率使之满足最简析取标准式的条件。

对【例 7-3】，根据吸收律，有：$X_1X_5+X_1X_3X_5=X_1X_5$ 和 $X_1X_3X_4X_5+X_3X_4X_5=X_3X_4X_5$，进一步得到 $T=X_1X_2+X_1X_5+X_2X_3X_4+X_3X_4X_5$。该故障有 4 个最小割集。

根据最小割集的定义，原故障树可以化简为如图 7-7 所示的等效故障树。

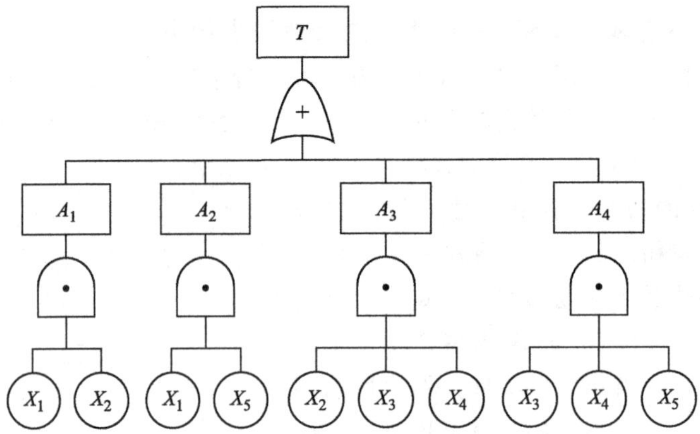

图 7-7 图 7-6 的等效故障树

7.2.2.3 故障树的定性分析

故障树的定性分析就是在不确定基本事件发生概率时，基于前面方法计算得到的最小割集，分析顶事件的危险性及基本事件对顶事件的影响。

首先，根据最小割集数，确定导致顶端事件发生的基本事件组合数和可能性。每个最小割集都是一种导致顶事件发生的事故发生路径（故障模式）。最小割集的数量大，说明发生顶事件的路径多，可能性大，即危险性更大。

其次，根据各最小割集的组合情况，可比较出各最小割集对事故发生的影响大小。一个最小割集（故障模式）由不同数目的基本事件组成，只有当该最小割集的基本事件都发生，该故障模式才会发生。因此，一个故障模式的基本事件越多，其发生的概率越小，如果只有一个基本事件，该故障模式最危险。

最后，通过结构重要度，分析各基本事件对顶事件的影响程度大小。对结构重要度的比较，可以用以下原则方法，按顺序判断：

① 单事件最小割集中基本事件的结构重要度最大。例如，某故障树有 3 个最小割集：$\{X_1\}$，$\{X_2,X_3\}$，$\{X_4,X_5,X_6,X_7\}$，结构重要度最大的基本事件为 X_1。

② 仅出现在同一个最小割集中的所有基本事件结构重要度相等。上述事故树 X_2、X_3 只出现在第二个最小割集中，在其他最小割集中均未出现，所以 X_2 与 X_3 的结构重要度相等。同理，X_4、X_5、X_6、X_7 的结构重要度相等。

③ 两个基本事件出现在基本事件个数不等的若干个最小割集中，若它们在各个最小割集中出现的次数相等，则在少事件最小割集中出现的基本事件结构重要度大。

上述故障树中，X_2、X_4 出现在基本事件个数不等的两个最小割集中，且它们在各最小割集中出现的次数都是1，由于 X_2 出现在有2个基本事件的最小割集中，X_4 出现在有4个基本事件的最小割集中，因此 X_2 比 X_4 重要。

根据上述三种判别方法，得知：X_1 结构重要度最大，X_2、X_3 的结构重要度次之，X_4、X_5、X_6、X_7 的结构重要度最小。

④ 仅出现在基本事件个数相等的若干个最小割集中的各个基本事件结构重要度依出现次数而定。

某故障树有3个最小割集：$\{X_1,X_2,X_3\}$，$\{X_2,X_3,X_4\}$，$\{X_1,X_2,X_5\}$。每个最小割集都有3个基本事件，其中 X_2 出现了3次，X_1、X_3 出现了2次，X_4、X_5 出现了1次。X_2 的结构重要度最大，X_1、X_3 的结构重要度次之，X_4、X_5 的结构重要度最小。

⑤ 两个基本事件出现在基本事件个数不等的若干个最小割集中，若它们在少事件最小割集中出现次数少，在多事件最小割集中出现的次数多，以及其他更为复杂的情况，用下列近似判别式计算：

$$I(i)=\sum_{X_i\in K_j}\frac{1}{2^{N_i-1}} \tag{7-3}$$

式中 $I(i)$——基本事件 X_i 结构重要度的近似值；

$X_i\in K_j$——基本事件 X_i 属于最小割集 K_j；

N_i——基本事件 X_i 所在最小割集中的基本事件的个数。

上述五条原则方法，必须按顺序进行，不能直接利用近似判别式，否则会得到错误的结论。在得到每个基本事件的结构重要度后，将其由大到小排列，排在最前面的对顶事件影响最大，应该首先控制住，依次类推。

7.2.2.4 故障树的定量分析

故障树的定量分析是在给定所有基本事件发生概率的条件下，通过逻辑门的计算，求出故障树顶事件的发生概率。

在已知输入事件发生概率的条件下，可根据故障树的结构用式（7-4）及式（7-5）直接求得结果事件的发生概率。

用“与门”连接的事件的发生概率为：

$$P(T)=\prod_{i=1}^{n}q_i \tag{7-4}$$

用“或门”连接的事件的发生概率为：

$$P(T)=1-\prod_{i=1}^{n}(1-q_i) \tag{7-5}$$

式中 q_i——第 i 个输入事件的发生概率（$i=1,2,\cdots,n$）。

在确定基本事件发生概率后，便可以用式（7-4）及式（7-5），逐层计算中间事件发生概率，直至计算得到顶事件发生概率。如图7-8所示的故障树。若已知各基本事件的发生概率 $q_1=q_2=q_3=0.1$，则顶事件的发生概率为：

$$\begin{aligned}P(T)&=q_1[1-(1-q_2)(1-q_3)]\\&=0.1\times[1-(1-0.1)\times(1-0.1)]=0.019\end{aligned}$$

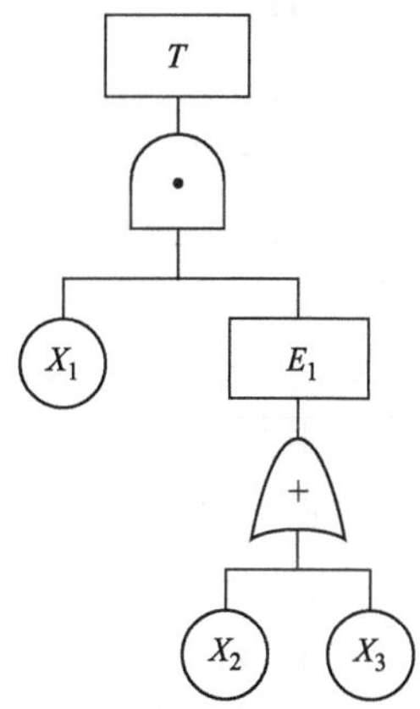

图7-8 简单与或门结构故障树

在实际工程应用时，基本事件的概率往往很难获取。更多时候，会基于历史统计，采用频率（次/年）计算。再假设基本事件相对独立。用“与门”连接的事件的发生频率可以继续使用式（7-4）计算，而用“或门”连接的事件的发生频率则由下式计算：

$$P(T)=\sum_{i=1}^{n} q_i \tag{7-6}$$

同样对于图 7-8 所示的故障树，若已知各基本事件的发生频率为 $q_1=q_2=q_3=0.1$ 次/年，则顶事件的发生频率为：

$$P(T)=q_1(q_2+q_3)=0.1\times(0.1+0.1)=0.02\ 次/年$$

故障树可以用其最小割集的等效树来表示，顶事件发生频率的定量计算也可以先得到最小割集后再计算。设某故障树有 k 个最小割集：E_1、E_2、…、E_r、…、E_k。这时，顶事件等于最小割集的并集，即 $T=\bigcup_{r=1}^{k}E_r$。若基本事件发生的可能性用频率计算，则可以利用下式计算。

$$P(T)=\sum_{r=1}^{k}\Big(\prod_{X_i\in E_r} q_i\Big) \tag{7-7}$$

【例 7-4】 假设图 7-6 故障树的各基本事件的发生频率为：$q_1=0.01$ 次/年；$q_2=0.02$ 次/年；$q_3=0.03$ 次/年；$q_4=0.04$ 次/年；$q_5=0.05$ 次/年。用最小割集法计算顶事件的发生频率。

解：该故障树有 4 个最小割集：

$$E_1=\{X_1,X_2\},E_2=\{X_1,X_5\},E_3=\{X_2,X_3,X_4\},E_4=\{X_3,X_4,X_5\}$$

由式（7-7）得顶事件的发生频率：

$$\begin{aligned}P(T)&=q_1q_2+q_1q_5+q_2q_3q_4+q_3q_4q_5\\&=0.0002+0.0005+0.000024+0.00006=0.000784\ 次/年\end{aligned}$$

7.2.3 基本事件的发生概率

故障树的基本事件，一般可以将其分为：外部事件、设备失效、人的失效。对比 7.1 节，LOPA 中的初始事件和各独立保护层的失效都可以作为故障树的基本事件。这些基本事件可用的失效率数据来源有许多，包括：

① 行业数据，如《化工过程定量风险分析指南》（CCPS，1989a）和《化工过程定量风险分析指南（第二版）》（CCPS，1999）、《工艺设备可靠性数据指南》（CCPS，1989b）和其他公开数据，如 IEEE（1984）、ESReDA 欧洲可靠性数据（www.esreda.org/Publications）和 OREDA（1989，1992，1997，2002，2009）。

② 公司的运行经验数据（包括危害分析小组的经验），公司具有充足的历史数据（设备完好性管理数据和事故事件调查数据，见第 10 章和第 11 章）可用来进行有意义的统计分析。

③ 供应商的数据，这些数据通常较为乐观，因为这些数据往往是在较为理想的条件或实验室中获得的，或基于返回给供应商的故障元件（实际中多数失效的元件直接被扔掉了，而不是返回给供应商）积累的。

目前，许多工业发达国家都建立了设备故障率数据库，为系统安全和可靠性分析提供了良好的条件。我国已有少数行业开始进行建库工作，但数据还相当缺乏。为此，在工程实践中可以通过“工业互联网＋危化安全生产”系统（见第 12 章）长期的运行情况统计其正常工作时间、修复时间及故障发生次数等原始数据，近似求得系统的单元故障概率。在实际开展故障树分析时，部分典型基本事件的概率值可以参考表 7-2、表 7-3 和表 7-4 进行选择。

7.3 定量风险分析

7.3.1 QRA 分析理论概述

定量风险分析（quantitative risk assessment，QRA）是一种先进的风险评估方法，通过计算系统或设备的失效概率和失效后果的严重程度进行量化分析，以精确描述系统的风险。

与 HAZOP、LOPA 等分析方法类似，开展 QRA 首先需要明确分析的目标、边界和限制条件，并收集相关的工艺流程、设备、化学品、操作条件和历史事故的数据，包括但不限于表 7-9 列出的资料数据，并集中分析以识别潜在的风险因素。此过程会用到 What-if、HAZOP、LOPA 等的结果。针对风险的不同来源（如设备、操作运行、工艺）还会开展故障树（FTA）、事件树（ETA）分析。

表 7-9　QRA 收集的资料数据

类别	一般资料数据
危害信息	危险物质存量、危险物质安全技术说明书(MSDS)、现有的工艺危害分析(如 HAZOP)的结果、点火源等
设计和运行数据	区域位置图、平面布置图、设计说明、工艺技术规程、安全操作规程、工艺流程图(PFD)、工艺管道及仪表流程图(P&ID)、设备数据、管道数据、运行数据等
减缓控制系统	探测和隔离系统(可燃气体和有毒气体检测、火焰探测、电视监控、联锁切断等)、消防、喷淋等减缓控制系统
管理系统	管理制度、操作和维护手册、培训、应急、事故调查、承包商管理、机械完整性管理、变更和作业程序等
自然条件	大气参数(气压、温度、湿度、太阳辐射热等)、风速、风向及大气稳定度联合频率，现场周边地形、现场建筑物等
历史数据	事故案例、设备失效统计数据等
人口数据	评价目标(范围)内室内和室外人口分布

完整的 QRA 流程包括以下步骤，如图 7-9 所示。其中关键步骤分别是事故场景后果分析、事故场景频率分析和风险计算。

7.3.2 事故场景后果分析

场景后果分析首先需要识别用于开展 QRA 的事故场景，然后定量计算事故场景的后果。事故场景的确定应根据单元设备的实际情况进行针对性的详细分析，石化行业典型事故场景多由物料泄漏（loss of containment）开始，具体场景发展过程见图 5-1。物料泄漏可能由多种原因造成，包括但不限于设备老化、操作失误、反应失控等。从物料泄漏开始，其初始泄漏的等效孔径、泄漏后的自由扩散时间、点火源情况及延迟点火时间，最终形成的后果均有多种可能性。同时考虑到变化的气象条件等外部环境因素，所有这些因素的组合构成了事件树。图 7-10 给出了储罐发生化学品泄漏的事件发展过程。

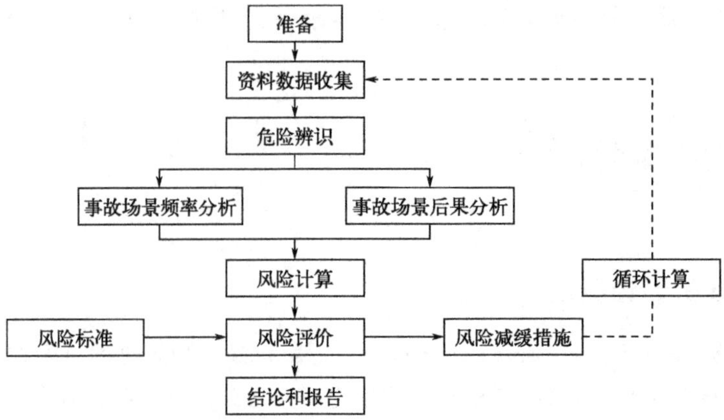

图 7-9　定量风险分析基本程序

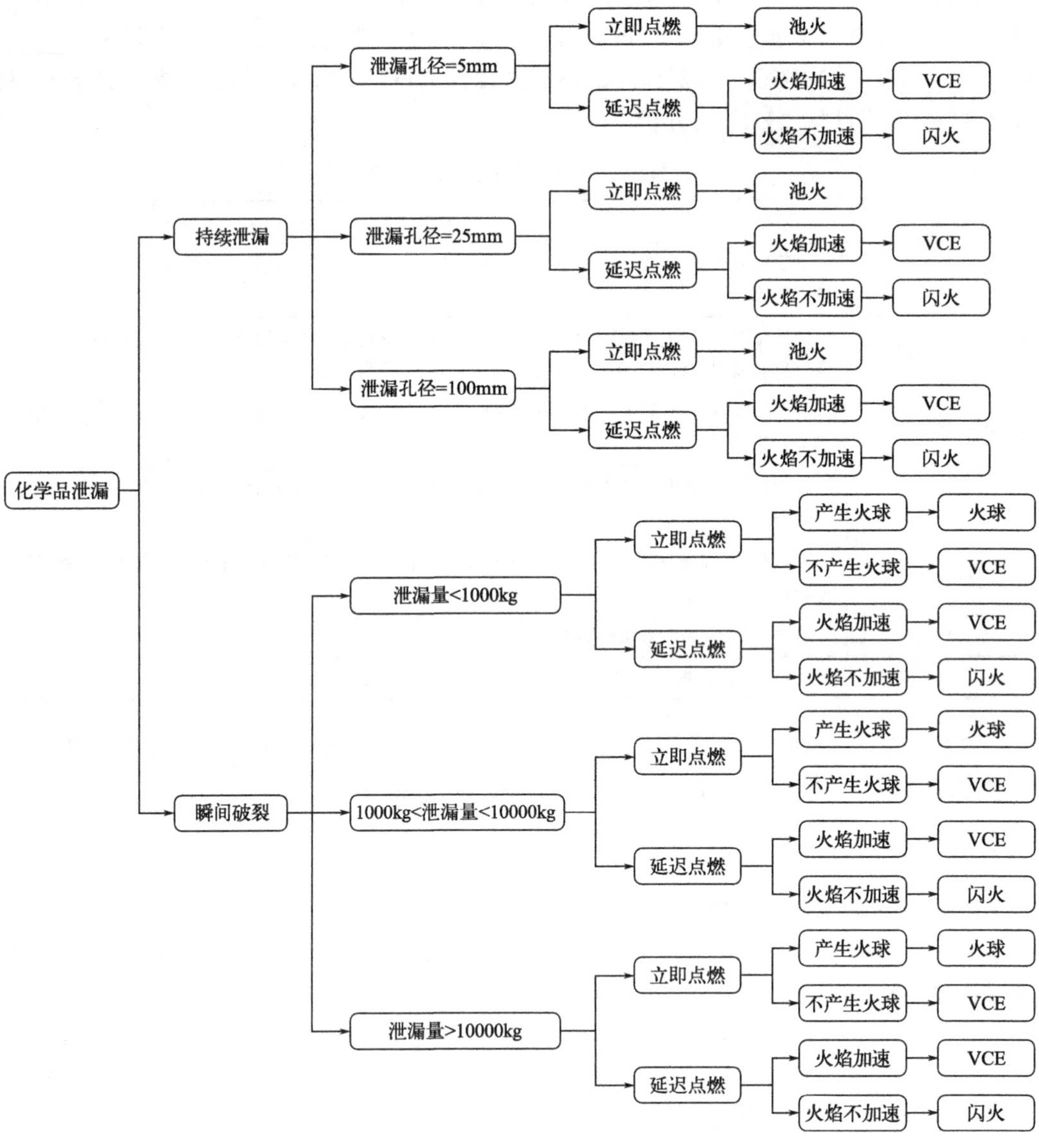

图 7-10　储罐化学品泄漏事件树示例

图 7-10 中每个场景的构成要素由根节点至叶节点的路径组成，例如储罐发生等效 25mm 孔径泄漏，泄漏物质在大气稳定度 B、东南风 5m/s 的条件下扩散 5min，最终发生气云爆炸。

对于辨识出的场景，可以分别使用第 5 章介绍的泄漏源模型计算泄漏量，扩散模型计算持续一段时间的泄漏物质扩散及浓度分布，使用 TNO 多能法计算点燃时对应可燃气云体积的爆炸超压。必要时可采用计算流体动力学方法计算复杂装置环境下的事故后果。

考虑到生产制造系统包含管道、换热器、塔、反应器、泵等多种设备。每个设备都需要开展事件树分析，用于辨识需要开展 QRA 的事故场景。这意味着需要定量计算的 QRA 场景数量巨大。一个典型的装置往往需要计算成千上万的场景后果。国内外普遍采用商用软件（例如 FLACS）进行分析（见图 7-11）。

图 7-11 FLACS 软件计算的气云爆炸温度与热辐射分布

图 7-11 FLACS 软件计算的气云爆炸温度与热辐射分布

图 7-11 FLACS 软件计算的气云爆炸温度与热辐射分布

7.3.3 事故场景频率分析

前文提到化工事故多从物质泄漏开始。一般将引发事故的第一个事件称为初始事件（initial event）。考虑到造成物质泄漏的原因各不相同，故障树分析方法能够识别造成物质泄漏的根本原因，与事件树相结合可以得到类似领结的分析结构，即领结图（bow-tie）。领结图中的各个节点可以赋予状态变化的概率。AQ/T 3046《化工企业定量风险评价导则》等相关文献资料中已经给出了 QRA 过程中常用的各类失效场景的发生频率统计数据，在获得泄漏（初始事件）频率后，可结合点火概率等进一步计算池火、闪火、爆炸及毒性物质扩散等各类事故的发生频率，最后结合外部环境因素的变化频率（主要是气象条件、风玫瑰图等）得到各个事故场景的最终频率。

7.3.4 风险计算

风险由事件发生的可能性与后果相结合构成。QRA 的风险计算主要涉及死亡概率、个人风险和社会风险三部分计算。

化工事故致死因素主要有毒物暴露、热辐射、冲击波、超压几种方式。人员的死亡概率受暴露类型、暴露时间和暴露剂量（强度）影响。对于毒性物质，死亡概率受毒物的毒性、暴露时间和毒物浓度影响。对于热辐射，人员死亡概率受观测点（人员位置）的热辐射强度、暴露时间影响。对于冲击波和超压，死亡概率受观测点的超压值影响。

个人风险的定义为假设人员长期处于某一场所且无保护，由于发生危险化学品事故而导致的死亡频率。在人员死亡概率的基础上，个人风险可由分析区域内多个事故场景在同一地点的风险叠加得到。在实际分析过程中，往往需要对分析区域进行网格划分，以得到个人风险的二维分布，如图 7-12 所示。

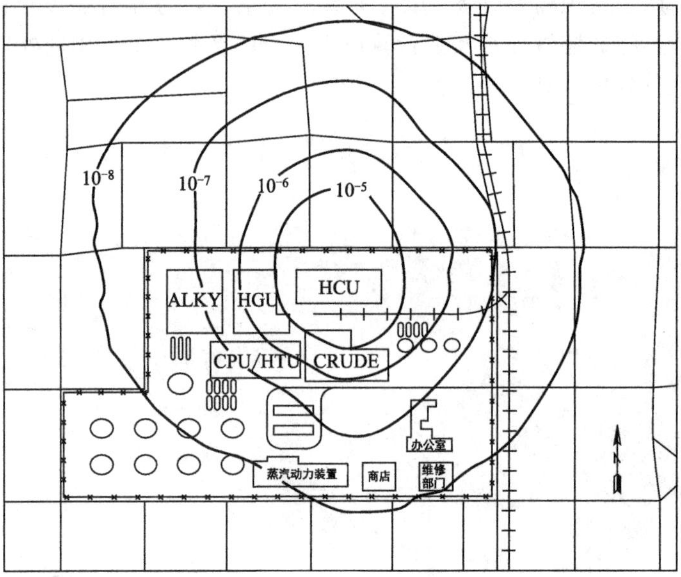

图 7-12　个体风险等值线

在个体风险计算的基础上，结合实际的人员分布情况、人员受保护情况，可以得到各个事故情景导致的潜在死亡人数，按从大到小排序后，求取导致不同死亡人数以上事故情景的累计频率，以死亡人数为横坐标，事故情景累积频率为纵坐标，即可得到如图 7-13 所示的社会风险曲线，简称 F-N 曲线。F-N 曲线上某点的解读为“可造成 N 人以上的事故情景累积频率为 F”。

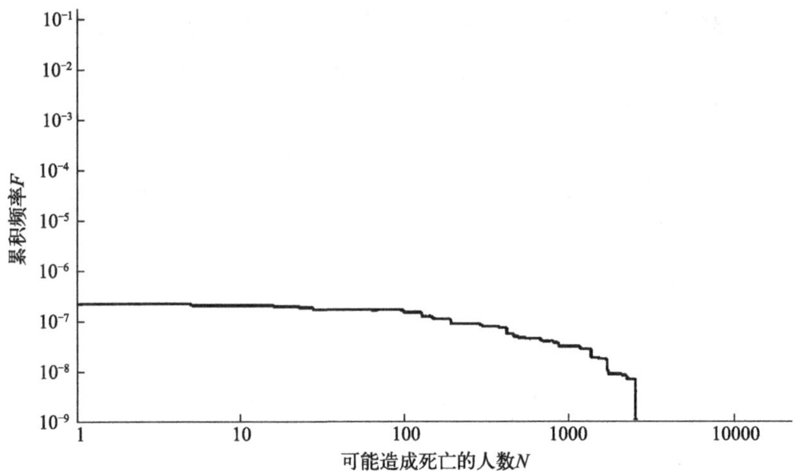

图 7-13　社会风险 F-N 曲线

从前面的阐述中可以得知，QRA应首先对装置内所有设施进行风险辨识，分析得到所有潜在的事故场景并估算各场景的发生频率，确定各场景的计算参数，然后应用事故后果模型结合人员伤亡理论计算区域内的各个位置的个人风险，进而依据个人风险结合人员分布等信息计算社会风险值。整个分析计算过程十分复杂，需要进行事故场景筛选、区域网格划分等适当的简化才能实施。一般来说，QRA过程工作量巨大，难以采用人力手工计算，一般需要借助一些计算软件才能实施。在本教材里不再详细介绍，有兴趣的读者可以阅读参考文献［16］～［19］，或查找更专业的书籍和文献资料。

7.3.5 QRA的应用

在开展QRA之前，应确定合理的风险可接受标准。风险可接受标准衡量的是“多安全才是足够的安全”的问题，确定风险可接受标准时应遵循的原则有：

① 风险可接受标准应具有一定的社会基础，能够被政府、企业和公众等利益相关方所接受；

② 重大危害对个体或群体造成的风险不应显著增加已存在的风险；

③ 风险可接受标准应和社会经济发展水平相适应，并适时更新；

④ 应考虑企业内部和企业外部个体风险的差异。

目前，英国、荷兰、丹麦、澳大利亚、新西兰及加拿大等国家已制定风险管理的指南，并提出了可接受风险的国家和行业标准（见表7-10和表7-11）。

表7-10　国外不同政府机构和单位所采用的工厂界区外个体风险标准

机构及应用	最大容许风险①	广泛接受①
荷兰(新建设施)	1×10^{-6}	1×10^{-8}
荷兰(已建设施或结合新建设施)	1×10^{-5}	1×10^{-8}
英国(已建危险工业)	1×10^{-4}	1×10^{-6}
英国(新建核能发电厂)	1×10^{-5}	1×10^{-6}
英国(靠近已建设施的新民宅)	3×10^{-6}	3×10^{-7}
加利福尼亚,美国(新建设施)	1×10^{-5}	1×10^{-7}

① 风险频率为次/年

表7-11　国外不同政府机构和公司所采用的工厂界区内个体风险标准

机构及应用	最大容许风险①	广泛接受①
英国HSE(现有危险性设施)	1×10^{-3}	1×10^{-6}
壳牌石油公司(陆上和海上设施)	1×10^{-3}	1×10^{-6}
英国石油公司(陆上和海上设施)	1×10^{-3}	1×10^{-5}

① 风险频率为次/年

英国健康与安全执委会（UK’s health and safety executive，HSE）将个体风险分为不可接受、可容忍和广泛接受三类，HSE在2001年发布的文件“Reducing Risks，Protecting People”（R2P2）中确定的个体风险接受准则为：10^{-6} 是可广泛接受的风险，对于不同行业不同人群不同地点也规定了不可接受的个体风险标准。

在荷兰，个体风险应用于衡量危险设施、道路运输以及机场的风险。个体风险被绘制成风险等值线图以便土地规划使用，如果个体风险高于 10^{-6} 次/年，则应将其水平降低至符合最低合理可行（ALARP）原则的水平。该准则是荷兰有关危险设施设置地点的强制性标准。

GB 36894—2018《危险化学品生产装置和储存设施风险基准》规定了危化品生产装置和储存设施周边防护目标所需承受的个人风险应不超过表 7-12 中的风险基准。

表 7-12　个体风险基准

防护目标	个人风险基准/(次/年)	
	危险化学品新建、改建、扩建生产装置和储存设施	危险化学品在役生产装置和储存设施
高敏感防护目标 重要防护目标 一般防护目标中的一类防护目标	3×10^{-7}	3×10^{-6}
一般防护目标中的二类防护目标	3×10^{-6}	1×10^{-5}
一般防护目标中的三类防护目标	1×10^{-5}	3×10^{-5}

在个人风险基准设置方面，国际上通常采用国家人口分年龄段死亡率最低值乘以一定的风险增加可接受系数，作为个人风险基准值。

在国家人口分年龄段死亡频率最低值方面，根据我国第六次（2010 年）人口普查数据，我国 10～19 岁年龄段的分年龄死亡频率最低（如图 7-14 所示），其平均值约为 0.364‰，取 3.64×10^{-4}，以此为基础设置风险基准最为保守。

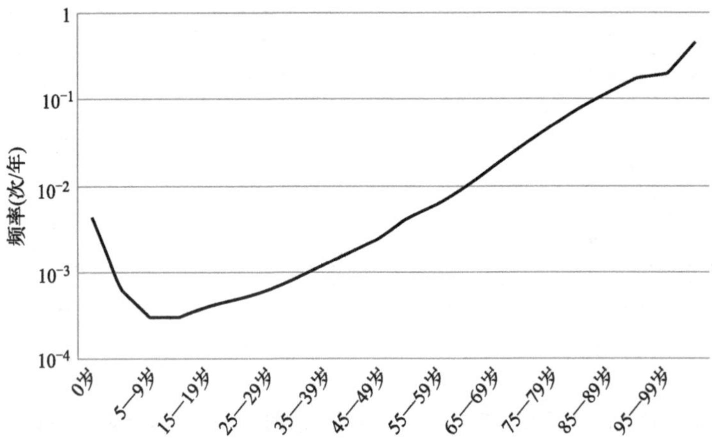

图 7-14　我国第六次（2010 年）人口普查数据

风险评价应遵循 ALARP 原则，即如果计算出来的风险水平超过容许上限，则该风险不能被接受，应该提出把风险降低到可接受水平的安全保护建议措施（见第 8 章）；如果风险水平低于容许下限，则该风险可以被接受；如果风险水平在容许上限和下限之间，可考虑风险的成本效益分析（cost benefit analysis，CBA），采取降低风险的措施，使风险水平“尽可能低”。

习题

1. 阐述风险评价的概念及内涵。
2. 阐述风险评价方法的分类及适用的范围。

3. 阐述定量风险评价的流程。

4. 阐述个体风险、社会风险及潜在生命损失的含义。

5. 定量风险评价中事故场景筛选的原则是什么？

参考文献

[1] ISO Guide 73. Risk management-Vocabulary.

[2] CCPS. Guidelines for Chemical Process Quantitative Risk Analysis. 2nd ed. New York：AIChE，2000.

[3] CCPS. 保护层分析——简化的过程风险评估．白永忠，党文义，于安峰译．北京：中国石化出版社，2010.

[4] Swain A D，Altman J W，Rook L W. Human error quantification. Albuquerque：Sandia Corporation，1963.

[5] P A M Uijt de Haag，B J M ALe. Guidelines for quantitative risk assessment（Purple book）. Hague：Committee for the Prevention of Disasters，2005.

[6] AQ/T 3046—2013. 化工企业定量风险评价导则．

[7] SY/T 6714—2020. 油气管道基于风险的检测方法．

[8] GB/T 32857—2016. 保护层分析（LOPA）应用指南．

[9] IEC 61025：2006. Fault Tree Anlysis.

[10] GB/T 4888—2009. 故障树名词术语和符号．

[11] GB/T 7829—1987. 故障树分析程序．

[12] IEC 61511—2016. 过程工业领域安全仪表系统的功能安全．

[13] GB 36894—2018. 危险化学品生产装置和储存设施风险基准．

[14] 张其立，邱彤，赵劲松，等．3种安全评价方法的集成研究．计算机与应用化学，2009，26（08）：961-965.

[15] Cui L，Shu Y D，Wang Z H，et al. HASILT：An intelligent software platform for HAZOP，LOPA，SRS and SIL verification. Reliability Engineering & System Safety，2012，108：56-64.

[16] Paltrinieri Nicola，Faisal Khan. Dynamic risk analysis in the chemical and petroleum industry：evolution and interaction with parallel disciplines in the perspective of industrial application. Oxford：Butterworth-Heinemann，2016.

[17] Aven T. Quantitative risk assessment：the scientific platform. Cambridge university press，2011.

[18] Pasman Hans J. Risk analysis and control for industrial processes-gas，oil and chemicals：a system perspective for assessing and avoiding low-probability，high-consequence events. Oxford：Butterworth-Heinemann，2015.

[19] Faisal K，Rathnayaka S，Ahmed S. Methods and models in process safety and risk management：past，present and future. Process Safety and Environmental Protection，2015，98（11）：116-147.

第8章

风险控制

“没有水的桶不会漏水。”

——*著名化工安全专家　特来佛·克莱茨（Trevor Kletz）*

2005 年 12 月 11 日的凌晨，英国邦斯菲尔德油库（距伦敦不到 50 千米）发生的爆炸火灾事故，大火持续燃烧 5 天，共烧毁大型储油罐 20 余座（见图 8-1），43 人受伤。该事故对伦敦乃至英国全境的生态环境造成了严重的危害。

事故经过：2005 年 12 月 10 日 19 时，英国邦斯菲尔德油库 A 罐区的 912 号储罐开始接收来自 T/K 管线的无铅汽油，油料的输送流量为 $550m^3/h$（该流量在允许范围内）。12 月 11 日凌晨 0 时，912 号储罐停止收油，工作人员对该储罐进行了检查，检查过程大约在 11 日凌晨 1 时 30 分结束，此时尚未发现异常现象。从 12 月 11 日凌晨 3 时开始，912 号储罐的液位计因出现故障而停止变化，此时该储罐继续接收流量为 $550m^3/h$ 的无铅汽油。912 号油罐在 12 月 11 日 5 时 20 分已经完全装满。由于该储罐的液位联锁保护系统在储罐液位达到所设置的最高液位时，未能自动启动以切断进油阀门，因此 T/K 管线继续向储罐输送油料，导致油料从罐顶不断溢出。溢出的油料受罐体加强圈、罐顶边缘板的阻挡，在储罐周围形成巨大的油料瀑布。由于汽油的挥发性很强，储罐周围迅速形成大量油气混合物，同时，溢出的油料在防火堤内大量聚集。防火堤内装满油料后，油料又从防火堤溢出向低洼处流动。很快，整个罐区内弥漫着高浓度的油气混合物。在爆炸前，有超过 300 吨油料溢出油罐，油气混合物的扩散面积达 8 万平方米。6 时 01 分，发生了第一次爆炸，之后半小时内引起了附近 20 个油罐相继爆炸。

图 8-1　英国邦斯菲尔德油库事故现场照片

从上述事故描述中可以看到，这个事故的主要原因就是 912 号储罐液位监控系统和超高液位联锁保护系统这两种风险控制措施同时失效。事实上，该储罐的液位监控系统在事故发生前的一年时间里就曾出现过 14 次液位计故障，而超高液位联锁保护系统在事故发生的前一年也曾经出现过一次故障，且该故障是在三个月后才得以被修复。因此，有必要深入学习和了解各类风险控制措施的工作原理和失效原理，这对于如何有效预防重大化工事故具有特别重要的意义。

8.1 风险控制概述

第 7 章的内容主要是关于如何开展风险分析与评价，根据图 2-1 所示的风险管理过程，在完成风险分析与评价之后，对于那些不可接受的风险场景就要考虑如何应对，把风险削减到可接受的水平。如第 2 章 2.1.15 小节所示，风险应对主要包括七种方式。其中，规避风险是指为了不暴露于某个特定风险，而采取的一种深思熟虑的决策。这种方式相对安全，但是也是最保守的，例如部分地区开展的化工产业转移，会对地方经济和就业造成一定的影响。本章将重点阐述如何用工程科学技术手段来把风险降低到或者控制到可以接受的程度。应当指出，在对某一风险实施风险应对时，可能会产生新的风险，或改变现存的风险。这种情况下，往往需要采取进一步的风险控制措施。

风险是对会造成经济损失、环境破坏、人员伤害事件发生的可能性以及后果严重性的一种综合度量。因此，可从降低事件发生的可能性（发生频率），或者削减事件造成损害的严重性（事件后果）两方面选取风险控制策略。一般而言，风险控制策略可划分为本质更安全的设计策略、被动控制策略、主动控制策略、程序控制策略等四类。事实上，第 7 章中介绍的各类保护层都是风险控制措施。图 8-2 用不同的颜色分别代表这四类风险控制策略，并把各类保护层划分入不同的风险控制策略，以便于把第 7 章的保护层概念与本章的风险控制策略联系起来。

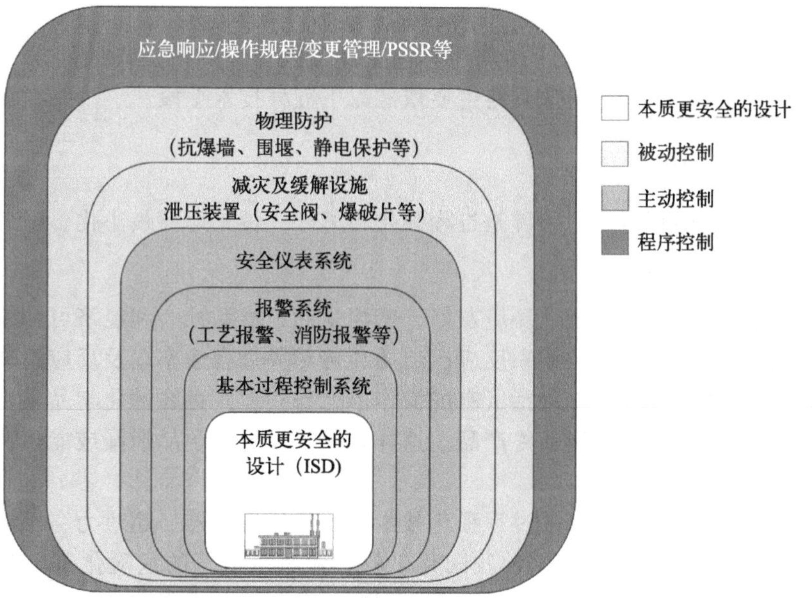

图 8-2 保护层与风险控制策略关系示意图

相比而言，本质更安全的设计策略与被动控制策略更多地借助系统的物理或化学特性本身进行风险控制，而不是依赖控制仪表、操作人员或程序的准确执行，因而具有更高的可靠性与鲁棒性。从流程工业项目生命周期角度分析，本质更安全的设计策略及被动控制策略通常应用于项目或流程设计的早期，一旦采用，整个项目周期内有效；而过程控制系统、安全仪表系统、操作规程、应急响应等主动控制或程序控制策略，通常应用于流程设计晚期甚至项目操作阶段，需要在操作运行周期内反复使用，也增加了其潜在失效的可能性。因而从可靠性角度而言，风险控制策略的选取应当优先选用本质更安全的设计策略或被动控制策略。然而需要注意的是，这并不意味着可以忽视主动控制及程序控制的重要性。首先，本质更安全的设计策略或被动控制策略并非对所有的风险都有效，或从经济性、实用性角度难以实现；其次，不同的风险控制策略之间并没有很显著的划分界限。实际应用中，不同特性的风险控制策略选取，应根据实际工艺特点进行综合考虑。

8.2 本质更安全的设计

本质更安全的设计（inherently safer design，ISD）是指通过在化工过程本身避免应用危险物料或危险操作的方法，而不是依靠增加外在附加控制手段的方法实现的过程设计。该思想由著名化工安全专家 Trevor Kletz 在对过去的一些化工事故深入调查分析后于 1977 年的英国化工协会周年庆典讲座上首次提出。

陈丙珍院士自 1990 年代起在国内推进本质更安全方面的研究，提出了一系列基于过程稳定性和可控性分析的理论与方法，旨在从源头上消除或减少化工生产中的危险源。

陈丙珍院士介绍

ISD 是最有效的事故预防方法，因此，这个策略已经被列入我国《化工过程安全管理导则》（AQ/T 3034），见本教材第 2 章。依据 ISD 策略设计的工厂更能容忍操作人员的误操作，具有更强的抵御非正常工况的能力，即具有更低的风险水平。

用 ISD 策略指导化工过程设计其实是对化工过程设计提出了更高的要求，指出了一个创新方向。实现本质更安全的设计策略主要依靠以下五种技术手段。

8.2.1 最小化（minimize）

最小化的途径主要有两种，一种是过程强化，另外一种是库存最小化。

8.2.1.1 过程强化

化工过程强化是高效、安全、环境友好、密集生产，推动社会和经济可持续发展的新兴技术。过程强化的目的实现单位体积反应、传质、传热等过程速率以及反应选择性的显著提升甚至倍增，减少化工过程中（包括所有的操作单元和管道）存在的化学品质量和能量。这里化学品包括原料、中间产品和最终产品。这样，一旦发生化学品泄漏或能量泄放，其后果的严重性也会减小。

最近几年逐渐发展相对成熟的过程强化技术，包括微反应器、超重力、反应精馏、膜反应、离子液体等。表 3-5 列出了 18 种我国化工各行业重点监管的危险化工工艺。其中硝化工艺发生的事故最多，导致的死亡人数最多。因此，硝化工艺在很多地方已经被严格限制发展。但是硝化中间体是一种重要的精细化工中间体，广泛应用于染料、农药、炸药、化工中间体、医药、化学助剂等领域。如何实现硝化工艺的本质更安全已经成为国家重要研究方向。

清华大学化工系化学工程国家重点实验室研究团队经过多年科研攻关，实现了微反应绝热高温硝化技术。与传统釜式连续硝化工艺相比，该技术将时空收率从 100kg/(m^3 · h) 提高到 12000kg/(m^3 · h)。微反应器技术使得 4 个 5000L 的反应釜变为 5 个 80L 的微反应器，危险物存量显著减少，绝热硝化过程安全可控度大大提升，且综合能耗降低 20%，污染物排放减少 80%。他们开发的“首套 5 万吨/年二硝基氯苯的微反应绝热高温硝化技术”被评价为“国际领先水平”。

除了硝化工艺的过程强化外，清华大学研究团队还进行了重氮化工艺、氧化工艺、加氢工艺等重点监管危险化工工艺过程强化的创新探索。

长青（湖北）生物科技有限公司是一家专门从事农药生产的企业。2019 年以来与清华大学合作研发氟虫腈生产装置重氮化工艺微通道反应器。2022 年该微通道反应器投入生产运行。反应液在核心反应器内反应时间从 12 小时缩短至 3 秒，反应器体积从 3000L 缩小为 0.5L，时空收率提高了 6000 倍；反应中亚硝基硫酸的用量从 1.1mol 降低到 1.01mol，同时将后续生产环节中用来淬灭亚硝基硫酸的尿素用量降低了 90%，消除了反应过程中亚硝基硫酸分解产生的硝烟。实现重氮化反应本质更安全。

双氧水作为一种清洁的无机化工产品，已被广泛应用于各行各业，如废水处理、纸张漂白、半导体晶片清洗、医疗消毒、国防军工及化工生产等。近年来，国内自主创新开发了一批以双氧水为氧化剂的氧化工艺，例如烯烃环氧化、酮类氨肟化、苯和苯酚的羟基化及其他化学品的合成。以双氧水作氧化剂生产化学品还需要配套的催化剂和工艺，包括固定床、流化床、反应釜等，但不论哪种工艺都涉及了使用双氧水带来的风险。因此，以双氧水为代表的氧化工艺也是事故多发类工艺。例如 2023 年 5 月 1 日，山东省鲁西双氧水新材料科技有限公司发生一起导致十人死亡的重大爆炸着火事故。

工艺本身涵盖了双氧水热分解失控、反应失控、气相燃爆、双氧水残留等安全问题，工艺的开发过程及工业化装置都需要进行详尽的安全研究，使新工艺本质上更安全。通常情况下，双氧水较稳定，自身分解缓慢，然而在高温、接触杂质、碱性条件下及接触催化剂时会迅速发生分解而释放出氧气和大量的热，具有分解爆炸危险性，另外其释放的氧气也会引起可燃气体发生气相燃爆。

在微反应器双氧水合成领域，清华大学经过多年的科研攻关，研发出了微分散固定床反应器加氢、微反应器纯氧氧化、微分散双氧水萃取等先进技术，显著提升了装备的时空效率，避免了有机溶剂的尾气排放。在微反应系统构建方面，已完成连续化加氢、氧化、萃取微化工过程实验室小试研究，在实验室级别建设了可移动的微反应平台，实现了 1kg 高纯 H_2O_2/d 的产能。可以满足本质更安全的分布式生产和就地使用双氧水的需求。

己内酰胺是尼龙 6 的单体，用于聚己内酰胺纤维、聚己内酰胺树脂和人造皮革等的制备，是一种重要的基础有机化学品，在国民经济发展中占有重要地位。2018 年，中国尼龙 6 产能为 401 万吨，全球总产能为 683 万吨，截至 2023 年底，中国尼龙 6 的总产能为 627 万吨/年，到 2028 年，中国尼龙 6 的总产能预计将达到 928 万吨/年。己内酰胺的生产一般采用环己酮肟的贝克曼重排工艺。而环己酮氨肟化制备环己酮肟是己内酰胺生产的核心工艺，该工艺以环己酮、氨和双氧水为原料，在钛硅分子筛催化作用下合成环己酮肟（见图 8-3）。可见该反应是一个典型的液/液/固非均相催化反应。由于氨和双氧水溶解在水中，而环己酮微溶于水，因此在工业生产中往往加入有机溶剂叔丁醇，使油水两相互溶，从而使反应物之间更好地接触，提高反应速率。但是，由于叔丁醇的加入，降低了反应物的浓度，反应的停留时间延长，反应器体积增大，而且由于双氧水与有机溶剂同时存在一个反应体系，安全风险加大。这是与本质更安全的设计原则矛盾的。事实上，国内某石化的环己酮氨肟化装置反应釜曾因双氧水分解引发瞬间闪爆起火事故。为此，清华大学团队研发了微化工系统（见图 8-4），使得反应器体积大大缩小，反应时间从 65～75min 降低到 3min 以内，催化剂效率可达 6mmol/(g·min)，是原有工艺的 7.5 倍。另外，由于该微化工系统没有加入有机溶剂叔丁醇，从而无需后续的溶剂回收设备，实现了工艺流程的简化和生产成本的降低，极大地提升了安全水平。

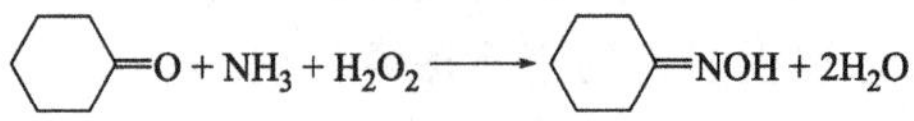

图 8-3　环己酮氨肟化反应方程式

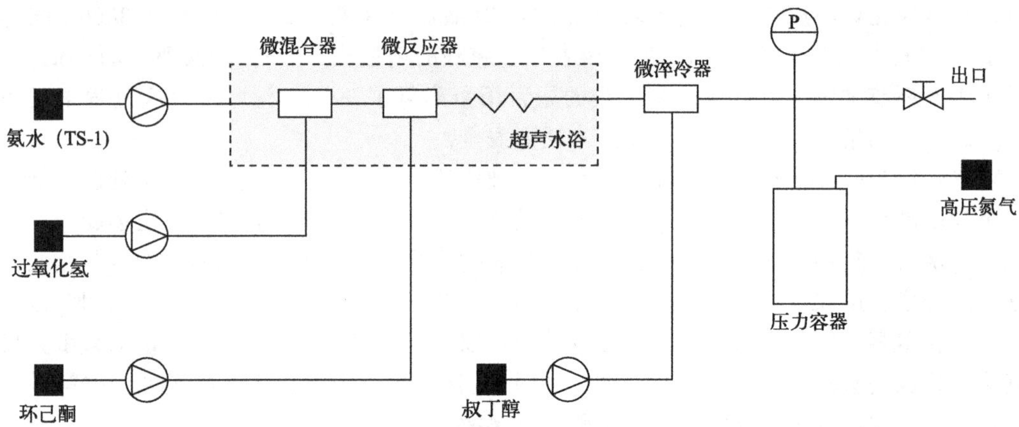

图 8-4　环己酮氨肟化制备环己酮肟的微化工系统示意图

8.2.1.2　库存最小化（minimize inventory）

第二种最小化方法是通过供应链优化和先进的生产计划优化等先进手段，尽可能降低企业危险物料存量：

a. 通过工艺优化减少危险有害物料的在线量；

b. 通过提升生产运行管理水平，降低危险物料的中间库存；

c. 通过优化供应商管理，降低危险原辅材料的库存；

d. 通过加强销售管理，降低产品库存。

8.2.2　替代（substitue）

利用危险性较小的化学品或化学品合成路线，替代原有化学品或原有合成路线的方法，使得过程设计更安全。传统的化工生产过程中，为了实现反应的顺利进行和产物的高效分离，几乎不可避免地在溶剂、催化剂等方面使用了对环境有害的物质。因此，探寻环境友好型溶剂、发展替代传统化工工艺的绿色化学反应和分离技术，已经成为当前化学工业的研究热点之一。例如，CO_2 超临界处理技术利用超临界流体既具有液体的溶解特性，又具有类似气体的高传质速率和低界面张力等特点，在一些工业应用中替代传统的化学溶剂萃取法，不仅解决了溶剂残留问题，而且由于 CO_2 替代了化学溶剂，根除了化学溶剂泄漏后可能导致的火灾、爆炸等危险；生物酶法替代化学法生产生物柴油，不仅反应条件温和、能耗低，而且因为不用化学催化剂（一般为酸或碱），避免了酸碱腐蚀泄漏的危险，减少了废酸废碱排放。

下面以印度博帕尔事故为例，简要介绍如何通过替代，实现本质更安全的工艺创新。

该事故案例中泄漏的异氰酸甲酯（MIC）是一种沸点较低（大约 39℃）的剧毒化学品，遇水后发生放热反应，随着反应温度的升高，部分 MIC 会被汽化泄放出来。该工厂的主要产品是胺甲萘，MIC 是一个中间产品。生产工艺路线如下：

$$CH_3NH_2 + COCl_2 \longrightarrow CH_3N{=}C{=}O + 2HCl$$

甲胺　光气　异氰酸甲酯　氯化氢

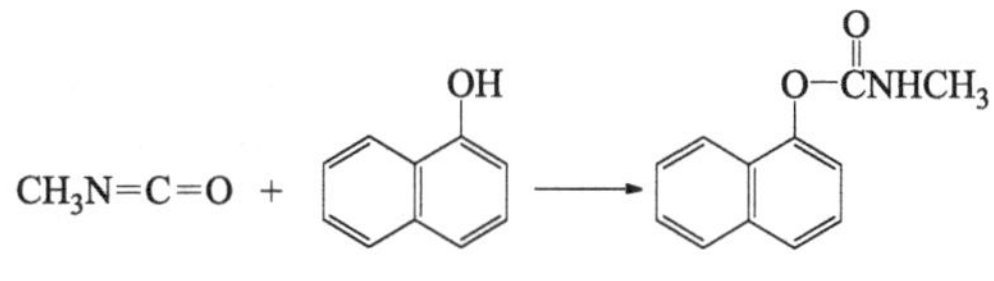

异氰酸甲酯　α-萘酚　胺甲萘

MIC 的危险性可以通过另外一条新的化学合成路线替代根除。同样的化学品原料和最终产品，下面的合成路线中就没有了 MIC 这个中间产品，取而代之的是氯甲酸萘酯。但是，这个合成路线中仍然利用了光气这种原料。因此，研发无光气的工艺路线无疑将会进一步地从本质上提高安全水平。

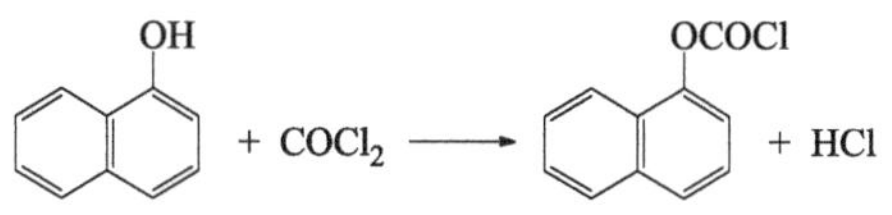

α-萘酚　光气　氯甲酸萘酯　氯化氢

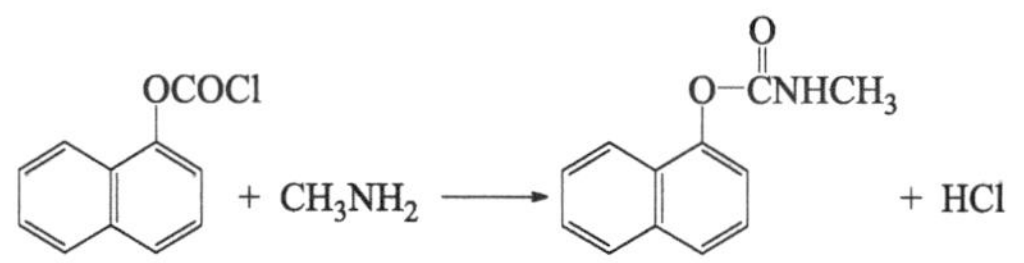

氯甲酸萘酯　甲胺　胺甲萘　氯化氢

8.2.3 缓和（moderate）

缓和即在较低危险的工况下使用危险化学品。缓和的形式多种多样：使用稀释的化学品而不是高浓度的化学品，使用滴加的方式进料降低反应的剧烈程度，优化设计反应器的操作点使其在更稳定的区域操作和被控制，研发更高效的催化剂使化学反应在更温和的条件下进行等。

众所周知，自从 100 多年前哈伯-博施发明合成氨以来，人们可以生产出来足够多的化肥，使粮食产量能够满足人口增长的需求。但是，合成氨是一个高温（约 500℃）高压（20～30MPa）过程，同时主要以煤为原料，不仅能耗高（据估算全球 1%的能耗被用于合成氨），二氧化碳排放多（约占全球 CO_2 排放量的 1.5%），也容易发生安全生产事故。因此，长期以来很多科学家都在致力于研究更高效的合成氨催化剂。2020 年我国科技工作者成功研发了“铁钌接力催化”装置，使得反应压力降低到约 10MPa，反应温度降低到大约 430℃。这项新技术被列入工业和信息化部发布的《首台（套）重大技术装备推广应用指导目录（2019 年版）》。

随着我国新能源的快速发展，绿氢制绿氨和分布式合成氨的需求越来越多，对合成氨催化剂提出了新的需求。分布式合成氨要求合成氨装置趋于小型化，需要反应器的反应温度和反应压力进一步降低，以降低到接近常温常压的水平，实现本质更安全的设计。这也为未来科技进步指出了一个新方向。

8.2.4 简化（simplify）

简化即在过程设计时应当采用简约原则（keep it simple and stupid，KISS），也有人称为“懒汉”原则。该原则已在工程设计和软件设计领域得到了广泛应用。由于技术的复杂性，大多数工厂的设计都相当复杂，设计人员必须时刻努力减少不必要的复杂程度，进而减少因为误操作和设备失效而导致事故的可能性，实现“用户友好”的设计。

简化的工程示例包括：用重力给水不仅可以不用泵，而且还免去泵的维修和泄漏等问题；使用故障率低的设备；采用将两个原本相互独立的单元操作（反应和精馏）耦合在同一个设备中（见图 8-5）进行的反应精馏技术不仅可降低能耗，而且可大幅减少设备和管道数量，简化操作等。

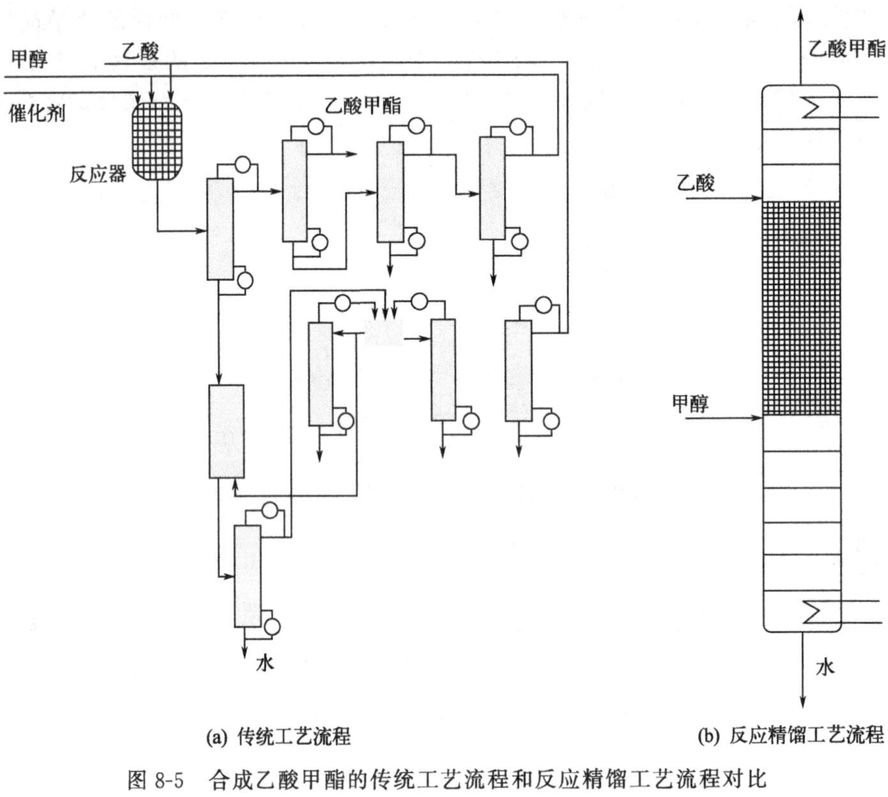

图 8-5　合成乙酸甲酯的传统工艺流程和反应精馏工艺流程对比

8.2.5 无人化（unmanned）

根据 Trevor Kletz 教授“没有水的桶不会漏水”的观点，如果一个化工企业及其周边企业没有人操作和运维，也就不会产生人员伤亡重大事故。

无人化是智能工厂建设的一个理想目标，本教材第 12 章介绍了如何利用工业物联网人工智能技术在智能工厂建设中助力实现危险化学品安全生产。实际上，很多化工企业已经通过自动化技术实现了自动化减人，但是人员的减少并不显著，很多环节仍然在用大量的工程技术和运维人员维持正常生产。要真正做到无人操作和无人运维，有待于工艺、设备、控制、人工智能等相关理论和技术不断创新，不断进步。

8.3 被动控制

被动控制策略是指在不借助事故探测设备和人员动作的前提下，即通过工艺或设备的设计特性降低事故发生频率或削减后果的一种风险控制策略。例如对某最高可能出现压力为5atm的反应体系，可以将反应器最大允许设计压力设为10atm，从而使反应器具备更强的超压风险抵御能力，这是一种被动控制方法。常用的被动控制策略除了考虑采用安全系数较大的设备设计参数外，还有以下几种技术：

8.3.1 安全泄放装置

安全泄放装置（pressure relief device）也叫压力泄放装置，是指在紧急或者异常工况时，能自动开启以防止因内部流体介质超压导致承压设备失效的装置。

安全泄放装置包括直接连接在承压设备上的安全阀、爆破片装置、易熔合金塞泄放装置、针销式泄放装置以及组合泄放装置。组合泄放装置包括爆破片装置与安全阀组合装置、爆破片与易熔合金塞串联组合装置、针销式泄放装置与安全阀组合装置。

化工过程中安全泄放装置常用的专业术语有：

① 最大允许工作压力（MAWP）即设计压力，指在特定材料和设计温度下，设备或管道顶部所允许承受的最大表压力。

② 最高操作压力　系统正常工作期间可达到的最高压力。

③ 整定压力　安全阀在运行条件下开始开启的设定压力，是在阀门进口处测量的表压力，也叫开启压力或者设定压力。在该压力下，规定的运行条件下由介质压力产生的使阀门开启的力同使阀瓣保持在阀座上的力保持平衡。

④ 设计爆破压力　根据容器的工作条件和相应的安全技术规范设定的，在设计爆破温度下爆破片的爆破压力值。

⑤ 标定爆破压力　标注在爆破片铭牌上的，在规定的设计爆破温度下，同一批次爆破片抽样爆破试验时，实测爆破压力的算术平均值。

⑥ 积聚压力　在泄放过程中，容器内超出容器MAWP的压力增量，表示为MAWP的百分数。

⑦ 超压　超过安全阀整定压力的压力增量，通常用整定压力的百分比表示。当泄放装置的整定压力设在容器的MAWP时，超压与积聚压力相同。

⑧ 回座压力　排放后阀瓣与阀座重新接触，即开启高度变为零，介质停止连续流出时安全阀入口的静压力。

⑨ 启闭压差　整定压力与回座压力之差，通常用整定压力的百分数表示。

⑩ 背压　泄放过程中泄压设备出口处压力，是排放背压与附加背压的总和。

⑪ 排放背压　是指压力泄放设备开启后，由于介质流入排放系统，而在阀出口处形成的压力。

⑫ 附加背压　安全阀动作前在阀出口处存在的静压力，是由其他压力源在排放系统中

引起的（如实际大型一体化装置中，往往各个分装置共用一个火炬管网，当其他装置排放时对本装置造成火炬系统超压）。

⑬ 冷态试验差压力　安全阀在试验台上调整到开始开启时进口处的静压力，该压力包含了对背压和温度的修正值。

上述有关概念之间的关系，见图 8-6。

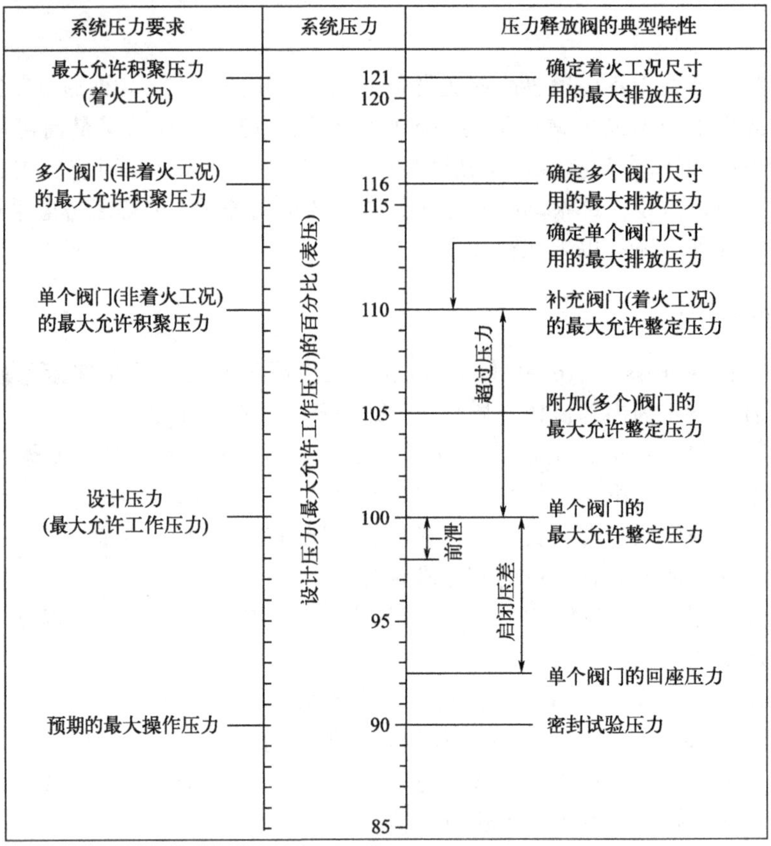

图 8-6　安全阀与系统各压力之间的关系

8.3.1.1　安全阀

安全阀也叫压力泄放阀（pressure relief valve），是一种广泛用于各种承压容器或管道上，防止压力超过规定值的压力保护装置，可不借助任何外力而利用介质本身的静压力自动打开泄压，而系统压力回降到工作压力或略低于工作压力后又能自动关闭并阻止介质继续流出（见图 8-7）。

图 8-7　安全阀示意图

安全阀适用于清洁、无颗粒和低黏度的流体介质。在流体介质黏稠、含有颗粒或结晶的场合，或者压力快速上升（比如反应器存在飞温的情况下）或者密闭性要求高的场合，不应单独选用安全阀。安全阀打开方式有两种：一种是全启式，另一种是微启式。流体介质为气体、蒸气以及最高工作温度高于或等于其标准沸点的液体时，应选用全启式安全阀；流体介质为液体时，可选用全启式或微启式安全阀。

以下工况应考虑并联设置两个或者多个安全阀：

a. 为确保承压设备安全运行或者需要保持设备连续运行状态下维护或更换安全阀的，应设置两个安全阀及安全阀快速切换装置，且单个安全阀能满足承压设备所需的安全泄放量要求。

b. 单个安全阀不能满足承压设备的实际泄放量要求时，应设置两个或多个安全阀。

c. 在特殊工况下，安全阀产品本身存在较高的失效风险的，应至少设置两个安全阀。

在不考虑火灾情况下，当容器上仅安装一个安全阀时，安全阀的动作压力应不大于设计压力，容器的积聚压力应不大于设计压力的10%或20kPa中的较大值。当容器上安装多个安全阀时，其中一个泄放装置的动作压力应不大于设计压力，其他泄放装置的动作压力可提高至设计压力的1.05倍。容器的积聚压力应不大于设计压力的16%或30kPa中的较大值。在考虑火灾情况下，容器的最大积聚压力限制可以略有提高，见表8-1。

表 8-1　安全阀的整定压力与容器设计压力的关系

故障	单阀装置		多阀装置	
	整定压力/%	最大积聚压力/%	整定压力/%	最大积聚压力/%
非火灾				
第一个阀	100	10	100	16
附加阀			105	16
火灾				
第一个阀	100	21	100	21
附加阀			105	21
辅助阀			110	21

安全阀包括以下两种：

① 弹簧直接载荷式安全阀：一种由弹簧直接加载并由进口静压力驱动的压力泄放阀。

② 先导式安全阀：一种主泄放装置同辅助的自驱动压力泄放阀组合在一起并受后者控制的压力泄放阀。

而弹簧直接载荷式安全阀又分两种：

① 常规式安全阀：见图8-8，是一种弹簧直接载荷式安全阀，其动作直接受到背压力的影响。其阀瓣动作基于力的平衡，在正常操作条件下，介质侧压力低于整定压力，阀瓣在弹簧力作用下在阀座上处于密封状态。当系统压力升高，已达到进口压力高于整定压力时，阀瓣离开阀座，实现物料的泄出。当工艺侧压力降到足够低，弹簧力足以克服向上作用时，阀门回座，停止物料的进一步泄放。常规式安全阀结构简单，造价较低，适用范围广。然而由于阀座密封力随着介质侧压力的升高而降低，易出现预漏现象，即未达到安全阀设定点前即有少量介质泄出；更重要的是常规式安全阀平衡背压能力较差，通常只能应用于背压不超过整定压力10%的场合，否则过大的背压会显著降低阀门开启高度，减小泄放量，且阀门动作时易发生频颤，导致机械损坏。

② 平衡式安全阀：见图8-9，是一种弹簧直接载荷式安全阀。为了加强安全阀的调节背压能力，开发出平衡式安全阀，即在常规式安全阀基础上加装波纹管，使得背压对阀动作特性（整定压力、回座压力以及排量）影响降到最低。平衡式安全阀在背压不超过整定压力30%的情况下，阀瓣的开度不受显著影响，一般操作工况允许背压达到整定压力的45%～50%。同时，平衡式安全阀实现了阀芯内件与工艺介质相隔离，因而可应用于高温与腐蚀性介质工况。但是相比于常规弹簧载荷式安全阀，其造价昂贵，对维修检测要求也较高。

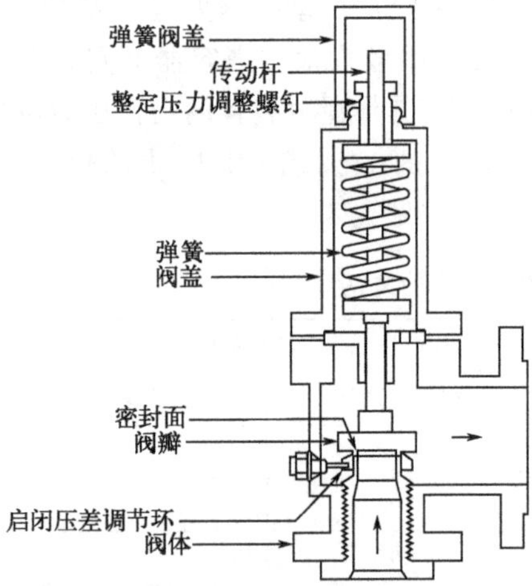

图 8-8　常规式安全阀

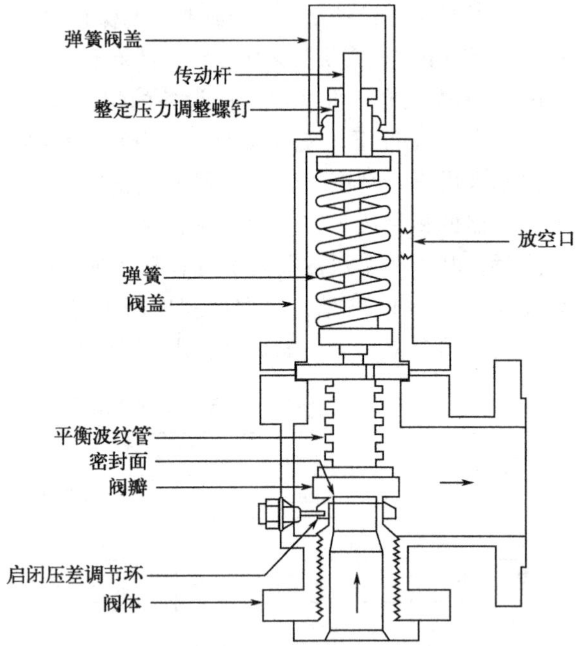

图 8-9　平衡式安全阀

除了弹簧式安全阀外，先导式安全阀也得到了十分广泛的应用。先导式安全阀通常由一个带有活动的不平衡阀瓣（活塞）的主阀和一个外部的导阀组成（图 8-10）。当被保护系统处于正常运行工况时，导阀阀瓣处于关闭状态。系统压力从主阀进口通过导管和导阀传入主阀阀瓣（活塞）上方气室。由于活塞面积大于阀瓣密封面面积，系统压力对主阀阀瓣产生一个向下的合力，使主阀处于关闭、密封状态。随着操作压力的增加，主阀阀座的净作用力增加，以使阀门关闭得更紧密。这个特点允许大多数先导式阀门被用在最大期望的操作压力较高的场合中。值得注意的是，此处较高运行压力是指相对于泄压阀的整定压力而言，例如运行压力高于阀整定压力 90%的工况，此时若采用弹簧式安全阀，易发生预漏现象，先导式安全阀不存在此类问题。当系统压力升高达到整定压力时，导阀开启，同时滑阀向上移动封闭导阀的进气通道。主阀阀瓣上方气室的介质经由打开的导阀排出，使主阀阀瓣上方压力降低。主

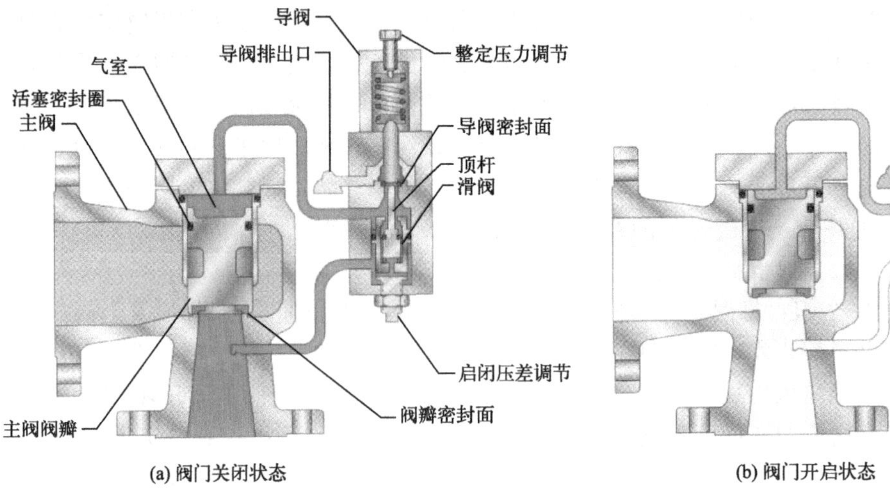

图 8-10　先导式安全阀

阀阀瓣在进口压力的推动下打开而使系统卸压。当系统压力降低到一定值时，导阀回座并带动顶杆顶开滑阀。系统压力再次通过导阀传入主阀阀瓣上方气室，并推动主阀阀瓣关闭。

先导式安全阀的不足之处在于对于介质比较挑剔，不适用于较脏、黏稠类介质，否则易堵塞引压管及导阀内腔；且受限于活塞材质，对于温度要求较苛刻。

当容器装有安全阀时，容器的设计压力按以下步骤确定：

① 根据容器的工作压力 p_w，确定安全阀的整定压力 p_z，一般取 $p_z=(1.05\sim1.1)p_w$；

② 取容器的设计压力 p 等于或者稍微大于整定压力 p_z，即 $p\geqslant p_z$。

8.3.1.2 爆破片

爆破片（见图 8-11）又称防爆片或防爆膜，它是利用膜片的断裂来泄压的，泄压后容器被迫停止运行。

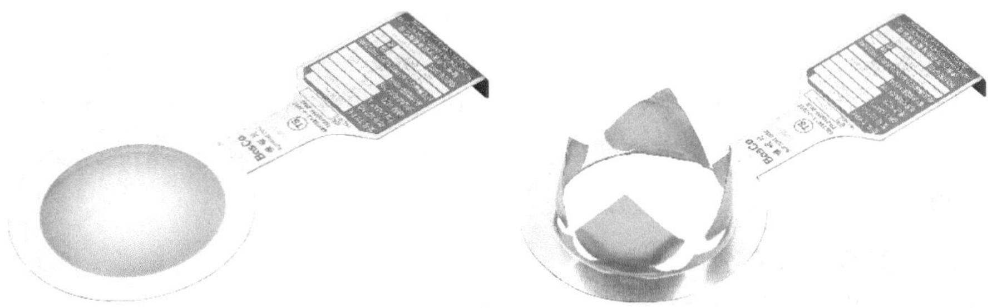

(a) 完好的爆破片　　(b) 破裂后的爆破片

图 8-11　爆破片

符合下列条件之一的场所，宜优先选用爆破片泄压：

① 压力容器或管道内的工作介质具有黏性、含有颗粒、易沉淀或易于结晶、聚合，容易将安全阀阀瓣和底座黏住或堵塞安全阀的场所；

② 压力容器内的物料化学反应可能使容器内压力瞬间急剧上升，安全阀不能及时打开泄压的场所；

③ 压力容器和压力管道要求全部泄放或全部泄放时毫无阻碍的场所；

④ 低温环境导致安全阀无法正常工作的场所；

⑤ 泄放面积过大或者泄放压力过高（或过低），安全阀不适用的场所。

由于爆破片是一次性泄压装置，爆破片破裂泄压后，生产装置往往需要停车重新安装一个新的爆破片。因此，以下情况不宜单独选用爆破片泄压：

① 经常超压工况；

② 温度波动较大场合；

③ 流体介质毒性为剧毒、高危害的。

表 8-2 列出了不同材质的爆破片最高适用温度。

表 8-2　不同材质爆破片的最高适用温度

爆破片材料	最高适用温度/℃	爆破片材料	最高适用温度/℃
纯铝	100	镍铜合金(蒙乃尔合金)	430
纯银	120	镍铬合金(因康镍合金)	480
纯镍	400	镍铬钼合金(哈氏合金)	480
奥氏体不锈钢	400	石墨	200

注：当爆破片表面覆盖密封膜或保护膜时，应考虑该覆盖材料对最高适用温度的影响。

应当经常检查爆破片装置是否有介质渗漏现象；爆破片更换周期一般情况下为2～3年，对于腐蚀性、毒性介质以及苛刻条件下使用的爆破片装置应当缩短更换周期。爆破片装置出现设备停工6个月的情况，再次投入使用应当立即更换。2018年12月8日，河南能源化工集团洛阳永龙能化有限公司乙二醇厂发生一起中毒事故，造成3人死亡、1人受伤，直接经济损失约280万元。其中一个很重要的原因就是没有按规定对爆破片进行更换和检测。该企业从2015年4月开始停车进行技术改造升级，2017年10月重新开工前未对反应釜所有的爆破片装置进行全面检查、检测和更换。

8.3.1.3 易熔合金塞泄放装置

易熔合金塞泄放装置是指达到规定温度时通过塞孔内易熔合金流动或熔化而开启的一种非重闭式安全泄放装置。其特点是结构简单，更换容易，由熔化温度而确定的动作压力较易控制。

承载压缩气体的承压设备因受外界热源影响导致其失效的，可选用易熔合金塞泄放装置。盛装易于分解或者聚合的可燃气体、溶解乙炔气体的气瓶，应当装设易熔合金塞装置。易熔合金塞排放过高压力后不能继续使用，容器和装置也得停止运行。在选择易熔合金塞时要考虑安全排放量。

8.3.1.4 组合泄放装置

(1) 爆破片与安全阀组合泄放装置 这种组合有三种形式：

① 爆破片串联在安全阀的入口侧。为避免因爆破片的破裂而损失大量的工艺物料，或者在流体介质腐蚀、不允许泄漏等工况下，可以选用这种组合；但是爆破片的选型要注意，爆破片爆破时不允许有碎片，否则可能会影响安全阀的性能。爆破片与安全阀之间的腔体应该设置压力表、排气口及报警指示器等。

② 爆破片串联在安全阀的出口侧。安全阀出口侧可能受腐蚀或者存在外来压力源的干扰时，可以选用这种组合。

③ 爆破片与安全阀并联。为了防止在异常工况下压力迅速升高，或者当遇到火灾或接近不能预料的外来热源时，安全阀排放能力不能满足承压设备安全泄放要求时，可以选用这种组合。安全阀的整定压力应不大于设计压力，爆破片的设计爆破压力应不大于设计压力的1.05倍。

(2) 爆破片与易熔合金塞串联组合 在非排放状态下与介质接触的为爆破片。承载压缩气体或高压液化气体的承压设备，可以选用这种组合。

8.3.1.5 呼吸阀

呼吸阀（图8-12）指既保证储罐空间在一定压力范围内与大气隔绝，又能在超过或低于此压力范围时与大气相通（呼吸）的一种阀门。其作用是防止常压储罐因超压或真空导致破坏，同时可减少贮液的蒸发损失。

图8-12 呼吸阀

呼吸阀的内部结构实质上是一个低压安全阀（呼气阀）和一个真空阀（吸气阀）的组合。它通常被称为呼吸阀。当储罐压力等于大气压力时，压力阀和真空阀的阀瓣和阀座紧密配合。当罐内压力上升到额定呼出正压时，呼气阀打开，罐内蒸气通过呼吸阀的侧面排入大气。此时，真空阀，即吸入阀由于正压而关闭。反之，当罐内压力下降到一定真空度时，吸入阀被大气压的正压打开，外界气体通过吸气阀进入罐内，此时呼气阀关闭。任何时候，呼气阀和吸气阀都不能同时打开。呼吸阀是双向的，安全阀是单向的。两者的目的不同，不能互相替代。

8.3.1.6 安全阀和爆破片泄放尺寸计算方法

泄放过程在泄放设备的设定压力处开始动作，同时压力通常会继续增加，并超过设定压力。通常为确保压力维持在设定压力而设计的泄放设备需要非常大的泄放面积，而随着超压的增加所需的泄放面积显著减小。另一方面，弹性开启式泄压设备需要最大流动能量的25%～30%来维持阀门底座处于开启位置。若所选的安全阀的泄放面积远远大于实际所需，安全阀排放时过大的排量会导致压力容器内部压力下降过快，安全阀迅速回座，而压力容器本身的超压状态没有得到缓解，使得安全阀不得不再次起跳，这时会发生频跳现象，导致泄放设备的损坏。因此通常的做法是泄压设备将会维持一定程度的超压，使得泄放面积既不过大也不过小。因此，科学确定泄放设备的泄放面积和尺寸尤为重要。

下面定义符号：

A：安全阀流道面积或爆破片的最小泄放面积，mm^2；

A_r：容器受热面积，m^2；半球形封头的卧式容器 $A_r=3.14D_0L$；椭圆形封头的卧式容器 $A_r=3.14D_0(L+0.3D_0)$；立式容器 $A_r=3.14D_0h_1$；球形容器 $A_r=1.57D_0^2$；

D_0：容器外直径，m；

h_1：容器最高液位，m；

W_s：安全泄放量，即在超压工况下，能够保障承压设备安全所需要的最小泄放量，kg/h；

V_s：液体安全泄放量，即在超压工况下，能够保障承压设备安全所需要的最小液体泄放量，m^3/h；

ρ：泄放温度下的介质密度，kg/m^3；

v：设备进料管内的流速，m/s；

d：设备进料管内直径，mm；

H：输入热量，kJ/h；

q：在泄放压力下，液体的汽化潜热，kJ/kg；

α：液体的体积膨胀系数，1/℃；

F：系数，容器置于地面以下用沙土覆盖时，$F=0.3$；容器置于地面上时，$F=1.0$；容器置于大于 $10L/(m^2\cdot min)$ 喷淋装置下时，$F=0.6$；

λ：绝热材料在泄放温度与650℃的平均温度下的导热系数，kJ/(m·h·℃)；

δ：设备保温层厚度，m。

化工设备在火灾事故场景下的安全泄放量和非火灾事故场景下的安全泄放量是不同的。如果在风险辨识过程中识别出来了火灾事故场景，那么有关设备的安全泄放量就要考虑火灾事故场景。

(1) 非火灾事故场景下的安全泄放量计算

非火灾事故超压包括工艺事故超压和非火灾热源输入导致的超压。工艺事故超压包括承压设备出口误关闭、循环水故障、电力系统故障、阀门故障、过度热量输入、化学反应飞温等。

对于与压力源相连接的、本身不产生压力的承压设备，工艺事故超压时其安全泄放量

W_s 应大于压力源的最大输入值，可按式（8-1）计算：

$$W_s = 2.83 \times 10^{-3} \rho v d^2 \tag{8-1}$$

换热设备等产生蒸汽时，安全泄放量可按式（8-2）计算：

$$W_s = H/q \tag{8-2}$$

(2) 火灾事故场景下的安全泄放量计算

盛装液化气体的容器在无绝热保温层时，安全泄放量按式（8-3）计算：

$$W_s = \frac{2.55 \times 10^5 F A_r^{0.82}}{q} \tag{8-3}$$

在有绝热层（绝热材料的熔点不低于 700℃，且在 650℃以下时始终完好有效）时，安全泄放量按式（8-4）计算：

$$W_s = \frac{2.61 \times (650 - t) \lambda A_r^{0.82}}{\delta q} \tag{8-4}$$

因化学反应使压力升高的承压设备，其安全泄放量应根据承压设备内化学反应可能产生的最大气量（包括气体生成物和反应热使设备内液体汽化产生的蒸气量）、反应所需时间或压力上升速度来确定。

8.3.1.7 气体或蒸气系统泄放设备尺寸计算

对于蒸气或气体系统泄放设备，其尺寸计算依据泄放阀处流体处于临界流动还是亚临界流动状态略有不同。气体通过喷嘴、孔口或管线末端发生膨胀，其流速和热容随着下游压力降低而增加。对于给定的上游条件，排放过程中其质量流量不断增加，一直到喷口处达到极限速度。与极限速度相对应的流量即为临界流量。

判断泄放时的流动状态是否处于临界流动状态，可用式（8-5）判断：

$$\frac{p_0}{p_f} \leqslant \left(\frac{2}{\gamma+1}\right)^{\gamma/(\gamma-1)} \tag{8-5}$$

式中，p_0 为泄放装置出口侧压力（绝压）；p_f 为泄放装置的泄放压力，包括设计压力和超压限度部分（绝压）；γ 为气体热容比，可查取表 5-3 及相关热力学手册或根据表 8-3 中原则设置。如果不满足式（8-5）则处于亚临界流动状态。

表 8-3 气体热容比近似选取表

气体	γ	气体	γ
单原子	约 1.67	三原子及以上	约 1.32
双原子	约 1.40		

当气体泄放处于临界流动状态时，泄放装置的泄放面积计算公式为：

$$A = \frac{13.16 W_s}{C K p_f} \sqrt{\frac{ZT}{M}} \tag{8-6}$$

$$C = 520 \sqrt{\gamma \left(\frac{2}{\gamma+1}\right)^{(\gamma+1)/(\gamma-1)}} \tag{8-7}$$

式中，C 为气体特性系数；M 为气体摩尔质量，kg/kmol；K 为泄放装置的泄放系数（对于安全阀，K 取额定泄放系数，由安全阀厂家提供，在未知的情况下可取值 0.975；对于爆破片，为保守起见，可取 $K=0.62$）；T 为泄放装置泄放温度，K；Z 为气体的压缩系数，见图 8-13。

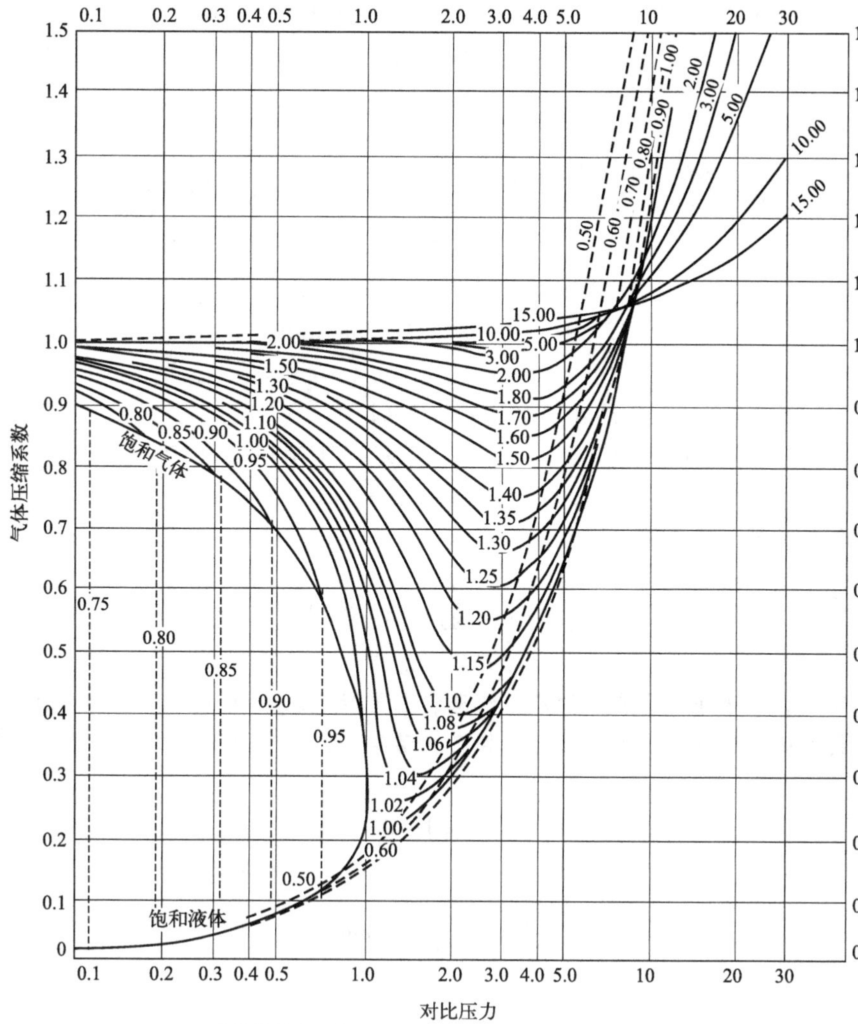

$$对比温度T_r=\frac{介质的泄放温度(K)}{介质的临界温度(K)}；\quad 对比压力p_r=\frac{介质的泄放压力(MPa)}{介质的临界压力(MPa)}(绝压)$$

图 8-13　气体压缩系数

在气体泄放处于亚临界条件下，泄放装置的泄放面积计算式为：

$$A=1.79\times10^{-2}\frac{W_s}{Kp_f\sqrt{\frac{\gamma}{\gamma-1}\left[\left(\frac{p_0}{p_f}\right)^{\frac{2}{\gamma}}-\left(\frac{p_0}{p_f}\right)^{\frac{\gamma+1}{\gamma}}\right]}}\sqrt{\frac{ZT}{M}} \tag{8-8}$$

【例 8-1】 某反应器氮气保护控制回路失效，导致氮气由 150mm 管线进入反应器。已知氮气源处压力为 1.0MPa(G)，温度为 20℃。反应器设定泄放压力为 0.4MPa(G)。为保护反应器免遭事故，所需的平衡腔式减压阀的蒸气泄放直径为多少？假设泄放背压为 100kPa(G)。

解： 由于氮气源上游为 1.0MPa(G)，若控制回路失效，氮气窜入反应器，压力升高并达到容器失效的压力值。因此必须安装泄压设备，将事故进入的氮气迅速排出。

首先当氮气保护控制回路失效时，氮气由氮气管线进入反应器，这时可以认为是氮气通过氮气管线大量泄漏到反应器，而反应器又通过泄放装置把氮气进一步泄放掉。

根据式（5-42），可以确定氮气在氮气管线内的最大泄漏量 Q_m：

$$Q_m=C_0 p_f A\sqrt{\frac{\gamma M}{RT}\left(\frac{2}{\gamma+1}\right)^{\gamma+1/(\gamma-1)}}$$

式中各参数：

$$A=\frac{\pi d^2}{4}=\frac{3.1416\times150^2}{4}=17671.5\text{mm}^2=0.017672\text{m}^2$$

$$p_f=1.1\text{MPa}$$

$$T=20+273.15=293.15\text{K}$$

$$M=0.028\text{kg/mol}=28\text{g/mol}$$

$$C_0=1.0$$

对于氮气，根据表 5-3，其热容比 γ 选取为 1.41

$$\sqrt{\gamma\left(\frac{2}{\gamma+1}\right)^{(\gamma+1)/(\gamma-1)}}=\sqrt{1.41\times\left(\frac{2}{1.41+1}\right)^{(1.41+1)/(1.41-1)}}=0.6864$$

把上述各参数代入计算得：

$$Q_m=0.017672\times1.0\times1.1\times10^6\times\sqrt{\frac{1.41\times0.028}{8.314\times293.15}}\times0.6864=64.82\text{kg/s}=2.334\times10^5\text{kg/h}$$

氮气从氮气管线泄漏到反应器的最大泄漏量也是泄压装置泄放量。因此 $W_s=Q_m$。

先判断氮气从泄压装置泄放是否处于临界流动状态。取反应器内超压限度是整定压力的 110%，则

$$p_0=0.1+0.1=0.2\text{MPa}$$

$$p_f=(0.4+0.1)\times1.1=0.55\text{MPa}$$

$$\frac{p_0}{p_f}=\frac{0.2}{0.55}=0.364$$

$$\left(\frac{2}{\gamma+1}\right)^{\gamma/(\gamma-1)}=\left(\frac{2}{1.41+1}\right)^{1.41/(1.41-1)}=0.8299^{3.4}=0.531$$

可以判断泄压装置内氮气流动为临界流动，采用式（8-6）计算反应器泄放装置的泄放面积。

此处应注意，本例中的设备信息不完整，K 取值 0.975，近似为 1.0。实际应用中，可采用厂家提供的泄压设备的设备数据表中的有效泄放系数值。通过查热力学数据，氮气的临界温度是 −147℃，临界压力是 3.35MPa。因此氮气在泄放处的对比温度 $T_r=293.15/(273.15-147)=2.32$；对比压力 $P_r=(0.4+0.1)/3.35=0.15$。从图 8-13 查得，氮气的压缩系数 $Z\approx1.1$；

$$A=\frac{13.16Q_m}{CKp_f}\sqrt{\frac{ZT}{M}}=\frac{13.16\times2.334\times10^5}{520\times0.6864\times1.0\times0.55}\sqrt{\frac{1.1\times293.15}{28}}=53084\text{mm}^2$$

所需安全阀出口直径 d_s：

$$d_s=\sqrt{\frac{4A}{\pi}}=\sqrt{\frac{4\times53084}{3.14}}=260\text{mm}$$

计算得到所需安全阀直径后，需根据制造商提供的标准安全阀尺寸数据表，选择与所需尺寸相近的最大直径泄放设备，此例题中可选择 300mm 口径的安全阀。

从此例题中可以看到，一个 150mm 管线的高压氮气泄漏到反应器，需要更大尺寸的安全阀才能把泄漏的氮气及时泄放出去，且要选择全启式安全阀。

8.3.1.8 液体泄放尺寸计算

不同于气体的泄放过程，液体泄放过程中弹性减压阀随着压力的增加被压缩，不具备气体泄放时具有的突然全开启动作；且很多流体具有高黏度，随着液体的黏度增加，所需泄放面积必然增大。

液体泄放过程所需的泄放面积，其计算式为：

$$A=0.196\frac{W_s}{\xi K\sqrt{\rho\Delta p}} \tag{8-9}$$

式中，A 为所需的有效泄放面积，mm^2；ξ 为液体动力黏度修正系数（无量纲）；Δp 为安全泄放装置排放时内外压力差，MPa。

液体动力黏度修正系数 ξ（图 8-14）对高黏度物质经过阀门导致的额外的摩擦损失进行了修正。由式（8-9）可看出，随着流体黏度增加（低雷诺数），计算所需的泄放面积也变大。由于确定黏度修正系数需要雷诺数，而计算雷诺数又需要泄放面积，因此形成迭代计算。对于大多数泄放过程，雷诺数大于 5000，修正项接近 1。开始计算时，可选用 1 为假设初值。

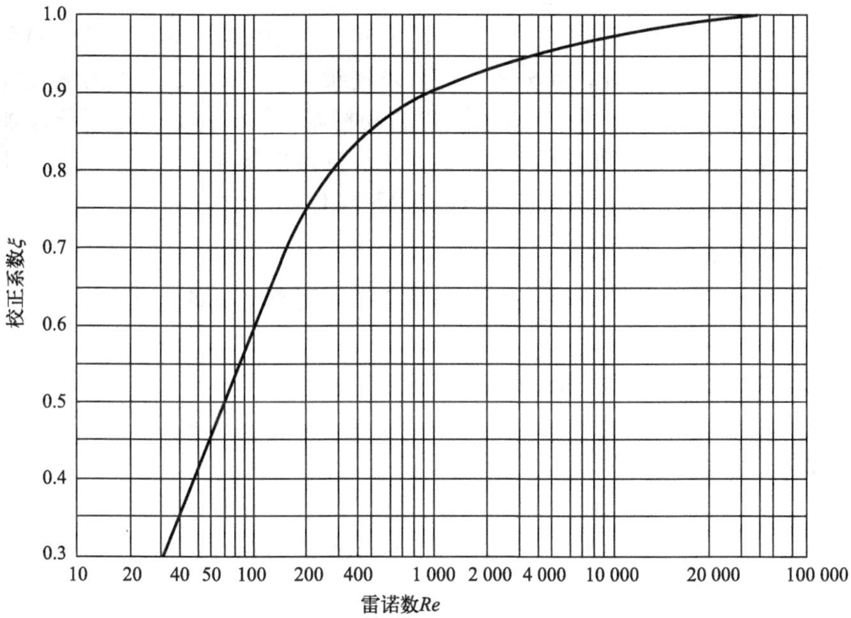

图 8-14　液体泄放装置动力黏度修正系数曲线

【例 8-2】 某容器的设计压力为 1.4MPa(G)，现一个定容泵以 45t/h 的速度送水。若下游堵塞憋压，容器具有被泵冲压损坏风险，因此需对该容器安装液相安全阀进行超压保护，假设泄放系统背压为 100kPa(G)，计算超压为 10%的情况下，所需的泄放面积。

解： 设定压力为 1.4MPa(G)，背压为 0.1MPa(G)，当超压为设定压力的 10% 即 0.14MPa(G) 时，安全阀内外压力差 $\Delta p=1.4+0.14-0.1=1.44$MPa；

泄放系数 K 未给定，这里选取 0.975。

物质泄放量是整个抽水流量，所需排量 $W_s=45$t/h。

水的密度 $\rho=998kg/m^3$。

假设在该流量下，雷诺数大于 5000，由图 8-14 可知，动力黏度修正系数 $\xi\approx1.0$。

将这些参数依次代入式（8-9）

$$A=0.196\frac{W_s}{\xi K\sqrt{\rho\Delta p}}$$

$$=0.196\times\frac{45\times10^3}{1\times0.975\times\sqrt{998\times1.44}}$$

$$=238.63\mathrm{mm}^2$$

$$d_s=\sqrt{\frac{4A}{\pi}}=\sqrt{\frac{4\times238.63}{3.14}}=17.44\mathrm{mm}$$

当计算得到所需的泄放设备尺寸后，应根据制造商可制造的泄压设备标准技术清单进行挑选，选择下一个大于所需泄放口径的尺寸。

8.3.2 惰化防爆技术

惰化是将惰性气体加入可燃性混合气体中，使得氧气浓度减小到极限氧浓度（LOC）以下的过程。通常惰性气体可使用氮气或二氧化碳，有时也用水蒸气。大多数可燃气体的LOC约为10%，大多数粉尘的LOC约为8%。实际应用中，惰化系统氧气浓度设定的控制值比LOC低4%，也就是说，若工艺气体LOC为10%，则惰化目标设定值应将氧气浓度维持在6%以下。惰化系统应具有在线分析功能，可连续监测与LOC有关的氧气浓度，当氧气浓度接近LOC设定值时，闭环控制逻辑可以自动控制惰性气体开始向系统添加。通常应用的惰化过程包含真空惰化、加压惰化、吹扫惰化、置换惰化等。下面将对几种不同惰化过程的实现方法以及惰性气体需求量的计算方法进行介绍。

8.3.2.1 真空惰化

真空惰化是一种最为常见的惰化过程，适用于一切耐真空设备。真空惰化过程包括以下步骤：

① 对容器抽真空直到达到所需的真空度；

② 用氮气或二氧化碳等惰性气体来消除真空，直到恢复至工艺压力；

③ 重复步骤①和②，直到容器内达到所需的氧浓度。

真空惰化过程如图8-15所示。以初始氧气浓度为 y_0 的某尺寸已知的容器，真空惰化至目标氧气浓度 y_i 的过程为例，说明如何进行惰化过程的设计，即确定为达到目标氧气浓度所需的循环次数及所需的惰化气体量。

容器初始压力 p_H，真空装置压力为 p_L。计算时，认为系统遵循理想气体状态方程，每次循环过程，容器内气体总物质的量只与容器内压力有关：

$$n_H=\frac{p_H V}{R_g T} \tag{8-10}$$

$$n_L=\frac{p_L V}{R_g T} \tag{8-11}$$

式中，n_H、n_L 分别为容器压力下与真空状态下总物质的量。不同压力下容器内氧的物质的量可由道尔顿（Dolton）定律得到：

$$(n_{0xy})_{1L}=y_0 n_L \tag{8-12}$$

$$(n_{0xy})_{1H}=y_0 n_H \tag{8-13}$$

容器从初始状态进行抽真空操作时，其氧气浓度维持 y_0 不变，直至抽真空至 p_L。此

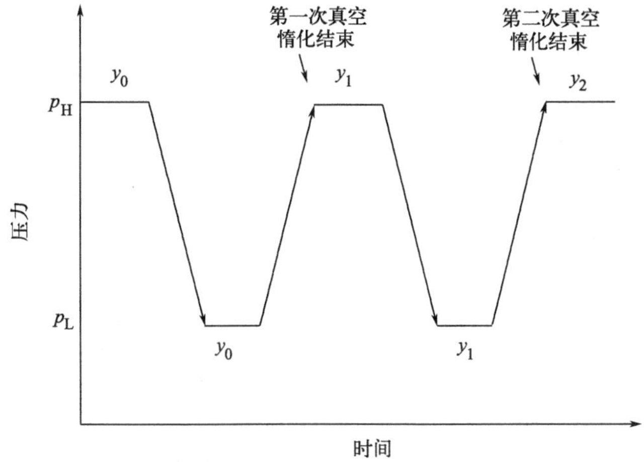

图 8-15　真空惰化过程示意图

后，用纯氮气对容器进行惰化操作，本书中默认用于惰化的纯氮气中含氧量可忽略不计，此阶段容器内氧的物质的量维持不变，氮气的物质的量增加。氮气加入后，新的氧浓度为

$$y_1=\frac{(n_{0xy})_{1L}}{n_H} \tag{8-14}$$

式中，y_1 为用氮气初次惰化完成后容器内氧浓度，将式（8-12）代入式（8-14）后，得到：

$$y_1=\frac{(n_{0xy})_{1L}}{n_H}=y_0\left(\frac{n_L}{n_H}\right) \tag{8-15}$$

进一步对容器重复真空和惰化过程，第二次惰化后氧的浓度为：

$$y_2=\frac{(n_{0xy})_{2L}}{n_H}=y_1\left(\frac{n_L}{n_H}\right)=y_0\left(\frac{n_L}{n_H}\right)^2 \tag{8-16}$$

不断重复该过程，直到氧气浓度减小到期望水平 y_j。j 次惰化循环后容器内氧浓度为：

$$y_j=y_0\left(\frac{n_L}{n_H}\right)^j=y_0\left(\frac{p_L}{p_H}\right)^j \tag{8-17}$$

每次循环所添加的氮气总物质的量为一常数，惰化过程所耗氮气总物质的量为：

$$\Delta n_{N_2}=j(p_H-p_L)\frac{V}{R_gT} \tag{8-18}$$

8.3.2.2　加压惰化

与真空惰化不同，加压惰化过程是通过向容器内添加带压惰性气体，将容器内的氧气浓度降至 LOC 以下。添加的气体在容器内与原工艺气体充分混合后，将容器与大气相通，使压力恢复至周围环境压力。整个循环过程如图 8-16 所示，容器初始压力为 p_L，惰性气体源压力为 p_H，设计问题仍为确定将浓度 y_0 降低至期望浓度所需的加压惰化循环次数以及所需的总惰性气体量。

由于使用纯惰性气体加压，因而在加压过程中氧气的物质的量不变，但摩尔分数降低；反过来，在降压过程中，容器内气体组成不变即氧气的摩尔分数不变，但总物质的量减少。加压惰化过程的设计与真空惰化类似，此处不再进行详细推导，有兴趣的读者可自行完成。最后得到关系式与式（8-17）相同，区别在于式中 n_L 为大气压下的总物质的量（低压状

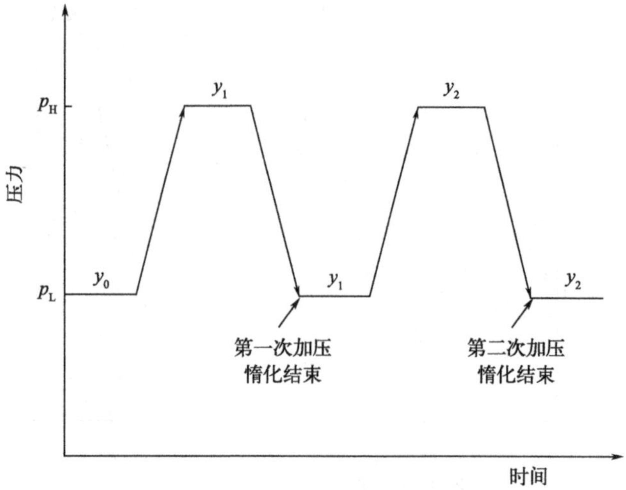

图 8-16　加压惰化过程示意图

态），n_H 为加压下的总物质的量（高压状态）。

加压惰化相较于真空惰化，其优点在于降低了潜在的循环时间，这是由于加压惰化过程与较缓慢的制造真空过程相比要快得多。然而，其不利之处在于需要使用较多的惰性气体，这是因为真空惰化过程中氧气浓度的降低主要靠抽真空。因此，应根据成本和操作性能综合选择最优的惰化过程。

【例 8-3】 温度为 20℃，容积为 $5m^3$ 的常压容器内含有大量可燃气体，现欲使用惰化技术将容器内氧气浓度降至 1×10^{-6} 以下，从而避免潜在的燃烧危险。试计算：

(1) 使用真空泵形成 2kPa 的绝压，随后用纯氮气对容器进行真空惰化；

(2) 使用压力为 600kPa(G)，温度为 20℃的纯氮气对容器进行加压惰化。

两种过程下所需的氮气总量及循环次数。

解： (1) 真空惰化工况

初始状态和目标状态下氧气浓度分别为：

$$y_0=0.21;\ y_f=1\times10^{-6}$$

所需的循环次数，可由式（8-17）计算：

$$y_j=y_0\left(\frac{p_L}{p_H}\right)^j$$

$$\ln\left(\frac{y_f}{y_0}\right)=j\ln\left(\frac{p_L}{p_H}\right)$$

$$j=\frac{\ln(10^{-6}/0.21)}{\ln(2/100)}=3.13$$

惰化次数 $j=3.13$，即总共需 4 次循环才能将氧气浓度降低至 1×10^{-6}。

所需总氮气的量由式（8-18）计算，注意其中 p_H、p_L 压力项为绝压：

$$\Delta n_{N_2}=j(p_H-p_L)\frac{V}{R_gT}=4\times(100-2)\times10^3\times\frac{5}{8.314\times293.15}=804.2\text{mol}$$

(2) 加压惰化工况

加压惰化与真空惰化都可以由式（8-17）计算所需 j 次惰化循环次数厚容器内氧浓度。本题中加压惰化过程的初始状态和目标状态下氧气浓度分布一样，只是其中 p_L 为大气压力，p_H 为惰性气体源压力，可以计算惰化次数：

$$j=\frac{\ln\left(\frac{y_f}{y_0}\right)}{\ln\left(\frac{p_H}{p_L}\right)}=\frac{\ln(10^{-6}/0.21)}{\ln\left(\frac{100}{100+600}\right)}=6.30$$

因此最终需要7次加压惰化，可将容器内氧气含量降低至要求浓度。该惰化操作所使用总的氮气总量为

$$\Delta n_{N_2}=j(p_H-p_L)\frac{V}{R_gT}=7\times(700-100)\times10^3\times\frac{5}{8.314\times293.15}=8616.3\text{mol}$$

可见，加压惰化需要7次循环，且使用8616.3mol的氮气，均多于使用真空惰化的4次循环和总消耗717.8mol的氮气。需要结合性能价格综合比较，来确定是否加压惰化所节约时间可抵消多使用的氮气成本。

8.3.2.3 吹扫惰化

当容器或设备没有针对压力或真空度划分等级时，真空惰化与加压惰化均不适用，此时可采用吹扫惰化过程，以实现惰化气体在大气环境压力下被加入和抽出，在工厂里常用的方法叫作氮气保护。2021年9月9日，吉林省某生物科技公司锂电池电解质中间体中试项目发生闪爆，造成2人死亡。事故车间主要以碳酸二甲酯为溶剂，原料三乙胺和氯代碳酸乙烯酯进行反应。事故初步原因分析：在向盛装电解质中间体初液负压储罐加阻聚剂过程中，氮气保护不到位，导致发生闪爆。

吹扫惰化是在一个开口处将惰化气体加入容器中，并从另一个开口处将混合气体从容器内抽出到环境的过程。假设气体在容器内完全混合，温度和压力保持恒定，则排出气流的质量或体积流率等于进口气流。以容器内氧气含量建立质量平衡关系式得到：

$$V\frac{\mathrm{d}c}{\mathrm{d}t}=c_0Q_V-cQ_V \tag{8-19}$$

式中，V 为容器体积；c 为容器内氧气的浓度（可为质量或体积单位）；c_0 为进口氧气浓度（与 c 单位对应）；Q_V 为体积流量；t 为时间。

对式（8-19）进行整理和积分，得到：

$$Q_V\int_0^t \mathrm{d}t=V\int_{c_1}^{c_2}\frac{\mathrm{d}c}{c_0-c} \tag{8-20}$$

式（8-20）代表容器内氧气浓度从 c_1 降低至 c_2，吹扫过程所需的总惰性气体体积为 Q_Vt，积分得到：

$$Q_Vt=V\ln\left(\frac{c_1-c_0}{c_2-c_0}\right) \tag{8-21}$$

8.3.3 静电防护

在石油化工行业中，由于静电积累并突然释放产生火花是一种常见也最让人难以捉摸的引燃源。尽管现阶段工厂内对于静电防护重视程度普遍较高，但由静电导致的严重的火灾爆炸事故仍屡有报道。2008年8月26日早晨，广西壮族自治区河池市广维化工股份有限公司储罐发生爆炸事故，导致21人死亡，59人受伤，1万多名群众被疏散。事故调查表明，事故发生的一个重要的原因就是产量增加，进出储罐的物料流速增加，导致静电聚集，而该公

司的储罐并未按原设计设置静电接地保护装置，进而产生静电火花，引爆储罐内的爆炸性混合气体（乙炔、醋酸、醋酸乙烯等）。

对于由静电引起的此类风险，首先应当充分理解与静电有关的基本原理，并基于这些基本原理从设计、选材、操作等不同层面确定相应的措施，防止静电积聚。当静电积聚不可避免时，在可能出现火花的区域进行可靠的安全防护。

8.3.3.1 静电基本原理

(1) 静电积聚

静电积聚是导电性能不同的物质相互接触时，电子通过界面从一个表面转移至另一个表面。分离后，一个表面上剩余的电子比另一个表面多，导致一种物质带正电，另一种带负电。若两种物质导电性能都较好，电子能够在两表面之间快速移动，因而分离后电荷积累较少；然而若其中一种物质是绝缘体或导电性能较差，电子就易被限制在其中一种物质的表面上，接触导致的电荷积累就较多。

石化装置内，与静电放电有关的电荷积聚过程有以下四种：

① 接触和摩擦带电：两种物质接触时在界面处发生电荷分离。若把这两种物质分开，那么部分电荷仍然维持分离状态，导致两种物质带有极性相反、电量相等的电荷。

② 双层带电：电荷分离发生在任何界面处液相的微小尺度上（固液、气液或液液）。随着液体的流动，液体将电荷带走，并使极性相反的电荷留在另一个界面上，如管壁。

③ 感应带电：由一个带电体靠近另一个不带电物体，带电体产生的电场，吸引另一个不带电物体中的自由电子移动，造成感应物体中的电荷分布不均匀，从而“带电”。这种方式并不存在物体间的电子转移，只有物体内部的电子分布偏移。

④ 输送带电：当带电的液体液滴或固体颗粒被置于绝缘物体上时，该物体带电。转移的电荷是物体电容以及液滴、颗粒和界面电导率的函数。

(2) 静电放电

当静电积聚导致带电体产生场强超过 3MV/m（空气的击穿电压）或表面最大电荷密度超过 $2.7\times10^{-5}C/m^2$ 时，带电物体就会向地面或带有相反电荷的物体以如下 6 种方式放电，以实现电荷的快速中和：

① 火花放电；

② 传播电极放电；

③ 尖端放电；

④ 电刷放电；

⑤ 电弧放电；

⑥ 电晕放电。

静电放电产生的能量与物体上积聚的电量（Q）、物体的电容（C）和物体的电压（V）有关。火花放电的实际能量可由下式近似计算：

$$J=\frac{Q^2}{2C} \tag{8-22}$$

对于其他放电形式，由于电容和电压在绝缘系统中没有定义，式（8-22）仅可定性地应用。

最小点火能（minimum ignition energy，MIE）是可燃性物质（包括粉尘）初始燃烧所需的最小能量，表 5-11 列出了部分化学物质的最小点火能。从表 5-11 中可看出，大多碳氢化合物的 MIE 小于 1mJ，而人在地毯上行走所引发的静电放电产生的能量为 22mJ，通常的火花放电释放的能量为 25mJ，均能够作为引燃源引起火灾事故，这也就解释了为什么静电易造成化学品事故。

8.3.3.2 控制静电措施

为避免静电造成的危害，通常从减少静电产生以及增大静电消散两个方面采取措施。

(1) 减少静电产生

① 根据静电起电规律，接触起电的有关物料尽量选用在带电序列中位置较邻近的物料，或对产生正负电荷的物料加以适当组合，达到起电最小的目的。

② 在生产工艺的设计上，对有关物料尽量做到接触面积小，压力低，接触次数较少，运动和分离速度较慢以及减小处理规模等。

③ 在某些物料中，添加少量适宜的防静电添加剂，以降低其电阻率。

④ 限制物料的运动速度：在工艺物料输送中限制过高的流速，尤其是输送物料进入容器过程。如在油罐装油时，注油管口应尽可能接近油罐底部，对于电导率低于 50pS/m 的液体石油产品，初始流速不应大于 1m/s，当注入口浸没 200mm 后，可逐步提高流速。

⑤ 为了防止人体静电的危害，在易燃易爆区域，作业人员应穿戴防静电工作服、防静电工作鞋，佩戴防静电手套，避免剧烈的身体运动等。

(2) 增大静电消散

① 在工艺条件允许的情况下，设置调温调湿设备，保证相对湿度不低于 50%～65%，或定期向地面洒水。增湿的作用主要是增强静电沿绝缘体表面的泄漏。

② 对于高带电物料，在接近排放口前的适当位置装设静电中和器，静电中和器是指将气体分子进行电离，产生消除静电所必要的离子（一般为正、负离子对）。

③ 在输送工艺物料的管道末端加装一个直径较大的缓和器，可大大减少流体在管道内流动时积累的静电，在液体灌装、循环或搅拌过程后，应使液体静置一段时间，使静电得到足够的消散和松弛。

静电接地是一种重要的防静电危害的保护措施，其基本原理为通过接地将整个系统的电压减小到地面水平，消除了系统各部分之间积累的电荷，避免潜在发生的静电火花，静电接地模型见图 8-17。

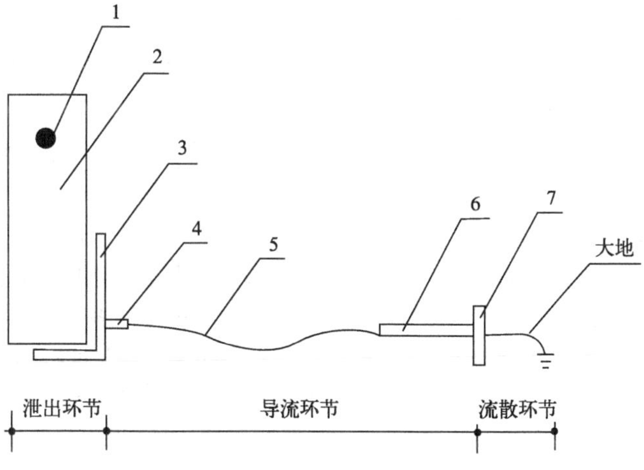

图 8-17 静电接地模型

1—带电区；2—带电体的泄漏通道；3—设备支架、外壳；
4—接地端子；5—接地支线；6—接地干线；7—接地体

石化体系中应设置接地的典型场所有：

① 生产、加工、储存易燃易爆气体和液体的设备及气柜、储罐等。

② 输送易燃易爆液体和气体的管道及各种阀门。

③ 装卸易燃易爆液体和气体的罐（槽）车、油罐，包括装卸栈桥、铁轨、鹤管以及设备、管线等。

④ 生产、输送可燃粉尘的设备和管线。

8.3.4 化工防爆区划分及电气设备选型

化工厂中所有电气设备本质上都是潜在的点火源，若将其直接应用于可燃气体与粉尘可能出现的环境中，易造成燃烧爆炸事故的发生。2011 年 10 月 16 日，浙江省常山绝缘材料有限公司制胶车间 2# 反应器因温度失控，造成釜内压力增高，物料暴沸冲开加料孔盖，釜内的大量甲醇蒸气逸出，与外部空气形成爆炸性混合气体，发生爆炸燃烧事故，事故造成 3 人死亡，3 人受伤。事故调查表明，制胶车间电气设备（包括反应釜搅拌电机、照明电器、配电箱、电气线路等）均未采用防爆设施，这次事故的点火源就是制胶车间内的电气设备在运行中产生的火花。2023 年 1 月 15 日，辽宁盘锦浩业化工有限公司在烷基化装置水洗罐入口管道带压密封作业过程中发生爆炸着火事故，造成 13 人死亡、35 人受伤，直接经济损失约 8799 万元。事故的间接原因是带压密封作业现场使用非防爆对讲机，造成现场泄漏的大量易燃易爆性介质遇点火源爆炸。因此，化工装置区域内的电气设备的设计与选用，应考虑过程或工艺区域的危险特性。我国标准 GB 3836.14—2014《爆炸性环境　第 14 部分：场所分类　爆炸性气体环境》中规定：

在爆炸性气体、可燃蒸气与空气混合可能形成爆炸性气体混合物的场所，按其释放源的释放频率程度和持续时间长短分为以下三个区域等级：

0 区：爆炸性气体环境连续出现或频繁出现或长时间存在的场所；

1 区：在正常运行时，可能偶尔出现爆炸性气体环境的场所；

2 区：在正常运行时，不可能出现爆炸性气体环境，如果出现，仅是短时间存在的场所。

注：正常运行是指设备在其设计参数范围内的运行情况，包括正常启动和停机。不正常运行是指有可能发生设备故障或误操作。

释放源的等级不是确定危险区的唯一因素。释放源所在处的通风条件对爆炸性气体与空气混合、扩散起着很重要的作用。若通风条件良好，爆炸性气体很难聚集，并很快会被空气稀释到低于爆炸下限，危险区的危险程度可以降级；若通风不好，引起爆炸性气体聚集，则要提高危险区等级。

防爆区域内的电气设备均需进行适当的选型与设计。目前，自动化仪表设备中最常使用的防爆电气设备主要有以下三种类型（还有其他类型，比如正压型、油浸型、充沙型等）：

(1) 隔爆型电气设备（代号为 d） 具有隔爆外壳的电气设备，是指把能点燃爆炸性混合物的部件封闭在一个外壳内，该外壳并不是用于隔绝可燃气体或粉尘与电气设备的接触，而是用来承受内部爆炸性混合物的爆炸压力并阻止向周围的爆炸性混合物传爆的电气设备。

(2) 增安型电气设备（代号为 e） 是在正常运行条件下，不会产生点燃爆炸性混合物的火花或危险温度，并在结构上采取措施提高其安全程度，以避免在正常和规定过载条件下出现点燃现象的电气设备。

(3) 本质安全型电气设备（代号为 i） 是在正常运行或在标准试验条件下所产生的火花

或热效应均不能点燃爆炸性混合物的电气设备。

在防爆区等级为 0 区，必须选择本质安全型电气设备；在 1 区和 2 区，可选择上述三种类型防爆电气设备。

粉尘爆炸危险场所区域可划分为三个等级：

20 区：空气中的可燃性粉尘云持续地或长期地或频繁地出现于爆炸性环境中的区域；

21 区：在正常运行时，空气中的可燃性粉尘云很可能偶尔出现于爆炸性环境中的区域；

22 区：在正常运行条件下，空气中的可燃性粉尘云一般不可能出现于爆炸性粉尘环境中的区域，即使出现，持续时间也是短暂的。

在 20 区，必须选用尘密结构的粉尘防爆电气设备，在 21 区和 22 区可选用防尘结构或尘密结构的粉尘防爆电气设备。

8.3.5 工厂选址和设施布局

1984 年印度博帕尔灾难和 2005 年 BP 公司得克萨斯城炼油厂爆炸事故等案例经验表明，如果工厂选址和厂内设施布局不当，都可能导致灾难性的后果。

为此，我国 PSM 标准新增的一个要素就是装置安全规划与设计。其中的安全规划是指化工建设项目的选址安全规划。在建设项目前期论证或可行性研究阶段，相关单位及人员应开展危害辨识，分析拟建项目存在的工艺危害，当地自然地理条件、自然灾害和周边设施对拟建项目的影响，以及拟建项目可能发生的泄漏、火灾、爆炸、中毒等事故对周边防护目标的影响。在工厂选址、总平面布局时，应符合有关设计标准的要求，并按照《危险化学品生产装置和储存设施外部安全防护距离确定方法》（GB/T 37243—2019）的要求进行定量风险评价（QRA）（见第 7 章），开展外部安全防护距离计算，以满足《危险化学品生产装置和储存设施风险基准》（GB 36894—2018）所规定的个人与社会可容许风险标准，建设单位应提供项目的危害辨识报告和定量风险评估（参见第 7 章）报告。

通过工厂选址和厂内设施合理布局使潜在的火灾、爆炸、有毒物质泄漏事故源与可能受到事故影响的环境敏感区域相分离，进而避免引发更严重的次生事故，实现本质更安全的工厂设计。这里，环境敏感区是指具有下列特征的区域：

(1) 需特殊保护地区 国家法律、法规、行政规章及规划确定或经县级以上人民政府批准的需要特殊保护的地区，如饮用水水源保护区、自然保护区、风景名胜区、生态功能保护区、基本农田保护区、水土流失重点防治区、森林公园、地质公园、世界遗产地、国家重点文物保护单位、历史文化保护地等。

(2) 生态敏感与脆弱区 沙尘暴源区、荒漠中的绿洲、严重缺水地区、珍稀动植物栖息地或特殊生态系统、天然林、热带雨林、红树林、珊瑚礁、鱼虾产卵场、重要湿地和天然渔场等。

(3) 社会关注区 人口密集区、文教区、党政机关集中的办公地点、疗养地、医院等，以及具有历史、文化、科学、民族意义的保护地等。

由于土地成本很高，工厂和地方政府的财力有限，工厂与环境敏感区域之间的距离不可能无限大，工厂内各个设施之间的距离也不可能无限大。因此，需要对工厂选址及其内部设施布局进行优化，既要考虑一次性资本投入，又要考虑化工过程的全生命周期的费用和不同的选址方案的风险。

一般来讲，预防火灾的安全距离和正常生产条件的卫生防护距离可以通过查阅有关国家标准确定，例如 GB 55037《建筑防火通用规范》、GB 50160《石油化工企业设计防火标准

(2018 年版)》、GB 50016《建筑设计防火规范（2018 年版)》、GB/T 39499—2020《大气有害物质无组织排放卫生防护距离推导技术导则》。表 8-4 列出了石油化工企业与相邻工厂或设施的防火间距。

表 8-4 石油化工企业与相邻工厂或设施的防火间距

相邻工厂或设施		防火间距/m				
		液化烃罐组（罐外壁）	甲、乙类液体罐组（罐外壁）	可能携带可燃液体的高架火炬（火炬中心）	甲、乙类工艺装置或设施（最外侧设备外缘或建筑物的最外轴线）	全厂性或区域性重要设施（最外侧设备外缘或建筑物的最外轴线）
居民区、公共福利设施、村庄		150	100	120	100	25
相邻工厂（围墙或用地边界线）		120	70	120	50	70
厂外铁路	国家铁路线（中心线）	55	45	80	35	—
	厂外企业铁路线（中心线）	45	35	80	30	—
国家或工业区铁路编组站（铁路中心线或建筑物）		55	45	80	35	25
厂外公路	高速公路、一级公路（路边）	35	30	80	30	—
	其他公路（路边）	25	20	60	20	—
变配电站（围墙）		80	50	120	40	25
架空电力线路（中心线）		1.5 倍塔杆高度且不小于 40m	1.5 倍塔杆高度	80	1.5 倍塔杆高度	—
Ⅰ、Ⅱ国家架空通信线路（中心线）		50	40	80	40	—
通航江、河、海岸边		25	25	80	20	—
地区埋地输油管道	原油及成品油（管道中心）	30	30	60	30	30
	液化烃（管道中心）	60	60	80	60	60
地区埋地输气管道（管道中心）		30	30	60	30	30
装卸油品码头（码头前沿）		70	60	120	60	60

所谓卫生防护距离是指为了防控通过无组织排放的大气污染物的健康危害，产生大气有害物质的生产单元（生产车间或作业场所）的边界至敏感区边界的最小距离。所谓无组织排放是指生产单元在生产管理与设备维护处于正常状态时，通过无组织排放途径的特征大气有害物质的排放量。GB/T 39499—2020《大气有害物质无组织排放卫生防护距离推导技术导则》中给出了推导不同情境下卫生防护距离的具体方法。

值得注意的是，防火间距和卫生防护距离通常被误认为涵盖了所有化工厂的灾害类型的安全距离。事实上，针对化学品爆炸（包括热膨胀引起的物理爆炸、化学品之间发生化学反应或化学品分解反应引起的化学爆炸、气云爆炸等）、有毒化学品泄漏等突发事件的安全距离没有标准可查，必须利用定量风险分析（QRA）的方法确定（参见第 7 章）。

一般来讲，控制室、化验室、办公室等辅助性、有人员活动的建筑物，应布置在爆炸区范围以外，靠近装置区边缘，且通过抗爆设计、控制室内正压设计等措施削减风险。全厂性高架火炬应布置在化工区全年最小频率风向的上风侧，应避免火炬的辐射、噪声及有害气体对居住区及人员集中场所的影响；加热炉等有明火设备应集中布置在厂区的一侧，宜布置在有可能散发可燃气体的装置或罐区的全年最小频率风向的下风侧，以避免装置可能泄漏的可燃气体或蒸气被加热炉的明火引爆而发生事故。

随着社会的发展，社区居民对安全的要求不断提高。现在可以接受的风险，将来不一定会被接受，因此，在选址工作中要充分考虑未来的社会发展要求。

8.3.6 防火堤、围堰和防爆墙

除了上述被动控制措施，常用的被动控制手段还有防火堤、围堰和防爆墙等。

防火堤是指用于常压液体储罐组，在油罐和其他液态危险品储罐发生泄漏事故时，防止液体外流和火灾蔓延的构筑物。防火堤必须采用不燃烧材料建造，且必须密实、闭合。油罐组防火堤内有效容积一般不小于油罐组内一个最大油罐的容量。油罐防火堤顶面应比计算液面高出 0.2m。立式油罐组的防火堤内侧高度不应小于 1.0m，且外侧高度不应大于 2.2m，卧式油罐组的防火堤内外侧高度均不应小于 0.5m。立式油罐组防火堤高度宜为 0.5～0.8m。存储酸、碱等腐蚀性介质储罐组，防火堤堤身内侧应做防腐蚀处理。用于全冷冻式储罐组的防火堤，应采取防冷冻的措施。

用于常压条件下，通过低温使气态变成液态物质的储罐组，在发生泄漏事故时，防止冷冻液体骤变成气体前外流的防火堤，也叫围堰。围堰的用途不仅限于存储区，还可在生产区、装卸区等区域设置，防止危险化学品泄漏事故发生后的进一步蔓延，也有利于控制泄漏出来的危险化学品的挥发面积。围堰要具备足够的容量，以容纳最大可能的泄漏量。围堰应配备有效的泄漏检测系统，能够及时发现泄漏情况。要注意对围堰的维护与检查，确保其完好无损。

防爆墙，又称抗爆墙，是指具有抗爆炸冲击波的能力、能将爆炸的破坏作用限制在一定范围内的墙。一般防爆墙的厚度在 25cm 以上。按防爆墙的材质，可以分为钢筋混凝土防爆墙、钢板防爆墙、型钢防爆墙、砖砌防爆墙、阻燃防爆墙、军事专用防爆墙等。有爆炸危险的超高压反应设备（超高压设备是指表压超过 100MPa 的设备）宜布置在防爆构筑物内。例如超高压聚乙烯装置的釜式或管式聚合反应器就是布置在矩形防爆构筑物内，墙体厚度约为 50cm。

8.4 主动控制

主动控制策略是一种预先检测出工艺过程中存在的可能造成危险事件发生的偏差，并进行相应的控制调节以降低事件发生的可能性或后果的严重程度的风险控制策略。一般而言，主动控制系统包括：基本过程控制系统（BPCS）、报警系统、安全仪表系统（参见第 9 章）、自动消防喷淋系统、故障诊断系统等。

8.4.1 基本过程控制系统

基本过程控制系统（basic process control system，BPCS）的作用是从过程及相关设备获取信号，产生输出信号使得过程及相关设备在正常生产范围内以期望的方式运行。该系统由传感器（测量元件和变送器）、自动调节控制器、执行器（调节阀）、被控对象的闭环回路构成。在大型化工企业经常用到的集散控制系统（DCS）、小型化工企业经常用到的可编程逻辑控制器（PLC）系统、长输管线用到的数据采集与监控系统（SCADA）都属于 BPCS。

BPCS 系统的分类如下：

① 按被控变量分类：温度、压力、流量、液位等控制系统。

② 按控制器采用的控制规律分类：比例、比例积分（PI）、比例积分微分（PID）等控制系统。

③ 按被控变量的给定值是否变化分类：定制、随动（例如化工生产中用到的流量比值控制系统）和程序控制系统。

有关 BPCS 的其他基础知识经常在过程控制或者过程系统工程相关教材里介绍，这里不再赘述。

8.4.2 报警系统和报警管理

报警系统是一类很重要的主动风险控制措施，但是只有达到报警管理标准的报警系统才是有效的、可靠的风险控制措施（也可称为独立保护层）。

所谓报警就是指通过声音或者可视的手段向操作员指示需要及时响应的设备故障、过程偏差或其他异常情况。报警系统是指为应对异常工况，用于生产和处理报警的操作员支持系统，报警系统包括操作员，是一个人机互动系统。图 8-18 展示了操作员对报警的响应过程。

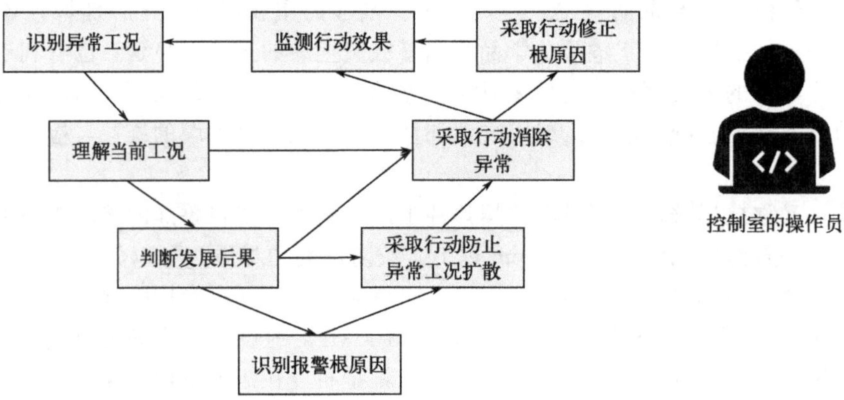

图 8-18 操作员对报警的响应过程

与化工过程安全相关的报警主要有来自生产装置内部的工艺设备参数报警、生产装置外部的气体探测系统（gas detection system，GDS）报警、安全仪表系统（见第 9 章）报警三大类别。在生产或使用可燃气体及有毒气体的生产设施及储运设施的区域内，泄漏气体中可燃气体浓度可能达到报警设定值时，应设置可燃气体探测器；泄漏气体中有毒气体浓度可能达到报警设定值时，应设置有毒气体探测器；既属于可燃气体又属于有毒气体的单组分气体介质，应设置有毒气体探测器；可燃气体与有毒气体同时存在的多组分混合气体，泄漏时可燃气体浓度和有毒气体浓度有可能同时达到报警设定值，应分别设置可燃气体探测器和有毒气体探测器。GDS必须配置不间断电源。按照国家有关规定，涉及可燃和有毒气体泄漏的场所未按国家标准设置检测报警装置，可燃有毒气体检测报警系统未投入使用或处于故障、断电等非正常工况，或者未及时处置有关报警，都属于重大隐患。表8-5列出了常见气体探测器类型。

表 8-5　常见气体探测器类型

常见介质		催化燃烧型	热传导型	红外气体型		半导体型	电化学型	光致电离型	顺磁型	激光型	
				点式	开路					点式	开路
烃类	氢气	**	＋	－	－	＋	**	－	－	－	－
	轻质烃（C_4以下）	**	＋	**	＋	＋	－	＋	－	＋	＋
	烃蒸气（C_4以上）	**	＋	＋	＋	＋	－	＋	－	＋	＋
	卤代烃	－	－	＋	－	＋	＋	＋	－	－	－
醇类		**	＋	**	－	＋	**	**	－	－	－
酯类		**	＋	＋	－	＋	＋	**	－	－	－
有毒气体	一氧化碳	＋	－	**	－	－	**	－	－	＋	－
	氯乙烯	－	－	＋	－	＋	**	**	－	＋	－
	硫化氢	－	－	－	－	＋	**	＋	－	＋	－
	氟	－	－	－	－	－	**	－	－	－	－
	氰化氢	－	－	－	－	－	**	－	－	－	－
	丙烯腈	＋	－	－	－	－	**	＋	－	－	－
	二氧化氮	－	－	－	－	－	**	＋	－	－	－
	苯	＋	－	－	－	＋	－	**	－	－	－
	氨	＋	－	－	－	＋	**	＋	－	＋	－
	碳酰氯	－	－	－	－	－	**	＋	－	－	－
O_2		－	－	－	－	－	**	－	＋	－	－

注："**"表示常用"＋"表示可用；"－"表示不用。

设置工艺设备参数报警往往是过程控制系统的一个基本功能。不同的过程控制系统能设置报警的类型也不同。按照报警的设置方式和报警来源，可以把报警分为16个类型：

① 绝对值报警；

② 偏差报警；

③ 变化率报警；

④ 状态偏差报警；

⑤ 计算报警；

⑥ 配方驱动报警；

⑦ 位模式报警；

⑧ 控制器输出报警；

⑨ 系统诊断报警；

⑩ 仪表诊断报警；

⑪ 可调节报警；

⑫ 自适应报警；

⑬ 重新发出报警；

⑭ 统计报警；

⑮ 首出报警；

⑯ 坏值报警。

所有的报警系统如果要发挥应有的作用，必须建立报警系统管理相关的规章制度（包括理念、原则、设计、实施、运用、监测、维护、变更等完整的规定）。从河北盛华化工重大爆燃事故案例描述中可以看到，该企业中控室经常关闭可燃、有毒气体报警声音，对各项报警习以为常，没有及时应对报警。这样的报警系统相当于名存实亡，很难对异常工况进行有效的风险控制。无独有偶，仅仅在十天之后，2018 年 12 月 8 日 20 时 30 分左右，河南能源化工集团洛阳永龙能化有限公司发生一起中毒事故，造成 3 人死亡、1 人受伤，直接经济损失约 280 万元。事故调查表明，该企业隐患排查治理制度落实不到位。中控室设置的固定式有毒气体报警仪报警后没有及时响应处置，自 2018 年 12 月 8 日 20 时 17 分 40 秒至 20 时 47 分 54 秒，三层平台反应釜周围设置的 4 台固定式有毒气体探测仪相继出现多频次、高浓度报警，该公司乙二醇厂没有及时按操作规程要求安排现场人员排查确认。事故调查取证过程中发现，2018 年 10 月 20 日反应釜附近几台有毒气体报警仪曾发生过不间断报警，但隐患出现后，企业在没有查找到泄漏源，安全隐患没有得到有效治理的情况下仍“带病”违规生产。以上两起案例表明有关事故企业要么没有建立健全报警系统管理规定，要么违反了报警系统规章制度。

从报警的定义来看，报警系统通过报警信息显示当前过程存在的异常情况，如果不存在异常，就不应该触发报警。如果某个报警不需要操作人员进行响应，也不要设置该报警。报警一旦被触发，操作员必须及时响应，以避免发生生产事故。因此，识别出来在什么地方需要设置什么样的报警非常重要。这需要利用科学的方法，即第 7 章的风险分析与评价方法。识别出来的结果记录在风险评价之后的风险削减建议措施当中。反之，如果在应该设置报警的地方没有识别出来需要设置报警，这就是一个隐患。例如，在杜邦 La Porte 工厂事故案例中，该工厂就没有设置甲硫醇泄漏自动声光报警系统。

需要指出的是，在现在的过程控制系统中设置报警的费用是非常低的，因此，很多化工过程的报警点数量非常多，有的大型石油、化工企业报警点数多达数万。事实上，由于报警设计不合理或维护不当等，容易出现虚假报警和冗余报警等无效报警，误报警和漏报警较多。一方面，过多的无效报警对操作人员造成干扰，使报警系统可靠性降低，操作人员不信任报警系统，这使得报警系统失去意义；另一方面，代表装置异常工况的真实有效报警没有及时发出，事故发生前的预事件得不到处理，操作人员错过提前干预的机会，最终造成严重的事故后果。因此，报警系统性能效率低下会严重影响装置的安全经济运行，使得装置运行面临潜在的巨大风险。

为了解决报警系统的上述问题，近年来报警管理在理论研究上取得了一系列进展，基于标准化的报警管理流程来优化报警系统已经得到业内认同。国际工程设备及材料使用者协会（EEMUA）于 2007 年发布了报警管理指南《Alarm Systems：A guide to design，management and procurement（EEMUA 191）》；国际自动化协会（ISA）于 2009 年发布了报警管理标准 ISA-18.2；我国参照国际标准 IEC 62682:2014 在 2022 年推出了《过程工业报警系统管理》（GB/T 41261—2022）。

根据报警管理标准，报警管理生命周期分为以下十个阶段（见图 8-19）。

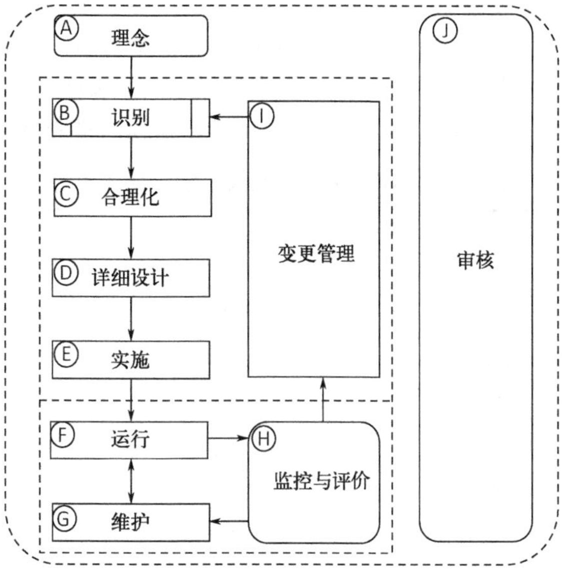

图 8-19 报警管理生命周期主要步骤

A：提出报警规章制度。根据需求，明确报警系统应实现的总体目标，并具体化为报警选择、配置、优先级设定等一系列方案，作为报警系统设计、实施、维护、运行、改造的指导方针。

B：识别报警。运用风险分析与评价的方法识别需要设置的报警。

C：报警合理化。为了使报警系统功能最大化，操作员应只接收需要操作员响应的报警，也就是说不需要操作员响应的报警就不要发给操作员。这是判断报警设置是否合理的一个重要依据。实现报警合理化，需要设置报警类型、优先级、组别、报警设定值（上下限）、操作员需要采取的动作，明确操作员不采取动作或误动作的后果等。

D：详细设计。根据合理化阶段确定的要求细化并设计各报警属性，包括基本报警设计、人机界面设计和高级报警设计。

E：实施。对详细设计后的报警或报警系统进行物理和逻辑安装以及功能验证。对操作员进行相关培训。

F：运行。报警或报警系统投入运行，并执行其预期功能。操作员要按规定对报警进行响应。

G：维护。需要对报警进行定期测试。在维护阶段，报警或报警系统处于测试或修理状态。在维护阶段，报警失去应有的功能。所以要有明确的报警维护规章制度。

H：监测与评估。根据规定的关键性能指标对报警系统进行持续监测，评估报警系统和各报警的总体性能。

I：变更管理。通过专用软件进行变更管理，记录并管理报警设置的全部变更。

J：审核。对报警规章制度执行情况进行审查，以识别系统改进需求。

报警系统的一个关键性能指标（key performance indicator，KPI）是用至少一个月的报警数据计算得到的平均报警率来衡量。每个操作员可接受的平均报警率是每 10 分钟 1 次报警，可管理的平均报警率最大值是每 10 分钟 2 次报警。持续运行在高于可管理的最大值水平表明一个报警系统发出的报警超出了操作员能处理的量，错过报警的可能性增加。如果一个操作员在 10 分钟内接收的报警次数超过 10 次，则表明报警泛滥开始，直到第一个每

10分钟小于5个报警的10分钟时间段出现，表明这次报警泛滥的结束。一个化工装置的报警系统处于泛滥的时间应小于1%。在报警泛滥中，报警系统对于操作员的辅助作用可能无效，即报警系统的风险控制作用丧失。按照国家有关规定，如果不能及时处置关键工艺报警，就是一项重大安全生产事故隐患。表8-6列出了国家标准推荐的报警关键性能指标。

表8-6 推荐的报警关键性能指标（KPI）汇总

基于至少30天数据的报警性能指标		
指标	目标值:很可能是可接受的	目标值:可管理的最大值
每次发出的报警数量	每天144次报警	每天288次报警
每个操作员控制台每小时发出的报警	约6(平均)	约12(平均)
每个操作员控制台每10分钟发出的报警	约1(平均)	约2(平均)
包含超过30个报警的时间百分比	<1%	
包含10个以上报警的10分钟时间段的百分比	<1%	
10分钟时间段内的最大报警数	约10	
报警系统处于无效状态的时间百分比	<1%	
前10个最频繁的报警占整体报警总数的百分比	最大1%～5%,有相关行动计划,以解决缺陷	
抖动和瞬时报警的数量	0,有相关行动计划,以纠正发生的任何抖动和瞬时报警	
陈旧报警	每天少于5次,并有相关行动计划	
警报优先级分布	3个优先级——80%低,15%中,5%高； 4个优先级——80%低,15%中,5%高,<1%最高； 报警统计分配之外的特殊用途的优先级(如:系统故障、联锁)	
未经授权的报警抑制	不允许任何报警在受控的或被批准的方法之外被抑制	
未经授权的报警属性变更	不允许任何报警属性在受控的或被批准的方法之外被变更	

清华大学设计开发了智能报警管理系统软件iTAM，实现了报警合理化、在线报警管理等功能，并在实际工业应用中取得了较好的报警管理效果。清华大学和中石化九江石化合作开展报警管理，在催化裂化装置实现报警减少66%，并将报警管理推广实施到主要炼油装置；与中国中化泉州石化开展报警管理合作研究，全厂19套主要炼油装置的平均报警率下降了90%以上。

8.5 程序控制

由人按照一定的程序或制度对风险进行管理和控制的工作，叫程序控制。在过程安全管理的20个要素当中，就有几个要素属于程序控制，具体包括：开车前安全审查、操作规程、变更管理、承包商管理、作业管理、重大危险源管理（见第3章）、设备完好性管理（见第10章）、事故事件管理（第11章）。

8.5.1 开车前安全审查（PSSR）

PSSR（pre-startup safety review）是指在工艺设备开始投料使用前进行的最终检查，

一般由一个有组织的小组及负责人来完成。PSSR 的主要审查内容包括：

① 施工和设备符合设计说明，并按设计要求完成相关设备、仪表的安全和功能测试（包括吹扫、清洗、气密试验，单机试车，联动试车等）；

② 操作规程、安全规程、应急程序、维修规程等安全生产信息均已完善；

③ 对于新的过程，已经完成了第一次 PHA（过程危害分析），并且 PHA 的建议措施均已得到解决；

④ 装置的有关操作人员都已经完成了培训，通过了所有必要的测试和演练；

⑤ 对于发生变更的老装置的重新开车，所有的变更均已审查完毕，并通过了企业的变更管理程序的授权。

8.5.2 操作规程

操作规程（operating procedure）是工艺装置和设备从初始状态通过一定顺序过渡到最终状态的一系列准确的操作步骤、规则和程序，以及对超出工艺参数范围的危害（安全、环境及/或质量方面）应采取的纠正或避免偏差措施的说明。其内容应根据生产工艺和设备的结构运行特点以及安全运行等要求，对操作人员在全部操作过程中所必须遵守的事项、程序及动作等做出规定。

操作规程是一种书面规范，它按照步骤列出了给定任务，以及按步骤执行这些任务的方式方法。一个好的操作规程应该详细描述工作的过程、危害、工具、防护装备以及控制措施，以便操作者能够理解危害，确认控制措施，以及按照预期要求做出反应。规程还应该给出系统未按预期响应的解决措施。规程应该给出什么时候应该执行紧急切断，以及一些特殊装备出现问题时应该采取哪些临时措施。操作规程通常被用在控制活动中，如产品的传输、工艺装备的周期性清洁、为特定维护活动准备装备以及其他一些由操作者进行的日常活动。

与企业其他安全管理规章、程序一样，所有的操作规程是企业内部“法定”文件，是企业规范员工工艺操作、检维修操作，控制人、机界面风险，保障安全操作的文件化依据。完整准确的书面操作规程是安全、高效操作工艺系统的指令性文件。它确保所有操作人员按照经实践验证为准确，并经过批准的统一标准来完成所有操作。操作规程是岗位员工手中的工具，也是员工直接管理的对象，其持续改进和完善，应在相关安全生产信息的有力支撑下，融入岗位操作经验，完成工艺设备的安全运行。

操作规程是在属地管理当中完成编制和更新的，过程安全组织和人员为其提供足够的资源保障。操作规程体现了安全生产信息和过程危害分析（PHA）结果的应用。操作规程也必须经过培训，让员工掌握和达成一致的理解。也需通过安全观察与沟通及安全评估定级等要素的实施来发现和纠正规程中存在的偏差，以促进其持续改进和完善，更加具有针对性、有效性和可操作性。

操作规程为工艺操作人员解释安全操作参数的确切含义，阐述违背工艺限制的操作对安全、健康和环境的影响，并说明用以纠正或避免偏差的步骤，达成安全与操作融合的目的。

操作规程应包括：①首次开车、大修完成后开车，以及紧急停车后重新开车；②正常操作；③正常停车；④非正常操作；⑤应急操作。

操作人员的安全操作能力不仅体现在装置正常运行状态和开停车状态下的操作能力，还体现对异常工况的处置能力。为了提升异常工况的处置能力，PSM 标准给出了如下最佳实践要求：

① 企业应优化报警设置，对装置的工艺报警、可燃有毒气体报警进行分级、分类管理。

② 操作人员应及时响应、处置报警信息，重要报警要有报警原因分析及处置记录。

③ 企业应根据实际情况和操作经验不断完善各类异常工况处置程序，对员工开展异常工况的处置能力培训和考核，确保有关岗位人员能够及时恰当地处置异常工况。

④ 企业应建立报警管理系统，设定报警管理的关键指标，借助报警管理系统定期统计分析报警率，优化报警设置，减少无效报警数量。

企业应对异常工况下的应急处理进行授权，确保在出现异常工况时，有关岗位人员能够立即采取措施进行处置；危及人身安全时，及时组织人员紧急撤离。

8.5.3 变更管理

在化工过程的生命周期中，经常伴有各种各样的变更。而每当变更发生时，随之而来的是健康、安全与环境（HSE）等方面的风险。而事实上，历史上很多事故都是由于变更管理（management of change，MOC）缺陷引起的，例如2010年7月16日发生的大连输油管道爆炸事故是由于没有对脱硫化氢剂的加剂工艺变更进行严格的管理造成的；2012年2月28日发生的河北省赵县克尔公司爆炸事故就是由于没有对导热油的温度变更进行严格管理造成的。为加强对变更的管理，早在20世纪60年代初，核工业行业就第一次提出了变更管理（MOC）的概念。在化学工业中，首先提及MOC的是1990年美国石油协会（API）发布的标准《RP 750 Management of Process Hazards》。

一般来说变更的种类有：①工艺变更；②设备变更；③规程变更；④基础设施变更；⑤人员变更；⑥组织变更；⑦法律、法规变更。

化工企业应该建立变更管理流程（图8-20），考虑变更的技术基础，评估变更对企业员工、周边社区居民和环境的影响，同时注意对安全生产信息及时更新，强化对永久性变更和临时性变更的风险控制。

8.5.4 承包商管理

随着社会分工的专业化和精细化，化工企业越来越倾向于将各式各样的服务（例如设计、施工、维护、检查、运输、安保、测试和培训等）委托给很多承包商执行。然而，使用承包商意味着需要将一个外部企业纳入本企业风险管理工作范围内。使用承包商可能会将不熟悉工厂的安全生产信息、风险源和保护系统的外部员工置于较高风险的工作环境中。这样的承包商开始工作后，可能引起事故，甚至会给企业带来致命性的影响。

大连输油管道爆炸事故的一个主要原因就是对承包商监管不力。事故单位对加入的原油脱硫化氢剂的安全可靠性没有进行科学论证，直接将原油脱硫化氢处理工作承包给天津辉盛达公司，天津辉盛达公司又将该作业分包给上海祥诚公司。事实上，承包商管理（contractor management）对于国内外的任何一家化工企业来讲，都是一个具有极大挑战性的难题。为此，企业应建立承包商安全管理制度，明确管理责任；制定承包商准入标准，严格审查承包商资格；将承包商在本企业发生的事故纳入企业事故管理。企业应与承包商签订安全协议或合同附件，明确双方的安全责任、义务与要求，对承包商的安全工作统一协调、管理。

企业在选择承包商时，要获取并评估承包商目前和以往的安全表现和安全管理方面的信息。企业需要告知承包商与他们作业有关的潜在的火灾、爆炸或有毒有害方面的信息，并给承包商进行相关的培训，全过程跟承包商一起进行风险辨识、风险分析和风险评价，并采取必要的风险控制措施，做好应急准备。

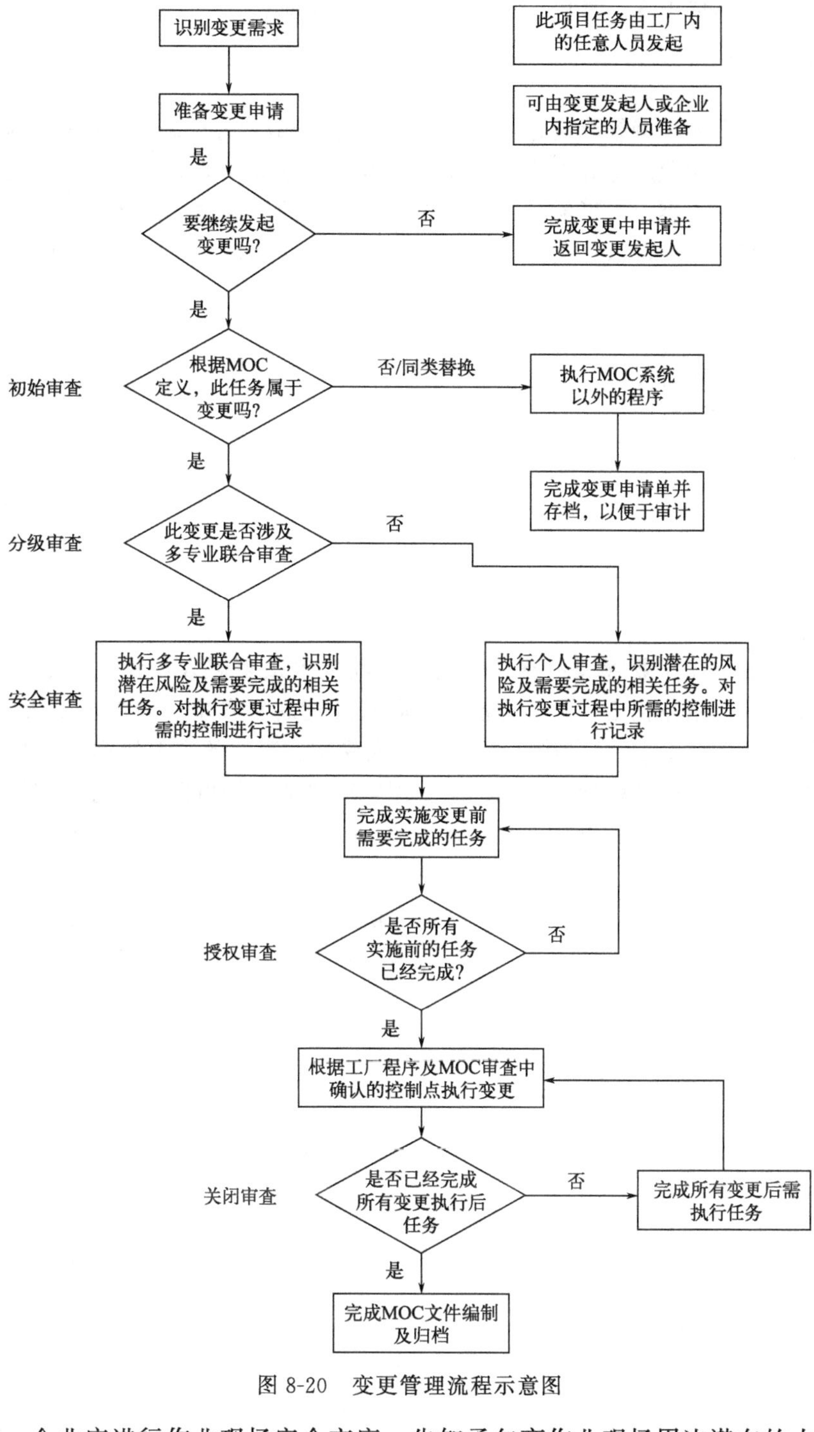

图 8-20　变更管理流程示意图

作业前，企业应进行作业现场安全交底，告知承包商作业现场周边潜在的火灾、爆炸及有毒物质泄漏等风险及可能的作业风险，以及应急响应措施和要求等。企业应对承包商作业进行全程安全监管，对特级动火作业、受限空间作业应全程视频监控；应建立对承包商的监督检查记录，保存承包商在本企业作业中的事故事件记录。

企业还应定期评估承包商的表现，保存承包商在工作过程中的伤亡、职业病记录。承包商应该确保自己的工人接受了与工作有关的过程安全培训，确保工人知道与他们作业有关的风险和应急预案，确保工人了解设备安全手册及安全作业规程。

8.5.5 作业管理

企业应建立、实施和持续改进作业许可（work permit）管理制度，明确作业许可范围、作业许可管理流程、作业风险管控措施、作业许可类别分级和审批权限、作业实施及相关人员培训与资质要求等内容，对可能给工艺过程带来风险的作业进行控制。

一个企业内部的作业可以分为施工作业、检维修作业和特殊作业等。其中特殊作业分为八大类：

① 动火作业；

② 进入受限空间作业；

③ 盲板抽堵作业；

④ 高处作业；

⑤ 吊装作业；

⑥ 临时用电作业；

⑦ 动土作业；

⑧ 断路作业。

事实上，由于特殊作业管理不善，国内外已经发生很多起人员伤亡事故。例如：2020 年 10 月 30 日，陕西精益化工有限公司油品中心预处理装置发生一起人员氮气窒息事故，3 人死亡（1 名入罐检查人员，2 名施救人员），1 人受伤。事故的主要原因之一是作业管理制度执行不到位，在未采取分析检测、未办理受限空间作业票等情况下，进入储罐检查。

作业许可管理的形式是安全作业票，图 8-21 是动火安全作业票的样例。作业许可管理的原则是：

① 选择更安全的方式。只有在没有任何其他更加安全、合理和切实可行的替代方法完成工作任务时，才考虑进行高危作业，实施作业许可管理。

编号：

作业申请单位		作业申请时间	年 月 日 时 分
作业内容		动火地点及动火部位	
动火作业级别	特级□ 一级□ 二级□	动火方式	
动火人及证书编号			
作业单位		作业负责人	
气体取样分析时间	月 日 时 分	月 日 时 分	月 日 时 分
代表性气体			
分析结果/%			
分析人			
关联的其他特殊作业及安全作业票编号			
风险辨识结果			
动火作业实施时间	自 年 月 日 时 分至 年 月 日 时 分止		

序号	安全措施	是否涉及	确认人
1	动火设备内部构件清洗干净，蒸汽吹扫或水洗、置换合格，达到动火条件		
2	与动火设备相连接的所有管线已断开，加盲板（ ）块，未采取水封或仅关闭阀门的方式代替盲板		
3	动火点周围及附近的孔洞、窨井、地沟、水封设施、污水井等已清除易燃物，并已采取覆盖、铺沙等手段进行隔离		
4	油气罐区动火点同一防火堤内和防火间距内的油品储罐未进行脱水和取样作业		
5	高处作业已采取防火花飞溅措施，作业人员佩戴必要的个体防护装备		
6	在有可燃物构件和使用可燃物做防腐内衬的设备内部动火作业，已采取防火隔绝措施		
7	乙炔气瓶直立放置，已采取防倾倒措施并安装防回火装置；乙炔气瓶、氧气瓶与火源间的距离不应小于 10 m，两气瓶相互间距不应小于 5 m		
8	现场配备灭火器（ ）台，灭火毯（ ）块，消防蒸汽带或消防水带（ ）		
9	电焊机所处位置已考虑防火防爆要求，且已可靠接地		
10	动火点周围规定距离内没有易燃易爆化学品的装卸、排放、喷漆等可能引起火灾爆炸的危险作业		

编号：

序号	安全措施	是否涉及	确认人
11	动火点 30 m 内垂直空间未排放可燃气体；15 m 内垂直空间未排放可燃液体；10 m 范围内及动火点下方未同时进行可燃溶剂清洗或喷漆等作业，10 m 范围内未见有可燃性粉尘清扫作业		
12	已开展作业危害分析，制定相应的安全风险管控措施，交叉作业已明确协调人		
13	用于连续检测的移动式可燃气体检测仪已配备到位		
14	配备的摄录设备已到位，且防爆级别满足安全要求		
15	其他相关特殊作业已办理相应安全作业票，作业现场四周已设立警戒区		
16	其他安全措施： 编制人：		

安全交底人		接受交底人	
监护人			
作业负责人意见 签字： 年 月 日 时 分			
所在单位意见 签字： 年 月 日 时 分			
安全管理部门意见 签字： 年 月 日 时 分			
动火审批人意见 签字： 年 月 日 时 分			
动火前，岗位当班班长验票情况 签字： 年 月 日 时 分			
完工验收 签字： 年 月 日 时 分			

图 8-21 动火安全作业票的样例

② 程序不可逾越。从事高危作业以及特殊作业必须实行作业许可管理，否则，不得组织作业；对不能确定是否需要办理许可证的作业，应选择办理作业许可证。

③ 直线责任和属地管理。遵循落实直线责任和属地管理的原则，作业许可证由有权提供、调配、协调相应资源的直线领导、属地主管或其授权人审批。

④ 授权不授责。遵循授权不授责的原则，作业的最终安全责任由相应级别的安全第一责任人承担。

⑤ 现场确认。作业许可审批前，必须确认作业现场的所有安全措施都已落实，例如已经完成了作业安全分析（JSA，见第 6 章）和承包商的培训，准备好了应急预案，使用盲板对危险源进行了隔离，可燃气体含量在安全的范围内，完成了挂牌上锁等；当作业完成时，要检查作业区域，确保阀门开关正确、工艺管线上的盲板已经拆除、下水道和排水沟已经盖好、挂牌上锁已经摘除等。

⑥ 特殊作业管理要严格遵守强制性国家标准《危险化学品企业特殊作业安全规范》（GB 30871—2022)。

为防止作业期间操作失误，对危险能量进行有效控制，保证人员设备安全，欧美国家的化工企业普遍实行了挂牌上锁（lock out & tag out，LOTO）程序。近年来，我国也有越来越多的企业开始实施这种程序控制策略。上锁是指用锁定的方式来防止他人随意操作被隔离的能量源或者设备，直到相关工作结束，锁具移除；挂牌是指用吊牌来警告他人已经被隔离的能量源或者设备不能随便操作，锁具由谁锁定，由谁可以打开等。

习题

1. 试举例阐述本质更安全、被动控制、主动控制、程序控制等四种风险控制措施的区别，并思考本质更安全是否是最好的风险控制技术。

2. 某化工厂厂区内设有一应急用水罐，其长 3m，直径为 1m。在工厂隐患治理期间，安全专家根据该储罐四周的工艺条件提出需要为该储罐设置安全阀，以防止其受到外部火灾工况而超压损坏。试为该储罐设计适当的泄放装置尺寸，假设仅为蒸气泄放，容器 MAWP 为 1.6MPa(G)，且已知火灾工况下所需的泄放量为 850kg/h，采用弹性开启式减压阀。水的临界温度为 374.15℃，临界压力取 22.12MPa（A）。表 8-7 给出了水在不同压力下的沸点。

表 8-7 水在不同压力下的沸点

压力/kPa	沸点/℃	压力/kPa	沸点/℃
101.325	100.0	1114.575	183.2
202.650	119.6	1215.900	187.1
303.975	132.9	1317.225	190.7
405.300	142.9	1418.550	194.1
506.625	151.1	1519.875	197.4
607.950	158.1	1621.100	200.4
709.275	164.2	1722.525	203.4
810.600	169.6	1823.850	206.1
911.925	174.5	1925.175	208.8
1013.250	179.0	2026.500	211.4

3. 针对某放热反应器，为防止其因冷却系统失效而反应飞温导致的超压损坏，需为其安装一个泄放设备。该泄放设备必须每小时排放 25t 的烃类蒸气，泄放温度为 167℃，设定压力为 500kPa(G)。假设超压为 10%，背压常压。该烃类蒸气的分子量为 65，压缩系数为 0.84，热容比为 1.09，试计算其所需泄放设备直径的大小。

4. 某 $6m^3$ 的装有空气的储罐，现欲在储罐内投入可燃物料，在使用前需用纯净的氮气将储罐惰化为含有 1% 的氧气，储罐温度为 25℃。分两种情况进行惰化保护：(1) 由于储罐最大允许压力为 1.2MPa(G)，使用加压惰化时每次将其加压至 1.0MPa(G) 后再将其恢复至大气压力；(2) 使用真空惰化技术，将储罐由大气压力降至绝对压力为 20kPa。试计算这两种情况所需的惰化循环次数以及使用的氮气的物质的量。

5. 结合本章内容分析以下发生在石化工厂中的事件是否正确：

(1) 老杨是多年的劳动模范，今天他发高烧 39℃，为了不影响生产，坚持到厂区上班，并参与全厂的检维修操作；

(2) 老杨的徒弟小王，本来今天按照安排应与老杨一组进行反应塔内部构件的检维修，在得知师傅身体不适后，自己毅然独自去进行塔内件检测；

(3) 老杨告知小王，带上自己的手机，如果检维修有问题时可以方便与自己打电话沟通请教；

(4) 小王为了尽快完成今天的检维修任务，结合自己几年来的生产经验，优化了操作方法，省略了他认为操作规程中规定的一些非常没有必要却又极其浪费时间的步骤，极大地提高了自己的工作效率。

参考文献

[1] Zhu J F, Shu Y D, Zhao J S, et al. A dynamic alarm management strategy for chemical process transitions. Journal of Loss Prevention in the Process Industries, 2014, 30: 207-218, 2014.

[2] Bi X J, Qin R S, Wu D Y, et al. One step forward for smart chemical process fault detection and diagnosis. Computers & Chemical Engineering, 2022, 164: 107884.

[3] CCPS. Inherently Safer Chemical Processes: A Life Cycle Approach. New York: AIChE, 1996.

[4] Kletz T, Amyotte P. Process Plants: A Handbook for Inherently Safer Design, 2nd ed. London: CRC Press, 1998.

[5] Cheremisinoff P Ncholas. Pressure Safety Design Practices for Refinery and Chemical Operations. New Jersey: Noyes Publications, 1997.

[6] API RP 520. Sizing, Selection and Installation of Pressure-Relieving Devices in Refineries Part Ⅰ-Sizing and Selection. 1990.

[7] 骆广生，吕阳成，王凯，等．微化工技术．化工过程强化关键技术丛书．北京：化学工业出版社，2020.

[8] 陈建峰，初广文，邹海魁，等．超重力反应工程．化工过程强化关键技术丛书．北京：化学工业出版社，2020.

[9] 张锁江．离子液体纳微结构与过程强化．化工过程强化关键技术丛书．北京：化学工业出版社，2020.

[10] 贺高红，姜晓滨．分离过程耦合强化．化工过程强化关键技术丛书．北京：化学工业出版社，2020.

[11] 朱红伟，姜杰，孙冰，等．双氧水氧化工艺安全研究策略．无机盐工业，2021，53 (01)：77-81.

[12] 范壮志，史延强，孙斌，等．己内酰胺生产技术进展．现代化工，2023，43 (07)：84-88.

[13] Indian Chemical Engineer Group. Bhopal gas tragedy and its effects on process safety. Journal of Loss Indian Chemical Engineer Sections A & B, 2005, 47 (1): 31-32.

[14] Luo Y R, Chen G F, Ding L, et al. Efficient Electrocatalytic N_2 Fixation with MXene under Ambient Conditions. Joule, 2019, 3 (1): 279-289.

[15] 陈宏，何小荣，邱彤，等．炼油企业库存管理．化工学报，2003，54 (8)：1118-1121.

[16] 覃伟中，谢道雄，赵劲松．石油化工智能制造．北京：化学工业出版社，2019.

[17] Taylor R, Krishna R. Modelling reactive distillation. Chemical Engineering Science, 2000, 55 (22): 5183-5229.

[18] GB/T 37816—2019. 承压设备安全泄放装置选用与安装.
[19] 黄璐，王保国. 化工设计. 北京：化学工业出版社，2007.
[20] GB 3836.14—2014. 爆炸性环境第 14 部分：场所分类　爆炸性气体环境.
[21] GB/T 50493—2019. 石油化工可燃气体和有毒气体检测报警设计标准.
[22] HG/T 20546—2009. 化工装置设备布置设计规定.
[23] 邱彤，戴一阳，赵永臣. 化工过程模拟——理论与实践. 北京：化学工业出版社，2020.
[24] UNEP. Awareness and Preparedness for Emergencies at Local Level-A process for responding to technological accidents，1988.

第9章

安全仪表系统

“人生中最重要的问题，在绝大多数情况下，真的就只是概率问题。”

——法国著名数学家　皮埃尔·西蒙·拉普拉斯

2012年5月16日上午7时45分左右，江西海晨鸿华化工有限公司（以下简称鸿华公司）发生一起爆炸事故，造成3人死亡，2人受伤。鸿华公司的主要产品为年产2000t的间-β-羟乙基砜-苯胺。2012年5月14日09时，磺化车间一班次2名操作工按照投料比例加入氯磺酸至反应釜中，加入催化剂和滴加硝基苯后，由于蒸气压力不够，当班没有进行升温操作；下一班次同样没有进行升温操作。15日08时另一班次操作人员接班后，10时开始对反应釜进行升温，持续2h。15日20时，该车间一班次2名操作工（原5月14号投料者）接班后检查反应釜温度为120℃，继续采取保温措施，16日05时送样化验，发现反应釜中硝基苯含量大于6%（正常值为小于0.1%）。16日07时45分左右发生爆炸事故，当场造成1人死亡，2人失踪，2人受伤。

爆炸事故的直接原因为：磺化釜回流片式冷凝器由于搪瓷破裂，钢板被盐酸腐蚀穿孔后，造成片式冷凝器循环冷却水进入磺化釜，与氯磺酸发生剧烈反应，产生大量氯化氢和三氧化硫，温度和压力急剧上升，从而引起冲料和爆炸。

虽然事故发生的直接原因是设备故障以及人员操作失误，但在事故发生时该企业已安装的联锁控制系统没有起到安全保护的作用，而正是由于安全仪表的失效使得工艺生产过程在温度、压力过高时不能及时地紧急停车，从而导致了人员的死伤以及工厂的经济损失。

9.1 概述

安全仪表系统（safety instrumented system，SIS）属于第8章介绍的风险控制策略中的主动控制系统。当过程背离了预期条件或状态时，SIS会通过中断进料、紧急放空、停止加热等紧急停车的干涉方式将过程恢复到安全状态，从而避免事故的发生，或者减轻事故的后果。

SIS对于生产安全十分重要，但是受系统结构、软硬件性能、工作环境及检维护计划的影响，SIS本身的可靠性非常值得关注。

2000年，国际电工委员会发布了IEC 61508《电气/电子/可编程电子安全相关系统（E/E/PES）的功能安全》，明确提出了安全相关系统的功能安全问题，即如何确保安全相关系统在危险发生时有效执行其安全功能。2003 年发布的 IEC 61511《过程工业领域安全仪表系统的功能安全》则是基于 IEC 61508 的框架针对过程工业中的 SIS 的细化。除此之外，在 IEC 61508 的基础上还延伸出了其他领域的安全仪表的相关标准，如核电工业领域的应用标准 IEC 61513、机械领域的应用标准 IEC 62061 等。其他功能安全相关的标准有德国的 DIN V 19250《控制技术测量和控制设备应考虑的基本安全原则》、DIN V VDE0801《安全相关系统中的计算机原理》，美国的 ANSI/ISA 84.01—2004《安全仪表系统在过程工业中的应用》。国内的 GB/T 20438.1～20438.7《电气/电子/可编程电子安全相关系统的功能安全》系列标准和 GB/T 21109.1～21109.3《过程工业领域安全仪表系统的功能安全》系列标准等同采用国际标准 IEC 61508 及 IEC 61511。

9.2 安全仪表系统与功能安全

在 IEC 61511 中，功能安全的定义为：与过程和 BPCS 有关的整体安全的一部分，它取决于 SIS 和其他保护层的正确工作。而安全功能为针对特定的危险事件，为达到或保持过程的安全状态，由一个或多个保护层实现的功能。可见，功能安全属于 SIS 本身安全性的核心内容之一，用于表达安全相关系统执行安全功能的能力。因此，功能安全是 SIS 设计和运行管理的核心问题之一。

9.2.1 安全仪表系统与安全仪表功能

SIS 是过程工业中常用的一种安全相关系统。按照 IEC 61511 标准的相关定义，SIS 指由传感器（sensor）、逻辑解算器（logic solver）和最终执行元件（final element）组成的，用于执行安全仪表功能（safety instrument function，SIF）的仪表系统。图 9-1 是 SIS 的示意图。

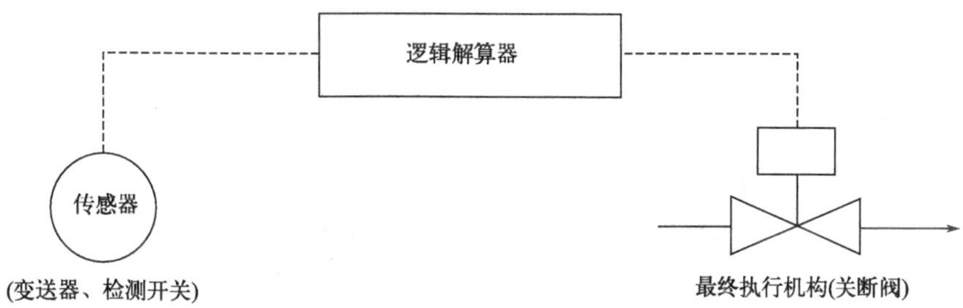

图 9-1 安全仪表系统示意图

其中的逻辑控制单元随着技术的进步，现在一般采用可编程电子系统（programmable electronic system，PES）来实现，内部包括处理器和输入输出模块等。完整的 SIS 执行逻辑如下：压力传感器等传感器将测量值传送至逻辑解算器，当测量值超过预设阈值时，逻辑解算器根据测量值输出相应的控制信号，最终执行元件根据控制信号执行相应的动作，例如关闭阀门。

安全仪表功能是 IEC 61511 提出的概念。IEC 61511 对安全仪表功能的定义为：由 SIS 执行的具有特定安全完整性等级（safety integrity level，SIL）的安全功能，用于应对特定的危险事件，达到或保持过程的安全状态。化工过程工业中的 SIS 包括紧急停车系统

(emergency shut-down system，ESD)、火气系统（fire and gas system，FGS)、燃烧器管理系统（burner management system，BMS)，及高完整性压力保护系统（high integrity pressure protection system，HIPPS）等。

9.2.2 安全仪表系统与基本过程控制系统

教材的 8.4.1 节介绍了基本过程控制系统（BPCS)。BPCS 执行的是基本生产控制功能，用于维持生产过程的正常运行。它和 SIS 都是化工过程重要的安全保护层。图 9-2 表示了某反应器的 BPCS 和 SIS。

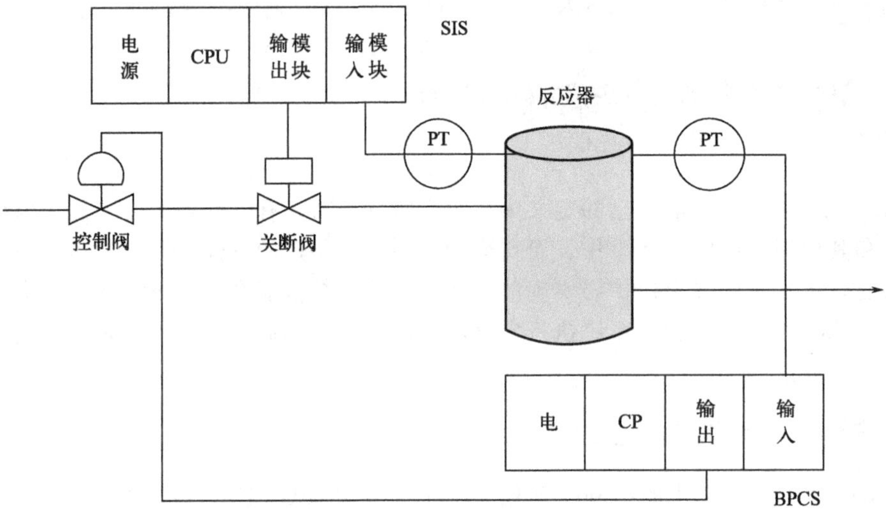

图 9-2 安全仪表系统 SIS 与基本过程控制系统 BPCS

SIS 和 BPCS 都是过程工业运行中重要的系统，但是两者的作用和工作模式大不相同。BPCS 执行基本过程控制功能，将过程的各项参数维持在设计的正常范围内。BPCS 的运行是连续的，必须时刻根据系统的设定要求以及生产过程的状态不断动态运行。BPCS 一旦运行停止，生产过程将失去控制，因此其失效大部分是显性的。相反，SIS 则监视生产过程，只有当危险条件发生以后才会发生响应动作，因此 SIS 的失效比较难以发现，是隐性的。而未被发现的 SIS 失效一旦与相应保护对象的故障同时发生，很可能导致严重的事故。因此，SIS 需要周期性的离线或在线测试，这种测试可以是人工测试，也可以通过系统具备的自检测功能进行。

为了保证 SIS 作为保护层的独立性，SIS 应该与 BPCS 的硬件进行隔离。隔离通常包括四个方面：现场传感器、最终执行元件、逻辑解算器、电缆布置等。其中电缆布置是指 BPCS 和 SIS 采用各自的电缆盒接线箱，并采用不同的标识，而电缆托盘、桥架等可以共用。

SIS 与 BPCS 的隔离主要出于以下几方面的考虑：

① 减小 BPCS 对 SIS 的影响。例如，若 BPCS 与 SIS 共用一个阀门，既要实现流量控制又要完成紧急切断功能，那么当阀门发生危险故障（如阀芯断裂而不能关闭)，则正常的流量调节和紧急关闭功能都不能实现。

② 从功能要求上，BPCS 具有操作灵活、维护方便、控制功能连续性强等特点，控制模式、设定值、参数的更改比较频繁。而 SIS 操作，如更改联锁设定值、解除联锁启用旁路

等，需要严格的审批程序。隔离的设计有利于对两者实施不同的变更管理。

③ 便于对 SIS 实现的功能进行评估（定级、验证等）。

④ 如果将 BPCS 与 SIS 组合在一起，访问 BPCS 的编程或组态功能就要遵循 SIS 的管理规定，这样某些操作会受到限制。

更多 SIS 与 BPCS 的关系与区别可以扫二维码观看视频。

基本控制系统与安全仪表系统区别

9.3 功能安全与风险削减

SIS 的使用目的在于必要时可通过安全功能的执行，将化工过程的风险降低到可接受的水平。风险是针对一个特定危险事件发生频率和后果的综合度量，风险的削减并不局限于 SIS，其削减过程如图 9-3 所示。

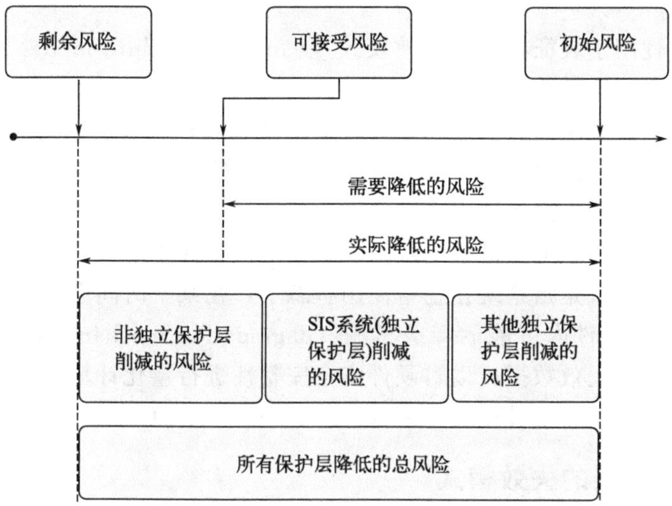

图 9-3 风险削减

① 初始风险：工艺过程中特定危险事件的风险，确认工艺风险时不考虑其他安全保护因素的影响，如 BPCS 及相关的人为因素。

② 可接受风险（过程安全目标等级）：基于当前的社会价值特定环境下的可以被接受的风险。

③ 剩余风险：危害事件在考虑所有保护层之后的风险。

安全功能的作用在于降低风险。然而无限制地降低风险是不现实的。实践中人们往往是按照 ALARP 的原则（见第 2 章），将风险降低到可接受的程度，保证受控设备或过程处于足够安全的状态。因此，要确保安全功能的合理有效，就需要对受控对象进行准确充分的危险辨识和风险分析，随后基于可接受风险的标准确定风险降低的要求。在确定了必要的风险降低要求之后，如其他保护层无法提供足够的风险削减，则需要 SIS 能够正确地降低风险，这就引出了 SIS 的另一个概念，即功能安全完整性等级。

SIL 是 IEC 61508 和 IEC 61511 中提出的一个重要概念。IEC 61511 中安全完整性（safety integrity）的定义为：在所有规定条件下，一定时间内 SIS 圆满地执行所要求的安全仪表功能的平均可能性。

9.4 安全仪表系统的安全完整性

SIL 分为 4 个等级，安全完整性随着数字增大而提高，SIL 越高，SIS 在实现安全功能时出现故障的概率越低，即可靠性越高。需注意的是，SIL 并不是对过程风险的衡量，也不是某个系统或元件的性质，而是对 SIS 的安全仪表功能水平的衡量。因此，“过程达到 SIL 2 水平”的说法是错误的，正确的说法是“SIS 的某个安全仪表功能达到 SIL 2 等级”。

每个安全仪表功能的 SIL 等级是由组成该功能的传感器、逻辑解算器和最终执行元件的 SIL 等级共同决定的。由 SIL1 的传感器、SIL2 的逻辑解算器和 SIL2 的执行元件所组成的安全仪表功能，其 SIL 等级最高也只可能为 SIL1。

安全完整性包括硬件安全完整性（hardware safety integrity）及系统安全完整性（systematic safety integrity）。

系统安全完整性用于表征在危险失效模式（dangerous failure mode）下的系统性失效。导致系统性失效的典型因素包括系统设计错误或缺陷、不当的安装和调试、不当的操作、维护管理的缺乏、软件设计漏洞和组态缺陷等。系统性失效很大程度上都是人为失误造成的，很难准确估计其失效率。因此，IEC 61508/IEC 61511 都强调在安全生命周期的架构下，通过有效的功能安全管理来提高系统安全完整性。

硬件安全完整性用于表征在危险失效模式下，随机硬件失效（random hardware failure）的可能性。随机硬件失效是指系统在正常使用状态下，在某个时间点一个或多个元件随机出现故障（fault），依据硬件内可能的降级机制（degradation mechanism），导致发生某种安全功能的失效。借助于失效数据可以对硬件安全完整性进行量化计算。硬件安全完整性等级主要由硬件随机失效概率与硬件结构约束（architectural constraints）共同决定。

9.4.1 安全仪表系统的失效模式

SIS 的失效模式，按照失效的后果可以分为危险失效、安全失效和无影响失效；考虑到设备的自诊断功能的影响，这些失效又可分为检测到与未检测到的失效，以及通报失效等；对于采用冗余结构的 SIS，还应该考虑共因失效以正确评估系统的可靠性。

(1) 危险失效

IEC 61511 将危险失效定义为有可能使 SIS 处于危险状态或无法执行功能状态的失效，危险失效意味着 SIS 不会对危险条件做出响应，一旦对应的危险条件发生，SIS 将无法执行其安全仪表功能，可能导致事故发生。例如，鸿华公司反应器的 SIS 系统联锁功能失效即为危险失效，该失效导致事故发生。

(2) 安全失效

IEC 61511 将安全失效定义为不会导致 SIS 处于危险状态或无法执行功能状态的失效，也就是说在 IEC 61511 中危险失效以外的 SIS 失效都是安全失效。然而，实践中人们不但希望 SIS 能执行其安全仪表功能，也希望 SIS 不会由于误动作造成过程误停车，从而带来不必要的经济损失。

因此，人们通常将造成 SIS 误执行其安全仪表功能的失效称为安全失效。这包括在危险条件未出现时就将系统置于某种安全状态的失效，以及会增大系统进入安全状态概率的失效。例如，SIS 系统本身的单一故障造成系统的误停车即为安全失效。

(3) 通报失效

大部分 SIS 的组件都具有在线自诊断的功能，用以检测组件的失效。通报失效是指导致组件不能诊断或通报诊断状态的失效。

(4) 检测到和未检测到的失效

这两种失效也是与组件的自诊断功能有关的失效模式。顾名思义，被组件自诊断功能检测到的失效称为检测到的失效（λ^D），而未被组件自诊断功能检测到的失效称为未检测到的失效。组件检测失效的能力用诊断覆盖率（diagnostic coverage）衡量，为检测到的失效率与总失效率（λ）的比值，即

$$DC=\frac{\lambda^D}{\lambda}$$

一个组件对于安全失效和危险失效可能有不同的诊断覆盖率，因此可以按照类似形式分别定义安全失效诊断覆盖率和危险失效诊断覆盖率。

(5) 共因失效（common cause failure)

为了增强容错能力，SIS 的传感器、逻辑解算器和最终执行机构可能会将多个组件组成冗余结构，以避免单一组件的失效带来整个 SIS 的失效。然而，冗余结构中的组件可能因为相同的根本原因同时失效。这些失效可能是因为系统性故障导致的失效（如设计错误），也可能是因外界因素导致的随机性硬件失效（例如因公共冷却风扇的随机失效，造成环境温度过高，使各通道的操作环境恶化，造成多通道同时失效）。如果简单地将各个组件的失效假设为独立事件，将会低估 SIS 整体的失效率，为受控设备的风险控制带来隐患。因此，在分析带有冗余结构的 SIS 的可靠性时，共因失效不但需要考虑，而且往往会成为多通道失效的主要因素。

目前已有多种共因失效模型。其中最简单的是单一 β 因子（single β-factor）模型。这一模型采用一个共因失效因子 β 表示 2 个或多个组件的共因失效在单个设备失效率中所占比例。用 λ、λ^C 和 λ^N 分别表示单一设备的失效率、共因失效率和非共因失效率，即

$$\lambda^C=\beta\lambda$$
$$\lambda=\lambda^C+\lambda^N$$

单一 β 因子模型非常简单，只引入了一个参数。然而单一 β 因子模型过于简单，甚至对于不同的冗余结构都不做区分，这就使得它对于 2 个以上组件构成的冗余结构建模可能不够准确。实践中为了区分不同的冗余结构，在使用单一 β 因子模型时可能会根据经验针对不同的冗余结构假设不同的 β 因子。

为了更准确地对 2 个以上组件组成的冗余结构建模，人们提出了一些更为复杂的共因失效模型，如多错误冲击（multi error shock）模型、二项分布失效率（binomial failure rate）模型、多希腊字母（multi greek letter）模型、多 β 因子（multi β-factor）模型。这些模型的提出基于更为复杂的假设，有些还需要一定的数据进行回归。

9.4.2 安全仪表系统的操作模式

不同操作模式的 SIS 对应着不同的可靠性指标。IEC 61511 中定义了两类操作模式：连续模式（continuous mode of operation）和要求模式（demand mode of operation）。

要求模式是指安全功能仅在要求时启动，将受控设备转入特定的安全状态的模式。典型的要求包括：工艺过程参数出现异常，达到设定的安全极限值，或者 BPCS 本身处于失效状态。这意味着安全功能的危险失效并不一定立刻导致危险。

连续模式指安全功能作为正常操作的一部分，将受控设备维持在安全状态的模式。当安全功能出现危险失效时，潜在的危险即会发生，除非存在其他防止措施。连续模式常见于机械设备及铁路运输系统的安全仪表系统。

根据要求的发生频率不同，要求模式又分为低要求模式（要求频率不大于一年一次）和高要求模式（要求频率大于一年一次）。过程工业中的 SIS 通常为低要求模式。

表 9-1 说明了在低要求模式时 SIL 与平均要求时失效概率 PFD_{avg}（average probability of failure on demand）的对应关系，以及高要求和连续操作模式时 SIL 与每小时危险失效频率［frequency of dangerous failures to perform the safety instrumented function（per hour)］的对应关系。需要指出的是 PFD_{avg} 仅表征安全仪表功能的随机硬件失效，而不包括系统性失效。

表 9-1　高/低要求操作模式的安全完整性等级

安全完整性等级	低要求操作模式	高要求操作模式
	平均要求时失效概率	每小时危险失效频率
4	10^{-4}～10^{-5}	10^{-9}～10^{-8}
3	10^{-3}～10^{-4}	10^{-8}～10^{-7}
2	10^{-3}～10^{-2}	10^{-7}～10^{-6}
1	10^{-2}～10^{-1}	10^{-6}～10^{-5}

9.4.3　安全仪表系统的冗余结构

为了提高 SIS 的可靠性，人们常常在 SIS 的子系统中采用冗余结构来提高硬件故障裕度(hardware fault tolerance，HFT)。例如，虽然一个传感器可独立完成检测危险信号的功能，但采用多个并联的传感器能够避免一个传感器失效导致的 SIS 危险失效，从而提高传感器部分的可靠性。IEC 61508 中将能够独立执行某项功能的组件或组件组称为通道。冗余结构是以各通道表决的方式工作的，表决方式用 N 选 M（M out of N，Moo$N$）的形式描述，表示冗余结构包含 N 个通道，只要其中 M 个正常运行，就能保证冗余结构完成安全功能“正常运行”，而“Moo$N$D”则表示具有诊断功能的冗余结构。

Moo$N$ 所指的表决总是基于安全的观点。N-M 代表了对危险失效（影响所要求安全功能执行的失效）的容错能力，即 HFT。例如，1oo2 表示两个通道中有一个正常操作，就能完成所要求的安全功能，而 2oo2 则表示两个通道都正常工作才能保证 2oo2 结构执行安全功能。相比之下，1oo2 对危险失效的容错能力要高于 2oo2，具有更高的安全有效性（safety availability)。然而，SIS 还存在着安全失效，即造成 SIS 误动作执行其安全仪表功能的失效。安全失效可能造成保护对象的误停车，影响过程可用性（process availability)。1oo2 结构中只要有一个通道安全失效就会导致安全功能的错误执行，而 2oo2 结构中只有两个通道都发生安全失效才会导致安全功能的错误执行。可见 2oo2 结构虽然对危险失效的容错能力低于 1oo2，但是具有更高的安全失效容错能力。

图 9-4 所示是典型的 1oo2 和 2oo2 逻辑解算器结构，图中 1oo2 逻辑解算器采用双通道串联，正常状态下两个通道的触点闭合，最终执行元件通电。当逻辑解算器对要求做出响应时，触点打开，最终执行元件断电。逻辑解算器通道可能存在两种故障：触点粘连（输出晶体管击穿，集电极与发射极之间短路）或者触点误断开（输出断路）。显然，触点粘连属于危险故障。由于两个通道串联，只要一个通道工作正常就能在要求时使最终执行元件断电，

因此 1oo2 对危险失效的容错能力（即 HFT）为 1。而任何一个通道触点的误断开会造成误停车，因此安全故障容错为 0。

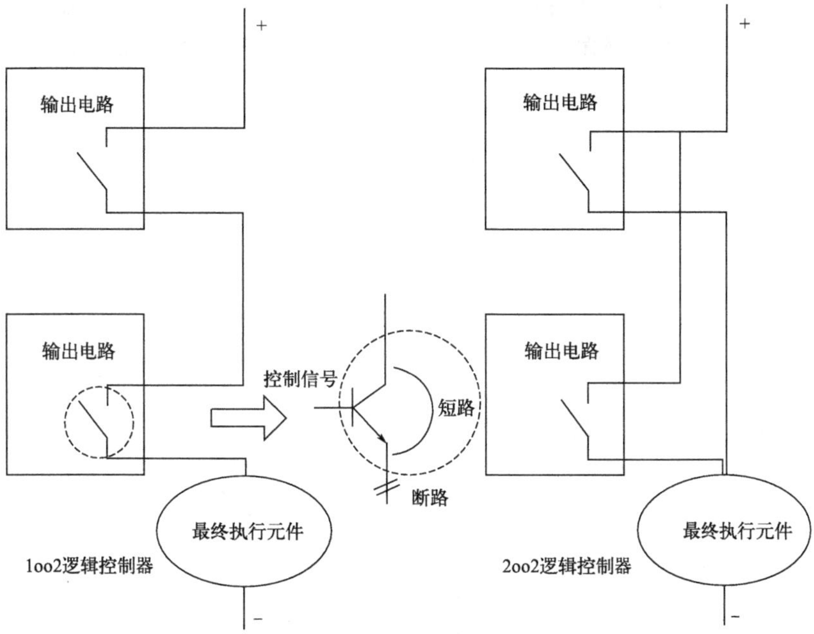

图 9-4　典型的 1oo2 和 2oo2 逻辑解算器结构

2oo2 逻辑解算器的情况则正好相反，由于两个通道并联，任何一个通道发生触点粘连都会使最终执行元件在要求时仍然保持通电的状态，导致安全功能的丧失，因此其 HFT 为 0。而仅仅一个触点的误断开并不会导致误停车，因此安全故障容错为 1。

表 9-2 是几种常见 *MooN* 结构的特性。

表 9-2　常见 *MooN* 结构的特性

表决机制	逻辑结构图	硬件故障裕度(HFT)	安全故障裕度 (spurious fault tolerance)
1oo1	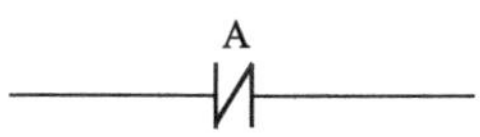	0	0
1oo2		1	0
2oo2	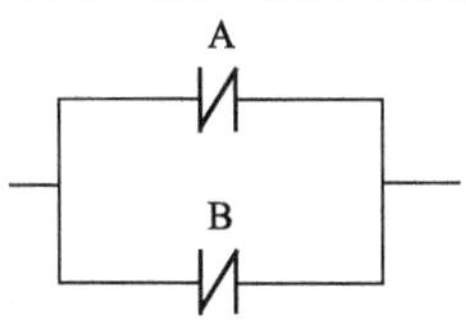	0	1
2oo3	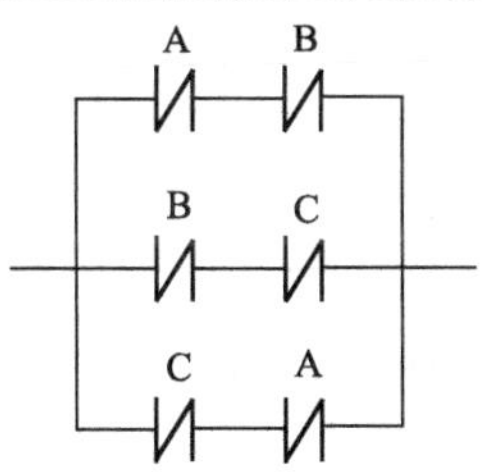	1	1

硬件随机失效可通过要求时平均失效概率进行定量分析，主要计算方法有：可靠性框图、故障树及马尔科夫模型等。由于硬件失效概率在整个生命周期中的原始缺陷、隐藏缺陷、随机失效及寿命晚期等不同时期的曲线有所不同（如图 9-5 所示）。尤其原始缺陷、隐藏缺陷或寿命晚期的失效概率无法进行定量计算，因此在计算过程中通常关注的是随机失效数据。

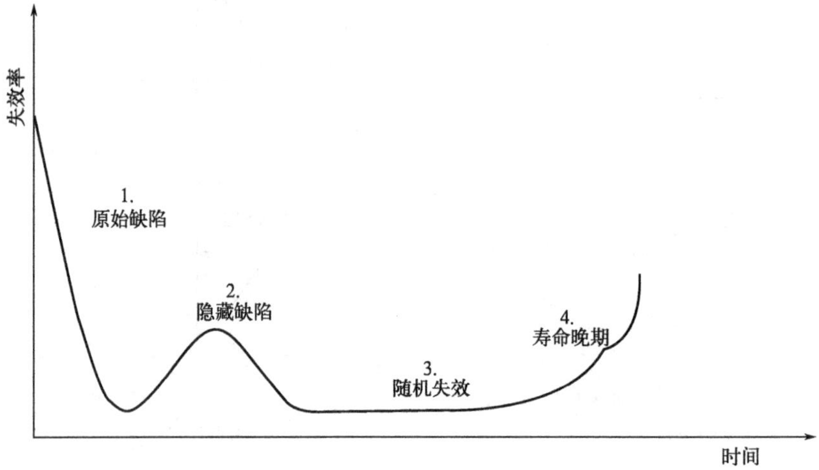

图 9-5　过山车曲线

根据 IEC 61508 提出的结构约束，安全仪表功能所能达到的最大硬件安全完整性等级，主要由其子系统的 HFT 及安全失效分数（safe failure fraction，SFF）决定。如果子系统 HFT 为 N，则意味着当该子系统存在 $N+1$ 个故障时会导致其安全功能的丧失，例如：过程工业中常见的传感器 2oo3 表决机制的故障裕度为 1，即当 2 个传感器故障发生时无法正常执行其安全功能。

SFF 定义为安全失效率和检测出的危险失效率之和占总失效率的比例。SFF 是衡量危险故障预发现能力的一个重要参数，由安全失效率和可被诊断测试检测到的危险失效率所决定。IEC 61511 规定了过程工业中常见的 SIL1 至 SIL3 所需要的最小硬件故障裕度，如表 9-3 所示。

表 9-3　IEC 61511 关于 SIL 要求最小硬件故障裕度的规定

最小硬件故障裕度				
SIL	可编程电子(PE)逻辑解算器			传感器、最终执行元件以及非 PE 逻辑解算器
	SFF<60%	SFF 在 60%～90%之间	SFF>90%	
1	1	0	0	0
2	2	1	0	1
3	3	2	1	2
4	参照 IEC 61508 的特别规定			

在满足最小结构约束的前提下，安全仪表功能的安全完整性水平需要通过 PFD 进行确定。

9.5 安全仪表系统的安全生命周期

IEC 61508 和 IEC 61511 都提出了安全生命周期（safety lifecycle）的概念。IEC 61511 中安全生命周期的定义为：安全仪表功能实施中，从项目的概念设计阶段开始到所有安全仪表功能停止使用为止的时间段内的必要活动。也就是说，安全生命周期包括了 SIS 概念设计、安装、运行、测试、维护、停用等各个阶段的所有活动。采用安全生命周期的思想管理功能安全，是为了保证 SIS 相关的各个环节都能得到有效的管理，以提高功能安全等级。针对安全生命周期的每个阶段，IEC 61511 给出了相应的要求和指导。

安全生命周期分为 3 个阶段：分析阶段、实现阶段和运行阶段。根据工程实践，这三个阶段活动的主体是由不同的组织机构承担的：分析阶段的主体是最终用户、专利商、设计院，甚至还包括过程危害分析（PHA）专业咨询机构；实现阶段的主体是设计院、SIS 的供货商、施工单位和最终用户；运行阶段的主体是最终用户。这种明确定义的责任分工有助于确保整个安全生命周期的有效管理。在 SIS 的安全生命周期中，各阶段的各项活动并不是孤立存在的，而是具有一定的逻辑关系和顺序，如图 9-6 所示。各项活动的具体内容见表 9-4。

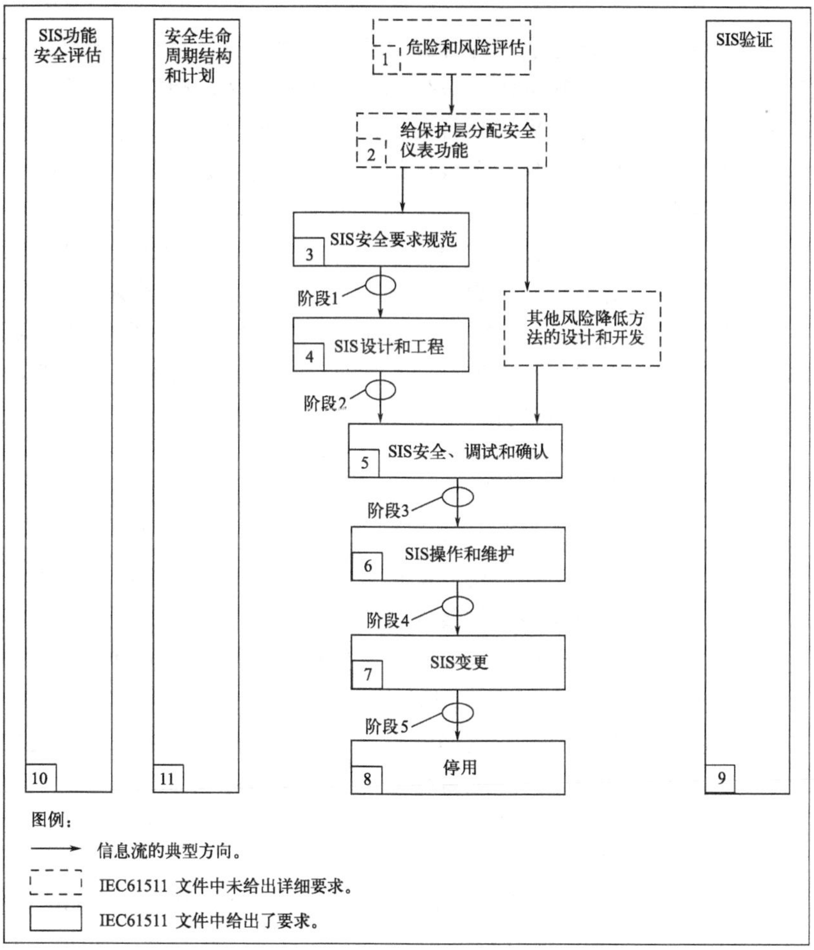

图 9-6　SIS 安全生命周期阶段和功能安全评估阶段

表 9-4　SIS 的安全生命周期

序号	名称	目标
1	危险和风险评估	确定危险及事件后果，明确风险降低要求及所需安全功能
2	给保护层分配安全功能	将安全功能分配至保护层，并为每个 SIF 分配 SIL
3	SIS 安全要求规范	根据 SIF 及其安全完整性，制定 SIS 的具体要求
4	SIS 设计和工程	设计 SIS 以满足 SIF 及其安全完整性要求
5	SIS 安装、调试和确认	集成测试 SIS，确保其满足安全要求
6	SIS 操作和维护	在操作与维护期间保持 SIS 的功能安全
7	SIS 变更	对 SIS 进行变更或改造，确保 SIL 达标
8	停用	确保 SIF 正确审查与保留，维护系统安全
9	SIS 验证	测试和评估给定阶段的输出，以确保作为该阶段输入的产品和标准的正确性和一致性
10	SIS 功能安全评估	对 SIS 所达到的功能安全进行调查并做出判断
11	安全生命周期结构和计划	确定如何完成生命周期各步骤

9.5.1　过程危险和风险评估

这里危险和风险评估（具体方法与内容介绍见第 7 章）总体目标在于确定过程和设备的危险事件及危险事件序列，进而确定危险事件相关的风险以及风险降低的要求，从而确定达到风险降低要求所需的安全功能，决定是否要使用 SIS 实现该安全功能。

风险评估对于确定是否采用 SIS 是很重要的依据。规划、设计和实现 SIS 是一项复杂费时的工作，因此早做决策很有必要。在过程工业的典型工程项目中，初步风险评估应该在基本工业流程设计的早期进行。随着设计的深化，在详细设计阶段可能会发现新的危险因素。因此，当 P&ID 完成以后，有必要进行最终的风险评估。最终的风险评估通常采用正式的、全文档化的程序步骤，最常见的技术方法是 HAZOP 和 LOPA。最终的分析要确认设计的安全保护层是否足以保障装置的安全。另一项重要的议题是评判安全系统本身的失效是否会导致新的过程危险，如果是则必须设置新的安全功能应对这些过程危险。

9.5.2　给保护层分配安全仪表功能

过程危险和风险评估是为了确定必要的风险降低措施。风险降低措施包括 SIS、非 SIS 的降低风险的独立保护层以及其他保护层（即外部风险降低措施）。风险降低措施可以是主动性的保护，也可以是被动性的保护。前者在危险发生前使其转危为安，后者在危险发生时将其限制在一定的范围内。SIS 既可以用作主动性保护，如 ESD，也可以用作被动性保护，如火灾报警与气体检测系统（fire alarm and gas detector system，FGS）。

将安全仪表功能分配到保护层时，应确定它属于要求操作模式还是连续模式。

根据 IEC 61511 的要求，将风险降低目标分配给安全仪表功能时不宜分配高于 SIL3 的安全完整性等级，一般应通过合理增加其他风险降低措施的效能解决。如果 SIL4 的安全仪表功能要求不可避免，则需要满足以下条件之一：

① 通过适当的分析和测试，有明确的证据证明危险失效的预防措施满足了 SIL4 的安全完整性要求。

② SIL4 的安全仪表功能采用的设备已经有在类似使用环境下的大量使用经验，并且有

充足的硬件失效数据证明 SIL4 是可信的。

尽管如此，在过程工业中要求某一个仪表安全功能达到 SIL4 还是极少见的，只有在核工业中才可能应用到。在合理的情况下，要在整个生命周期中达到并且要保持这样高的等级是非常困难的，因此应该避免这种应用。

SIL 的选择与过程的可容忍风险值有关。过低的 SIL 会使过程的风险不可接受，而过高的 SIL 则会带来成本的浪费。SIL 选择的思路是先假设没有安全仪表功能，分析危险发生的概率和危险发生后的危害程度，从而推断出安全仪表功能需要多高的风险降低等级才能将系统风险降低到可接受的范围内。

SIL 的选择依赖于对系统的风险分析，通常的风险分析方法有两类：定性方法和半定量方法。

定性方法通过一些描述性而非数值的参数估计风险等级，然后得出相对应的 SIL 要求。定性的 SIL 选择方法有风险矩阵（risk matrix）法、风险图（risk graph）法等。定性方法通常过于保守，可能导致 SIS 的过度设计。因此，定性方法所选择的高安全完整性等级往往需要通过半定量方法进行校准。

半定量方法则更为严格，首先确定系统的初始风险，经各个保护层削减后，再与可容忍风险值比较，从而计算出需要的安全完整性等级。半定量方法有保护层分析法、故障树分析法等（见第 7 章）。

如 7.1.3 节中表 7-6 的 LOPA 分析案例，出口流量低低关闭原料油泵出口切断阀的 SIS 联锁的 PFD 最低满足：4.8×10^{-3}。参照表 9-1，该 SIF 功能至少为 SIL2 等级。

GB/T 21109.3《过程工业领域安全仪表系统的功能安全 第 3 部分：确定要求的安全完整性等级的指南》（对应/IEC 61511-3）介绍了确认允许风险的方法、ALARP 原则，以及 SIL 定级的各种不同方法。最新发布的 GB/T 45111—2024《保护层分析（LOPA）、安全完整性等级（SIL）定级和验证质量控制导则》，则重点对应用 LOPA 分析，完成 SIL 定级进行了详细介绍。

9.5.3 SIS 安全要求规范

SIS 安全要求规范（safety requirement specification，SRS）的制定是整个安全仪表功能安全生命周期最重要的活动之一，它为后续的 SIS 设计、安装、调试以及运行等提供了工程实施的准则。

SRS 的制定应明确以下几个关键问题：

① 安全仪表功能及其 SIL；

② 安全仪表功能的设定值与报警值；

③ 定义 SIS 的失效模式和相应动作；

④ 每个辨识出的安全功能，其工艺过程的安全状态；

⑤ 期望的检验测试（proof test）间隔要求；

⑥ 手动安全动作要求；

⑦ 过程停车后再重新启动的任何要求；

⑧ 误停车的目标频率要求；

⑨ SIS 与操作员的接口要求；

⑩ 仪表系统在线测试和维护时的旁路要求。

9.5.4 SIS设计和工程

以下是 IEC 61511 对 SIS设计的一些关键要求：

① 如果不准备让 BPCS 符合 IEC61511，SIS 应单独设计，并与 BPCS 分开，从而不影响 SIS 的安全完整性。

② SIS 设计应全面考虑 SIS 和 BPCS 之间，以及 SIS 和其他保护层之间的独立性和相关性。一个设备用于 BPCS 时，不应同时用于 SIS，因为这个设备失效导致对 SIF 的要求和该 SIF 的危险失效。除非分析后可以确认整体风险是可接受的。

③ 子系统或部件选型应有足够的可靠性，保证满足失效概率 PFD、结构约束的要求，同时有足够低的系统性故障。

④ 在 SIS 选型时，通常需要检查其是否有相应的权威认证。对于大量的现场设备，另一种可以采用的选型依据是“先验使用”（prior use），即有成文的评估报告，表明存在足够的先前使用证据，证明某些过去使用的部件完全适用于 SIS。先验使用依赖于大量的现场可靠性数据积累。

⑤ SIS 的设计应充分考虑工艺过程运行时如何在不危及 SIS 安全完整性的前提下进行维护或测试。

9.5.5 SIS 安装、调试和确认

SIS 交付现场后应按照施工图和设计文档进行安装。现场安装是多专业（工艺、设备、仪表、电气以及公用工程）交叉作业，多部门组织（最终用户、承包商、供货商、安装公司等）协同施工的复杂局面。为了确保 SIS 的安装质量及在安装中不受损坏，需要制定严密的安装计划并且按部就班执行。安装计划应详细列出需要安装的设备、接线、各支持系统，安装中需采取的步骤、措施和技术，各个项目安装的时间节点要求，以及明确进行安装工作的个人、部门和组织的责任。

由于安装与调试往往交叉进行，且可能由同一个组织或部门完成，两者的界限往往很难严格界定。一般按照 SIS 的给电（power on）为标志区分两个阶段。调试需要制订计划，并对每一步调试活动做好记录。调试记录将成为 SIS 确认、功能安全评估的重要技术文件。调试主要包括以下活动：

① 对变送器等现场检测仪表的精度、量程、检测信号传送进行校验。

② 对阀门等进行行程检查，对电磁阀和阀门的气源设定压力进行检查。

③ 对火气探头的功能和组态的输入信号处理功能模块的设定值进行测试。

④ 对现场设备到 SIS 逻辑解算器之间的信号接线进行回路检查。

⑤ 对支持系统［包括不间断电源（UPS）和备用电池在内的电源、仪表空气、氮气源］的操作性进行检查。

⑥ 对现场设备的操作性进行检查。

⑦ 对 SIS 逻辑解算器的通信接口进行测试，包括正常功能和通信异常时的状态特征。

⑧ 对于电动机控制中心等的电气接口进行测试。

⑨ 对 SIS 的输入输出以及逻辑控制功能进行测试。

SIS 安全确认（validation）的目的是通过审查和测试来确认安装和调试好的 SIS 及相关的 SIF 达到了 SRS 中所声明的那些要求。IEC 61511 指出，SIS 安全确认有时也称为现场验收测试（site acceptance test，SAT）。SIS 的现场验收测试是指安装和调试完成以后在工艺

投料之前进行的验证检验，以证明 SIS 已符合要求，具备现场投运的条件。

在 SIS 安全确认前，应制订详尽的确认计划，定义出安全确认节点所需的全部活动内容。SIS 安全确认，主要包括以下内容：

① SIS 实现的全部功能是否满足功能安全要求。

② 确认 BPCS 和其他连接系统的异常不会影响 SIS 的正常运行。

③ 确认 SIS 与 BPCS 和其他系统、网络正常通信。

④ 确认传感器、逻辑解算器、最终执行元件的所有冗余通道按照功能安全要求运作。

⑤ 审查 SIS 文档，并确定与所安装系统的一致性。

⑥ 审查安全仪表功能异常过程变量（如超出允许范围）的处理方案。

⑦ 确认正确的关闭顺序被激活。

⑧ 确认 SIS 提供正确的报警和操作画面。

⑨ 检验 SIS 的计算功能。

⑩ 检验功能安全要求定义的 SIS 的复位功能。

⑪ 确保旁路功能、启动超驰功能、人工停车系统正确运作。

⑫ 确认检验测试的时间间隔已在维护规程中规定。

⑬ 审查诊断警报功能。

⑭ 确认在电力、气源、水力等支持系统失效时以及恢复后，SIS 按照期望运作。

⑮ 确认 SIS 满足对于 EMC（电磁兼容性）抗干扰的要求。

SIS 安全验证最终要形成技术文档。该文档应包括 SIS 通过检验和调试的证明材料、安全验证完成的日期、采用的步骤和规程，以及授权责任人的签字。

9.5.6 SIS 操作和维护

周期性的检验测试是 SIS 投入操作运行后的重要维护活动。所谓检验测试是指将 SIS 脱离工艺流程进行人工检测或进行局部的在线检验测试。相比于在线诊断测试，某些故障和失效只能通过离线的人工测试发现，例如变送器膜盒损坏、测量精度下降、阀门的腐蚀内漏、阀芯卡死等。检验测试的理想效果应该是全部发现并排除 SIS 故障和失效，使其在有效生命期（useful life）内等同于“全新的”（as good as new）。然而，实际的检验测试并不能做到完美，通常需要引入检验测试覆盖率（proof test coverage）来表征检验测试的效果。

在通常情况下，绝大多数 SIS 的检验测试安排在装置的停车大修期间进行，也就是说设计要求的检验测试间隔（test interval，TI）应大于等于装置的停车检修时间间隔。如果需要 TI 短于停车检修时间间隔，就需要为 SIS 设计旁路等措施，在不影响装置运行以及所在安全仪表功能安全操作的前提下，从在线状态脱开。

9.5.7 SIS 变更

在 SIS 的安全生命周期管理中，变更是一个不可或缺的环节。为了确保 SIS 的持续有效性和安全性，在对 SIS 进行变更之前应正确编制修改计划并对修改进行审查、批准和文档化。这一过程旨在防止未经授权的更改，确保不管 SIS 作何改变都能保持所要求的 SIS 安全完整性。

在对 SIS 进行变更时，不仅需要考虑 SIS 本身，对 BPCS、其他设备、过程和操作条件的修改均要进行审查，以确定这些修改是否会对 SIS 的要求属性和频率造成影响。针对有不利影响的修改还需进一步考虑，以确定风险降低水平依然足够。

IEC 61511 对 SIS 变更提出了详细的要求，其中对 SIS 的所有更改都应保留相应的信息。这些信息包括：

① 修改或更改的描述；

② 变更原因；

③ 识别出的危险和可能受影响的 SIF；

④ 对 SIS 的修改活动的影响分析；

⑤ 变更要求的所有审批；

⑥ 用于验证变更已正确实施以及 SIS 按要求执行的测试；

⑦ SIS 修改活动的详细信息（如修改日志）；

⑧ 相应的配置历史；

⑨ 用于验证变更没有对未修改的 SIS 部分产生不利影响的测试。

9.5.8 停用

SIS 在停用之前要对它进行一次正确的复审，并应得到必要的授权，以保证在停用活动过程中保持要求的 SIF 继续运行。

根据 IEC 61511 的规定，在部分或全部 SIS 或 SIF 的停用实施之前，授权和控制变更的规程应到位，规程应包括明确的方法来识别和请求所要做的工作以及可能受到影响的危险。应就拟进行的停用活动对功能安全的影响进行分析评估。评估应包括对危险与风险评估的更新，以确定对 SIS 安全生命周期的影响范围。随后的 SIS 安全生命周期阶段应重新评估，考虑在执行停用活动过程中的功能安全，以及停用 SIS 对相邻操作单元和设施的影响。影响分析的结果应用于编制安全计划以重新实施 IEC 61511 相关要求，包括重新验证和重新确认。没有适当的文档支撑和审批授权，不得开始停用活动，在对 SIS 进行任何修改前需要进行正确的计划、审查和授权。对 SIS 进行任何修改需要保证 SIS 保持所要求的安全完整性。

在 SIS 停用期间，所要求的安全仪表功能必须保持可操作性。

9.5.9 SIS 验证、SIS 功能安全评估与安全生命周期结构和计划

如图 9-6 所示，SIS 验证、SIS 功能安全评估与安全生命周期结构和计划贯穿整个 SIS 安全生命周期。

首先，安全生命周期结构和计划是 SIS 安全生命周期管理的基础。应编制面向安全生命周期所有阶段的安全计划，定义活动、准则、技术、措施、规程和负责组织/人员，以确保在过程的所有相关模式下都能达到 SIS 的功能和安全完整性两个方面的安全要求；确保 SIS 正确安装和调试；确保安装后 SIF 的安全完整性；在运行过程中保持安全完整性（如检验测试、失效分析）；在 SIS 的维护活动期间管理过程危险。

如果在安全生命周期的任何阶段，需要进行与之前生命周期阶段有关的变更，则之前 SIS 安全生命周期阶段和随后的阶段都应再次检查，按需改变并重新验证。

而 SIS 功能安全评估是由一个包括技术、应用和操作专家的评估小组，对 SIS 的各 SIF 实现的功能安全及安全完整性做出评判。评估小组应至少包括一位与项目设计团队无关或不参与 SIS 运行和维护的具有高级资质的人员。开展功能安全评估前，应编制功能安全评估计划，充分考虑功能安全评估的范围，参加功能安全评估的人员，功能安全评估小组的技能、

职责和权限，功能安全评估活动所产生的信息，参与评估的其他安全机构，完成功能安全评估活动所需的资源，评估小组的独立水平，以及修改后，重新确认功能安全评估所使用的方法。

功能安全评估时需要确认：已开展危险和风险评估；已执行或解决由危险和风险评估提出的适用于SIS的建议；项目设计变更规程已到位并正确执行；已解决所有功能安全评估提出的建议；根据安全要求规范设计、实施和安装SIS，已确认和解决任何差异；与SIS有关的安全、操作、维护和紧急规程都已到位；SIS确认计划编制是合适的并已完成确认活动；人员培训已完成，有关SIS的相应信息已提供给维护和操作人员；实现进一步功能安全评估的计划或策略已经就位。

SIS验证（verification）的目的是在相关SIS安全生命周期的每个阶段，通过分析和/或测试，证明特定的输入、输出在各方面满足为该特定阶段所设置的目标和要求。验证计划编制应贯穿整个SIS安全生命周期，并应确定安全生命周期适当阶段所需的所有活动，与安全功能集成在一起的非安全功能，应验证其不干扰安全功能。

典型的SIS验证工作包括计算硬件随机失效概率（PFD）、审查硬件结构约束（architectural constraints）、SIS设计审查、审核安装及调试程序等。PFD的定量计算方法有：可靠性框图分析、故障树分析及马尔科夫模型等，参见本章第9.6节相关内容。最小硬件故障裕度（即硬件结构约束）的相关要求参考本章第9.4节的内容。

T/CCSAS 045—2023《安全仪表功能（SIF）安全完整性等级（SIL）验证导则》对验证的过程进行了要求，并介绍了多种验证方法。

9.6 安全仪表系统的可靠性计算

硬件随机失效概率（PFD）用于表征在危险失效模式下随机硬件失效的可能性。安全仪表功能是由组成它的若干元件间相互作用的结果，一个安全仪表功能的总失效概率取决于这些元件的失效概率和它们之间相互作用的性质。因此可使用元件的失效概率，通过可靠性计算来确定其PFD是否达到所对应SIS的要求。

9.6.1 可靠性指标

可靠性相关的指标主要包括：可靠性、有效性、平均无故障时间、失效率、要求时失效概率等。

(1) 可靠性

可靠性被定义为在与设备有关的特定设计限制条件下，设备被要求工作时实现其指定功能的概率。可靠性变量 $R(t)$ 在数学上的定义为设备在时间0到 t 内正常工作的概率，即

$$R(t)=P(T>t)$$

式中，T 为失效时刻。

可靠性适用于不考虑设备维修的情况。而过程工业中的SIS通常是可以修理的，可以用下文的有效性、要求时失效概率等指标进行评价。

(2) 有效性

有效性定义为设备在时刻 t 工作正常的概率。与可靠性不同，有效性不涉及设备过去是否失效过、被维修过，是一种瞬时的度量。

(3) 平均无故障时间

平均无故障时间（mean time to failure，MTTF）是设备从一个故障状态结束到下一个故障发生的平均时间长度，也就是设备正常工作时间的期望值。

MTTF 考虑的是所有模式的失效。在实际应用中根据失效是危险失效还是安全失效还可以将 MTTF 进一步分为平均无安全故障时间（mean time to failure safe，MTTFS）和平均无危险故障时间（mean time to failure dangerous，MTTFD）。

(4) 平均修复时间和修复率

平均修复时间（mean time to restoration，MTTR）是设备发生故障到重新正常工作的期望时间，包括了检测到失效需要的时间和维修所需的时间。维修率则表示在 t 时刻前设备没有修复的条件下，在 t 时刻后的单位时间内完成修复的条件概率。若维修率概率密度满足指数分布，也就是维修率为常数，则维修率等于 MTTR 的倒数，用 μ 表示。

(5) 平均故障间隔时间

平均故障间隔时间（mean time between failure，MTBF）是两次失效发生时刻之间的时间长度期望，它与 MTTF、MTTR 满足如下关系：

$$\mathrm{MTBF}=\mathrm{MTTR}+\mathrm{MTTF}$$

(6) 失效率

失效率是设备单位时间内的失效次数，单位为时间的倒数，实际中常用“次失效每十亿小时”，写作 FIT。工业中常假定失效率为常数。在可靠性建模中，还需要针对安全与危险失效、共因与非共因失效细分不同模式失效的失效率。

(7) 要求时失效概率（PFD）

PFD 是 SIS 不能响应危险条件，执行安全功能的概率，可以理解为危险失效概率。在运行过程中，随着失效的发生、检测和修复，PFD 也是随时变化的。IEC 61511 中确定 SIL 的要求时失效概率是 SIS 在运行周期中的要求时平均失效概率值（$\mathrm{PFD_{avg}}$）。

9.6.2 可靠性计算方法

SIS 确认中常用的可靠性计算方法包括可靠性框图分析、故障树分析及马尔可夫分析。

9.6.2.1 可靠性框图分析

可靠性框图以图形的方式表达系统内部组件在可靠性意义上的逻辑关系，具有简单、直观的特点。在可靠性框图中，方框表示组件的各种失效模式，而连线则反映了这些失效模式间的串并联关系。当且仅当从可靠性框图的左端点到右端点存在一条以上的通路时，系统能够正常工作。图 9-7 是一个 1oo2 冗余结构的可靠性框图。

在分析 SIS 时，人们更关心的是系统的不可靠性或 PFD。与通常的习惯相反，用可靠性框图计算 PFD 时，并联的结构需要计算所有支路上失效同时发生的概率，而串联的结构则要计算串联的各部分任意一部分发生的概率。

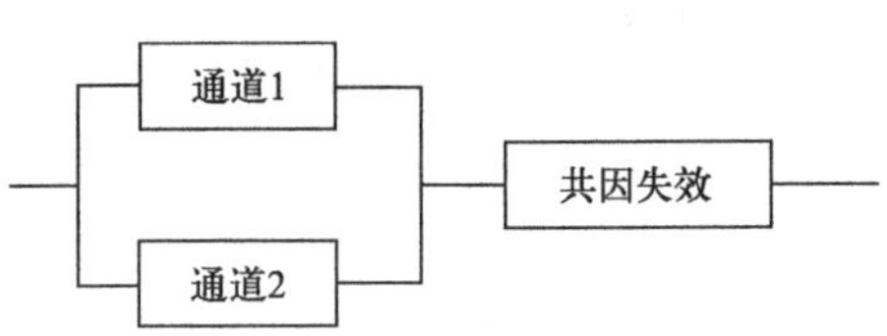

图 9-7 1oo2 冗余结构的可靠性框图

9.6.2.2 故障树分析

SIS 可靠性定量分析的对象是由设备组成的系统，因此利用 FTA 确定 SIS 的可靠性通常是设备级而非元器件、零件级的。SIS 中一个设备的失效通常不会影响另一个设备失效（冗余结构中的共因失效通常作为单独的底事件加以考虑），因此设备之间可以看作是相互独立的。另外，SIS 故障树的底事件往往是某一个设备的失效，而安全功能设备的失效率一般在 10^{-5} 以下，属于很小的量级。由于这些特点，利用故障树分析 SIS 的可靠性可以适当简化、近似。

FTA 方法参见第 7 章。

9.6.2.3 马尔可夫分析

将系统归结为若干不同的状态。一个状态会以某种概率转移到其他的状态，而系统将来所处状态与系统的历史状态无关，只和现在的状态有关。

马尔可夫分析利用状态转移图对系统建模。在状态转移图中，圆圈代表系统的不同状态，箭头代表从一个状态转换到另一个状态（通常是某种失效发生或者得到修复），每一个箭头对应着一定的状态转移概率。

一个 1oo1 冗余结构的状态转移图如图 9-8 所示。其中，FS、FDD、FDU 分别表示安全失效、检测到的危险失效和未检测到的危险失效。

在建立了状态转移图以后，就可以分析从某个初始状态开始，系统随时间变化的处于各个状态的概率分布了。通常认为 SIS 的初始状态为正常，即处于正常状态的概率为 1，其他状态概率为 0。马尔可夫分析可以采用离散或者连续的方式求解。离散方式求解比较简单，而且能够符合 SIS 可靠性分析的要求。

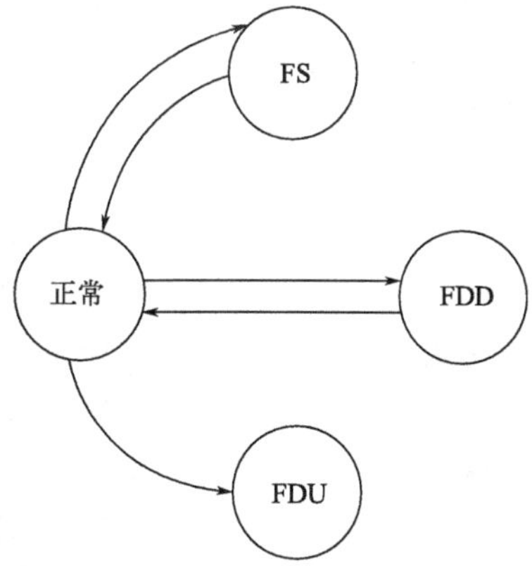

图 9-8　1oo1 冗余结构的状态转移图

与可靠性框图和 FTA 相比，马尔可夫分析具有以下优势：

① 可同时考虑多种失效模式，一次建模可得到多方面的可靠性指标；

② 可以反映动态行为；

③ 可以覆盖更多的影响可靠性的因素，如在线或离线的测试维护、单一或多个维修队伍、非理想的测试维修、周期性功能测试等；

④ 不受设备间相互依赖关系的影响。

但是，马尔可夫分析的建模比较复杂费时，其模型也不能像可靠性框图和故障树那样直观地反映系统的关系。

下面详细介绍用马尔可夫分析计算 PFD_{avg} 的方法。

在过程工业中，SIS 通常工作于低要求模式。SIS 应该按照故障安全的原则设计，即在失去供电的情况下，安全仪表功能将使过程进入一个预先设定的安全状态。PFD_{avg} 的计算是按照 IEC 61508 的指导进行的，其中用到的假设在 IEC 61508 的附录 B 中，包括：

① 传感器部分包括从实际的传感元件到逻辑解算器（但不包括逻辑解器）中连接传感器组表决电路的功能元件。

② 逻辑解算器包括从接受输入信号的第一个功能元件到为逻辑组或功能块提供同一个输出的最后一个功能元件。

③ 最终执行元件部分包括用来处理来自逻辑子系统的最终信号的所有部件、执行机构及阀体。

④ 逻辑解算器具有本地 I/O。

⑤ 设备失效率在整个生命周期内为常数。

⑥ 在一种配置或一个 PLC 的一个独立部分中只能发生单一故障。

⑦（自）诊断测试时间远小于平均修复时间。

⑧ 检验测试间隔至少比诊断测试时间大一个数量级。

⑨ 检验测试中故障覆盖率采用检验测试覆盖因子模型，它对所有故障有效，包括检测到的和未检测到的。

⑩ 对于一个传感器/最终执行元件组，只有一个功能测试间隔和平均修复时间。

⑪ 具有多个修理队伍，能够修理所有的故障。

⑫ 维修率为常数。

⑬ 理想的修理过程。

⑭ MTTR 比期望的要求率小一个数量级。

⑮ 共因失效只存在于组内，组与组之间相互独立，不存在共因失效，共因失效只造成两个设备同时失效。在冗余元件中具有相同的共因失效。

⑯ 一个月按 31 天计。

⑰ 系统初始状态无任何故障。

⑱ 检验测试时间长度、维修时间远小于检验测试间隔和过程要求的期望间隔。

考虑实际应用中的诸多因素，可确定计算过程的输入参数如下：

检测到的危险失效率，λ^{DD}，单位为 h^{-1}；

未检测到的危险失效率，λ^{DU}，单位为 h^{-1}；

检测到的安全失效率，λ^{SD}，单位为 h^{-1}；

未检测到的安全失效率，λ^{SU}，单位为 h^{-1}。

在实际应用中，失效率可能以总的危险/安全失效率和检测覆盖率的形式给出：

危险失效率，λ^{D}，单位为 h^{-1}；

安全失效率，λ^{S}，单位为 h^{-1}；

检测覆盖率 DC，取值 0～1。

那么，

$$\lambda^{DD}=DC\lambda^{D}$$

$$\lambda^{DU}=(1-DC)\lambda^{D}$$

$$\lambda^{SD}=DC\lambda^{S}$$

$$\lambda^{SU}=(1-DC)\lambda^{S}$$

检验测试间隔，TI，单位为月；

检验测试覆盖率，C_{TI}，取值 0～1；

共因失效因子，β，取值 0～1。

在马尔可夫建模的过程中，需要利用 β 计算跟共因失效相关的各项失效率。例如，λ^{DUC} 表示危险（D）的未检测到的（U）共因失效（C），λ^{SDN} 表示安全的（S）检测到的（D）非共因失效（N）。其他的符号对应的失效率以此类推。它们的计算公式如下：

$$\lambda^{SDN}=(1-\beta)\lambda^{SD}$$

$$\lambda^{SUN}=(1-\beta)\lambda^{SU}$$

$$\lambda^{SDC}=\beta\lambda^{SD}$$

$$\lambda^{SUC}=\beta\lambda^{SU}$$

$$\lambda^{\text{DDN}}=(1-\beta)\lambda^{\text{DD}}$$
$$\lambda^{\text{DUN}}=(1-\beta)\lambda^{\text{DU}}$$
$$\lambda^{\text{DDC}}=\beta\lambda^{\text{DD}}$$
$$\lambda^{\text{DUC}}=\beta\lambda^{\text{DU}}$$

有时检测到的和未检测到的失效的共因失效因子会加以区分，此时 β 单指未检测到的失效的共因失效因子，而检测到的失效的共因失效因子用 β_{D} 表示。

平均修复时间，MTTR，单位为 h；

修复率，$\mu_0=1/\text{MTTR}$，单位为 h^{-1}；

系统启动时间，T_{SD}，单位为 h；

系统启动率，$\mu_{\text{SD}}=1/T_{\text{SD}}$，单位为 h^{-1}；

运行时间，LT，单位为年。

其中 LT 不出现在状态转移矩阵中，数值计算中决定了离散时间的总长度；检验测试覆盖率 C_{TI} 决定了检验测试前后的状态转移矩阵。

系统一般有四种状态：正常（OK），安全失效（fail safe，FS），检测到的危险失效（fail dangerous detected，FDD），未检测到的危险失效（fail dangerous undetected，FDU）。其中 OK 是正常工作状态，其余三个是故障状态。因为安全仪表功能的安全失效会导致过程误停车，所以安全失效不必区分是否检测到。此外，根据冗余结构的不同，系统还存在若干中间状态（intermediate）。这些中间状态表示冗余结构的若干通道发生了失效，但是由于冗余结构的特性，系统仅仅发生了降级（degradation）而没有发生整体上的危险或安全失效。

在确认了系统存在的所有状态（状态数设为 n）以后，就可以分析各个状态间相互转换的概率，绘出状态转移图。

根据状态转移图即可作出系统的状态转移矩阵 $\boldsymbol{P}$。

为了减少计算量，可以改为计算一个月的状态转移。按一天 24h，一个月 31 天 744h 计算，按月的状态转移矩阵为 $\boldsymbol{P}_{\text{m}}=\boldsymbol{P}^{744}$。

系统初始状态为所有设备均正常工作，取系统状态向量的第一个分量代表处于正常状态的概率，则 n 维初始状态向量 $\boldsymbol{S}_0=[1\quad 0\quad \cdots\quad 0]$。取第 $n-1$ 和第 n 个分量代表系统发生检测到的和未检测到的危险失效的概率。设 n 维失效向量为 $\boldsymbol{V}_{\text{D}}=[0\quad 0\quad \cdots\quad 1\quad 1]$。

第一个检验测试周期内，第 i 个月的系统状态向量 $\boldsymbol{S}_i$ 为：

$$\boldsymbol{S}_i=\boldsymbol{S}_0\boldsymbol{P}^i_{\text{month}},\quad i=1,2,\cdots,\text{TI}$$
$$\text{PFD}_i=\boldsymbol{S}_0\boldsymbol{P}^i_{\text{month}}\boldsymbol{V}_{\text{D}},\quad i=1,2,\cdots,\text{TI}$$

检验测试的状态转移矩阵为 $\boldsymbol{W}$，因为未检测到的危险失效只有通过检验测试才能发现并进行维修，因此有：

$$\boldsymbol{W}=\begin{bmatrix}1 & 0 & \cdots & 0 & 0\\ 1 & 0 & \cdots & 0 & 0\\ \cdots & \cdots & \cdots & \cdots & \cdots\\ 1 & 0 & \cdots & 0 & 0\\ C_{\text{TI}} & 0 & \cdots & 0 & 1-C_{\text{TI}}\end{bmatrix}$$

第二个检验测试周期内，系统状态

$$S_{TI+i}=(S_{TI}W)P^i_{month},\quad i=1,2,\cdots,TI$$

$$PFD_{TI+i}=(S_{TI}W)P^i_{month}V_D,\quad i=1,2,\cdots,TI$$

第 $j+1$ 个检验测试周期内，系统状态

$$S_{jTI+i}=(S_{TI}W)^jP^i_{month},\quad i=1,2,\cdots,TI$$

$$PFD_{jTI+i}=(S_{TI}W)^jP^i_{month}V_D,\quad i=1,2,\cdots,TI$$

检验测试周期总数如下：

$$N_{TI}=\frac{12LT}{TI}$$

故平均要求时失效概率为：

$$PFD_{avg}=\frac{1}{12LT}\sum_{j=0}^{N_{TI}-1}\sum_{i=1}^{TI}S_0(P^{TI}_{month}W)^jP^i_{month}V_D$$

9.6.3 典型安全仪表冗余结构的马尔可夫分析

下面以基于可编程电子系统（PES）的逻辑解算器为例介绍几种典型安全仪表冗余结构的马尔可夫分析。

9.6.3.1 1oo1 结构

1oo1 结构（图 9-9）只有一个微处理器单元（公共电路）和一个 I/O 接口。它不具有容错能力，对于危险失效和安全失效都没有防护能力。失效模式有 4 种：DD，检测到的危险失效；DU，未检测到的危险失效；SD，检测到的安全失效；SU，未检测到的安全失效。对于要求时失效率的计算，需要考虑系统的 4 种状态：OK、FDD、FDU、FS（OK 为正常，FDD、FDU、FS 分别为检测到的危险失效、未检测到的危险失效、安全失效。SD 与 SU 都会引起误动作，因此一并归到 FS 中）。

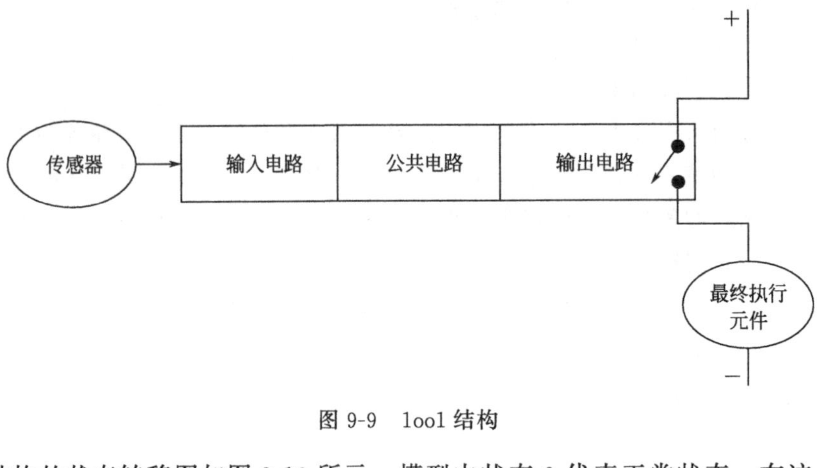

图 9-9 1oo1 结构

1oo1 结构的状态转移图如图 9-10 所示。模型中状态 0 代表正常状态，在这个状态下系统可能会转移至其他 3 个状态。状态 1 和 2 表示危险失效状态。输出电路将持续保持通路状态无法对要求做出响应。其中状态 1 代表检测到的失效，经过检测后可以立即修复，而状态 2 代表未检测到的失效，只能期望检验测试将其检测出来。状态 3 代表安全失效状态，逻辑解算器发生安全失效使输出电路断开，导致误停车。经过检查确认为误停车后通过重新启动可以让系统恢复到正常状态。

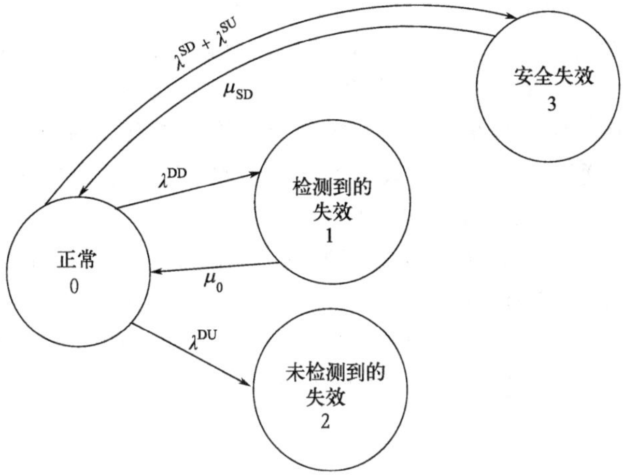

图 9-10　1oo1 结构的状态转移图

1oo1 结构的状态转移矩阵为：

$$
\boldsymbol{P}=\begin{bmatrix} 1-(\lambda^{S}+\lambda^{D}) & \lambda^{DD} & \lambda^{DU} & \lambda^{SD}+\lambda^{SU} \\ \mu_0 & 1-\mu_0 & 0 & 0 \\ 0 & 0 & 1 & 0 \\ \mu_{SD} & 0 & 0 & 1-\mu_{SD} \end{bmatrix}
$$

9.6.3.2　1oo2 结构

1oo1 结构只有一个通道，该通道一旦发生危险失效，整个逻辑解算器都会发生危险失效，这是极不安全的。为了降低危险失效的概率，可以将两个单板控制器连接组成 1oo2 双通道结构。由于两个输出电路串联，只有两个通道同时发生危险失效，系统才会危险失效。1oo2 结构的逻辑解算器通常配置带有独立 I/O 的独立主处理器，如图 9-11 所示。相比于 1oo1 结构，1oo2 结构的要求时失效概率大大降低，但是安全失效的概率却增加了，容易导致过程的误停车。

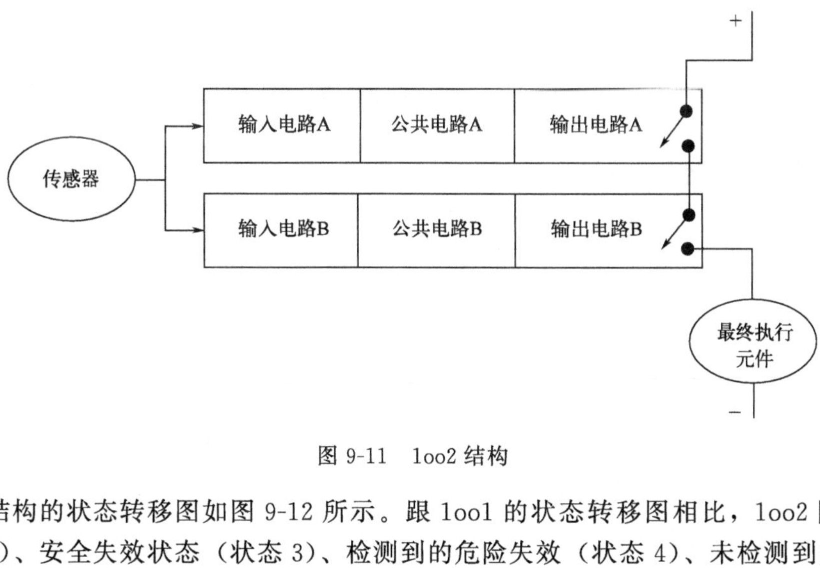

图 9-11　1oo2 结构

1oo2 结构的状态转移图如图 9-12 所示。跟 1oo1 的状态转移图相比，1oo2 除了正常状态（状态 0）、安全失效状态（状态 3）、检测到的危险失效（状态 4）、未检测到的危险失效

(状态 5) 以外，还有两个状态。在状态 1 和状态 2 中，一个通道发生危险失效使得输出短路，但是由于另一个通道仍然能响应要求，使输出开路，因此系统的安全功能仍然能够执行。状态 1 中失效通道发生的是检测到的危险失效，因此能够在线修复，以 μ_0 的修复率返回状态 0。而状态 2 中失效通道发生的是未检测到的危险失效，因此在检验测试之前不能返回到状态 0。由于多个通道存在共因失效的可能，因此状态 0 有可能由于两个通道发生共因的危险失效而直接转移到状态 4 或者状态 5。

假设维修过程会检查并修复系统的所有失效，则状态 4 会通过维修回到状态 0。否则，图 9-12 需要修改，状态 4 必须拆分为两个状态：一个是两个通道都发生检测到的危险失效，以 μ_0 的修复率返回到状态 0；另一个是一个通道发生检测到的危险失效，一个通道发生未检测到的危险失效，以 μ_0 的修复率转移到状态 2。

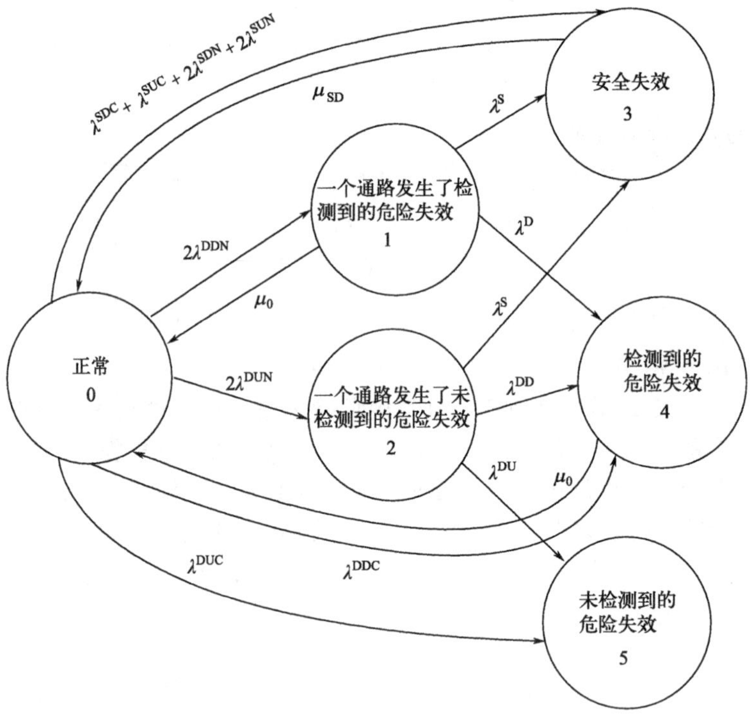

图 9-12　1oo2 结构的状态转移图

1oo2 结构的状态转移矩阵为：

$$
\boldsymbol{P}=\begin{bmatrix}
1-\Sigma & 2\lambda^{\mathrm{DDN}} & 2\lambda^{\mathrm{DUN}} & \lambda^{\mathrm{SC}}+2\lambda^{\mathrm{SN}} & \lambda^{\mathrm{DDC}} & \lambda^{\mathrm{DUC}} \\
\mu_0 & 1-\Sigma & 0 & \lambda^{\mathrm{S}} & \lambda^{\mathrm{D}} & 0 \\
0 & 0 & 1-\Sigma & \lambda^{\mathrm{S}} & \lambda^{\mathrm{DD}} & \lambda^{\mathrm{DU}} \\
\mu_{\mathrm{SD}} & 0 & 0 & 1-\mu_{\mathrm{SD}} & 0 & 0 \\
\mu_0 & 0 & 0 & 0 & 1-\mu_0 & 0 \\
0 & 0 & 0 & 0 & 0 & 1
\end{bmatrix}
$$

式中，Σ为每一行除了该项之和。

9.6.3.3　2oo2 结构

采用 1oo2 结构虽然降低了系统发生危险失效的概率，却使得过程误停车的概率增大。

如果需要降低误停车的概率，可以采用 2oo2 结构。2oo2 结构将两个通道的输出并联。这样单一通道的安全失效不会使系统安全失效，因为另一个通道仍然保持输出短路。但是这样的配置使得系统对于危险失效很敏感。任意一个通道发生危险失效，系统即发生危险失效。2oo2 结构如图 9-13 所示。

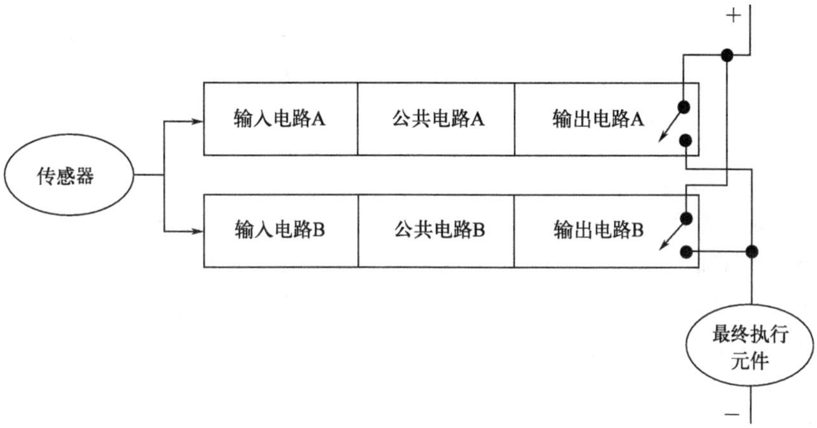

图 9-13　2oo2 结构

2oo2 结构的状态转移图如图 9-14 所示。状态 0、3、4 和 5 分别对应正常状态、安全失效状态、检测到的危险失效、未检测到的危险失效。状态 1 和 2 分别代表一个通路发生了检测到的安全失效和未检测到的安全失效。在发生检测到的安全失效后，通过维修系统将恢复正常，因此状态 1 以维修率 μ_0 返回状态 0。与 1oo2 的状态转移图对比可以发现 1oo2 和 2oo2 两种结构在安全失效和危险失效上具有一定的对称性。

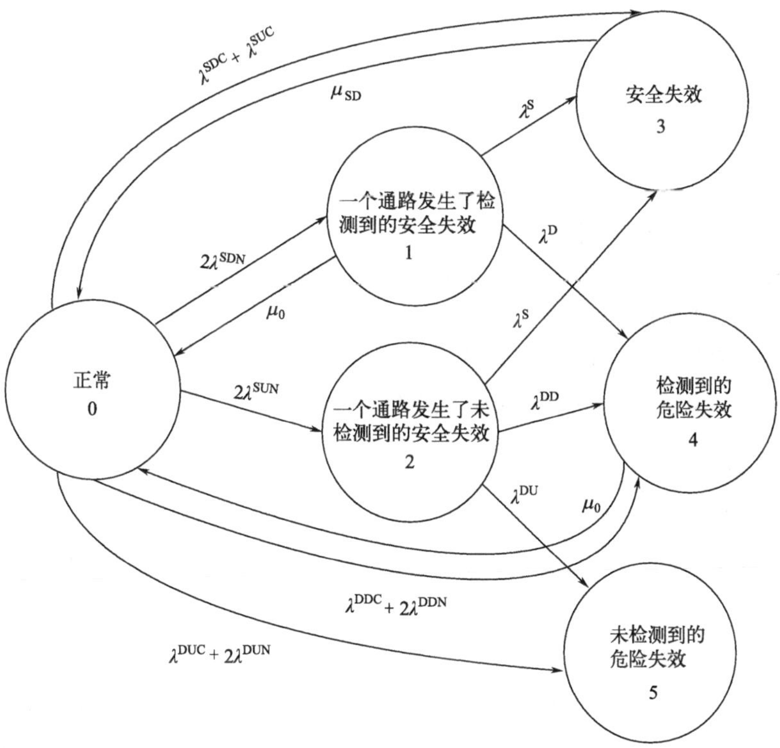

图 9-14　2oo2 结构的状态转移图

2oo2 结构的状态转移矩阵为：

$$\boldsymbol{P}=\begin{bmatrix} 1-\sum & 2\lambda^{\mathrm{SDN}} & 2\lambda^{\mathrm{SUN}} & \lambda^{\mathrm{SDC}}+\lambda^{\mathrm{SUC}} & \lambda^{\mathrm{DDC}}+2\lambda^{\mathrm{DDN}} & \lambda^{\mathrm{DUC}}+2\lambda^{\mathrm{DUN}} \\ \mu_0 & 1-\sum & 0 & \lambda^{\mathrm{S}} & \lambda^{\mathrm{D}} & 0 \\ 0 & 0 & 1-\sum & \lambda^{\mathrm{S}} & \lambda^{\mathrm{DD}} & \lambda^{\mathrm{DU}} \\ \mu_{\mathrm{SD}} & 0 & 0 & 1-\mu_{\mathrm{SD}} & 0 & 0 \\ \mu_0 & 0 & 0 & 0 & 1-\mu_0 & 0 \\ 0 & 0 & 0 & 0 & 0 & 1 \end{bmatrix}$$

9.6.3.4 1oo1D 结构

1oo1D 和 1oo1 结构的区别就在于其具备诊断功能，如图 9-15 所示，它将一个单板控制器通道与一个诊断通道串联。诊断通道与单板控制器通道相互独立。如果诊断通道检测到单板控制器发生了失效，将使其控制的输出开路，导致系统发生安全失效。也就是说，诊断通道将被检测到的危险失效转换成了安全失效。一般在定量分析中，诊断通道的失效率必须附加到控制器通道原有的失效率之上。

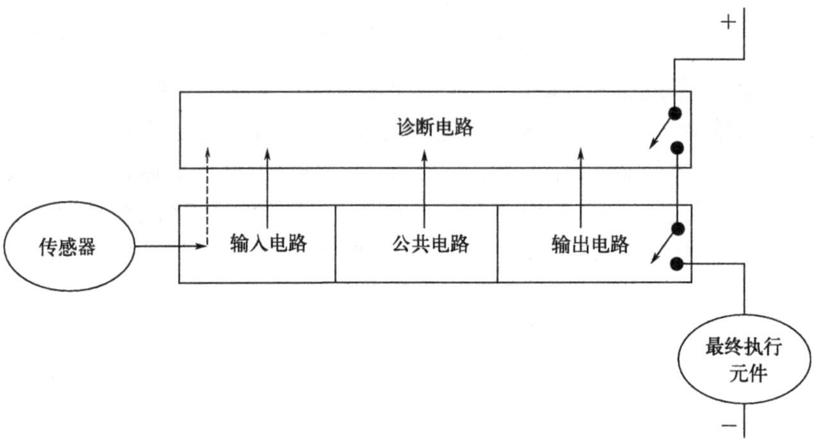

图 9-15 1oo1D 结构

1oo1D 结构的状态转移图如图 9-16 所示。状态 0 代表正常状态。从状态 0 可到其他代表安全失效的状态 1 和代表未检测到的危险失效的状态 2。1oo1D 的状态转移图与 1oo1 相似，不同的是检测到的危险失效相当于被合并到了安全失效中，因此会造成过程的误停车。

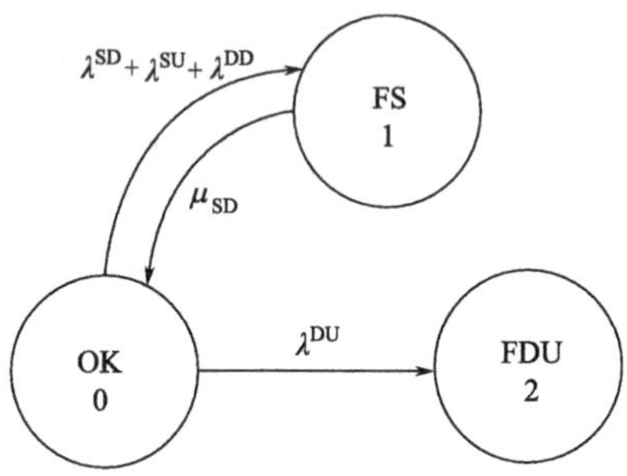

图 9-16 1oo1D 结构的状态转移图

1oo1D 结构的状态转移矩阵为：

$$\boldsymbol{P}=\begin{bmatrix} 1-(\lambda^{\mathrm{S}}+\lambda^{\mathrm{D}}) & \lambda^{\mathrm{SD}}+\lambda^{\mathrm{SU}}+\lambda^{\mathrm{DD}} & \lambda^{\mathrm{DU}} \\ \mu_{\mathrm{SD}} & 1-\mu_{\mathrm{SD}} & 0 \\ 0 & 0 & 1 \end{bmatrix}$$

9.6.3.5 2oo3 结构

前面可以看出，1oo2 结构和 2oo2 结构分别降低了系统危险失效和安全失效的概率，但是代价是分别增加了安全失效和危险失效的概率。为了同时降低危险失效和安全失效的概率，可以采用具有三重冗余结构的 2oo3 系统结构。

在 2oo3 结构中，每个输出通路上有两个控制器通道的输出串联。2 个通道两两串联构成“表决”电路，如图 9-17 所示。系统输出多数表决的结果，当至少有两个通道输出闭合时，输出短路；当有两个通道断开时，输出开路，如图 9-18 所示。当一个通道（假设为 A）安全失效时，系统会降级到 1oo2；当一个通道为危险失效时，系统会降级到 2oo2。

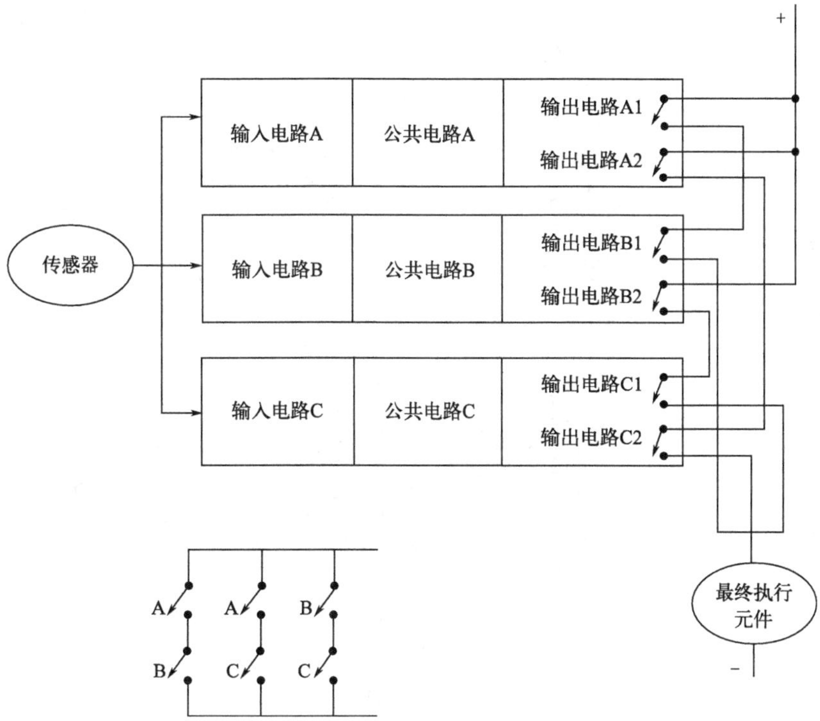

图 9-17　2oo3 结构

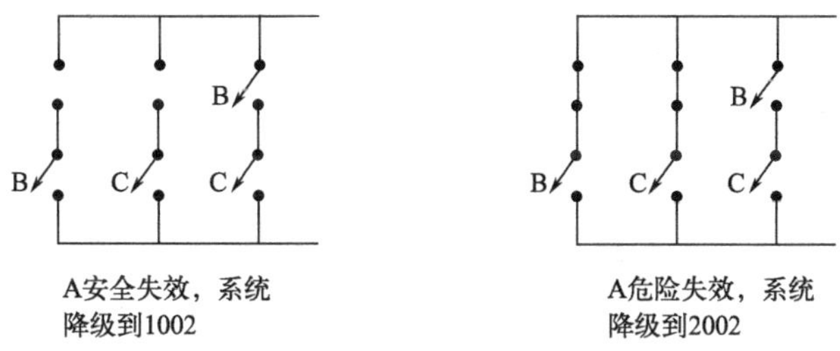

图 9-18　2oo3 结构的降级

2oo3 结构的状态转移图比较复杂，如图 9-19 所示。状态 0、9、10、11 分别对应正常状态、安全失效状态、检测到的危险失效、未检测到的危险失效。状态 1 到 4 分别是一个通道发生了检测到的安全失效、未检测到的安全失效、检测到的危险失效和未检测到的危险失效。状态 1 和 2 下系统降级为 1oo2，状态 3 和 4 下系统降级为 2oo2。状态 5 到 8 代表系统在状态 1 到 4 的基础上又发生了一个通道失效，形成了一个通道安全失效，一个通道危险失效的情况，从而再一次降级，成为 1oo1。假设维修时所有的故障通道都会修复，因此状态 5 到 7 都会以 μ_0 的修复率返回状态 0。按照前面的假设，共因失效只造成两个设备同时失效。这从图中的状态转移概率可以看出。

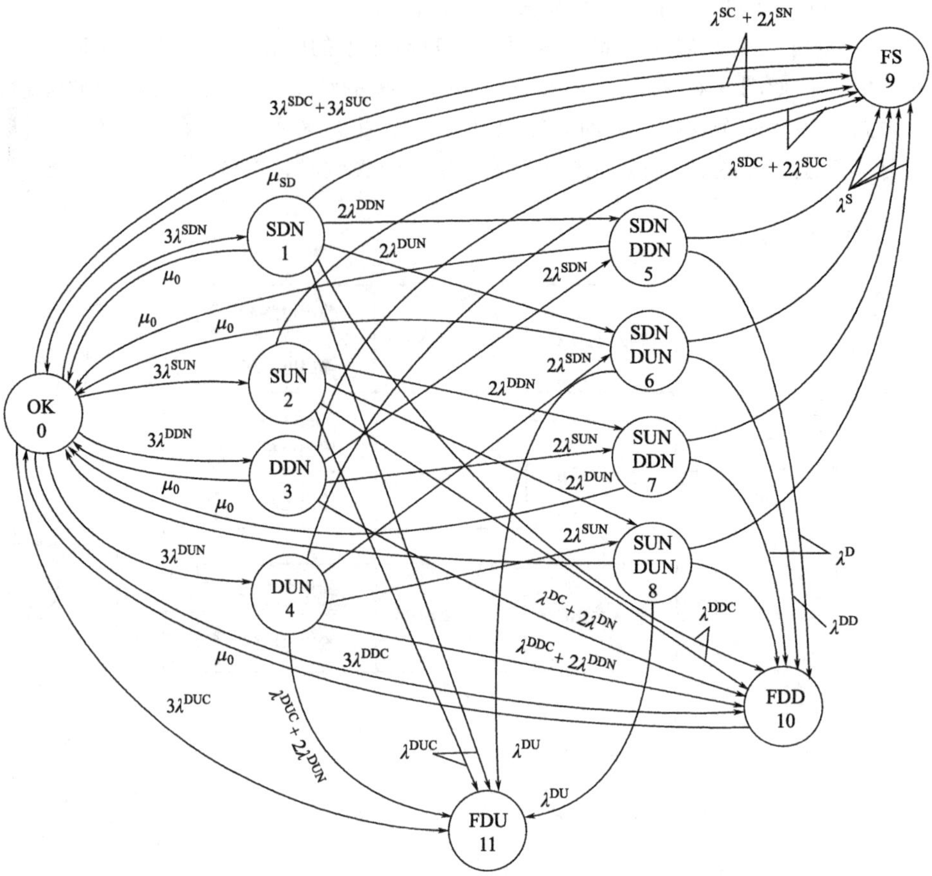

图 9-19　2oo3 结构的状态转移图

2oo3 结构的状态转移矩阵为：

$$
\boldsymbol{P}=\begin{bmatrix}
1-\Sigma & 3\lambda^{SDN} & 3\lambda^{SUN} & 3\lambda^{DDN} & 3\lambda^{DUN} & 0 & 0 & 0 & 0 & 3\lambda^{SC} & 3\lambda^{DDC} & 3\lambda^{DUC} \\
\mu_0 & 1-\Sigma & 0 & 0 & 0 & 2\lambda^{DDN} & 2\lambda^{DUN} & 0 & 0 & \lambda^{SC}+2\lambda^{SN} & \lambda^{DDC} & \lambda^{DUC} \\
0 & 0 & 1-\Sigma & 0 & 0 & 0 & 0 & 2\lambda^{DDN} & 2\lambda^{DUN} & \lambda^{SC}+2\lambda^{SN} & \lambda^{DDC} & \lambda^{DUC} \\
\mu_0 & 0 & 0 & 1-\Sigma & 0 & 2\lambda^{SDN} & 0 & 2\lambda^{SUN} & 0 & \lambda^{SC} & \lambda^{DC}+2\lambda^{DN} & 0 \\
0 & 0 & 0 & 0 & 1-\Sigma & 0 & 2\lambda^{SDN} & 0 & 2\lambda^{SUN} & \lambda^{SC} & \lambda^{DDC}+2\lambda^{DDN} & \lambda^{DUC}+2\lambda^{DUN} \\
\mu_0 & 0 & 0 & 0 & 0 & 1-\Sigma & 0 & 0 & 0 & \lambda^{S} & \lambda^{D} & 0 \\
\mu_0 & 0 & 0 & 0 & 0 & 0 & 1-\Sigma & 0 & 0 & \lambda^{S} & \lambda^{DD} & \lambda^{DU} \\
\mu_0 & 0 & 0 & 0 & 0 & 0 & 0 & 1-\Sigma & 0 & \lambda^{S} & \lambda^{D} & 0 \\
0 & 0 & 0 & 0 & 0 & 0 & 0 & 0 & 1-\Sigma & \lambda^{S} & \lambda^{DD} & \lambda^{DU} \\
\mu_{SD} & 0 & 0 & 0 & 0 & 0 & 0 & 0 & 0 & 1-\Sigma & 0 & 0 \\
\mu_0 & 0 & 0 & 0 & 0 & 0 & 0 & 0 & 0 & 0 & 1-\Sigma & 0 \\
0 & 0 & 0 & 0 & 0 & 0 & 0 & 0 & 0 & 0 & 0 & 1
\end{bmatrix}
$$

9.6.3.6　1oo2D 结构

1oo2D 结构相当于将两个 1oo1D 单通道系统的输出并联，但是在两个通道之间增加了额外的控制信号连接。1oo2D 系统结构如图 9-20 所示。每一个诊断电路的开关不但受自身所在电路单元的控制，还受另一个电路单元的控制。当一个通道发生安全失效时，类似于1oo2结构的情况，系统降级为1oo1D。当一个通道发生检测到的危险失效时，由于诊断电路的作用，相应的检测电路会将其控制的输出开路，同样使系统降级为1oo1D。当一个通道发生未检测到的危险失效时，虽然其诊断电路的开关处于短路状态而不能被断开，但是另一个单元检测到过程危险以后仍然可以将发生未检测到的危险失效的单元的诊断电路开关断开，使输出开路，保障安全。

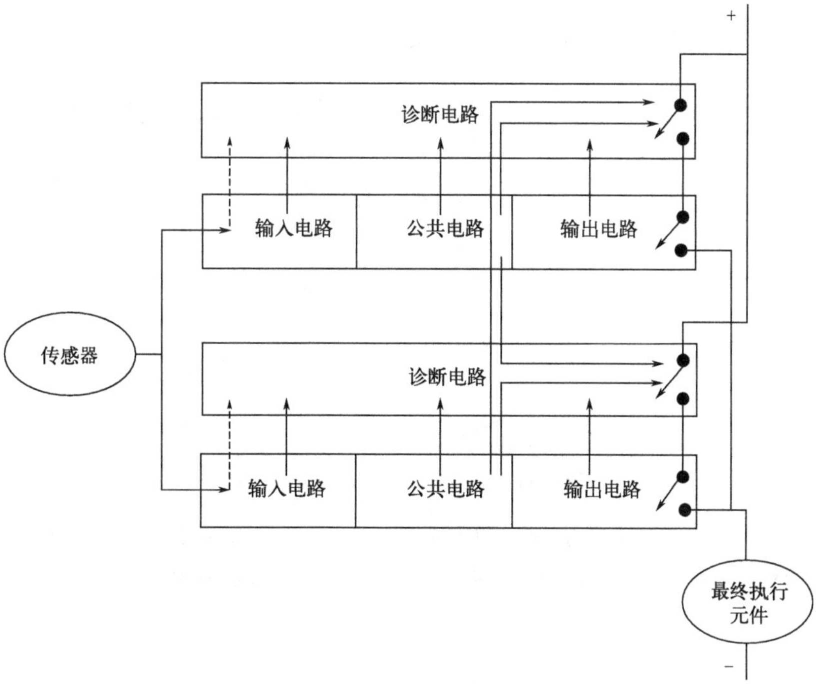

图 9-20　1oo2D结构

1oo2D结构的状态转移图如图9-21所示。除状态0以外，状态1到3也是系统成功运行的状态。状态1代表发生了一个检测到的安全失效或检测到的危险失效。由于危险失效被检测出时，诊断电路开关断开使输出开路，因此，其结果与检测到的安全失效是相同的。状态3代表发生了一个未检测到的安全失效，这时系统的输出仍可由另一个正常单元控制。系统状态2代表发生了一个未检测到的危险失效，系统仍然正常运行的原因是另一个单元仍然能够对要求作出响应，使该单元的诊断电路开关断开，从而使系统停车。

在状态1，系统降级到1oo1D结构。后续的安全失效或检测到的危险失效会使系统发生安全失效；后续的未检测到的危险失效会使系统发生危险失效。在检测到失效并发出维修请求后，所有单元都要进行检验测试，因此从状态5和状态1到状态0都有一个维修的状态转移。

在状态2，一个单元发生了未检测到的危险失效。若另一个单元的诊断电路仍然正常工作，系统还是可以正确响应过程危险，因此系统仍能正常运行。在这个状态下，任何后续的部件失效都会导致系统发生危险失效。例如，单元1发生了未检测到的危险失效，单元2发生了检测到的安全失效，这时单元2因为有故障所以也不能对单元1的开关进行控制，因此由于单元1的危险失效，系统发生危险失效，不会响应过程要求，系统转移到状态5。

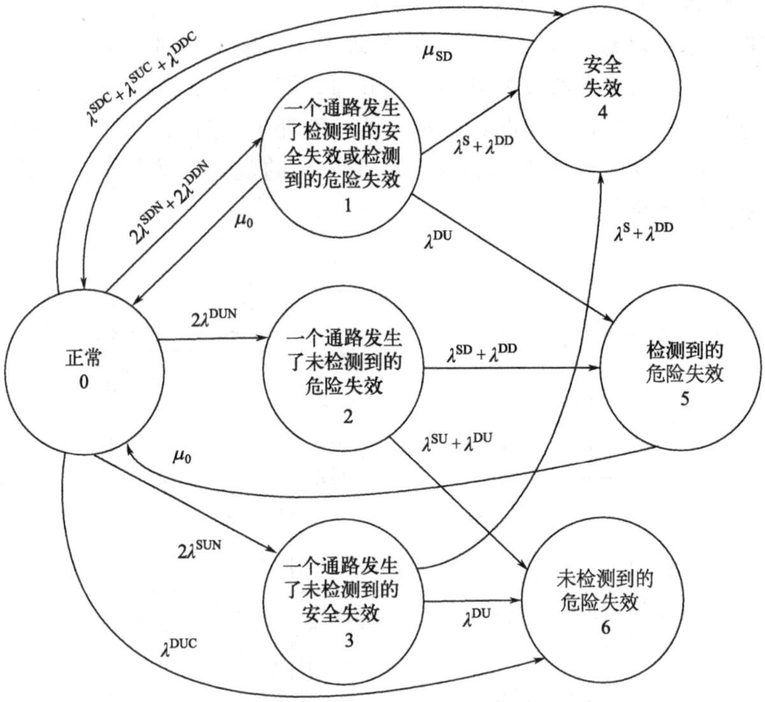

图 9-21　1oo2D 结构的状态转移图

在状态 3，一个单元发生未检测到的安全失效，系统降级到 1oo1D。后续的检测到的安全失效或者危险失效都将使系统发生安全失效，而后续的未检测到的危险失效会使系统发生危险失效。

1oo2D 结构的状态转移矩阵为：

$$\boldsymbol{P}=\begin{bmatrix} 1-\Sigma & 2\lambda^{SDN}+2\lambda^{DDN} & 2\lambda^{DUN} & 2\lambda^{SUN} & \lambda^{SC}+\lambda^{DDC} & 0 & \lambda^{DUC} \\ \mu_0 & 1-\Sigma & 0 & 0 & \lambda^{S}+\lambda^{DD} & \lambda^{DU} & 0 \\ 0 & 0 & 1-\Sigma & 0 & 0 & \lambda^{SD}+\lambda^{DD} & \lambda^{SU}+\lambda^{DU} \\ 0 & 0 & 0 & 1-\Sigma & \lambda^{S}+\lambda^{DD} & 0 & \lambda^{DU} \\ \mu_{SD} & 0 & 0 & 0 & 1-\Sigma & 0 & 0 \\ \mu_0 & 0 & 0 & 0 & 0 & 1-\Sigma & 0 \\ 0 & 0 & 0 & 0 & 0 & 0 & 1 \end{bmatrix}$$

【例 9-1】 考虑一个需要 SIL2 的安全仪表功能，如图 9-22 所示。系统配置为：3 个模拟压力传感器构成 2oo3 的表决结构；逻辑解算器配置为冗余 1oo2D；最终执行元件为一个停机阀和一个通风阀。为了达到安全功能，需要在要求时同时操作停机阀和通风阀。试计算该安全仪表功能的平均要求时失效概率。

检验测试间隔为 1 年，检验测试覆盖率为 95%，运行周期为 5 年，MTTR 为 8h，T_{SD} 为 24h。

由于没有给出安全失效率，故认为不存在安全失效（这样会高估要求时失效概率，即 $\lambda^{S}=0$，使结果更为保守）。

传感器子系统为 2oo3 结构，2oo3 结构的状态转移矩阵为

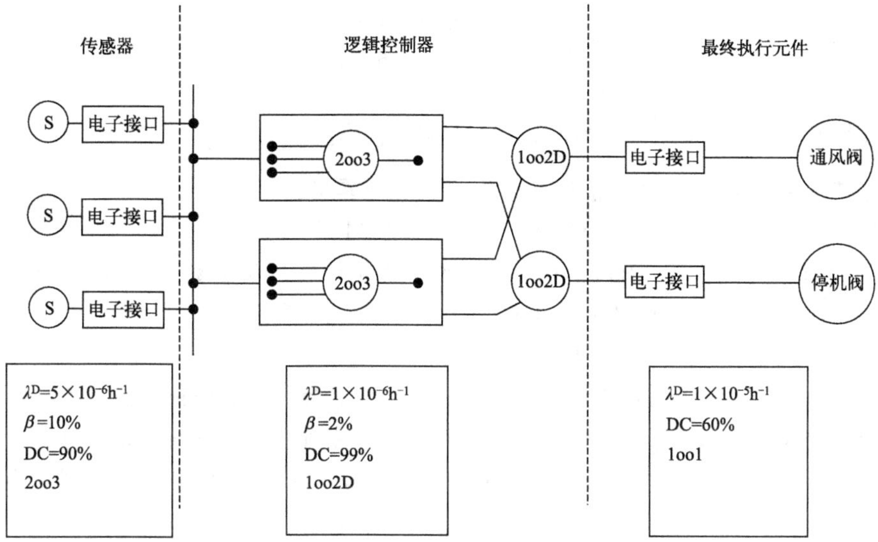

图 9-22 安全仪表功能

$$
\boldsymbol{P}=\begin{bmatrix}
1-\Sigma & 3\lambda^{SDN} & 3\lambda^{SUN} & 3\lambda^{DDN} & 3\lambda^{DUN} & 0 & 0 & 0 & 0 & 3\lambda^{SC} & 3\lambda^{DDC} & 3\lambda^{DUC}\\
\mu_0 & 1-\Sigma & 0 & 0 & 0 & 2\lambda^{DDN} & 2\lambda^{DUN} & 0 & 0 & \lambda^{SC}+2\lambda^{SN} & \lambda^{DDC} & \lambda^{DUC}\\
0 & 0 & 1-\Sigma & 0 & 0 & 0 & 0 & 2\lambda^{DDN} & 2\lambda^{DUN} & \lambda^{SC}+2\lambda^{SN} & \lambda^{DDC} & \lambda^{DUC}\\
\mu_0 & 0 & 0 & 1-\Sigma & 0 & 2\lambda^{SDN} & 0 & 2\lambda^{SUN} & 0 & \lambda^{SC} & \lambda^{DC}+2\lambda^{DN} & 0\\
0 & 0 & 0 & 0 & 1-\Sigma & 0 & 2\lambda^{SDN} & 0 & 2\lambda^{SUN} & \lambda^{SC} & \lambda^{DDC}+2\lambda^{DDN} & \lambda^{DUC}+2\lambda^{DUN}\\
\mu_0 & 0 & 0 & 0 & 0 & 1-\Sigma & 0 & 0 & 0 & \lambda^{S} & \lambda^{D} & 0\\
\mu_0 & 0 & 0 & 0 & 0 & 0 & 1-\Sigma & 0 & 0 & \lambda^{S} & \lambda^{DD} & \lambda^{DU}\\
\mu_0 & 0 & 0 & 0 & 0 & 0 & 0 & 1-\Sigma & 0 & \lambda^{S} & \lambda^{D} & 0\\
0 & 0 & 0 & 0 & 0 & 0 & 0 & 0 & 1-\Sigma & \lambda^{S} & \lambda^{DD} & \lambda^{DU}\\
\mu_{SD} & 0 & 0 & 0 & 0 & 0 & 0 & 0 & 0 & 1-\Sigma & 0 & 0\\
\mu_0 & 0 & 0 & 0 & 0 & 0 & 0 & 0 & 0 & 0 & 1-\Sigma & 0\\
0 & 0 & 0 & 0 & 0 & 0 & 0 & 0 & 0 & 0 & 0 & 1
\end{bmatrix}
$$

已知 $\lambda^{D}=5\times10^{-6}$，$\lambda^{S}=0$，$\beta=0.1$，$DC=0.9$

$$\lambda^{DD}=DC\lambda^{D}=4.5\times10^{-6}$$

$$\lambda^{DU}=(1-DC)\lambda^{D}=0.5\times10^{-6}$$

$$\lambda^{SD}=DC\lambda^{S}=0$$

$$\lambda^{SU}=(1-DC)\lambda^{S}=0$$

$$\lambda^{DN}=(1-\beta)\lambda^{D}=4.5\times10^{-6}$$

$$\mu_0=1/MTTR=0.125$$

$$\mu_{SD}=1/T_{SD}=0.417$$

$$\lambda^{SDN}=(1-\beta)\lambda^{SD}=0$$

$$\lambda^{SUN}=(1-\beta)\lambda^{SU}=0$$

$$\lambda^{SDC}=\beta\lambda^{SD}=0$$

$$\lambda^{SUC}=\beta\lambda^{SU}=0$$

$$\lambda^{DDN}=(1-\beta)\lambda^{DD}=4.05\times10^{-6}$$

$$\lambda^{DUN}=(1-\beta)\lambda^{DU}=0.45\times10^{-6}$$

$$\lambda^{DDC}=\beta\lambda^{DD}=0.45\times10^{-6}$$
$$\lambda^{DUC}=\beta\lambda^{DU}=0.05\times10^{-6}$$

代入 $PFD_{avg}=\frac{1}{12LT}\sum_{j=0}^{N_{TI}-1}\sum_{i=1}^{TI}\boldsymbol{S}_0(\boldsymbol{P}_{month}^{TI}\boldsymbol{W})^j\boldsymbol{P}_{month}^i\boldsymbol{V}_D$

这里涉及多次矩阵的高次复杂运算，可以编程计算得：

$$PFD_{avg,sensor}=8.1\times10^{-4}$$

逻辑解算器子系统为1oo2D机构，同样可以通过程序代入参数，计算得1oo2D结构的状态转移矩阵及最终平均要求时失效概率。

$$PFD_{avg,logic}=2.7\times10^{-5}$$

最终执行机构子系统有2个部分，由于必须同时正常运作才能保证安全仪表功能在需要时执行，因此最终执行机构子系统的平均要求时失效概率为通风阀和停机阀的平均要求时失效概率之和。按照1oo1结构的状态转移矩阵分别计算通风阀和停机阀的平均要求时失效概率为：

$$PFD_{avg,final}=0.021$$

因此，对于安全仪表功能，平均要求时失效概率为：

$$PFD_{avg}=PFD_{avg,sensor}+PFD_{avg,logic}+PFD_{avg,final}=0.022$$

可见，SIS在PFD_{avg}上并不满足SIL2的要求，同时最终执行元件采用的是1oo1结构，这也不符合SIL2的最小硬件故障裕度要求。

尝试将最终执行元件改为1oo2结构（假设$\beta=10\%$，$\beta_D=5\%$）。变更后最终执行元件的PFD_{avg}为：

$$PFD_{avg,final}=2.5\times10^{-3}$$

安全仪表功能总平均要求时失效概率：

$$PFD_{avg}=PFD_{avg,sensor}+PFD_{avg,logic}+PFD_{avg,final}=3.3\times10^{-3}$$

可见，变更后安全仪表功能满足了SIL2的要求。

本章符号说明表

符号	说明	符号	说明
λ	总失效率	λ^C	共因失效率
λ^N	非共因失效率	PFD	要求时失效概率
PFD_{avg}	平均要求时失效概率	T	失效时刻
$R(t)$	设备在时间0到t内正常工作的概率	MTTF	平均无故障时间
MTTFS	平均无安全故障时间	MTTFD	平均无危险故障时间
MTTR	平均修复时间	μ	维修率
MTBF	平均故障间隔时间	FIT	失效率
FS	安全失效	FDD	检测到的危险失效
FDU	未检测到的危险失效	λ^{DD}	检测到的危险失效率
λ^{DU}	未检测到的危险失效率	λ^{SD}	检测到的安全失效率
λ^{SU}	未检测到的安全失效率	λ^D	危险失效率
λ^S	安全失效率	DC	检测覆盖率
TI	检验测试间隔	C_{TI}	检验测试覆盖率
β	共因失效因子	μ_{SD}	系统启动率
λ^{SDN}	安全的检测到的非共因失效率	λ^{SUN}	安全的未检测到的非共因失效率

续表

符号	说明	符号	说明
λ^{SDC}	安全的检测到的共因失效率	λ^{SUC}	安全的未检测到的共因失效率
λ^{DDN}	危险的检测到的非共因失效率	λ^{DUN}	危险的未检测到的非共因失效率
λ^{DDC}	危险的检测到的共因失效率	λ^{DUC}	危险的未检测到的共因失效率
T_{SD}	系统启动时间	LT	运行时间

习题

1. 有人认为效益第一，因此安全仪表系统这些增加生产成本又没有直接效益产生的设备应该尽量减少。还有人认为既然安全第一，那么安全仪表系统就应该尽量多地安装，并且尽量采用高安全完整性等级的配置。你如何评价这两种观点?

2. 分析安全仪表系统与基本过程控制系统之间的区别与联系。

3. 图 9-23 是一个反应器。进料阀受回路控制，保持一定的进料流量。反应为放热反应，因此需要通过冷却水换热保持一定的温度。冷却水的流量通过控制回路受反应器温度的控制。设一个安全仪表系统，所需要实现的安全仪表功能为当反应器温度超过规定值的时候切断进料（不需要选择具体的设备参数）。要求安全完整性为 SIL2。请问能否为了节约设备投资，将已有的进料阀和反应器温度传感器用于所需的安全仪表系统?

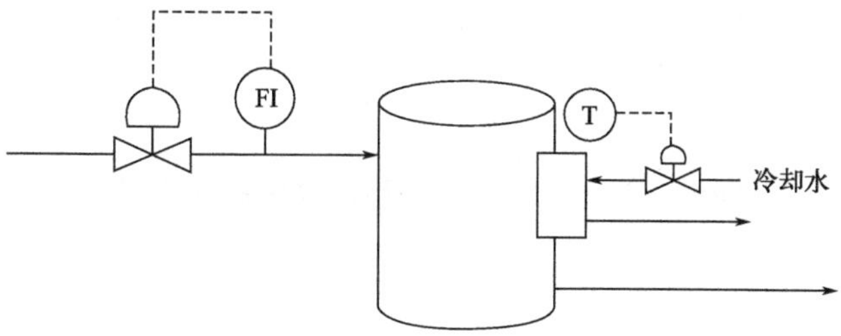

图 9-23　第 3 题图

4. 试画出 1oo3 结构的状态转移图和写出状态转移矩阵。比较 1oo3 结构与 2oo3 结构在危险失效和安全失效方面的差异。

5. 试计算图 9-24 中安全仪表功能的平均要求时失效概率。检验测试间隔为 1 年，检验测试覆盖率为 95%，运行周期为 5 年，MTTR 为 8h，T_{SD} 为 24h。请问该安全仪表功能能否达到 SIL2 的要求? 如果不能，应该如何改动以达到 SIL2?

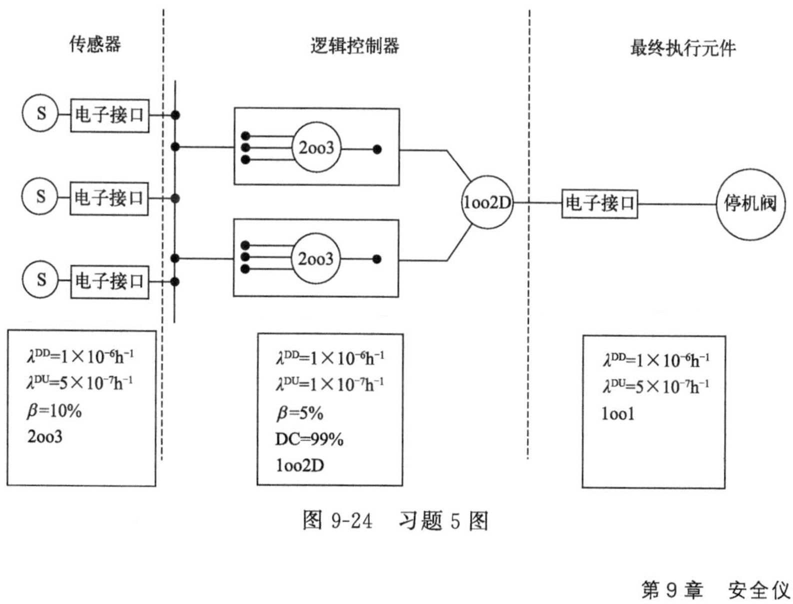

图 9-24　习题 5 图

参考文献

［1］ IEC 61508:2010. Functional Safety of Electrical/Electronic/Programmable Electronic Safety-Related Systems.

［2］ IEC 61511:2016. Functional Safety：Safety Instrumented Systems for the Process Industry Sector.

［3］ GB/T 21109. 1—2022. 过程工业领域安全仪表系统的功能安全 第 1 部分：框架、定义、系统、硬件和应用编程要求.

［4］ GB/T 21109. 2—2023. 过程工业领域安全仪表系统的功能安全 第 2 部分：GB/T 21109. 1—2022 的应用指南.

［5］ GB/T 21109. 3—2007. 过程工业领域安全仪表系统的功能安全 第 3 部分：确定要求的安全完整性等级的指南.

［6］ T/CCSAS 045—2023. 安全仪表功能（SIF）安全完整性等级（SIL）验证导则.

［7］ 阳宪惠，邬海涛. 安全仪表系统的功能安全. 北京：清华大学出版社，2007.

［8］ Rouvroye J L，Brombacher A C. New quantitative safety standards：different techniques，different results. Reliability Engineering and System Safety，1999，66（2）：121-125.

［9］ Guo H T，Yang X H. Automatic creation of Markov models for reliability assessment of safety instrumented systems. Reliability Engineering & System Safety，2008，93（6）：829-837.

［10］ Hokstad P，Corneliussen K. Loss of safety assessment and the IEC 61508 standard. Reliability Engineering & System Safety，2004，83（1）：111-120.

［11］ Hokstad P，Maria A，Tomis P. Estimation of common cause factors from systems with different numbers of channels. IEEE Transactions on Reliability，2006，55（1）：18-25.

［12］ Shu Y D，Zhao J S. A simplified Markov-based approach for safety integrity level verification. Journal of Loss Prevention in the Process Industries，2014，29：262-266.

［13］ 舒逸聃，赵劲松. 安全仪表系统安全完整性等级验证研究进展. 计算机与应用化学，2011，28（12）：1585-1588.

第10章

设备完好性管理

“机器因美观而受到崇拜，因创造动力而受到珍爱，因有危险而遭到痛恨，也因奴役人而遭到厌恶。”

——布·拉塞尔

2023年1月15日，辽宁盘锦浩业化工有限公司（以下简称“浩业化工”）发生了一起震惊全国的爆炸事故，见图10-1。这场灾难发生在烷基化装置水洗罐入口管道的带压密封作业过程中，时间定格在13时25分。事故导致13人死亡、35人受伤，直接经济损失高达8799万元。

图10-1　辽宁盘锦“1·15”重大生产安全责任事故现场

事故经过

2023年1月11日，浩业化工发现事故管道弯头夹具边缘处泄漏，随后设备部组织进行维保，并于1月11日、12日、14日三次组织堵漏，均未成功。

1月15日13时左右，浩业化工和维保单位再次开始组织实施带压密封作业。现场采用两台吊车分别各吊一个吊篮，每个吊篮里安排两名堵漏作业人员，由吊车吊至泄漏点旁。吊车用对讲机指挥（对讲机为非防爆型）。

13时24分10秒，在新夹具两侧各安装紧固1套螺栓时，原夹具水平端的管道焊缝处突然断裂，大量介质从断口喷出。现场监护人员立即向外疏散并安排烷基化装置内操人员紧急停车。

13 时 25 分 53 秒，烷基化装置区发生爆炸并着火。

事故原因

直接原因：事故管道发生泄漏，在带压密封作业过程中发生断裂，水洗罐内反应流出物大量喷出，与空气混合形成爆炸性蒸气云团，遇点火源爆炸并着火。经专家组综合分析认定，造成本次爆炸的点火源为对讲机通话时的接通能量和作业现场吊车的排气管高温热表面。

间接原因：包括建设单位未经设计变更擅自决定将事故管道用 20 钢代替 316 不锈钢；带压密封作业没有按照规范要求制定施工方案和应急措施、开展现场勘测和办理作业审批；企业特种设备日常管理严重缺位等。

事故教训

设备材质管理不善：管道材质的擅自变更，暴露了设备材质管理的松懈，导致了管道的长期泄漏和最终的断裂。

检维修作业管理不规范：缺乏规范的施工方案和应急措施，使得本应安全可控的作业变得风险重重。

设备日常巡检与维护不足：日常管理的缺位，使得泄漏问题未能得到及时发现和处理，隐患长期存在。

作业现场安全管理不到位：非防爆型对讲机的使用和吊车排气管的高温热表面，都是现场安全管理的疏忽。

安全意识淡薄与责任落实不到位：企业的安全意识不足，对隐患的整改不彻底，安全生产主体责任未能落实。

辽宁盘锦“1·15”重大生产安全责任事故是一个沉痛的教训，它凸显了设备完好性管理在企业安全生产中的核心地位。设备完好性管理是企业资产管理的核心组成部分，它涉及设备的设计、制造、安装、使用、维护直至报废的全过程。有效的设备完好性管理可以确保设备的可靠性和安全性，预防和减少事故发生，保障员工的生命安全和企业的财产安全。

本章我们将深入探讨设备完好性管理的理论和实践，分析成功案例和事故教训，提供实用的管理工具和方法，以帮助读者理解设备的全生命周期及其完好性管理。

10.1 设备及设备完好性概念

从 2016 年至 2020 年，中国石化共发生了 393 起三级以上装置非计划停工事件，其中与设备相关的占比高达 74.3%。设备突发故障、潜在风险及设备老化等问题，成为导致这些事故的重要原因，不仅造成了巨大的经济损失，还对社会产生了不良影响。截止到 2022 年，全国排查发现的老旧危险化学品生产装置共有 1381 套，其中炼化装置占 65%。这些老旧装置中，重大危险源占比 60.3%，涉及高危工艺的占比 62.1%，含有毒性气体或爆炸物的装置占 50.6%。在某大型石化企业中，服役 20 年以上的主要炼油装置占 37.8%，服役 30 年以上的占 18.4%，炼油装置非计划停工的比例则高达 54.3%。

设备是企业安全生产的基石。开展设备完好性管理、消除设备隐患、管控设备风险，对防止危险化学品泄漏、爆炸等突发事故具有重要意义，同时也能显著提升企业的过程安全管理水平。

10.1.1 设备及设备生命周期的定义

设备是指生产经营中除物料以外的各类工业用品，涵盖了工艺设备、工业管道、动力设备、机修设备、起重运输设备、电气设备、仪器仪表以及工业建筑物和构筑物等多个类别。在《危化品企业设备完整性管理导则》（T/CCSAS 004—2019）中，明确界定了适用范围，涵盖危险化学品企业的静设备、转动设备、电气设备、仪表设备、加热设备以及安全和消防设施等关键要素。

设备的生命周期是指从设备设计开始，直到其功能完全丧失并退出使用的全过程。设备的全生命周期管理可划分为以下三个阶段：

(1) 前期管理 前期管理包括设备的规划决策、计划、调研、设计、制造、购置，直到安装调试和试运行的整个过程。有效的前期管理为设备的长期运行打下坚实基础。

(2) 运行维护 这一阶段包括防止设备性能劣化的日常维护、检查、监测、诊断、修理和更新等工作。其核心目的是保持设备在运行过程中处于良好的技术状态，并有效降低维护和修理费用。对于压力容器等设备，应运用系统工程的观点，对其运行过程中的危险因素进行严格分析与管理，以确保设备的安全可靠，避免事故发生。

(3) 报废及更新改造 当设备达到使用寿命或因磨损、技术落后等不再适合继续使用时，便需进行报废或更新改造。此阶段包括用新设备替换陈旧设备，或对设备进行技术改造，以提升其技术经济性能。设备最终退出使用的重要衡量指标之一是其可靠性。

10.1.2 设备完好性的定义及发展历程

设备完好性（equipment integrity）是指设备在物理上和功能上是完整的，处于安全可靠的受控状态，符合预期的功能，反映设备安全性、可靠性、经济性的综合特性。在相关规范文件和研究资料中，设备完好性也常被称为设备完整性，有的时候也称为机械完整性（mechanical integrity）或机械完好性。设备完好性管理则是指采取规范设备管理和技术改进措施相结合的方式，来保证整个装置中关键设备运行状态的完好性。

完好性和完好性大纲的概念最早源自美国空军，并正式出现在美国军用标准 MIL-STD-1530《飞机结构完好性大纲（ASIP）》中。1992 年，美国职业安全与健康管理局（OSHA）颁布了《高度危险性化学品的过程安全管理》法规，其中第 8 个要素即为机械完好性，完好性这一概念由此引入石油和石化行业。2006 年，美国化学工程师协会化工安全中心发布了《机械完好性体系指南》，并于 2016 年发布了《资产完好性管理指南》。2011 年，国际标准化组织（ISO）决定将设备完好性管理系统作为 ISO 55000 系列的一部分，并于 2014 年 1 月 15 日正式发布。

在中国，2008 年，国家安监总局发布了《石油化工企业安全管理体系实施导则》（AQ/T 3012—2008），首次提出了“设备完整性”的管理。随后在 2010 年发布的《化工企业工艺安全管理实施导则》（AQ/T 3034—2010 ）中，提出了更加详细和可操作的“机械完整性”管理。2019 年，应急管理部印发了 78 号文《危险化学品企业安全风险隐患排查治理导则》，明确了设备设施完好性的检查要点。2022 年，应急管理部对 PSM 管理导则进行了修订，将“机械完整性”正式更名为“设备完好性”，并从设备的全生命周期视角宏观考虑了设备管理的全过程。

设备完好性管理的核心目的是为工厂生产装置中的关键设备（如压力容器、储罐、管道系统、排放系统、控制系统、紧急停机系统及机泵等）建立一套完善的维护保养制度，确保这些设备在生命周期内能够达到预期应用，降低因设备故障或损坏而引发的风险，从而减少重大过程安全事故的发生。这一管理体系覆盖了设备的安装、使用、维护、检修、检验、变更及报废等各个环节。尽管设备完好性管理的具体实施会因行业、规范要求、地理位置和装置特点的不同而有所差异，但所有成功的管理计划都有以下共同特性：

① 为确保设备达到预期应用，进行了良好的设计、制造、采购、安装、操作和维护；

② 根据明确的准则，清晰列出设备管理计划所涵盖的设备；

③ 对设备进行优先等级排序，以优化资源分配（如人力、资金、库存空间等）；

④ 帮助企业员工执行计划性维护，减少非计划性维修；

⑤ 指导企业员工识别并控制设备缺陷，避免严重事故的发生；

⑥ 认可和采用良好的工程实践经验；

⑦ 确保参与设备检验、试验、采购、制造、安装、报废及再利用的人员经过适当培训，并有完善的执行程序；

⑧ 包含文件及记录要求，以确保设备完好性管理的持续执行，并为后续使用者提供准确的设备信息，包括过程安全和风险管理等方面的记录。

10.1.3 特种设备

特种设备是指那些涉及生命安全、危险性较大的设备和设施的总称。根据《中华人民共和国特种设备安全法》等相关法律法规，特种设备主要包括八大类：锅炉、压力容器（含气瓶）、压力管道、电梯、起重机械、客运索道、大型游乐设施以及场（厂）内专用机动车辆。这些设备广泛应用于生产和生活中，但由于其潜在的危险性，一旦发生事故，往往会导致严重的人员伤亡和财产损失。因此，国家对特种设备实行目录管理，以确保它们的安全运行。除了常规的设备完好性管理，特种设备还需要满足安全监督管理部门的特殊要求。

特种设备的设计、制造、安装、维修和改造必须严格遵守国家相关法律法规及安全技术规范。生产单位必须具备相应资质，并在许可范围内进行生产活动。在制造过程中，禁止使用不符合安全技术规范或标准的材料和零部件，生产过程应进行真实记录并归档。安装、改造或维修单位在工程完成后，须将相关技术资料移交给设备使用单位，并在自监督检验合格之日起 30 日内，向特种设备安全监督管理部门备案。

在特种设备投入使用前或使用后 30 日内，使用单位必须向特种设备安全监督管理部门办理使用登记手续，并将登记标志置于设备的显著位置。使用单位应按照安全技术规范的定期检验要求，在设备的安全检验合格有效期到期前 1 个月向特种设备检验检测机构提出定期检验申请。特种设备必须按时进行定期检验，未经过定期检验或检验不合格的特种设备不得继续使用。尤其是盛装危险化学品的压力容器，若未通过定期检验，使用单位将面临高额罚款。

特种设备的安全附件、安全保护装置以及测量调控装置必须按照相关规定进行定期检验。例如，安全阀一般每年至少校验一次，压力表每半年校验一次；盛装腐蚀性气体的气瓶需每 2 年检验一次，盛装一般气体的气瓶每 3 年检验一次，盛装惰性气体的气瓶则需每 5 年检验一次。这些检验措施确保了特种设备在运行期间的安全性。

特种设备作业人员必须通过特种设备安全监督管理部门的考核，取得特种作业人员证书后，方可从事相应作业或管理工作。在作业过程中，若发现事故隐患或其他不安全因素，作业人员应立即向特种设备安全管理人员和单位负责人报告，并及时处理隐患。

使用特种设备的单位应建立并完善特种设备的安全和节能责任制度，定期组织安全培训并保存培训记录。同时，单位应对在用设备进行定期维护和自检，并做好记录，确保消除潜在的事故隐患。对于电梯、起重机械等载人特种设备，使用单位应依法进行经常性维护保养和日常检查，确保设备安全、可靠地运行。

10.1.4 本质安全型设备

本质安全型设备是一种电气防爆设备，通过限制电路的参数或采取保护措施，降低电火花和热效应的能量，使其在正常工作和规定故障状态下产生的能量小于0.28mJ，即低于煤气浓度8.5%（最易爆炸浓度）时的最小点燃能量，从而防止点燃周围的爆炸性混合物，实现防爆效果。

本质安全型设备按防护等级分为三类：

Ⅰ类：用于存在易燃气体或蒸气的环境，如汽油、氢气、天然气、丙烷、乙醇或甲烷等，这些气体在正常和异常操作条件下都会存在。

Ⅱ类：用于可燃粉尘环境，粉尘可能来自金属、木炭、炭黑、面粉、塑料、谷物和木材等，这些粉尘在正常和异常操作条件下也会存在。

Ⅲ类：用于存在飞散物或纤维的环境。

本质安全型设备的工作原理决定了其防爆功能源自电路本身的设计，而不是依赖外壳或填充物防爆。因此，这类设备具有以下优点：

① 结构简单、体积小、质量轻。

② 制造和维修方便，成本低。

③ 安全性能可靠，在规定的参数下不会产生引燃爆炸性混合物的火花。

本质安全型设备广泛应用于易燃易爆的危险场所，如石油化工、制药、煤矿等行业。在石油化工行业中，它们常用于炼油、化肥、煤化工、合成树脂等场景，不仅预防气体爆炸，还能有效防止人员和设备损伤，极大降低事故风险。

10.1.5 安全关键设备

安全关键设备（safety critical equipment，SCE）是指那些在预防或减轻重大事故中起到至关重要作用的设备。为确保这些设备在关键时刻能够正常工作，防止事故发生或减轻其影响，必须对其设计、操作和维护给予特别重视。

安全关键设备的识别可以通过以下三种方法。

① 基于规范的方法：依据行业标准或法规，如 API RP 14C，确定哪些设备属于安全关键设备。

② 基于风险的方法：通过风险评估（如 What… if 分析、HAZOP、FMEA 等）识别可能导致重大事故的危害，并确定哪些设备是预防这些事故的关键。

③ 定量风险评估：使用精确的数学模型来评估风险，确定设备的安全关键性。

在日常管理中，所有安全关键设备应在资产登记册中明确标识，包含详细的技术规格和位置信息。同时，需要制定并执行定期的测试、检查和维护计划，确保设备功能正常。对安全关键设备应设定明确的性能标准，确保其在设计和操作中满足安全要求。

为了有效管理安全关键设备，操作和维护人员必须经过充分培训，理解这些设备的重要性及操作要求。还应为安全关键设备制订应急响应计划，以在设备失效时迅速采取行动，防止或减轻事故。同时，必须保持详细的测试、维护和检查记录，定期进行内部审计，以确保管理措施的有效性。

通过这些管理措施，可以确保安全关键设备在关键时刻发挥应有的作用，保障人员、环境和资产的安全。

10.2 设备完好性管理计划的关键要素

设备完好性管理体系由十个关键要素组成：方针和目标，组织机构、资源、培训和文件控制，设备选择与分级管理，风险管理，过程质量保证，检验、测试与预防性维修，缺陷管理，变更管理，检查与审核以及持续改进。各要素相互关联、交织，以确保体系的系统性、统一性和规范性。该体系的运行遵循 PDCA（策划、实施、检查、处置）循环，如图 10-2 所示。

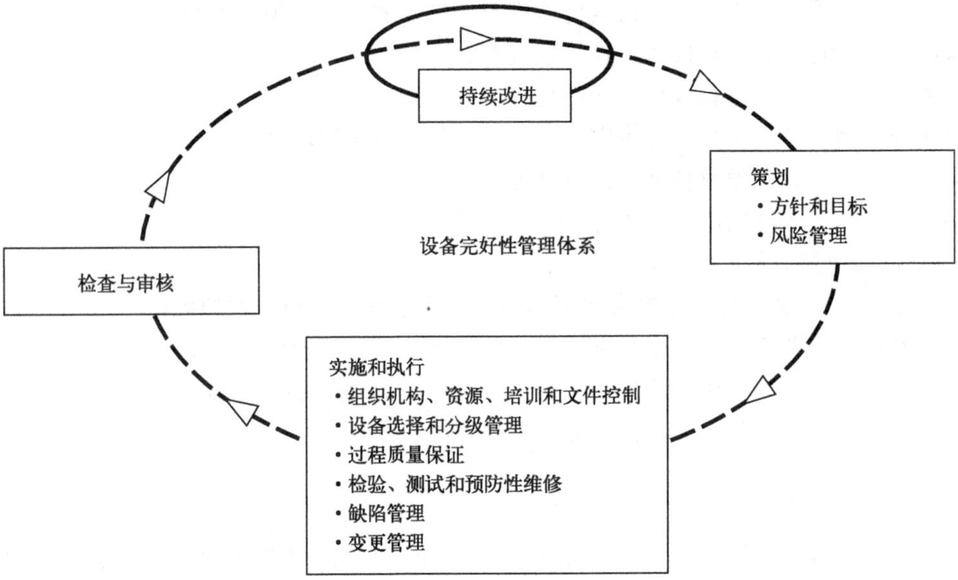

图 10-2　设备完好性管理体系架构及 PDCA 循环

企业应依据标准，结合当地法规与环保要求，构建统一、规范、实效和创新的一体化闭环管理体系，持续优化和完善设备完好性管理水平。构建设备完好性管理体系应遵循以下原则：

① 体现管理要素的要求，传承企业设备管理特色，融入企业设备管理活动，并具有可操作性和可执行性；

② 满足法律、法规和企业设备管理的相关要求；

③ 树立风险管理和系统化管理的思想；

④ 与企业设备管理发展规划相匹配；

⑤ 建立设备管理体系之前，应通过初始状态评审确定设备完好性管理现状。

企业需要制定并落实设备完好性管理的方针和目标。方针是管理的指导原则，体现管理意图，而目标则明确了设备完好性的要求和执行力度。设备完好性管理是对安全性、可靠性和经济性的综合要求。不同生产环境下，设备管理的重点也有所不同。例如，在石化生产中，安全性、可靠性与经济性之间既统一又存在矛盾，需根据设备的性质与缺陷模式，结合实际情况，制订合理的管理计划。例如，动设备因结构复杂、故障类型多，通常配备备用件以确保可靠性；而静设备则应更加关注其安全性。

为了确保设备完好性管理体系的有效实施，企业应建立相应的组织机构，明确各级管理者的职责和权限，确保体系有效运行。企业还应为管理体系的建立、实施和持续改进提供必要的人力、物力和财力资源。对管理人员及承包商进行系统培训，确保他们具备必要的技能和知识。同时，企业需要建立和实施设备完好性管理体系文件，包括设备完好性管理手册、程序文件和作业文件，并确保其与企业的一体化管理文件保持一致。

通过以上要求，企业可以确保设备完好性管理体系的组织机构完善、资源充足、培训到位、文件受控，支持体系的有效实施和持续改进。

此外，企业还需建立和实施检查与审核程序，定期监测设备状态和管理绩效，明确检查与审核的工作流程，对不合格项开展调查并实施纠正预防措施。建立完善的事故管理制度，进行事故调查，开展设备失效和根本原因分析，确保沟通与问题跟踪。企业还应根据设备管理的复杂性、风险以及其他要求，制定量化的绩效指标并定期评估，以实现体系的持续改进。

除了以上内容，设备完好性管理计划的关键要素还包括：设备风险管理，设备选择与分级管理，过程质量保证，检验、测试与预防性维修，缺陷管理和变更管理等。

10.2.1 设备风险管理

10.2.1.1 风险评价

企业应在设备全生命周期的不同阶段明确风险评价的范围和重点，制定风险评价标准，采用适当的风险管理工具，科学、客观地识别并评估风险。风险评价应包括分析每个潜在事件的发生概率及其后果，并考虑现有风险控制措施的有效性，以及这些控制措施失效时的可能性和后果。

企业应定期进行风险评价，以确保风险控制符合生产经营状况和设备管理的要求。在引入新技术、新工艺、新设备或新材料之前，必须进行专项风险评价，确保安全性。根据企业的具体情况，选择并应用FMEA/FMECA、HAZOP、QRA、RCM、RBI、RAM、LOPA、FTA、腐蚀适应性评价、设防值评估、腐蚀监测等风险管理工具。

10.2.1.2 风险监控

风险监控是对风险进行监测和控制的过程，其目标包括：

① 尽早地识别风险；

② 采取有效措施避免风险的发生；

③ 积极消除风险事件的消极后果；

④ 评价风险管理工作是否达到预期目标，并及时更新相应措施。

根据风险评价的结果，企业应确定风险控制目标、制定控制措施和控制计划，并组织实施，以确保风险控制在可接受的范围内。风险控制措施可包括但不限于：

① 设备本质安全措施；

② 改进和优化工艺操作；

③ 完善视频监控、报警、联锁、泄压装置等安全设施；

④ 应用设备在线状态监测、离线监测技术；

⑤ 调整设备监测方法、周期及有效性等级；

⑥ 降低人为失误的可能性；

⑦ 技术培训、教育、考核等管理措施；

⑧ 系统性优化和技术更新等。

在生产过程中，企业还应持续监视和衡量风险识别、评价和控制的有效性。风险监测应遵循分层管理、分级防控和动态管理的原则，对风险控制的执行情况进行跟踪并逐级落实。风险监测内容包括：

① 风险管理工作是否达到预期目标；

② 剩余风险；

③ 风险评价结果与实际情况是否相符；

④ 风险管理技术是否合理使用；

⑤ 风险控制措施是否充分有效等。

10.2.2 设备选择和分级管理

10.2.2.1 设备选择

《危险化学品企业设备完整性　第1部分：管理体系要求》（GB/T 44692.1—2024）规定，企业应依据设备完整性管理目标的要求，结合设备发生故障后的危害程度，综合考虑合规性、安全性、环保性、技术先进性、易维修性、经济性、可靠性和能效性等因素，制定设备选择标准，确定纳入设备完整性管理的设备范围，并定期对设备选择标准进行修订。更多的设备选择往往意味着更多的资源占用与调度，因此企业需要谨慎权衡。

设备完好性计划通常涵盖压力容器、常压与低压储罐、管道及其组件（如阀门、过滤器、喷射器和喷嘴等），以及压力泄放装置（如安全阀、爆破片、真空阀等）和放空系统。此外，还应考虑是否将密封组件纳入管理体系，特别是对驱动设备的密封组件进行严格管控，以满足环境和安全法规的要求。

对于储罐上的防火结构部件和隔离设施，尤其在泄放设计中有所考虑时，也应纳入设备完好性计划。此外，存有危险化学品的转动设备应进行重点管理，以避免泄漏风险。在选择转动设备时，还需考虑以下因素：

① 设备是否能够确保工艺流程的完整性？若是，则驱动设备（如涡轮机、发动机等）也须纳入计划。

② 对不直接接触物料的设备，需评估其在失效情况下对工艺流程和人员安全的潜在影响。

③ 非工艺流程设备（如冷却水系统、蒸汽系统、冷冻系统和电力系统等），同样需要根据其失效时对整体系统的危害程度进行选择。

功能性管件（如过滤器、喷射器、喷嘴等）也会影响设备完好性，因此应在选择时予以考虑。设备完好性计划中，还应重点考虑仪表设备。只有那些与设备完好性目标相关、对潜在事件有影响的仪表才应包含在计划中。安全仪表系统（SIS）是否满足 ISA、ANSI 及 IEC 标准的评估要求，可协助装置人员制定标准对功能安全仪表进行选择。此外，保护层分析（LOPA）的结果可用于识别对过程安全重要的仪表。

在公用工程设备选择过程中，功能性往往比物料属性更为重要。例如，氮气（N_2）供应中断可能导致储罐氮封失效，产生易燃蒸气空间。因此，在选择设备时需首先考虑系统的整体危害，其次再评估具体设备的特性和潜在风险。

不间断电源（UPS）、应急通信系统、电气接地等也应纳入评估范畴。PHA 报告可帮助识别哪些设备应包含在设备完好性计划中。此外，作为化学物质泄漏、火灾等事故的最后一道防线的设备（如消防设备、应急气体系统、紧急停车系统等）也应包含在内。

对于那些由其他公司管理的设备（如化学原料供应设备、氧气和氮气供应系统），尽管维护责任由第三方公司承担，但运营单位仍需评估这些设备的完好性计划，确保其标准不低于本企业的要求。

同样地，储运设备也应视为工艺系统的一部分，需确保其设备完好性计划中的要求得到落实。企业还应为临时设备（如软管等）预留完好性管理空间，临时修复设备（如卡箍）也应纳入管理，并通过变更管理计划（MOC）进行规范。

对于安全、消防、应急响应等设备，虽然通常由其他部门或承包商负责采购、检验与测试，但其设备完好性计划的标准必须符合或高于企业内部的要求，并由相关部门归档记录。

最后，对于土建基础和结构支撑（如管道支撑、支架等），需评估其使用寿命和历史情况，尤其对于新安装的设备，需确保结构检测完善，并考虑地理风险（如地震、飓风等）带来的潜在影响。

10.2.2.2 设备分级管理

对于纳入设备完好性管理体系的设备，企业应根据其在生产过程中的重要性、可靠性状况及故障带来的危害性等关键指标，进行严格的分级管理。企业需制定基于风险的设备分级标准，明确设备管理的重点和权限，落实管理职责，并根据实际生产情况对设备的分级进行动态调整，以确保管理的持续有效性。

设备分级评价方法主要依据功能属性、使用特性、技术指标与管理资源等特征参数，采取德尔菲法、主成分分析法等数理统计法，构建多因素评价模型。

企业应根据设备结构、功能、技术指标等特点对设备进行类别划分，并设置同类别设备分级特征参数，如生产重要性、维修复杂性、故障危害性、设计成熟度、维修费用等。

根据生产重要性、维修复杂性、故障危害性、设计成熟度、维修费用等设置不同分级参数，并确定各分级参数权重，各分级参数权重之和应为 1。

可依据《机械安全 风险预警 第 3 部分：分级》（GB/T 41344.3—2022）采用德尔菲法、主成分分析法、层次分析法、优序图法、熵权法等数理统计法确定各分级参数权重值。选用不同的方法获得的权重值会有所差异。

依据不同权重的分级参数，结合设备管理实际情况，制定每个分级参数的评分标准。根据参数的权重和评分标准进行参数的分值设计，确定不同等级的分值范围，表格形式如表 10-1 所示。

表 10-1 设备分级参数权重及评分示例表

参数	参数 1	参数 2	参数 3	…	参数 n
权重	X_1	X_2	X_3	…	X_n
评分标准	Z_{11}	Z_{21}	Z_{31}	…	Z_{n1}
	Z_{12}	Z_{22}	Z_{32}	…	Z_{n2}
	⋮	⋮	⋮	⋮	⋮
	Z_{1m}	Z_{2m}	Z_{3m}	…	Z_{nm}

根据单台设备的不同评分标准，依据式（10-1）计算第 j 台设备分级量化评分分值 C：

$$C=\sum_{i=1}^{n}(Z_{ij}X_i) \tag{10-1}$$

式中 X_i——第 i 个参数权重，$\sum_{i=1}^{n}X_i=1$；

Z_{ij}——第 j 个设备的第 i 个参数评分值。

企业应依据设备分级量化评分结果，结合设备管理实际情况，设置不同等级阈值 C_{I}、C_{II}，通过单台设备分级量化评分分值与阈值对比，确定单台设备等级。通常将设备分为 3 个等级（Ⅰ～Ⅲ级），Ⅰ级设备为关键设备，Ⅱ级设备为主要设备，Ⅲ级设备为一般设备。若 $C \geqslant C_{\text{I}}$ 则判定为Ⅰ级设备，若 $C_{\text{I}} > C \geqslant C_{\text{II}}$ 则判定为Ⅱ级设备，若 $C_{\text{II}} > C$ 则判定为Ⅲ级设备。

10.2.3 过程质量保证

企业应明确设备全生命周期中的各项过程质量管理活动，建立完善的质量保证程序和控制标准，以确保满足相关法律、法规、标准、技术规范及企业内部规章的要求，从而保障设备系统性能的可靠性，同时有效控制风险和成本。

(1) 前期管理

① 设计与选型：在可行性研究、基础设计及详细设计阶段，制定质量控制措施，确保设计文件的规范性和设计变更管理的有效性，识别和控制潜在的重大风险。例如，针对压力容器设计，必须确保符合相关标准，同时结合企业的工程标准和法律要求。

② 采购与制造：在供应商选择、采购计划编制、设备制造及验收等环节，制定质量控制措施。具体包括：供应商能力评估、采购技术条件确认、合同和技术协议签订及设备质量风险防控等。

③ 安装施工：确保设备安装过程符合相关法律法规、技术规范及设计要求。这包括承包商选择、技术文件审核、施工方案确认、过程质量控制、施工验收及调试。

设备投运：制订设备投运计划，包括操作、技术及管理人员的培训要求，安全检查及监控措施。确保操作规程、维护规程及应急预案已完成编制、审批并付诸实施。

(2) 使用维护 在设备运行、维护保养环节中，企业应制定详细的过程控制措施，明确设备监测和检测方法、标准、频次及评估要求。举例来说，应定期进行静设备的厚度测量和腐蚀监测，以及动设备的状态监测和定期试运转。同时，确保设备档案、操作规程、维护规程和应急预案完整，操作和维护人员接受充分培训，设备风险已得到充分识别和防范。

(3) 设备修理 针对日常维修、故障抢修及停工检修，应制定详细的过程控制措施。结合设备的风险评估及可靠性分析结果，制定合适的检修策略、计划及方案。通过预防性、预测性及状态维修等方式，确保设备缺陷得到消除，功能及时恢复。

(4) 更新改造 基于设备的运行监测结果、风险评估、可靠性分析及投资收益，企业应制定设备更新改造计划并组织实施。改造过程中必须遵循相关质量保证要求，并确保任何变更均符合变更管理规定。

(5) 设备处置 在设备闲置、转移使用或报废等情况下，应制定相应的过程控制措施，确保处置流程符合法律法规及设备完整性管理要求。报废前，应对设备进行技术鉴定，评估其剩余价值及处理方式。

(6) 备品配件管理 设备购置与制造阶段的质量控制措施同样适用于备品配件管理。企业应合理确定配件的储备定额及库存管理标准，确保在控制储备成本的同时，保障备品配件的质量。

(7) 供应商与承包商管理 在设备全生命周期的各阶段，企业应对供应商和承包商进行资格和能力审查，明确检查、审核及评价的要求。确保供应商及承包商遵守相关法律法规及标准，具备相应的技术能力和服务水平。

通过以上措施的实施，企业能够确保设备在全生命周期内保持高效、安全、可靠的运行状态，从而有效避免生产安全事故和环境污染事件的发生。

10.2.4 设备缺陷管理

成功的设备完好性计划应能够有效识别并处理设备缺陷。企业需建立并维护设备缺陷管理程序，通过设备的检验、检测、监测和评估，形成对设备缺陷的识别、评价、响应、传达、消除的闭环管理，确保缺陷得到及时、正确的处置。

设备缺陷管理的一般流程如下。

① 确定设备可接受标准　首先，需要明确设备的可接受标准，即设备在正常工况下应达到的性能指标或参数。在制定这些标准时，应综合考虑设备可能出现的缺陷类型。例如，针对管道壁厚减薄的情况，应根据承压能力将最小允许壁厚作为可接受标准。对于压力容器，可参考建造图纸、技术规格书、检验标准、《固定式压力容器安全技术监察规程》等文件确定标准；对于旋转类设备，则通常参考最低性能指标，如制造手册、装配图和设备说明书。可接受标准既可以是定性的，也可以是定量的。有时，还需对标准进行重新评估。例如，当储罐地板出现大量密集的腐蚀坑时，按整块区域腐蚀来评估可能过于保守，而按单个腐蚀坑评估则可能过于乐观，此时应综合考虑腐蚀面积、每个腐蚀坑的大小及深度、各腐蚀坑之间的距离等因素，以确定其是否满足服役要求。

② 识别缺陷并评估设备状况　设备缺陷的发现途径多种多样，包括设备组装或安装过程中、设备修理时、设备性能不满足要求或异常时，以及在定期检验、试验或预防性维修过程中发现。

③ 缺陷响应　当发现设备缺陷时，响应措施通常包括继续使用（可能是降级使用）或立即停机修理。根据2016年发布的API 579-1/ASME FFS-1第二版标准，适用性评估（fitness for service，FFS）是用于评估存在缺陷或损坏的在用部件结构完整性的工程方法。企业可采用该标准中的方法来评估缺陷设备。如果决定继续使用，必须确保在现有工况下不会发生危险。同时，应采取进一步措施确保设备在使用期间的安全性和可靠性，直到设备缺陷得到永久修复或设备更换。

④ 调整运行维护计划　根据缺陷情况，调整运行维护计划，如增加测厚点的数量、缩短检验周期等，并严格执行。此外，还可采取临时措施，补充设备丧失的功能或提高设备完整性，或通过减少操作工况来降低失效速率。

⑤ 通知所有相关人员　将设备缺陷的相关信息传达给所有相关人员，能够有效防范潜在事故的发生。

通过规范的缺陷管理流程，企业可以确保设备在生命周期内保持良好的性能状态，减少因设备故障引发的安全风险。

10.2.5 变更管理

许多的危化品事故都与设备的变更有关，例如河北赵县克尔公司爆炸案，就是由于变更导热油系统从而导致了爆炸。企业在设备完好性管理中应对变更进行分类分级管理，管控设备变更过程中的风险。设备变更通常分为一般变更、较大变更和重大变更。

设备变更的范围包括但不限于：

① 超出现有设计范围的改变；

② 设备材质、结构、用途、运行环境的改变；

③ 设备的新增、升级换代、改造及拆除；

④ 设备原有设计的变更；

⑤ 设备联锁保护系统的变更。

更多关于变更管理的介绍见 8.5.3 节。

10.2.6 检验、测试与预防性维修

2019 年 7 月 19 日 17 时 43 分，河南义马气化厂 C 套空分装置发生爆炸，导致 15 人遇难、16 人重伤，直接经济损失达 8170 万元。事件的直接原因是冷箱阀连接管处富氧泄漏 23 天未能得到有效处理，导致后续冷箱超压并引发一系列事故，最终酿成爆炸。同样，2023 年 9 月 7 日，内蒙古鄂尔多斯亿鼎生态农业开发有限公司发生了一起重大高压气体泄漏事故。在该公司的气化车间进行高压气体管道巡检和维修期间，由于远传压力变送器的位置违规变更，主管道与放空火炬管线连通处，以及就地压力表和远传压力变送器的引压短节管严重堵塞，导致压力显示失真。在高压气体管道介质压力较高的情况下，作业人员进行了拆卸阀盖的操作，瞬间高压粗合成气泄漏，喷射，导致多名在高处作业的工人坠落地面，最终造成 10 人死亡、3 人受伤。令人震惊的是，该事故中的阀门在近十年间从未进行全面检修和保养，仅靠阀杆升降判断阀门状态，严重忽视了设备维护，最终酿成惨剧。

这些事故表明，设备的有效检验、测试与维护是确保设备功能完好的关键。检验、测试及预防性维修计划（inspection，test and preventive maintenance，ITPM）正是设备完好性管理的核心内容。

首先，需要制订一个 ITPM 计划，即针对设备完好性计划中的设备，设定预防性维修任务。这些任务通常未被纳入常规的检验、测试计划中。预防性维修通过系统性检查、检测或定期更换部件，以防止设备故障，使设备持续处于正常运行状态。其内容包括调整、润滑和定期检查等。预防性维修的目标是发现设备的潜在故障征兆，降低设备失效的概率或防止功能退化，从而延长设备使用寿命，提高生产效率，降低成本。通俗地说，预防性维修就是对设备的异常状态进行早期发现和预防。

ITPM 计划的目标是认知并执行为保障设备完好性所必需的维修任务。通过 ITPM，可以将设备故障后的被动维修理念转变为更积极的完整性维护理念。

ITPM 计划的制订与执行通常包含以下几个阶段：

① 制订 ITPM 任务计划　首先识别并归档为保持设备完好性所必需的 ITPM 任务，确定任务执行的频率。然后将任务转化为时间表。ITPM 行为包含检验、测试或其他的预防性行为，均为有一定时间间隔的维护设备完好性的行为。

② ITPM 任务的执行和监督　为了有助于目标的达成，ITPM 计划需要实施对时间表、任务结果及总体执行的过程监控。

通过全面、系统的 ITPM 计划，企业能够有效预防设备故障，确保设备持续安全、高效运行，避免类似事故的发生。

10.2.6.1 制订 ITPM 计划

在制订 ITPM 计划时，任务的选择范围应涵盖设备完好性计划中涉及的每一台设备。任务选择的步骤如下。

(1) 设备分类

设备分类（如压力容器、离心泵等）能够减少任务选择所需的时间，并有助于计划的一

致性。设备分类时，应充分考虑设备的特性及不同的服役工况（如不同的化学物料、较高的压力等）。如果设备的ITPM任务和时间间隔因不同工况而不同，则需进一步将设备分类细化为子类。

（2）设备数据收集

为了有效制定ITPM任务及其时间间隔，需要收集以下数据：

① 设计数据，如设计说明和竣工图；

② 操作数据，如包含操作参数的操作程序等；

③ 维修和检验历史，包含现有的ITPM任务和时间计划；

④ 失效模式与影响分析（FMEA，见第6章）等可提供失效类型及失效影响等信息的文件，这类文件可能已经识别出需要维护的设备的保护措施（如报警，联锁，应急响应等）；

⑤ 现场或企业的环境、健康和安全政策；

⑥ 如果ITPM任务的选择和时间间隔的确定需要基于风险，则需要基于风险的分析报告，如包含定量风险分析（QRA）、保护层分析（LOPA）、基于风险的检验（RBI）等；

⑦ 其他需用到的数据。

（3）组建ITPM任务选择小组

任务选择小组应由各专业有经验的人员组成，包含：

① 设计人员，可以提供设备设计相关知识和经验，如应用标准、规范等；

② 操作人员，可以提供设备操作和故障历史的相关经验和知识；

③ 维修人员，可以提供现有维修实践和维修历史相关的经验和知识；

④ 检验人员，可以提供检验和测试标准、规范、推荐做法、潜在的损伤机理和检验历史等相关经验和知识；

⑤ 可靠性和维修工程师，可以提供检验、预防性维修、潜在故障机理和设备维修历史等相关经验和知识；

⑥ 腐蚀工程师，可以提供腐蚀和损伤机理（如应力腐蚀开裂等）以及防腐措施和腐蚀监控等相关的经验和知识；

⑦ 工艺工程师，可以提供工艺设备设计和操作、设备运行历史、适用规范和标准以及推荐做法等相关的经验和知识；

⑧ 检验和维修承包商，如果设备的检维修等管理任务外委，则其承包商可以提供检验和无损探伤等相关经验和知识；

⑨ 设备制造厂家及供应商，在ITPM对新设备进行选择时，可以提供操作、维修等相关经验和知识。

（4）选择ITPM任务并确定任务时间间隔

ITPM任务选择小组共同讨论并选择任务，同时确定任务的时间间隔。在选择ITPM任务时，需要考虑多种失效模式（如均匀腐蚀、安全仪表系统故障等），并选择能够预防或检测失效的最佳方法（即最有效的任务）。

在任务选择过程中，应特别关注以下方面：

① 如何预防物料损失；

② 如何预防或检测控制系统、安全系统、应急响应设备等的功能失效；

③ 如何预防不必要的设备跳车，或者在危险工况下需要关闭/启动时不能够正确执行安全功能。

(5) 文件记录及归档

将任务选择的成果、选择的依据及整个过程记录成文件，归档保存。

10.2.6.2 执行和监督

在ITPM计划及其相应时间表制订完成后，人员的执行是确保ITPM计划落实的关键。人员培训和执行程序是ITPM计划有效实施的重要保障。

ITPM计划的执行包括以下关键点：

① 确定可接受标准。可接受标准是评估设备完好性的重要依据，为选择应对方案提供判断依据。可接受标准可分为定性和定量两类。例如，“管道支撑不能缺失，不能弯曲”为定性标准；“壁厚减薄不得超过3mm的腐蚀余量”为定量标准。

② 记录设备信息。在设备选择过程中收集的信息需要被记录，其中一些信息对ITPM任务的执行同样重要。例如，历史ITPM执行信息可指示有问题的区域，以便在本次执行中重点关注；之前测厚的位置可再次进行测量，以便对比历史和当前壁厚变化，从而持续监测腐蚀速率。

③ 记录ITPM任务结果。ITPM结果的记录可用于确定设备完好性或指出缺陷位置，协助计算或评估剩余寿命，并指导后续的检修周期。

④ ITPM任务执行。为确保任务的正确执行，在ITPM实施前，应确认相关程序、培训合格的执行人员以及所需配备的资源。

⑤ ITPM结论管理。根据ITPM的结果进行分析和判断。例如，若发现某处存在点蚀坑，则需进一步分析，决定是否进行修理或继续监控，并制定下一次测厚的时间。

⑥ 任务时间计划管理。管理时间表的目的是确保所有计划按时完成，避免遗漏或拖延。

⑦ ITPM计划的监督。监督内容包含执行方法、执行时间、执行对象、缺陷记录等。

10.2.6.3 设备检验、检测

检验和检测是通过观察、测量、测试、校准和评估等手段，检测并分析设备部件的状态，评估设备缺陷的发生情况，并对设备的相关性能进行符合性评价。在化工企业中，重点关注的设备检验和检测任务主要包括：

- 静设备专业　特种设备法定检验和定期检查、在线腐蚀监测、定点测厚、RBI检验等；
- 动设备专业　试车检查、润滑油定期检验、机泵运行状态监测、大型机组状态监测与故障诊断、冬季防冻防凝检查等；
- 电气专业　电机的状态监测、设备放电检测、防雷防静电检测、电气设备绝缘检测、防爆电气专项检测等；
- 仪表专业　仪表设备红外检测，仪表系统接地检测，仪表电源系统检测，可燃、有毒报警器定期检定，可燃有毒报警仪零点检测，分析仪表定期校验，控制仪表系统功能测试，安全仪表系统（SIS）的安全仪表功能（SIF）的SIL评估、定级、验证等。

其中，静设备主要关注腐蚀泄漏检测。静设备无损检测方法有很多，通常可分为六大类，70余种。但在实际应用中，较为常见的有以下几种，也即通常所说的常规无损检测方法：目视检测（visual testing，VT）、超声波检测（ultrasonic testing，UT）、射线检测（radiographic testing，RT）、磁粉检测（magnetic particle testing，MT）、渗透检测（penetrant testing，PT）、涡流检测（eddy current testing，ET）和声发射（acoustic emission，AE）。

(1) 目视检测(VT) 目视检测在国内的应用相对较少。无损检测作为国际上非常重视的检测方案,通常将目视检测视为首要检测方法。在设备检测过程中,目视检测是最初使用的,也是最有价值的一种检测方法。通过目视检测,能够检查出设备的腐蚀、冲蚀、变形、破损、鼓泡和错位等缺陷的大致情况,为详细检查时判断需使用何种手段以及何种类型的工具和仪器等提供具体要求。

(2) 射线检测(RT) 射线检测是指利用X射线或γ射线穿透试件,并以胶片作为记录介质的无损检测方法。这是一种基本且应用广泛的非破坏性检验技术,可以探测材料内部的缺陷。

总的来说,射线照相检验法的原理是:射线能够穿透肉眼无法观察的物质,使胶片感光。X射线或γ射线照射胶片时,能使胶片乳剂层中的卤化银产生潜影。由于不同密度的物质对射线的吸收系数不同,射线穿透材料后,各种厚度的材料对射线的吸收量也不同,导致照射到胶片的曝光量产生差异。通过暗室处理后的底片各处黑度差可以判别缺陷。图10-3为X射线照相法示意图。

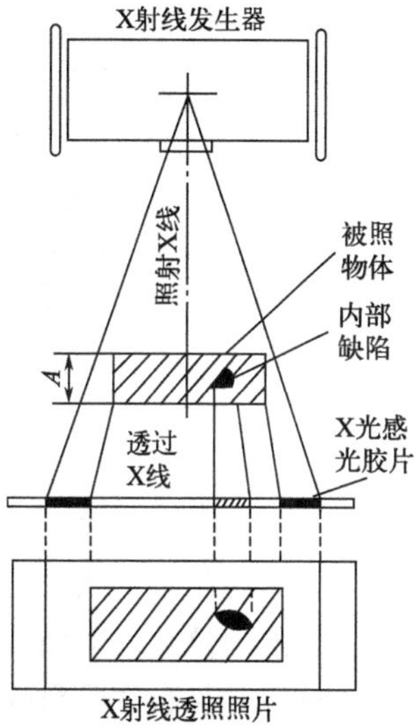

图10-3 X射线照相法示意图

总体而言,RT的特性是:定性更准确,能够提供长期保存的直观图像;但其总体成本较高,且射线对人体有害,检验速度较慢。

(3) 超声波检测(UT) 超声波检测是通过超声波与试件相互作用,利用材料本身或内部缺陷对超声波传播的影响,对反射、透射和散射波进行研究,从而对试件进行宏观缺陷检测、几何特性测量、组织结构和力学性能变化的检测与表征,并对其特定应用性进行评价。

超声波检测的原理主要基于超声波在试件中的传播特性:超声波具有较大的传播能量,能够强穿透各种材料;在介质中传播时,遇到界面会发生反射;超声波具有良好的指向性,频率越高,指向性越好;在试件中传播并与试件材料及其内部缺陷相互作用,使得传播方向或特征发生改变;改变后的超声波通过检测设备被接收,并可进行处理和分析。根据接收到的超声波特征,可以评估试件及其内部是否存在缺陷及缺陷的特性。

图10-4为超声波检测示意图。图10-5为超声波探伤仪原理图。

超声波检测的优点包括:

① 适用于金属、非金属和复合材料等多种制件的无损检测;

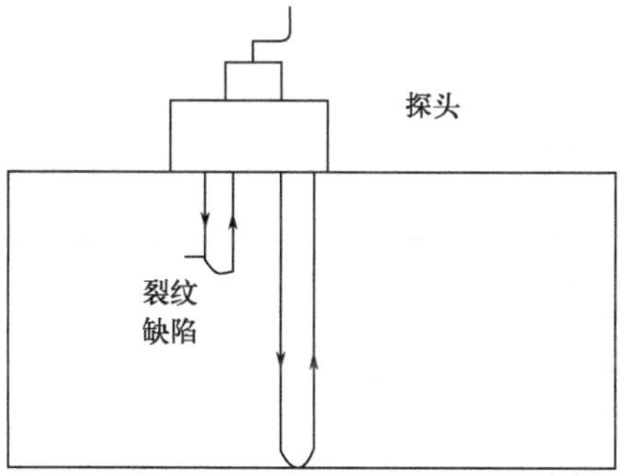

图10-4 超声波检测示意图

② 穿透能力强,可对较大厚度范围内的试件内部缺陷进行检测,如可检测厚度为1~2mm的金属薄壁管材和板材,也可检测几米长的钢锻件;

③ 缺陷定位较准确;

④ 对面积型缺陷的检出率较高;

⑤ 灵敏度高,可检测试件内部尺寸很小的缺陷;

⑥ 检测成本低、速度快,设备轻便,对人体及环境无害,现场使用较方便。

超声波检测的局限性包括:

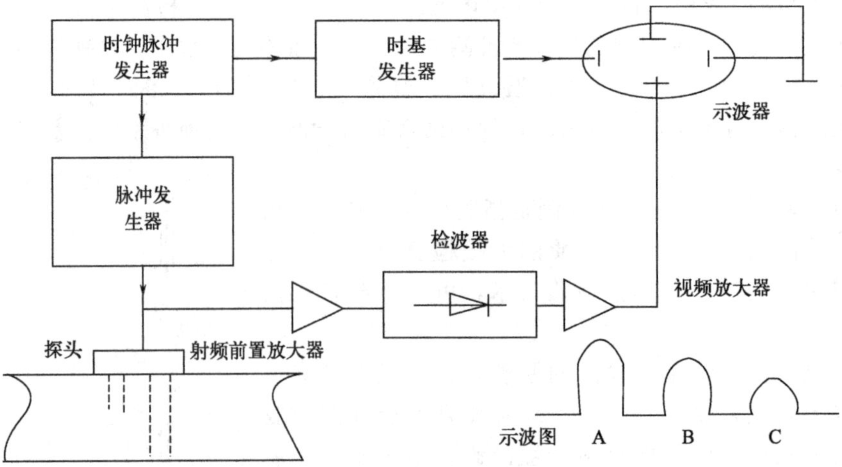

图 10-5 超声波探伤仪原理

① 对试件中的缺陷进行精确的定性、定量检测仍需做深入研究；

② 对具有复杂形状或不规则外形的试件进行超声检测有困难；

③ 缺陷的位置、取向和形状对检测结果有一定影响；

④ 材质、晶粒度等对检测有较大影响；

⑤ 使用常规的手工 A 型脉冲反射法时，检测结果显示不直观，且无直接见证记录。

综合超声波检测的优点与局限性，该检测方法适用于以下范围：从检测对象的材料来说，可用于金属、非金属和复合材料；从制造工艺来看，可用于锻件、铸件、焊接件、胶结件等；从对象的形状来看，可用于板材、棒材、管材等；从尺寸来看，厚度可小至 1mm，也可大至几米；从缺陷部位来看，既可以是表面缺陷，也可以是内部缺陷。

(4) 磁粉检测（MT） 磁粉检测的原理是：当铁磁性材料和工件被磁化后，由于不连续性的存在，工件表面及近表面的磁力线会发生局部畸变，产生漏磁场，吸附施加在工件表面的磁粉，从而在适当光照下形成可视的磁痕，显示出不连续性的位置、形状和大小。

在应用磁粉检测时，首先将工件表面磁化，然后用磁粉覆盖检查区表面。在裂纹等缺陷处，磁场被破坏，磁力线会使磁粉聚集，从而显现缺陷位置。但如果裂纹平行于磁力线，则无法显示。因此，必须改变磁力线的方向，以探测不同走向的裂纹。由于此方法会产生残余磁力，可能对某些设备造成不利影响，因此在某些情况下检查后需进行消磁。

用于磁粉检测的磁粉有多种颜色，通常应根据被检查部件选择。对于重要的检查，可使用荧光染色的磁粉，这种粉末一般以液体悬浮形式使用，能够在黑暗环境中配合紫外线分析结果。

图 10-6 为磁粉检测原理示意图。

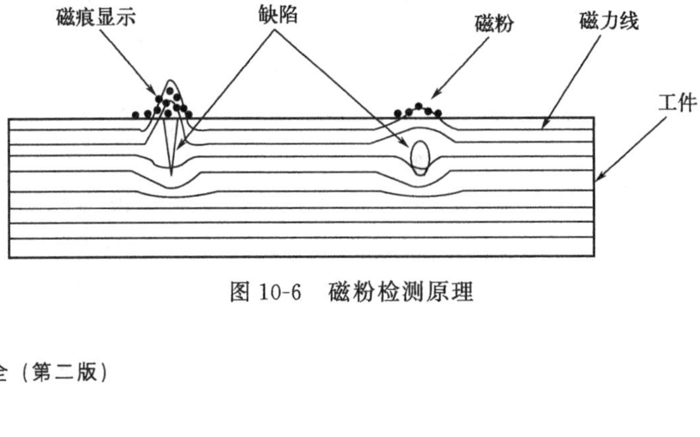

图 10-6 磁粉检测原理

磁粉检测的适用性和局限性：

① 磁粉探伤适用于检测铁磁性材料表面和近表面的小尺寸、极窄间隙（如可检测出长0.1mm、宽微米级的裂纹），目视难以察觉的不连续性。

② 可对原材料、半成品、成品及在役零部件进行检测，包括板材、型材、管材、棒材、焊接件、铸钢件及锻钢件。

③ 可发现裂纹、夹杂、发纹、白点、折叠、冷隔和疏松等缺陷。

④ 磁粉检测无法检测奥氏体不锈钢材料及用其焊接的焊缝，且不能检测铜、铝、镁、钛等非磁性材料。对表面浅的划伤、埋藏较深的孔洞和与工件表面夹角小于20°的分层和折叠也难以发现。

⑤ 虽然磁粉检测能探知缺陷，但无法检测缺陷的深度。确定有缺陷后，需要通过刨削、磨削等手段进一步检查，在去除所有可见缺陷后，再进行磁粉检查，以确保所有缺陷在修复之前已被去除。

(5) 渗透检测（PT） 液体渗透检测的基本原理是：零件表面涂覆含荧光染料或着色染料的渗透剂，经过一段时间的毛细作用，渗透液可渗入表面开口缺陷中。去除零件表面多余渗透液后，再涂显像剂，显像剂会吸引缺陷中保留的渗透液，渗透液回渗到显像剂中。在特定光源（紫外线光或白光）下，缺陷处的渗透液痕迹以黄绿色荧光或鲜艳红色显示，从而探测缺陷的形貌及分布状态。

图10-7为渗透检测原理及步骤示意图。

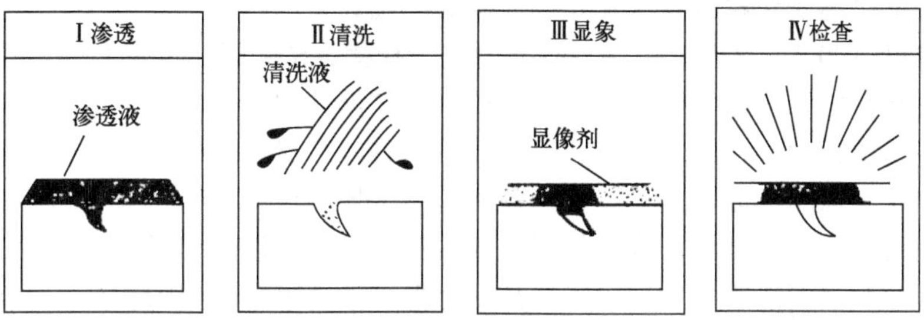

图10-7　渗透检测原理及步骤

渗透检测的优点：

① 可检测各种材料，如金属、非金属材料，磁性、非磁性材料；可用于焊接、锻造、轧制等加工方式；

② 具有较高的灵敏度（可发现0.1μm宽缺陷）；

③ 显示直观、操作方便、检测费用低。

渗透检测的缺点及局限性：

① 它只能检出表面开口的缺陷；

② 不适于检查多孔性疏松材料制成的工件和表面粗糙的工件；

③ 只能显示缺陷的表面分布，难以确定实际深度，因而很难对缺陷进行定量评价，检出结果也较大程度受操作者影响。

(6) 涡流检测（ET） 涡流检测的基本原理是：将通有交流电的线圈置于待测金属板上或套在金属管外，此时线圈及其附近会产生交变磁场，使试件中产生漩涡状的感应交变电流，称为涡流。涡流的分布和大小不仅与线圈的形状、尺寸及交流电流的大小和频率有关，还取决于试件的电导率、磁导率、形状、尺寸、与线圈的距离以及表面是否存在裂纹等缺陷。因此，在保持其他因素相对不变的情况下，通过探测线圈测量涡流引起的磁场变化，可以推知试件中涡流的大小和相位变化，从而获得电导率、缺陷、材质状况及其他物理量（如形状、尺寸等）的变化信息。然而，由于涡流为交变电流，具有集肤效应，所检测的信息仅反映试件表面或近表面的情况。

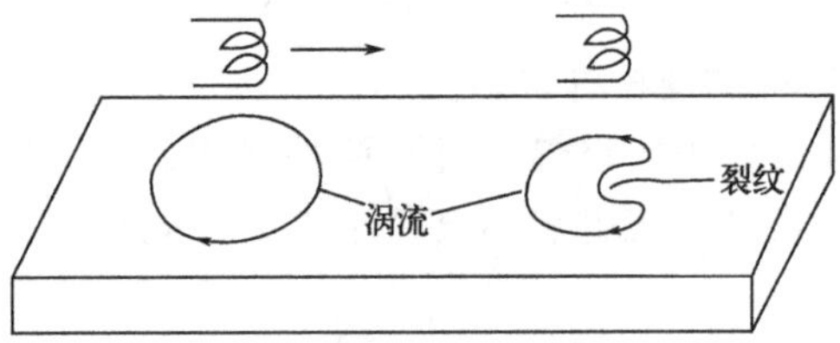

图 10-8　涡流检测原理

图 10-8 为涡流检测原理图。

根据试件的形状和检测目的，可以采用不同形式的线圈，通常有穿过式、探头式和插入式三种。穿过式线圈适用于检测管材、棒材和线材，其内径略大于被检物件，使用时使被检物体以一定速度在线圈内通过，可发现裂纹、夹杂、凹坑等缺陷。探头式线圈适合局部探测，放置在金属板、管或其他零件上，可检查飞机起落撑杆内筒和涡轮发动机叶片上的疲劳裂纹。插入式线圈（内部探头）放在管道或零件孔内，用于内壁检测，适用于检查管道内壁的腐蚀程度。为提高检测灵敏度，探头式和插入式线圈大多装有磁芯。涡流法主要用于生产线上的金属管、棒、线的快速检测，以及大批量零件（如轴承钢球、气门等）的探伤、材质分选和硬度测量，也可测量镀层和涂膜的厚度。

涡流检测的优点在于检测时线圈不需与被测物直接接触，能够进行高速检测，且易于实现自动化。其局限性则在于不适用于形状复杂的零件，并且只能检测导电材料的表面和近表面缺陷，检测结果易受到材料本身及其他因素的干扰。

(7) 声发射 (AE)　声发射是一种新型的无损检测方法，通过检测材料内部裂纹扩张等发出的声音进行缺陷评估。主要用于检测在用设备和器件的缺陷及其发展情况，以判断其完好性。当设备承受压力时，缺陷会以高频声波的形式释放能量，裂纹的产生和增长是声发射的主要来源。这些高频声波通过安装在设备上的变送器转换为电子信号，随后由计算机系统进行显示和分析。通过测定声音到达特定变送器的时间，可以确定裂纹的位置。

声发射检测虽然不能直接发现缺陷的类型，但可根据电子信号的特征（如大小、增大时间和脉冲周期等）判断缺陷的严重性。这些特征与压力、负荷和时间等外部因素密切相关，因此需要进一步结合超声波、磁粉或其他检测手段来确定缺陷的性质和大小。图 10-9 为声发射检测示意图。

除以上常规无损检测方法以外，实际应用中还有一些非常规无损检测方法，如泄漏检测 (leak testing，LT)、超声衍射时差法检测（time of flight diffraction，TOFD)、导波检测 (guided wave testing，GWT）等。

在实际生产过程中，为实时掌握设备的运行状况，采用上述无损检测方法进行检查时，还需结合在线监测手段进行评估。对于塔器设备和管线开展腐蚀监测，对冷却换热设备进行水质和污垢监测等。

腐蚀监测是在设备运行状态下，利用各种在线监测手段（如电阻探针、电感探针等）测量即时腐蚀速率，以及影响腐蚀速率的工艺参数（如 pH 值、温度等)，以掌握腐蚀动态，测定设备及管线的腐蚀速率，并据此调整工艺参数和采取相应防范措施，防止和控制腐蚀的发生与发展，确保设备在良好的可控状态下运行。主要的腐蚀监测方法包括腐蚀挂片法、电阻探针法、电化学法和电感法等。

与静态设备相比，动态设备通常故障率较高。为保证生产系统的可靠性、稳定性和安全性，需深入研究动态设备的故障机理，掌握故障发生规律，并采取适当的维修方式，有效减

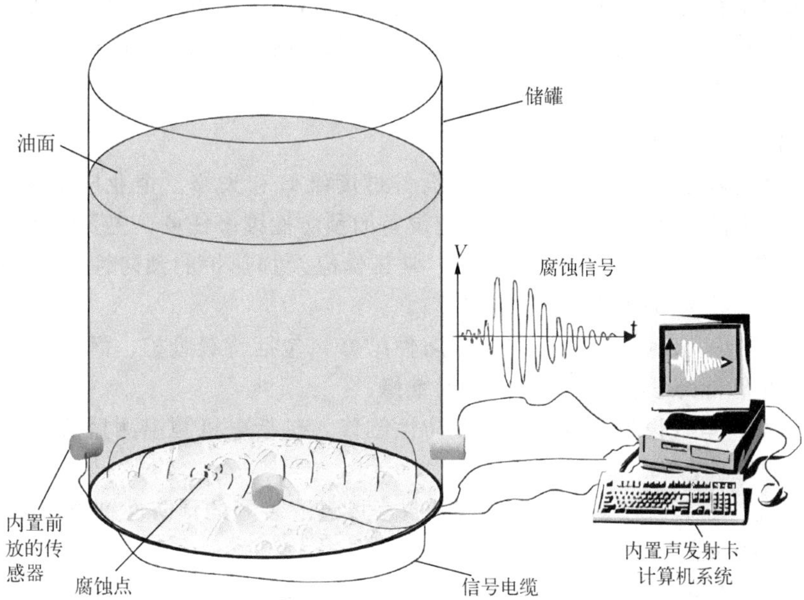

图 10-9　声发射检测原理

少故障发生。动态设备通常安装了更多的在线监测传感器，除了传统的压力、流量、温度等工艺参数外，还涉及与动态设备运行相关的振动、电流、声音等特色参数，可以通过基本的阈值判断或复杂的预测模型评估设备的健康状态。此外，动态设备的检测还依赖于人员的巡回检查。

在正常情况下，设备突然损坏的情况较少，大多数故障是由于零部件轻微磨损逐渐发展而成。若能在零件磨损或劣化的早期发现故障征兆并及时处理，可有效防止劣化和故障的发生。巡回检查是早期发现征兆和识别隐患的有效手段。

在实际生产中，生产操作人员和维修人员定期巡回检查是设备预防性维修的基本方式，通过视觉、听觉、嗅觉和触觉等感官，配合便携式测量仪器对设备运行状态进行检查。在巡回检查过程中，通过擦拭、清扫、润滑和调整等方法对设备进行维护，以维持和保护设备的性能和技术状态。

在巡回检查过程中，重点应放在设备运行参数和设备状况的检查上。

① 设备运行参数检查　与动态设备相关的工艺运行参数能够表征机泵的整体运行状况及设备技术状态。这些参数包括设备各段进出口的压力、温度、流量，以及机组的密封系统、润滑油系统和冷却系统的油压、油温、水压、水温、水质和液位等。这些数据可以通过集成的信息化系统获取，也可以通过手持终端（如测温测振仪）现场采集。此外，运行参数还包括动态设备控制系统和联锁保护系统的输入输出信号，以及进出口阀门、防喘振阀门等关键阀门的阀位情况。对于装有轴向位移和径向振动监测设施的动态设备，还需检查转子的轴向位移和径向振动情况。针对蒸汽透平、烟气轮机等高温设备，还要检查其缸体的膨胀是否均匀，猫爪是否能够顺畅伸缩。

② 设备状况检查　动态设备的辅助设施、安全设施以及所有附属的电气、仪表设备和阀门、管线等应被视为与动态设备本体同等重要，因为这些设施的状态直接影响动态设备的技术性能。

③ 机泵设备状况检查内容　检查内容主要包括：动态设备是否正常运行，设备内部是

否有杂声；保温是否完好，油漆是否脱落；所有动静密封垫是否有泄漏；管线是否出现异常振动；地脚螺栓是否松动或断裂；以及节流较大的调节阀、控制阀、调速阀是否有严重的振动和波动，基础是否存在裂纹等问题。

10.2.6.4 预防性维修

预防性维修应基于可靠性分析，避免设备过度维修和失修。企业应根据 ITPM 计划、状态监测预警及风险评估结果，制定并实施设备的预防性维修任务，主要包括：

① 静设备专业　压力容器、压力管道、常压储罐及加热炉的预防性维修，依据 RBI 风险策略和腐蚀监测技术所确定的维护措施等；

② 动设备专业　大型机组和机泵的预防性维修，包括特级维护、润滑油定期更换及转动设备的定期盘车和状态监测分析所确定的维修；

③ 电气专业　电气设备和电动机的预防性维修，包括电机测温测振监测和电气设备监测系统所确定的维护；

④ 仪表专业　过程控制系统、控制阀和仪表风过滤装置的预防性维修，涵盖 DCS 中的联锁状态监测和报警监测等。

在化工企业的日常管理中，巡检过程中将进行常规设备维护，主要包括四项要求：

① 清洁　设备内外应整洁，各运动部位、丝杠、齿轮、润滑处等无油污，各部位不漏油、不漏气，设备周围应无杂物、脏物等；

② 整齐　工具、附件、备件应放置整齐，管道和线路要有条理；

③ 润滑良好　按时添加或更换润滑油，确保无干摩擦、断油现象，润滑油不得变质或乳化，油压正常，油标明亮，油路通畅，油质符合要求，油枪和油杯应保持清洁；

④ 安全　遵守安全操作规程，设备运行不得超负荷，安全防护装置应齐全可靠，及时消除不安全因素。

更多的预防性维修主要以周期性维修为主，辅以检验测试结果，修正维修周期。周期性维修是一种基于时间的预防性维修方式，根据设备的故障规律预先确定修理类别、间隔期及工作量，修理计划根据设备的实际运行时间制定，适用于已掌握设备故障规律且在生产过程中难以停机维修的主要设备。

周期性维修的理论依据是浴盆曲线。使用经验和试验结果表明，设备在刚投入使用时，因磨合不足，故障率较高；随着运行时间增加，故障率趋于稳定；而在使用寿命结束时，故障率又逐渐增加。其故障率随时间变化的关系如图 10-10 所示，其故障率是两头高，中间低，图形有些像浴盆，故称为浴盆曲线。

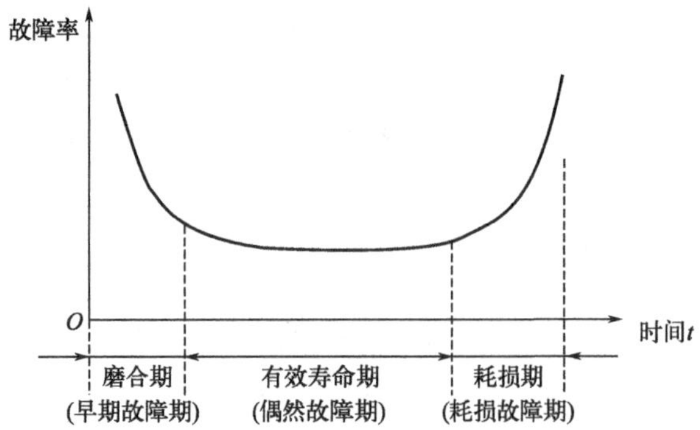

图 10-10　浴盆曲线

根据浴盆曲线，设备故障率随时间的变化可分为三个阶段：早期故障期、偶然故障期和耗损故障期（或称磨合期、有效寿命期、耗损期）。普遍认为，在耗损故障期到来之前进行设备拆检、替换磨损零部件，能有效防止功能故障。

周期性维修的优点在于：

① 可防止和减少突发故障；

② 可预防隐蔽故障（不拆开难以

发现的故障)；

③ 适用于已知设备寿命分布规律且有明显耗损期的设备，故障发生与发展有明确关系；

④ 有助于计划性地进行生产和维修，便于预计所需备件和材料、安排维修人员及制订设备使用和维修计划，体现出强计划性和可操作性。

然而，周期性维修也存在局限。尽管能在一定程度上预防设备故障，确保设备在技术状态下运行，但过于严格的计划和固定的检修周期，忽视了设备的实际技术状态，可能导致过度维修或不足维修。过度维修限制了设备潜力，而不足维修则削弱了预防性维修的意义。这两者都会影响企业的经济效益。在市场经济环境追求效费比的背景下，周期性维修显得不合时宜。

10.3 设备预测性维修

10.3.1 从预防到预测性维修

从整体生产运营角度来看，生产维护管理可以分为三种不同模式：

① 被动维修（breakdown maintenance） 此阶段在设备出现故障后才进行维修。这种策略存在明显问题，故障可能导致生产中断，影响生产效率；故障损坏严重，维修成本高昂；同时，事故隐患也可能对设备和人员构成威胁。

② 预防性维修（preventive maintenance） 为避免被动维修的弊端，企业转向预防性维修。此策略强调定期检查设备以预防故障发生，其特点是制订维护计划时留有缓冲时间以应对突发情况。然而，这可能导致过早维护，浪费设备的可用寿命，并增加一定的维护成本，尽管总体成本通常低于被动维修。

③ 预测性维修（predictive maintenance） 作为最有效的维护策略，预测性维修通过先进的监测和分析技术，帮助预估机器发生故障的时间。这一策略旨在安排最佳维护时机，减少生产中断，同时能够及时发现设备隐患，精确锁定需要维修或更换的部件，从而避免不必要的维护操作，提高维护效率和准确性。

从被动维修到预防性维修，再到预测性维修，企业可以逐步优化设备维护策略，降低故障发生的概率，确保生产的连续性和稳定性。对于传统生产运营而言，设备维护通常基于事后维修的被动维护，对于连续生产如生物发酵、制药等，可能造成巨大的损失。为了避免被动维修，许多企业采取了预防性维修，进行定期维护，但这可能导致设备使用残值的消耗、新设备磨合阶段品质的下降，并且这些维护技术通常依赖于人员经验，缺乏数据支撑，导致效率较低。

预测性维修通过实时监测设备运行状态，结合大数据、人工智能等新兴技术，预测其未来工作状况，实现故障诊断、寿命预测以及设备维护与管理。这是人工智能在智能制造领域的典型应用，被誉为“未来工厂”之光。尤其在高价值、结构复杂、故障模式多样且维护困难的数控机床等高端装备中，实施预测性维修对于保证加工精度、工作效率、稳定性和可靠性，降低生产及维护成本具有重要意义。

预测性维修带来诸多好处：实时在线监控，避免非计划停机；根据设备状态进行有计划的维护；早期设备异常监测，防止更严重损害；加工过程实时监控用于质量控制，减少批量质量事故；提升设备综合利用率（OEE)；减少备品备件的需求；避免过度维护，降低维护成本。

10.3.2 预测性维修技术体系

预测性维修是基于设备状态的维修方法。它通过对设备在运行过程中的关键部件或重要指标进行定期或连续的监测，结合故障诊断，判断设备当前的运行状态，并预测其未来发展趋势。这种技术体系的核心在于，能够根据设备的状态发展趋势，提前制订维修计划，确保维修活动在最恰当的时间进行，从而避免设备故障，降低维护成本，提升设备的运行效率。

预测性维修的实施流程大体如图 10-11 所示，它是对设备运行、日常养护、确定维修项目、制订维修计划、维修准备和维修执行等运维过程起到支撑作用，涵盖了数据采集、状态监测、故障诊断、维修决策和执行的完整链条。预测性维修不仅是设备健康管理的重要手段，还在提高设备可靠性和延长设备寿命方面发挥了重要作用。

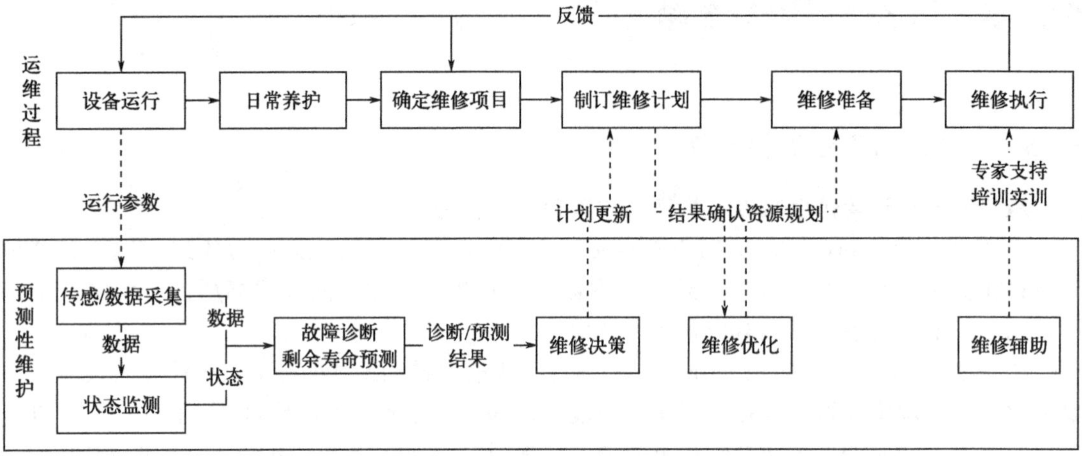

图 10-11　运维过程与预测性维修技术应用示意图

数据采集：在设备正常运转过程中，实时获取运行参数，如压力、温度、振动等关键指标。这些数据通过传感器和数据采集系统收集，形成设备的状态监测基础。

状态监测：通过传感器、监测设备和智能系统，对设备的状态进行连续或定期的监测。监测的参数包括振动、温度、润滑油品质、电流、电压等，这些指标的变化可以反映设备的健康状态。

故障诊断与寿命预测：状态监测的数据经过分析，能够判断设备当前的运行状态，并结合故障模式预测设备的寿命。例如，基于振动分析和温度变化，可以判断轴承的磨损情况，预估其剩余寿命。

维修决策：根据设备的状态评估和寿命预测结果，决定是否需要维修，并确定维修的内容、方式和时间。这一决策过程确保维修是在设备故障发生之前进行，避免了因设备故障带来的停机损失。

制订维修计划：根据预测性维修的结果，制订具体的维修计划。计划中应明确维修的时间、所需的资源、人员配置和技术要求。

维修执行：按照制订的维修计划，进行设备维修。在此过程中，可结合专家支持和培训确保维修的准确性和高效性。

反馈与优化：维修完成后，及时更新维修计划，并将维修执行中的经验反馈至整个系统，以便优化未来的维修决策。

预测性维修能够有效运行，依赖于以下几项关键技术：

① 状态监测技术　包括振动分析、声发射监测、红外热成像、超声波检测等，这些技术能够捕捉到设备运行过程中产生的物理信号，提供设备状态的实时信息。

② 故障诊断技术　通过大数据分析、人工智能（AI）、机器学习（ML）等技术，对设备的状态监测数据进行分析，识别可能的故障模式，确定故障源，并提供设备未来可能出现故障的趋势预测。

③ 寿命预测技术　基于设备的历史数据和当前状态，利用统计模型和机器学习算法，预测设备的剩余使用寿命，进而帮助制定准确的维修时间安排。

④ 信息化管理系统　通过集成化的信息管理系统，将各类监测数据、诊断结果和维修计划进行统一管理，实现信息共享和流程优化。

以某大型化工企业为例，企业采用预测性维修技术，对其关键设备如压缩机、泵和热交换器等进行实时监控。通过在线状态监测系统，企业可以实时获取设备的运行状态，并通过智能分析平台进行数据分析和故障诊断。某次监测发现压缩机的轴承振动信号异常，系统提示可能存在轴承磨损风险。通过结合寿命预测模型，企业决定在下次停机检修时对该轴承进行更换，成功避免潜在的设备故障和停产风险。

预测性维修技术体系的建立和完善，使得设备的维护不再依赖于传统的定期维修，而是根据设备的实际运行状态进行维护。通过状态监测、故障诊断和寿命预测，预测性维修实现了设备全生命周期的动态管理，极大地提高了设备的可靠性和安全性，降低了运维成本，提升了生产效率。

10.3.3　状态监测与故障诊断

状态监测和故障诊断常被视为预防性维修的重要方式，实际上它们更趋向于预测性维修的范畴。

状态监测（condition monitoring）是通过多种途径掌握设备的运行状态，包括使用在线或离线的监测与分析仪器，结合检测、分析和判别方法，对设备当前状态进行评估，检测异常情况并发出报警，预测劣化趋势和磨损程度，从而为后续的故障分析和性能评估提供必要的数据支持。其核心目标是通过掌握设备在故障前的异常表现，提前采取针对性措施，预防故障的发生。例如，对于泵、压缩机和风机等旋转设备，通过对轴承振动、轴位移、润滑油温度等进行在线监测，可以及时发现异常，制定应对策略，降低维修成本，提升设备利用率，确保设备的长期稳定运行。

设备状态监测利用现代电子技术和多学科的研究成果，能够预知设备的劣化趋势，识别潜在故障，促使状态维修成为可能。这种监测技术包括振动、噪声、腐蚀、泄漏、温度等多种非破坏性检测手段，通过磨粒测试、光谱分析等技术，更加全面地掌握设备的动态特性。

故障诊断（fault diagnosis）技术通过监测设备的状态参数，发现异常，分析故障原因，并预测设备的未来状态。通过这项技术，设备可以在不拆卸的情况下进行评估，具体内容包括：

① 设备所承受的应力；

② 设备的强度和性能；

③ 设备故障和劣化的机理；

④ 预测设备的可靠性；

⑤ 在设备发生故障的情况下，对故障原因、故障部位、危险程度进行评定，并确定正确的修复方法。

整个故障诊断过程包含信息库和知识库的构建、信号检测、特征提取、状态识别和决策预报等步骤。信号检测阶段，依据诊断需求选择适合的状态信号，并通过传感器和数据采集技术构建初始信号数据库。特征提取阶段，采用信号处理手段进行数据压缩或去噪，以提取故障特征。状态识别阶段，通过分析正常和异常状态，提出控制措施或维修决策。

在设备的全生命周期内，不仅在运行阶段要进行状态监测和故障诊断，还应在设计和制造阶段开展故障模式及影响分析（FMEA），以确保设备符合设计要求，并通过数据积累，提升设备设计与制造的质量，延长使用寿命。

现代状态监测技术在工程领域有多种实现方式，包括振动、噪声、温度、压力等监测方法。通过对温度、液位、压力、流量等信号的监控，设备可以在关键参数发生变化时发出报警，确保设备的安全与可靠运行。

为确保监测过程的一致性，状态监测的流程、方法与数据分析需要标准化。目前，广泛应用的标准包括 ISO 17359：2018《机器的状态监测与诊断　总导则》和 GB/T 37942—2019《生产过程质量控制　设备状态监测》。

动设备的振动监测是目前机械类故障诊断中应用最广泛、技术最成熟的技术之一，尤其是在石油化工、电力、冶金等工业领域的关键设备中具有重要的作用。振动监测的基本原理是根据设备的振动频率变化来判断机械故障的类型和严重程度，不同的故障模式对应不同的特征频率。通过使用先进的信号采集、分析技术和专家系统，振动监测可以在不干扰设备正常运行的情况下，早期检测到设备潜在的故障。

与传统的离线测量系统相比，在线状态监测技术具有实时性强、反应迅速和故障预警提前等显著优势。ISO 10816 标准为振动监测提供了可靠的参考依据，根据设备类型和运行条件，定义了不同设备的速度和位移峰-峰值等标准范围，从而帮助用户准确判断设备的故障状态。对于不同类型的压缩机、泵和风机，监测其运行速度和振动频率的值能够直接与标准进行对比。借助专家系统分析，可以迅速诊断潜在故障并采取相应对策，如图 10-12 所示。

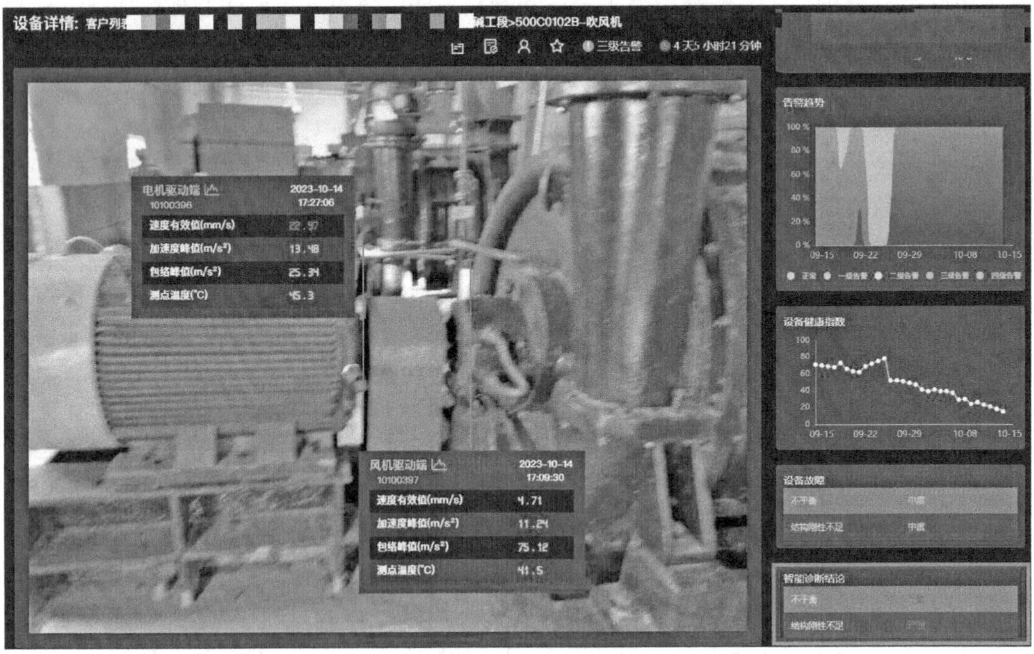

图 10-12　动设备故障诊断平台

在石油炼化行业，压缩机组作为关键核心设备，承担着气体压缩和传输的重要任务。在线振动监测系统能够实时监测轴承振动、轴位移及润滑油温度等关键参数，持续跟踪压缩机组的运行状态。当监测系统捕捉到轴承振动异常时，经过频率分析，能够及时发现轴承内圈疲劳磨损的迹象。基于这一预警信息，可以在轴承完全失效前及时更换，避免潜在的设备停机和生产中断。

在核电站中，冷却泵是确保反应堆安全运行的关键设备。应用在线振动监测系统后，能够实时监测其运行状态，并通过分析振动频谱，及时发现由于润滑油劣化导致的异常振动信号。基于此预警，维修人员能够及时更换轴承，避免可能导致核反应堆停机的严重故障，保障核电站的持续安全生产。

风力发电机组中的关键旋转部件，如齿轮箱、主轴和发电机，长时间运行后易受振动、疲劳和磨损影响。采用在线振动监测技术后，能够在设备高速运转过程中监测振动信号，并通过频谱分析，及时发现齿轮箱中的齿轮啮合异常和主轴轴承磨损问题。这样可以及时进行故障诊断和维护决策，避免设备严重损坏和停机事故，有效提高设备运行的可靠性和发电效率。

目前，振动监测技术相对成熟，许多企业将设备的预测性维修狭义地理解为大型机组的振动监测与故障诊断。实际上，除了大型机组外，静态设备如换热器、反应器和塔设备等同样可以进行预测性维修。通过结合设备的工艺机理与历史数据，开发状态监测与故障诊断模型，可以实时监控关键工艺参数，诊断并预测设备故障，避免如腐蚀泄漏、烧焦结垢等事故的发生。

例如，炼化企业的换热器在长时间运行后出现了腐蚀、结垢和流动阻塞等问题，导致换热效率下降。如图 10-13 所示，可以安装在线监测系统，实时监控换热器的温度、压力、流量等关键参数，建立故障诊断模型，预测设备劣化趋势，并在设备即将达到预设故障点之前进行清洗和维护，避免因设备失效而造成的停工损失。

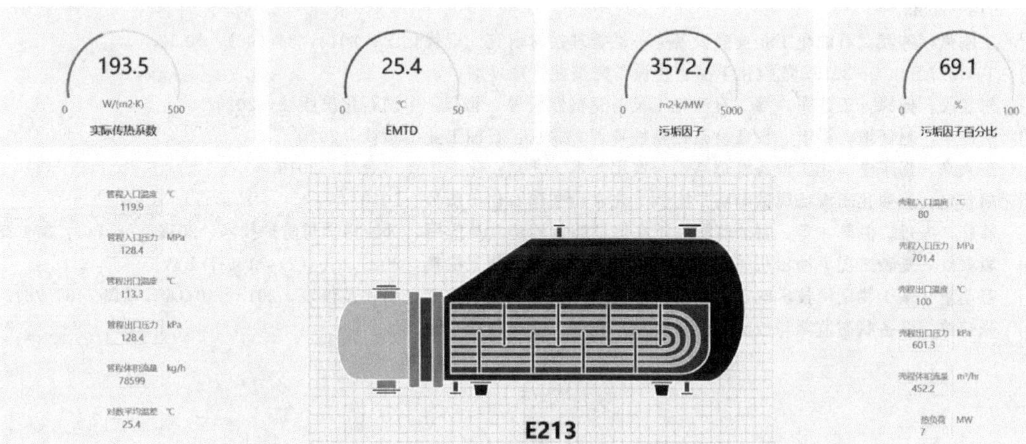

图 10-13　换热器的预测性维修

同样，塔设备在生产过程中也可能发生再沸器、冷凝器故障或液泛等异常，影响生产效果，甚至引发安全事故。通过耦合历史数据和过程机理，建立了故障诊断模型，基于实时监测的塔工艺参数，在早期识别工艺异常趋势，可有效监控塔内流动状况和分离效果，及时采取措施，避免严重的生产事故和不必要的停机。

状态监测与故障诊断技术在现代工业中的应用已成为提高设备可靠性、降低维护成本和延长设备使用寿命的重要手段。从旋转设备的振动监测到静态设备的工艺参数监测，状态监测技术逐步发展为不可或缺的工业管理工具。通过在线监测系统和专家系统的应用，企业能够更早发现潜在问题，在故障发生之前采取预防性措施，确保设备安全、稳定运行。这不仅降低了维修成本，还提高了设备的有效利用率。在工业 4.0 时代，状态监测与故障诊断技术将发挥越来越重要的作用。

习题

1. 什么是设备完好性管理?
2. 介绍化工企业生产中存在的典型设备及其故障模式。
3. 设备预防性维修和预测性维修有什么区别?
4. 什么是本质安全型设备?本质安全型设备有哪些特点?
5. 简述特种设备的管理要求。

参考文献

[1] 辽宁盘锦浩业化工有限公司"1·15"重大爆炸着火事故调查报告. 2024-12-17. https://yjgl.ln.gov.cn/eportal/attachDir/yjgl/2023/08/2023082516010072704.pdf.
[2] 宋华振. 预测性维修技术. 自动化博览, 2013 (12): 55-57.
[3] 王成城, 王金江, 黄祖广, 等. 智能制造预测性维修标准体系研究与应用. 制造技术与机床, 2023 (2): 73-82.
[4] 应急管理部. "工业互联网+危化安全生产"设备完好性管理与预测性维修系统建设应用指南(试行). 2022.
[5] GB/T 40571—2021. 智能服务 预测性维修 通用要求.
[6] GB/T 44692.1—2024. 危险化学品企业设备完整性 第 1 部分: 管理体系要求.
[7] GB/T 44692.2—2024. 危险化学品企业设备完整性 第 2 部分: 技术实施指南.
[8] SY/T 6325—2011. 输油气管道电气设备管理规范.
[9] 袁烨, 张永, 丁汉. 工业人工智能的关键技术及其在预测性维护中的应用现状. 自动化学报, 2020, 46 (10): 2013—2030.
[10] 王刚强, 陈江. 石油化工企业静设备完整性管理技术研究. 现代化工, 2014, 34 (06): 10-12.
[11] T/CCSAS 004—2019. 危险化学品企业设备完整性管理导则.
[12] 朱建民, 杨锋, 王建军, 等. 石油化工设备完整性管理. 北京: 中国石化出版社, 2020.
[13] 王建丰, 刘怀增, 梁丰. 设备设施完整性管理. 北京: 石油工业出版社, 2020.
[14] 王兴来, 任子学. 化工设备管理基础与实用技术. 北京: 化学工业出版社, 2019.
[15] 胡安定. 炼油化工设备腐蚀与防护案例. 北京: 中国石化出版社, 2010.
[16] 陈轩, 冯丹, 陈阵, 等. 腐蚀监测系统在炼油装置的建立及应用. 腐蚀科学与防护技术, 2016, 28 (4): 379-383.
[17] 段秉红. 复杂工况下油田机械设备运行状态监测方法. 化工机械, 2023, 50 (2): 169-174.
[18] 范明新. 基于物联网技术的旋转设备状态监测与预警系统. 化工自动化及仪表, 2013, 40 (6): 746-748, 761.
[19] 张碧波. 设备状态监测与故障诊断. 北京: 化学工业出版社, 2005.

第11章

事故应急

“惟事事乃其有备，有备无患。”

——《尚书·说命》

2005年吉化双苯厂事故中，在发生第一次爆炸后，为了控制火势，保证其他罐体安全，避免连锁爆炸加剧，96台消防车辆将5000t水、28t泡沫不间断地射向了火点，屏蔽了其他罐体的燃烧爆炸。可令人始料不及的是这次事故造成了更大的环境危机。这些喷射出来的消防用水和泡沫连同未燃烧的近100t的苯类物质，绕过了吉化分公司污水处理厂，通过雨水管线直接流入了松花江。

2005年11月17日，松花江下游有43万市区人口的松原市开始停水。11月19日21时，污染团进入黑龙江省界缓冲区，苯超标为2.5倍，硝基苯超标为103.6倍。11月20日7时，黑龙江省界第1个监测断面即肇源断面检出苯超标，污染带前锋抵达黑龙江省。

2005年11月21日早上，哈尔滨市政府突然向社会公布了《关于对市区市政供水管网设施进行全面检修临时停水的公告》。哈尔滨市民纷纷涌进商场、超市，抢购瓶装水、罐头和方便面。2005年11月22日，哈尔滨市政府公布了第二份停水公告——《关于正式停止市区自来水供水的公告》。将停水的原因明确表述为：“2005年11月13日，中石油吉化公司双苯厂苯胺车间发生爆炸事故……据环保部门监测数据，预测近期有可能会受到上游来水的污染。”

污染带继续顺流而下进入俄罗斯，造成严重的跨国污染事故。2005年12月16日8点30分，经过一周多的准备和协调，黑龙江抚远水道引流筑堰工程破土动工。解放军某部奉命从抚远小河子村下游500m处横向向俄罗斯大黑瞎子岛方向修筑300m长的堤坝，拦截从松花江过来的吉林石化污染带，保证俄罗斯哈巴罗大斯克城市的用水不受污染。

吉林石化有自己的污水处理厂，1980年吉化就投资建成了全国第一个污水集中控制处理的日处理能力24万吨的污水处理厂。但污水处理厂在设计建造时是按正常工况考虑污水类型，并选择污水处理工艺及处理能力的，无法在短时间内处理如此大量高浓度的有毒污水。关键是，道路上的污水口是通向雨水管道的，从雨水管道直接排入附近水体。这些有毒污水根本就没有进入吉化公司污水处理厂。

吉化双苯厂事故的事故应急中有很多经验与教训值得反思。

(1) 事故应急的现场指挥

2005年11月13日13时38分接到报警后，大批消防人员先后到达火场。此时，装置区内反应釜已经变形，随时可能再次发生爆炸，现场指挥命令消防人员全部后撤。撤出不到两分钟，装置区再次发生猛烈爆炸。20min之内，现场又先后发生数十次爆炸燃烧。如果现场指挥稍有迟疑，将会造成大批消防人员伤亡。

(2) 事故应急处置措施及后果评估

因为爆炸装置附近存在大批储罐，在无法移动其他罐体的现实情况和全力控制火势、避免更大爆炸的思想指导下，现场采用了隔离、冷却的办法，依靠大量消防水来预防连环爆炸。扑救虽减轻了安全后果的严重性，但环境后果的严重性却被忽视了。

(3) 事故应急中的公众沟通

哈尔滨市政府的第一份停水公告，以设施检修的名义发布，回避了松花江污染，反而引起了哈尔滨市民的担忧。事后证明，应及时向社会公众说明真相及处理进程。

(4) 区域事故应急

随着城市的发展，以及经济发达地区的土地资源限制，化工企业与化工园区往往靠近江河湖海或临近居民区。这些企业一旦发生事故，不仅容易导致伤亡扩大、损失加剧，而且极易造成人员疏散、环境污染等区域性的影响。企业的事故应急预案往往仅考虑企业层面的各种应急措施，而行政区域或化工园区的应急预案，因不了解企业的装置技术细节，针对性不足。

风险控制的措施再完善，也不可能完全杜绝事故事件的发生。有效的应急管理可以减轻事故事件发生后果的危害。而完善的事故事件管理，能够帮助企业乃至全行业从已经发生的事故事件中吸取教训，改进技术提升管理，预防灾难性事故的重复发生（可扫二维码观看视频）。

事故应急处置流程

11.1 基本概念和定义

(1) 事件（incident）

计划外发生的事情，可能（但不一定）造成坏的后果。事件的范围非常广泛。譬如，储罐进料管道上的调节阀故障开启，导致储罐内液位不断升高，有人发现了这种情况，及时关闭了入口管道上的其他阀门。这是一起事件。这起事件还可能是其他的结果，进料管道上的调节阀故障开启，导致储罐内液位不断升高，没有及时切断进料，最后导致储罐溢流，化学品从罐顶流出来进入大气，甚至引起火灾或爆炸，这是另一起事件。这两起事件的原因相同，但结果却差异很大。

(2) 事故（accident）

在 AQ/T 3034 中，事故定义为由于物质或能量释放导致的人身伤害、环境破坏或财产损失等不良后果的级别达到了一定程度的危险情形。它有两方面的特征，一方面它是意外发生的（不是计划的也不是人为预期的）；另一方面是导致了负面结果，也就是有了一定的后果。事故是一类特殊的事件，所以事故属于事件的范畴。前面对事件的举例中，化学品从储罐溢流进入大气，甚至引起火灾或爆炸，就是事故。

(3) 未遂事件（near miss）

意外发生的事件，没有导致后果，但如果环境条件发生些许改变，就很可能演变成事故。有些工厂称之为险肇事故或未遂事件。前面对事件的举例中，有人及时关闭入口管道上阀门，避免了化学品从储罐溢流进入大气引起火灾或爆炸，就是未遂事件。

(4) 应急管理

应急管理是指为了迅速、有效地应对可能发生的事故，控制或降低其可能造成的后果和影响，而进行的一系列有计划、有组织的管理，包括准备、响应、恢复、调查四个阶段（图 11-1）。

应急管理的主要内容包括：①对可能发生的事故做好应急预案；②为应急预案的执行提供必要的资源；③不断演练并完善应急预案；④通过不断地培训与沟通，员工、承包商、相

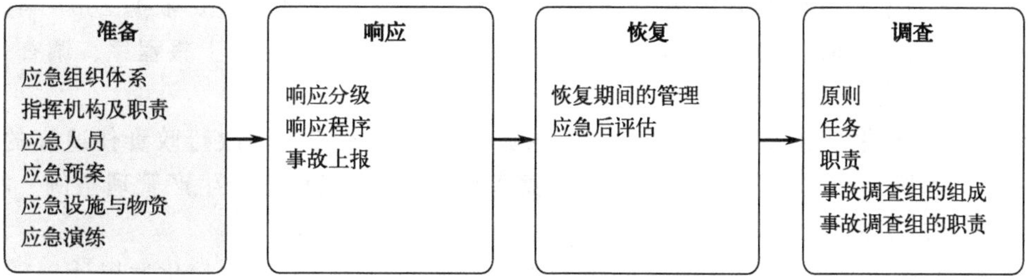

图 11-1　应急管理主要步骤

邻单位、政府管理部门了解应急响应中应该做什么、如何做、如何沟通；⑤事件发生以后有效地与相关方沟通。

(5) 应急预案

应急预案是为有效预防和控制可能发生的事故，最大程度减少事故及其造成损害而预先制定的工作方案。

(6) 应急准备

针对可能发生的事故，为迅速、有序地开展应急行动而预先进行的组织准备和应急保障。

(7) 应急演练

应急演练是在事先虚拟的事件（事故）条件下，应急指挥体系中各个组成部门、单位或群体的人员针对假设的特定情况，执行实际突发事件发生时各自职责和任务的排练活动。

(8) 应急响应

事故发生后，有关组织或人员采取的应急行动。

(9) 应急救援

在应急响应过程中，为消除、减轻事故危害，防止事故扩大或恶化，最大限度地降低事故造成的损失而采取的救援措施或行动。

(10) 应急恢复

事故的影响得到初步控制后，为使生产、工作、生活和生态环境尽快恢复到正常状态而采取的措施或行动。

11.2　有关法律、法规及标准

《中华人民共和国安全生产法》是我国安全生产管理领域的基础性、综合性法律，法律明确了加强安全生产工作、防止和减少生产安全事故、保障人民群众生命和财产安全、促进经济社会持续健康发展等方面的具体要求。2021 年修订《中华人民共和国安全生产法》，增加了安全生产工作坚持人民至上、生命至上，树牢安全发展理念，从源头上防范化解重大安全风险等规定，为统筹发展和安全两件大事提供了坚强的法治保障。其中第二十一条、第二十五条、第四十条明确了应急救援预案的相关要求；第七十九条提出了应急能力建设、应急救援基地和救援队伍建设的要求；第八十六条明确了事故调查的基本要求。

《安全生产事故应急条例》于 2019 年 2 月 17 日由国务院发布，自 2019 年 4 月 1 日起施行。条例规定了生产安全事故应急工作的基本原则、组织机构、应急救援工作的组织、应急救援措施、事故调查与处理、事故应急预案等关键内容。

针对应急预案的管理规定有国务院发布的《突发事件应急预案管理办法》和应急管理部

发布的《生产安全事故应急预案管理办法》。对于事故事件管理，主要依据 2007 年发布的《生产安全事故报告和调查处理条例》执行，其中对事故事件分级、上报程序、调查过程与调查方法等均提出了明确的要求。

此外，《危险化学品安全管理条例》《国务院关于特大安全事故行政责任追究的规定》《中华人民共和国消防法》《特种设备安全监察条例》《建设工程安全生产管理条例》等法规也对应急预案的编制做出了相关规定。

2022 年 4 月 26 日，应急管理部发布了《“十四五”应急管理标准化发展计划》（应急〔2022〕34 号），规划构建适应“全灾种、大应急”要求的应急管理标准化体系，如图 11-2 所示。要求在安全生产方面，加强基础通用标准，个体防护装备标准，事故调查统计相关标准，矿山安全、危险化学品安全、烟花爆竹安全、石油天然气开采安全标准，以及粉尘防爆、涂装作业、冶金有色、工贸安全等领域重要标准制修订。

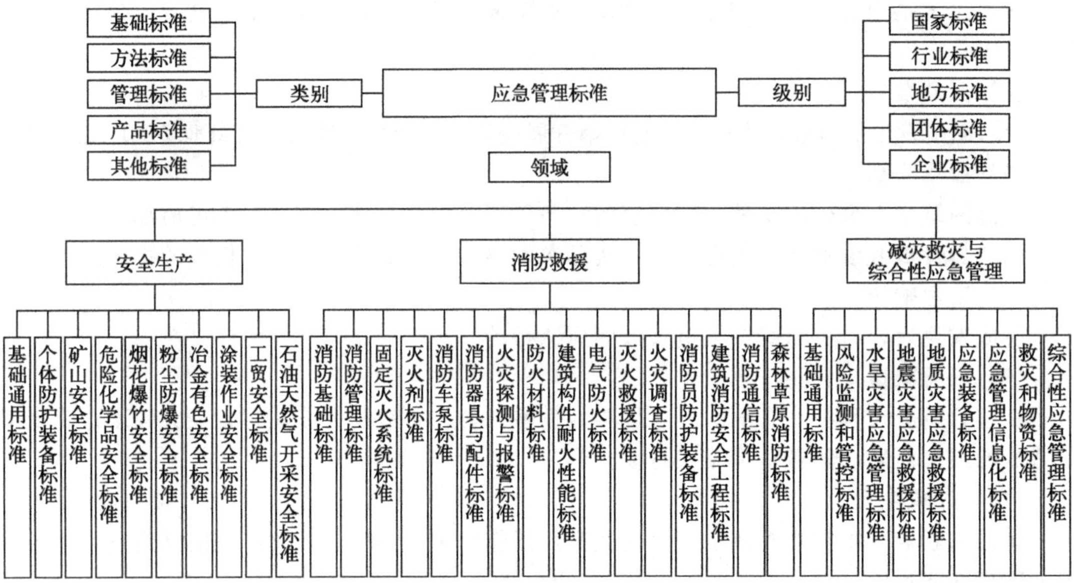

图 11-2　应急管理标准体系框架

目前适用危险化学品行业应急管理的配套国家标准和行业标准主要有：GB 30077—2023《危险化学品单位应急救援物资配备要求》、GB/T 39652.1～4《危险货物运输应急救援指南》、GB/T 29639—2020《生产经营单位生产安全事故应急预案编制导则》、GB/T 33942—2017《特种设备事故应急预案编制导则》、YJ/T 3052—2015《危化学品事故应急救援指挥导则》、YJ/T 9009—2015《生产安全事故应急演练评估规范》、YJ/T 9007—2019《生产安全事故应急演练基本规范》、YJ/T 9011—2019《生产经营单位生产安全事故应急预案评估指南》、AQ 9012—2023《生产安全事故应急救援评估规范》。而在事故调查方面，截至 2025 年 6 月应急管理部正组织起草国家标准《生产安全事故调查程序技术规范》。

11.3 应急准备

化工装置设施的类型不同，应急预案的内容也不同。但编制及准备应急预案的基本过程是一致的，基本步骤如图 11-3 所示：

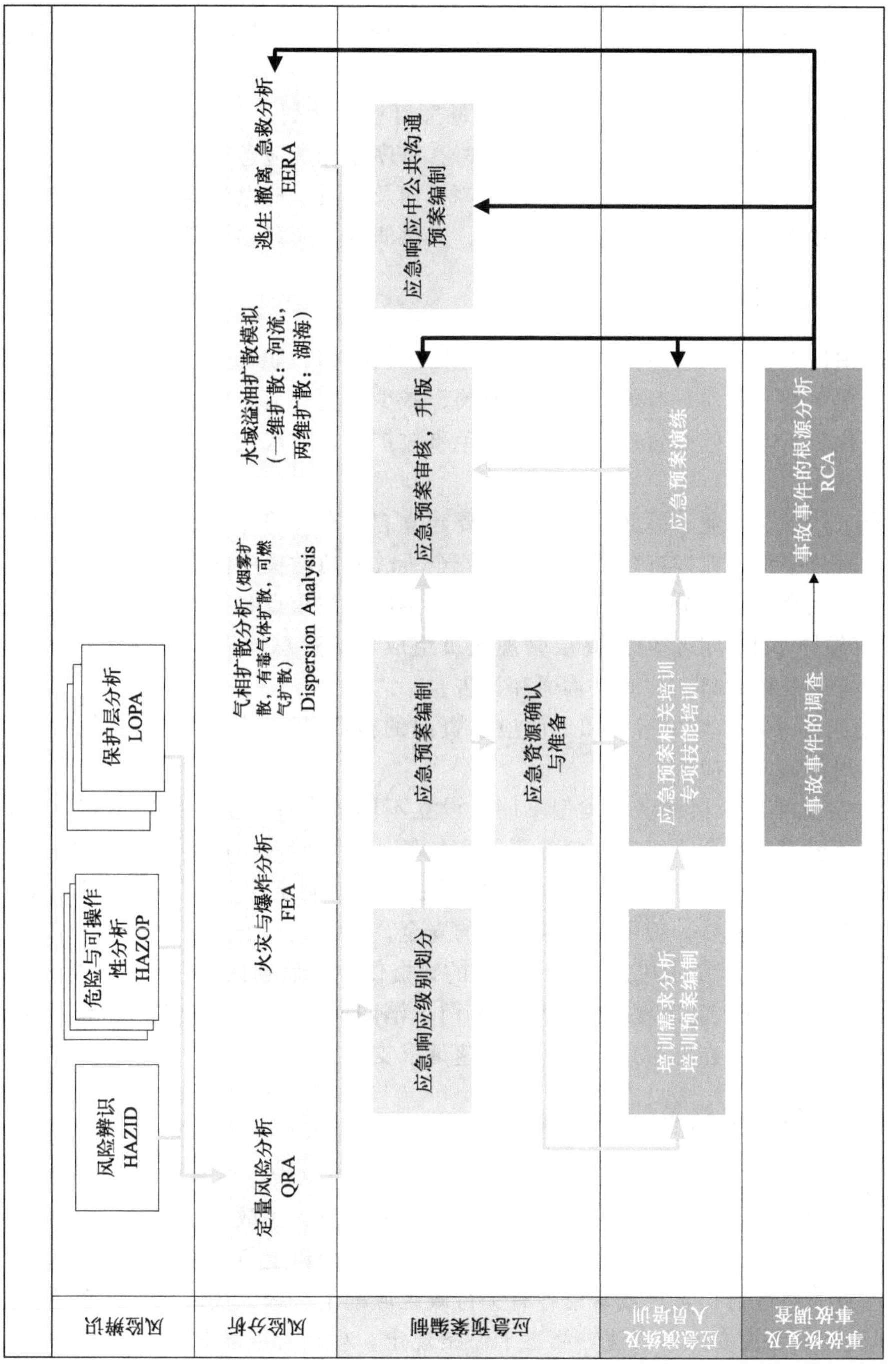

图 11-3 编制及准备应急计划的基本步骤

① 通过不同的风险辨识、风险分析的手段，识别并对潜在的紧急事件进行分类与分级；

② 明确应急计划中必需的要素；

③ 明确可用于应急的资源；

④ 准备演练测试应急计划；

⑤ 通过不断的培训与沟通，员工、承包商、相邻单位、政府管理部门了解应急响应中应该做什么、如何做、如何沟通；

⑥ 不断从紧急事件处理中汲取经验，不断完善应急计划。

应急准备是针对可能发生的事故，为迅速、有序地开展应急行动而预先进行的组织准备和应急保障。主要有应急组织体系、应急指挥机构及职责、应急参与人员、应急预案的分类与编制、应急预案的评审、应急设施与物资、应急演练、应急培训等多个环节。

11.3.1 应急组织体系

应急组织体系是指为应对突发事件而设立的组织架构、职责分工和指挥协调机制，目的是在紧急情况下快速响应、有效控制事态发展，减少损失和人员伤亡。建立健全的应急组织体系，对于化工行业有效处置事故事件，避免事故扩大、造成重大人员伤亡和环境危害具有重要的意义。

对于化工行业，企业、园区、政府都需要建立自己的应急组织体系，以应对不同形式、规模的突发事故事件，以发挥各自在危化品安全事故应急救援中的职责。各级应急组织体系通常都由以下几个主要部分构成，根据主体机构不同，注重点和繁简程度不同：

① 应急领导小组　由企业的高层管理人员组成，负责总体指挥和协调。应急领导小组决定应急响应的总体策略，并对外沟通和报告。

② 应急指挥中心　集中指挥和调度应急资源的核心部门，实时监控事故进展，发布应急指令，协调各部门的应急行动。

③ 专业应急小组　根据事故类型不同，设立不同的专业应急小组，如消防、化学泄漏控制、医疗救援等。每个小组有专门的职能和装备，用于应对不同类型的事故。

④ 安全与环保部门　在应急组织中负责评估风险、制定应急预案、培训和演练，并在事故发生时提供专业支持，确保环境和人员的安全。

⑤ 后勤支持团队　负责应急过程中所需的物资供应、后勤保障和通信支持。

⑥ 外部协调单位　包括政府应急管理部门、消防队、医院、环保部门等。企业应与这些单位保持密切联系，在发生重大事故时迅速请求支援。

11.3.2 应急指挥机构及职责

《生产安全事故应急条例》第三条、第四条规定了应急指挥体系的分级管理原则：国务院统一领导全国的生产安全事故应急工作，县级以上地方人民政府统一领导本行政区域内的生产安全事故应急工作。生产安全事故应急工作涉及两个以上行政区域的，由有关行政区域共同的上一级人民政府负责，或者由各有关行政区域的上一级人民政府共同负责。

《中华人民共和国安全生产法》第二十一条规定，生产经营单位的主要负责人对本单位安全生产工作负有下列职责：

① 建立健全并落实本单位全员安全生产责任制，加强安全生产标准化建设；

② 组织制定并实施本单位安全生产规章制度和操作规程；

③ 组织制定并实施本单位安全生产教育和培训计划；

④ 保证本单位安全生产投入的有效实施；

⑤ 组织建立并落实安全风险分级管控和隐患排查治理双重预防工作机制，督促、检查本单位的安全生产工作，及时消除生产安全事故隐患；

⑥ 组织制定并实施本单位的生产安全事故应急救援预案；

⑦ 及时、如实报告生产安全事故。

《中华人民共和国突发事件应对法》第七十二条规定：突发事件发生后，履行统一领导职责或者组织处置突发事件的人民政府应当针对其性质、特点、危害程度和影响范围等，立即启动应急响应，组织有关部门，调动应急救援队伍和社会力量，依照法律、法规、规章和应急预案的规定，采取应急处置措施，并向上级人民政府报告；必要时，可以设立现场指挥部，负责现场应急处置与救援，统一指挥进入突发事件现场的单位和个人。启动应急响应，应当明确响应事项、级别、预计期限、应急处置措施等。履行统一领导职责或者组织处置突发事件的人民政府，应当建立协调机制，提供需求信息，引导志愿服务组织和志愿者等社会力量及时有序参与应急处置与救援工作。

各级应急管理机构应根据法规，明确应急指挥机构总指挥、副总指挥、各成员单位及其相应职责。应急救援指挥机构根据事故类型和应急工作需要，可以设置相应的应急救援工作小组，并明确各小组的工作任务及职责。

通常企业会针对突发事件危害程度、影响范围和控制事态能力的差别确定响应级别，同时可根据公司的内部组织结构与组织的规模大小划分不同响应级别的指挥机构，并明确其职责。

11.3.3 应急人员

根据《“十四五”应急救援力量建设规划》，应急参与人员主要指参与生产安全事故、自然灾害应急救援的专业应急救援力量、社会应急力量和基层应急救援力量。专业力量涉及抗洪、森林（草原）灭火、地震和地质灾害、生产安全事故及航空救援；社会力量则由防灾减灾救灾的社会组织、志愿者团队及企事业单位指导的组织构成；基层力量则由乡镇、街道及社区组建的应急救援队伍组成。

在安全生产和危险化学品应急救援方面，国家级安全生产应急救援队伍涵盖：

① 国家矿山救援队　强化救生通道、远程灭火系统等特种装备，增配自然灾害救援设备，适应复杂矿山救援。

② 油气开采救援队　配备消防、侦测、井控等装备，提升深海与陆上油气勘探、开发、储运应急处置能力。

③ 危险化学品救援队　提升大型储罐、水上危化品、煤化工等救援水平。

④ 隧道救援队　加强雄安新区及西部交通基础设施的安全保障。

⑤ 综合实训演练基地　覆盖矿山、危化品、隧道等多领域实训场景。

地方专业安全生产应急救援队伍由地方政府组建及高危行业企业专职队伍组成。

社会应急救援力量方面，建立重特大灾害抢险救援协调机制，优化救援协调系统，实现救援资源精准对接与合理配置。结合国家与地方应急中心建设，储备救援装备物资，完善实训基地，为社会应急救援力量提供救援与训练支持。

基层应急救援力量遵循“快速响应、就近救援”原则，在关键区域建设微型救援站，整合地方资源成立应急救援队伍，根据灾害特点配备装备，满足日常隐患排查与初级救援需求，强化基层风险防范与自救互救能力。

对于化工企业，需要所有应急相关方人员参与应急预案执行，这些人对预案的了解程度，以及其自身的知识水平与技术能力，决定了预案能否正确实施。企业的所有员工、承包商、周边社区的人员应进行有针对性的培训。根据人员在应急中的角色与职责，制定不同的培训计划，并明确培训的频度和考核要求。

11.3.4 应急预案

制定事故应急预案的目的有两个：采取预防措施使事故控制在局部，消除蔓延条件，防止突发性重大或连锁事故发生；能在事故发生后迅速有效控制和处理事故，尽力减轻事故对人和财产的影响。

应急预案按照执行主体划分为：国家预案、省级预案、市级预案、机构/企业/个人预案。按照应急对象的类型划分为：自然灾害预案、事故灾难（生产）预案、公共卫生预案、社会安全预案。

生产经营单位安全生产事故应急预案是国家安全生产应急预案体系的重要组成部分。制定生产经营单位安全生产事故应急预案是贯彻落实"安全第一、预防为主、综合治理"方针，规范生产经营单位应急管理工作，提高应对风险和防范事故的能力，保证职工安全健康和公众生命安全，最大限度地减少财产损失、环境损害和社会影响的重要措施。GB/T 29639—2020《生产经营单位生产安全事故应急预案编制导则》规定，生产经营单位的应急预案体系主要由综合应急预案、专项应急预案和现场处置方案构成。

综合应急预案是从总体上阐述处理事故的应急方针、政策，应急组织结构及相关应急职责，应急行动、措施和保障等基本要求和程序，是应对各类事故的综合性文件。

专项应急预案是针对具体的事故类别（如煤矿瓦斯爆炸、危险化学品泄漏等事故）、危险源和应急保障而制定的计划或方案，是综合应急预案的组成部分，应按照综合应急预案的程序和要求组织制定，并作为综合应急预案的附件。专项应急预案应制定明确的救援程序和具体的应急救援措施。

现场处置方案是针对具体的装置、场所或设施、岗位所制定的应急处置措施。现场处置方案应具体、简单、针对性强。现场处置方案应根据风险评估及危险性控制措施逐一编制，做到事故相关人员应知应会，熟练掌握，并通过应急演练，做到迅速反应、正确处置。

生产经营单位编制的综合应急预案、专项应急预案和现场处置方案之间应当相互衔接，并与所涉及的其他单位的应急预案相互衔接。

化工企业的应急预案编制主要遵循 GB/T 29639—2020《生产经营单位生产安全事故应急预案编制导则》。

编制应急预案前应做好以下准备工作：

a. 全面分析本单位危险因素、可能发生的事故类型及事故的危害程度；

b. 排查事故隐患的种类、数量和分布情况，并在隐患治理的基础上，预测可能发生的事故类型及其危害程度；

c. 确定事故危险源，进行风险评估；

d. 针对事故危险源和存在的问题，确定相应的防范措施；

e. 客观评价本单位应急能力；

f. 充分借鉴国内外同行业事故教训及应急工作经验。

编制程序如图 11-4 所示。首先结合本单位部门职能分工，成立以单位主要负责人为领导的应急预案编制工作组，明确编制任务、职责分工，制订工作计划。然后收集应急预案编制所需的各种资料（相关法律法规、应急预案、技术标准、国内外同行业事故案例分析、本单位技术资料等）。在危险因素分析及事故隐患排查、治理的基础上，确定本单位的危险源、可能发生事故的类型和后果，进行事故风险分析，并指出事故可能产生的次生、衍生事故，形成分析报告，分析结果作为应急预案的编制依据。基于分析结果对本单位应急装备、应急队伍等应急能力进行评估，并结合本单位实际，加强应急能力建设。

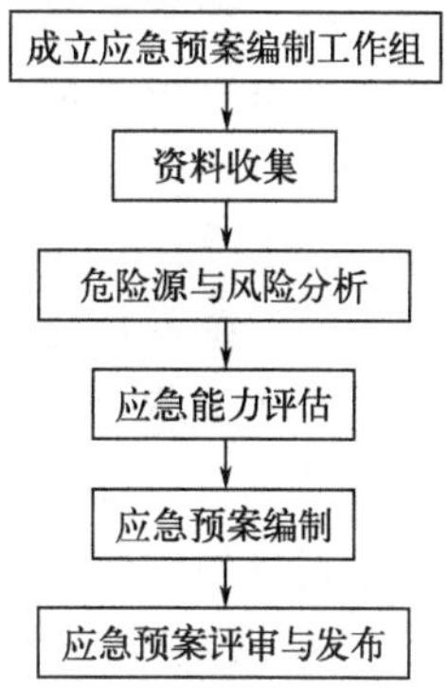

图 11-4　应急预案编制程序

针对可能发生的事故，按照有关规定和要求编制应急预案。应急预案编制过程中，应注重全体人员的参与和培训，使所有与事故有关人员均掌握危险源的危险性、应急处置方案和技能。应急预案应充分利用社会应急资源，与地方政府预案、上级主管单位以及相关部门的预案相衔接。

应急预案编制完成后，应进行评审。评审由本单位主要负责人组织有关部门和人员进行。外部评审是由上级主管部门或地方政府负责安全管理的部门组织审查。评审后，按规定报有关部门备案，并经生产经营单位主要负责人签署发布。

11.3.5　应急设施与物资

《中华人民共和国安全生产法》第八十二条规定：危险物品的生产、经营、储存单位以及矿山、金属冶炼、城市轨道交通运营、建筑施工单位应当建立应急救援组织；生产经营规模较小的，可以不建立应急救援组织，但应当指定兼职的应急救援人员。

危险物品的生产、经营、储存、运输单位以及矿山、金属冶炼、城市轨道交通运营、建筑施工单位应当配备必要的应急救援器材、设备和物资，并进行经常性维护、保养，保证正常运转。

GB 30077—2023《危险化学品单位应急救援物资配备要求》规定了危险化学品单位应急救援物资的配备原则、总体配备要求、作业场所配备要求、企业应急救援队伍物资配备要求、其他配备要求、管理和维护要求等。

危险化学品单位应急救援物资的配备应符合针对性、配套性、先进适用性的原则。按照企业规模、危险化学品重大危险源级别等将危险化学品企业或单位划分为第一类、第二类和第三类危险化学品单位。

作业场所应配备正压式空气呼吸器、化学防护服、气体检测仪等关键物资。企业应急救援队伍需配备个体防护装备、抢险救援车辆及各类抢险救援物资，如侦检器材、灭火器材、救生器材等，且物资种类和数量根据单位类别和风险评估结果确定。此外，单位还需根据其他部门职责和潜在水域泄漏风险增配相应物资，并与周边单位签订互助协议。所有物资应严格管理、维护，并确保使用人员接受培训，以应对危险化学品事故。

11.3.6　应急演练

应急演练是在事先虚拟的事件（事故）条件下，应急指挥体系中各个组成部门、单位或群体的人员针对假设的特定情况，执行实际突发事件发生时各自职责和任务的排练活动，简单地讲就是一种模拟突发事件发生的应对演习。实践证明，应急演练能在突发事件发生时有效减少人员伤亡和财产损失，迅速从各种灾难中恢复正常状态。需要指出的是，应急演练不完全等于应急预案演练，由于应急演练一般都需要事前作出计划和方案，因此应急演练在某种意义上也可以说是应急预案演练，但这个“预案”还包括了临时性的策划、计划和行动方案。

YJ/T 9009—2015《生产安全事故应急演练评估规范》和 YJ/T 9007—2019《生产安全事故应急演练基本规范》对于生产安全事故应急演练进行了详细规定。

2010 年江苏某化工园区在联合国环境署 APELL 框架的专家支持下，进行了一场没有事先排练的应急演练，周边三个化工企业参与了联动响应。

通过现场的演练，针对应急的不同关键要素发现了 20 多个应急响应的问题。

① 前期风险辨识及风险分析不足导致的问题，例如：

泄漏的化学物质是什么不清楚，针对不同的化学物质应该有不同的响应策略。

② 应急指挥职责与分工不清晰导致的问题，例如：

- 现场指挥部的少部分人员职责不清，应该尽量减少不必要的人员；
- 企业的现场指挥与应急总指挥的交流不多，影响应急的及时性与有效性；
- 现场没有人员通过监测确定危险区域和安全区域。

③ 应急资源与设施保障不足导致的问题，例如：

- 环境监测人员和装备不足，仅设置了一个监测点，应该多设几个环境监测点；
- 现场总指挥使用的对讲机、中控室的对讲机信号不好，很多时候听不清楚；
- 现场的警笛声太响，但应急的语音广播音量不足，根本听不清楚。

④ 相关人员、相关方的通知沟通问题，例如：

- 相邻企业接到通知较晚，晚了 20 多分钟；
- 企业向园区的报告滞后；
- 有的企业接到疏散的命令，但是不清楚具体情况（什么物质泄漏、什么事故），所以相关企业竟然决定室内避难；
- 相邻企业针对外单位事故的应急准备不足，没有预案。

⑤ 人员培训与演练不足的问题，例如：

- 现场总指挥由于要用对讲机，摘掉了防毒面具，并且在泄漏物的高浓度区活动；
- 消防队到达后，没有对现场的危险区域和安全区域进行确定；
- 只有两名消防员佩戴防毒面具和防护服，其他消防员没有佩戴防毒面具，但是仍在高浓度区域内工作；
- 伤员在转移过程中穿过危险区域，没有应急人员帮他戴上任何个人防护设备（PPE）；
- 储罐着火后，要等到现场总指挥到达后下达命令才开始对附近储罐的冷却保护；
- 现场人员还存在质疑：人员都疏散了，生产装置怎么办？

⑥ 应急预案内容不足或错误的问题，例如：

- 仅知道疏散，但是不知道如果疏散路径处于下风向应该如何应对；
- 现场总指挥部的人员除了戴有安全帽和安全眼镜外，没有佩戴防毒面具、穿防护服等其他个人防护用品，并且指挥部就设在下风向。现场的风向变化较快，但是现场指挥部的地点却固定不动。

通过这次演练发现了应急响应的漏洞，为提高应急能力找到了方向，对所有参加者起到了警示和培训的作用。

11.3.7 应急培训

培训是一种高度组织化的知识、技能、标准、信息及信念的传递方式，旨在通过系统的目标设定、信息传递、技能演练、作业评估及结果交流等现代化流程，确保受训者能够掌握必要的知识与技能，达到既定的目标。在应急管理工作中，培训扮演着至关重要的角色。它不仅是提升各级应急人员应对突发事件能力的关键途径，也是增强公众公共安全意识、社会责任意识以及自救互救能力的重要手段，更是实现最大限度预防和减少突发事件及其损害的有效策略。

在 NFPA 1600 Standard on Disaster/Emergency Management and Business Continuity Programs 中，对于应急准备中的培训有如下的要求：

应制定培训与教育计划用于支持应急管理程序。培训与教育的目的是提高应急意识、应急能力。明确应急培训与教育的频率和培训范围。明确应急计划中所有相关人员的培训要求。培训记录应长期保留。

11.4 应急响应

11.4.1 响应分级

应急响应是指事故发生后，有关组织或人员采取的应急行动。针对事故危害程度、影响范围和单位控制事态的能力，将事故分为不同的等级。按照分级负责的原则，明确应急响应级别。

应急响应的级别划分，需要风险辨识与风险分析的输入。只有了解了可能会出现什么事故，事故的后果严重性可能会达到什么程度，才能够有效地划分响应级别。

《中华人民共和国突发事件应对法》第六十三条规定：国家建立健全突发事件预警制度。可以预警的自然灾害、事故灾难和公共卫生事件的预警级别，按照突发事件发生的紧急程度、发展势态和可能造成的危害程度分为一级、二级、三级和四级，分别用红色、橙色、黄色和蓝色标示，一级为最高级别。预警级别的划分标准由国务院或者国务院确定的部门制定。

第七十一条规定：国家建立健全突发事件应急响应制度。突发事件的应急响应级别，按照突发事件的性质、特点、可能造成的危害程度和影响范围等因素分为一级、二级、三级和四级，一级为最高级别。突发事件应急响应级别划分标准由国务院或者国务院确定的部门制定。县级以上人民政府及其有关部门应当在突发事件应急预案中确定应急响应级别。

11.4.2 响应程序

根据事故的大小和发展态势，明确应急指挥、应急行动、资源调配、应急避险、扩大应急等响应程序。典型的响应程序可能包括：

① 应急响应流程；

② 报告、接警和记录管理程序；

③ 公司危机和应急管理机构启动及响应程序；

④ 领导和相关人员赴现场确定程序；

⑤ 应急专家联系协调程序；

⑥ 向上级机构初步报告管理程序；

⑦ 媒体信息沟通管理程序；

⑧ 公司内部员工的情况告知管理程序；

⑨ 公司外部投资者、业务伙伴情况告知管理程序；

⑩ 总部应急响应后勤保障管理程序；

⑪ 政府部门、相关组织机构以及受影响居民安置管理程序；

⑫ 总部危机和应急状态终止及所属单位的恢复管理程序。

2019 年响水爆炸事故发生后本教材主编赵劲松教授第一时间赶到事故现场，参加应急救援工作。

11.4.3 应急结束

明确应急结束的条件。事故现场得以控制，环境符合有关标准，导致次生、衍生事故隐患消除后，经事故现场应急指挥机构批准后，现场应急结束。

应急结束后，应明确：

① 事故情况上报事项；

② 需向事故调查处理小组移交的相关事项；

③ 事故应急救援工作总结报告。

11.4.4 工厂外部突发事件的应急管理

应急预案主要针对流程工业中的化学品所引起的事件。但是也应考虑因工厂外部突发事件引起的应急事件，如重大自然灾害、安保等人为因素。

11.5 应急恢复

应急恢复从应急救援工作结束时开始，其主要目标是将事故影响区域恢复到相对安全的基本状态，并逐步恢复到正常运行。立即进行的恢复工作包括事故损失评估、事故原因调查、废墟清理等。

当应急阶段结束后，恢复正常状态的过程需要投入时间、人员、资金及有效的指挥。在此过程中，对恢复能力的预先评估至关重要。例如，如果对易发事故的公路进行了预先评估并制定了恢复计划，那么在事故后仅需数小时即可恢复交通流量。

影响应急恢复时间长短的主要因素包括：破坏程度和损失规模，恢复所需的资源（如人力、资金和技术支持），相关的法律法规，以及其他不可控因素（如天气、地形、地势等）。

通常情况下，恢复工作的主要内容包括：恢复期间管理、事故调查、现场警戒和安全、安全和应急系统的恢复、员工的救助、法律问题的解决、损失状况评估、保险与索赔、工艺数据的收集以及公共关系等。

《中华人民共和国突发事件应对法》第八十七条规定：突发事件应急处置工作结束后，履行统一领导职责的人民政府应当立即组织对突发事件造成的影响和损失进行调查评估，制定恢复重建计划，并向上一级人民政府报告。受突发事件影响地区的人民政府应当及时组织和协调应急管理、卫生健康、公安、交通、铁路、民航、邮政、电信、建设、生态环境、水利、能源、广播电视等有关部门恢复社会秩序，尽快修复被损坏的交通、通信、供水、排水、供电、供气、供热、医疗卫生、水利、广播电视等公共设施。

11.5.1 恢复期间的管理

恢复管理具有独特的挑战性，由于事故破坏，生产无法立即恢复正常。同时，某些关键人员的缺失可能导致恢复进度缓慢。恢复工作的成功在很大程度上取决于管理水平，尤其是在恢复阶段，需要由一位能力出众、具备全局观的恢复主管来协调工作。管理层还应成立专门的小组或行动队来执行恢复任务。

在恢复初期，恢复主管需要暂停正常职责，专注于恢复工作，主要职责包括：协调恢复小组、分配任务、检查设备检修和测试情况、评估清洁方法、与企业内部及外部机构（如法律、保险、管理部门、媒体等）沟通交流。

为了确保恢复工作的顺利进行，管理层需要组建具备专业知识的恢复小组，小组成员可包括工程、维修、生产、采购、环境、健康与安全、人力资源、公共关系和法律人员。此外，还可以邀请工会、承包商和供应商的代表加入。企业应提前确定并培训相关恢复人员，以便在事故发生后能够迅速投入恢复工作。

恢复主管需要定期召开会议，跟踪工作进展，解决出现的新问题。确定各项重要恢复功能的优先次序并协调它们之间的关系，是恢复主管的重要职责之一。

11.5.2 恢复过程中的重要事项

(1) 现场警戒和安全

尽管应急救援已结束，但出于以下原因，可能仍需继续隔离事故现场：

① 事故区域还可能造成人员伤害；

② 事故调查组需要查明事故原因，因此不能破坏和干扰现场证据；

③ 如果伤亡情况严重，需要政府部门进行调查；

④ 其他管理部门也可能要进行调查；

⑤ 保险公司要确定损坏程度；

⑥ 工程技术人员需要检查该区域以确定损坏程度和可抢救的设备。

事故现场应设立警戒区，防止未经授权的人员进入。安全和卫生人员应评估破坏区域的污染和危险性，确保为所有进入人员提供防护措施。

(2) 员工救助

员工是企业最宝贵的资源，因此在恢复过程中，提供员工救助至关重要。救助内容包括提供医疗救助、安抚伤亡人员家属、协助受影响员工的住处恢复等。此外，还可根据情况提供现金预付、工资正常发放、工作时间调整和心理咨询等援助。

(3) 损失状况评估

损失评估应尽早进行，但不能干扰事故调查。恢复主管通常会委派一个专门小组负责评估，评估结果将影响恢复优先级。损失评估小组需仔细检查受损区域，并根据其评估结果确定设备修理或更换的顺序。

(4) 工艺数据收集

事故后，收集相关工艺数据至关重要，这些数据包括：物料存量、事故前工艺参数（温度、压力、流量）、人员观察到的异常现象等。计算机记录应尽快恢复，以避免数据丢失。

(5) 公共关系和联络

恢复过程中，恢复主管还需与公众和其他利益相关者进行沟通，告知恢复工作的进展。

企业应通过新闻发布会、媒体报道等方式向公众、员工和相关社区通报恢复情况，确保采取措施避免类似事故再次发生，并保障受损财物得到合理赔偿。

11.5.3 应急后评估

应急后评估是指在事故应急工作结束后，为了完善应急预案，提高应急能力，对各阶段应急工作进行的总结和评估。

应急后评估可以通过日常的应急演练和培训，或通过对事故应急过程的分析和总结，结合实际情况对预案的统一性、科学性、合理性和有效性以及应急救援过程进行评估，根据评估结果对应急预案以及应急流程等进行定期修订。对前一种方式而言，生产经营单位可以按照有关规定，结合本企业实际通过桌面演练、实战模拟演练等不同形式的预案演练，经过评估后解决企业内部门之间以及企业同地方政府有关部门的协同配合等问题，增强预案的科学性、可行性和针对性，提高快速反应能力、应急救援能力和协同作战能力。

11.6 事故事件管理

我国的事故事件管理主要参考2007年发布的《生产安全事故报告和调查处理条例》执行。其中对事故事件分级、上报程序、调查过程与调查方法等均提出了明确的要求。

企业应建立完善的事故事件管理制度，覆盖范围包括未达到政府调查标准的事故和企业内部发生的安全事件及未遂事件。事故事件管理制度应明确管理职责、管理范围、管理程序、工作流程、分类分级标准、调查要求及整改措施的跟踪落实。政府负责调查处理的事故，企业应认真配合调查，积极落实整改措施，并协助相关工作。

11.6.1 事故事件的分类与分级

事故事件按专业可分为工艺事故事件、设备事故事件、电气事故事件、仪表事故事件及其他事故事件；按后果类型可分为人身伤害事故事件、泄漏事故事件、火灾事故事件、爆炸事故事件、中毒事故事件。

2007年我国发布了《生产安全事故报告和调查处理条例》，其中第三条规定：根据生产安全事故（以下简称事故）造成的人员伤亡或者直接经济损失，事故一般分为以下等级。

① 特别重大事故，是指造成30人以上死亡，或者100人以上重伤（包括急性工业中毒，下同），或者1亿元以上直接经济损失的事故；

② 重大事故，是指造成10人以上30人以下死亡，或者50人以上100人以下重伤，或者5000万元以上1亿元以下直接经济损失的事故；

③ 较大事故，是指造成3人以上10人以下死亡，或者10人以上50人以下重伤，或者1000万元以上5000万元以下直接经济损失的事故；

④ 一般事故，是指造成3人以下死亡，或者10人以下重伤，或者1000万元以下直接经济损失的事故。

国务院安全生产监督管理部门可以会同国务院有关部门，制定事故等级划分的补充性规定。本条第一款所称的“以上”包括本数，所称的“以下”不包括本数。

企业还应针对内部管理制定不同类别事故事件的分级标准和相应的管理程序。

11.6.2 事故事件上报

《生产安全事故报告和调查处理条例》第九条规定，事故发生后，事故现场有关人员应当立即向本单位负责人报告；单位负责人接到报告后，必须在1小时内向事故发生地县级及以上人民政府安全生产监督管理部门以及负有安全生产监管职责的有关部门报告。情况紧急时，事故现场有关人员可直接向事故发生地县级以上人民政府安全生产监督管理部门和负有安全生产监督管理职责的有关部门报告。

第十条规定安全生产监督管理部门及相关职责部门接到事故报告后，应当按照以下规定上报事故情况，并通知公安机关、劳动保障行政部门、工会及人民检察院：

① 特别重大事故、重大事故逐级上报至国务院安全生产监督管理部门和负有安全生产监督管理职责的有关部门；

② 较大事故逐级上报至省、自治区、直辖市人民政府安全生产监督管理部门和负有安全生产监督管理职责的有关部门；

③ 一般事故上报至设区的市级人民政府安全生产监督管理部门和负有安全生产监督管理职责的有关部门。

安全生产监督管理部门和负有安全生产监督管理职责的有关部门依照前款规定上报事故情况，应当同时报告本级人民政府。国务院安全生产监督管理部门和负有安全生产监督管理职责的有关部门以及省级人民政府接到发生特别重大事故、重大事故的报告后，应当立即报告国务院。

必要时，安全生产监督管理部门和负有安全生产监督管理职责的有关部门可以越级上报事故情况。事故报告后若有新情况，应及时补报。

第十三条规定事故报告后出现新情况的，应当及时补报。自事故发生之日起30日内，事故造成的伤亡人数发生变化的，应当及时补报。道路交通事故、火灾事故自发生之日起7日内，事故造成的伤亡人数发生变化的，应当及时补报。

企业应建立有效的激励与约束机制，鼓励员工及相关方及时上报所有安全事件，包括未遂事件，以确保事件不被漏报，从而提高事故事件上报的完整性和及时性。

大量灾难性事故的调查表明，在发生重大事故之前，通常会先出现一些“未遂事件”或“轻微事故”。未遂事件，是指未导致人身伤害或事故的事件。不同的行业对未遂事件的定义不一。国际石油天然气生产者协会（OGP）将未遂事件定义为“任何具有潜在引起伤害或破坏，但是由于条件不同而幸免于难的事件”。在GB/T 28001—2011《职业健康安全管理体系要求》中，未遂事件被定义为“未发生人身伤害、健康损害或死亡的事件”。

未遂事件，可以称作“未发生的事故”。即事故发生的过程中，事故链的某一环断裂或缺失，导致事故未发生，这些事件实际上已经威胁到人员安全，只是因为没有产生严重后果，往往未能引起足够重视。然而，这些事件的直接原因或根源通常与潜在的重大过程安全事故相似或相同。如果环境条件稍有变化，这些管理上的缺陷就可能引发灾难性的事故。

因此，调查未遂事件，找出相关的直接原因和根源，并及时落实改进措施，对于预防重大事故具有重要意义。与事故发生后采取补救措施相比，重视未遂事件的调查是一种更加经济且积极的事故预防策略。

研究表明，重大过程安全事故的发生之前，往往会有约100件未遂事件，如图11-5所示。这一数据虽然未必精准，但确实反映出一个趋势：要防止灾难性事故的发生，不能仅关注重大事故本身，而应通过调查未遂事件来弥补管理上的不足。

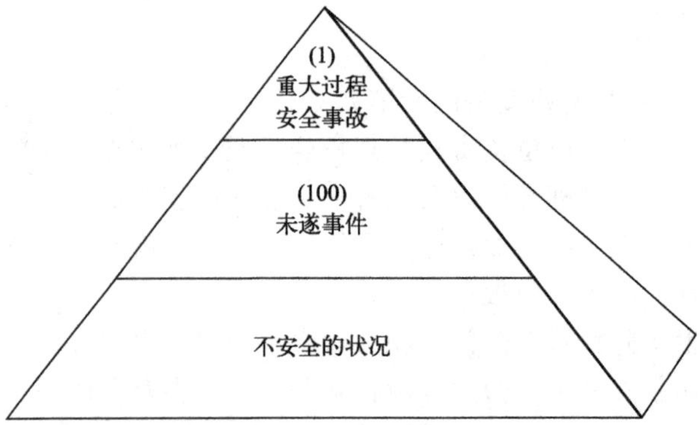

图 11-5 重大过程安全事故与未遂事件的大致关系

我国《生产安全事故报告和调查处理条例》等相关法规中明确提出了对一般事故、重大事故、特大事故的报告、调查、处理和统计要求。而对于未遂事件的管理，则没有详细和严格的规定。原国家安全生产监督管理总局 2006 年 7 月 2 日发布了关于印发《生产安全重特大事故和重大未遂伤亡事故信息处置办法（试行）》的通知（安监总调度〔2006〕126 号）。其中第一条规定了重特大事故和重大未遂伤亡事故范围：

① 一次死亡 30 人以上（含 30 人，下同）特别重大事故；

② 一次死亡 10～29 人特大事故；

③ 一次死亡 3～9 人重大事故；

④ 一次受伤 10 人以上（含 10 人，下同）的事故；

⑤ 重大未遂伤亡事故包括：

a. 涉险 10 人以上（含 10 人，下同）的事故；

b. 造成 3 人以上被困或下落不明的事故；

c. 紧急疏散人员 500 人以上（含 500 人，下同）和住院观察治疗 20 人以上（含 20 人，下同）的事故；

d. 对环境造成严重污染（人员密集场所、生活水源、农田、河流、水库、湖泊等）事故；

e. 危及重要场所和设施安全（电站、重要水利设施，核设施、危化品库、油气站和车站、码头、港口、机场及其他人员密集场所等）事故；

f. 危险化学品大量泄漏、大面积火灾（不含森林火灾）、大面积停电、建筑施工大面积坍塌，大型水利设施、电力设施、海上石油钻井平台垮塌事故；

g. 轮船触礁、碰撞、搁浅，列车、地铁、城铁脱轨、碰撞、民航飞行重大故障和事故征候；

h. 涉外事故；

i. 其他重大未遂伤亡事故。

⑥ 新闻媒体、互联网披露和群众举报的重特大事故、重大未遂伤亡事故；

⑦ 社会影响重大的其他事故；

国务院有明确规定后，执行新规定。

企业实际生产经营过程中，往往会出现大量的未遂事件（不构成重大未遂伤亡事故）。企业应建立完善的事故报告制度，特别是未遂事件的报告制度，鼓励员工主动报告未遂事件，并对那些可能导致严重后果的未遂事件进行深入调查。

在建立事故调查管理制度后，应通过培训提高员工的事故和未遂事件报告意识。在建立良好的安全文化之前，员工在报告事故和未遂事件时可能会犹豫不决。为此，企业应根据员工不愿报告的原因采取适当的激励措施，鼓励员工积极上报未遂事件。

有些人可能会担心，报告的未遂事件数量增多是否意味着工厂变得不安全了？事实上，未遂事件的报告数量不应直接与工厂的安全状况挂钩。新建工厂或刚开始重视未遂事件报告的工厂，初期的未遂事件报告数量较少，原因可能是员工安全意识不足，尚未积极主动上报未遂事件。如果管理层坚持鼓励员工报告，随着时间的推移，报告的数量可能会逐步增加，这并不意味着工厂的安全状况恶化了，而恰恰表明员工的安全意识在提升。之前未遂事件较少，并不是因为当时更安全，而是因为很多未遂事件没有被报告。

通常，经过 2～3 年后，未遂事件的报告数量可能会减少，甚至趋于稳定。这是因为工厂认真对待员工报告的未遂事件，并采取有效措施改进管理和工艺系统，员工的安全意识也随之提升。此时，工厂的整体安全状况得到了显著改善，未遂事件报告数量减少也反映出工厂处于更加安全的运行状态。

对于规模较大的企业，可以建立事故和未遂事件数据库，通过数据分析找出系统性的问题，并采取相应的预防措施。例如，如果在某一阶段内与承包商相关的未遂事件较多，企业应及时加强对承包商的培训和管理，以防止承包商作业过程中发生事故。

11.6.3 事故事件调查

《生产安全事故报告和调查处理条例》第十九条规定：特别重大事故由国务院或者国务院授权有关部门组织事故调查组进行调查。重大事故、较大事故、一般事故分别由事故发生地省级人民政府、设区的市级人民政府、县级人民政府负责调查。省级人民政府、设区的市级人民政府、县级人民政府可以直接组织事故调查组进行调查，也可以授权或者委托有关部门组织事故调查组进行调查。未造成人员伤亡的一般事故，县级人民政府也可以委托事故发生单位组织事故调查组进行调查。

第二十条　上级人民政府认为必要时，可以调查由下级人民政府负责调查的事故。自事故发生之日起 30 日内（道路交通事故、火灾事故自发生之日起 7 日内），因事故伤亡人数变化导致事故等级发生变化，依照本条例规定应当由上级人民政府负责调查的，上级人民政府可以另行组织事故调查组进行调查。

第二十一条　特别重大事故以下等级事故，事故发生地与事故发生单位不在同一个县级以上行政区域的，由事故发生地人民政府负责调查，事故发生单位所在地人民政府应当派人参加。

对于未造成人员伤亡的一般事故，县级人民政府可委托事故发生单位自行组织调查。对于发生地与事故单位不在同一行政区的事故，由事故发生地人民政府负责调查，事故单位所在地人民政府应派人参与。

事故调查组的组成应遵循精简、效能的原则。根据事故的具体情况，调查组成员由人民政府、安监部门、负有安全生产监督管理职责的有关部门、监察机关、公安机关和工会代表组成，并应当邀请人民检察院参与。调查组还可以聘请专业技术专家参与调查，确保调查科学、客观。对于企业自行组织的调查组，应由具备相关专业知识的人员和有调查及分析事故事件经验的人员组成。若涉及承包商，应将相关承包商的人员纳入调查组，并可邀请外部专家，以确保调查的独立性和公正性。

调查组应当使用科学方法和调查工具，查明事故的直接原因，并深入分析事故管理中的薄弱环节及深层次原因，提出切实可行的防范措施。在此过程中，调查组有权向相关单位和个人了解情况，要求提供必要的文件和资料，且任何单位和个人不得拒绝配合。事故单位负责人和相关人员在调查期间不得擅自离岗，须随时接受询问并如实提供相关信息。如果在调查中发现违法犯罪行为，调查组应及时将相关材料移交司法机关处理。若需要技术鉴定，调查组应委托具备资质的单位进行，必要时也可直接组织专家鉴定，而鉴定时间不计入事故调查的时限。调查组成员在工作中应保持公正诚信，严格遵守调查纪律，保密事故相关信息。未经调查组组长许可，任何成员不得擅自发布信息。

事故调查完成后，调查组应编制详细的事故调查报告，企业应及时审核并批准该报告，确保防范措施切实落实。企业应妥善保存事故调查记录，并将调查结果备案。调查报告应在企业内部公开，并至少保存 5 年，以备查阅。

事故调查的主要任务包括：

① 查明事故经过、原因（直接原因、间接原因、根本原因）、人员伤亡及经济损失；

② 认定事故性质与责任；

③ 对责任者提出处理建议；

④ 总结事故教训，提出防范整改措施；

⑤ 提交事故调查报告，附具相关证据材料，确保其真实性及法律效力。

事故调查应以严谨的取证和分析为基础，包括现场处理、物证和材料收集、证人证词记录、现场摄影及绘图等，确保信息准确和调查客观。

11.6.3.1 事故调查取证

事故发生后，调查取证是事故调查中最为关键的环节，能够直接影响事故原因的认定及责任划分。因此，调查取证工作需要严谨、全面，从以下几个方面展开：

① 事故现场处理　事故现场处理是调查取证的第一步。应立即采取措施保护事故现场，防止重要证据被破坏或遗失。对于已发生变动的现场物体，应标记其原始位置并绘制草图。此外，现场的照片和录像记录也十分关键，可通过多角度拍摄或视频记录事故现场的全貌及细节，确保获取全面、真实的信息。

② 事故物证收集　在事故现场，应当详细记录和收集相关物证，包括事故中涉及的设备、工具、材料等物件的原始状态及位置。特别是损坏或移位的物品，应标注其初始状态和现状，为后续分析提供依据。

③ 事故材料收集　调查中需要收集与事故相关的技术文件、DCS 历史数据、设备维护记录、操作规程、JSA 报告、HAZOP 分析报告、LOPA 分析报告、培训记录等材料。这些文件能够帮助调查组了解事故发生前的运行状况和安全管理情况，为分析事故原因提供背景信息。

④ 事故人证材料收集　与事故相关的人员证词是重要的证据来源。在事故发生后，应及时与现场目击者、作业人员、管理者等进行访谈，并记录他们对事故经过的陈述，确保证词的真实和完整。

⑤ 现场摄影与绘图　在事故取证过程中，除了拍照和录像，还应绘制详细的事故现场图及工艺流程图，特别是事故发生的关键区域和环节。这些图像资料能为后续分析提供精确参考，避免因信息遗漏或模糊而影响事故调查的科学性。

表 11-1 列出了事故调查中的主要证据类型。

表 11-1 事故调查中涉及的主要证据类型

证据类型	简要说明
人员证据	现场人员、目击者、受害者等人的证词或书面报告
实物证据	设备、零件、污迹痕迹、材料、化学品样品等
电子证据	控制系统和管理系统产生的数据、通信资料、现场照片等
位置信息	事故发生时人员在现场所处的位置，液位水平，阀门开度等
记录文档	操作规程、操作记录、交接班记录、政策规章制度、测试分析记录、培训记录、HAZOP 分析报告、设备维护维修记录等

11.6.3.2 事故调查分析

在完成调查取证后，需对收集的证据进行合理、科学的分析，确保调查结果具有科学性和严谨性。事故调查分析的主要程序和内容包括：

① 整理和阅读调查材料 首先，对所有收集到的物证、人证和相关文件进行系统整理，确保材料齐全，并在阅读过程中归纳整理出事故的基本情况和初步线索。

② 材料分析 分析事故中受害者的伤害部位、性质、直接致害物、不安全状态和不安全行为，结合技术分析与管理因素讨论事故的成因。通过这一步骤，可以明确事故发生的外部条件和内在因素。

③ 事故直接原因分析 针对事故的直接原因，分析人的不安全行为与物的不安全状态。例如，是否存在操作不当、设备缺陷、管理漏洞等，明确这些因素如何导致事故的发生。

④ 事故间接原因分析 事故的间接原因往往涉及管理层面的不足，包括安全制度缺陷、培训不到位、监督不力等。这些因素虽然不会直接导致事故，但会为事故的发生埋下隐患。

⑤ 事故责任分析及处理 在查明事故原因的基础上，明确责任分工，分析直接责任者和管理责任者，提出相应的处理意见。在责任分析中，调查组还需结合企业的安全文化，深入剖析事故事件的深层次 PSM 和文化问题，推动企业持续改进 PSM 体系，形成良好的安全文化氛围，提升工程伦理素养。

11.6.3.3 事故调查报告

在实际工作过程中，事故调查往往仅仅查到直接原因，即事故的起因这一层次，而起因往往是一些人为因素，例如人的操作失误或者违反相关规章制度等。由于人会受到人体工程学的限制以及个体心理和身体状态的影响，将误操作作为事故发生的直接原因或者间接原因，并不能很好地约束人的行为或者保障人的良好状态。因此，如果事故调查的原因分析终止于人为因素，对预防未来类似事故作用不大。人为因素是一个最容易确定的关键因素，但人为因素背后潜在的是组织因素、监督管理、不安全行为预防、技能和知识的培训、安全文化、安全领导力、安全设计等其他更深层次上的管理系统因素的缺陷。没有在工程系统和安全管理系统，特别是 PSM 系统层面找到根本原因，就不能持续改进 PSM 系统，PSM 系统的缺陷将长期存在，类似事故必将重演。因此，事故事件管理也是 PSM 体系监测与评审的一个最佳时机和重要方式。

为了揭示事故发生和发展的原因，早在 1936 年，海因里希（W H Heinrich）在 Industrial Accident Prevention 一书中首次提出了事故因果链的概念。1974 年，博德（Bird Jr Frank E）发展了海因里希的理论，将管理因素加入原因链中，由此出现了现代事故原因链理论（图 11-6）。美国化学工程师学会（AIChE）化工过程安全中心（CCPS）在 Risk Based

Process Safety 一书中把事故的根原因分析进一步深化，企业的安全文化问题则被认为是最深层次的原因。

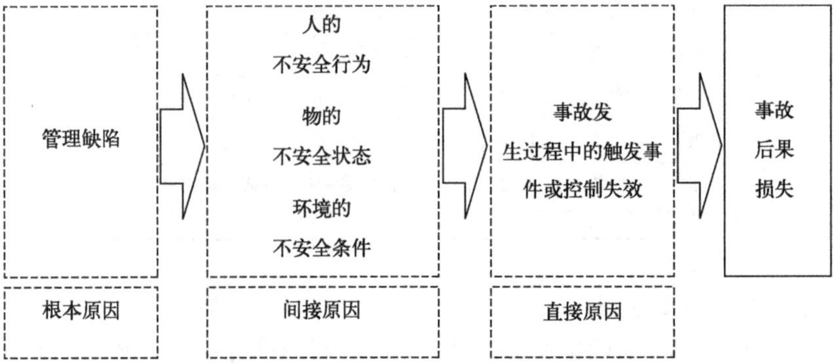

图 11-6 基于现代事故原因链理论的事故模型

本章作者在总结前人研究成果的基础上，提出了一个新的化工安全事故原因分析层次模型（图 11-7），即事故调查的根原因分析必须深入 PSM 系统层次和职业伦理层次，而停留在人为失误、设备仪表问题，甚至 PSM 要素层面的事故调查的分析深度还不够。PSM 系统层次的根原因分析不仅要分析到某个 PSM 要素，而且要分析到一个要素问题对另外一个要素问题的影响。例如，如果操作规程出现问题，可能是变更管理不严格造成的，在出现变更之后，没有及时更新操作规程；也可能是 HAZOP 分析（见 6.5）不彻底造成的，没有能识别出潜在的安全风险隐患，因此没能够针对该安全风险隐患制定出相应的操作规程，而 HAZOP 不彻底的原因是存在 HAZOP 走过场，质量不高，这又可能是由于 PSM 中的安全领导力或体系审查及持续改进这两个管理要素问题导致的，这两个要素出现问题，可能与 PSM 的安全文化建设这个要素有关，最终安全文化建设出现问题，又可能与职业伦理素质有关，即工程伦理问题。需要注意的是：由于我国 PSM 新标准比旧标准多了 8 个要素，因此事故调查也需要调查清楚这些新增要素（例如安全领导力、安全文化、装置安全规划与设计、风险管理等）对事故的影响。这是以往事故调查报告经常忽视的维度。

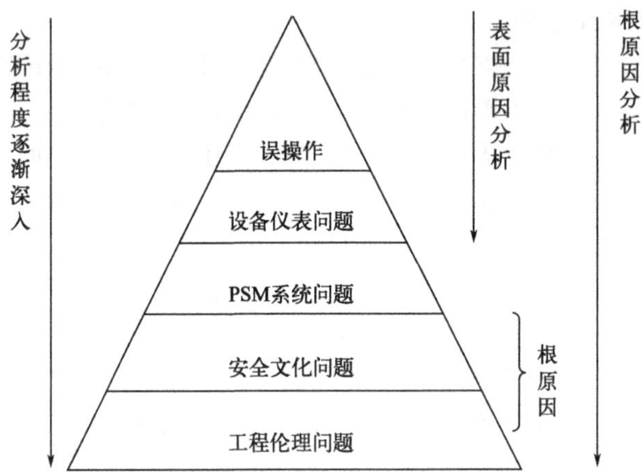

图 11-7 化工安全事故原因分析层次模型

事故调查完成后，事故调查组应编制事故调查报告。对于由人民政府组织或委托组织的事故调查，调查组应当自事故发生之日起 60 日内提交事故调查报告；特殊情况下，经负责事故调查的人民政府批准，提交事故调查报告的期限可以适当延长，但延长的期限最长不超过60日。

事故调查报告应当包括下列内容：

① 事故发生单位概况；

② 事故发生经过和事故救援情况；

③ 事故造成的人员伤亡和直接经济损失；

④ 事故发生的原因和事故性质；

⑤ 事故责任的认定以及对事故责任者的处理建议；

⑥ 事故防范和整改措施。

事故调查报告报送负责事故调查的人民政府后，事故调查工作即告结束。事故调查的有关资料应归档保存，企业内部也需公开调查结果，并对整改措施进行监督执行。

11.6.4 事故整改与措施落实

事故发生后，单位应当认真总结经验教训，切实落实防范和整改措施，以防止类似事故的再次发生。整改措施的落实情况应受到工会和职工的监督，确保透明度和责任落实。

各级安全生产监督管理部门以及负有安全生产监督职责的相关部门应对事故单位的整改情况进行持续监督和检查，确保措施到位、效果明显。企业须明确每项整改措施的责任人和完成时限，并定期跟踪评估整改的实际效果，必要时进行补充和优化。

此外，企业应组织内部培训和经验分享会议，及时传达事故教训，提升整体安全意识。除了内部经验总结外，还应积极收集外部事故信息，特别是同行业中发生的事故案例，学习外部经验，防范同类事故在本企业发生。

企业应建立事故事件数据库，定期（建议每半年）进行数据统计和分析，以识别事故发生的规律，并据此制定系统性的防范措施。如果在分析中发现管理体系存在漏洞或不足，应及时修正，持续完善管理体系。

企业还应确保事故调查结果的公开透明，组织相关部门和人员对调查结果进行深入分析、交流，并开展针对性的培训，以不断提升企业整体的安全管理水平。

11.6.5 事故结案归档

事故结案归档是事故处理流程中的最后环节，是对事故调查成果的总结和归档管理。这一过程不仅为企业未来的安全教育和事故预防工作提供了宝贵的参考依据，也为制定和完善安全生产法规和制度，消除潜在隐患，提供了重要的支持。

事故处理结案后，必须归档的事故资料包括以下内容：

① 职工伤亡事故登记表　详细记录事故发生时受伤或死亡的职工信息。

② 职工死亡、重伤事故调查报告及批复　包括调查结果及相关批复文件。

③ 现场调查记录、图纸、照片等　包括事故现场的所有记录材料和图像资料。

④ 技术鉴定和试验报告　与事故相关的技术鉴定及试验结果。

⑤ 物证和人证材料　收集的所有实物证据及证人证言。

⑥ 直接和间接经济损失材料　包括事故造成的经济损失详细报告。

⑦ 事故责任者的自述材料　涉及事故责任人的个人陈述和相关解释。

⑧ 医疗部门诊断书　医疗部门针对事故伤亡人员出具的诊断报告。

⑨ 工艺条件、操作情况和设计资料　事故发生时的工艺流程、操作状况和相关设计文件。

系统地归档管理，不仅能够为未来的事故预防和安全管理提供依据，还能推动企业持续改进安全生产管理体系，避免同类事故再次发生。

11.6.6 事故调查的方法

事故调查技术是事故管理工作的基础环节。如果事故原因不明确、资料不完整，或计量基础存在严重误差，即使计算方法再先进，也难以达到预防事故的目的。随着现代工业的快速发展，事故的成因愈加复杂多样，事故的性质、损失和社会影响日益加重。因此，明确事故原因并采取有效的预防措施显得尤为重要。

事故的构成包含三个基本要素：危险因素的性质、能量和感度。这些要素是事故发生的必要条件，而管理缺陷则是促使危险因素转化为事故的前提条件。对于危险因素和管理缺陷的研究，必须依托大量科学、完整的原始事故资料。只有在掌握了详尽的资料后，进行技术分析，才能全面查明事故原因。

11.6.6.1 事故原点的分析

事故原点是构成事故的最初起点，指的是事故隐患转化为事故时，具有突变特征并与事故发展有直接因果关系的点。它既有时间意义，也有空间意义。比如，火灾事故中的第一起火点，爆炸事故中的第一起爆点，或车辆伤害事故中的第一接触点。事故原点通常可以理解为某一事件或空间中的具体点。

事故原点具有以下三个特征：

① 事故原点是从事故隐患转化为事故的具有突变特征的点。

② 事故原点是从事故隐患转化为事故的具有初始性的点。

③ 事故原点是在事故发展过程中与事故后果有直接因果联系的点。

在任何单一事故中，事故原点只有一个。它不是事故的原因，也不是事故的终点，只是表明事故最初发生的点。

事故原点理论认为，事故是在特定的触发能量和偶合条件作用下，由事故原点转化而来的。事故原点是某种隐患或潜在危险在触发能量和偶合条件的共同作用下，发生初始性、突发性转变，并与事故终点结果有直接因果关系的点。所谓触发能量和偶合条件，是指能促使事故原点转化为完整事故过程的作用力和存在条件。

事故原点理论的核心在于，任何事故的发生都是物质运动、转化和变异的结果，而这种变化过程是有其内在机制的。事故原点只有在触发能量和偶合条件成熟时，才能转化为事故。

该理论不仅能解释事故现象，还能剖析事故发生的规律，为复杂事故分析提供了科学化、系统化的分析方法。通过定义法、技术检验判断法、逻辑推理法等技术手段，可以确定事故的原点、触发能量及偶合条件，进而对事故发生的动态过程进行定性或定量分析。

事故原点分析技术建立了原点支撑体系、事故环境和事故终点的概念。原点支撑体系是指维持事故原点存在的最小物质单元；事故环境是指事故终点所处的空间范围；事故终点状态则指事故结束时，事故环境内的物体状态。

事故发生后，原点及触发能量可能已发生变化，事故原点支撑体系和事故环境往往是最直接的物证。通过对这些物证的分析，可以推断事故的发生、发展和终止过程。事故原点理论认为，在事故过程中，人为失误只是通过动作或行为对物质（系统）施加影响，但真正决定事故发生的，仍然是物质的运动和变化。

在事故调查中，首先要确定并验证事故原点，然后才能对事故的其他环节进行定量分析。对于简单事故，如机械伤害，事故原点就是人机接触的部位。但对于复杂的大事故，若未能准确确定事故原点，后续调查很难深入进行，分析结果可能出现偏差。因此，确定事故原点是事故调查中的关键步骤。事故原点的确定方法包括定义法、逻辑推理法和技术鉴定法：

① 定义法　依据事故原点的定义，识别事故发生的最初起点。适用于过程简单且发展明显的事故，如机械伤害等。

② 逻辑推理法　根据生产工艺条件和事故的因果链，推理事故发生的原点，适用于事故过程不明显且破坏较复杂的事故，如较大的爆炸事故。

③ 技术鉴定法　通过大量现场物证进行分析，逐步复原事故过程并揭示事故原点。适用于复杂且损失巨大的事故，如重大爆炸或火灾。

根据实际工作经验，技术鉴定要查被爆物承受面的痕迹、爆炸散落物的状态和层次、抛射物体方位和状态、人机损伤部位及现场遗留物等五个方面。还要和爆炸物理学、化学工艺学、物质燃烧理论、结构力学等相结合。下面以一个爆炸事故案例，说明事故原点分析的过程。

假设某实验室的 AB 两个房间发生了爆炸事故。勘查发现，A 室内有许多玻璃碎片，但 A 室内并无玻璃制品。经过技术鉴定，确定这些玻璃碎片来自 B 室中的防爆灯罩。通过逻辑推理分析，这些碎片进入 A 室的唯一可能性是 B 室的防爆传递窗首先发生爆炸，将防爆窗门炸开，玻璃碎片才得以进入 A 室。如果 B 室的任一爆炸点先爆炸，传递窗有铁门阻隔，玻璃碎片无法通过。此外，即便 B 室的爆炸引发了传递窗的殉爆，爆波已经衰减，而此时传递窗处的爆炸生成物密度最大，碎片也不可能通过。因此，传递窗处的爆炸先于 B 室的爆炸。

进一步的现场勘查发现，B 室两个爆炸点之间的墙壁上有明显的爆炸痕迹，确认了起爆药提盒的爆炸位置。提盒放置的桌面被炸成碎木条，木条卷入铺在地上的胶皮板中，这说明是提盒爆炸后导致桌面被炸烂，进而引发了铝贮存器的殉爆，才导致胶皮板向内卷起。

由此可以确定，B 室内的爆炸是由起爆药提盒首先引发的，随后铝贮存器发生殉爆。接下来分析传递窗与 A 室装药机的爆炸顺序：B 室的玻璃碎片大量集中在 A 室的一侧，说明如果装药机在传递窗爆炸后爆炸，B 室爆炸产生的正压气流将阻止玻璃碎片进入 A 室。即使少量碎片进入，也会被 A 室的爆炸气流驱散。因此，装药机的起爆药爆炸速度远高于被炸物飞行速度，不能是玻璃碎片先飞入 A 室。

综合分析得出结论：A 室装药机的爆炸（450g 起爆药）先于传递窗的殉爆（300g 药），因此装药机是第一起爆点，也就是事故的原点。

11.6.6.2　事故结构模型

事故的发生、发展过程及现场状况可以用事故结构模型来表示，如图 11-8 所示。该图展示了事故结构的各组成部分及其相互关系，提供了对事故概念的简明概括。

事故原点是发生事故的最初的起点，是事故由潜在隐患转化为实际事故的最初触发点。在生产过程中，某个激发事件促使事故隐患在事故原点处发生转化。事故原点通常位于事故的发生和发展过程中，其左侧描述事故发生前的生产状态（即隐患形成的过程和状态），而右侧则表示事故的演化过程。随着事故复杂性增加，其前期情况和发展过程可能扩展到原有生产过程之外，从而扩大事故的损失区域。生产过程中发生的激发条件通常易于辨识，但特

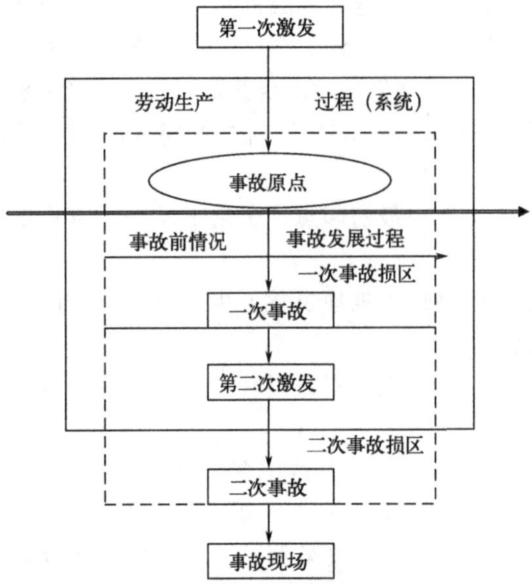

图 11-8　事故结构模型框图

殊的例外情况可能被忽略，甚至出现误判。

例如，某化工厂在试生产过程中，胶化机投料试车时，由于在距厂房外 200m 处的电焊施工，电焊地线连接到试车机房的工艺管道上，导致胶化物料起火。这次事故的"事故原点"位于胶化机的电火花处，但引发条件则源于厂房外的电焊施工。一般而言，单次事故多局限于生产过程中，损失区相对较小。而当一次事故激发出二次事故时，损失区域和严重程度可能会超出生产过程范围，带来更严重的后果。在事故的发生、发展过程中，作用于空间的累积效果形成了事故现场，其范围随事故进展和激发条件变化而扩大。

事故结构模型为事故调查提供了明确的方向。事故发生的原因往往是违背了生产过程的客观规律，而事故的发展过程也具有其必然性，因此事故调查具有现实可行性。事故调查人员必须坚持实事求是的原则，根据现场实际情况开展调查，并根据物证得出结论。调查人员需掌握事故调查技术，熟悉相关的原料性能、工艺条件、设备结构及操作技术等科学知识。无论事故大小，都应按标准调查程序进行。一般情况下，调查程序不应省略或跨越。例如，只有在确定事故原点后，才能进一步确定事故原因及其扩大的原因；只有在确认事故原因基础上，才能对事故性质及责任进行分析。事故调查程序见图 11-9。

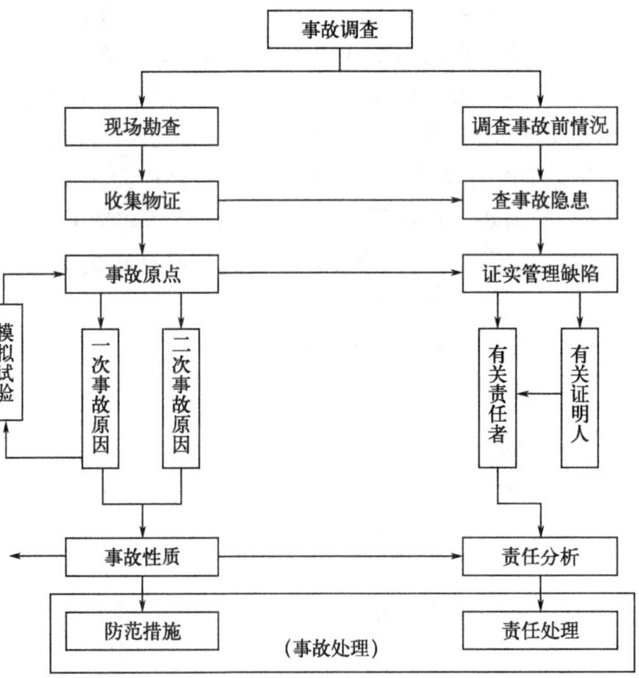

图 11-9　事故调查及分析程序

11.6.6.3 事故现场勘查方法和步骤

勘查工作首先要确保事故现场得到保护。事故现场指保持事故发生后原始状态的区域，包括事故影响范围及相关场所。只有现场保持原貌，勘查工作才具有实际意义。在事故原点和初步原因未完全确认，以及摄影、记录工作未完成前，不得清理、破坏或开放事故现场。现场勘查步骤如下：

① 明确勘查目的

a. 确认事故破坏情况，包括物资损失、设备和建筑物的破坏、防范措施的有效性与破坏情况、人员伤害等。

b. 发现或确认事故原点及事故原因的物证，明确事故的发生和发展过程。

c. 收集技术资料，为研究新的防范措施提供依据。

② 勘查工作的准备　安全部门应常备勘查工具，例如事故勘查箱，摄影、录像设备及测绘仪器，相关图纸、记录和资料。事故调查人员须接受相关培训，以确保事故发生后能快速展开勘查。

③ 现场勘查　根据现场实际情况划定事故观测范围，制订勘查计划，对现场全貌及重点区域进行拍摄、录像和测绘。随后按调查程序，从现场提取反映事故发生和发展过程的物证。首先确认事故原点，继而查明隐患转化为事故的原因（即第一次激发）和事故扩大的原因（即第二次激发）。必要时，可进行模拟试验验证事故原点及事故原因。

④ 勘查记录　为保留现场信息，应在勘查时详细记录并拍摄影像。

11.6.6.4 对事故前劳动生产情况的调查

(1) 调查对象和内容

a. 生产过程中人员的活动情况和设备运行情况；

b. 生产状态，包括原材料和成品的储存状态、工艺条件、操作情况、技术规定和管理调度等；

c. 生产区域的环境和自然条件（如雷电、晴雨、风向、温湿度、地震等）以及其他外界因素；

d. 生产中出现的异常现象以及对此的判断和处理情况；

e. 相关人员的工作状态和思想动态等。

(2) 调查方式和时机

a. 调查范围应包括与事故隐患形成相关人员、事故发生时在场的人员、目击者和报警者；

b. 注意了解被调查人员对事故调查的心理状态以及他们提供线索的态度；

c. 事故前情况的调查应先于现场勘查工作开展；

d. 对受伤人员应尽早开展调查并核实其受伤部位；

e. 查清死亡人员的伤痕位置、状态及致死原因。

(3) 人证材料的可靠性调查

调查结论必须基于物证，不能仅凭个人推测或判断。然而，人证材料也不可忽视，有时一句证词便能揭示事故的关键，特别是事故初期相关人员的证词更具真实性，应重视最初的个别谈话记录。

11.6.6.5 事故原因分析

事故原因是指导致事故原点处危险因素转化为事故的激发条件和技术条件。

危险因素转化为事故的技术条件，指物质条件本身（如性质、能量、感度）发生的物理或化学变化；激发条件则指操作失误或外界条件引发危险因素向事故转化的作用。事故原因（直接原因）可分为一次和二次事故原因。通常一个事故单元的原因应只有一个，难以准确判断的情况最多不超过三种，若原因过多则说明未找到真正的原因。

查证事故原因的方法通常有三种：

a. 直观查证法。适用于情况简单的事故。凡能用定义法确定事故原点的事故，通常可用直观查证法确认原因。

b. 因果图示法。利用事故隐患与事故的因果关系确定原因。使用因果图示法，首先列出事故原点处的危险因素转化为事故的条件，并按因果关系绘制因果图分析。一般采用原因综合分析图和根本原因追溯图（见 AQ/T 3034《化工过程安全管理导则》图 A.6 和图 A.7）进行分析。

c. 技术分析法。对于无法通过直观查证或因果图示法分析的事故，可采用技术分析法。该方法根据事故原点的技术状态，结合事故发生时的产品、工艺、操作和设备运行情况，分析危险因素转化为事故的技术条件、管理缺陷及外界因素对事故原点的激发作用，从中找出事故原因。

在事故调查中，模拟试验是检验事故原点和事故原因的准确性的定量标准。因此，在判定事故原点和事故原因之后，都要根据事故的实际情况进行模拟试验。例如在江苏响水天嘉宜化工有限公司“3·21”特别重大爆炸事故调查中就进行了模拟试验。对天嘉宜公司硝化废料取样进行燃烧试验，表明硝化废料在产生明火之前有白烟出现，燃烧过程中伴有固体颗粒燃烧物溅射，同时产生大量白色和黑色的烟雾，火焰呈黄红色。经与事故现场监控视频比对，事故初始阶段燃烧特征与硝化废料的燃烧特征相吻合（见图 11-10），认定最初起火物质为旧固废库内堆放的硝化废料。

图 11-10　硝化废料出现明火之前产生烟雾

11.6.6.6　事故性质认定与责任划分

查明事故原点和原因后，需要对事故性质进行定性分析。事故性质一般分为政治事故、自然事故和责任事故三类。无论事故性质如何，都应全面分析事故隐患的形成原因，以明确相关人员的责任，从中吸取教训。

事故责任划分是对事故原因中各方责任的追溯。在事故原因中，通常不仅涉及操作人员的责任，还可能包含组织者和指挥者的责任。通过明确责任方，才能有效进行事故处理，吸取教训并制定防范措施，从而避免类似事故的再次发生。

11.6.7 事故的数理分析及事故过程分析

数理统计方法的基本思想就是通过研究局部推断或判断整体，分析大量的偶然现象，掌握出现问题的一般规律。如生产中出现一起事故，它的发生与否是偶然的，对一个车间、一道工序或一个操作人员来说，事故发生与否同样是偶然的，但对大量的偶然性事故进行综合分析，就可以找出某种必然性的规律。我们把发生的事故拿来进行数理分析，就是找出它的发生规律，制定出对策，以把事故发生概率减下来或不再发生重复性事故。用数理统计方法分析事故，一般常用排列图和控制图。

事故过程分析相对事故统计分析来说，是种微观分析。它是针对一次事故或者一种类型事故的发生、发展过程，从事故发生后所留下的痕迹，先追查同类事故发生的有关因素，分析那些因素以及它们是如何互相作用，才导致事故发生的，从而制定出有效的安全措施，防止同类事故的重复发生。常用的事故过程分析方法有：因果分析、故障树分析、事件树分析和逻辑分析。

在事故的数理分析及事故过程分析时，应注意以下几个问题：

a. 为作出正确的判断，数据必须真实可靠。

b. 进行统计分析前，应对收集来的数据进行分级（或分类、分组），这是分析的基础。

c. 应用数理统计工具有助于寻找问题及其主要矛盾所在，有助于及时发现生产中的异常情况以控制生产的稳定。但数理统计方法只能反映问题，而不能解决问题。

d. 要灵活地综合运用各种方法和工具，使用时不要局限于某种方法，宜交错使用，一定要讲究实效，不要搞形式。

下面介绍两种分析方法，其他方法可参阅有关教材。

11.6.7.1 排列图法

排列图可以清楚地定量反映出发生事故各因素影响的大小和相互关系，明确主要原因和主攻方向。排列图法是常用于分析事故主次因素的方法，又称主次因素图法。

作图方法：

a. 收集数据进行分类，针对要解决的问题，收集一定期间的数据，并按有关的标志进行分类。

b. 统计各项内出现的次数。

c. 根据统计结果，按各项目出现次数的多少顺序排列，制成排列图数据统计表，并计算出累计数和累计百分率（或频率）。

d. 绘制排列图。排列图见图 11-11。图中有两个纵坐标，一个横坐标。左边的纵坐标表示频数，右边的纵坐标表示频率（累计百分率）。横坐标表示影响安全的各种因素，一般按影响因素的主次从左到右排列。

累计百分率达到 70%以上的项目称为主要因素，其余为次要因素。如表 11-2 中前两项原因的累计百分率为 76%，即为主要因素，后三项则为次要因素。主要因素确定后，为了尽快解决问题，尚应进一步分层。例如，主要原因之一的思想麻痹，还可以进一步分解，是思想不集中还是工作有情绪，还是家庭中出现问题；违章作业是不懂操作规程，还是明知故

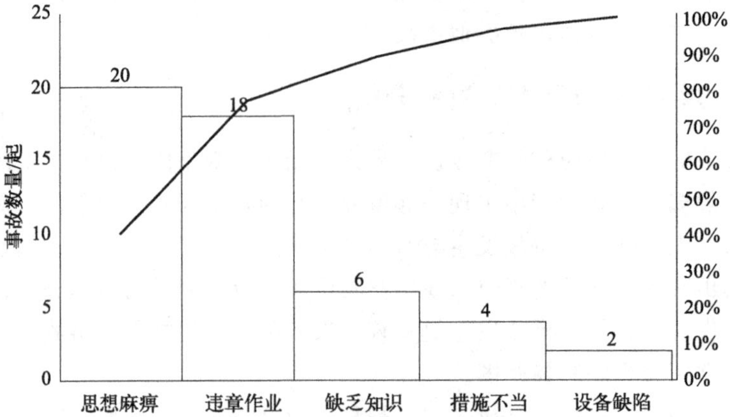

图 11-11 排列图示例

犯等。针对分层分析出的主要原因，采取预防措施，就能很快地见到效果。如表 11-2 中某工厂某年事故的主要原因是：思想麻痹和违章作业。

表 11-2 事故因素及统计

项目	各项目出现次数/件	累计数/件	累计百分数/%
思想麻痹	20	20	40
违章作业	18	38	76
缺乏知识	6	44	88
措施不当	4	48	96
设备缺陷	2	50	100

针对这两个原因所应采取的对策，主要是安全教育，即对职工进行安全第一的思想教育、遵章守纪教育和安全操作规程教育。

排列图法反映了一个客观规律，这就是社会上和自然界都遵循的“极其重要的少数和无关紧要的多数”这一规律，即帕累托（Pareto）原理。帕累托分析法有助于把极其重要的少数问题与无关紧要的多数问题区分开来，这两类问题各有不同的处理方法。作为主管部门、企业的主要领导，应该考虑优先解决这几个极其重要的少数问题，至于先处理哪一个，需根据严重程度而定。无关紧要的多数问题，可以交有关部门去处理，如果它们的原因大体类似，则可以集中处理。如图 11-11 发生事故的原因中，前三个所采取的措施是相类似的，在处理上可由安全教育部门去实施。而其次要原因，即少数事故的原因是设备缺陷所造成，但它属于重要问题，需要领导优先抓紧解决这个问题，否则还会酿成大事故，给生产带来重大损失。

11.6.7.2 因果图法

发生任何事故总是有原因的，原因往往是多方面的，有时多种原因交织在一起不易分清。因果图，顾名思义，就是用来寻找造成事故的各种原因的。因果图又名树枝图、鱼刺图或特性因素图。

2010年1月23日位于美国西弗吉尼亚州贝尔地区的杜邦化工厂发生光气泄漏事故（https://www.csb.gov/dupont-corporation-toxic-chemical-releases/），导致一人死亡，一人受伤。图11-12是这个事故的因果图。这个因果图的分析结果表明该工厂在过程（工艺）危害分析、应急管理、机械完整性、操作规程、培训、事故/事件调查和变更管理等7个PSM要素层次上存在问题。

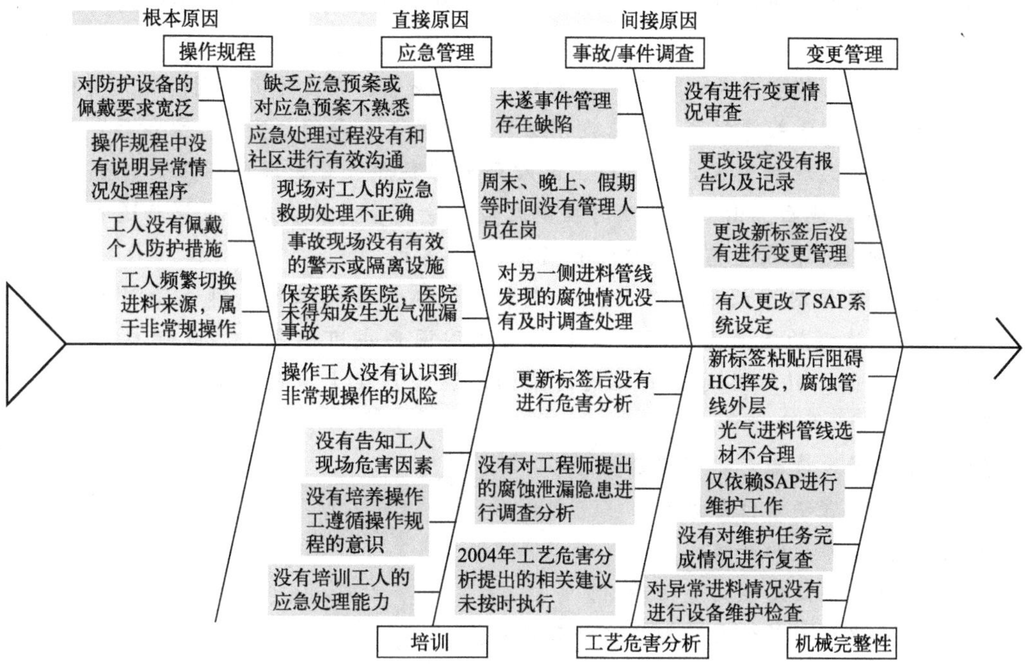

图11-12　美国杜邦公司光气泄漏事故的因果图

因果图简便实用。事故发生后用于分析原因，其特点是系统化、条理化，因果关系层次分明。但要注意在查找原因时要实事求是，防止发生停留在罗列许多表面现象，不深入分析因果关系的情况。找出的各项原因应是有可能采取措施的，但防止事故的措施不写入图内。确定的主要原因应是多数人的意见，要充分讨论，集思广益，不轻易否定别人的意见，只有这样，因果图才能做到分析完善、全面。

习题

1. 请描述应急管理的主要阶段，及各个阶段的主要任务。

2. 在应急预案编制过程中，有哪些信息来源可以作为编制应急预案，准备各类响应程序的依据？

3. 一个1000人规模的大型石化企业，邻近主要河流及公路铁路运输线，请你设想，企业的应急预案中应设置哪些重要的职能机构。

4. 选择一个本教材中介绍的事故，绘制事故因果图。

5. 某企业为矿山企业，地下金属矿山采用竖井、斜井、斜坡道联合开拓方式和下行分层胶结充填采矿方法。

2012年5月9日8时，司机甲和司机乙开始在井下1150工作面进行铲装作业。9时，甲使用的铲装车出现故障，无法正常作业，于是来到休息室休息。10 时 30 分，乙完成自己的铲装工作量后也来到休息室。甲见乙来到休息室，便借用了乙的铲装车进行作业。11 时，甲发现铲装车的监控系统显示排气管温度已达 170℃，便停止铲装作业，将车开到斜坡道岔口处熄火降温。

11 时 10 分，甲再次启动乙的铲装车时，发现发动机下方着火，甲取下车载灭火器灭火，火未灭掉，于是去叫休息中的乙，并和乙一起从休息室拿了两个大容量灭火器进行灭火，但由于已引燃井下临时加油罐中的柴油，火焰蔓延，无法扑灭。11 时 30 分，甲将火情报告给在附近的工区值班员丙，丙向调度室作了电话报告，调度员丁接到丙的火情报告后进行了记录，但未向主管领导报告，也未向消防部门报警。丙向调度室报告火情后，与甲各拿一个灭火器赶往着火现场灭火，甲、乙、丙看到火势猛烈、冒出阵阵浓烟，并感觉呼吸困难，遂于 12 时返回地面。由于未能及时控制火势，造成着火铲装车下风侧巷道和工作面的作业人员 17 人死亡、2 人重伤，直接经济损失 9421 万元。

事故调查确认该起事故的过程为：铲装车发动机长时间工作，排气管温度过高；铲装车油管泄漏，渗漏的柴油因高温烘烤在发动机周围形成可燃气体，重新启动时产生的火花点燃可燃气体，引燃临时加油罐内的柴油，燃烧产生大量的有毒有害气体，造成人员中毒或窒息。

根据以上场景，请回答以下问题。

（1）本事故的责任单位是谁？

（2）请确定该事故的等级。

（3）分析导致事故发生的直接原因。

（4）事故中造成人员伤亡的燃烧产物有哪些？

（5）员工甲在铲装作业时应佩戴和使用的劳动防护用品有哪些？

（6）《中华人民共和国安全生产法》对企业安全生产管理机构设置和人员配置有哪些要求？

（7）请思考企业应采取何种措施防止此类事故再次发生。

参考文献

[1] National Fire Protection Association. NFPA 704：Standard System for the Identification of the Hazards of Materials for Emergency Response，2007.

[2] The Energy Resources Conservation Board，CANADA. ERCB Directive 071：Emergency Preparedness and Response Requirements for the Petroleum Industry，2023. https ://www. aer. ca/documents/directives/Directive071 _ RiskAssessment-matrix. pdf.

[3] CCPS. Guideline for Technical Planning for On-Site Emergencies. New York：AIChE，1995.

[4] Bernard T Lewis，Richard P Payant. The Facility Manager's Emergency Preparedness. New York：American Management Association，2003.

[5] Thomas D Schneid，Larry R Collins. Disaster Management and Preparedness. Boca Raton：CRC Press，2000.

[6] Joseph F Gustin. Safety Management：A Guide for Facility Managers. Lilburn：The Fairmont Press，2008.

[7] Chen Q L，Wood M，Zhao J S. Case study of the Tianjin accident：Application of barrier and systems analysis to understand challenges to industry loss prevention in emerging economies. Process Safety and Environmental Protection，2019，131：178-188.

[8] GB/T 29639—2020. 生产经营单位生产安全事故应急预案编制导则 .

[9] 覃伟中，谢道雄，赵劲松，等 . 石油化工智能制造 . 北京：化学工业出版社，2019.

[10] 李德芳，蒋白桦，赵劲松，等 . 石化工业数字化智能化转型 . 北京：化学工业出版社，2022.

[11] 吕淑然，车广杰 . 安全生产事故调查与案例分析 . 2 版 . 北京：化学工业出版社，2020.

[12] 冯辉 . 突发环境污染事件应急处置 . 北京：化学工业出版社，2018.

[13] 孙爱军，刘茂．基于社会技术系统视角的我国重大生产安全事故致因分析模型．煤炭学报，2010，35 (5)：876-880.
[14] 吴宗之，刘茂．重大事故应急预案分级，分类体系及其基本内容．中国安全科学学报，2003，13 (1)：15.
[15] 吴宗之．重大事故应急计划要素及其制定程序．中国安全科学学报，2002，12 (1)：14.
[16] 王保国，王新泉，刘淑艳，等．安全人机工程学．2 版．北京：机械工业出版社，2016.
[17] 周锦山．剧毒化学品泄漏事故应急处置研究．中国安全生产科学技术，2005，1 (6)：66-68.
[18] 国务院事故调查组．江苏响水天嘉宜化工有限公司“3·21”特别重大爆炸事故调查报告．2019-11. https://www.mem.gov.cn/gk/sgcc/tbzdsgdcbg/2019tbzdsgcc/201911/W020240229376281346471.pdf.
[19] 张玲，陈国华．事故调查分析方法与技术述评．中国安全科学学报，2009，19 (4)：169-176.
[20] 国务院．天津港“8·12”瑞海公司危险品仓库特别重大火灾爆炸事故调查报告．2016-02-05. https://www.gov.cn/foot/2016-02/05/5039788/files/460731d8cb4c4488be3bb0c218f8b527.pdf.

第 12 章

工业互联网+危化安全生产

“知己知彼，百战不殆。”

——《孙子兵法》

2020 年，应急管理部与工业和信息化部联合发布了《“工业互联网＋安全生产”行动计划（2021—2023 年）》。该计划提出，到 2023 年底，要建立一个基于工业互联网的安全感知、监测、预警、处置和评估系统。通过这一系统，工业企业将显著提升安全生产的数字化、网络化、智能化水平，并培育“工业互联网＋安全生产”的协同创新模式，推动企业本质安全水平的全面提升。2021 年 3 月，应急管理部进一步发布了《“工业互联网＋危化安全生产”试点建设方案》，明确强调通过工业互联网、大数据、人工智能等技术，提升化工行业的安全管理水平。此举对于加强企业快速感知、实时监控、超前预警、智能决策等能力具有重要意义。

12.1 建设背景

化工行业，尤其是危险化学品生产，作为典型的流程工业，其生产过程具有易燃易爆、高温高压、连续作业等显著特点。这类生产流程不仅长，工艺复杂，而且潜在的危险性极大，任何细小的操作失误都可能引发严重的安全事故，对员工生命安全和企业财产安全构成重大威胁。然而，由于现有技术条件的局限性，化工行业在实际生产中仍然面临一系列亟待解决的问题：

(1) 信息孤岛问题严重 在传统化工企业中，信息通常分散在各个部门或工艺环节的独立系统中，形成信息孤岛，导致数据无法有效共享。这使得管理层难以获取全面、实时的生产数据，安全管理变得复杂和滞后，不仅阻碍了生产效率的提升，还增加了安全事故的风险，安全隐患信息可能无法在不同部门和环节间得到及时传递和处置。

(2) 设备老化与维护不足 许多化工企业的设备长期使用，未能及时更新或进行预防性维修，导致设备故障增加，带来安全隐患。设备故障不仅会导致生产停滞，甚至可能引发安全事故，特别是在危险化学品生产过程中，设备故障可能导致有毒有害物质泄漏或爆炸。

(3) 人工监控和管理方式落后 传统的安全管理主要依赖于人工巡检和手动记录，不仅效率低下，还容易出现人为错误和疏漏。依赖人工监控的方式难以及时发现潜在的安全隐患，无法做到实时响应突发事件，从而有效降低事故发生的风险。

(4) 应急响应机制不完善 许多企业在面对突发事故时，缺乏快速有效的应急响应机制。应急计划通常不够全面，应急演练与实际生产脱节，导致一旦事故发生，企业难以及时反应，损失扩大，人员伤亡和环境破坏的风险增加。

(5) 数据分析和预测能力不足 在传统的化工安全管理中，数据收集和分析能力有限，企业无法充分利用生产过程中产生的大量数据进行风险预测和预防。由于缺乏有效的数据分析和预测能力，企业只能被动应对已发生的事故，导致事故事件多发。

在这样的背景下，应用工业互联网、大数据、人工智能等新一代信息技术，为解决上述问题提供了新的方法和工具。

根据 GB/T 42021—2022《工业互联网　总体网络架构》的定义，工业互联网是指新一代信息通信技术与工业经济深度融合形成的新型基础设施、应用模式和工业生态，通过全面连接“人、机、物、系统”等要素，构建覆盖全产业链、全价值链的全新制造和服务体系。

由工信部指导，工业互联网产业联盟编写的《工业互联网体系架构（版本 2.0）》进一步指出，工业互联网是在工业数字化、网络化、智能化转型需求推动下应运而生的。作为一种全新的工业生态、关键基础设施和新型应用模式，工业互联网通过全面连接“人、机、物”，实现全要素、全产业链、全价值链的深度联通，推动传统产业加快转型升级，促进新兴产业快速发展壮大。

工业互联网通过全面互联、数据采集、传输和分析，形成智能反馈，推动生产制造和服务体系的全面变革。它优化了资源要素配置，提高了企业生产效率，帮助企业开发差异化产品，并提供增值服务，加速了第四次工业革命的进程。

为了实现数据优化闭环，推动制造业的智能化转型，工业互联网平台需要具备诸如海量工业数据与模型管理、工业建模分析、智能决策、应用创新和资源集聚等一系列关键能力。正是这些能力，使得工业互联网平台具备传统工业数字化应用所无法提供的功能。

《工业互联网体系架构（版本 2.0）》将工业互联网平台划分为三个关键功能层次：边缘层、平台即服务层（PaaS 层）和应用层。图 12-1 展示了工业互联网的功能层级结构。

边缘层：提供海量工业数据的接入、转换、预处理和边缘分析应用。通过接入生产设备、移动终端、视频监控等多种设备的数据，边缘层进行协议解析和数据预处理，确保数据准确传输至云端，进行高实时性分析与反馈。

平台即服务层（PaaS 层）：提供资源管理、工业数据和模型管理、工业建模分析和工业应用创新功能。PaaS 层通过集成边云协同、大数据和人工智能等框架，支持上层业务功能实现，并为工业建模和创新应用提供数据治理和分析支撑。

应用层：通过开发工业应用，满足企业研发、工艺优化、能耗优化、安全管理和环境保护等的智能化需求。应用层还提供开发者社区和应用商店，促进工业应用的二次开发和价值变现。

通过工业互联网技术，可以高效整合化工生产过程中产生的各类数据，打破信息孤岛，实现跨部门、跨系统的实时数据共享。这为企业提供了全面的生产监控和实时数据支持，帮助决策者及时掌握生产动态，快速应对突发事件。此外，借助大数据分析和人工智能技术，企业能够对设备运行状态进行实时监测与预测性维修，提前发现设备故障或潜在风险，从而有效排查和治理安全隐患。

在安全管理方面，工业互联网通过智能传感器和物联网技术，加强对危险化学品生产全过程的监控，自动检测并报警异常情况，替代传统的人工监控方式，提升了管理效率和准确性。结合各类智能监测与应急处置的硬件系统，工业互联网还能优化应急预案，并通过虚拟仿真和演练，增强企业在突发事件中的快速反应能力。

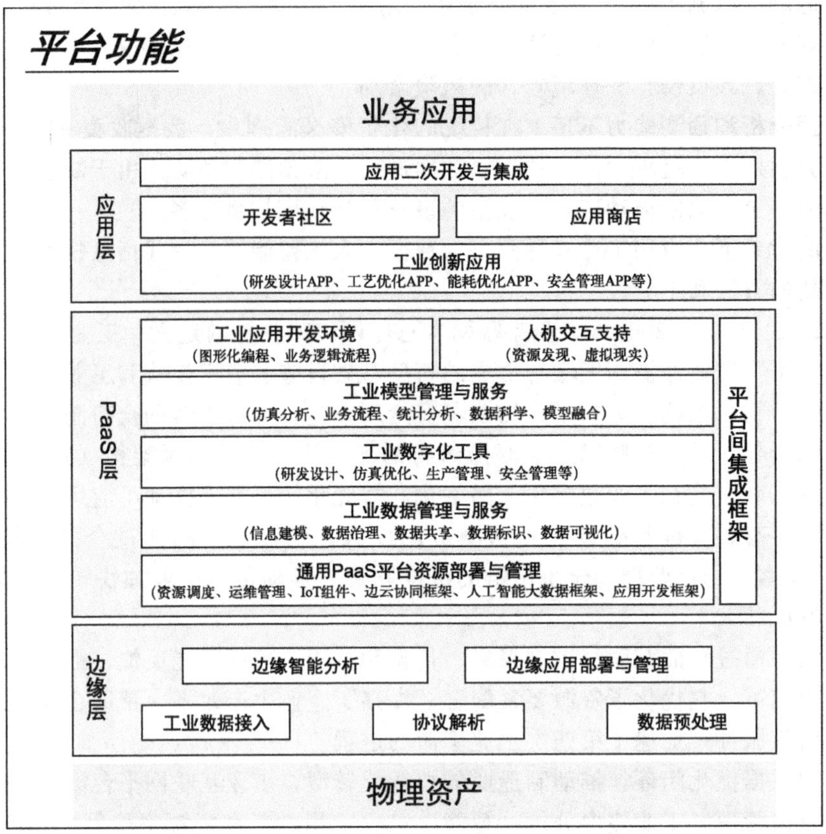

图 12-1　工业互联网功能层级

总体而言，工业互联网在化工行业中的应用目标是通过全要素、全产业链、全价值链的全面连接，实现安全管理的智能化、实时化和精准化，提升生产效率和安全水平，降低事故发生的概率，推动危险化学品生产的数字化、智能化转型。工业互联网还构建了以企业、园区、行业和政府为核心的协同管理体系，全面提升安全生产的整体水平。

12.2　主要技术手段

工业互联网并非单一技术，而是一系列先进的信息技术体系赋能传统工业场景。包括物联网、大数据、人工智能、云计算、边缘计算、标识解析等核心技术，成为推动化工行业安全管理不可或缺的组成部分。

12.2.1　物联网（IoT）

物联网（internet of things，IoT）是一种通过传感器、执行器、网络和软件将物理设备连接到互联网，实现设备之间的信息采集、共享和互联的技术。物联网的核心目标是使物理世界的设备能够互联互通、彼此协作，数据可以在不同设备之间传递和处理，进而实现智能化的监控和管理。

物联网系统通常包括以下几个关键组成部分：

① 传感器和执行器　用于感知外界环境或设备的状态，采集如温度、压力、振动等物

理参数，并根据需求对设备进行控制。

② 网络通信　将采集的数据通过网络（如 WiFi、5G、LoRa 等）传输到中央系统或云端。

③ 数据处理和分析　通过边缘计算或云计算对数据进行分析，生成有价值的管理信息或控制指令。

④ 用户接口　提供给操作人员或管理者的可视化平台，用于监控系统状态和获取分析结果。

物联网技术在化工行业的应用早已有之，传统的传感器用于采集化工装置的温度、液位、压力和流量等参数，并通过网络传输至相关系统进行预警与决策。若常规手段无法干预，物联网还能通过紧急停车、消防喷淋、应急广播等手段减轻事故影响。

随着物联网技术的不断发展，更多新型感知设备（如 RFID 标签、二维码、智能摄像头、巡检机器人等）和先进信息传输技术（如 5G、WiFi、蓝牙等）被广泛应用于化工过程安全管理中。如图 12-2 所示，可以利用 RFID 标签和智能摄像头对危险化学品的轨迹进行追踪，利用定位信标、GPS、无线传感实现化工企业和园区的车辆、人员定位，利用智能手持终端、二维码、RFID 标签以及巡检机器人实现智能化巡检，利用振动检测、声纹检测等实现动设备在线监测与预警。这些新的物联网手段，帮助企业及时发现可能存在的安全隐患，实现实时监控、预警和处置，极大地提高了危险化学品的管理水平，保障了生产安全。

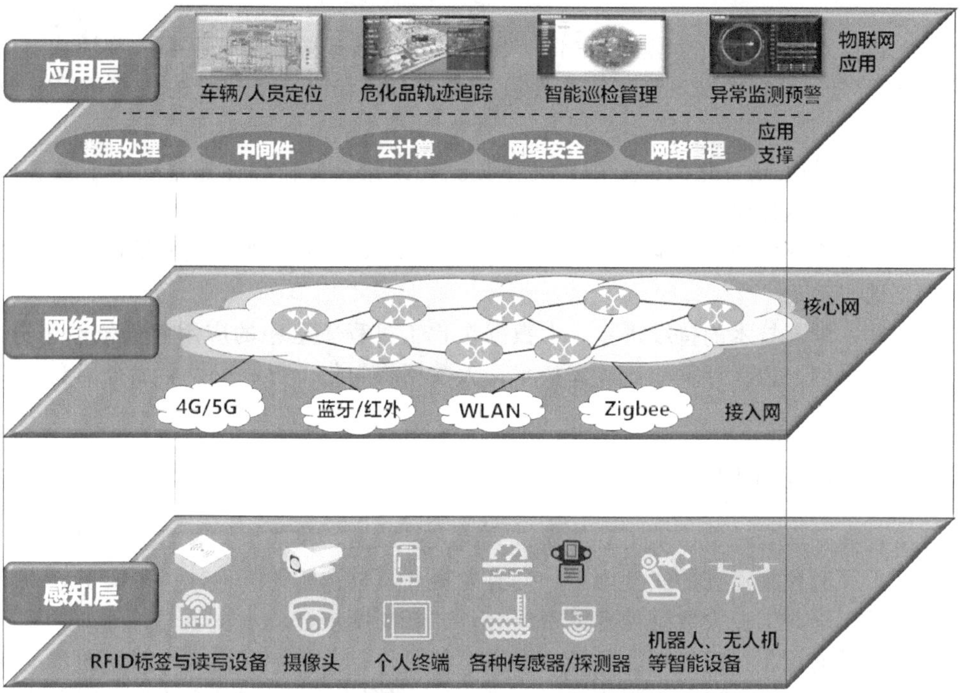

图 12-2　物联网在化工安全领域应用

12.2.2　大数据分析

随着信息技术的快速发展，数据的规模和复杂性不断增长，推动了大数据技术的广泛应用。大数据通常具备以下特征：

① 数据体量大（volume）　数据的规模远超传统处理能力，包括结构化、半结构化和非结构化数据。

② 数据类型多样（variety） 数据来源广泛，涵盖传感器数据、操作数据、文本、图像、视频等。

③ 处理速度快（velocity） 数据需要实时处理和分析，以快速响应生产需求或市场变化。

④ 数据价值高（value） 通过大数据分析，可以从庞大的数据集中提取有用的数据进行洞察，帮助做出数据驱动的决策。

大数据分析技术包括数据采集、清洗、存储、挖掘和建模等多个环节，结合机器学习、数据挖掘和统计分析等方法，对大量数据进行深度解析，从而揭示潜在的规律和趋势。

在化工行业中，大量生产设备和过程参数的数据需要持续监控和分析，以确保生产过程的安全性与稳定性。大数据技术通过处理这些海量数据，能够帮助企业发现潜在风险，优化操作流程，改进设备运维，从而全面提升安全管理水平。

在实际应用中，大数据分析往往与人工智能技术相结合，对化工装置的多源数据进行深入挖掘与分析，实现故障预测与预防性维修、异常检测与预警、生产操作优化及事故原因分析等功能。大数据分析凭借其强大的数据处理和洞察能力，为化工过程的安全管理带来了显著的改进与提升。通过应用大数据技术，企业不仅能够实现实时监测和预警、产品质量预测与控制、能源消耗优化以及智能决策支持，还能显著提高生产效率，降低事故发生概率和运营成本。

尽管大数据技术在化工过程安全中的应用已取得初步成效，但仍面临一些挑战：

① 数据质量 数据的准确性和完整性直接影响分析结果，低质量的数据可能导致错误的判断。

② 数据隐私与安全 化工企业需要确保数据在采集、传输和存储过程中不被篡改或泄漏，以防止敏感信息外泄。

大数据分析系统的构建和维护需要较高的技术门槛，企业需要投入大量资源进行技术开发和人员培训。

尽管如此，随着技术的持续进步，大数据在化工过程安全中的应用前景依然十分广阔。未来，结合物联网、边缘计算和云计算技术，大数据将为化工行业提供更加全面和智能化的安全管理解决方案。

12.2.3 人工智能（AI）

在化工过程安全管理中，人工智能通过分析大量数据、模式识别和自我优化，提升生产自动化水平，及时预警潜在的安全隐患，并有效提高事故预防的准确性。事实上，人工智能技术在许多情况下与工业大数据处理紧密结合，二者高度重合。

人工智能赋能化工过程安全的路径主要有两种：一是基于专家系统和知识图谱的知识工程路径，通过梳理工业知识和规则为用户提供指导。例如，某数控机床故障诊断专家系统利用人机交互建立故障树，通过产生式规则表示专家知识，结合多传感器信息，准确诊断出故障原因和类型。二是基于神经网络和机器学习的统计计算路径，通过数据分析直接求解事件概率，进而影响决策。例如，某设备企业利用机器学习技术对主油泵等关键部件进行健康评估和寿命预测，实现预测性维修，从而降低计划外停机的风险，提升设备的可用性和经济效益。

近年来，深度学习作为机器学习的一个分支，凭借自动特征提取、适应复杂环境、实时性与预测能力，以及结合领域知识等优势，为化工过程的监控预警与故障诊断提供了一种高效、准确且可靠的方法。通过构建深度神经网络模型，分析大量历史运行数据，这些模型能够学习化工过程中正常与异常状态的差异特征，进而实现智能分析，准确识别潜在故障信号，及时预警并帮助工程师定位问题根源，从而提高化工过程的安全性和稳定性。

除了对传统数值数据的分析，随着人工智能技术的发展，机器视觉和自然语言处理（NLP）技术在处理图像和文本数据方面为化工安全管理提供了高效的工具。

机器视觉技术通过计算机模拟人类的视觉功能，从图像中提取信息，进行处理和理解，最终应用于实际的检测、测量和控制过程。其工作原理是通过图像采集装置将目标物体转换为图像信号，并将该信号传输至处理单元。处理单元根据像素分布、亮度、颜色等信息进行数字化处理，识别目标的尺寸、形状、颜色等特征，并根据分析结果控制现场设备的动作。机器视觉不仅提高了生产的灵活性和自动化程度，还在一些不适合人工操作或人工视觉难以胜任的危险环境中发挥了重要作用。

在化工安全领域，机器视觉技术同样展现了广泛的应用前景和重要价值：

① 产品质量检测　机器视觉可以精准检测产品的外观、尺寸和缺陷，确保产品符合严格的安全标准和质量要求。例如，利用高分辨率视觉传感器和智能算法，能够检测到产品表面的细微瑕疵或污渍，避免因质量问题导致的产品召回或安全事故。

② 环境安全监控　在化工生产环境中，机器视觉技术可用于监控作业区域的安全状况，如异常物品闯入、物料泄漏、烟雾、火灾等情况，及时发出预警，确保人员和设备安全。清华大学化学工程系研发的智能火灾识别技术在某炼油厂部署后，经过全厂级 500 多个全天候摄像头各类复杂环境（雨、雪、雷、雾、风、黑天、白天等）的长期测试，经过考验，并成功发出火灾预警，消防队接到预警后第一时间到现场处置火情，避免了火灾事故和重大财产损失。

③ 人员行为模式识别　化工企业的操作人员，无论在中控室还是现场装置，通常需要严格遵守操作规程。过去，这些操作只能通过不断的培训和监督来规范。利用机器视觉技术，可以实时捕捉和监控人员的行为图像，精准识别和分类各种行为，如是否擅离岗位、是否正确佩戴安全装备、是否存在危险操作等。此外，机器视觉还能够实时预警潜在的安全隐患，有效预防安全事故的发生。

文本类数据，作为化工行业的重要资源，以往主要依赖行业人员自身的学习进行运用。随着自然语言处理（NLP）和知识图谱技术的发展，自动化挖掘文本信息并辅助化工安全管理成为可能。NLP 技术可以高效处理和分析大量的文本数据，如安全规范、事故报告、操作手册等。通过语义理解和实体识别，NLP 能够自动提取出关键信息，如危险物质、安全操作步骤、应急措施等，为化工企业提供强有力的安全管理数据支持。在发生安全事故时，NLP 技术还可以迅速分析事故原因，协助企业制定有效的应对措施，避免类似事故的再次发生。

与此同时，基于 NLP 技术构建的化工安全知识图谱，可以将大量的安全知识、事故案例、应急资源等信息结构化存储和展示。这不仅方便了员工查询和学习，还大幅提高了企业的应急响应速度和决策效率。在应对复杂安全问题时，知识图谱能够提供全面且相关的知识支持，帮助企业做出更加准确、科学的决策。

人工智能技术在化工过程安全领域展现出巨大的潜力。通过机器学习、深度学习、机器视觉和自然语言处理等技术，AI 不仅提高了生产自动化水平，还能实时预警安全隐患，显著提升事故预防的准确性。同时，人工智能能够分析和处理数值、图像和文本数据，为化工企业的安全管理提供强有力的数据支持与决策依据。知识工程与统计计算的结合，使人工智能在化工过程的监控预警、故障诊断、产品质量检测、环境安全监控和人员行为识别等方面发挥了至关重要的作用，为化工企业的可持续发展提供了坚实的技术保障。

12.2.4 云计算与边缘计算

云计算是一种通过互联网提供计算资源（包括存储、处理能力、网络等）的模式，允许用户按需访问和使用远程服务器进行数据存储、计算和管理。其特点在于灵活性、高效性和可扩展性。边缘计算则是指在接近数据源的网络边缘进行数据处理的计算模型。与云计算不同，边缘计算通过在本地设备或邻近的边缘节点处理数据，从而减少数据传输延迟，提升实时响应能力，并减轻中心服务器的负担。边缘计算的核心在于将部分计算任务从云端转移至设备边缘，从而实现更快速的响应和更低的带宽消耗。

在化工领域，云计算通过提供高性能的计算和数据分析能力，帮助企业优化生产流程、实时监控设备状态，并提供风险预警。例如，危险物料储存过程中的温度、压力等参数可以通过云端系统实时监测和分析，及时发现异常情况并自动报警，以预防事故的发生。边缘计算则能够为现场设备提供实时数据处理和决策支持，尤其是在涉及安全监控的场景。例如，在特种作业区域，边缘计算可以对摄像头采集的现场数据和作业视频进行实时分析，迅速识别潜在的安全隐患，并即时触发本地警报或采取自动响应措施。这种分布式计算模式能够克服网络不稳定和视频传输速度慢的挑战，实现就地处理。

云计算和边缘计算在化工过程安全管理中的应用并非相互排斥，而是协同工作的。边缘计算能够在本地快速处理数据和响应，而云计算则可对更大规模的历史数据进行深度分析和建模，提供长期的风险评估和优化建议。通过这种协同架构，企业可以实现更加高效的安全管理。

例如，在一个大型化工厂中，分布在各个生产区域的传感器通过边缘计算进行实时监控，一旦出现异常，边缘节点能够立刻发出警报并采取措施。同时，这些监控数据将上传至云端进行存储和分析，云端系统通过大数据技术分析全厂历史数据，识别长期安全隐患和趋势，帮助优化安全生产流程。

这种实时监控与长期优化的结合，使化工企业能够更高效、可靠地管理危险化学品的存储过程，减少事故发生率，提高生产安全性和经济效益。

12.2.5 标识解析

标识解析技术作为工业互联网和智能制造领域的关键技术之一，正逐步在各行各业中发挥着重要作用。标识解析技术是指通过将对象标识（如由数字、字母、符号等组成的字符串）映射至相关信息，帮助获取如地址、物品、空间位置等实际所需信息的过程。简而言之，它是通过一个统一的平台或入口，根据实体的标识快速找到其详细信息、位置、状态或执行相应的操作，实现万物互联、数据共享与业务协同的关键。

标识解析技术体系主要包括以下几个部分：

① 唯一标识符（UID） 每个物品或资源都拥有唯一的标识符，通常由一串数字或字符组成，用于区分不同实体。这是标识解析体系中的基础元素，确保信息的准确性和可靠性。

② 标识解析系统（IDS） 这是一套完整的系统，涵盖标识的生成、分配、存储、解析和数据管理等环节，实现标识的全生命周期管理。通过这一系统，不同平台和系统之间的数据可以实现无缝对接与共享。

在化工行业中，标识解析技术在化工过程安全管理中展现了显著优势，具体体现在以下几个方面：

① 设备设施的统一编码与管理 化工过程涉及大量设备设施，如压力容器、管道、阀门等。通过标识解析技术，可以对这些设备设施进行统一编码与管理。每个设备都分配唯一标识符，扫描或识别这些标识符后，企业可以快速获取设备的详细信息、位置和状态。这为化工企业提供了精准的设备管理与维护，提高了设备的安全性和可靠性。

② 危险化学品管理的透明度与可追溯性提升 化工过程涉及大量危险化学品的管理，如原料、成品和废弃物等。标识解析技术可对这些危险化学品进行全生命周期管理。从生产、运输、使用到废弃处理，每个环节都通过唯一标识符进行记录与跟踪，极大提高了管理透明度与可追溯性，帮助企业及时发现并处理潜在的安全隐患。

③ 促进数据共享与业务协同 化工过程安全管理往往涉及多个部门和岗位的协同工作，实时共享大量生产数据与安全信息至关重要。标识解析技术可构建统一的数据共享平台，实现不同系统、不同平台之间的数据无缝对接与共享，打破信息孤岛，促进业务协同，提高整体安全管理水平。

④ 增强应急响应能力 化工过程中的突发事故往往要求企业在极短时间内做出反应。标识解析技术能够迅速获取事故现场的详细信息，如设备状态、人员位置、危化品分布等。这为企业提供了宝贵的决策支持，帮助快速制定应急响应方案，降低事故损失。

⑤ 优化资源配置与提升生产效率 化工过程涉及复杂的生产流程和资源配置。标识解析技术可以实时监控生产各环节并进行数据分析，优化资源配置与生产流程，从而提高生产效率，降低成本，增强企业竞争力。

12.3 应用案例

在《"工业互联网＋危化安全生产"试点建设方案》中，提出了一系列工业互联网＋危化安全生产示范工程的重点建设内容，如表 12-1 所示。本章分别以一个化工企业的智能工厂和一个园区的智能化安全监管平台为例，介绍工业互联网在化工过程安全管理的应用。

表 12-1 工业互联网＋危化安全生产示范工程重点建设内容

项目	大型及以上	中型	小型
基础应用	基础安全信息数据库建设与整合 流程化作业许可和作业过程管理 人员定位 安全绩效考核 模拟演练 重大危险源管理 培训管理 风险分级管控和隐患排查治理管理 设备完整性管理 承包商管理 流通管理 封闭管理 不安全行为管理 安全状况分析预警	基础安全信息数据库建设 流程化作业许可和作业过程管理 安全绩效考核 重大危险源管理 培训管理 风险分级管控和隐患排查治理管理 设备完整性管理 承包商管理 流通管理 封闭管理 不安全行为管理 安全状况分析预警	MSDS 流程化作业许可和作业过程管理 重大危险源管理 培训管理 风险分级管控和隐患排查治理管理 设备台账管理 承包商管理 流通管理 封闭管理 不安全行为管理 安全状况分析预警

续表

项目	大型及以上	中型	小型
提升应用	自动化过程控制优化 预测性维修 数字交付 全过程作业许可和作业过程管理 生产安全审计 智能巡检 敏捷应急 危险作业无人化 自动盘库	基础安全信息数据库建设与整合 人员定位 生产安全审计 模拟演练 全过程作业许可和作业过程管理	基础安全信息数据库建设 安全绩效考核 设备完整性管理 模拟演练

12.3.1 案例 1：化工企业智能工厂建设

2019 年，我国发布了首个智能工厂国家标准《智能工厂 安全控制要求》（GB/T 38129—2019），将安全视为智能制造中最关键的环节。该标准从人员、物料、过程、设备、环境和信息安全六个方面对智能工厂的安全管理提出了要求。在安全保障的基础上，应用工业互联网技术，实现生产质量控制、成本与能耗优化、资产与供应链管理的完善，以及先进产品研发的促进，最终实现智能工厂的一体化建设。

图 12-3 展示了某化工企业智能工厂平台的整体架构。该平台通过物联网工具采集设备的多源数据，利用大数据和人工智能技术对数据进行存储、处理与分析，开发了重大危险源管理、自动控制优化、报警优化、人员定位、智能巡检、敏捷应急、设备管理等应用，实现了智能管理的一体化。

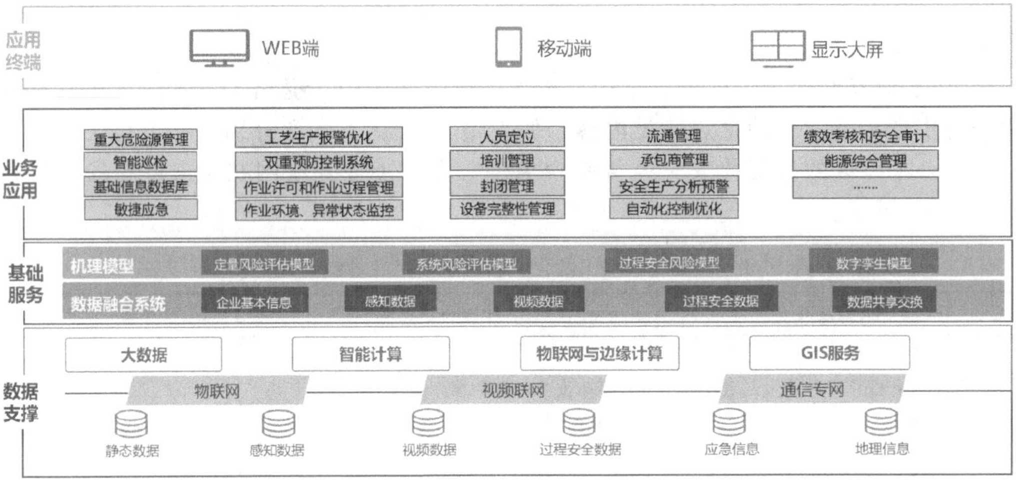

图 12-3 某化工企业智能工厂平台整体架构

在建设过程中，首先对基础数据采集网络进行了改造。采集了 DCS 数据、PLC 数据、压缩机系统数据、关键设备的能耗数据及部分关键设备参数的现场仪表读数。同时，整合了视频数据、过程安全信息、地理信息、设备信息等多源数据，建立了大数据平台。通过开发数据清洗、预处理、压缩存储等基础算法模型，确保数据质量与实时存储分析能力。同时，建立了动态风险评估、过程故障诊断、设备监测预警、异常行为识别、火灾泄漏监测、事故扩散后果模拟等机理模型。随后，进一步开发了相关业务应用程序，实现了智能化管理。

在智能工厂中，健康、安全、环境（HSE）功能并非独立存在，而是与资产管理、生产管理、营销管理等系统实现互联互通，形成一个完整的体系。通过一体化的智能工厂建设，解决了“信息孤岛”问题，打破了系统壁垒，将分散、异构的应用和信息资源整合在一起，遵循统一的规范，挖掘系统和数据之间的关联，打造了一个随需应变的中控平台，实现了“万物互联”。

如图 12-4 所示，无论是在 HSE 系统内部，还是 HSE 与资产管理、生产管理、供应链管理等其他业务系统之间，有效的数据交互与共享都为企业的安全、高效管理提供了基础。例如，操作管理系统与控制系统、报警管理系统、火气系统（FGS）、智能巡检终端等实现联动。当工况波动、质量波动或安全报警出现时，系统将智能提示操作人员进行最优的工艺处置和应急操作。智能巡检与隐患排查系统、设备管理系统实现联动，巡检人员按照规定时间、地点和要求完成数据采集，并实时将设备状态和故障信息传输回后台，同时与设备管理系统共享数据。

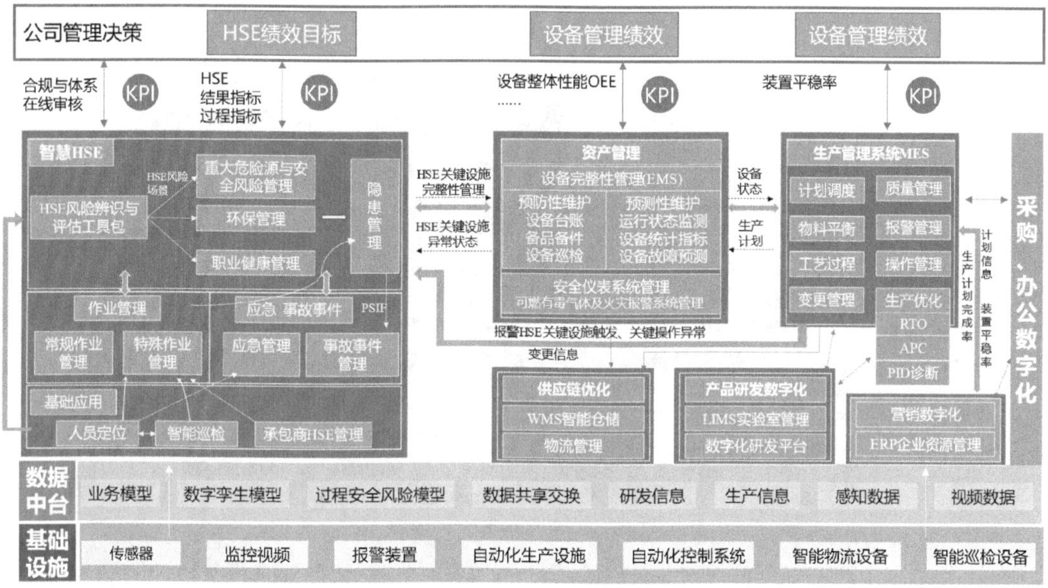

图 12-4 智能工厂平台内的数据交互

该智能工厂平台通过引入物联网、大数据和人工智能技术，成功实现了生产全流程的智能化管理。平台在数据采集、存储、处理和分析等环节中，突出强调了安全管理，构建了从人员定位、设备管理到动态风险评估和故障诊断的多层次应用平台。平台打破了“信息孤岛”，实现了企业内部各业务系统之间的数据高效共享与交互，形成了高度集成的一体化管理体系，提升了生产效率，优化了资源配置，并增强了企业的应急响应能力和安全管理水平，推动了智能制造的转型升级。

12.3.2 案例 2：化工园区安全风险智能化管控平台

2022 年 1 月 29 日，应急管理部发布了《化工园区安全风险智能化管控平台建设指南（试行)》，旨在指导化工园区通过信息化技术手段加强安全风险防控能力，推动园区的安全风险管理向数字化、智能化方向转型升级。随后，2023 年 11 月 14 日，应急管理部又印发了《化工园区安全风险排查治理导则》，其中多处提到应用工业互联网技术提升园区的安全管理水平。

《化工园区安全风险排查治理导则》（应急〔2023〕123 号）第 6.4 条规定，化工园区应运用物联网等先进技术对危险化学品运输车辆进出园区进行实时监控。第 6.5 条规定化工园区应按照“分类控制、分级管理、分步实施”要求，结合产业结构、产业链特点、安全风险类型等实际情况，分区实行封闭化管理，建立完善门禁系统和视频监控系统，利用信息化平台、视频监控、在线监测预警等技术手段，实现人员、车辆及物料进出全过程动态监管。第 7.7 条规定化工园区应开展化工园区安全生产信息化智能化平台建设，结合化工园区实际，建设符合《化工园区安全风险智能化管控平台建设指南（试行）》（应急厅〔2022〕5 号）要求的化工园区安全风险智能化管控平台并有效运行。

化工园区的智能管控平台建设重点突出以下几个方面的功能：安全基础管理、重大危险源管理、安全风险分级管控和双重预防机制、特殊作业管理、封闭化管理及敏捷应急。通过强化感知、网络、安全等基础设施，平台实现了园区内不同企业、部门、层级之间的协同联动。

图 12-5 展示了某化工园区依据指南要求建设的安全风险智能化管控平台架构。平台不仅接入了企业现有的重大危险源、可燃有毒气体监控、重点场所视频监控、门禁和人员定位

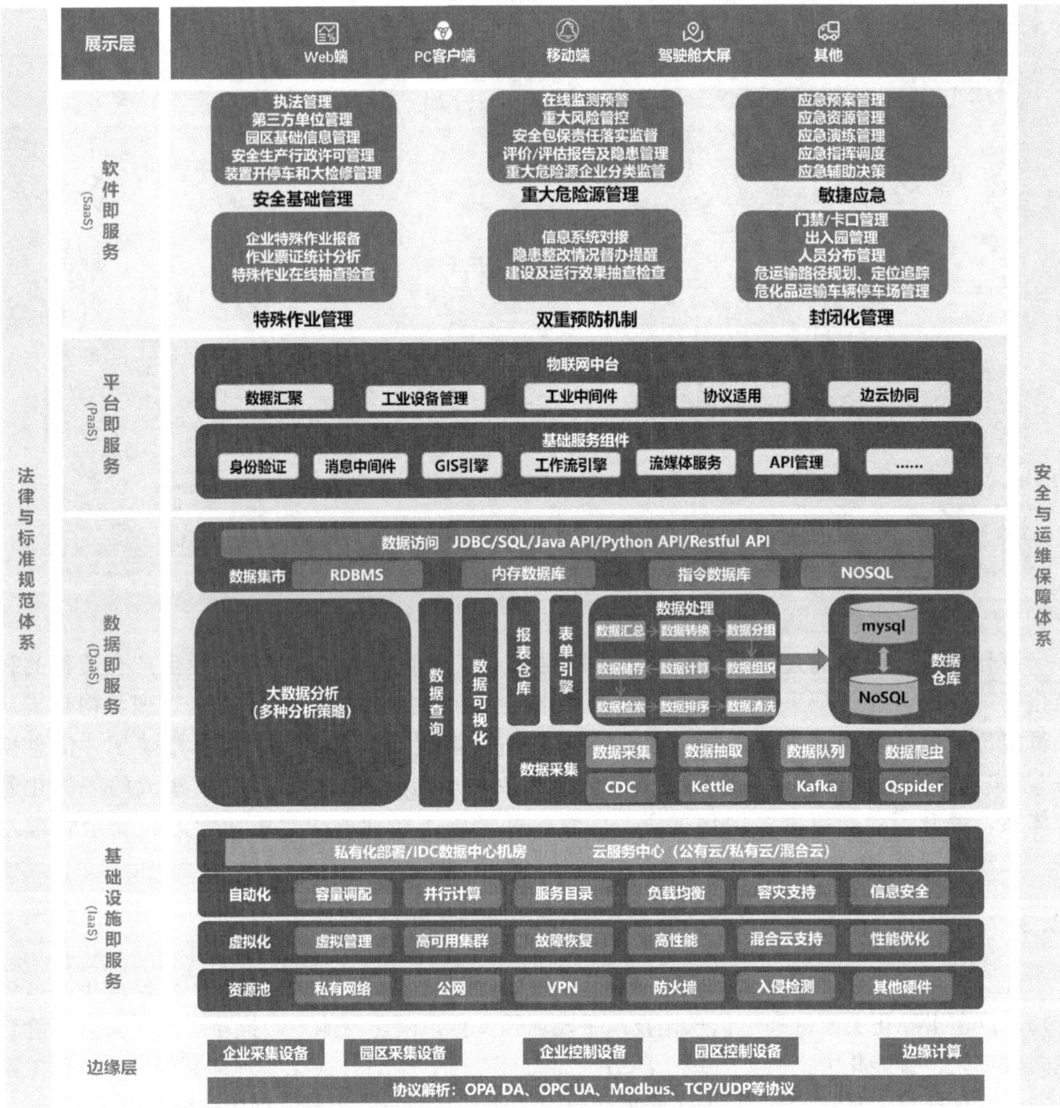

图 12-5　化工园区安全风险智能化管控平台基础架构

等数据，还在园区公共区域部署了视频监控、门禁卡口、高空瞭望、有毒有害气体泄漏监测等感知网络。平台的主要功能模块包括以下内容：

（1）安全基础管理

该模块汇总园区内所有企业的档案、采集终端、重大危险源、设备设施等信息，提供全面的信息管理。通过精细化管理，园区管委会可以快速浏览园区的各类重点信息，掌握园区概况，实现信息的统一维护、调阅和管理。同时，将接入的数据存储于大数据平台，进行智能化统计分析，提升信息处理的效率。安全基础信息录入见图 12-6。

图 12-6　安全基础信息录入

（2）重大危险源管理

平台统一接入并实时监控化工园区内重大危险源的储存设施、生产装置以及可燃有毒气体的监测数据，并提供预警功能。同时，平台实现了重大危险源的责任落实监督、风险管控、隐患管理及分类监管，确保重大危险源的安全管理措施到位。重大危险源总览见图 12-7。

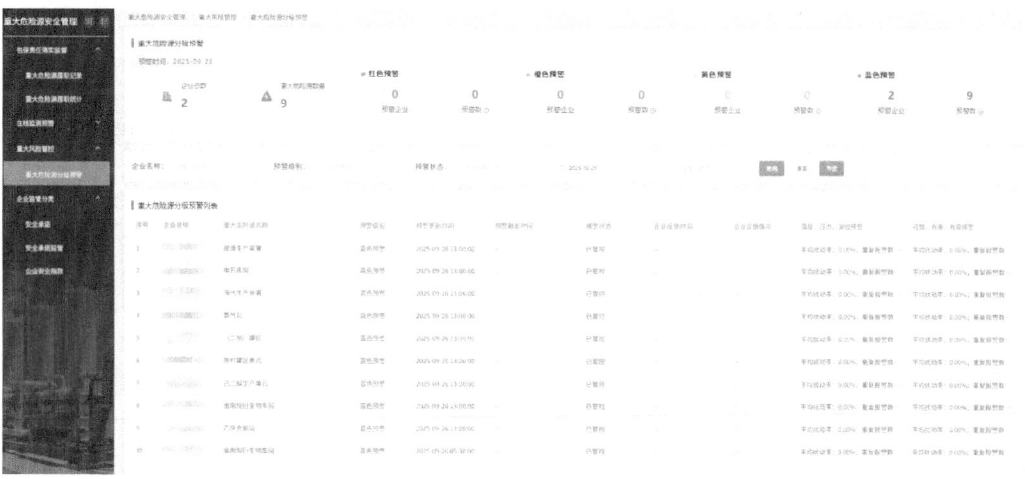

图 12-7　重大危险源总览

（3）双重预防机制

双重预防机制建设主要包括线上系统建设和线下制度完善：线上系统负责风险分析、辨识分级、隐患排查和治理的闭环流程。线下系统则与企业的双重预防机制对接，获取园区内企业的相关数据，督促园区内各企业有效运行双重预防机制（图 12-8），进一步提升安全风险防控水平。

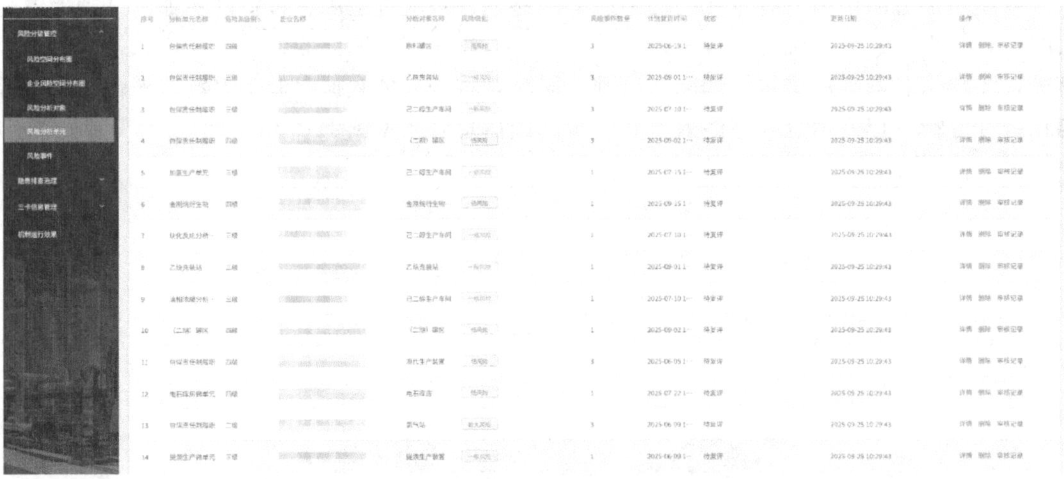

图 12-8 园区双重预防机制运行情况示意图

（4）特殊作业管理

如图 12-9 所示，该功能模块通过信息化手段对特殊（见 8.5.5）进行全流程管理，从作业申请、风险分析、作业审批到现场确认，严格控制作业风险，确保特殊作业的安全性。借助信息化手段，系统对八类特殊作业的票证进行数字化管理，大幅提升了作业审批效率和安全管理水平。

图 12-9 特殊作业管理

（5）封闭化管理

化工园区应按“分类控制、分级管理、分步实施”的原则，通过门禁卡扣与监控网络，实现对园区内人流、车流、物流的全过程动态监控与管理。封闭化管理（图 12-10）系统通过实时监测出入园区的人员、车辆及货物，防范外来输入风险。

图 12-10　化工园区封闭化管理

（6）敏捷应急

平台（图 12-11）为应急管理提供了全方位的信息处理能力，涵盖事前准备、事故发生、救援及事后总结四个阶段。在事前准备阶段，平台帮助制定并演练应急预案；在事故发生时，平台能及时上报并启动应急响应，依托事故后果预测模型配置应急预案；在救援阶段，支持三级联动，信息同步传达；事故结束后，平台对救援过程进行总结与优化。

图 12-11　化工园区应急管理平台

安全风险智能化管控平台的建设为化工园区搭建了新一代信息基础设施，提供了安全、高速、便捷的网络环境，实现了对园区内各类元素的泛在感知与全面覆盖，推动了园区数据资源的汇聚共享和智能化应用，为园区的安全管理和高效运作提供了坚实保障。

习题

1. 简述工业互联网的体系架构及其在化工过程安全领域中的应用。

2. 选择二维码中的一项安全生产事故，分析工业互联网技术可以如何避免同样的事故再次发生。

3. 列举一种人工智能技术，讨论其可以如何应用于危险化学品的安全生产。

4. 描述一下你预想的未来智能工厂是如何进行生产的。

国内外重大事故案例

参考文献

[1] 工业和信息化部，应急管理部．关于印发《“工业互联网+安全生产”行动计划（2021-2023年）》的通知．2020-10-15. https ://www. mem. gov. cn/gk/tzgg/tz/202010/t20201015 _ 370477. shtml.

[2] 应急管理部办公厅．关于印发《“工业互联网+危化安全生产”试点建设方案》的通知．2021-03-28. https ://www. mem. gov. cn/gk/zfxxgkpt/fdzdgknr/202104/t20210407 _ 382882. shtml.

[3] 褚健．工业互联网时代工厂安全生产的思考与实践．科技导报，2019，37（12）：92-96.

[4] 张国之，王云龙，穆波．工业互联网在化工企业安全生产中的研究现状和发展趋势．应用化工，2022，51（05）：1403-1407.

[5] 工业互联网产业联盟．工业互联网体系架构（版本 2.0）．2020-04-26. https ://www. miit. gov. cn/ztzl/rdzt/gyhlw/cgzs/art/2020/art _ d6320fb604814a2b8534f5f3fde0e444. html.

[6] GB/T 42021—2022. 工业互联网　总体网络架构．

[7] GB/T 44122—2024. 工业互联网平台　工业机理模型开发指南．

[8] GB/T 38129—2019. 智能工厂　安全控制要求．

[9] GB/T 38847—2020. 智能工厂　工业控制异常监测工具技术要求．

[10] GB/T 39218—2020. 智慧化工园区建设指南．

[11] GB/T 39173—2020. 智能工厂　安全监测有效性评估方法．

[12] HG/T 6313—2024. 化工园区智慧化评价导则．

[13] 应急管理部办公厅．关于印发《化工园区安全风险智能化管控平台建设指南（试行）》和《危险化学品企业安全风险智能化管控平台建设指南（试行）》的通知．2022-01-29. https ://www. mem. gov. cn/gk/zfxxgkpt/fdzdgknr/202202/t20220209 _ 407680. shtml.

[14] 卞平官，廖祥翔，黄乐观，等．工业互联网+危化安全生产管控平台的搭建及运用．武汉工程大学学报，2022，44（05）：578-584.

[15] 毛旭东，袁才道，张野，等．石化企业“工业互联网+安全生产”建设实践初探．化工安全与环境，2023，36（01）：54-57.

[16] Wu H，Zhao J S. Deep convolutional neural network model based chemical process fault diagnosis. Computers & Chemical Engineering，2018，115：185-197.

[17] Wu H，Wu D Y，Zhao J S. An intelligent fire detection approach through cameras based on computer vision methods. Process Safety and Environmental Protection，2019，127：245-256.

[18] Feng X Y，Dai Y Y，Ji X，et al. Application of natural language processing in HAZOP reports. Process Safety and Environmental Protection，2021，155：41-48.

附录

附录一 常见碳氢化合物的燃烧数据

化合物	分子式	燃烧热/(kJ/mol)		燃烧极限[①]（空气中的体积分数）/%		闪点[①]/℃	自燃点[①]/℃
		下限[①]	上限[②]	下限	上限		
链烷烃							
甲烷	CH_4	−802.3	−890.3	5.3	15.0	−180	600
乙烷	C_2H_6	−1428.6	−1559.8	3.0	12.5	−135	515
丙烷	C_3H_8	−2043.1	−2219.3	2.1	9.5	−104	450
丁烷	C_4H_{10}	−2657.5	−2877.5	1.8	8.5	−60	405
异丁烷	C_4H_{10}	−2649.0	−2869.0	1.8	8.4	−83	460
戊烷	C_5H_{12}	−3245.0	−3536.6	1.4	7.8	−40	260
异戊烷	C_5H_{12}	−3240.3	−3527.6	1.4	7.6	−57	420
新戊烷	C_5H_{12}	−3250.4	−3514.1	1.4	7.5	−65	450
正己烷	C_6H_{14}	−3855.2	−4194.5	1.2	7.5	−23	234
庚烷	C_7H_{16}	−4464.9	−4780.6	1.0	7.0	−4	223
2,3-二甲基戊烷	C_7H_{16}	−4460.7	−4842.3	1.1	6.7	−15	337
辛烷	C_8H_{18}	−5074.1	−5511.6	0.8	6.5	13	220
壬烷	C_9H_{20}	−5685.1	—	0.7	5.6	31	206
癸烷	$C_{10}H_{22}$	−6294.2	−6737.0	0.8	5.4	46	208
烯烃							
乙烯	C_2H_4	−1322.6	−1411.2	2.7	36.0	−136	450
丙烯	C_3H_6	−1925.7	−2057.3	2.0	11.0	−108	455
1-丁烯	C_4H_8	−2541.2	−2716.8	1.6	9.3	−79	384
2-丁烯	C_4H_8	−2534.4	−2708.2	1.8	9.7	−74	324
1-戊烯	C_5H_{10}	−3129.7	−3361.4	1.5	8.7	−18	273
炔烃							
乙炔	C_2H_2	−1255.6	−1299.6	2.5	80.0	−18	305

续表

化合物	分子式	燃烧热/(kJ/mol)		燃烧极限[①]（空气中的体积分数）/%		闪点[①]/℃	自燃点[①]/℃
		下限[①]	上限[②]	下限	上限		
芳香烃							
苯	C_6H_6	−3135.6	−3301.4	1.4	7.1	−11	562
甲苯	C_7H_8	−3733.9	−3947.9	1.2	7.1	4	536
邻二甲苯	C_8H_{10}	−4332.8	−4567.6	1.0	6.0	17	464
环烃							
环丙烷	C_3H_6	−1959.3	−2091.3	2.4	10.4	−94	498
环己烷	C_6H_{12}	−3655.8	−3953.0	1.3	8.0	−20	260
甲基环己烷	C_7H_{14}	−4257.1	−4600.7	1.2	7.2	−4	285
苯酚	C_6H_6O	−2921.4	—	1.8	8.6	79	715
萜烯							
松节油	$C_{10}H_{16}$	—	—	0.8	6.8	51	252
醇							
甲醇	CH_4O	−638.1	−764.0	7.5	36.0	11	463
乙醇	C_2H_6O	−1235.5	−1409.2	4.3	19.0	13	422
烯丙醇	C_3H_6O	−1731.9	−1912.2	2.5	18.0	21	378
正丙醇	C_3H_8O	−1843.8	−2068.9	2.0	12.0	15	371
异丙醇	C_3H_8O	−1830.0	−2051.0	2.0	12.0	12	399
正丁醇	$C_4H_{10}O$	−2456.0	−2728.3	1.4	11.2	29	343
异戊醇	$C_5H_{12}O$	−3062.3	—	1.2	9.0	43	350
醛							
甲醛	CH_2O	−519.4	−570.8	7.0	73	−53	430
乙醛	C_2H_4O	−1104.6	—	1.6	10.4	−38	185
丙烯醛	C_3H_4O	−1553.5	—	2.8	31.0	−26	234
甲基丙烯醛	C_4H_6O	−2150.0	−2268.1	2.1	14.6	2	234
糠醛	$C_5H_4O_2$	−2249.7	−2340.9	2.1	19.3	60	316
三聚乙醛	$C_6H_{12}O_3$	−3125.2	—	1.3	16.2	36	238
醚							
二乙醚	$C_4H_{10}O$	−2503.5	−2751.1	1.9	48.0	−45	180
二乙烯醚	C_4H_6O	−2260.0	−2416.2	1.7	27.0	−47	360
二异丙醚	$C_6H_{14}O$	−3702.3	−4043.0	1.4	21.0	−28	443
酮							
丙酮	C_3H_6O	−1659.2	−1821.4	2.6	12.8	−18	538
丁酮	C_4H_8O	−2261.6	−2478.7	1.8	10.0	−6	516
戊酮	$C_5H_{10}O$	−2880.0	−3137.6	1.5	8.2	7	457
己酮	$C_6H_{12}O$	−3490.0	−3796.3	1.2	8.0	25	424

续表

化合物	分子式	燃烧热/(kJ/mol)		燃烧极限[①] (空气中的体积分数)/%		闪点[①] /℃	自燃点[①] /℃
		下限[①]	上限[②]	下限	上限		
酸							
乙酸	$C_2H_4O_2$	−78634	−926.1	5.4	16.0	43	427
氢氰酸	HCN	—	—	6.0	41.0	−18	538
酯							
甲酸甲酯	$C_2H_4O_2$	−920.9	−1003.0	5.9	20.0	−19	456
甲酸乙酯	$C_3H_6O_2$	−1507.0	−1638.8	2.7	13.5	−4	455
乙酸甲酯	$C_3H_6O_2$	−1461.0	−1628.1	3.1	16.0	−10	502
乙酸乙酯	$C_4H_8O_2$	−2061.0	−2273.6	2.2	11.4	−4	427
乙酸丙酯	$C_5H_{10}O_2$	−2672.0	—	2.0	8.0	15	450
乙酸异丙酯	$C_5H_{10}O_2$	−2658.1	−2907.0	1.8	7.2	2	479
乙酸丁酯	$C_6H_{12}O_2$	−3283.0	−3587.8	1.7	7.6	22	421
乙酸异戊酯	$C_7H_{14}O_2$	−3889.9	−4361.7	1.0	7.5	25	360
无机物							
氢气	H_2	−241.8	−285.8	4.0	75.0	—	400
氨气	NH_3	—	−382.6	16.0	25.0	—	651
氧化物							
一氧化碳	CO	−283.0	—	12.5	74.0	—	609
环氧乙烷	C_2H_4O	−1218.0	−1264.0	3.0	—	−55	429
环氧丙烷	C_3H_6O	−1785.3	—	2.1	21.5	−37	465
二噁英	$C_4H_8O_2$	−2178.8	—	2.0	22.0	12	180
含硫化合物							
二硫化碳	CS_2	−1104.2	−1104.2	1.3	50.0	−30	90
硫化氢	H_2S	—	−562.6	4.3	45.0	—	260
含氯化合物							
氯甲烷	CH_3Cl	−675.4	−687.0	10.7	17.4	−66	632
氯乙烷	C_2H_5Cl	−1284.9	−1325.0	3.8	15.4	−50	519
丙基氯	C_3H_7Cl	−1864.6	−2001.3	2.8	10.7	−32	593
丁基氯	C_4H_9Cl	−2474.2	—	1.8	10.1	−28	460
仲丁基氯	C_4H_9Cl	−2465.2	—	1.9	9.1	−5	—
戊基氯	$C_5H_{11}Cl$	−3085.2	—	1.6	8.6	13	260
氯乙烯	C_2H_3Cl	−1158.0	—	3.6	33.0	−78	472
氯苯	C_6H_5Cl	−2976.1	—	1.3	7.1	32	638
二氯乙烯	$C_2H_2Cl_2$	−994.5	−1133.8	5.6	12.8	4	460
二氯丙烯	$C_3H_4Cl_2$	−1704.6	—	3.4	14.5	16	557
溴化物							
溴甲烷	CH_3Br	−705.4	−768.9	10.0	16.0	−44	537
溴乙烷	C_2H_5Br	−1284.4	−1424.6	6.7	11.3	−33	511

续表

化合物	分子式	燃烧热/(kJ/mol)		燃烧极限[①]（空气中的体积分数）/%		闪点[①] /℃	自燃点[①] /℃
		下限[①]	上限[②]	下限	上限		
胺							
甲胺	CH_5N	−975.1	−1085.1	4.9	20.7	−58	430
乙胺	C_2H_7N	−1587.4	−1739.9	3.5	14.0	−46	384
二甲胺	C_2H_7N	−1614.6	−1768.9	2.8	14.4	−50	400
丙胺	C_3H_9N	−2164.8	−2396.6	2.0	10.4	−12	318
二乙胺	$C_4H_{11}N$	−2800.3	−3074.3	1.8	10.1	−26	312
三甲胺	C_3H_9N	−2244.9	−2443.0	2.0	11.6	−7	190
三乙胺	$C_6H_{15}N$	−4044.5	−4134.5	1.2	8.0	−12	—
其他							
丙烯腈	C_3H_3N	−1690.0	−1789.1	2.4	17.3	0	481
苯胺	$C_6H_{15}N$	−3238.5	—	1.3	11	70	617
乙硼烷	B_2H_6	—	—	0.8	88	−90	52
甲基丙烯酸甲酯	$C_5H_8O_2$	−2546.8	—	2.1	12.5	11	—
苯乙烯	C_8H_8	−4219.3	−4438.8	1.1	6.1	32	490
汽油	—	—	—	1.4	7.6	−43	—

① Carl L Yaws. Chemical Properties Handbook. New York：McGraw-Hill，1999.

② Suziki T. Note：Empirical Relationship between Lower Flammability Limits and Standard Enthalpies of Combustion of Organic Compounds. Fire and Materials，1994，18（5）：333-336.

附录二 危险化学品名称及其临界量

附表 2-1 危险化学品名称及其临界量

序号	危险化学品名称和说明	别名	CAS 号	临界量/t
1	氨	液氨;氨气	7664-41-7	10
2	二氟化氧	一氧化二氟	7783-41-7	1
3	二氧化氮		10102-44-0	1
4	二氧化硫	亚硫酸酐	7446-09-5	20
5	氟		7782-41-4	1
6	碳酰氯	光气	75-44-5	0.3
7	环氧乙烷	氧化乙烯	75-21-8	10
8	甲醛(含量>90%)	蚁醛	50-00-0	5
9	磷化氢	磷化三氢;膦	7803-51-2	1
10	硫化氢		7783-06-4	5
11	氯化氢(无水)		7647-01-0	20
12	氯	液氯;氯气	7782-50-5	5
13	煤气(CO,CO 和 H_2、CH_4 的混合物等)			20
14	砷化氢	砷化三氢、胂	7784-42-1	1
15	锑化氢	三氢化锑;锑化三氢;䏲	7803-52-3	1
16	硒化氢		7783-07-5	1
17	溴甲烷	甲基溴	74-83-9	10
18	丙酮氰醇	丙酮合氰化氢; 2-羟基异丁腈;氰丙醇	75-86-5	20
19	丙烯醛	烯丙醛;败脂醛	107-02-8	20
20	氟化氢		7664-39-3	1
21	1-氯-2,3-环氧丙烷	环氧氯丙烷 (3-氯-1,2-环氧丙烷)	106-89-8	20
22	3-溴-1,2-环氧丙烷	环氧溴丙烷; 溴甲基环氧乙烷;表溴醇	3132-64-7	20
23	甲苯二异氰酸酯	二异氰酸甲苯酯;TDI	26471-62-5	100
24	一氯化硫	氯化硫	10025-67-9	1
25	氰化氢	无水氢氰酸	74-90-8	1
26	三氧化硫	硫酸酐	7446-11-9	75
27	3-氨基丙烯	烯丙胺	107-11-9	20
28	溴	溴素	7726-95-6	20
29	乙撑亚胺	吖丙啶;1-氮杂环 丙烷;氮丙啶	151-56-4	20
30	异氰酸甲酯	甲基异氰酸酯	624-83-9	0.75
31	叠氮化钡	叠氮钡	18810-58-7	0.5

续表

序号	危险化学品名称和说明	别名	CAS 号	临界量/t
32	叠氮化铅		13424-46-9	0.5
33	雷汞	二雷酸汞;雷酸汞	628-86-4	0.5
34	三硝基苯甲醚	三硝基茴香醚	28653-16-9	5
35	2,4,6-三硝基甲苯	梯恩梯;TNT	118-96-7	5
36	硝化甘油	硝化丙三醇;甘油三硝酸酯	55-63-0	1
37	硝化纤维素[干的或含水(或乙醇)<25%]	硝化棉	9004-70-0	1
38	硝化纤维素(未改型的,或增塑的,含增塑剂<18%)			1
39	硝化纤维素(含乙醇≥25%)			10
40	硝化纤维素(含氮≤12.6%)			50
41	硝化纤维素(含水≥25%)			50
42	硝化纤维素溶液(含氮量≤12.6%,含硝化纤维素≤55%)	硝化棉溶液	9004-70-0	50
43	硝酸铵(含可燃物>0.2%,包括以碳计算的任何有机物,但不包括任何其他添加剂)		6484-52-2	5
44	硝酸铵(含可燃物≤0.2%)		6484-52-2	50
45	硝酸铵肥料(含可燃物≤0.4%)			200
46	硝酸钾		7757-79-1	1000
47	1,3-丁二烯	联乙烯	106-99-0	5
48	二甲醚	甲醚	115-10-6	50
49	甲烷,天然气		74-82-8(甲烷) 8006-14-2(天然气)	50
50	氯乙烯	乙烯基氯	75-01-4	50
51	氢	氢气	1333-74-0	5
52	液化石油气(含丙烷、丁烷及其混合物)	石油气(液化的)	68476-85-7 74-98-6(丙烷) 106-97-8(丁烷)	50
53	一甲胺	氨基甲烷;甲胺	74-89-5	5
54	乙炔	电石气	74-86-2	1
55	乙烯		74-85-1	50
56	氧(压缩的或液化的)	液氧;氧气	7782-44-7	200
57	苯	纯苯	71-43-2	50
58	苯乙烯	乙烯苯	100-42-5	500
59	丙酮	二甲基酮	67-64-1	500
60	2-丙烯腈	丙烯腈;乙烯基氰;氰基乙烯	107-13-1	50
61	二硫化碳		75-15-0	50

续表

序号	危险化学品名称和说明	别名	CAS号	临界量/t
62	环己烷	六氢化苯	110-82-7	500
63	1,2-环氧丙烷	氧化丙烯;甲基环氧乙烷	75-56-9	10
64	甲苯	甲基苯;苯基甲烷	108-88-3	500
65	甲醇	木醇;木精	67-56-1	500
66	汽油(乙醇汽油、甲醇汽油)		86290-81-5(汽油)	200
67	乙醇	酒精	64-17-5	500
68	乙醚	二乙基醚	60-29-7	10
69	乙酸乙酯	醋酸乙酯	141-78-6	500
70	正己烷	己烷	110-54-3	500
71	过乙酸	过醋酸;过氧乙酸; 乙酰过氧化氢	79-21-0	10
72	过氧化甲基乙基酮 (10%<有效氧含量≤10.7%, 含A型稀释剂≥48%)		1338-23-4	10
73	白磷	黄磷	12185-10-3	50
74	烷基铝	三烷基铝		1
75	戊硼烷	五硼烷	19624-22-7	1
76	过氧化钾		17014-71-0	20
77	过氧化钠	双氧化钠;二氧化钠	1313-60-6	20
78	氯酸钾		3811-04-9	100
79	氯酸钠		7775-09-9	100
80	发烟硝酸		52583-42-3	20
81	硝酸(发红烟的除外,含硝酸>70%)		7697-37-2	100
82	硝酸胍	硝酸亚氨脲	506-93-4	50
83	碳化钙	电石	75-20-7	100
84	钾	金属钾	7440-09-7	1
85	钠	金属钠	7440-23-5	10

附表2-2 未在表1中列举的危险化学品类别及其临界量

类别	符号	危险性分类及说明	临界量/t
健康危害	J (健康危害性符号)	—	—
急性毒性	J1	类别1,所有暴露途径,气体	5
	J2	类别1,所有暴露途径,固体、液体	50
	J3	类别2、类别3,所有暴露途径,气体	50
	J4	类别2、类别3,吸入途径,液体(沸点≤35℃)	50
	J5	类别2,所有暴露途径,液体(除J4外)、固体	500
物理危险	W (物理危险性符号)	—	—

续表

类别	符号	危险性分类及说明	临界量/t
爆炸物	W1.1	—不稳定爆炸物 —1.1 项爆炸物	1
	W1.2	1.2、1.3、1.5、1.6 项爆炸物	10
	W1.3	1.4 项爆炸物	50
易燃气体	W2	类别 1 和类别 2	10
气溶胶	W3	类别 1 和类别 2	150(净重)
氧化性气体	W4	类别 1	50
易燃液体	W5.1	—类别 1 —类别 2 和 3，工作温度高于沸点	10
	W5.2	—类别 2 和 3，具有引发重大事故的特殊工艺条件包括危险化工工艺、爆炸极限范围或附近操作、操作压力大于 1.6MPa 等	50
	W5.3	—不属于 W5.1 或 W5.2 的其他类别 2	1000
	W5.4	—不属于 W5.1 或 W5.2 的其他类别 3	5000
自反应物质和混合物	W6.1	A 型和 B 型自反应物质和混合物	10
	W6.2	C 型、D 型、E 型自反应物质和混合物	50
有机过氧化物	W7.1	A 型和 B 型有机过氧化物	10
	W7.2	C 型、D 型、E 型、F 型有机过氧化物	50
自燃液体和自燃固体	W8	类别 1 自燃液体 类别 1 自燃固体	50
氧化性固体和液体	W9.1	类别 1	50
	W9.2	类别 2、类别 3	200
易燃固体	W10	类别 1 易燃固体	200
遇水放出易燃气体的物质和混合物	W11	类别 1 和类别 2	200